2025年版

全国一级造价工程师职业资格考试培训教材

建设工程技术与计量

（土木建筑工程）

◎ 全国造价工程师职业资格考试培训教材编审委员会　编

中国计划出版社

·北　京·

图书在版编目（CIP）数据
建设工程技术与计量．土木建筑工程 / 全国造价工程师职业资格考试培训教材编审委员会编．-- 4版．北京 : 中国计划出版社，2025．5．--（2025年版全国一级造价工程师职业资格考试培训教材）．-- ISBN 978-7-5182-1793-9
Ⅰ．TU723.3
中国国家版本馆CIP数据核字第2025QE9634号

建设工程技术与计量（土木建筑工程）
JIANSHE GONGCHENG JISHU YU JILIANG（TUMU JIANZHU GONGCHENG）

责任编辑：李晴文　　封面设计：韩可斌

中国计划出版社出版发行
网址：www. jhpress. com
地址：北京市西城区木樨地北里甲 11 号国宏大厦 C 座 4 层
邮政编码：100038　电话：（010）63906433（发行部）
河北眺山实业有限责任公司印刷

787mm × 1092mm　1/16　24.25 印张　600 千字
2025 年 5 月第 4 版　2025 年 5 月第 1 次印刷

定价：96.00 元

编　写　组

主　　编： 贾宏俊　山东科技大学

副 主 编： 袁大祥　三峡大学

编写人员： 贾宏俊　山东科技大学　　合编第二、五章

袁大祥　三峡大学　　合编第一章

李志国　山东科技大学　　合编第二、四、五章

王洪强　上海大学　　合编第二、四章

吴新华　山东科技大学　　合编第三、五章

梁艳红　山东大学　　合编第三章

安　慧　三峡大学　　合编第一章

张成中　西安建筑科技大学　合编第三章

李建峰　长安大学　　合编第三章

审查人员： 陶学明　黄　璐　郝治福

前　言

根据《国家职业资格目录》，为统一造价工程师职业资格的设置和管理，提高工程造价从业人员素质，提升建设工程造价管理水平，2018 年 7 月 20 日住房城乡建设部、交通运输部、水利部、人力资源社会保障部印发了《造价工程师职业资格制度规定》《造价工程师职业资格考试实施办法》（建人〔2018〕67 号），明确国家设置造价工程师准入类职业资格，工程造价咨询企业应配备造价工程师，工程建设活动中有关工程造价管理岗位应按需要配备造价工程师。

2025 年 4 月，《全国一级造价工程师职业资格考试大纲》进行了局部修订，主要变化为：一是“建设工程造价案例分析”（土木建筑工程、安装工程）科目增加了客观题的类型；二是“建设工程技术与计量（安装工程）”科目不再区分管道和设备工程、电气和自动化控制工程 2 个专业组，取消了选考的规定。

为帮助工程造价从业人员学习、掌握一级造价工程师职业资格考试的内容，提升职业能力，全国造价工程师职业资格考试培训教材编审委员会依据 2025 年版考试大纲，编写了 2025 年版全国一级造价工程师职业资格考试培训教材。

本教材的编写充分吸收了最新颁布的有关工程造价管理的法规、规章、政策、标准，力求体现行业最新发展水平和一级造价工程师职业资格考试特点。

本教材的编写参考了许多专家、学者的研究成果，并在编审过程中得到了编审专家的大力支持与配合，在此一并致谢！

因工程造价管理工作涉及面广，专业技术性强，本教材在使用中如存在不足之处，请读者提出宝贵意见和建议。

全国造价工程师职业资格考试培训教材编审委员会

2025 年 5 月

兑换增值服务说明

为了提供更优质、更高效的知识服务，我社为购买正版造价工程师考试用书的读者提供网上视频增值服务，由专业老师对考试的相关内容进行讲解，帮助读者掌握理解，提高应试水平。网上增值服务使用方法如下：

1. 移动端用户

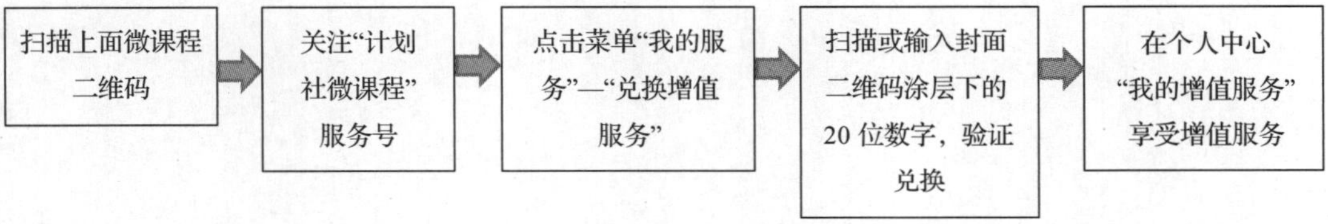

2. 计算机用户

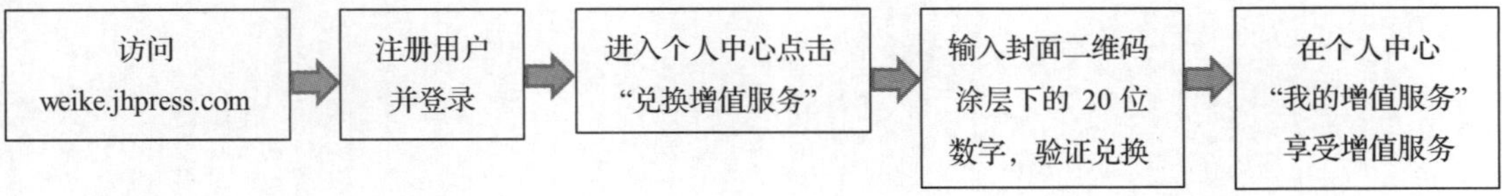

注：增值服务从兑换之日起 12 个月内有效，提供形式为在线观看。如果输入卡号或扫码后无法通过验证，可扫码联系客服。

3. 联系我们

客服微信：

网上增值服务如有不完善之处，敬请广大读者提出宝贵意见和建议！

目 录

免费听课

第一章 工程地质

第一节 岩体的特征

岩体是岩石受节理、断层、层面及片理面等结构面切割而具有一定结构、受地下水影响的多裂隙综合体。岩体和岩石的概念不同，岩石是矿物的集合体，其特征可以用岩块来表征。岩体可能由一种或多种岩石组合，且在形成现实岩体的过程中经受了构造变动、风化作用、卸荷作用等各种内力和外力地质作用的破坏及改造。

建设工程通常将工程影响范围内的岩石综合体称为工程岩体。工程岩体有地基岩体、边坡岩体和地下工程围岩三类。地下工程围岩是指地下的隧道、竖井、地铁、厂房、储库、车库、车站、商场等地下工程边壁周围的岩体，简称围岩。在工程施工和使用过程中，承受工程建筑传来的荷载作用的工程岩体的稳定性，直接关系着施工期间和使用期间工程的安全，关系着工程建设的成功与失败。

一、岩体的结构

（一）岩体的构成

岩体是由岩块或土构成的，岩体的性质取决于岩石或土和结构面的性质。

1. 岩石

（1）岩石的主要矿物。矿物是存在于地壳中的具有一定化学成分和物理性质的自然元素和化合物。其中，构成岩石的矿物称为造岩矿物。组成地壳的岩石都是在一定的地质条件下，由一种或几种矿物自然组合而成的矿物集合体。矿物的成分、性质及其在各种因素影响下的变化，都会对岩石造成影响。例如，岩石中的石英含量越多，钻孔的难度就越大，钻头、钻机等消耗量也就越多。

由于成分和结构的不同，每种矿物都有自己特有的物理性质，如颜色、光泽、硬度等。物理性质是鉴别矿物的主要依据。矿物的颜色分为自色、他色和假色，自色可以作为鉴别矿物的特征，而他色和假色则不能。例如，依据颜色鉴定矿物的成分和结构，依据光泽鉴定风化程度，依据硬度鉴定矿物类别，如表 1.1.1 所示。

表 1.1.1　矿物硬度

硬度	1	2	3	4	5	6	7	8	9	10
矿物	滑石	石膏	方解石	萤石	磷灰石	长石	石英	黄玉	刚玉	金刚石

在实际工作中，可用刻划物品来大致测定矿物的相对硬度，如指甲为 2～2.5 度，小刀为 5～5.5 度，玻璃为 5.5～6 度，钢刀为 6～7 度。

（2）岩石的成因类型及其特征。组成地壳的岩石按成因可分为岩浆岩（火成岩）、沉积岩（水成岩）和变质岩三大类。

1）岩浆岩。岩浆岩（火成岩）是岩浆通过地壳运动，沿地壳薄弱地带上升冷却凝结后形成的岩石。岩石中矿物的结晶程度、颗粒大小与形状以及它们的相互组合关系不同，形成岩浆岩的不同结构。岩石中的矿物在空间的排列、配置和充填方式不同，形成岩浆岩的不同构造。根据形成条件，岩浆岩分为喷出岩和侵入岩。侵入岩是侵入周围岩层中形成的岩浆岩。根据形成深度，侵入岩又分为深成岩和浅成岩。深成岩常形成岩基等大型侵入体，岩性一般较单一，以中、粗粒结构为主，致密坚硬，孔隙率小，透水性弱，抗水性强，故其常被选为理想的建筑基础，如花岗岩、正长岩、闪长岩、辉长岩。浅成岩多以岩床、岩墙、岩脉等状态产出，有时相互穿插；颗粒细小，岩石强度高，不易风化，但这些小型侵入体与周围岩体的接触部位，岩性不均一，节理裂隙发育，岩石破碎，风化蚀变严重，透水性增大，如花岗斑岩、闪长玢岩、辉绿岩、脉岩。喷出岩是指喷出地表形成的岩浆岩。一般呈原生孔隙和节理发育，产状不规则，厚度变化大，岩性很不均匀，比侵入岩强度低，透水性强，抗风能力差，如流纹岩、粗面岩、安山岩、玄武岩、火山碎屑岩。

2）沉积岩。沉积岩（水成岩）是在地壳表层常温常压条件下，由风化产物、有机物质和某些火山作用产生的物质，经风化、搬运、沉积和成岩等一系列地质作用而形成的层状岩石。沉积岩主要有碎屑结构、泥质结构、晶粒结构、生物结构（由生物遗体组成的结构）。沉积岩的构造是指沉积岩各个组成部分的空间分布和排列方式。常见的构造有层理构造、层面构造、结核（与周围沉积岩不同的、规模不大的团块体）、生物成因构造（如生物礁体、叠层构造、虫迹、虫孔等）。根据沉积岩的组成成分、结构、构造和形成条件，可分为碎屑岩类（如砾岩、砂岩、粉砂岩）、黏土岩类（如泥岩、页岩）、化学岩及生物化学岩类（如石灰岩、白云岩、泥灰岩等）。

3）变质岩。变质岩是地壳中原有的岩浆岩或沉积岩，由于地壳运动和岩浆活动等造成物理化学环境的改变，使原来岩石的成分、结构和构造发生一系列变化所形成的新的岩石。变质岩的结构主要有变余结构、变晶结构、碎裂结构。变质岩的构造主要有板状构造（平行、较密集而平坦的破裂面分裂岩石成板状体）、千枚状构造（岩石呈薄板状）、片状构造（含大量呈平行定向排列的片状矿物）、片麻状构造（粒状变晶矿物间夹鳞片状、柱状变晶矿物并呈大致平行的断续带状分布）、块状构造（矿物均匀分布、结构均一、无定向排列，如大理岩、石英岩等）。

根据上述三大类岩石的特征描述，现将它们之间的主要区别归纳如表 1.1.2 所示。

表 1.1.2　岩浆岩、沉积岩和变质岩的地质特征

地质特征	岩　类		
	岩浆岩	沉积岩	变质岩
主要矿物成分	全部为从岩浆岩中析出的原生矿物，成分复杂，但较稳定。浅色的矿物有石英、长石、白云母等；深色的矿物有黑云母、角闪石、辉石、橄榄石等	次生矿物占主要地位，成分单一，多不固定。常见的有石英、长石、白云母、方解石、白云石、高岭石等	除具有变质前原来岩石的矿物，如石英、长石、云母、角闪石、辉石、方解石、白云石、高岭石等外，还有经变质作用产生的矿物，如石榴子石、滑石、绿泥石、蛇纹石等

续表 1.1.2

地质特征	岩类		
	岩浆岩	沉积岩	变质岩
结构	以结晶粒状、斑状结构为特征	以碎屑、泥质及生物碎屑结构为特征。部分为成分单一的结晶结构，但肉眼不易分辨	以变晶结构等为特征
构造	具块状、流纹状、气孔状、杏仁状构造	具层理构造	多具片理构造
成因	直接由高温熔融的岩浆形成	主要由先成岩石的风化产物，经压密、胶结、重结晶等成岩作用而形成	由先成的岩浆岩、沉积岩和变质岩，经变质作用而形成

2. 土

土是岩石在风化作用下形成的大小悬殊的颗粒，在各种自然环境中形成的堆积物。

(1) 土的组成。土是由颗粒（固相）、水溶液（液相）和气（气相）所组成的三相体系，各种土的颗粒大小和矿物成分差别很大，土的三相间的数量比例也不尽相同，而且土粒与其孔隙水溶液及环境水之间又有复杂的物理化学作用。根据组成土的固体颗粒矿物成分的性质及其对土的工程性质影响不同，组成土的固体颗粒矿物可分为原生矿物、不溶于水的次生矿物、可溶盐类及易分解的矿物、有机质四种。

(2) 土的结构和构造。

1) 土的结构是指土颗粒本身的特点和颗粒间相互关联的综合特征，一般可分为两大基本类型：

一种是单粒结构，也称散粒结构，是碎石（卵石）、砾石类土和砂土等无黏性土的基本结构形式，对土的工程性质影响主要在于其松密程度。

另一种是集合体结构，也称团聚结构或絮凝结构，这类结构为黏性土所特有。黏性土组成颗粒细小，表面能大，颗粒带电，沉积过程中粒间引力大于重力，并形成结合水膜连接，使之在水中不能以单个颗粒沉积下来，而是凝聚成较复杂的集合体进行沉积。

2) 土的构造是指整个土层（土体）构成上的不均匀性特征的总合，反映土体力学性质和其他工程性质的各向异性或土体各部位的不均匀性，是决定勘探、取样或原位测试布置方案和数量的重要因素之一。整个土体构成上的不均匀性包括：层理、夹层、透镜体、结核、组成颗粒大小悬殊及裂隙特征与发育程度等。这种构成上的不均匀性是由于土的矿物成分及结构变化所造成的。一般土体的构造在水平方向或竖直方向变化往往较大，受成因控制。土的构造特征和结构特征一样，也是在它生成过程中各有关因素作用下形成的。对于每种成因类型的土体，都具有其各自特有的构造。

(3) 土的分类。

1) 根据有机含量分类。根据土中有机质含量分为无机质土、有机质土、泥炭质土和泥炭。

2）根据颗粒级配和塑性指数分类。根据颗粒级配和塑性指数分为碎石土、砂土、黏性土和粉土。碎石土是粒径大于 2mm 的颗粒含量超过全重 50%的土，按颗粒级配和颗粒形状分为漂石、块石、卵石、碎石、圆砾和角砾；砂土是粒径大于 2mm 的颗粒含量不超过全重 50%，且粒径大于 0.075mm 的颗粒含量超过全重 50%的土；黏性土是塑性指数大于 10 的土，分为粉质黏土和黏土；粉土是粒径大于 0.075mm 的颗粒不超过全重 50%，且塑性指数小于或等于 10 的土。

3）根据地质成因分类。根据土的地质成因可分为残积土、坡积土、洪积土、冲积土、淤积土、冰积土和风积土等。

4）根据颗粒大小及含量分类。根据颗粒大小和含量不同，土可分为巨粒土、粗粒土、细粒土等，如图 1.1.1 所示。

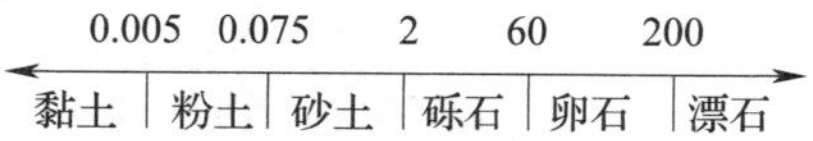

图 1.1.1　土的分类与土粒粒径（mm）

3. 结构面

结构面是切割岩体的各种地质界面的统称，是一些具有一定方向，延展较广较薄的二维地质界面，如层面、沉积间断面、节理、裂隙、裂缝、断层等，也包括厚度较薄的软弱夹层。结构面的特征是影响结构面强度及其他性能的重要因素，一般从方位、间距、延续性、粗糙度、结构面侧壁强度、张开度、充填物、渗流、节理组数、块体大小等方面来描述结构面的特征。层面、节理、裂隙、裂缝、断层等结构面的空间位置定义为结构面的产状。结构面的产状由走向、倾向和倾角三个要素表示，如图 1.1.2 所示。并且，层面的产状还代表所在岩层的产状，即表示所在岩层的空间位置。

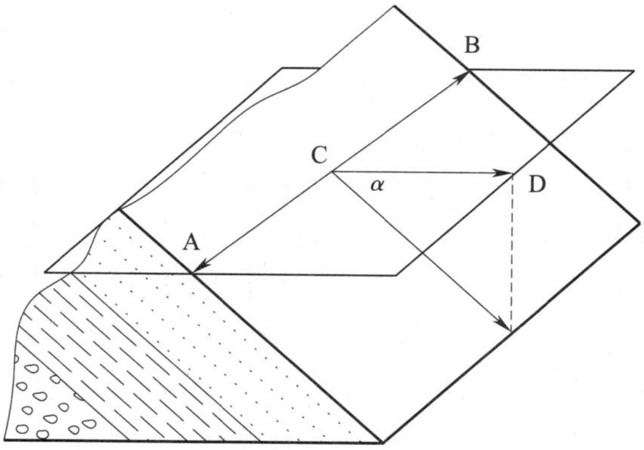

图 1.1.2　结构面产状要素

AB—走向；CD—倾向；α—倾角

（1）结构面的走向，即结构面在空间延伸的方向，用结构面与水平面交线即走向线的方位角或方向角表示。走向线两端延伸方向均是走向，虽相差 180°，但是表示的是同一走向。

（2）结构面的倾向，即结构面在空间的倾斜方向，用垂直走向顺倾斜面向下引出的一条射线对水平面投影的指向表示。

(3) 结构面的倾角，即结构面在空间倾斜角度的大小，用结构面与水平面所夹的锐角表示。

另外，近似平面的坡面和壁面的空间位置，也可用其走向、倾向、倾角表示。

节理组数的多少决定了岩石的块体大小及岩体的结构类型，可以根据节理组数划分结构面发育程度。

4. 地质构造

地质构造的表现形式多种多样，简单来说，在一定范围内，可以归纳为以下几种类型：

(1) 水平构造和单斜构造。水平构造是未经构造变动的沉积岩层仍基本保留形成时的原始水平产状的构造。先沉积的老岩层在下，后沉积的新岩层在上。单斜构造是原来水平的岩层，在受到地壳运动的影响后，产状发生变动形成岩层向同一个方向倾斜的构造，这种产状往往是褶曲的一翼、断层的一盘，或者是局部地层不均匀上升或下降形成的。

(2) 褶皱构造。褶皱构造是组成地壳的岩层，受构造力的强烈作用，使岩层形成一系列波状弯曲而未丧失其连续性的构造，它是岩层产生的塑性变形。绝大多数褶皱是在水平挤压力作用下形成的，但也有少数是在垂直力或力偶作用下形成的。褶皱构造在层状岩层中常见，在块状岩体中则很难见到。

褶曲是褶皱构造中的一个弯曲，两个或两个以上褶曲的组合构成褶皱构造，每一个褶曲都有核部、翼、轴面、轴及枢纽等几个褶曲要素。褶曲的基本形态是背斜和向斜，如图1.1.3所示。背斜褶曲是岩层向上拱起的弯曲，以褶曲轴为中心向两翼倾斜。当地面受到剥蚀而出露有不同地质年代的岩层时，较老的岩层出现在褶曲的轴部，从轴部向两翼，依次出现的是渐新的岩层。向斜褶曲是岩层向下凹的弯曲，其岩层的倾向与背斜相反，两翼的岩层都向褶曲的轴部倾斜。当地面遭受剥蚀，在褶曲轴部出露的是较新的岩层，向两翼依次出露的是较老的岩层。

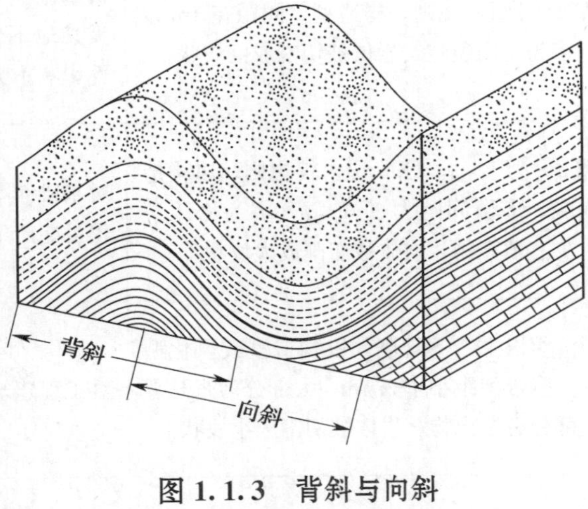

图 1.1.3 背斜与向斜

在褶皱比较强烈的地区，一般都是线形的背斜与向斜相间排列，以大体一致的走向平行延伸，有规律地组成不同形式的褶皱构造。工程所遇到的具体构造往往是一个一个的褶曲或是大型褶曲构造的一部分。不论是背斜褶曲还是向斜褶曲，在褶曲的翼部遇到的，基本上是单斜构造，一般对建筑物地基没有不良影响，但对路基或隧道走向的选择有影响。

1）对于深路堑和高边坡来说，仅就岩层产状与路线走向的关系而言，路线垂直岩层走向，或路线与岩层走向平行但岩层倾向与边坡倾向相反时，对路基边坡的稳定性是有利的。不利的情况是路线走向与岩层的走向平行，边坡与岩层的倾向一致。如在云母片岩、绿泥石片岩、滑石片岩、千枚岩等松散岩石分布地区，坡面易发生风化剥蚀，产生严重碎落坍塌，对路基边坡及路基排水系统会造成经常性的危害。最不利的情况是路线与岩层走向平行，岩层倾向与路基边坡一致，而边坡的倾角大于（陡于）岩层的倾角。如在石灰岩、砂岩与黏土质页岩互层，且有地下水作用时，在路堑开挖过深、边坡过陡或者由于软弱构造面暴露，易引起斜坡岩层发生大规模的顺层滑动，破坏路基稳定。

2）对于隧道工程来说，褶曲构造的轴部是岩层倾向发生显著变化的地方，是岩层应力最集中的地方，容易遇到工程地质问题，主要是由于岩层破碎而产生的岩体稳定问题和向斜轴部地下水的问题。因此，隧道一般从褶曲的翼部通过是比较有利的。

（3）断裂构造。断裂构造是构成地壳的岩体，受力作用发生变形，当变形达到一定程度后，使岩体的连续性和完整性遭到破坏，产生各种大小不一的断裂，它是地壳上层常见的地质构造，其分布很广，特别在一些断裂构造发育的地带，常成群分布，形成断裂带。根据岩体断裂后两侧岩块相对位移的情况，将其分为裂隙和断层两类。

1）裂隙。裂隙也称为节理，是存在于岩体中的裂缝，是岩体受力断裂后两侧岩块没有显著位移的小型断裂构造。在数值上一般用裂隙率表示，即岩石中裂隙的面积与岩石总面积的百分比，裂隙率越大，表示岩石中的裂隙越发育。反之，则表示裂隙不发育。岩石裂隙发育程度分级和对工程的影响如表 1.1.3 所示。

表 1.1.3 岩石裂隙发育程度分级和对工程的影响

发育程度等级	基本特征	对工程的影响
裂隙不发育	裂隙 1～2 组，规则，构造型，间距在 1m 以上，多为密闭裂隙。岩体被切割成巨块状	对基础工程无影响，在不含水且无其他不良因素时，对岩体稳定性影响不大
裂隙较发育	裂隙 2～3 组，呈“X”形，较规则，以构造型为主，多数间距大于 0.4m，多为密闭裂隙，少有填充物。岩体被切割成大块状	对基础工程影响不大，对其他工程可能产生相当影响
裂隙发育	裂隙 3 组以上，不规则，以构造型或风化型为主，多数间距小于 0.4m，大部分为张开裂隙，部分有填充物。岩体被切割成小块状	对工程建筑物可能产生很大影响
裂隙很发育	裂隙 3 组以上，杂乱，以风化型和构造型为主，多数间距小于 0.2m，以张开裂隙为主，一般均有填充物。岩体被切割成碎石状	对工程建筑物产生严重影响

注：裂隙宽度：密闭裂隙＜1mm；微张裂隙为 1～3mm；张开裂隙为 3～5mm；宽张裂隙＞5mm。

根据裂隙的成因，一般分为构造裂隙和非构造裂隙两类。

构造裂隙是岩体受地应力作用随岩体变形而产生的裂隙。由于构造裂隙在成因上与相关构造（如褶曲、断层等）和应力作用的方向及性质有密切联系，所以它在空间分布上具有一定的规律性。按裂隙的力学性质，可将构造裂隙分为张性裂隙和扭（剪）性裂隙。张性裂隙主要发育在背斜和向斜的轴部，裂隙张开较宽，断裂面粗糙，一般很少有擦痕，裂隙间距较大且分布不匀，沿走向和倾向都延伸不远；扭（剪）性裂隙，一般多是平直闭合的裂隙，分布较密、走向稳定，延伸较深、较远，裂隙面光滑，常有擦痕，一般出现在褶曲的翼部和断层附近。扭性裂隙常沿剪切面成群平行分布，形成扭裂带，将岩体切割成板状。有时两组裂隙在不同的方向上同时出现，交叉成“X”形，将岩体切割成菱形块体。

非构造裂隙是由成岩作用、外动力、重力等非构造因素形成的裂隙。如岩石在形成过程中产生的原生裂隙、风化裂隙以及沿沟壁岸坡发育的卸荷裂隙等。其中具有普遍意义的是风化裂隙，其主要发育在岩体靠近地面的部分，一般很少达到地面以下10～15m的深度。裂隙分布零乱，没有规律性，使岩石多成碎块，沿裂隙面岩石的结构和矿物成分也有明显变化。岩体中的裂隙，在工程上除有利于开挖外，对岩体的强度和稳定性均有不利的影响。其破坏了岩体的整体性，加快了岩体的风化速度，增强了岩体的透水性，进而使岩体的强度和稳定性降低。当裂隙主要发育方向与路线走向平行，倾向与边坡一致时，不论岩体的产状如何，路堑边坡都容易发生崩塌等不稳定现象。在路基施工中，如果岩体存在裂隙，还会影响爆破作业的效果。因而，当裂隙有可能成为影响工程设计的重要因素时，应当对裂隙进行深入的调查研究，详细论证裂隙对建筑的影响，采取相应措施，以保证建筑物的稳定和正常使用。

2）断层。断层是岩体受力作用断裂后，两侧岩块沿断裂面发生显著相对位移的断裂构造。断层一般由四个部分组成，如图1.1.4所示。

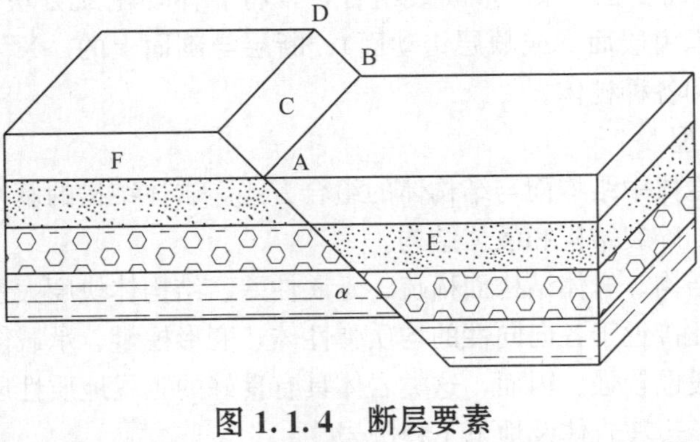

图1.1.4　断层要素

AB—断层线；C—断层面；α—断层倾角；E—上盘；F—下盘；DB—总断距

①断层面和破碎带。断层面是指两侧岩块发生相对位移的断裂面，可以是直立的，也可以是倾斜的，一般情况下为倾斜状态，其产状可以通过断层面的走向、倾向和倾角来表示。规模大的断层，一般不是沿着一个简单的面发生，往往是沿着一个错动带发生，称为断层破碎带。其宽度从数厘米到数十米不等。断层的规模越大，破碎带也就越宽，越复杂。

②断层线。断层线是断层面与地面的交线，表示断层的延伸方向，其形状决定于断层

面的形状和地面的起伏情况。

③断盘。断盘是断层面两侧相对位移的岩体。当断层面倾斜时，位于断层面上部的称为上盘；位于断层面下部的称为下盘。若断层面直立则无上下盘之分。

④断距。断距是断层两盘相对错开的距离。岩层原来相连的两点，沿断层面错开的距离称为总断距，其水平分量称为水平断距，铅直分量称为铅直断距。

根据断层两盘相对位移的情况，可分为正断层、逆断层、平推断层。

正断层是上盘沿断层面相对下降，下盘相对上升的断层。它一般是受水平张应力或垂直作用力使上盘相对向下滑动而形成的，所以在构造变动中多垂直于张应力的方向上发生，但也有沿已有的剪节理发生。

逆断层是上盘沿断层面相对上升，下盘相对下降的断层。它一般是由于岩体受到水平方向强烈挤压力的作用，使上盘沿断层面向上错动而成。断层线的方向常和岩层走向或褶皱轴的方向近于一致，和压应力作用的方向垂直。断层面从陡倾角至缓倾角都有。

平推断层是由于岩体受水平扭应力作用，使两盘沿断层面发生相对水平位移的断层。由于多系受剪（扭）应力形成，因此大多数与褶皱轴斜交，与“X”节理平行或沿该节理形成，其倾角一般是近于直立的。这种断层的破碎带一般较窄，沿断层面常有近水平的擦痕。

（二）岩体结构特征

1. 结构体特征

结构面在空间按不同组合，可将岩体切割成不同形状和大小的结构体。岩体中结构体的形状和大小是多种多样的，根据其外形特征可大致归纳为块状、柱状、板状、楔形、菱形和锥形六种基本形态。当岩体强烈变形破碎时，也可形成片状、碎块状、鳞片状等结构体。结构体的形状与岩层产状之间有一定的关系，如平缓产状的层状岩体中，一般由层面（或顺层裂隙）与平面上的“X”形断裂组合，常将岩体切割成方块体、三角形柱体等。在陡立的岩层地区，由层面（或顺层错动面）、断层与剖面上的“X”形断裂组合，往往形成块体、锥形体和各种柱体。

2. 岩体结构类型

岩体结构是指岩体中结构面与结构体的组合方式。岩体结构的基本类型可分为整体块状结构、层状结构、碎裂结构和散体结构。

（1）整体块状结构。岩体结构面稀疏、延展性差、结构体块度大且常为硬质岩石，整体强度高、变形特征接近于各向同性的均质弹性体，变形模量、承载能力与抗滑能力均较高，抗风化能力一般也较强。因而，这类岩体具有良好的工程地质性质，往往是较理想的各类工程建筑地基、边坡岩体及地下工程围岩。

（2）层状结构。岩体中结构面以层面与不密集的节理为主，结构面多为闭合～微张状，一般风化微弱，结合力不强，结构体块度较大且保持着母岩岩块性质，故这类岩体总体变形模量和承载能力均较高。作为工程建筑地基时，其变形模量和承载能力一般均能满足要求。但当结构面结合力不强，有时又有层间错动面或软弱夹层存在，则其强度和变形特性均具各向异性特点，一般沿层面方向的抗剪强度明显的比垂直层面方向的更低，特别是当有软弱结构面存在时更为明显。这类岩体作为边坡岩体时，一般来说，当结构面倾向坡外时要比倾向坡里时的工程地质性质差得多。

(3) 碎裂结构。岩体中节理、裂隙发育、常有泥质充填物质，结合力不强，其中层状岩体常有平行层面的软弱结构面发育，结构体块度不大，岩体完整性破坏较大。其中镶嵌结构岩体结构体为硬质岩石，具有较高的变形模量和承载能力，工程地质性能尚好。而层状碎裂结构和碎裂结构岩体变形模量、承载能力均不高，工程地质性质较差。

(4) 散体结构。岩体节理、裂隙很发育，岩体十分破碎，岩石手捏即碎，属于碎石土类。

二、岩体的力学特性

(一) 岩体的变形特征

岩体的变形通常包括结构面变形和结构体变形两个部分。就大多数岩体而言，一般建筑物的荷载远达不到岩体的极限强度值。因此，设计人员所关心的主要是岩体的变形特性。岩体变形参数是由变形模量或弹性模量来反映的。由于岩体中发育有各种结构面，所以岩体变形的弹塑性特征较岩石更为显著。

不同岩体具有不同的流变特性。流变特性是岩体在外部条件不变的情况下，应力或变形随时间而变化的性质，一般有蠕变和松弛两种表现形式。蠕变是指在应力一定的条件下，变形随时间的持续而逐渐增加的现象。松弛是指在变形保持一定时，应力随时间的增长而逐渐减小的现象。试验和工程实践表明，岩石和岩体均具有流变性。特别是软弱岩石、软弱夹层、碎裂及散体结构岩体，其变形的时间效应明显，蠕变特征显著。有些工程建筑的失事，往往不是因为荷载过高，而是在应力较低的情况下岩体产生了蠕变。

(二) 岩体的强度性质

由于岩体是由结构面和各种形状岩石块体组成的，所以，其强度同时受二者性质的控制。一般情况下，岩体的强度既不等于岩块岩石的强度，也不等于结构面的强度，而是二者共同影响表现出来的强度。但在某些情况下，可以用岩石或结构面的强度来代替。如当岩体中结构面不发育，呈完整结构时，岩石的强度可视为岩体强度。如果岩体沿某一结构面产生整体滑动时，则岩体强度完全受结构面强度控制。

三、岩体的工程地质性质

岩体的工程地质性质有赖于岩石或土和结构面的性质，许多情况是结构面发育程度、规模大小以及组合状况，对岩体的工程地质性质起主要或决定性的作用。

(一) 岩石的工程地质性质

1. 岩石的物理力学性质

(1) 岩石的主要物理性质。

1) 重量。岩石的重量是岩石最基本的物理性质之一，一般用比重和重度两个指标表示。

岩石的比重是岩石固体（不包括孔隙）部分单位体积的重量，在数值上等于岩石固体颗粒的重量与同体积的水在4℃时重量的比。常见的岩石的比重一般为2.4～3.3。岩石的比重决定于组成岩石的矿物的比重及其在岩石中的相对含量。

岩石的重度也称容重，是岩石单位体积的重量，在数值上它等于岩石试件的总重量（包括孔隙中的水重）与其总体积（包括孔隙体积）之比。岩石重度的大小决定于岩石中矿物的比重、岩石的孔隙性及其含水情况。岩石孔隙中完全没有水存在时的重度，称为干重度；孔隙全部被水充满时的重度，称为岩石的饱和重度。

一般来讲，组成岩石的矿物比重大，或岩石的孔隙性小，则岩石的重度就大。在相同条件下的同一种岩石，重度大就说明岩石的结构致密、孔隙性小，岩石的强度和稳定性也较高。

2）孔隙性。岩石的孔隙性用孔隙度表示，反映岩石中各种孔隙的发育程度。在数值上等于岩石中各种孔隙的总体积与岩石总体积的比，以百分数计。孔隙性对岩石的强度和稳定性产生重要的影响。岩石孔隙度的大小，主要取决于岩石的结构和构造，同时也受外力因素的影响。未受风化或构造作用的侵入岩和某些变质岩，其孔隙度一般是很小的，而砾岩、砂岩等一些沉积岩类的岩石，则经常具有较大的孔隙度。

3）吸水性。岩石的吸水性一般用吸水率表示，反映岩石在一定条件下（在通常大气压下）的吸水能力。在数值上等于岩石的吸水重量与同体积干燥岩石重量的比，也以百分数计。岩石的吸水率与岩石孔隙度的大小、孔隙张开程度等因素有关。岩石的吸水率大，则水对岩石颗粒间结合物的浸润、软化作用就强，岩石强度和稳定性受水作用的影响也就显著。

4）软化性。岩石的软化性是指岩石受水作用后，强度和稳定性发生变化的性质，主要取决于岩石的矿物成分、结构和构造特征。黏土矿物含量高、孔隙度大、吸水率高的岩石，与水作用容易软化而丧失其强度和稳定性。

用软化系数作为岩石软化性的指标，在数值上等于岩石饱和状态下的极限抗压强度与风干状态下极限抗压强度的比。其值越小，表示岩石的强度和稳定性受水作用的影响越大。

5）抗冻性。岩石孔隙中的水结冰时体积膨胀，会产生巨大的压力。岩石抵抗这种压力作用的能力，称为岩石的抗冻性。在高寒冰冻地区，抗冻性是评价岩石工程性质的一个重要指标。

（2）岩石的主要力学性质。

1）岩石的变形。岩石受力作用会产生变形，在弹性变形范围内用弹性模量和泊松比两个指标表示。弹性模量是应力与应变之比，以“帕斯卡”为单位，用符号 Pa 表示。相同受力条件下，岩石的弹性模量越大，变形越小。即弹性模量越大，岩石抵抗变形的能力越高。泊松比是横向应变与纵向应变的比。泊松比越大，表示岩石受力作用后的横向变形越大。

岩石并不是理想的弹性体，岩石变形特性的物理量也不是一个常数。通常所提供的弹性模量和泊松比，只是在一定条件下的平均值。

2）岩石的强度。岩石的强度是岩石抵抗外力破坏的能力，也以“帕斯卡”为单位，用符号 Pa 表示。岩石受力作用破坏，表现为压碎、拉断和剪断等，故有抗压强度、抗拉强度和抗剪强度等。

抗压强度是岩石在单向压力作用下抵抗压碎破坏的能力，是岩石最基本、最常用的力学指标。在数值上等于岩石受压达到破坏时的极限应力。抗压强度主要与岩石的结构、构造、风化程度和含水情况等有关，也受岩石的矿物成分和生成条件的影响。所以，岩石的抗压强度相差很大，胶结不良砾岩和软弱页岩的小于 20MPa，坚硬岩浆岩的大于 245MPa。

抗拉强度是岩石抵抗拉伸破坏的能力，在数值上等于岩石单向拉伸被拉断破坏时的最大张应力。岩石的抗拉强度远小于抗压强度，故当岩层受到挤压形成褶皱时，常在弯曲变形较大的部位受拉破坏，产生张性裂隙。

抗剪强度是指岩石抵抗剪切破坏的能力，在数值上等于岩石受剪破坏时的极限剪应力。在一定压应力下岩石剪断时，剪破面上的最大剪应力，称为抗剪断强度，其值一般都比较高。抗剪强度是沿岩石裂隙或软弱面等发生剪切滑动时的指标，其强度远远低于抗剪断强度。

三项强度中，岩石的抗压强度最高，抗剪强度居中，抗拉强度最小。抗剪强度为抗压强度的10%～40%，抗拉强度仅是抗压强度的2%～16%。岩石越坚硬，其值相差越大，软弱岩石的差别较小。岩石的抗压强度和抗剪强度，是评价岩石（岩体）稳定性的指标，是对岩石（岩体）的稳定性进行定量分析的依据。

2. 岩石的分级

鉴于土和岩石的物理力学性质和开挖施工的难度，由松软至坚实共分为16级，分别以Ⅰ～ⅩⅥ表示，其中Ⅰ～Ⅳ的4级为土，Ⅴ～ⅩⅥ的12级为岩石。土分为一、二、三、四类，岩石分为松石、次坚石、普坚石、特坚石四类。

（二）土体的工程地质性质

1. 土的物理力学性质

（1）土的主要性能参数。

1）土的含水量。土的含水量是土中水的重量与土粒重量之比。含水量是标志土的湿度的一个重要物理指标。一般而言，土的含水量增大时，其强度会降低。

2）土的饱和度。土的饱和度是土中被水充满的孔隙体积与孔隙总体积之比。饱和度Sr越大，表明土孔隙中充水越多。工程实际中，按饱和度将土划分为如下三种含水状态：$Sr<50\%$是稍湿状态；$Sr=50\%\sim80\%$是很湿状态；$Sr>80\%$是饱水状态。

3）土的孔隙比。土的孔隙比是土中孔隙体积与土粒体积之比，用小数表示，它是一个重要的物理性指标，可以用来评价天然土层的密实程度。一般孔隙比小于0.6的土是密实的低压缩性土，孔隙比大于1.0的土是疏松的高压缩性土。

4）土的孔隙率。土的孔隙率是土中孔隙体积与土的体积（三相）之比。

5）土的塑性指数和液性指数。土可分为无黏性土和黏性土。无黏性土一般指碎石土和砂土。粉土属于砂土和黏性土的过渡类型，其物质组成、结构及物理力学性质主要接近砂土。无黏性土的紧密状态是判定工程性质的重要指标，它综合反映了无黏性土颗粒的岩石和矿物组成、粒度组成（级配）、颗粒形状和排列等对其工程性质的影响。颗粒小于粉砂的是黏性土，其工程性质受含水量的影响特别大。随着含水量的变化，黏性土由一种稠度状态转变为另一种状态，相应于转变点的含水量称为界限含水量，也称为稠度界限，是黏性土的重要特性指标，对黏性土的工程性质评价及分类等有重要意义。黏性土的界限含水量有缩限、塑限和液限。

①缩限。半固态黏性土随水分蒸发体积逐渐缩小，直到体积不再缩小时的界限含水量叫缩限，体积不再随水分蒸发而缩小的状态为固态。

②塑限。半固态黏性土随含水量增加转到可塑状态的界限含水量叫塑限，也称塑性下限。

③液限。由可塑状态转到流塑、流动状态的界限含水量叫液限。

塑性指数。液限和塑限的差值称为塑性指数，它表示黏性土处在可塑状态的含水量变化范围。塑性指数越大，可塑性就越强。

液性指数。黏性土的天然含水量和塑限的差值与塑性指数之比，称为液性指数。液性指数越大，土质越软。

（2）土的力学性质。

1）土的压缩性，是土在压力作用下体积缩小的特性。在荷载作用下，透水性大的饱和无黏性土，其压缩过程在短时间内就可以结束。然而，黏性土的透水性低，饱和黏性土中的水分只能慢慢排出，其压缩稳定所需的时间要比砂土长得多，其固结变形往往需要几年甚至几十年时间才能完成。因此，必须考虑变形与时间的关系，以便控制施工加荷速度，确定建筑物的使用安全措施。有时地基各点由于土质不同或荷载差异，还需考虑地基的不均匀沉降。所以，对于饱和软黏性土而言，土的固结问题是十分重要的。计算地基沉降量时，必须取得土的压缩性指标，无论用室内试验或原位试验来测定它，应该力求试验条件与土的天然状态及其在外荷作用下的实际应力条件相适应。

2）土的抗剪强度。在土的自重或外荷载作用下，土体中某一个曲面上产生的剪应力值达到了土对剪切破坏的极限抗力时，土体就会沿着该曲面发生相对滑移而失稳。土对剪切破坏的极限抗力称为土的抗剪强度。在工程实践中，土的抗剪强度涉及地基承载力、路堤等工程边坡和天然土坡的稳定性，以及土作为工程结构物的环境时，作用于结构物上的土压力和山岩压力等问题。

2. 特殊土的主要工程性质

（1）软土。软土泛指淤泥及淤泥质土，富含有机质，天然含水量大于液限，天然孔隙比大于或等于1.0。软土的组成成分和状态特征是由其生成环境决定的，主要由黏粒和粉粒等细小颗粒组成，其黏土矿物和有机质颗粒表面带有大量负电荷，与水分子作用非常强烈，因而在其颗粒外围形成很厚的结合水膜，且在沉积过程中由于粒间静电引力和分子引力作用，形成絮状和蜂窝状结构。所以，软土含大量的结合水，并由于存在一定强度的粒间连结而具有显著的结构性。由于软土的生成环境及上述粒度、矿物组成和结构特征，结构性显著且处于形成初期，故具有高含水量、高孔隙性、低渗透性、高压缩性、低抗剪强度、较显著的触变性和蠕变性等特性。

（2）湿陷性黄土。湿陷性黄土是指在干旱和半干旱气候条件下形成的一种特殊沉积物，颜色多呈黄色、淡灰黄色或褐黄色。颗粒组成以粉土粒（其中尤以粗粉土粒为主，粒径为0.05～0.01mm）为主，占60%～70%，粒度大小均匀，黏粒含量较少，一般仅占10%～20%。含水量小，一般仅占8%～20%。孔隙比大，一般在1.0左右，且具有肉眼可见的大孔隙。具有垂直节理，常呈现直立的天然边坡。黄土按其成因可分为原生黄土和次生黄土。

黄土和黄土状土（以下统称黄土）在天然含水量时一般呈坚硬或硬塑状态，具有较高的强度和低的或中等偏低的压缩性，但遇水浸湿后，有的即使在其自重作用下也会发生剧烈而大量的沉陷（称为湿陷性），强度也随之迅速降低。然而，并非所有的黄土都发生湿陷。凡天然黄土在上覆土的自重压力作用下，或在上覆土的自重压力与附加压力共同作用下，受水浸湿后土的结构迅速破坏而发生显著下沉的，称为湿陷性黄土，否则，称为非湿陷性黄土。因此，分析、判别黄土是否属于湿陷性的、其湿陷性强弱程度以及地基湿陷类型和湿陷等级，是黄土地区工程勘察与评价的核心问题。黄土形成年代越久，由于盐分溶滤较充分，固结成岩程度大，大孔结构退化，土质越趋密实，强度高而压缩性小，湿陷性减弱甚至不具湿陷性。形成年代越短，其特性相反。

湿陷性黄土一般分为自重湿陷性和非自重湿陷性黄土两种类型，湿陷性黄土受水浸湿后，在其自重压力下发生湿陷的，称为自重湿陷性黄土。而在其自重压力与附加压力共同作用下才发生湿陷的，称为非自重湿陷性黄土。在自重湿陷性黄土地区修筑渠道，初次放水时就可能产生地面下沉，两岸出现与渠道平行的裂缝。管道漏水后由于自重湿陷可能导致管道折断。路基受水后由于自重湿陷而发生局部严重坍塌。地基土的自重湿陷往往使建筑物发生很大的裂缝或使砖墙倾斜，甚至使一些很轻的建筑物也受到破坏。而在非自重湿陷性黄土地区，这类现象极为少见。所以在这两种不同湿陷性黄土地区建筑房屋，采取的地基设计、地基处理、防护措施及施工要求等方面均应有较大差别。

(3) 红黏土。红黏土是指在亚热带湿热气候条件下，碳酸盐类岩石及其间夹的其他岩石，经红土化作用形成的高塑性黏土。红黏土一般呈褐色、棕红等颜色，液限大于50%。经流水再搬运后仍保留其基本特征，液限大于45%的坡、洪积黏土，称为次生红黏土，在相同物理指标情况下，其力学性能低于红黏土。土层中常有石芽、溶洞或土洞分布其间，给地质勘察、设计工作造成困难。

红黏土系碳酸盐类及其他类岩石的风化后期产物，其矿物成分除仍含一定数量的石英颗粒外，大量的黏土颗粒主要由多水高岭石、水云母类、胶体SiO_2及赤铁矿、三水铝土矿等组成，不含或极少含有有机质。红黏土的一般特点是天然含水量高，一般为40%～60%，最高达90%；密度小，天然孔隙比一般为1.4～1.7，最高为2.0，具有大孔性；高塑性，塑限一般为40%～60%，最高达90%，塑性指数一般为20～50；一般呈现较高的强度和较低的压缩性；不具有湿陷性。由于红黏土塑性很高，所以尽管天然含水量高，一般仍处于坚硬或硬可塑状态，甚至饱水的红黏土也是坚硬状态的。

(4) 膨胀土。膨胀土是指含有大量的强亲水性黏土矿物成分，具有显著的吸水膨胀和失水收缩，且胀缩变形往复可逆的高塑性黏土。膨胀土多分布于Ⅱ级以上的河谷阶地或山前丘陵地区，个别处于Ⅰ级阶地。呈黄、黄褐、灰白、花斑（杂色）和棕红等色。多为高分散的黏土颗粒组成。常有铁锰质及钙质结核等零星包含物。结构致密细腻，一般呈坚硬至硬塑状态，但雨天浸水剧烈变软。近地表部位常有不规则的网状裂隙，裂隙面光滑，呈蜡状或油脂光泽，时有擦痕或水迹，并有灰白色黏土（主要为蒙脱石或伊里石矿物）充填，在地表部位常因失水而张开，雨季又会因浸水而重新闭合。

膨胀土黏粒含量多达35%～85%。其中粒径小于0.002mm的胶粒含量一般也占30%～40%。塑性指数多为22～35，天然含水量接近或略小于塑限，常年不同季节变化幅度为3%～6%，故一般呈坚硬或硬塑状态。天然孔隙比小，通常为0.50～0.80。同时，其天然孔隙比随土体湿度的增减而变化，即土体增湿膨胀，孔隙比变大。土体失水收缩，孔隙比变小。自由膨胀量一般超过40%，也有超过100%的。在天然条件下一般处于硬塑或坚硬状态，强度较高，压缩性较低，一般易被误认为是工程性能较好的土。由于具有膨胀和收缩等特性，在膨胀土地区进行工程建筑，如果不采取必要的设计和施工措施，会导致大批建筑物的开裂和损坏，并往往是造成坡地建筑场地崩塌、滑坡、地裂等的严重不稳定因素。同时，当膨胀土的含水量剧烈增大（例如，由于地表浸水或地下水位上升）或土的原状结构被扰动时，土体强度会骤然降低，压缩性增高，这显然是土的内摩擦角和内聚力都相应减小及结构强度破坏的缘故。

膨胀土建筑场地与地基的评价，应根据场地的地形地貌条件、膨胀土的分布及其胀缩性能、地表水和地下水的分布、集聚和排泄条件，并按建筑物的特点、级别和荷载情况，分析和计算膨胀土建筑场地和地基的胀缩变形量、强度和稳定性，为地基基础、上部结构及其他工程设施的设计与施工提供依据。

(5) 填土。填土是在一定的地质、地貌和社会历史条件下，由于人类活动而堆填的土。由于我国幅员广大，历史悠久，因此，在我国大多数古老城市的地表面，广泛覆盖着各种类别的填土层，无论从堆填方式、组成成分、分布特征及其工程性质等方面，均表现出一定的复杂性。填土根据组成物质和堆填方式形成的工程性质的差异划分为以下三类：

1) 素填土。素填土是由碎石、砂土、粉土或黏性土等一种或几种材料组成的填土。其中不含杂质或杂质很少。按其组成物质分为碎石素填土、砂性素填土、粉性素填土和黏性素填土。素填土经分层压实者，称为压实填土。素填土的工程性质取决于它的密实性和均匀性，在堆填过程中，未经人工压实者，一般密实度较差，但堆积时间较长，由于土的自重压密作用，也能达到一定密实度。如堆填时间超过 10 年的黏性土、超过 5 年的粉土、超过 2 年的砂土，均具有一定的密实度和强度，可以作为一般建筑物的天然地基。素填土地基具有不均匀性，防止建筑物不均匀沉降是填土地基的关键。对于压实填土应保证压实质量，保证密实度。

2) 杂填土。杂填土是含有大量杂物的填土，按其组成物质成分和特征分为建筑垃圾土、工业废料土、生活垃圾等。试验证明，以生活垃圾和腐蚀性及易变性工业废料为主要成分的杂填土，一般不宜作为建筑物地基；对主要以建筑垃圾或一般工业废料组成的杂填土，采用适当（简单、易行、收效好）的措施进行处理后可作为一般建筑物地基。在利用杂填土作为地基时，应注意其不均匀性、工程性质随堆填时间而变化、含腐殖质及水化物等问题。

3) 冲填土。冲填土系由水力冲填泥沙形成的沉积土，即在整理和疏浚江河航道时，有计划地用挖泥船，通过泥浆泵将泥沙夹大量水分，吹送至江河两岸而形成的一种填土。冲填土的颗粒组成和成分规律与所冲填泥沙的来源及冲填时的水力条件有着密切的关系，其含水量大，透水性较弱，排水固结差，一般呈软塑或流塑状态，比同类自然沉积饱和土的强度低、压缩性高。

（三）结构面的工程地质性质

岩体的完整性、渗透性、稳定性和强度等物理力学性质取决于岩石和结构面的物理力学性质，很多情况是结构面的比岩石的影响大。对岩体影响较大的结构面的物理力学性质，主要是结构面的产状、延续性和抗剪强度。延伸长度为 5～10m 的平直结构面，对地下工程围岩的稳定就有很大的影响，对边坡的稳定影响一般不大。

结构面与最大主应力间的关系控制着岩体的强度与破坏机理，结构面展布方向与受力方向不同，岩石的强度与破坏方式不同。

结构面的规模是结构面影响工程建设的重要性质。结构面的规模分为Ⅰ～Ⅴ级：

Ⅰ级指大断层或区域性断层。控制工程建设地区的稳定性，直接影响工程岩体稳定性。

Ⅱ级指延伸长而宽度不大的区域性地质界面。

Ⅲ级指长度数十米至数百米的断层、区域性节理、延伸较好的层面及层间错动等。

Ⅳ级指延伸较差的节理、层面、次生裂隙、小断层及较发育的片理、劈理面等，是构成岩块的边界面，破坏岩体的完整性，影响岩体的物理力学性质及应力分布状态；Ⅳ级结构面主要控制着岩体的结构、完整性和物理力学性质，数量多且具随机性，其分布规律具统计规律，需用统计方法进行研究，在此基础上进行岩体结构面网络模拟。

Ⅴ级结构面，又称微结构面。常包含在岩块内，主要影响岩块的物理力学性质，控制岩块的力学性质。

上述五级结构面中，Ⅱ、Ⅲ级结构面往往是对工程岩体力学和对岩体破坏方式有控制意义的边界条件，它们的组合往往构成可能滑移岩体的边界面，直接威胁工程安全稳定性。

工程建设要注意软弱结构面。软弱结构面是岩体中具有一定厚度的软弱带（层），与两盘岩体相比具有高压缩和低强度等特征，在产状上多属缓倾角结构面。主要包括原生软弱夹层、构造及挤压破碎带、泥化夹层及其他夹泥层等。软弱结构面多为原岩的超固结胶结式结构变成了泥质散状结构或泥质定向结构，黏粒含量很高，含水量接近或超过塑限，密度比原岩小，常具有一定的胀缩性，力学性质比原岩差，强度低、压缩性高，易产生渗透变形。

（四）地震的震级与烈度

地震是一种地质现象，主要是由于地球的内力作用而产生的一种地壳震动现象，其中绝大多数是伴随岩层断裂错动所产生的。火山爆发、洞穴陷落、山崩等也可引起地震，但其所占比例很小，且强度低、影响范围小。其次，还有因人类活动直接造成的地震，如爆破引起的。此外，由人类活动导致断层错动而产生的诱发地震，如水库诱发地震等。目前，世界上有两个地震活动频繁的地震带，即阿尔卑斯-喜马拉雅地震带和环太平洋地震带。前者约占地震总数的 15%，后者约占 80%，这两个地震带都延伸到我国境内，所以我国是个多地震的国家，尤其西南、西北、华北、东南沿海及台湾等地区，强烈地震经常发生。

1. 地震震源

震源是深部岩石破裂产生地壳震动的发源地。震源在地面上的垂直投影称为震中。地震所引起的震动以弹性波的形式向各个方向传播，其强度随距离的增加而减小。地震波首先传达到震中，震中区受破坏最大，距震中越远破坏程度越小。地面上受震动破坏程度相同点的外包线称为等震线。地震波通过地球内部介质传播的称为体波。体波分为纵波和横波，纵波的质点振动方向与震波传播方向一致，周期短、振幅小、传播速度快；横波的质点振动方向与震波传播方向垂直，周期长、振幅大、传播速度较慢。体波经过反射、折射而沿地面附近传播的波称为面波，面波的传播速度最慢。

2. 地震震级

地震是依据地震释放出来的能量多少来划分震级的。释放出来的能量越多，震级就越大。中国科学院将地震震级分为五级：微震、轻震、强震、烈震和大灾震。其释放的能量与仪器测定的震级划分如表 1.1.4 所示。

目前，国际通用的李希特-古登堡震级是以距震中 100km 的标准地震仪所记录的最大振幅的 μm 数的对数表示。如记录的最大振幅是 10mm，即 10 000μm，取其对数等于 4，则为 4 级地震。

表 1.1.4 地震震级划分表

地震级别	表现	放能总量/J	仪器震级
微震	一般无震感	$10^4 \sim 10^9$	0～2.6
轻震	一般有震感	$10^9 \sim 10^{11}$	2.6～3.8
强震	无害强震	$10^{11} \sim 10^{13}$	3.8～4.8
	有害强震	$10^{13} \sim 10^{15}$	4.8～6
烈震	破坏烈震	$10^{15} \sim 10^{17}$	6～7
	大毁坏震	$10^{17} \sim 10^{19}$	7～8
大灾震	毁灭性地震	$10^{19} \sim 10^{21}$	＞8.25

3. 地震烈度

地震烈度是指某一地区的地面和建筑物遭受一次地震破坏的程度。其不仅与震级有关，还和震源深度、距震中距离以及地震波通过介质条件（岩石性质、地质构造、地下水埋深）等多种因素有关。

地震烈度又可分为基本烈度、建筑场地烈度和设计烈度。基本烈度代表一个地区的最大地震烈度。建筑场地烈度也称小区域烈度，是建筑场地内因地质条件、地形地貌条件和水文地质条件的不同而引起的相对基本烈度有所降低或提高的烈度，一般降低或提高半度至一度。设计烈度是抗震设计所采用的烈度，是根据建筑物的重要性、永久性、抗震性以及工程的经济性等条件对基本烈度的调整。设计烈度一般可采用国家批准的基本烈度，但遇不良地质条件或有特殊重要意义的建筑物，经主管部门批准，可对基本烈度加以调整作为设计烈度。在工程建筑设计中，鉴定、划分建筑区的地震烈度是很重要的，因为一个工程从建筑场地的选择到工程建筑的抗震措施等都与地震烈度有密切的关系。

4. 震级与烈度的关系

震级与地震烈度既有区别，又相互联系。一般情况下，震级越高、震源越浅，距震中越近，地震烈度就越高，如表 1.1.5 所示。一次地震只有一个震级，但震中周围地区的破坏程度，随距震中距离的加大而逐渐减小，形成多个不同的地震烈度区，它们由大到小依次分布。但因地质条件的差异，可能出现偏大或偏小的烈度异常区。

表 1.1.5 震级与烈度的关系

震级/级	3 以下	3	4	5	6	7	8	8 以上
震中烈度/度	Ⅰ～Ⅱ	Ⅲ	Ⅳ～Ⅴ	Ⅵ～Ⅶ	Ⅶ～Ⅷ	Ⅸ～Ⅹ	Ⅺ	Ⅻ

5. 建筑抗震

（1）抗震设防分类。

抗震设防的各类建筑与市政工程，均应根据其遭受地震破坏后可能造成的人员伤亡、经济损失、社会影响程度及其在抗震救灾中的作用等因素划分为下列四个抗震设防类别：

特殊设防类应为使用上有特殊要求的设施，涉及国家公共安全的重大建筑与市政工程和地震时可能发生严重次生灾害等特别重大灾害后果，需要进行特殊设防的建筑与市政工程，简称甲类。

重点设防类应为地震时使用功能不能中断或需尽快恢复的生命线相关建筑与市政工程，以及地震时可能导致大量人员伤亡等重大灾害后果，需要提高设防标准的建筑与市政工程，简称乙类。

标准设防类应为除甲类、乙类、丁类以外按标准要求进行设防的建筑与市政工程，简称丙类。

适度设防类应为使用上人员稀少且震损不致产生次生灾害，允许在一定条件下适度降低设防要求的建筑与市政工程，简称丁类。

（2）抗震设防标准。

各抗震设防类别建筑与市政工程的抗震设防标准，应符合下列要求：

标准设防类，应按本地区抗震设防烈度确定其抗震措施和地震作用，达到在遭遇高于当地抗震设防烈度的预估罕遇地震影响时不致倒塌或发生危及生命安全的严重破坏的抗震设防目标。

重点设防类，应按本地区抗震设防烈度提高一度的要求加强其抗震措施；但抗震设防烈度为 9 度时应按比 9 度更高的要求采取抗震措施；地基基础的抗震措施，应符合有关规定；同时，应按本地区抗震设防烈度确定其地震作用。

特殊设防类，应按本地区抗震设防烈度提高一度的要求加强其抗震措施；但抗震设防烈度为 9 度时应按比 9 度更高的要求采取抗震措施；同时，应按批准的地震安全性评价的结果且高于本地区抗震设防烈度的要求确定其地震作用。

适度设防类，允许比本地区抗震设防烈度的要求适当降低其抗震措施，但抗震设防烈度为 6 度时不应降低。一般情况下，仍应按本地区抗震设防烈度确定其地震作用。

当工程场地为Ⅰ类时，对特殊设防类和重点设防类工程，允许按本地区设防烈度的要求采取抗震构造措施。对标准设防类工程，抗震构造措施允许按本地区设防烈度降低一度，但不得低于 6 度的要求采用。

当工程场地为Ⅲ、Ⅳ类时，抗震构造措施应比本地区抗震设防烈度要求适当提高采用。

（3）抗震等级。

抗震等级分为四个等级，以表示其很严重（一级）、严重（二级）、较严重（三级）及一般（四级）四个级别。钢筋混凝土房屋应根据设防类别、设防烈度、结构类型和房屋高度采用不同的抗震等级，并应符合相应的内力调整和抗震构造要求。以丙类建筑框架结构的抗震等级为例，见表 1.1.6。甲、乙、丁类建筑，则应在各自设防烈度调整后再确定抗震等级，其抗震措施应符合规范要求。

表 1.1.6　丙类混凝土结构房屋的抗震等级

结构类型		设防烈度						
		6 度		7 度		8 度		9 度
框架	高度/m	≤24	25～60	≤24	25～50	≤24	25～40	≤24
	框架	四	三	三	二	二	一	一
	跨度不小于 18m 的框架	三		二		一		一

注：1. 当房屋高度超过本表相应规定的上限时，应采取更有效的抗震措施。

2. 当房屋高度接近或等于本表的高度分界时，应结合房屋不规则程度及场地、地基条件确定合适的抗震等级。

第二节 地下水的类型与特征

一、地下水的类型

地下水是埋藏在地表以下岩层或土层空隙（包括孔隙、裂隙和空洞等）中的水，主要是由大气降水和地表水渗入地下形成的。在干旱地区，水蒸气也可以直接在岩石的空隙中凝成少量的地下水。地下水的分布极其广泛，密切地联系着人类生活和经济活动的各个方面，可以说是一种宝贵的地下资源。但是，地下水也往往给工程建设带来一定的困难和危害。

根据埋藏条件，将地下水分为包气带水、潜水、承压水三大类。根据含水层的空隙性质，地下水又分为孔隙水、裂隙水和岩溶水三个亚类。根据上述分类原则，将地下水的基本类型列于表 1.2.1。

表 1.2.1 地下水分类

基本类型	亚类			水头性质	补给区与分布区关系	动态特点	成因
	孔隙水	裂隙水	岩溶水				
包气带水	土壤水、沼泽水、不透水透镜体上的上层滞水。主要是季节性存在的地下水	基岩风化壳（黏土裂隙）中季节性存在的水	垂直渗入带中季节性及经常性存在的水	无压水	补给区与分布区一致	一般为暂时性水	基本上是渗入成因，局部是凝结成因
潜水	坡积、洪积、冲积、湖积、冰碛和冰水沉积物中的水；当经常出露或接近地表时，成为沼泽水、沙漠和海滨沙丘水	基岩上部裂隙中的水	裸露岩溶化岩层中的水	常为无压水	补给区与分布区一致	水位升降决定地表水的渗入和地下蒸发，并在某些地方决定于水压的传递	基本上是渗入成因，局部是凝结成因
承压水	松散沉积物构成的向斜和盆地——自流盆地中的水；松散沉积物构成的单斜和山前平原——自流斜地中的水	构成盆地或向斜中基岩的层状裂隙水、单斜岩层中层状裂隙水、构造断裂带及不规则裂隙中的深部水	构造盆地或向斜中岩溶化岩石中的水，单斜岩溶化岩层中的水	承压水	补给区与分布区不一致	水位的升降决定于水压的传递	渗入成因或海洋成因

（一）包气带水

包气带水处于地表面以下潜水位以上的包气带岩土层中，包括土壤水、沼泽水、上层滞水以及岩层风化壳（黏土裂隙）中季节性存在的水。

（二）潜水

潜水是埋藏在地表以下第一层较稳定的隔水层以上具有自由水面的重力水，其自由表面承受大气压力，受气候条件影响，季节性变化明显。如春、夏季多雨，水位上升，冬季少雨，水位下降。水温也随季节而有规律地变化。潜水主要分布在地表各种岩土里，多数存在于第四纪松散岩层中，坚硬的沉积岩、岩浆岩和变质岩的裂隙及洞穴中也有潜水分布。

（三）承压水

承压水也称为自流水，是地表以下充满两个稳定隔水层之间的重力水。承压水含水层上部的隔水层称为隔水顶板，下部的隔水层称为隔水底板。顶底板之间的距离为含水层厚度。

（四）裂隙水

裂隙水是指埋藏在基岩裂隙中的地下水。根据基岩裂隙成因，将裂隙水分为风化裂隙水、成岩裂隙水、构造裂隙水。

（1）风化裂隙水分布在风化裂隙中，多数为层状裂隙水，多属潜水。

（2）成岩裂隙水分布在成岩裂隙中，可以是潜水，也可以是承压水，当成岩裂隙的岩层出露地表时，常赋存成岩裂隙潜水。

（3）构造裂隙水分布在构造裂隙中。由于地壳的构造运动，岩石受挤压、剪切等应力作用形成构造裂隙，其发育程度既取决于岩石本身的性质，也取决于边界条件及构造应力分布等因素。当构造应力分布比较均匀且强度足够时，则在岩体中形成比较密集均匀且相互连通的张开性构造裂隙，这种裂隙常赋存层状构造裂隙水。当构造应力分布不均匀时，岩体中张开性构造裂隙分布不连续、不沟通，则赋存脉状构造裂隙水。具有同一岩性的岩层，由于构造应力的差异，一些地方可能赋存层状构造裂隙水，另一些地方可能赋存脉状构造裂隙水。

（五）岩溶水

岩溶水赋存和运移于可溶岩的溶隙、溶洞（洞穴、管道、暗河）中，可以是潜水，也可以是承压水。我国的岩溶分布比较广，特别是在南方地区。岩溶水分布很普遍，水量丰富，对供水极为有利，但对矿床开采、地下工程和建筑工程等都会带来一些危害。根据埋藏条件，将岩溶水分为岩溶上层滞水、岩溶潜水及岩溶承压水。

二、地下水的特征

（一）包气带水的特征

包气带水埋藏浅，分布区和补给区一致；水量与水质受气候控制，季节性明显，变化大，雨季水量多，旱季水量少，甚至干涸。包气带水对农业有很大意义，对工程意义不大。

（二）潜水的特征

潜水有两个特征，一是潜水面以上无稳定的隔水层存在，大气降水和地表水可直接渗入，成为潜水的主要补给来源。因此，在大多数的情况下潜水的分布区与补给区是一致的，某些气象水文要素的变化能很快影响潜水的变化，潜水的水质也易于受到污染。二是潜水自水位较高处向水位较低处渗流。在山脊地带潜水位的最高处可形成潜水分水岭，自此处潜水流向不同的方向。潜水面的形状是因时因地而异的，它受地形、地质、气象、水文等自然因素控制，并常与地形有一定程度的一致性。一般地面坡度越大，潜水面的坡度也越大，但潜水面坡度经常小于当地的地面坡度。

（三）承压水的特征

承压水是因为限制在两个隔水层之间而具有一定压力，承压性是承压水的重要特征。因有隔水顶板存在，与地表水联系较弱，承压水受气候的影响很小，动态较稳定，不易受污染。承压水的形成与所在地区的地质构造及沉积条件有密切关系，只要有适宜的地质构造条件，地下水即可形成承压水。一般来说，适宜形成承压水的地质构造有两种：一为向斜构造盆地，也称为自流盆地；二为单斜构造自流斜地。但是，自然中的自流盆地与自流斜地的含水层，埋藏条件是很复杂的，往往在同一个区域内的自流盆地和自流斜地可埋藏多个含水层，它们有不同的稳定水位与不同的水力联系，这主要取决于地形和地质构造二者之间的关系。当地形和构造一致时，即为正地形，下部含水层压力高，若有裂隙穿越上下含水层，下部含水层的水通过裂隙补给上部含水层。反地形，情况相反，上部含水层通过一定的通道补给下部含水层，这是因为下部含水层的补给与排泄区常位于较低的位置。

（四）裂隙水的特征

这种水运动复杂，水量变化较大，这与裂隙发育及成因有密切关系。

风化裂隙水由于风化裂隙彼此相连通，因此在一定范围内形成的地下水也是相互连通的。水平方向透水性均匀，垂直方向随深度而减弱，多属潜水，有时也存在上层滞水。如果风化壳上部的覆盖层透水性很差时，其下部的裂隙带有一定的承压性。风化裂隙水主要受大气降水的补给，有明显季节性循环交替，常以泉水的形式排泄于河流中；成岩裂隙水多呈层状，在一定范围内相互连通；层状构造裂隙水可以是潜水，也可以是承压水。脉状构造裂隙水，多赋存于张开裂隙中，由于裂隙分布不连续，所以形成的裂隙各有自己独立的系统、补给源及排泄条件，水位不一致，有一定压力，压力分布不均，水量少，水位、水量变化大。但是，不论是层状构造裂隙水还是脉状构造裂隙水，其渗透性常显示各向异性。这是因为不同方向的构造应力性质不同，某些方向上裂隙张开性好，另一些方向上的裂隙张开性差，甚至是闭合的。

（五）岩溶水的特征

在厚层灰岩的包气带中，常有局部非可溶的岩层存在，起着隔水作用，在其上部形成岩溶上层滞水；岩溶潜水广泛分布在大面积出露的厚层灰岩地区，动态变化很大，水位变化幅度可达数十米；岩溶地层被覆盖或岩溶层与砂页岩互层分布时，在一定的构造条件下，就能形成动态较稳定的岩溶承压水。总的来说，在岩溶地区进行工程建设，特别是地下工程，必须弄清岩溶的发育与分布规律，因为岩溶的发育可能使工程地质条件恶化。

第三节　常见工程地质问题及其处理方法

一、特殊地基

地基对建筑物的影响很大，工程建设难免遇到一些特殊地基，必须加以处理。

（一）松散、软弱土层

松散、软弱土层强度、刚度低，承载力低，抗渗性差。对不满足承载力要求的松散土层，如砂和沙砾石地层等，可挖除，也可采用固结灌浆、预制桩或灌注桩、地下连续墙或沉井等加固；对不满足抗渗要求的，可灌水泥浆或水泥黏土浆，或地下连续墙防渗；对于影响边坡稳定的，可喷混凝土护面和打土钉支护。

对不满足承载力的软弱土层，如淤泥及淤泥质土，浅层的挖除，深层的可以采用振冲等方法用砂、沙砾、碎石或块石等置换。

（二）风化、破碎岩层

风化、破碎岩层，岩体松散，强度低，整体性差，抗渗性差，有的不能满足建筑物对地基的要求。风化一般在地基表层，可以挖除。破碎岩层有的较浅，也可以挖除。有的埋藏较深，如断层破碎带，可以用水泥浆灌浆加固或防渗；风化、破碎处于边坡影响稳定的，可根据情况采用喷混凝土或挂网喷混凝土护面，必要时配合灌浆和锚杆加固，甚至采用砌体、混凝土和钢筋混凝土等格构方式的结构护坡；对于裂隙发育影响地基承载能力和抗渗要求的，可以用水泥浆灌浆加固或防渗。

（三）断层、泥化软弱夹层

对充填胶结差，影响承载力或抗渗要求的断层，浅埋的尽可能清除回填，深埋的灌水泥浆处理；泥化夹层影响承载能力，浅埋的尽可能清除回填，深埋的一般不影响承载能力。断层、泥化软弱夹层可能是基础或边坡的滑动控制面，对于不便清除回填的，根据埋深和厚度，可采用锚杆、抗滑桩、预应力锚索等进行抗滑处理。

（四）岩溶与土洞

岩溶是可溶性岩层被水长期溶蚀而形成的各种地质现象和形态，又称喀斯特。选择岩溶地区地基处理方法时，应考虑地基、基础和上部结构的共同作用。岩溶地区地基处理与施工时，应根据岩溶发育特征和地表水径流、地下水赋存条件制定截流、防渗、堵漏或疏排措施。

对塌陷或浅埋溶（土）洞宜采用挖填夯实法、跨越法、充填法、垫层法进行处理；对深埋溶（土）洞宜采用注浆法、桩基法、充填法进行处理。对落水洞及浅埋的溶沟（槽）、溶蚀（裂隙、漏斗）等，宜采用跨越法、充填法进行处理。

对于岩溶地区地貌、地质、水文条件复杂及塌陷量大、影响范围大的地段，可采用多种方法综合处理。岩溶地基处理与施工时，应对岩溶水进行疏导或封堵，减少淘蚀、潜蚀。

二、地下水

地下水最常见的问题主要是对岩体的软化、侵蚀和静水压力、动水压力作用及其渗透破坏等。

（一）地下水对土体和岩体的软化

地下水使土体尤其是非黏性土软化，降低强度、刚度和承载能力。有侵蚀性的地下水使岩石发生化学变化，也可能导致岩石的强度降低。尤其是地下水使结构面的黏结力降低和摩擦角减小，使结构面的抗剪强度降低，造成岩体的承载力和稳定性下降。

（二）地下水位下降引起软土地基沉降

一般在沿海软土层中进行基础施工时，需要人工降低地下水位。若降水措施不当，轻者造成邻近建筑物或地下管线的不均匀沉降。重者使建筑物基础下的土体颗粒流失，甚至掏空，导致建筑物开裂，进而危及安全使用。

此外，还应注意抽水环节。首先，如果抽水井滤网和砂滤层的设计不合理或施工质量差，那么抽水时会将软土层中的黏粒、粉粒、细砂等细小土颗粒随同地下水一起带出地面，使周围地面土层很快产生不均匀沉降，造成地面建筑物和地下管线不同程度的损坏。其次，井管埋设完成开始抽水时，井内水位下降，井外含水层中的地下水不断流向滤管，经过一段时间后，在井周围形成漏斗状的弯曲水面——降水漏斗。在这一降水漏斗范围内的软土层会发生渗透固结而造成地基土沉降。而且，由于土层的不均匀性和边界条件的复杂性，降水漏斗往往是不对称的，因而使周围建筑物或地下管线产生不均匀沉降，甚至开裂。

（三）动水压力产生流砂和潜蚀

1. 流砂

当地下水的动水压力大于土粒的浮容重或地下水的水力坡度大于临界水力坡度时，就会产生流砂。其严重程度按现象可分三种：一是轻微流砂，细小的土颗粒会随着地下水渗漏穿过缝隙而流入基坑；二是中等流砂，在基坑底部，尤其是靠近围护桩墙的地方，出现粉细砂堆及其许多细小土粒缓慢流动的渗水沟纹；三是严重流砂，流砂冒出速度增加，甚至像开水初沸翻泡。流砂易产生在细砂、粉砂，粉质黏土等土中，致使地表塌陷或建筑物的地基破坏，给施工带来很大困难，或直接影响工程建设及附近建筑物的稳定。因此，必须进行处治。常用的处置方法有人工降低地下水位和打板桩等，特殊情况下也可采取化学加固法、爆炸法及加重法等。在基槽开挖的过程中局部地段突然出现严重流砂时，可立即抛入大块石等阻止流砂。

2. 潜蚀

潜蚀作用可分为机械潜蚀和化学潜蚀两种。如果地下水渗流产生的动水压力小于土颗粒的有效重度，即渗流水力坡度小于临界水力坡度，虽然不会发生流砂现象，但是土中细小颗粒仍有可能穿过粗颗粒之间的孔隙被渗流携带流失，在土层中将形成管状空洞，使土体结构破坏，强度降低，压缩性增加，这种现象称为机械潜蚀。化学潜蚀是指地下水溶解土中的易溶盐分，破坏土粒间的结合力和土的结构，土粒被水带走，形成洞穴的作用。这两种作用一般是同时进行的。在地基土层内如具有地下水的潜蚀作用时，将会破坏地基土的强度，形成空洞，产生地表塌陷，影响建筑工程的稳定。在我国的黄土层及岩溶地区的土层中，常有潜蚀现象产生。

对潜蚀的处理可以采用堵截地表水流入土层、阻止地下水在土层中流动、设置反滤层、改良土的性质、减小地下水流速及水力坡度等措施。

（四）地下水的浮托作用

当建筑物基础底面位于地下水位以下时，地下水对基础底面产生静水压力，即产生浮托力。如果基础位于粉土、砂土、碎石土和节理裂隙发育的岩石地基上，则按地下水位100%计算浮托力；如果基础位于节理裂隙不发育的岩石地基上，则按地下水位50%计算浮托力；如果基础位于黏性土地基上，其浮托力较难明确，应结合地区的实际经验考虑。

（五）承压水对基坑的作用

当基坑底为隔水层且层底作用有承压水时，应进行坑底突涌验算，必要时可采取水平封底隔渗或钻孔减压措施，保证坑底土层稳定。当坑底含承压水层且上部土体压重不足以抵抗承压水水头时，应布置降压井降低承压水水头压力，防止承压水突涌，确保基坑开挖施工安全。

（六）地下水对钢筋混凝土的腐蚀

地下水对混凝土建筑物的腐蚀是一项复杂的物理化学过程，在一定的工程地质与水文地质条件下，对建筑材料的耐久性影响很大。硅酸盐水泥遇水硬化，形成 $Ca(OH)_2$、水化硅酸钙（$CaOSiO_2 \cdot 12H_2O$）、水化铝酸钙（$CaOAl_2O_3 \cdot 6H_2O$）等，这些物质往往会受到地下水的腐蚀。

三、边坡稳定

（一）影响边坡稳定的因素

影响边坡稳定性的因素有内在因素与外在因素两个方面。内在因素有边坡的岩土性质、地质构造、岩体结构、地应力等，它们常常起着主要的控制作用。外在因素有地表水和地下水的作用、地震、风化作用、人工挖掘、爆破以及工程荷载等。下面从地貌条件、地层岩性、地质构造与岩体结构、地下水四个因素来介绍具体的影响作用。

1. 地貌条件

深切峡谷地区，陡峭的岸坡是容易发生边坡变形和破坏的地形条件。例如，我国西南山区，沿金沙江、岷江、雅砻江及其支流等河谷地区，边坡松动、蠕动、崩塌、滑坡等现象十分普遍。一般来说，坡度越陡，坡高越大，对稳定越不利。例如，崩塌现象均发生在坡度大于 60°的斜坡上。

2. 地层岩性

地层岩性对边坡稳定性的影响很大，软硬相间，并有软化、泥化或易风化的夹层时，最易造成边坡失稳。底层岩性的不同，所形成的边坡变形破坏类型及能保持稳定的坡度也不同。

（1）对于深成侵入岩、厚层坚硬的沉积岩以及片麻岩、石英岩等构成的边坡，一般稳定程度是较高的。只有在节理发育、有软弱结构面穿插且边坡高陡时，才易发生崩塌或滑坡现象。

（2）对于喷出岩边坡，如玄武岩、凝灰岩、火山角砾岩、安山岩等，其原生的节理，尤其是柱状节理发育时，易形成直立边坡并易发生崩塌。

（3）对于含有黏土质页岩、泥岩、煤层、泥灰岩、石膏等夹层的沉积岩边坡，最易发生顺层滑动，或因下部蠕滑而造成上部岩体的崩塌。

（4）对于千枚岩、板岩及片岩，岩性较软弱且易风化，在产状陡立的地段，临近斜坡表部容易出现蠕动变形现象。当受节理切割遭风化后，常出现顺层（或片理）滑坡。

（5）对于黄土，如具有垂直节理、疏松透水，浸水后易崩解湿陷。当受水浸泡或作为水库岸边时，极易发生崩塌或塌滑现象。

（6）对于崩塌堆积、坡积及残积层地区，其下伏基岩面常常是一个倾向河谷的斜坡面。当有地下水在此受阻，并有黏土质成分沿其分布时，极易形成滑动面，从而使上部松散堆积物形成滑坡。

3. 地质构造与岩体结构

地质构造因素包括褶皱、断裂、区域新构造运动及地应力等，这些对岩质边坡的稳定也是主要因素。褶皱、断裂发育地区，常是岩层倾角大，甚至陡立，断层、节理纵横切割，构成岩体中的切割面和滑动面，形成有利于崩塌、滑动的条件，并直接控制着边坡破坏的形成和规模。

4. 地下水

地下水是影响边坡稳定最重要、最活跃的外在因素，绝大多数滑坡都与地下水的活动有关。许多滑坡、崩塌均发生在降雨之后，是降水渗入岩土体后，产生不良影响所致。地下水的作用是很复杂的，主要表现在以下几个方面：

（1）地下水会使岩石软化或溶蚀，导致上覆岩体塌陷，进而发生崩塌或滑坡。

（2）地下水产生静水压力或动水压力，促使岩体下滑或崩倒。

（3）地下水增加了岩体重量，可使下滑力增大。

（4）在寒冷地区，渗入裂隙中的水结冰，产生膨胀压力，促使岩体破坏、倾倒。

（5）地下水产生浮托力，使岩体有效重量减轻，稳定性下降。

（二）不稳定边坡的防治措施

为了确保工程的安全，针对不稳定的边坡，必须采取一些有效的防治措施。目前国内外常用的方法有：防止地表水向岩体中渗透与排除不稳定岩体中的地下水，削缓斜坡、上部减重，修建支挡建筑，锚固等。

1. 防渗和排水

防渗和排水是整治滑坡的一种重要手段，只要布置得当、合理，一般均能取得较好效果。为了防止大气降水向岩体中渗透，一般是在滑坡体外围布置截水沟槽，以截断流至滑坡体上的水流。大的滑坡体尚应在其上布置一些排水沟，同时要整平坡面，防止有积水的坑洼，以利于降水迅速排走。针对已渗入滑坡体的水，通常是采用地下排水廊道，利用它可截住渗透的水流或将滑坡体中的积水排出滑坡体以外。另外也有采用钻孔排水的方法，即利用若干个垂直钻孔，打穿滑坡体下部的不透水层，使滑坡体中的水流到其下部的另一个透水性较强的岩层中。

2. 削坡

削坡是将陡倾的边坡上部的岩体挖除，一部分使边坡变缓，同时也可使滑体重量减轻，以达到稳定的目的。削减下来的土石，可填在坡脚，起反压作用，更有利于稳定。采用这种方法时，要注意滑动面的位置，否则不仅效果不显著，甚至更会促使岩体不稳。

3. 支挡建筑

支挡建筑，主要是在不稳定岩体的下部修建挡墙或支撑墙（或墩），也是一种应用广泛而有效的方法。材料用混凝土、钢筋混凝土或砌石。支挡建筑物的基础要砌置在滑动面以下。在挡墙后增加排水措施，效果更好。

4. 锚固措施

锚固措施，有锚杆（或锚索）和混凝土锚固桩两种类型的措施，其原理都是提高岩体抗滑（或抗倾倒）能力。预应力锚索或锚杆锚固不稳定岩体的方法，适用于加固岩体边坡和不稳定岩块。其作用是先在不稳定岩体上布置若干钻孔，钻至滑动面以下的坚固稳定的岩层中，然后在孔中放入锚索或锚杆，将下端固定，上端拉紧。上端一般用混凝土墩、混凝土梁或配合以挡墙将其固定。锚固桩（或称抗滑桩）适用于浅层或中厚层的滑坡体。它是在滑坡体的中、下部开挖竖井或大口径钻孔，然后浇灌钢筋混凝土而成。一般垂直于滑动方向布置一排或两排，桩径通常为 1～3m，深度一般要求滑动面以下桩长占全桩长的

1/4～1/3。

除上述几项较多采用的防治措施外，还可采用混凝土护面、灌浆及改善滑动带土石的力学性质等措施。一般而言，在进行边坡防治处理时，如数种措施同时采用，效果更为显著。

四、围岩稳定

地下工程埋于岩体中，首先要考虑的就是地下工程围岩的稳定性问题，如围岩塌方、地下水渗漏等。

（一）地下工程位置选择的影响因素

地下工程位置的选择，除取决于工程目的要求外，还需要考虑区域稳定、山体稳定及地形、岩性、地质构造、地下水及地应力等因素的影响。

（1）地形条件。在地形上要求山体完整，地下工程周围包括洞顶及傍山侧应有足够的山体厚度。如选择隧洞位置时，隧洞进出口地段的边坡应下陡上缓，无滑坡、崩塌等现象存在。洞口岩石应直接出露或坡积层薄，岩层最好倾向山里以保证洞口坡的安全。在地形陡的高边坡开挖洞口时，应不削坡或少削坡即进洞，必要时可做人工洞口先行进洞，以保证边坡的稳定性。隧洞进出口不应选在排水困难的低洼处，也不应选在冲沟、傍河山嘴及谷口等易受水流冲刷的地段。

（2）岩性条件。坚硬完整的岩体，围岩一般是稳定的，能适应各种断面形状的地下工程。而软弱岩体，如黏土岩类、破碎及风化岩体、吸水易膨胀的岩体等，通常力学强度低，遇水易软化、崩解及膨胀等，不利于围岩的稳定。因此，地下工程位置应尽量选在坚硬完整的岩石中。一般在坚硬完整的岩层中开挖，围岩稳定、进度快、造价低。在软弱、破碎、松散岩层中开挖，顶板易坍塌，边墙及底板易产生鼓胀挤出变形等事故，且需边开挖边支护或超前支护，进而影响工程造价和工期。一般而言，岩浆岩、厚层坚硬的沉积岩及变质岩，围岩的稳定性好，适于修建大型的地下工程。凝灰岩、黏土岩、页岩、胶结不好的砂砾岩、千枚岩及某些片岩，稳定性差，不宜建大型地下工程。松散及破碎的岩石稳定性极差，选址时应尽量避开。

（3）地质构造条件。地质构造是控制岩体完整性及渗透性的重要因素。选址时应尽量避开地质构造复杂的地段，否则会给施工带来困难。如意大利的辛普郎隧道，长 20 多公里，由于地层严重褶皱、倒装并伴有大型的逆断层，岩石破碎，施工中多次发生塌方，经多次停工处理才打通。下面从具体的地质构造对围岩稳定性的影响进行分析：

1）褶皱的影响。褶皱剧烈地区，一般断裂也很发育，特别是褶皱核部岩层完整性最差。在背斜核部，岩层呈上拱形，虽岩层破碎，然犹如石砌的拱形结构，能将上覆岩层的荷重传递至两侧岩体中去，所以有利于洞顶的稳定。向斜核部岩层呈倒拱形，顶部被张裂隙切割的岩块上窄下宽，易于塌落。另外，向斜核部往往是承压水储存的场所，地下工程开挖时地下水会突然涌入洞室。因此，在向斜核部不宜修建地下工程。从理论而言，背斜核部较向斜优越，但实际上由于背斜核部外缘受拉伸处于张力带，内缘受挤压，加上风化作用，岩层往往很破碎。因此，在布置地下工程时，原则上应避开褶皱核部。若必须在褶皱岩层地段修建地下工程，可以将地下工程放在褶皱的两侧。

2）断裂的影响。断层破碎带及断层交汇区，稳定性极差。地下工程开挖如遇较大规模的断层，基本上都会产生塌方甚至冒顶（洞顶大规模突然坍塌破坏）。一般而言，应避免地下工程轴线沿断层带布置。而地下工程轴线垂直或近于垂直断裂带，所需穿越的不稳定地段较短，但也可能产生塌方。因此，在选址时应尽量避开大断层。

3）岩层产状的影响。对于地下工程轴线与岩层走向垂直的情况，围岩的稳定性较好，特别是对边墙稳定有利。当岩层较陡时，稳定性最好。当岩层倾角较平缓且节理发育时，在洞顶易发生局部岩块塌落现象，地下工程顶部常出现阶梯形超挖。对于地下工程走向与岩层走向平行的情况，若岩层薄，彼此之间联结性差，在开挖地下工程（特别是大跨度的洞室）时常常发生顶板的坍塌。因此，在水平岩层中布置地下工程时，应尽量使地下工程位于均质厚层的坚硬岩层中。当地下工程必须通过软硬不同的岩层组合时，应将坚硬岩层作为顶板，避免将软弱岩层或软弱夹层置于顶部，否则易于造成顶板悬垂或坍塌。软弱岩层位于地下工程两侧或底部也不利，容易引起边墙或底板鼓胀变形或被挤出。在倾斜岩层中，一般也是不利的。当洞身穿过软硬相间或破碎的倾斜岩层时，顺倾向一侧的围岩易于变形或滑动，造成很大的偏压，逆倾向一侧围岩侧压力小，有利于稳定。因此，在倾斜岩层中最好将地下工程选在均一完整坚硬的岩石中。

(4) 地下水。地下工程施工中的塌方或冒顶事故，常常和地下水的活动有关。因此，在选址时最好选在地下水位以上的干燥岩体内，或地下水量不大、无高压含水层的岩体内。

(5) 地应力。在地下工程的设计和施工过程中，必须了解工程所在部位初始应力场的分布和变化规律，获得地下工程开挖后围岩应力重分布的特征，以便选用相应的措施来维护围岩的稳定。初始应力状态是决定围岩应力重分布的主要因素。

（二）围岩的工程地质分析

(1) 围岩稳定性分析。围岩稳定，是指在一定时间内，在一定的地质力和工程力作用下，岩体不产生破坏和失稳。围岩在压应力、拉应力作用下能否破坏，一般可采用如下判据：一是围岩的抗压强度和抗拉强度是否适应围岩应力；二是围岩的抗剪强度是否适应围岩的剪应力。

由于岩体在强度和结构方面的差异，隧道、竖井和地下车站、仓库、厂房等地下工程的围岩，变形与破坏的形式多种多样，主要有五种：

1）脆性破裂，经常产生于高地应力地区，其形成的机理是复杂的，它是储存有很大弹性应变能的岩体，在开挖卸荷后，能量突然释放形成的，与岩石性质、地应力积聚水平及地下工程断面形状等因素有关。

2）块体滑移，是块状结构围岩常见的破坏形式，常以结构面交汇切割组合成不同形状的块体滑移、塌落等形式出现。

3）岩层的弯曲折断，是层状围岩变形失稳的主要形式。在水平层状围岩中，当岩层很薄或软硬相间时，顶板容易下沉弯曲折断。在倾斜层状围岩中，当层间结合不良时，顺倾向一侧边墙或顶拱易滑落掉块，逆倾向一侧拱脚以上部分岩层易弯曲折断。在陡倾或直立岩层中，因洞周的切向应力与边墙岩层近于平行，所以边墙容易凸邦弯曲。

4）碎裂结构岩体在张力和振动力作用下容易松动、解脱，在洞顶则产生崩落，在边墙上则表现为滑塌或碎块的坍塌。当结构面间夹泥时，往往会产生大规模的塌方，如不及时支护，将愈演愈烈，直至冒顶。

5）一般强烈风化、强烈构造破碎或新近堆积的土体，在重力、围岩应力和地下水作用下常产生冒落及塑性变形。常见的塑性变形和破坏形式有边墙挤入、底鼓及洞径收缩等。

（2）围岩的分类。主要是鉴于围岩的稳定性对围岩进行分类，不同建设行业对围岩的分类尚不尽相同。例如，水利建设行业将围岩分为五类，交通建设行业将围岩分为六类。

（三）提高围岩稳定性的措施

为了保证地下工程施工的安全和正常运行，应该针对岩体的不同条件，采取相应的施工方法和一定的工程技术措施，提高围岩的稳定性。目前，用于提高围岩稳定性的工程措施主要有传统的支撑与衬砌和喷锚支护两大类。

（1）支撑与衬砌。支撑是在地下工程开挖过程中用以稳定围岩的临时性措施。按照选用材料的不同，有木支撑、钢支撑及混凝土支撑等。在不太稳定的岩体中开挖，需及时支撑以防止围岩早期松动。衬砌是加固围岩的永久性结构，其作用主要是承受围岩压力及内水压力，有混凝土及钢筋混凝土衬砌，也可以用浆砌条石衬砌。

（2）喷锚支护。喷锚支护是在地下工程开挖后，及时地向围岩表面喷一薄层混凝土（一般厚度为5～20cm），有时再增加一些锚杆，从而部分地阻止围岩向洞内变形，以达到支护的目的。

喷锚支护能使混凝土喷层与围岩紧密结合，并且喷层本身具有一定的柔性和变形特性，因而能及时有效地控制和调整围岩应力的重分布，最大限度地保护岩体的结构和力学性质，防止围岩的松动和坍塌。如果喷混凝土再配合锚杆加固围岩，则会更有效地提高围岩自身的承载力和稳定性。

喷混凝土具备以下几方面的作用：首先，它能紧跟工作面，速度快，因而缩短了开挖与支护的间隔时间，及时地填补了围岩表面的裂缝和缺损，阻止裂隙切割的碎块脱落松动，使围岩的应力状态得到改善；其次，由于有较高的喷射速度和压力，浆液能充填张开的裂隙，起着加固岩体的作用，提高了岩体整体性；最后，喷层与围岩紧密结合，有较高的黏结力和抗剪强度，能在结合面上传递各种应力，可以起到承载拱的作用。

锚杆有楔缝式金属锚杆、钢丝绳砂浆锚杆、普通砂浆金属锚杆、预应力锚杆及木锚杆等。目前在大中型工程中，常用的是楔缝式金属锚杆和砂浆金属锚杆两种。为了防止锚杆之间的碎块塌落，可采用喷层和钢丝网来配合。

（四）各类围岩的具体处理方法

（1）对于坚硬的整体围岩，岩块强度高，整体性好，在地下工程开挖后自身稳定性好，基本上不存在支护问题。这种情况下喷混凝土的作用主要是防止围岩表面风化，消除开挖后表面的凹凸不平及防止个别岩块掉落，其喷层厚度一般为3～5cm。当地下工程围岩中出现拉应力区时，应采用锚杆稳定围岩。

（2）对于块状围岩，这类围岩的坍塌总是从个别石块——“危石”掉落开始，再逐渐发展扩大。只要及时有效地防止个别“危石”掉落，就能保证围岩整体的稳定性。一般而言，对于此类围岩，喷混凝土支护即可，但对于边墙部分岩块可能沿某一结构面出现滑动时，应该用锚杆加固。

（3）对于层状围岩，在开挖地下工程时，往往不易打成拱形（或圆形），爆破后顶面经常成平板状，如不加支护，围岩常常先发生弯曲张开，然后逐渐坍塌。因此，对于此类围岩，应以锚杆为主要的支护手段。通过锚杆将各层联结在一起，提高岩层的抗弯刚度，有效阻止各层之间的层间错动。

（4）对于软弱围岩，相当于围岩分类中的Ⅳ类和Ⅴ类围岩，一般指强度低、成岩不牢固的软岩、破碎及强烈风化的岩石。该类围岩在地下工程开挖后一般都不能自稳，所以必须立即喷射混凝土，有时还要加钢筋网，然后打锚杆才能稳定围岩。

第四节　工程地质对工程建设的影响

一、工程地质对工程选址的影响

工程地质是建设工程地基及其一定影响区域的地层性质。建设工程根据其规模、功能、质量、建筑布置、结构构成、使用年限、运营方式和安全保证等，要求地基及其一定区域的地层有一定的强度、刚度、稳定性和抗渗性。有的工程地质能满足这些要求，但有的土体松散、软弱、湿陷、湿胀，有的岩石软弱、软化、风化、泥化、破碎和岩层褶皱、断裂、不整合以及受地下水的渗透与侵蚀等，不能满足工程要求。许多建设工程不得不根据工程所选地址的地质条件调整建筑结构设计，或者根据建筑结构设计要求处理工程地质缺陷，这些都会增加工程造价。建设项目选择技术经济合理的建设方案，必须重视工程选址。

建设工程选址，除了受社会经济条件和地形、气象、水文等自然地理条件的影响外，也受工程地质条件的影响。工程地质对建设工程选址的影响，主要是各种地质缺陷对工程安全和工程技术经济的影响。工程选址的正确与否决定工程建设的技术经济效果乃至工程建设的成败，是工程建设在工程技术方面最重要的决策。举世瞩目的长江三峡工程之所以选择三斗坪坝址，其中一个重要原因是漫长的石灰岩河流基岩在此嵌有一段难得的花岗岩地段。

（1）对于一般中小型建设工程的选址，工程地质的影响主要是在工程建设一定影响范围内，地质构造和地层岩性形成的土体松软、湿陷、湿胀、岩体破碎、岩石风化和潜在的斜坡滑动、陡坡崩塌、泥石流等地质问题对工程建设的影响和威胁。

（2）对于大型建设工程的选址，工程地质的影响还要考虑区域地质构造和地质岩性形成的整体滑坡，地下水的性质、状态和活动对地基的危害。

（3）对于特殊重要的工业、能源、国防、科技和教育等方面新建项目的工程选址，还要考虑地区的地震烈度，尽量避免在高烈度地区建设。

（4）对于地下工程的选址，工程地质的影响要考虑区域稳定性的问题。对区域性深大断裂交汇、近期活动断层和现代构造运动较为强烈的地段，要给予足够的注意，同时也要注意避免工程走向与岩层走向交角太小甚至近乎平行。

（5）对于道路选线，因为线性展布跨越地域多，受技术经济和地形地貌各方面的限制，对地质缺陷难以回避，工程地质的影响更为复杂。道路选线尽量避开断层裂谷边坡，尤其是不稳定边坡；避开岩层倾向与坡面倾向一致的顺向坡，尤其是岩层倾角小于坡面倾角的；避免路线与主要裂隙发育方向平行，尤其是裂隙倾向与边坡倾向一致的；避免经过大型滑坡体、不稳定岩堆和泥石流地段及其下方。

（一）裂隙（裂缝）对工程选址的影响

裂隙（裂缝）对工程建设的影响主要表现在破坏岩体的整体性，促使岩体风化加快，增强岩体的透水性，使岩体的强度和稳定性降低。裂隙（裂缝）的主要发育方向与建筑边坡走向平行的，边坡易发生坍塌。裂隙（裂缝）的间距越小，密度越大，对岩体质量的影响越大。

（二）断层对工程选址的影响

由于岩层发生强烈的断裂变动，致使岩体裂隙增多、岩石破碎、风化严重、地下水发育，从而降低了岩石的强度和稳定性，对工程建筑造成了种种不利的影响。在道路工程建设中，应尽量避开大的断层破碎带。

对于研究路线布局来说，特别是在安排河谷路线时，要注意河谷地貌与断层构造的关系。当路线与断层走向平行，路基靠近断层破碎带时，由于开挖路基，容易引起边坡发生大规模坍塌，直接影响施工和道路的正常使用。在进行大桥桥位勘测时，要注意查明桥基部分有无断层存在，以及其影响程度如何，以便根据不同的情况，在设计基础工程时采取相应的处理措施。

对于在断层发育地带修建隧道来说，由于岩层的整体性遭到破坏，加之地面水或地下水的侵入，其强度和稳定性都是很差的，容易产生洞顶塌落，影响施工安全。因此，当隧道轴线与断层走向平行时，应尽量避免与断层破碎带接触。隧道横穿断层时，虽然只是个别段落受断层影响，但因地质及水文地质条件不良，必须预先考虑措施，保证施工安全。特别当岩层破碎带规模很大，或者穿越断层带时，会使施工十分困难，在确定隧道平面位置时，应尽量设法避开。

二、工程地质对建筑结构的影响

工程地质对建筑结构的影响，主要是地质缺陷和地下水造成的地基稳定性、承载力、抗渗性、沉降和不均匀沉降等问题，对建筑结构选型、建筑材料选用、结构尺寸和钢筋配置等多方面的影响。这些影响在各个工程项目的反映差别较大，具体分为以下几方面。

对建筑结构选型和建筑材料选择的影响。例如，按功能要求可以选用砖混结构的、框架结构的，因工程地质原因造成的地基承载力、承载变形及其不均匀性的问题，要采用框架结构、筒体结构；可以选用钢筋混凝土结构的，要采用钢结构；可以选用砌体的，要采用混凝土或钢筋混凝土。

对基础选型和结构尺寸的影响。由于地基土层松散软弱或岩层破碎等工程地质原因，不能采用条形基础，而要采用片筏基础甚至箱形基础。对较深松散地层有的要采用桩基础加固。还要根据地质缺陷的不同程度，加大基础的结构尺寸。

对结构尺寸和钢筋配置的影响。为了应对地质缺陷造成的受力和变形问题，有时要加大承载和传力结构的尺寸，提高钢筋混凝土的配筋率。

工程所在区域的地震烈度越高，构造柱和圈梁等抗震结构的布置密度、断面尺寸和配筋率要相应增大。

三、工程地质对工程造价的影响

工程建筑物种类多，不同的工程建筑对场地地基的适应程度不同，工程地质问题也就格外复杂。能否正确认识工程地质条件和处理工程地质问题，关系到工程能否顺利建设、安全运营甚至关系到投资成败。对于工程地质问题认识不足、处理不当，不但会带来工程事故，大幅度增加工程造价，而且会遗留无尽的工程病害，从而导致维修整治费用的增加。

工程地质勘察作为一项基础性工作，其质量的优劣直接影响工程造价。一般情况下，地质资料准确性风险属于发包人应承担的风险范围，工程地质勘察不符合实际建设条件，必然会带来工程变更，导致工程造价增加。

对工程造价的影响可归结为三个方面：一是选择工程地质条件有利的路线，对工程造价起着决定作用；二是勘察资料的准确性直接影响工程造价；三是对特殊不良工程地质问题认识不足导致的工程造价增加，往往存在着在施工过程才发现特殊不良地质的现象。这样，不但工程费用因处治特殊不良地质的施工技术条件相对困难而有所增加，而且造成了工程损失，如路基沉陷、边坡倒塌、桥梁破坏、隧道变形等。此外，特殊不良地质的处治是典型的岩土工程，包含着地质和土木工程的复合技术。

免费听课

第二章 工程构造

第一节 工业与民用建筑工程的分类、组成及构造

建筑是根据人们物质生活和精神生活的要求，为满足各种不同的社会过程的需要而建造的有组织的内部和外部的空间环境。建筑一般包括建筑物和构筑物，满足功能要求并提供活动空间和场所的建筑称为建筑物，是供人们生活、学习、工作、居住以及从事生产和文化活动的房屋，如工厂、住宅、学校、影剧院等；仅满足功能要求的建筑称为构筑物，如水塔、纪念碑等。

建筑物通常按其使用性质分为民用建筑和工业建筑两大类。工业建筑是供生产使用的建筑物，民用建筑是供人们从事非生产性活动使用的建筑物。民用建筑分为居住建筑和公共建筑两类。居住建筑又分为住宅类和非住宅类，包含住宅、宿舍和民政建筑；公共建筑是供人们进行各类社会、文化、经济、政治等活动的建筑物，包含教育、办公科研、商业服务、公共活动、交通、医疗等六类建筑。

一、工业与民用建筑工程的分类及应用

（一）工业建筑分类

1. 按厂房层数分

（1）单层厂房。单层厂房指层数仅为一层的工业厂房，适用于有大型机器设备或有重型起重运输设备的厂房。

（2）多层厂房。多层厂房指层数在二层以上的厂房，常用的层数为 2～6 层。适用于生产设备及产品较轻，可沿垂直方向组织生产的厂房，如食品、电子精密仪器工业等用厂房。

（3）混合层数厂房。混合层数厂房指同一厂房内既有单层又有多层的厂房。多用于化学工业、热电站的主厂房等。

2. 按工业建筑用途分

（1）生产厂房。生产厂房指进行备料、加工、装配等主要工艺流程的厂房；如机械制造厂中有铸工车间、电镀车间、热处理车间、机械加工车间和装配车间等。

（2）生产辅助厂房。生产辅助厂房指为生产厂房服务的厂房，如机械制造厂房的修理车间、工具车间等。

（3）动力用厂房。动力用厂房指为生产提供动力源的厂房，如发电站、变电所、锅炉房等。

（4）储存用建筑。储存用建筑指为生产提供储备各种原材料、半成品、成品的房屋，如金属材料库、木材库、油料库、半成品库、成品库。

（5）运输用建筑。运输用建筑指管理、停放及检修交通运输工具的房屋，如汽车库、机车库、起重车库、消防车库等。

（6）其他建筑，如水泵房、污水处理站等。

3. 按其主要承重结构的形式分

（1）排架结构型。排架结构型是将厂房承重柱的柱顶与屋架或屋面梁做铰接连接，而柱下端则嵌固于基础中，构成平面排架，各平面排架再经纵向结构构件连接组成一个空间结构，它是目前单层厂房中最基本、应用最普遍的结构形式。

（2）刚架结构型。刚架结构的基本特点是柱和屋架合并为同一个刚性构件。柱与基础的连接通常为铰接，如吊车吨位较大，也可做成刚接。一般重型单层厂房多采用刚架结构。

（3）空间结构型。空间结构型是一种屋面体系为空间结构的结构体系。这种结构体系充分发挥了建筑材料的强度潜力，使结构由单向受力的平面结构，成为能多向受力的空间结构体系，提高了结构的稳定性。

4. 按车间生产状况分

（1）冷加工车间。这类车间是指在常温状态下，加工非燃烧物质和材料的生产车间，如机械制造类的金工车间、修理车间等。

（2）热加工车间。这类车间是指在高温和熔化状态下，加工非燃烧的物质和材料的生产车间，如机械制造类的铸造、锻压、热处理等车间。

（3）恒温恒湿车间。这类车间是指产品生产需要在稳定的温度、湿度下进行的车间，如精密仪器、纺织等车间。

（4）洁净车间。产品生产需要在空气净化、无尘甚至无菌的条件下进行，如药品生产车间、集成电路车间等。

（5）其他特种状况的车间。有的产品生产对环境有特殊的需要，如防放射性物质、防电磁波干扰等车间。

（二）民用建筑分类

1. 按建筑层数和高度分

根据现行国家标准《民用建筑设计统一标准》GB 50352 的规定，民用建筑按地上建筑高度或层数进行分类应符合下列规定：

（1）建筑高度不大于 27.0m 的住宅建筑、建筑高度不大于 24.0m 的公共建筑及建筑高度大于 24.0m 的单层公共建筑为低层或多层民用建筑；

（2）建筑高度大于 27.0m 的住宅建筑和建筑高度大于 24.0m 的非单层公共建筑，且高度不大于 100.0m 的，为高层民用建筑；

（3）建筑高度大于 100.0m 为超高层建筑。

2. 按建筑的设计使用年限分

按照现行国家标准《民用建筑通用规范》GB 55031 的规定，民用建筑和结构应满足相应的设计使用年限要求。民用建筑的设计使用年限应符合表 2.1.1 的规定。

表 2.1.1 民用建筑设计使用年限分类

类别	设计使用年限/年	示　例
1	5	临时性建筑
2	25	易于替换结构构件的建筑
3	50	普通建筑和构筑物
4	100	纪念性建筑和特别重要的建筑

3. 按建筑物的承重结构材料分

（1）木结构。木结构是由木材或主要由木材承受荷载的结构，通过各种金属连接件或榫卯进行连接和固定。传统木结构主要由天然材料组成，受材料本身条件的限制，多用在民用和中小型工业厂房的屋盖中。现代木结构具有绿色环保、节能保温、建造周期短、抗震耐久等诸多优点，是我国装配式建筑发展的方向之一。所谓现代木结构建筑是指建筑的主要结构部分由木方、集成材、木质板材所构成的结构系统。主要结构构件采用工程木材（经过现代工业手段和先进技术，加工成适合于建筑用的梁、柱等部品部件），构件连接节点采用金属连接件连接。从结构形式上分，一般分为重型梁柱木结构和轻型桁架木结构。

（2）砖木结构。建筑物的主要承重构件用砖木做成，其中竖向承重构件的墙体、柱子采用砖砌，水平承重构件的楼板、屋架采用木材。一般砖木结构适用于低层建筑（1～3层）。这种结构建造简单，材料容易准备，费用较低。

（3）砖混结构。砖混结构是指建筑物中竖向承重结构的墙、柱等采用砖或砌块砌筑，横向承重的梁、楼板、屋面板等采用钢筋混凝土结构。砖混结构是以小部分钢筋混凝土及大部分砖墙承重的结构。适合开间进深较小、房间面积小、多层或低层的建筑。

（4）钢筋混凝土结构。由钢筋和混凝土两种材料结合成整体，共同受力的工程结构。钢筋混凝土结构的主要承重构件，如梁、板、柱等均采用钢筋混凝土材料，而非承重墙采用砖砌或其他轻质材料做成。

（5）钢结构。主要承重构件均用钢材构成的结构。钢结构的特点是强度高、自重轻、整体刚性好、变形能力强，抗震性能好，适用于建造大跨度和超高、超重型的建筑物。

（6）型钢混凝土组合结构。型钢混凝土组合结构是把型钢埋入钢筋混凝土中的一种独立的结构形式。型钢、钢筋、混凝土三者结合使型钢混凝土结构具备了比传统的钢筋混凝土结构承载力大、刚度大、抗震性能好的优点。与钢结构相比，具有防火性能好，结构局部和整体稳定性好，节省钢材的优点。型钢混凝土组合结构应用于大型结构中，力求截面最小化，承载力最大，节约空间，但是造价比较高。

4. 按施工方法分

（1）现浇、现砌式建筑。房屋的主要承重构件均在现场砌筑和浇筑而成。

（2）装配式建筑。由预制部品部件在工地装配而成的建筑。

1）装配式混凝土结构建筑。装配式混凝土结构建筑是指以工厂化生产的混凝土预制构件为主，通过现场装配的方式设计建造的混凝土结构类房屋建筑。装配式混凝土结构建筑是建筑工业化最重要的方式，具有提高质量、缩短工期、节约能源、减少消耗、清洁生产等许多优点。

装配式混凝土结构建筑的预制构件主要有：预制外墙、预制梁、预制柱、预制剪力墙、预制楼板、预制楼梯、预制露台等。按照预制构件的预制部位不同可以分为全预制装配式混凝土结构和预制装配整体式混凝土结构。

全预制装配式混凝土结构，是指所有结构构件均在工厂内生产，运至现场进行装配。全预制装配式混凝土结构通常采用柔性连接技术，所谓柔性连接是指连接部位抗弯能力比预制构件低，因此，地震作用下弹塑性变形通常发生在连接处，而梁柱构件本身不会被破坏，或者是变形在弹性范围内。因此，全预制装配式混凝土结构的恢复性能好，震后只需对连接部位进行修复即可继续使用，具有较好的经济效益。全预制装配式建筑的围护结构可以采用现场砌筑或浇筑，也可以采用预制墙板。它的主要优点是生产效率高，施工速度快，构件质量好，受季节性影响小，在建设量较大而又相对稳定的地区，采用工厂化生产可以取得较好的效果。

预制装配整体式混凝土结构，是指部分结构构件在工厂内生产，如预制外墙、预制内隔墙、半预制露台、半预制楼板，半预制梁、预制楼梯等预制构件，预制构件运至现场后，与主要竖向承重构件（预制或现浇梁柱、剪力墙等）通过叠合层现浇楼板浇筑成整体的结构体系。预制装配整体式混凝土结构通常采用强连接节点，由于强连接的装配式结构在地震中依靠构件面的非弹性变形耗能能力，能够达到与现浇混凝土现浇结构相同或相近的抗震能力，具有良好的整体性能，足够的强度、刚度和延性，能安全抵抗地震力。预制装配整体式混凝土结构的主要优点是生产基地一次投资比全装配式少，适应性大，节省运输费用，便于推广。在一定条件下也可以缩短工期，实现大面积流水施工，结构的整体性良好，并能取得较好的经济效果。

2）装配式钢结构建筑。装配式钢结构建筑适用于构件的工厂化生产，可以将设计、生产、施工、安装一体化。具有自重轻、基础造价低、安装容易、施工快、施工污染环境少、抗震性能好、可回收利用、经济环保等特点，适用于软弱地基。

装配式钢结构建筑结构体系包括钢框架结构、钢框架-支撑结构、钢框架-延性墙板结构、筒体结构、巨型结构、交错桁架结构、门式钢架结构、低层冷弯薄壁型钢结构等。

①钢框架结构。钢框架结构是指沿房屋的纵向和横向均采用钢框架作为承重和抵抗侧力的主要构件所构成的结构体系。采用型钢柱时可以实现多层住宅结构，小高层时，需用方矩管柱。

框架结构按梁和柱的连接形式又可分为半刚性连接框架和刚性连接框架，但半刚性连接框架使用较少。实际应用中，一般将梁柱连接中在梁翼缘部位有可靠连接且刚度较大的连接形式当作刚接，否则，当作铰接。

②钢框架-支撑结构。钢框架-支撑结构是在钢框架体系中沿结构的纵、横两个方向均匀布置一定数量的支撑所形成的结构体系。

钢框架-支撑结构属于双重抗侧力结构体系，钢框架部分是剪切型结构，底部层间位移较大，顶部层间位移较小；支撑部分是弯曲型结构，底部层间位移较小，而顶部层间位移较大，两者并联，可以显著减小结构底部的层间位移，同时结构顶部层间位移也不致过大。由于支撑斜杆仅承受水平荷载，当支撑产生屈曲或破坏后，不会影响结构承担竖向荷载的能力，框架继续承担荷载，不致危及建筑物的基本安全要求。

3）装配式木结构建筑。装配式木结构建筑采用工厂预制的各类标准或非标准木制结构组件，是以现场装配为主要手段建造而成的结构，包括装配式纯木结构、装配式木组合结构、装配式木混合结构等。

5. 按承重体系分

（1）混合结构体系。混合结构房屋一般是指楼盖和屋盖采用钢筋混凝土或钢木结构，而墙和柱采用砌体结构建造的房屋，大多用在住宅、办公楼、教学楼建筑中。住宅建筑最适合采用混合结构，一般在6层以下。

（2）框架结构体系。框架结构是利用梁、柱组成的纵、横两个方向的框架形成的结构体系，同时承受竖向荷载和水平荷载。其主要优点是建筑平面布置灵活，可形成较大的建筑空间，建筑立面处理也比较方便；缺点是侧向刚度较小，当层数较多时，会产生较大的侧移，易引起非结构性构件（如隔墙、装饰等）破坏，而影响使用。

（3）剪力墙体系。剪力墙体系是利用建筑物的墙体（内墙和外墙）来抵抗水平力。因为剪力墙既承受垂直荷载，也承受水平荷载，高层建筑主要荷载为水平荷载，墙体既受剪又受弯，所以称剪力墙。剪力墙结构的优点是侧向刚度大，水平荷载作用下侧移小；缺点是间距小，建筑平面布置不灵活，不适用于大空间的公共建筑，另外结构自重也较大。

（4）框架-剪力墙结构体系。框架-剪力墙结构是在框架结构中设置适当剪力墙的结构，框架结构平面布置灵活，具有较大空间且侧向刚度较大。框架-剪力墙结构中，剪力墙主要承受水平荷载，竖向荷载主要由框架承担。框架-剪力墙结构一般适用于不超过170m高的建筑。

横向剪力墙宜均匀对称布置在建筑物端部附近、平面形状变化处。纵向剪力墙宜布置在房屋两端附近。在水平荷载的作用下，剪力墙好比固定于基础上的悬臂梁，其变形为弯曲型变形，框架为剪切型变形。框架与剪力墙通过楼盖联系在一起，并通过楼盖的水平刚度使两者具有共同的变形。一般情况下，整个建筑的剪力墙至少承受80%的水平荷载。

（5）筒体结构体系。在高层建筑中，特别是超高层建筑中，水平荷载越来越大，起着控制作用。筒体结构是抵抗水平荷载最有效的结构体系。它的受力特点是，整个建筑犹如一个固定于基础上的封闭空心的筒式悬臂梁来抵抗水平力。筒体结构可分为框架-核心筒结构、筒中筒和多筒结构等，如图2.1.1所示。这种结构体系适用于高度不超过300m的建筑。

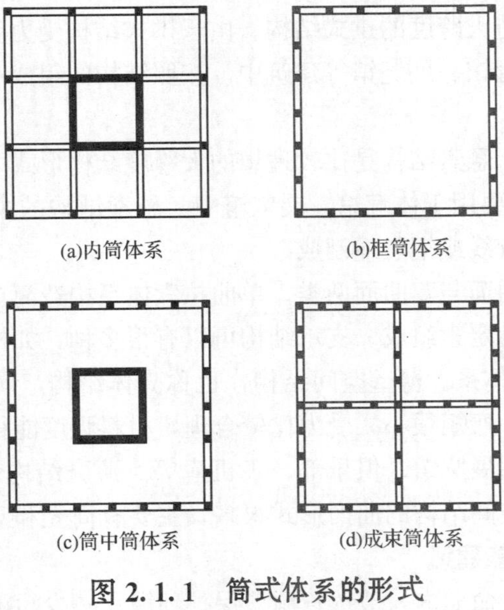
(a)内筒体系 (b)框筒体系 (c)筒中筒体系 (d)成束筒体系

图2.1.1 筒式体系的形式

（6）桁架结构体系。桁架是由杆件组成的结构体系。桁架结构的优点是可利用截面较小的杆件组成截面较大的构件。单层厂房的屋架常选用桁架结构。桁架结构在其他结构体系中也得到了应用，如拱式结构、单层钢架结构等体系中，当断面较大时，也可采用桁架的形式。

（7）网架结构体系。网架是由许多杆件按照一定规律组成的网状结构，是高次超静定的空间结构。网架结构可分为平板网架和曲面网架。其中，平板网架采用较多，其优点是空间受力体系，杆件主要承受轴向力，受力合理，节约材料，整体性能好，刚度大，抗震性能好。网架结构体系杆件类型较少，适用于工业化生产。

平板网架可分为交叉桁架体系和角锥体系两类。角锥体系受力更为合理，刚度更大，如图 2.1.2 所示。

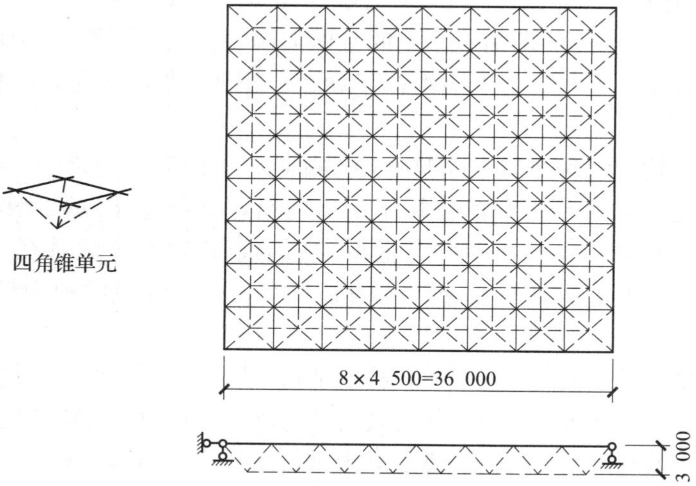

图 2.1.2　角锥体系平板网架

（8）拱式结构体系。拱是一种有推力的结构，其主要内力是轴向压力，因此可利用抗压性能良好的混凝土建造大跨度的拱式结构。由于拱式结构受力合理，在建筑和桥梁中被广泛应用。它适用于体育馆、展览馆等建筑中。按照结构的组成和支承方式，拱可分为三铰拱、两铰拱和无铰拱。

（9）悬索结构体系。悬索结构是比较理想的大跨度结构形式之一。目前，悬索屋盖结构的跨度已达 160m，主要用于体育馆、展览馆中。悬索结构的主要承重构件是受拉的钢索，钢索是用高强度钢绞线或钢丝绳制成。

悬索结构可分为单曲面与双曲面两类。单曲拉索体系构造简单，屋面稳定性差；双曲拉索体系，由承重索和稳定索组成。支承结构可以有很多种，如框架、拱等。

（10）薄壁空间结构体系。薄壁空间结构，也称壳体结构，属于空间受力结构，主要承受曲面内的轴向压力，弯矩很小，受力比较合理，材料强度能得到充分利用。薄壳常用于大跨度的屋盖结构，如展览馆、俱乐部、飞机库等。薄壳结构多采用现浇钢筋混凝土，费模板、费工时。薄壁空间结构的曲面形式很多，主要有筒壳和双曲壳两种形式。

（三）绿色建筑与节能建筑

绿色建筑是指在全寿命期内，节约资源、保护环境、减少污染，为人们提供健康、适用、高效的使用空间，最大限度地实现人与自然和谐共生的高质量建筑。

（1）绿色建筑分类。根据现行国家标准《绿色建筑评价标准》GB/T 50378，绿色建筑的评价应以单栋建筑或建筑群为评价对象。绿色建筑评价应在建筑工程竣工后进行，绿色建筑预评价应在建筑工程施工图设计完成后进行。

绿色建筑评价指标体系应由安全耐久、健康舒适、生活便利、资源节约、环境宜居五类指标组成，且每类指标均应包括控制项和评分项；评价指标体系还统一设置加分项。

绿色建筑分为基本级、一星级、二星级、三星级四个等级。当满足全部控制项要求时，绿色建筑等级应为基本级。当绿色建筑总得分分别达到60分、70分、85分时，绿色建筑等级分别为一星级、二星级、三星级。

（2）节能建筑及分类。根据建筑节能水平可分为一般节能建筑、被动式节能建筑、零能耗建筑和产能型建筑。

被动式节能建筑不需要主动加热，基本上是依靠被动收集来的热量使房屋本身保持一个舒适的温度。使用太阳、人体、家电及热回收装置等带来的热能，不需要主动热源供给。

零能耗建筑是不消耗常规能源建筑，完全依靠太阳能或者其他可再生能源。

产能型建筑一般被定义为建筑所产生的能量超过其自身运行所需要能量的建筑，这是一种新的建筑类型，在现今国家对建筑低碳节能标准不断提高的社会大背景下应运而生。

二、民用建筑构造

建筑物一般都由基础、墙、楼板与地面、阳台与雨篷、楼梯、门与窗、屋顶、装饰构造等部分组成。这些构件处在不同的部位，发挥各自的作用。建筑物还有一些附属部分，如阳台、雨篷、散水、勒脚、防潮层等，有的还有特殊要求，如楼层之间还要设置电梯、自动扶梯或坡道等。

（一）基础

基础是将结构所承受的各种作用传递到地基上的结构组成部分。基础是建筑物的一个组成部分，承受建筑物的全部荷载，并将其传给地基。而地基是指支承基础的土体或岩体，承受由基础传来的建筑物的荷载，地基不是建筑物的组成部分。

1. 基础类型

基础的类型与建筑物上部结构形式、荷载大小、地基的承载能力、地质、水文情况、材料性能等因素有关。

基础按受力特点及材料性能可分为刚性基础和柔性基础；按构造的方式可分为独立基础、条形基础、柱下十字交叉基础、片筏基础、箱形基础、桩基础等。

（1）按材料及受力特点分类。

1）刚性基础。刚性基础所用的材料如砖、石、混凝土等，抗压强度较高，但抗拉及抗剪强度偏低。用此类材料建造的基础，应保证其基底只受压，不受拉。由于受地基承载力的影响，基底应比基顶墙（柱）宽些。根据材料受力的特点，不同材料构成的基础，其传递压力的角度也不相同。刚性基础中压力分布角 α 称为刚性角。在设计中，应尽力使基础大放脚与基础材料的刚性角相一致，以确保基础底面不产生拉应力，最大限度地节约基础材料。刚性基础受刚性角的限制，构造上通过限制刚性基础宽高比来满足刚性角的要求，如图2.1.3所示。

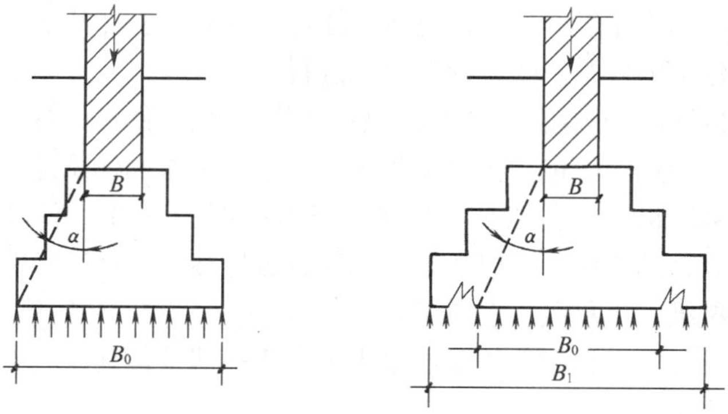

(a)基础受力在刚性角范围以内　　(b)基础宽度超过刚性角范围而破坏

图 2.1.3　刚性基础受力特点

①砖基础。砖基础具有就地取材、价格较低、设施简便的特点，在干燥和温暖的地区应用很广。砖基础的剖面为阶梯形，称为放脚。每一阶梯挑出的长度为砖长的 1/4。为保证基础外挑部分在基底反力作用下不至于发生破坏，大放脚的砌法有两皮一收和二一间隔收两种。在相同底宽的情况下，二一间隔收可减少基础高度，但为了保证基础的强度，底层需要用两皮一收砌筑。由于砖基础的强度及抗冻性较差，因此对砂浆与砖的强度等级，根据施工地区的潮湿程度和寒冷程度有不同的要求。只适用于地基土好、地下水位较低、五层以下的砖木结构或砖混结构。

②混凝土基础。混凝土基础具有坚固、耐久、刚性角大，可根据需要任意改变形状的特点，常用于地下水位高，受冰冻影响的建筑物。混凝土基础台阶宽高比为 1∶1～1∶1.5，实际使用时可把基础断面做成锥形或阶梯形。对于锥形或阶梯形基础断面，应保证两侧有不小于 200mm 的垂直面。

2）柔性基础。鉴于刚性基础受其刚性角的限制，要想获得较大的基底宽度，相应的基础埋深也应加大，这显然会增加材料消耗和挖方量，也会影响施工工期。在混凝土基础底部配置受力钢筋，利用钢筋抗拉，这样基础可以承受弯矩，也就不受刚性角的限制，所以钢筋混凝土基础也称为柔性基础。在相同条件下，采用钢筋混凝土基础比混凝土基础可节省大量的混凝土材料和挖土工程量，如图 2.1.4（a）所示。

钢筋混凝土基础断面可做成锥形，最薄处高度不小于 200mm；也可做成阶梯形，每踏步高 300～500mm。通常情况下，钢筋混凝土基础下面设有素混凝土垫层，厚度为 100mm 左右；无垫层时，钢筋保护层不宜小于 70mm，以保护受力钢筋不锈蚀，如图 2.1.4（b）所示。

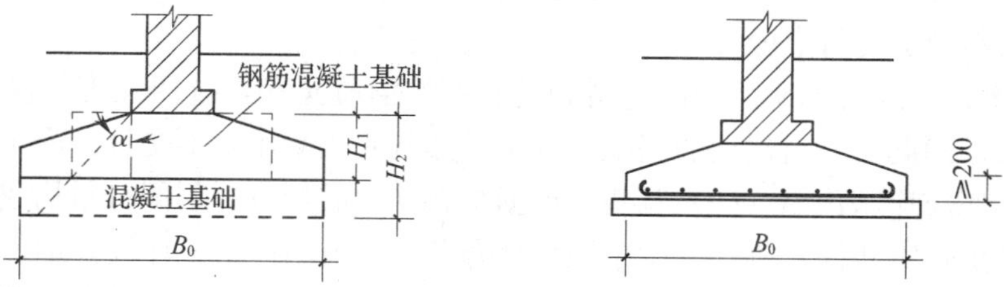

(a) 混凝土基础与钢筋混凝土基础比较　　(b) 基础配筋情况

图 2.1.4　钢筋混凝土基础

（2）按基础的构造形式分类。

1）独立基础（单独基础）。独立基础为独立的块状，形式有台阶形、锥形、杯形等，一般多为柱下独立基础。当柱为预制时，则将独立基础做成杯形基础，将柱插入杯口，对柱进行临时支撑，然后用细石混凝土将柱周围的缝隙填实。

2）条形基础。条形基础是指基础长度远大于其宽度的一种基础形式，也称带形基础。按上部结构形式，可分为墙下条形基础和柱下条形基础。

①墙下条形基础。条形基础是承重墙基础的主要形式，常用砖、毛石、三合土或灰土建造。当上部结构荷载较大而土质较差时，可采用钢筋混凝土建造，墙下钢筋混凝土条形基础一般做成无肋式；如地基在水平方向上压缩性不均匀，为了增加基础的整体性，减少不均匀沉降，也可做成肋式的条形基础。

②柱下条形基础。当地基软弱而荷载较大时，采用柱下单独基础，底面积必然很大，因而互相接近。为增强基础的整体性并方便施工，节约造价，可将同一排的柱基础连通做成钢筋混凝土条形基础。

3）柱下十字交叉基础（井格基础）。当地基条件较差，如土质软弱，为了增强基础的整体刚度，减少不均匀沉降，可以沿柱网纵横方向设置钢筋混凝土条形基础，形成十字交叉基础。

4）筏形基础。如地基基础软弱而荷载又很大，采用十字交叉基础仍不能满足要求或相邻基槽距离很小时，可用钢筋混凝土做成筏形基础。按构造不同，它可分为平板式和梁板式两类。平板式筏形基础一般是一块厚度相等的钢筋混凝土平板。梁板式筏形基础又分为两类：一类是在底板上做梁，柱子支承在梁上；另一类是将梁放在底板的下方，底板上面平整，可作建筑物底层底面。

5）箱形基础。为了使基础具有更大刚度，大大减少建筑物的相对弯矩，可将基础做成由顶板、底板及若干纵横隔墙组成的箱形基础，是筏形基础的进一步发展。箱形基础一般由钢筋混凝土建造，减少了基础底面的附加应力，因而适用于地基软弱土层厚、荷载大和建筑面积不太大的一些重要建筑物，目前高层建筑中多采用箱形基础。

6）桩基础。桩基由桩身和桩承台组成。桩基是按设计的点位将桩身置入土中的，桩的上端浇筑钢筋混凝土承台，承台上接柱或墙体，使荷载均匀地传递给桩基。当建筑物荷载较大，地基的软弱土层厚度在 5m 以上，基础不能埋在软弱土层内，或对软弱土层进行人工处理困难和不经济时，常采用桩基础。采用桩基础能节省材料，减少挖填土方工程量，改善工人的劳动条件，缩短工期。

桩基的种类很多，根据材料可分为木桩、钢筋混凝土桩和钢桩等；根据断面形式可分为圆形桩、方形桩、环形桩、六角形桩及工字形桩等；根据施工方法可分为预制桩及灌注桩。根据荷载传递的方式可分为端承桩和摩擦桩。

常见的基础形式如图 2.1.5 所示。此外，还有壳体基础、圆环基础、沉井基础、沉箱基础等其他基础形式。

2. 基础埋深

从室外设计地面至基础底面的垂直距离称为基础的埋深。建筑物上部荷载的大小，地基土质的好坏，地下水位的高低，土壤冰冻的深度以及新旧建筑物的相邻交接等，都影响基础的埋深。埋深大于或等于 5m，或埋深大于或等于基础宽度的 4 倍的基础称为深基础；

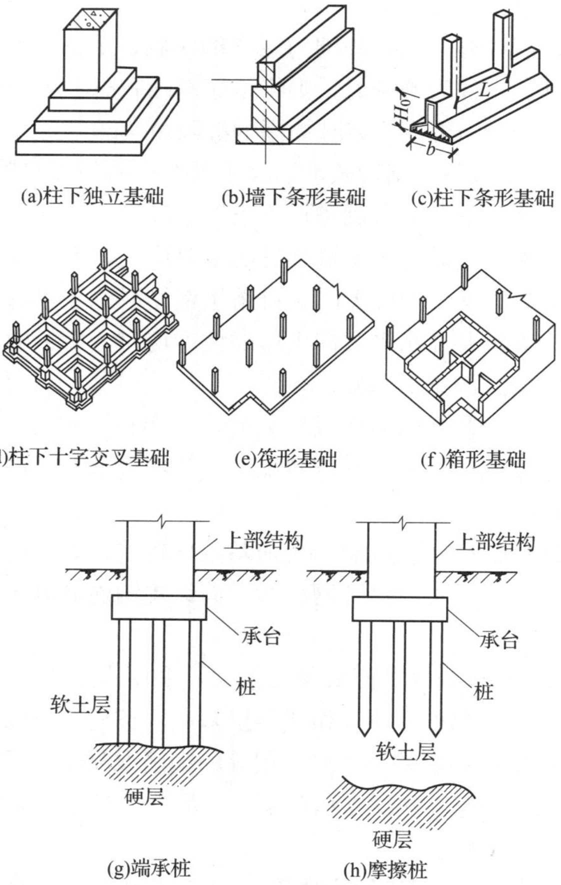

图 2.1.5　基础形式示意图

埋深在 0.5～5m 或埋深小于基础宽度的 4 倍的基础称为浅基础。基础埋深的原则是在保证安全可靠的前提下尽量浅埋，除岩石地基外，不应浅于 0.5m；靠近地表的土体，一般受气候变化的影响较大，性质不稳定，且又是生物活动、生长的场所，故一般不宜作为地基的持力层。基础顶面应低于设计地面 100mm 以上，避免基础外露，遭受外界的破坏。

3. 地下室防潮与防水构造

在建筑物底层以下的房间叫地下室。按功能可把地下室分为普通地下室和人防地下室两种；按形式可把地下室分为全地下室和半地下室两种；按材料可把地下室分为砖混结构地下室和钢筋混凝土结构地下室。

（1）地下室防潮。当地下室地坪位于常年地下水位以上时，地下室须做防潮处理。

对于砖墙，其构造要求是：墙体必须采用水泥砂浆砌筑，灰缝要饱满；在墙外侧设垂直防潮层。其具体做法是：在墙体外表面先抹一层 20mm 厚的水泥砂浆找平层，再涂一道冷底子油和两道热沥青，然后在防潮层外侧回填低渗透土壤，并逐层夯实，土层宽 500mm 左右，以防地面雨水或其他地表水的影响。

地下室的所有墙体都必须设两道水平防潮层。一道设置在地下室地坪附近，具体位置视地坪构造而定；另一道设置在室外地面散水以上 150～200mm 的位置，以防地下潮气沿地下墙身或勒脚渗入室内。凡在外墙穿管、接缝等处，均应嵌入油膏填缝防潮。当地下室使用要求较高时，可在围护结构内侧涂抹防水涂料，以消除或减少潮气渗入，如图 2.1.6 所示。

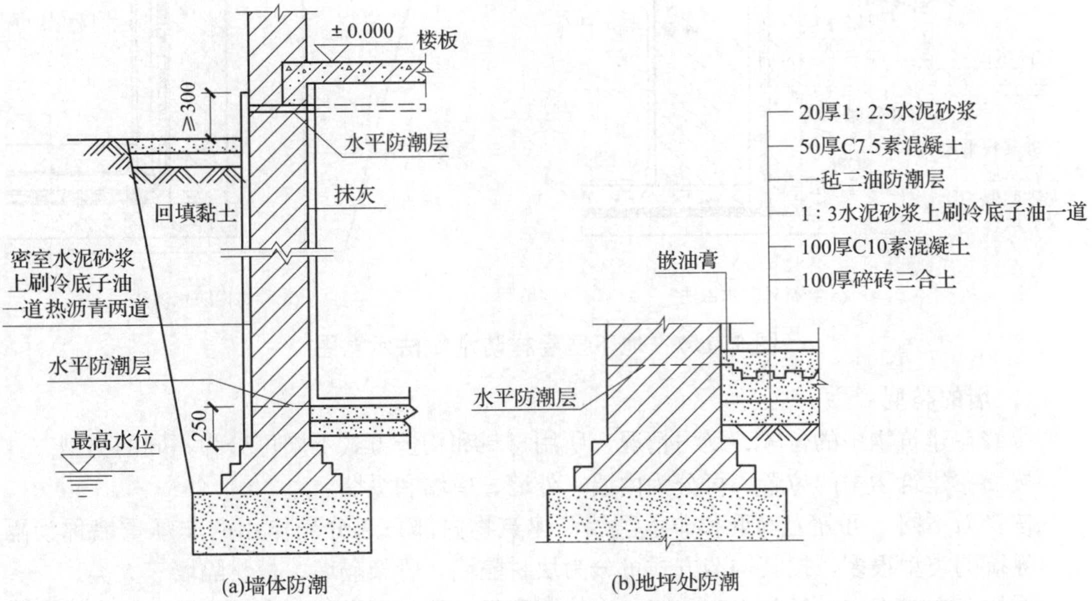

图 2.1.6 地下室防潮示意图

地下室地面主要借助混凝土材料的憎水性能来防潮，但当地下室的防潮要求较高时，地层应做防潮处理。一般设在垫层与地面面层之间，且与墙身水平防潮层在同一水平面上。

(2) 地下室防水。当地下室地坪位于最高设计地下水位以下时，地下室四周墙体及底板均受水压影响，应有防水功能。

根据防水材料与结构基层的位置关系，有内防水和外防水两种。防水结构层设置于结构外侧的称为外防水，防水结构层设置于主体结构内侧的称为内防水。外防水方式中，由于防水材料置于迎水面，对防水较为有利。将防水材料置于结构内表面（背水面）的防水做法，对防水不太有利，但施工简便，易于维修，多用于修缮工程。

地下室防水做法根据材料的不同常用的有防水混凝土防水、水泥砂浆防水、卷材防水、涂料防水、防水板防水、膨润土防水材料等。选用何种材料防水，应根据地下室的使用功能、结构形式、环境条件等因素合理确定。一般处于侵蚀介质中的工程应采用耐腐蚀的防水混凝土、防水砂浆或卷材、涂料；结构刚度较差或受振动影响的工程应采用卷材、涂料等柔性防水材料。地下室卷材防水做法示意图如图 2.1.7 所示。

（二）墙

在不同结构体系的建筑中，屋盖、楼层等部分所承受的活荷载以及它们的自重，分别通过支承它们的墙或柱传递到基础上，再传给地基。在房屋的有些部位，墙体不一定承重。但无论承重与否，墙体往往还具有分隔空间的功能或对建筑物起围合、保护的作用。

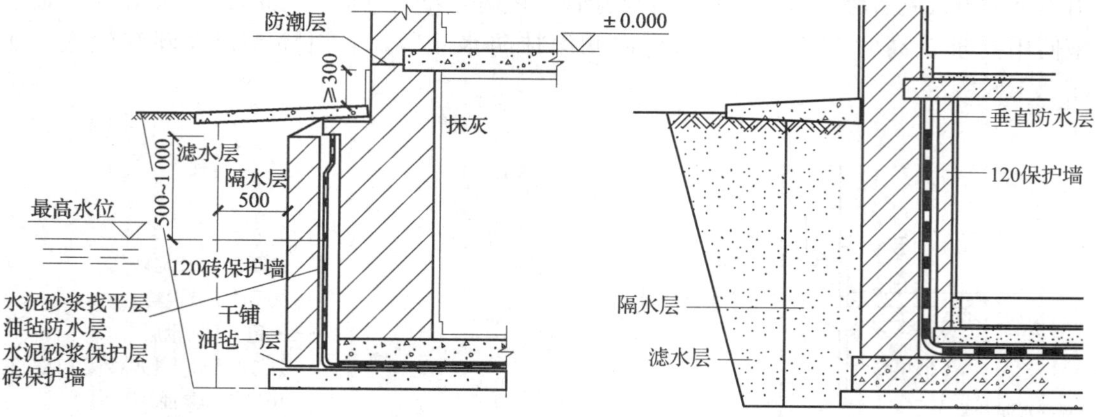

(a)卷材外防水做法　(b)卷材内防水做法

图 2.1.7　地下室卷材防水做法示意图

1. 墙的类型

按墙在建筑物中的位置、受力情况、所用材料和构造方式不同可分为不同的类型。

按墙在建筑物中的位置，可分为内墙、外墙、横墙和纵墙。

按受力不同，可分为承重和非承重墙。建筑物内部只起分隔作用的非承重墙称为隔墙，隔墙的类型很多，按其构造方式可分为块材隔墙、骨架隔墙、板材隔墙三大类。

按构造方式不同，又分为实体墙、空体墙和组合墙三种类型。实体墙是由一种材料构成，如普通砖墙、砌块墙；空体墙也是由一种材料构成，但墙内留有空格，如空斗墙、空气间层墙等；组合墙则是由两种以上材料组合而成的墙。

按所用材料不同，有砖墙、石墙、土墙、混凝土或工业废料制成的砌块墙、板材墙等。

墙体承重结构支承系统是以部分或全部建筑外墙以及若干固定不变的建筑内墙作为垂直支承系统的一种体系。墙体承重结构支承系统的墙体布置一般可分为横墙承重、纵墙承重以及纵横墙混合承重等。根据建筑物的建造材料及高度、荷载等要求，主要分为砌体墙承重的混合结构系统和钢筋混凝土墙承重系统。前者由于抗震需要主要用于限定高度下的建筑，而后者则适用于各种高度的建筑，特别是高层建筑。钢筋混凝土墙承重体系的承重墙又分为预制装配和现浇两种主要形式。

2. 砖墙的细部构造

为了保证砖墙的耐久性和墙体与其他构件的连接，应在相应的位置进行构造处理。砖墙的细部构造主要包括：

（1）防潮层。在墙身中设置防潮层的目的是防止土壤中的水分沿基础墙上升和勒脚部位的地面水影响墙身，其作用是提高建筑物的耐久性，保持室内干燥卫生。当室内地面均为实铺时，外墙墙身防潮层在室内地坪以下 60mm 处；当建筑物墙体两侧地坪不等高时，在每侧地表下 60mm 处，防潮层应分别设置，并在两个防潮层间的墙上加设垂直防潮层；当室内地面采用架空木地板时，外墙防潮层应设在室外地坪以上，地板木搁栅垫木之下。墙身防潮层一般有油毡防潮层、防水砂浆防潮层、细石钢筋混凝土防潮层等。

1）油毡防潮层。油毡防潮层是在防潮层部位先抹 20mm 厚砂浆找平，然后干铺油毡一层或用热沥青粘贴油毡一层。油毡防潮层具有一定的韧性、延伸性和良好的防潮性能，但降低了上下砖砌体之间的黏结力，且降低了砖砌体的整体性，对抗震不利，故油毡防潮层不宜用于下端按固定端考虑的砖砌体和有抗震要求的建筑中。

2）防水砂浆防潮层。防水砂浆防潮层是在需要设置防潮层的位置铺设防水砂浆层，或用防水砂浆砌筑1～2皮砖。防潮层厚20～25mm。防水砂浆能克服油毡防潮层的缺点，故较适用于抗震地区和一般砖砌体中。但由于砂浆是脆性材料，易开裂，故不适用于地基会产生微小变形的建筑中。

3）细石钢筋混凝土防潮层。为了提高防潮层的抗裂性能，常采用60mm厚的配筋细石混凝土防潮带。由于其抗裂性能好，且能与砌体结合为一体，故适用于整体刚度要求较高的建筑中。

(2) 勒脚。勒脚是指外墙与室外地坪接近的部分，其作用是防止地面水、屋檐滴下的雨水对墙面的侵蚀，从而保护墙面，保证室内干燥，提高建筑物的耐久性，同时，还有美化建筑外观的作用。勒脚采用抹水泥砂浆、水刷石，或在勒脚部位将墙体加厚，或用坚固材料来砌，如石块、天然石板、人造板贴面。勒脚的高度一般为室内地坪与室外地坪高差，也可以根据立面的需要而提高勒脚的高度尺寸。

(3) 散水和暗沟（明沟）。为了防止地表水对建筑基础的侵蚀，在建筑物的四周地面上设置暗沟（明沟）或散水。年降水量大于或等于900mm的地区应同时设置暗沟（明沟）和散水。暗沟（明沟）沟底应做纵坡，坡度为0.5%～1%，坡向窨井。外墙与暗沟（明沟）之间应做散水，散水宽度一般为600～1 000mm，坡度为3%～5%。年降水量小于900mm的地区可只设置散水。暗沟（明沟）和散水可用混凝土现浇，也可用有弹性的防水材料嵌缝，以防渗水。

(4) 窗台。窗洞口的下部应设置窗台。窗台根据窗子的安装位置可形成内窗台和外窗台。外窗台是为了防止在窗洞底部积水，并流向室内；内窗台则是为了排除窗上的凝结水，以保护室内墙面。外窗台外挑部分应做滴水，滴水可做成水槽或鹰嘴形，窗框与窗台交接缝处不能渗水，以防窗框受潮腐烂。

(5) 过梁。过梁是门窗等洞口上设置的横梁，承受洞口上部墙体与其他构件（楼层、屋顶等）传来的荷载，其部分自重可以直接传给洞口两侧墙体，而不由过梁承受。宽度超过300mm的洞口上部，应设置过梁。过梁可直接用砖砌筑，也可用木材、型钢和钢筋混凝土制作。钢筋混凝土过梁采用得最为广泛。

(6) 圈梁。圈梁是在房屋的檐口、窗顶、楼层、吊车梁顶或基础顶面标高处，沿砌体墙水平方向设置封闭状的按构造配筋的混凝土梁式构件。它可以提高建筑物的空间刚度和整体性，增加墙体稳定，减少由于地基不均匀沉降而引起的墙体开裂，并防止较大振动荷载对建筑物的不良影响。在抗震设防地区，设置圈梁是减轻震害的重要构造措施。

宿舍、办公楼等多层砌体民用房屋，且层数为3～4层时，应在底层和檐口标高处各设置一道圈梁。当层数超过4层时，除应在底层和檐口标高处各设置一道圈梁外，至少应在所有纵、横墙上隔层设置。多层砌体工业房屋，应每层设置现浇混凝土圈梁。设置墙梁的多层砌体结构房屋，应在托梁、墙梁顶面和檐口标高处设置现浇钢筋混凝土圈梁。

厂房、仓库、食堂等空旷单层房屋应按下列规定设置圈梁：

1）砖砌体结构房屋，檐口标高为5～8m时，应在檐口标高处设置一道圈梁，檐口标高大于 8m 时，应增加设置数量。

2）砌块及料石砌体结构房屋，檐口标高为 4～5m 时，应在檐口标高处设置一道圈梁，檐口标高大于 5m 时，应增加设置数量。

3）对有吊车或较大振动设备的单层工业房屋，当未采取有效的隔振措施时，除应在檐口或窗顶标高处设置现浇混凝土圈梁外，尚应增加设置数量。

圈梁宽度不应小于 190mm，高度不应小于 120mm，配筋不应少于 4ϕ12。箍筋间距不应大于 200mm。当圈梁遇到洞口不能封闭时，应在洞口上部设置截面不小于圈梁截面的附加梁，其搭接长度不小于 1m，且应大于两梁高差的 2 倍，但对有抗震要求的建筑物，圈梁不宜被洞口截断。

（7）构造柱。在砌体房屋墙体的规定部位，按构造配筋，并按先砌墙后浇灌混凝土柱的施工顺序制成的混凝土柱称为构造柱。圈梁在水平方向将楼板与墙体箍住，构造柱则从竖向加强墙体的连接，与圈梁一起构成空间骨架，提高了建筑物的整体刚度和墙体的延性，约束墙体裂缝的开展，从而增加建筑物承受地震作用的能力。因此，有抗震设防要求的建筑物中须设钢筋混凝土构造柱。

构造柱一般在外墙四角、错层部位、横墙与外纵墙交接处、较大洞口两侧等处设置，沿整个建筑高度贯通，并与圈梁、地梁现浇成一体。施工时先砌墙并留马牙槎，马牙槎凹凸尺寸不宜小于 60mm，高度不应超过 300mm；马牙槎应先退后进，对称砌筑。拉结钢筋应沿墙高每隔 500mm 设 2ϕ6 水平钢筋和由 ϕ4 分布短筋平面内点焊组成的拉结网片或 ϕ4 点焊钢筋网片，每边伸入墙内不宜小于 1m。在以下条件和位置，拉结钢筋网片应沿墙体水平通长设置：①6、7 度抗震设防时，底部 1/3 楼层；②8 度抗震设防时，底部 1/2 楼层；③9 度抗震设防时，全部楼层。随着墙体的上升，逐段浇筑混凝土。要注意构造柱与周围构件的连接，并且应与基础与基础梁有良好的连接。

砖混结构中构造柱的最小截面尺寸为 240mm×180mm，竖向钢筋一般用 4ϕ12，箍筋间距不大于 250mm，且在柱上下端应适当加密；6、7 度抗震设防时，超过六层；8 度抗震设防时超过五层的和 9 度抗震设防时，构造柱纵向钢筋宜采用 4ϕ14，箍筋间距不应大于 200mm，外墙转角的构造柱可适当加大截面及配筋。构造柱可不单独设置基础，但构造柱应伸入室外地面下 500mm，或与埋深小于 500mm 的基础圈梁相连。

（8）变形缝。变形缝包括伸缩缝、沉降缝和防震缝，其作用是保证房屋在温度变化、基础不均匀沉降或地震时能有一些自由伸缩，以防止墙体开裂，结构破坏。

1）伸缩缝。又称温度缝，主要作用是防止房屋因气温变化而产生裂缝。其做法为：沿建筑物长度方向每隔一定距离预留缝隙，将建造物从屋顶、墙体、楼层等地面以上构件全部断开，基础因受温度变化影响较小，不必断开。伸缩缝的宽度一般为 20～30mm，缝内应填保温材料。

2）沉降缝。当房屋相邻部分的高度、荷载和结构形式差别很大而地基又较弱时，房屋有可能产生不均匀沉降，致使某些薄弱部位开裂。为此，应在适当位置如复杂的平面或体形转折处、高度变化处、荷载、地基的压缩性和地基处理的方法明显不同处设置沉降缝。沉降缝与伸缩缝不同之处是除屋顶、楼板、墙身都要断开外，基础部分也要断开，即使相邻部分也可自由沉降、互不牵制。沉降缝宽度要根据房屋的层数定：2～3 层时可取 50～80mm；4～5 层时可取 80～120mm；5 层以上时不应小于 120mm。

3）防震缝。地震区设计的多层房屋，为防止地震使房屋破坏，应用防震缝将房屋分成若干形体简单、结构刚度均匀的独立部分。防震缝一般从基础顶面开始，沿房屋全高设置。缝的宽度按建筑物高度和所在地区的地震烈度来确定。一般多层砌体建筑的缝宽取50～100mm；多层钢筋混凝土结构建筑，高度15m及以下时，缝宽为100mm；当建筑高度超过15m时，按烈度增大缝宽。

（9）烟道与通风道。烟道用于排除燃煤灶的烟气。通风道主要用来排除室内的污浊空气。烟道设于厨房内，通风道常设于暗厕内。

3. 墙体保温隔热

外墙的保温构造，按其保温层所在的位置不同分为单一保温外墙、外保温外墙、内保温外墙和夹芯保温外墙4种类型，如图2.1.8所示。

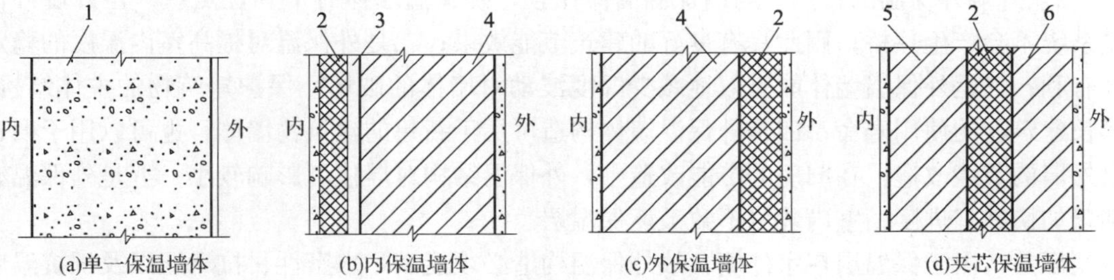

图2.1.8　外墙保温结构的类型

1—主体结构兼保温材料；2—保温材料；3—空气层；4—主体结构；5—内层墙体；6—外层墙体

（1）外墙外保温。外墙外保温是指在建筑物外墙的外表面上设置保温层。其构造由外墙、保温层、保温层的固定和面层等部分组成。具体构造示意如图2.1.9所示。外墙外保温即将保温材料置于主体围护结构的外侧，是一种最科学、最高效的保温节能技术。

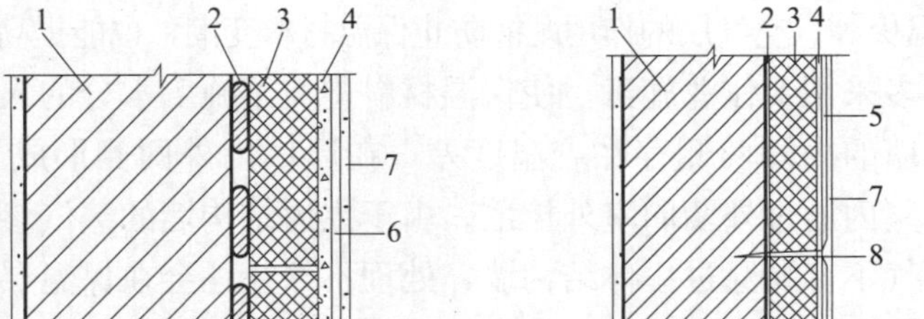

图2.1.9　外墙外保温基本构造

1—主体结构；2—胶粘剂；3—保温层；4—抹灰层；5—有钢丝网加强的抹灰层；6—加强网布；7—饰面层；8—固定件；9—底边覆盖条

1）外墙外保温的构造。

①保温层。保温层是导热系数小的高效轻质保温材料层，外保温材料的导热系数通常小于0.05W/(K·m)。保温层的厚度需要经过节能计算确定，要满足节能标准对不同地区墙体的保温要求，保温材料应具有较低的吸湿率及较好的黏结性能。常用的外保温材料

有：膨胀型聚苯乙烯板（EPS）、挤塑型聚苯乙烯板（XPS）、岩棉板、玻璃棉毡以及超轻保温浆料等。

②保温层的固定。不同的外保温体系，固定保温层的方法各不相同，有的采用粘贴方式，有的采用钉固方式，也可以采用粘贴与钉固相结合的方式。采用钉固方式时，通常采用膨胀螺栓或预埋筋等固件将保温层固定在基层上。国外常用不锈蚀而耐久的不锈钢、尼龙或聚丙烯等材料作锚固件，国内常用经过防锈处理的钢质膨胀螺栓作锚固件。超轻保温浆料可直接涂抹在外墙表面上。

③保温层的面层。保温层的面层具有保护和装饰作用，其做法各不相同，薄面层一般为聚合物水泥胶浆抹面，厚面层则采用普通水泥砂浆抹面，有的则用在龙骨上吊挂板材或在水泥砂浆层上贴瓷砖覆面。

2）外墙外保温的特点。与内保温墙体比较，外保温墙体有下列优点：一是外墙外保温系统不会产生热桥，因此具有良好的建筑节能效果；二是外保温对提高室内温度的稳定性有利；三是外保温墙体能有效地减少温度波动对墙体的破坏，保护建筑物的主体结构，延长建筑物的使用寿命；四是外保温墙体构造可用于新建的建筑物墙体，也可以用于旧建筑外墙的节能改造，在旧房的节能改造中，外保温结构对居住者影响较小；五是外保温有利于加快施工进度，室内装修不致破坏保温层。

但是，由于保温层在室外侧，故外保温构造必须能满足水密性、抗风压以及抵抗温度变化带来的不利影响。同时，应考虑抵抗外界可能产生的外力。在工程应用中，还应处理好门窗洞口、穿墙管线、墙角处以及面层装饰等方面的问题。

（2）外墙内保温。

1）外墙内保温构造。外墙内保温构造由主体结构与保温结构两部分组成，主体结构一般为砖砌体、混凝土墙等承重墙体，也可以是非承重的空心砌块或加气混凝土墙体。保温结构由保温板和空气层组成，常用的保温板有 GRC 内保温板、玻纤增强石膏外墙内保温板、P－GRC 外墙内保温板等；空气层的作用既能防止保温材料变潮，也能提高墙体的保温能力。

外墙内保温大多采用干作业施工，使保温材料避免了施工水分的入侵而变潮。对于冬季采暖的房间，外墙的内外两侧存在着温度差，在墙体内外两侧形成了水蒸气的分压力差，水蒸气逐渐由室内通过外墙向室外扩散。由于主体结构墙的蒸汽渗透性能远低于保温结构，因此，水蒸气不容易穿过主体结构墙，处理不好往往会在保温层中产生水蒸气的凝结水，影响保温性能。通常的处理方法是在保温层靠室内的一侧加设隔汽层，让水蒸气不要进入保温层内部。但这种方法也同时影响了墙体内部的水蒸气向室内空间的排出，不利于墙体的干燥和室内温度的调节。因此，在内保温复合墙体中，也可以不采用在保温层靠近室内一侧设隔汽层的办法，而是在保温层与主体结构之间加设一个空气间层。该方法的优点是防潮可靠，并且还能解决传统隔汽层在春、夏、秋三季难以将内部湿气排向室内的问题，同时空气层还提高了墙体的保温能力。

内保温复合外墙在构造中存在一些保温上的薄弱部位，对这些地方必须加强保温措施，常见的部位有：

①内外墙交接处：内外墙交接处是保温的薄弱部位，处理不好容易出现结露现象，处理的办法是将保温层拐入内墙一定距离，对接近外墙的一段内墙也进行保温处理。

②外墙转角部位：转角部位墙体的内表面温度较其他部位低很多，必须要加强保温处理。

③保温结构中龙骨部位：龙骨一般设置在板缝处，龙骨处理不好容易形成“热桥”，降低了保温结构的保温隔热性能。以石膏板为面层的现场拼装的保温板采用聚苯石膏复合保温龙骨，以降低该部位的传热。

2）外墙内保温构造优缺点。

①外墙内保温的优点有：一是外墙内保温的保温材料在楼板处被分割，施工时仅在一个层高内进行保温施工，施工时不用脚手架或高空吊篮，施工比较安全方便，不损害建筑物原有的立面造型，施工造价相对较低；二是由于绝热层在内侧，在夏季的晚上，墙的内表面温度随空气温度的下降而迅速下降，减少闷热感；三是耐久性好于外墙外保温，增加了保温材料的使用寿命；四是有利于安全防火；五是施工方便，受风、雨天影响小。

②外墙内保温的主要缺点是：一是保温隔热效果差，外墙平均传热系数高；二是热桥保温处理困难，易出现结露现象；三是占用室内使用面积；四是不利于室内装修，包括重物钉挂困难等，在安装空调、电话及其他装饰物等设施时尤其不便；五是不利于既有建筑的节能改造；六是保温层易出现裂缝。由于外墙受到的温差大，直接影响到墙体内表面应力变化，这种变化一般比外保温墙体大得多。昼夜和四季的更替，易引起内表面保温层的开裂，特别是保温板之间的裂缝尤为明显。实践证明，外墙内保温容易引起开裂或产生“热桥”的部位有保温板板缝、顶层建筑女儿墙沿屋面板的底部、两种不同材料在外墙同一表面的接缝、内外墙之间丁字墙外侧的悬挑构件等部位。

4. 墙体防火

民用建筑的耐火等级根据其建筑高度、使用功能、重要性和火灾扑救难度等由高到低分为一、二、三、四级。不同耐火等级建筑构件的燃烧性能和耐火极限应符合现行国家标准《建筑设计防火规范》GB 50016 的相关要求。一级耐火等级建筑的构件均应采用不燃材料制作，其承重墙、柱和防火墙的耐火极限不得低于 3.00h；楼梯间和前室的墙、电梯井的墙、住宅建筑单元之间的墙和分户墙以及梁的耐火极限不得低于 2.00h；楼板、屋顶承重构件及疏散楼梯的耐火极限不得低于 1.50h。

为减少火灾的发生或防止其蔓延、扩大，在建筑设计时需要对建筑物进行防火分区。防火分区由防火墙、耐火楼板以及其他防火分隔设施分隔而成，能在一定时间内防止火灾向同一建筑的其余部分蔓延。在公共建筑中，对设置防火墙确有困难的场所，可采用防火卷帘作防火分区分隔。

砌体材料的防火性能较好，普通黏土砖墙、加气混凝土砌块墙、轻质混凝土砌块墙等均为不燃烧体。其中，普通黏土砖墙作为承重墙达到 180mm 的厚度或者作为非承重墙只要达到 120mm 的厚度，轻质混凝土砌块墙作为承重墙达到 240mm 的厚度或者作为非承重墙只要达到 100mm 的厚度，其耐火极限均可达到或超过 3.00h，均能满足不同耐火等级建筑防火墙的燃烧性能和耐火极限要求，而且材料来源及施工均较为方便，因此，在结构承重允许的条件下，应用较为广泛，但在墙体构造上，尚需注意防火墙的一些特殊构造要求。应采取的措施如下：

（1）防火墙应直接设置在建筑的基础或框架、梁等承重结构上，并从楼地面基层隔断至梁、楼板或屋面板底面基层。

（2）当高层厂房和高层仓库屋顶承重结构和屋面板的耐火极限低于 1.00h，其他建筑屋顶承重结构和屋面板的耐火极限低于 0.50h 时，防火墙应高出屋面 0.5m 以上。当建筑外墙为难燃烧体时，防火墙应凸出墙的外表面0.4m以上，且防火墙两侧的外墙应为宽度均不小于2.0m的不燃烧体，其耐火极限不应低于该外墙的耐火极限。

（3）紧靠防火墙两侧的门、窗洞口之间最近边缘的水平距离不应小于2.0m（装有固定窗扇的乙级防火窗或火灾时可自动关闭的乙级防火窗除外）。防火门、防火窗应划分为甲、乙、丙三级，其耐火极限：甲级不应低于1.50h，乙级不应低于1.00h，丙级不应低于0.50h。

（4）建筑内的防火墙不宜设置在转角处。如设置在转角附近，内转角两侧墙上的门、窗洞口之间最近边缘的水平距离不应小于4.0m（采取设置不可开启或火灾时可自动关闭的乙级防火窗等防止火灾水平蔓延的措施时，该距离可不限）。

（5）防火墙上不应开设门窗洞口，必须开设时，应设置不可开启或火灾时能自动关闭的甲级防火门窗。

（6）可燃气体等管道严禁穿过防火墙。其他管道必须穿过时，应采用防火封堵材料将墙与管道之间的空隙紧密填实。当管道为难燃及可燃材质时，应在防火墙两侧的管道上采取防火措施。穿过防火墙处的管道保温材料，也应采用不燃烧材料。

（三）楼板与地面

楼板是多层建筑中沿水平方向分隔上下空间的结构构件。它除了承受并传递竖向荷载和水平荷载外，还应具有一定的隔声、防火、防水等能力。同时，建筑物中的各种水平设备管线，也将在楼板内安装，主要由楼板结构层、楼面面层、板底天棚三个部分组成。

1. 楼板的类型

根据楼板结构层所采用材料的不同，可分为木楼板、钢筋混凝土楼板、压型钢板组合楼板等多种类型。

木楼板具有自重轻、表面温暖、构造简单等优点，但不耐火、不隔声，且耐久性较差。为节约木材，现已极少采用。

钢筋混凝土楼板强度高、刚度好、耐久性好、防火性能好，且具有良好的可塑性，便于机械化施工等特点，是目前我国工业与民用建筑楼板的基本形式。钢筋混凝土楼板按施工方式的不同可以分为现浇混凝土楼板和预制混凝土楼板。

压型钢板组合楼板是指由截面为凹凸形的压型钢板与现浇混凝土面层组合形成整体性很强的一种楼板结构，主要有组合板和非组合板两类。组合板是指压型钢板除用作现浇混凝土的永久性模板外，还充当板底受拉钢筋的现浇混凝土楼板。由于其结构跨度加大，梁的数量减少，楼板自重减轻，施工速度加快，在高层建筑中广泛应用。其整体连接是由螺栓将钢筋混凝土、压型钢板和钢梁组合成整体。非组合板是指压型钢板仅作为混凝土楼板的永久性模板，不考虑参与结构受力的现浇混凝土楼板。

2. 现浇钢筋混凝土楼板

在施工现场支模，绑扎钢筋，浇筑混凝土并养护，当混凝土强度达到规定的拆模强度，并拆除模板后形成的楼板，称为现浇钢筋混凝土楼板。

由于是在现场施工又是湿作业，且施工工序多，因而劳动强度较大，施工周期相对较长，但现浇钢筋混凝土楼板具有整体性好，平面形状根据需要任意选择，防水、抗震性能好等优点，在一些房屋特别是高层建筑中被经常采用。

现浇钢筋混凝土楼板主要分为以下四种：

(1) 板式楼板。整块板为一厚度相同的平板。根据周边支承情况及板平面长短边边长的比值，又可把板式楼板分为单向板、双向板和悬挑板。

单向板（长短边比值大于或等于 3，四边支承）仅短边受力，该方向所布钢筋为受力筋，另一方向所配钢筋（一般在受力筋上方）为分布筋。板的厚度一般为跨度的 1/40～1/35，且不小于 80mm。

双向板（长短边比值小于 3，四边支承）是双向受力，按双向配置受力钢筋。

悬挑板只有一边支承，其主要受力钢筋摆在板的上方，分布钢筋放在主要受力筋的下方，板厚为挑长的 1/35，且根部不小于 80mm。由于悬挑的根部与端部承受弯矩不同，悬挑板的端部厚度比根部厚度要小些。

房屋中跨度较小的房间（如厨房、厕所、储藏室、走廊）及雨篷、遮阳等常采用现浇钢筋混凝土板式楼板。

(2) 梁板式肋形楼板。梁板式肋形楼板由主梁、次梁（肋）、板组成，具有传力线路明确、受力合理的特点。当房屋的开间、进深较大，楼面承受的弯矩较大，常采用这种楼板。

梁板式肋形楼板的主梁沿房屋的短跨方向布置，其经济跨度为 5～8m，梁高为跨度的 1/14～1/8，梁宽为梁高的 1/3～1/2，且主梁的高与宽均应符合有关模数规定。

次梁与主梁垂直，并把荷载传递给主梁。主梁间距即为次梁的跨度。次梁的跨度比主梁跨度要小，一般为 4～6m，次梁高为跨度的 1/16～1/12，梁宽为梁高的 1/3～1/2，次梁的高与宽均应符合有关模数的规定。

板支承在次梁上，并把荷载传递给次梁。其短边跨度即为次梁的间距，一般为 1.7～3.0m，板厚一般为板跨的 1/40～1/35，常用厚度为 60～80mm，并符合模数规定。

梁和板搁置在墙上，应满足规范规定的搁置长度。板的搁置长度不小于 120mm，梁在墙上的搁置长度与梁高有关，梁高小于或等于 500mm，搁置长度不小于 180mm；梁高大于 500mm 时，搁置长度不小于 240mm。通常，次梁搁置长度为 240mm，主梁的搁置长度为 370mm。值得注意的是，当梁上的荷载较大，梁在墙上的支承面积不足时，为了防止梁下墙体因局部抗压强度不足而被破坏，需设置混凝土梁垫或钢筋混凝土梁垫，以扩散由梁传来的过大集中荷载。

(3) 井字形肋楼板。与上述板式肋形楼板所不同的是，井字形密肋楼板没有主梁，都是次梁（肋），且肋与肋间的距离较小，通常只有 1.5～3.0m，肋高也只有 180～250mm，肋宽为 120～200mm。当房间的平面形状近似正方形，跨度在 10m 以内时，常采用这种楼板。井字形密肋楼板具有天棚整齐美观，有利于提高房屋的净空高度等优点，常用于门厅、会议厅等处。

(4) 无梁楼板。对于平面尺寸较大的房间或门厅，也可以不设梁，直接将板支承于柱上，这种楼板称无梁楼板。无梁楼板分无柱帽和有柱帽两种类型。当荷载较大时，为避免楼板太厚，应采用有柱帽无梁楼板，以增加板在柱上的支承面积。无梁楼板的柱网一般布置成方形或矩形，以方形柱网较为经济，跨度一般不超过 6m，板厚通常不小于 120mm。

无梁楼板的底面平整，增加了室内的净空高度，有利于采光和通风，但楼板厚度较大，这种楼板比较适用于荷载较大、管线较多的商店和仓库等。

3. 预制混凝土楼板

（1）预制装配式钢筋混凝土楼板。预制装配式钢筋混凝土楼板是在工厂或现场预制好楼板，然后由人工或机械吊装到房屋上经坐浆灌缝而成。此做法可节省模板，改善劳动条件，提高效率，缩短工期，促进工业化水平。但预制楼板的整体性不好，灵活性也不如现浇板，且不宜在楼板上穿洞。

目前，经常选用的钢筋混凝土楼板有普通型和预应力型两类。

（2）装配整体式钢筋混凝土楼板。装配整体式钢筋混凝土楼板是将楼板中的部分构件预制安装后，通过现浇的部分连接成整体。这种楼板的整体性较好，可节省模板，施工速度较快。

1）叠合楼板。叠合楼板是由预制板和现浇钢筋混凝土层叠合而成的装配整体式钢筋混凝土楼板。预制板既是楼板结构的组成部分，又是现浇钢筋混凝土叠合层的永久性模板，现浇叠合层内应设置负弯矩钢筋，并可在其中敷设水平设备管线。叠合楼板的预制部分，可采用预应力实心薄板，也可采用钢筋混凝土空心板。

2）密肋填充块楼板。密肋填充块楼板的密肋小梁有现浇和预制两种。现浇密肋填充块楼板以陶土空心砖、矿渣混凝土空心块等作为肋间填充块，然后现浇密肋和面板。填充块与肋和面板相接触的部位带有凹槽，用来与现浇肋或板咬接，使楼板的整体性更好。密肋填充块楼板底面平整，隔声效果好，能充分利用不同材料的性能，节约模板且整体性好。

4. 地面构造

地面主要由面层、垫层和基层三部分组成，当它们不能满足使用或构造要求时，可考虑增设结合层、隔离层、找平层、防水层、隔声层、保温层等附加层。

（1）面层。面层是地面上表面的铺筑层，也是室内空间下部的装修层。它起着保证室内使用条件和装饰地面的作用。

（2）垫层。垫层是位于面层之下用来承受并传递荷载的部分，起到承上启下的作用。根据垫层材料的性能，可把垫层分为刚性垫层和柔性垫层。

（3）基层。基层是地面的最下层，承受垫层传来的荷载，因而要求坚固、稳定。实铺地面的基层为地表回填土，应分层夯实，其压缩变形量不得超过允许值。

5. 地面节能构造

地面按是否直接与土壤接触分为两类：一类是直接接触土壤的地面，另一类是不直接与土壤接触的地面。这种不直接与土壤接触的地面，按情况又可分为接触室外空气的地板和不采暖地下室上部的地板两种。

（1）直接与土壤接触地面的节能构造。对于直接与土壤接触的地面，由于建筑室内地面下部土壤温度的变化情况与地面的位置有关，建筑室内中部地面下的土壤层、温度的变化范围不太大。因此，对一般民用建筑，房间中部的地面可以不做保温隔热处理。但是，靠近外墙四周边缘部分的地面下部的土壤，温度变化相当大。在严寒地区的冬季，靠近外墙周边地区下土壤层的温度很低。因此，对这部分地面必须进行保温处理，否则大量的热能会由这部分地面损失掉，同时使这部分地面出现冷凝现象。常见的保温构造方法是在距离外墙周边 2m 的范围内设保温层，如图 2.1.10 所示。

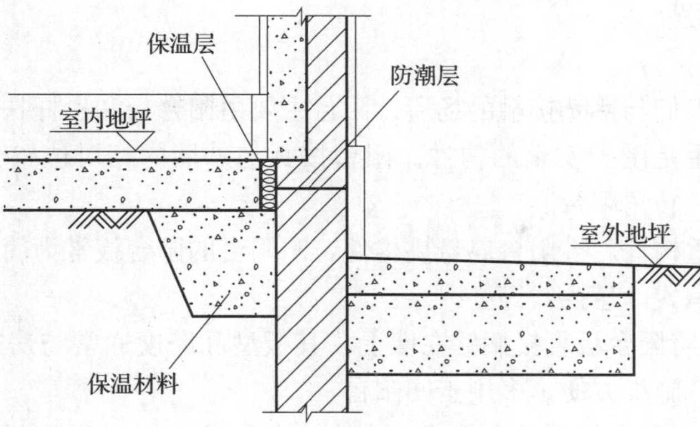

图 2.1.10　外墙周边地面的保温构造

对特别寒冷的地区或保温性能要求高的建筑，可对整个地面利用聚苯板对地面进行保温处理，如图 2.1.11 所示。

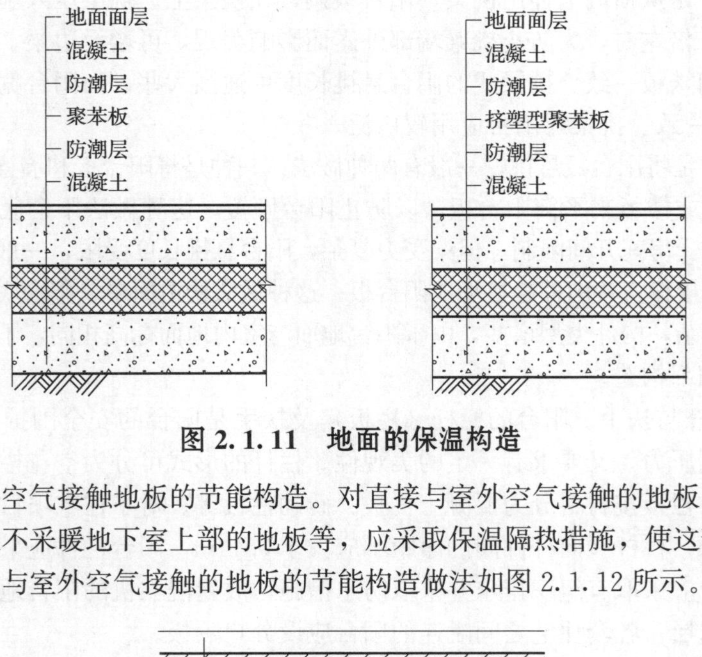

图 2.1.11　地面的保温构造

(2) 与室外空气接触地板的节能构造。对直接与室外空气接触的地板（如骑楼、过街楼的地板）以及不采暖地下室上部的地板等，应采取保温隔热措施，使这部分地板满足建筑节能的要求。与室外空气接触的地板的节能构造做法如图 2.1.12 所示。

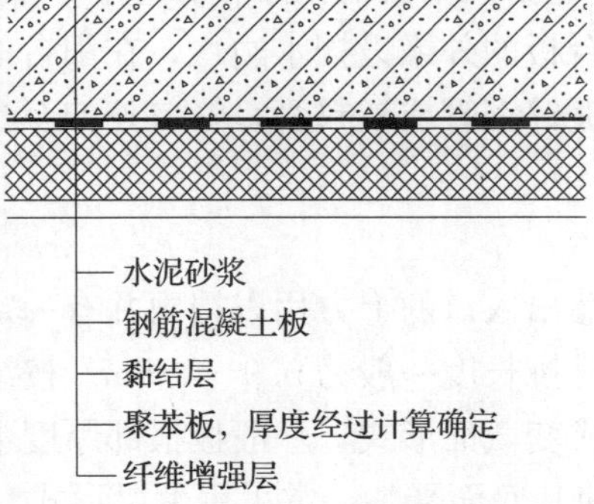

图 2.1.12　与室外空气接触的地板的节能构造

（四）阳台与雨篷

1. 阳台

阳台是楼房中人们与室外接触的场所。阳台主要由阳台板和栏杆扶手组成。阳台板是承重结构，栏杆扶手是围护安全的构件。阳台按其与外墙的相对位置分为挑阳台、凹阳台、半凹半挑阳台、转角阳台。

(1) 阳台的承重构件。挑阳台属悬挑构件，凹阳台的阳台板常为简支板。阳台承重结构的支承方式有墙承式、悬挑式等。

1）墙承式，是将阳台板直接搁置在墙上，其板型和跨度通常与房间楼板一致。这种支承方式结构简单，施工方便，多用于凹阳台。

2）悬挑式，是将阳台板悬挑出外墙。为使结构合理、安全，阳台悬挑长度不宜过大，而考虑阳台的使用要求，悬挑长度又不宜过小，一般悬挑长度为1.0～1.5m，以1.2m左右最常见。悬挑式适用于挑阳台或半凹半挑阳台。按悬挑方式不同有挑梁式和挑板式两种。

①挑梁式，是从横墙上伸出挑梁，阳台板搁置在挑梁上。挑梁压入墙内的长度一般为悬挑长度的1.5倍左右，为防止挑梁端部外露而影响美观，可增设边梁。阳台板的类型和跨度通常与房间楼板一致。挑梁式的阳台悬挑长度可适当大些，而阳台宽度应与横墙间距（即房间开间）一致。挑梁式阳台应用较广泛。

②挑板式，是将阳台板悬挑，一般有两种做法：一种是将阳台板和墙梁现浇在一起，利用梁上部的墙体或楼板来平衡阳台板，以防止阳台倾覆。这种做法阳台底部平整，外形轻巧，阳台宽度不受房间开间限制，但梁受力复杂，阳台悬挑长度受限，一般不宜超过1.2m。另一种是将房间楼板直接向外悬挑形成阳台板。这种做法构造简单，阳台底部平整，外形轻巧，但板受力复杂，构件类型增多，由于阳台地面与室内地面标高相同，不利于排水。

(2) 阳台细部构造。

1）阳台栏杆与扶手。阳台的栏杆（栏板）及扶手是阳台的安全围护设施，既要求能够承受一定的侧压力，又要求有一定的美观性。栏杆的形式可分为空花栏杆、实心栏杆和混合栏杆三种。栏板按材料分为混凝土栏板、砖砌栏板等。对于住宅项目，阳台栏杆净高不应低于1.20m，栏杆竖向杆件间的净距不应大于0.11m，阳台栏杆应采取防止攀登的措施；开敞式阳台应采取有组织排水并采取防水措施；放置洗衣机的阳台地面应采取有组织排水并设置防水层；各套住宅之间毗连的阳台应设分户隔板。

2）阳台排水处理。为避免落入阳台的雨水泛入室内，阳台地面应低于室内地面，并应沿排水方向做排水坡，阳台板的外缘设挡水边坎，在阳台的一端或两端埋设泄水管直接将雨水排出。泄水管可采用镀锌钢管或塑料管，管口外伸至少80mm。对高层建筑应将雨水导入雨水管排出。

2. 雨篷

雨篷是设置在建筑物外墙出入口的上方用以挡雨并有一定装饰作用的水平构件。雨篷的支承方式多为悬挑式，其悬挑长度一般为0.9～1.5m。按结构形式不同，雨篷有板式和梁板式两种。板式雨篷多做成变截面形式，一般板根部厚度不小于70mm，板端部厚度不小于50mm。梁板式雨篷为使其底面平整，常采用翻梁形式。当雨篷外伸尺寸较大时，其支承方式可采用立柱式，即在入口两侧设柱支承雨篷，形成门廊，立柱式雨篷的结构形式多为梁板式。

雨篷顶面应做好防水和排水处理。雨篷顶面通常采用柔性防水。雨篷表面的排水有两种：一种是无组织排水，雨水经雨篷边缘自由泻落，或雨水经滴水管直接排至地表；另一种是有组织排水，雨篷表面集水经地漏、雨水管有组织地排至地下。为保证雨篷排水通畅，雨篷上表面向外侧或向滴水管处或向地漏处应做有1%的排水坡度。

（五）楼梯

建筑空间的竖向交通联系，主要依靠楼梯、电梯、自动扶梯、台阶、坡道以及爬梯等设施进行。其中，楼梯作为竖向交通和人员紧急疏散的主要交通设施，使用最为广泛。

楼梯的宽度、坡度和踏步级数都应满足人们通行和搬运家具、设备的要求。楼梯的数量，取决于建筑物的平面布置、用途、大小及人流的多少。楼梯应设在明显易找和通行方便的地方，以便在紧急情况下能迅速安全地将室内人员疏散到室外。

1. 楼梯的组成

楼梯一般由梯段、平台、栏杆与扶手三部分组成。

（1）梯段。楼梯梯段是联系两个不同标高平台的倾斜构件。为了减轻疲劳，梯段的踏步步数一般不宜超过18级，且一般不宜少于2级，以防行走时踩空。

（2）平台。按平台所处位置和高度不同，分为中间平台和楼层平台。两楼层之间的平台称为中间平台，用来供人们行走时调节体力和改变行进方向。而与楼层地面标高齐平的平台称为楼层平台，除起着与中间平台相同的作用外，还用来分配从楼梯到达各楼层的人流。楼梯梯段净高不宜小于2.20m，楼梯平台过道处的净高不应小于2m。

（3）栏杆与扶手。栏杆是布置在楼梯梯段和平台边缘处有一定安全保障度的围护构件。扶手一般附设于栏杆顶部，供作依扶用。扶手也可附设于墙上，称为靠墙扶手。

2. 楼梯的类型

按所在位置，楼梯可分为室外楼梯和室内楼梯两种；按使用性质，楼梯可分为主要楼梯、辅助楼梯、疏散楼梯、消防楼梯等；按所用材料，楼梯可分为木楼梯、钢楼梯、钢筋混凝土楼梯等；按形式楼梯可分为直跑式、双跑式、双分式、双合式、三跑式、四跑式、曲尺式、螺旋式、圆弧形、桥式、交叉式等。

楼梯的形式根据使用要求、在房屋中的位置、楼梯间的平面形状而定。

3. 钢筋混凝土楼梯构造

钢筋混凝土楼梯按施工方法不同，主要有现浇整体式和预制装配式两类。

（1）现浇整体式钢筋混凝土楼梯。现浇整体式钢筋混凝土楼梯是在施工现场支模绑扎钢筋并浇筑混凝土而形成的整体楼梯。楼梯段与休息平台整体浇筑，因而楼梯的整体刚性好，坚固耐久。现浇整体式钢筋混凝土楼梯按楼梯段传力的特点可以分为板式和梁式两种。

1）板式楼梯。板式楼梯的梯段是一块斜放的板，它通常由梯段板、平台梁和平台板组成。梯段板承受着梯段的全部荷载，然后通过平台梁将荷载传给墙体或柱子。必要时，也可取消梯段板一端或两端的平台梁，使平台板与梯段板连为一体，形成折线形的板直接支承于墙或梁上。

板式楼梯的梯段底面平整，外形简洁，便于支撑施工。当梯段跨度不大时采用。当梯段跨度较大时，梯段板厚度增加，自重较大，不经济。

2）梁式楼梯。梁式楼梯的梯段是由斜梁和踏步板组成。当楼梯踏步受到荷载作用时，踏步为一水平受力构造，踏步板把荷载传递给左右斜梁，斜梁把荷载传递给与之相连的上下休息平台梁，最后，平台梁将荷载传给墙体或柱子。

梯梁通常设两根，分别布置在踏步板的两端。梯梁与踏步板在竖向的相对位置有两种：一种为明步，即梯梁在踏步板之下，踏步外露；另一种为暗步，即梯梁在踏步板之上，形成反梁，踏步包在里面。梯梁也可以只设一根，通常有两种形式：一种是踏步板的一端设梯梁，另一端搁置在墙上；另一种是用单梁悬挑踏步板。

当荷载或梯段跨度较大时，采用梁式楼梯比较经济。

（2）预制装配式钢筋混凝土楼梯。装配式钢筋混凝土楼梯根据构件尺度的差别，大致可分为：小型构件装配式、中型构件装配式和大型构件装配式。

1）小型构件装配式楼梯。小型构件装配式楼梯是将梯段、平台分割成若干部分，分别预制成小构件装配而成。按照预制踏步的支承方式分为悬挑式、墙承式、梁承式三种。

2）中型构件装配式楼梯。中型构件装配式楼梯一般是由楼梯段和带有平台梁的休息平台板两大构件组合而成，楼梯段直接与楼梯休息平台梁连接，楼梯的栏杆与扶手在楼梯结构安装后再进行安装。带梁休息平台形成一类似槽形板构件，在支承楼梯段的一侧，平台板肋断面加大，并设计成L形断面以利于楼梯段的搭接。楼梯段与现浇钢筋混凝土楼梯类似，有梁板式和板式两种。

3）大型构件装配式楼梯，是将楼梯段与休息平台一起组成一个构件，每层由第一跑及中间休息平台和第二跑及楼层休息平台板两大构件组合而成。

4. 楼梯的细部构造

（1）踏步面层及防滑构造。楼梯踏步面层应便于行走、耐磨、防滑并保持清洁。通常面层可以选用水泥砂浆、水磨石、大理石和防滑砖等。

为防止行人使用楼梯时滑倒，踏步表面应有防滑措施，表面光滑的楼梯必须对踏步表面进行处理，通常是在接近踏口处设置防滑条，防滑条的材料主要有：金刚砂、马赛克、橡皮条和金属材料等。

（2）栏杆、栏板和扶手。楼梯的栏杆、栏板是楼梯的安全防护设施，既有安全防护作用，又有装饰作用。

栏杆多采用方钢、圆钢、扁钢、钢管等金属型材焊接而成，下部与楼梯段锚固，上部与扶手连接。栏杆与梯段的连接方法有：预埋铁件焊接、预留孔洞插接、螺栓连接。

栏板多由现浇钢筋混凝土或加筋砖砌体制作，栏板顶部可另设扶手，也可直接抹灰作扶手。楼梯扶手可以用硬木、钢管、塑料、现浇混凝土抹灰或水磨石制作。采用钢栏杆、木制扶手或塑料扶手时，两者间常用木螺丝连接；采用金属栏杆、金属扶手时，常采用焊接连接。

5. 台阶与坡道

因建筑物构造及使用功能的需要，建筑物的室内外地坪有一定的高差，在建筑物的入口处，可以选择台阶或坡道来衔接。

（1）台阶。台阶一般包括踏步和平台两部分。台阶的坡度应比楼梯小，通常踏步高度为100～150mm，宽度为300～400mm。台阶一般由面层、垫层及基层组成。面层可选用水泥砂浆、水磨石、天然石材或人造石材等块材；垫层材料可选用混凝土、石材或砖砌体；基层为夯实的土壤或灰土。在严寒地区，为了防止冻害，在基层与混凝土垫层之间应设砂垫层。

(2) 坡道。考虑车辆通行或有特殊要求的建筑物室外台阶处，应设置坡道或用坡道与台阶组合。与台阶一样，坡道也应采用耐久、耐磨和抗冻性好的材料。坡道对防滑要求较高或坡度较大时可设置防滑条或做成锯齿形。

(六) 门与窗

门与窗是建筑物中的围护构件。门在建筑中的作用主要是交通联系，并兼有采光、通风之用；窗的作用主要是采光和通风。门窗的形状、尺寸、排列组合以及材料，对建筑物的立面效果影响很大。门窗还要有一定的保温、隔声、防雨、防风沙等能力，在构造上，应满足开启灵活、关闭紧密、坚固耐久、便于擦洗、符合模数等方面的要求。

1. 门、窗的类型

(1) 按所用的材料分类，有木、钢、铝合金、玻璃钢、塑料、钢筋混凝土门窗、复合门窗等几种。

(2) 按开启方式分类。可分为平开门、弹簧门、推拉门、转门、折叠门、卷门、自动门等。窗分为平开窗、推拉窗、悬窗、固定窗等几种形式。

(3) 按镶嵌材料分类。可以把窗分为玻璃窗、百叶窗、纱窗、防火窗、防爆窗、保温窗、隔声窗等几种。按门板的材料，可以把门分为镶板门、拼板门、纤维板门、胶合板门、百叶门、玻璃门、纱门等。

2. 门、窗的构造组成

(1) 门的构造组成。一般门的构造主要由门樘和门扇两部分组成。门樘又称门框，由上槛、中槛和边框等组成，多扇门还有中竖框。门扇由上冒头、中冒头、下冒头和边梃等组成。为了通风采光，可在门的上部设腰窗（俗称上亮子），有固定、平开及上、中、下悬等形式，其构造同窗扇，门框与墙间的缝隙常用木条盖缝，称门头线，俗称贴脸。门上还有五金零件常见的有铰链、门锁、插销、拉手、停门器、风钩等。

(2) 窗的构造组成。窗主要由窗樘和窗扇两部分组成。窗樘又称窗框，一般由上框、下框、中横框、中竖框及边框等组成。窗扇由上冒头、中冒头、下冒头及边梃组成。依镶嵌材料的不同有玻璃窗扇、纱窗扇和百叶窗扇等。窗扇与窗框用五金零件连接，常用的五金零件有铰链、风钩、插销、拉手及导轨、滑轮等。窗框与墙的连接处，为满足不同的要求，有时加有贴脸、窗台板、窗帘盒等。

3. 门与窗的尺度

(1) 门的尺度。房间中门的最小宽度，是由人体尺寸、通过人流股数及家具设备的大小决定的。门的最小宽度一般为 700mm，常用于住宅中的厕所、浴室。住宅中卧室、厨房、阳台的门应考虑一人携带物品通行，卧室常取 900mm，厨房可取 800mm。住宅入户门考虑家具尺寸增大的趋势，常取 1 000mm。普通教室、办公室等的门应考虑一人正在通行，另一人侧身通行，常采用 1 000mm。

当房间面积较大，使用人数较多时，单扇门宽度小，不能满足通行要求，为了开启方便和少占使用面积，当门宽大于 1 000mm 时，应根据使用要求采用双扇门、四扇门或者增加门的数量。双扇门的宽度可为 1 200～1 800mm，四扇门的宽度可为 2 400～3 600mm。

(2) 窗的尺度。窗的尺度主要取决于房间的采光、通风、构造做法和建筑造型等要求，并应符合现行国家标准《建筑模数协调标准》GB/T 50002 的规定。一般平开木窗的窗扇高度为 800～1 200mm，宽度不宜大于 500mm，上下悬窗的窗扇高度为 300～600mm，中悬窗窗扇高不宜大于 1 200mm，宽度不宜大于 1 000mm；推拉窗高宽均不宜大于 1 500mm。各类窗的高度与宽度尺寸通常采用扩大模数 3*M* 数列作为洞口的标志尺寸，需要时只要按所需类型及尺度大小直接选用。

4. 门窗节能

门窗是建筑节能的薄弱环节，通过门窗损失的能量由门窗构件的传热耗热量和通过门窗缝隙的空气渗透耗热量两部分组成。对北方采暖居住建筑的能耗调查发现，有一半以上的采暖能耗是通过门窗损失出去的。因此，门窗是建筑节能的重要部位，提高建筑门窗的节能效率应从改善门窗的保温隔热性能和加强门窗的气密性两个方面进行。

（1）窗户节能。

1）控制窗户面积。窗墙比是节能设计的一个控制指标，是指窗口面积与房间立面单元面积（即房间层高与开间定位线围成的面积）的比值。现行行业标准《严寒和寒冷地区居住建筑节能设计标准》JGJ 26、《夏热冬冷地区居住建筑节能设计标准》JGJ 134、《夏热冬暖地区居住建筑节能设计标准》JGJ 75 对不同的民用建筑的窗墙比限值有明确规定，如表 2.1.2 所示。

表 2.1.2 不同热工分布区不同朝向的窗墙比限值

朝向	不同热工分布			
	严寒地区	寒冷地区	夏热冬冷地区	夏热冬暖地区
北	0.25	0.30	0.40	0.40
东、西	0.30	0.35	0.35	0.30
南	0.45	0.50	0.45	0.40

2）提高窗户气密性。窗的密封措施是保证窗的气密性、水密性以及隔声、隔热性能达到一定水平的关键。在工程实践中，窗的空气渗透主要是由窗框与墙洞、窗框与窗扇、玻璃与窗扇这三个部位的缝隙产生的，提高这三个部位的密封性能是改善窗户的气密性能、减少冷风渗透的主要措施。

3）减少窗户传热。减少窗户的传热能耗应从减少窗框、窗扇型材的传热耗能和减少窗玻璃的传热耗能等方面考虑。

（2）门的节能。门的保温隔热性能与门框、门扇的材料和构造类型有关。

1）入户门。根据我国建筑节能设计标准，不同气候地区应选择不同保温性能的入户门。例如，郑州、徐州地区应选择传热系数不大于 2.7W/（m^2·K）的入户门，北京地区应选择传热系数不大于 2.0W/（m^2·K）的入户门。

2）阳台门。目前阳台门有两种类型：一种是落地玻璃阳台门，这种门的节能设计可将其看作外窗来处理；另一种是由门芯板及玻璃组合形成的阳台门，这种门的玻璃部分按外窗处理，阳台门下部的门芯板应采取保温隔热措施，如可用聚苯夹芯板型材代替单层钢质门芯板等。

（3）建筑遮阳。建筑遮阳是防止太阳直射光线进入室内引起夏季室内过热及避免产生眩光而采取的一种建筑措施。遮阳的效果用遮阳系数来衡量，建筑遮阳设计是建筑节能设计的一项重要内容。在建筑设计中，建筑物的挑檐、外廊、阳台都有一定的遮阳作用。在建筑外表面设置的遮阳板不仅可以遮挡太阳辐射，还可以起到挡雨和美观的作用。由建筑方法设置在建筑物外表面，长久性使用的遮阳板称为构件遮阳。窗户遮阳板根据其外形可分为水平遮阳、垂直遮阳、综合遮阳和挡板遮阳四种基本形式，如图 2.1.13 所示。

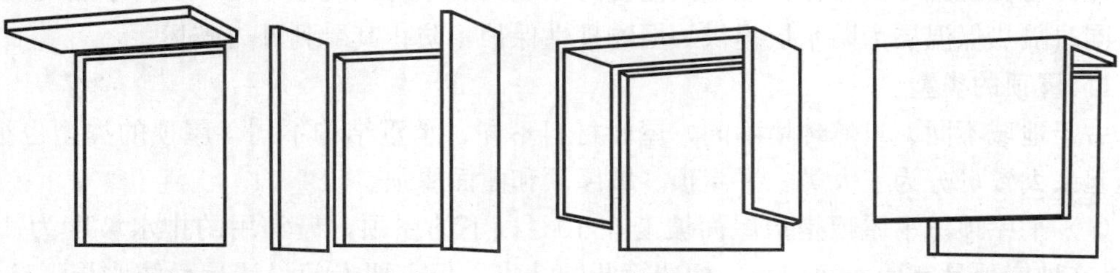

(a) 水平遮阳　(b) 垂直遮阳　(c) 综合遮阳　(d) 挡板遮阳

图 2.1.13　遮阳板的基本形式

1）水平遮阳。水平遮阳是位于窗口上方水平状的遮阳板，它能够遮挡太阳高度角较大时从窗口上方照射下来的阳光，故水平遮阳板适合于南向及南向附近的窗口。北回归线以南低纬度地区的北向窗口也可用这种遮阳板。

2）垂直遮阳。垂直遮阳是位于窗口两侧呈垂直状设置的遮阳板。这种遮阳板能够遮挡太阳高度角较小时从窗口两侧斜射下来的阳光，对太阳高度角较大时从窗口上方照射下来的阳光或接近日出日落时正射窗口的阳光，垂直遮阳不起遮挡作用。所以，垂直遮阳主要适用于东北、北和西北附近的窗口。

3）综合遮阳。水平遮阳和垂直遮阳的结合就是综合遮阳。综合遮阳能够遮挡从窗口正上方和两侧斜射之阳光，主要用于南、东南及西南附近的窗口。

4）挡板遮阳。挡板式遮阳板是在窗口正前方一定距离处垂直悬挂一块挡板而形成的。由于挡板封堵于窗口前方，能够遮挡太阳高度角较小时正射窗口的阳光，主要适用于东、西向以及附近朝向的窗口，该种遮阳形式的不足之处是容易挡住室内人的视线，对眺望和通风影响大，使用时应慎重。

上述四种形式是遮阳板的基本形式，在建筑工程中，可根据建筑物的窗口大小和立面造型的要求，把遮阳设计成更复杂、更具装饰效果的形式。

（七）屋顶

屋顶是房屋最上层起承重和覆盖作用的构件。其作用主要有三个：一是防御自然界的风、雨、雪、太阳辐射热和冬季低温等的影响；二是承受自重及风、沙、雨、雪等荷载及施工或屋顶检修人员的活荷载；三是屋顶是建筑物的重要组成部分，对建筑形象的美观起着重要的作用。

屋顶（从下到上）主要由结构层、找平层、隔汽层、找坡层、隔热层（保温层）、找平层、结合层、防水层、保护层等部分组成。其构造简图如图 2.1.14 所示。

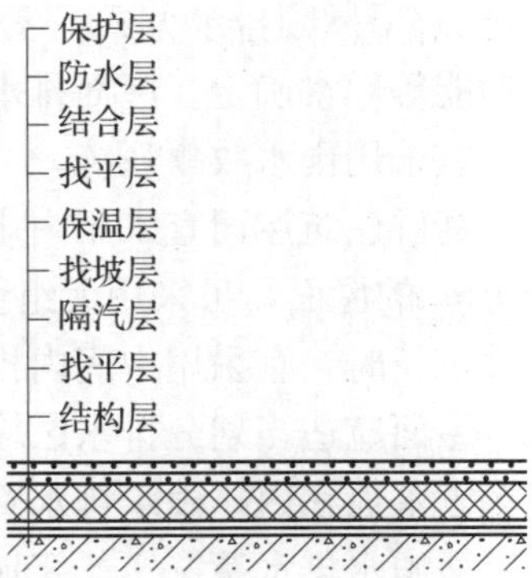

图 2.1.14　平屋顶构造

按防水层和隔热层的上下设置关系可分为正置式屋面和倒置式屋面。正置式屋面（传统屋面构造做法），其构造一般为隔热保温层在防水层的下面。因为传统屋面隔热保温层的材料普遍存在吸水率大的通病，吸水后保温隔热性能大大降低，无法满足隔热的要求，要靠防水层做在其上面，防止水分渗入，保证隔热保温层干燥，方能隔热保温。倒置式屋面做法即把传统屋面中防水层和隔热保温层的层次颠倒一下，防水层在下面，隔热保温层在上面。与传统施工法相比，该工法能使防水层无热胀冷缩现象，延长了防水层的使用寿命；同时隔热保温层为防水层提供一层物理性保护，防止其受到外力破坏。

1. 屋顶的类型

由于地域不同、自然环境不同，屋面材料不同、承重结构不同，屋顶的类型也很多。归纳起来大致可分为三大类：平屋顶、坡屋顶和曲面屋顶。

（1）平屋顶。平屋顶是指屋面坡度在10%以下的屋顶，最常用的排水坡度为2%～3%。这种屋顶具有屋面面积小、构造简便的特点，但需要专门设置屋面防水层。这种屋顶是多层房屋常采用的一种形式。

（2）坡屋顶。坡屋顶是指屋面坡度在10%以上的屋顶，包括单坡、双坡、四坡、歇山式、折板式等多种形式。这种屋顶的屋面坡度大，屋面排水速度快。其屋顶防水可以采用构件自防水（如平瓦、石棉瓦等自防水）的防水形式。

（3）曲面屋顶。屋顶为曲面，如球形、悬索形、鞍形等。这种屋顶施工工艺较复杂，但外部形状独特。

2. 平屋顶的构造

与坡屋顶相比，平屋顶具有屋面面积小，减少建筑所占体积，降低建筑总高度，屋面便于上人等特点，因而被广泛采用。

（1）平屋顶的排水。

1）平屋顶起坡方式。要使屋面排水通畅，平屋顶应设置不小于1%的屋面坡度。形成这种坡度的方法有两种。第一种方法是材料找坡，也称垫坡。这种找坡法是把屋顶板平置，屋面坡度由铺设在屋面板上的厚度有变化的找坡层形成。设有保温层时，利用屋面保温层找坡；没有保温层时，利用屋面找平层找坡。找坡层的厚度最薄处不小于20mm，平屋顶材料找坡的坡度宜为2%。第二种方法是结构找坡，也称搁置找坡。把顶层墙体或圈梁、大梁等结构构件上表面做成一定坡度，屋面板依势铺设形成坡度，平屋顶结构找坡的坡度宜为3%。檐沟、天沟纵向找坡不应小于1%，沟底水落差不得超过200mm。

2）平屋顶排水方式。屋面排水方式的选择，应根据建筑物屋顶形式、气候条件、使用功能等因素确定。屋面排水方式可分为有组织排水和无组织排水两种方式。有组织排水时，宜采用雨水收集系统。

高层建筑屋面宜采用内排水；多层建筑屋面宜采用有组织外排水；低层建筑及檐高小于10m的屋面，可采用无组织排水。多跨及汇水面积较大的屋面宜采用天沟排水，天沟找坡较长时，宜采用中间内排水和两端外排水。

屋面应适当划分排水区域，排水路线应简捷，排水应通畅。采用重力式排水时，屋面每个汇水面积内，雨水排水管不宜少于2根，暴雨强度较大地区的大型屋面，宜采用虹吸式屋面雨水排水系统。严寒地区应采用内排水，寒冷地区宜采用内排水。湿陷性黄土地区宜采用有组织排水，并应将雨雪水直接排至排水管网。

3）屋面落水管的布置。屋面落水管的布置量与屋面集水面积大小、每小时最大降雨量、排水管管径等因素有关。它们之间的关系可用下式表示：

$$F = 438D^2/H \tag{2.1.1}$$

式中：F——单根落水管允许集水面积（水平投影面积，m^2）；

D——落水管管径（采用方管时面积可换算，cm）；

H——每小时最大降雨量（由当地气象部门提供，mm/h）。

【例 2.1.1】 某地 H=145mm/h，落水管管径 D=10cm，每个落水管允许集水面积为：

$$F=438\times10^2/145=302.07\ (m^2)$$

若某建筑的屋顶集水面积（屋顶的水平投影面积）为 1 000m^2，则至少要设置 4 根落水管。在工程实践中，落水管间的距离（天沟内流水距离）以 10～15m 为宜。当计算间距大于适用距离时，应按适用距离设置落水管；当计算间距小于适用间距时，按计算间距设置落水管。

（2）平屋顶柔性防水及构造。屋面防水工程应根据建筑物的类别、重要程度、使用功能要求确定防水等级，并按相应等级进行防水设防，对防水有特殊要求的建筑屋面，应进行专项防水设计。屋面工程防水等级应依据工程防水类别和工程防水使用环境类别分为一级、二级、三级。工程防水类别和工程防水使用环境类别见表 2.1.3。防水等级及构造要求见表 2.1.4。

表 2.1.3 屋面工程防水类别及使用环境类别划分

工程防水类别		工程防水使用环境类别		
		Ⅰ类	Ⅱ类	Ⅲ类
甲类	民用建筑和对渗漏敏感的工业建筑	$P\geqslant1\ 300$	$400\leqslant P<1\ 300$	$P<400$
乙类	除甲类和丙类以外的建筑屋面			
丙类	对渗漏不敏感的工业建筑屋面			

注：P 为年降水量（mm）。

表 2.1.4 平屋面工程的防水做法

防水等级	防水做法	防水层	
		防水卷材	防水涂料
一级	不应少于 3 道	卷材防水层不应少于 1 道	
二级	不应少于 2 道	卷材防水层不应少于 1 道	
三级	不应少于 1 道	任选	

一级防水：Ⅰ类、Ⅱ类防水使用环境下的甲类工程；Ⅰ类防水使用环境下的乙类工程。

二级防水：Ⅲ类防水使用环境下的甲类工程；Ⅱ类防水使用环境下的乙类工程；Ⅰ类防水使用环境下的丙类工程。

三级防水：Ⅲ类防水使用环境下的乙类工程；Ⅱ类、Ⅲ类防水使用环境下的丙类工程。

平屋顶的防水是屋顶使用功能的重要组成部分，它直接影响整个建筑的使用功能。防水层是指能够隔绝水而不使水向建筑物内部渗透的构造层。柔性防水屋顶可采用防水卷材防水、涂膜防水或复合防水。

1）找平层。卷材、涂膜的基层宜设找平层，找平层设置在结构层或保温层上面，常用15～25mm厚的1∶2.5～1∶3水泥砂浆做找平层，或用C20的细石混凝土做找平层。找平层厚度及技术要求应符合表2.1.5的规定。

表2.1.5　找平层厚度及技术要求

找平层分类	适用的基层	厚度/mm	技术要求
水泥砂浆	整体现浇混凝土板	15～20	1∶2.5水泥砂浆
	整体材料保温层	20～25	
细石混凝土	装配式混凝土板	30～35	C20混凝土，宜加钢筋网片
	板状材料保温层		C20混凝土

保温层上的找平层应留设分隔缝，缝宽宜为5～20mm，纵横缝的间距不宜大于6m。基层转角处应抹成圆弧形，其半径不小于50mm。找平层表面平整度的允许偏差为5mm。分格缝处应铺设带胎体增强材料的空铺附加层，其宽度为200～300mm。

2）结合层。当采用水泥砂浆及细石混凝土做找平层时，为了保证防水层与找平层能更好地黏结，采用沥青为基材的防水层，在施工前应在找平层上涂刷冷底子油做基层处理（用汽油稀释沥青），当采用高分子防水层时，可用专用基层处理剂。

3）卷材防水屋面。防水卷材应铺设在表面平整、干燥的找平层上，待表面干燥后作为卷材防水屋面的基层，基层不得有酥松、起砂、起皮现象。目前卷材防水使用较多的是合成高分子防水卷材和高聚物改性沥青防水卷材，其最小厚度如表2.1.6所示。

表2.1.6　卷材防水层最小厚度

防水卷材类型			卷材防水层最小厚度/mm
聚合物改性沥青类防水卷材	热熔法施工聚合物改性沥青防水卷材		3.0
	热沥青黏结和胶粘法施工聚合物改性沥青防水卷材		3.0
	预铺反粘防水卷材（聚酯胎类）		4.0
	自粘聚合物改性沥青防水卷材（含湿铺）	聚酯胎类	3.0
		无胎类及高分子膜基	1.5
合成高分子类防水卷材	均质型、带纤维背衬型、织物内增强型		1.2
	双面复合型		0.5（主体片材芯材）
	预铺反粘防水卷材	塑料类	1.2
		橡胶类	1.5
	塑料防水板		1.2

为了防止屋面防水层出现龟裂现象，一是阻断来自室内的水蒸气，构造上常采取在屋面结构层上的找平层表面做隔汽层，阻断水蒸气向上渗透。在北纬40°以北地区，室内湿度大于75%或其他地区室内空气湿度常年大于80%时，保温屋面应设隔汽层。二是在屋面防水层下保温层内设排汽通道，并使通道开口露出屋面防水层，使防水层下水蒸气能直接从透气孔排出。

4）涂膜防水屋面。涂膜防水屋面是在屋面基层上涂刷防水涂料，经固化后形成一层有一定厚度和弹性的整体涂膜，从而达到防水目的的一种防水屋面形式。涂膜防水屋面的构造如图2.1.15所示。

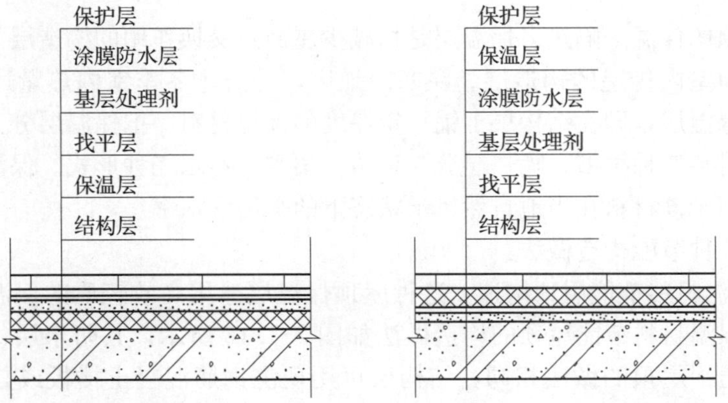

(a)正置式涂膜屋面　(b)倒置式涂膜屋面

图2.1.15　涂膜防水屋面的构造

施工时根据涂料品种和屋面构造形式的需要，可在涂膜防水层中增设胎体增强材料。胎体增强材料是指在涂膜防水层中增强用的聚酯无纺布、中性玻璃纤维网络布、中碱玻璃布等材料。

反应型高分子类防水涂料、聚合物乳液类防水涂料和水性聚合物沥青类防水涂料等涂料防水层最小厚度不应小于1.5mm，热熔施工橡胶沥青类防水涂料防水层最小厚度不应小于2.0mm。当热熔施工橡胶沥青类防水涂料与防水卷材配套使用作为一道防水层时，其厚度不应小于1.5mm。

5）保护层。保护层是防水层上表面的构造层。它可以防止太阳光辐射导致的防水层过早老化。对上人屋面而言，它直接承受人在屋面活动的各种作用。采用块体材料做保护层时，宜设分隔缝，其纵横间距不宜大于10m，分隔缝宽度宜为20mm，并用密封材料嵌填。采用水泥砂浆做保护层时，表面应抹平压光，并应设表面分隔缝，分格面积宜为$1m^2$。采用细石混凝土做保护层时，表面应抹平压光，并应设分隔缝，其纵横间距不应大于6m，分格缝宽度宜为10～20mm，并应用密封材料嵌填。采用淡色涂料做保护层时，应与防水层黏结牢固，厚薄应均匀，不得漏涂。块体材料、水泥砂浆、细石混凝土与女儿墙或山墙之间，应预留宽度为30mm的缝隙，内宜填塞聚苯乙烯泡沫塑料，并应用密封材料嵌填。需经常维护的设施周围和屋面出入口至设施之间的人行道，应铺设块体材料或细石混凝土保护层。

6）隔离层。块体材料、水泥砂浆、细石混凝土保护层与卷材、涂膜防水层之间，应设置隔离层。块体材料、水泥砂浆保护层可采用塑料膜（0.4mm厚聚乙烯膜或3mm厚发泡聚乙烯膜）、土工布（200g/m^{2}聚酯无纺布）、卷材（石油沥青卷材一层）做隔离层；细石混凝土保护层可采用低强度等级砂浆做隔离层。

7）平屋顶防水细部构造。屋面细部构造应包括檐口、檐沟和天沟、女儿墙和山墙、水落口、变形缝等。防水屋面必须特别注意各个节点的构造处理。细部构造防水应做到多道设防、复合用材、连续密封、局部增强，并应满足使用功能、温差变形、施工环境和可操作性的要求。细部构造中容易形成热桥的部位均应进行保温处理。檐口、檐沟外侧下端及女儿墙压顶内侧下端等部位均应做滴水处理，滴水槽宽度和深度不宜小于10mm。

（3）平屋顶的保温、隔热。保温层是指减少屋面热交换作用的构造层。隔热层是指减少太阳辐射热向室内传递的构造层。在寒冷地区，为防止冬季室内热量通过屋顶向外散失，一般需设保温层，即在结构层上铺一定厚度的保温材料。把保温层分为板状材料、纤维材料、整体材料三种类型，隔热层分为种植、架空、蓄水三种形式。保温材料使用时的含水率，应相当于该材料在当地自然风干状态下的平衡含水率。

平屋顶的几种节能构造做法：

1）高效保温材料节能屋顶构造。这种屋顶保温层选用高效轻质的保温材料，保温层为实铺。高效保温材料节能屋顶的构造做法如图2.1.16所示，其防水层、找平层、找坡层的做法与普通平屋顶的做法相同，结构层可用现浇钢筋混凝土楼板或是预制混凝土圆孔板。

2）架空型保温节能屋顶构造。在屋顶内增加空气层有利于提高保温效果，同时也有利于改善屋顶夏季的隔热。具体构造如图2.1.17所示。

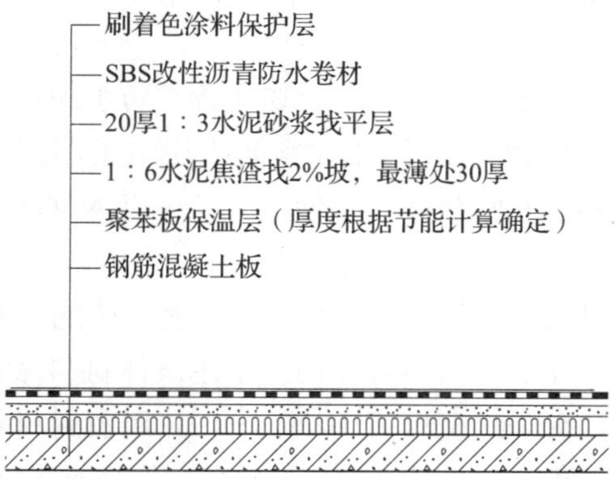

图2.1.16 高效保温材料节能屋顶构造

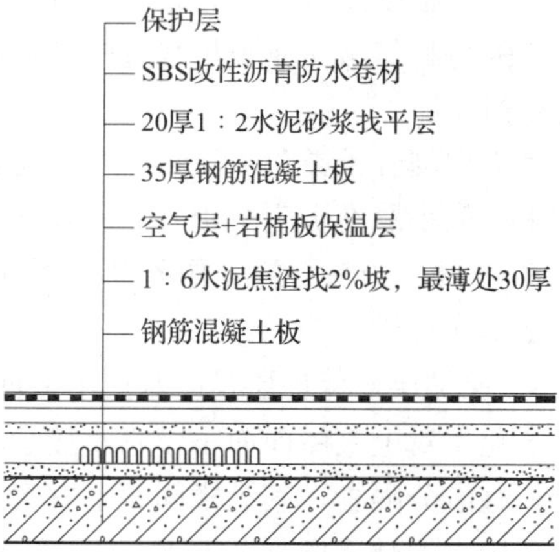

图2.1.17 架空型保温节能屋顶构造

3）保温、找坡结合型保温节能屋顶构造。这种屋顶常用浮石砂或蛭石做保温与找坡相结合的构造层，保温层厚度要经过节能计算，并形成2%的排水坡度。具体构造如图2.1.18所示。

4）倒置型保温节能屋顶构造。倒置型保温屋顶可以防止太阳光直接照射防水层，延缓了防水层老化进程，延长防水层的使用寿命。屋顶最外层使用的蓄热系数大的卵石层或烧制方砖保护层，在夏季还可充分利用其蓄热能力强的特点，调节屋顶内表面温度，使温度最高峰值向后延迟，错开室外空气温度的峰值，有利于屋顶的隔热效果。另外，夏季雨后，卵石或烧制方砖类的材料有一定的吸水性，这层材料可通过蒸发其吸收的水分来降低屋顶的温度而达到隔热的效果。倒置型保温节能屋顶构造如图 2.1.19 所示。

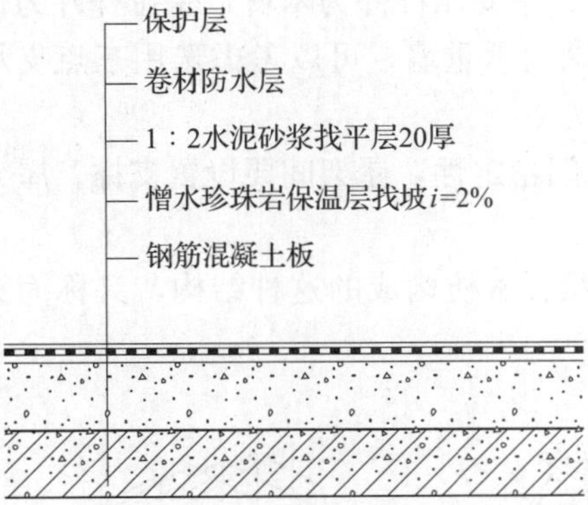

图 2.1.18　保温、找坡结合型保温节能屋顶构造

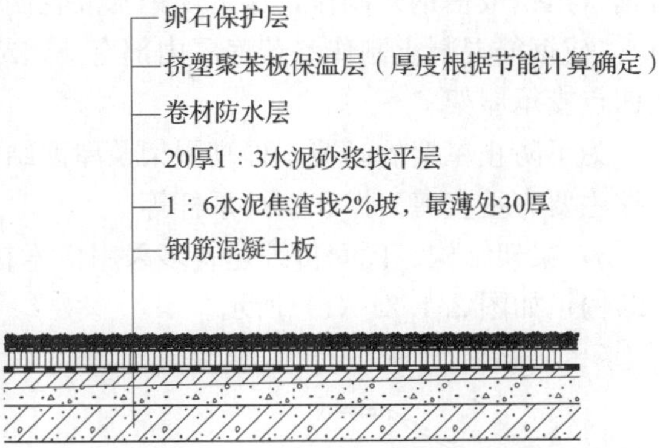

图 2.1.19　倒置型保温节能屋顶构造

3. 坡屋顶的构造

所谓坡屋顶是指屋面坡度在 10%以上的屋顶。与平屋顶相比较，坡屋顶的屋面坡度大，因而其屋面构造及屋面防水方式均与平屋面不同。屋面构造层次主要由屋顶天棚、承重结构层及屋面面层组成。必要时还应增设保温层、隔热层等，如图 2.1.20 所示。坡屋面采用沥青瓦、块瓦、波形瓦和一级设防的压型金属板时，应设置防水垫层，与瓦屋面共同组成防水层。防水垫层是指设置在瓦材或金属板材下面，起防水、防潮作用的构造层。

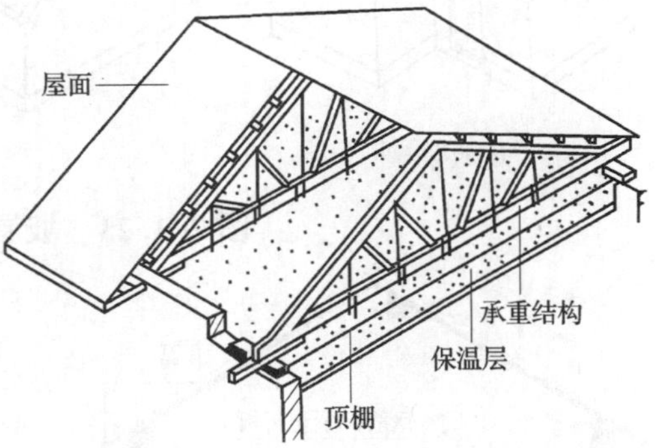

图 2.1.20　坡屋顶的构造

（1）坡屋顶的承重结构。

1）砖墙承重。砖墙承重又叫硬山搁檩，是将房屋的内外横墙砌成尖顶状，在上面直接搁置檩条来支承屋面的荷载。在山墙承檩的结构体系中，山墙的间距即为檩条的跨度，因而房屋横墙的间距尽量一致，使檩条的跨度保持在比较经济的尺度以内。砖墙承重结构体系适用于开间较小的房屋。

檩条可用木材、预应力钢筋混凝土、轻钢桁架、型钢等材料制作。木檩条的跨度一般在 4m 以内，断面为矩形或圆形。大小需经结构计算确定。檩条的斜距不得超过 1.2m。木质檩条常选用Ⅰ级杉圆木，木檩条与墙体交接段应进行防腐处理，常用方法是在山墙上垫上油毡一层，并在檩条端部涂刷沥青。砖墙承重体系构造简单，施工方便，因而采用较多，如图 2.1.21（a）所示。

2）屋架承重。屋顶上搁置屋架，用来搁置檩条以支承屋面荷载。通常屋架搁置在房屋的纵向外墙或柱上，使房屋有一个较大的使用空间。屋架的形式较多，有三角形、梯形、矩形、多边形等，如图 2.1.21（b）所示。

当坡屋面房屋内部需要较大空间时，可把部分横向山墙取消，用屋架作为横向承重构件。坡屋面的屋架多为三角形（分豪式和芬克式两种）。屋架可选用木材（Ⅰ级杉圆木）、型钢（角钢或槽钢）制作，也可用钢木混合制作（屋架中受压杆件为木材，受拉杆件为钢材），或钢筋混凝土制作。若房屋内部有一道或两道纵向承重墙，可以考虑选用三点支承或四点支承屋架。

为了防止屋架的倾覆，提高屋架及屋面结构的空间稳定性，屋架间要设置支撑。屋架支撑主要有垂直剪刀撑和水平系杆等。

3）梁架结构。民间传统建筑多采用由木柱、木梁、木枋构成的这种结构，又称为穿斗结构，如图 2.1.21（c）所示。

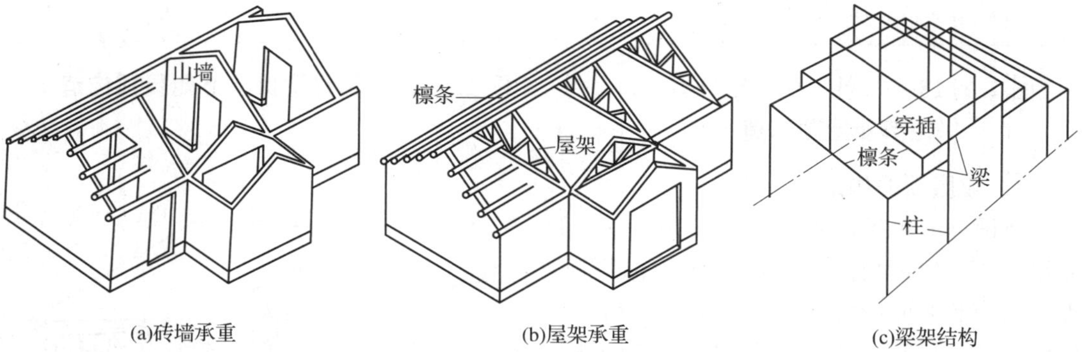

图 2.1.21　坡屋顶的承重结构方式

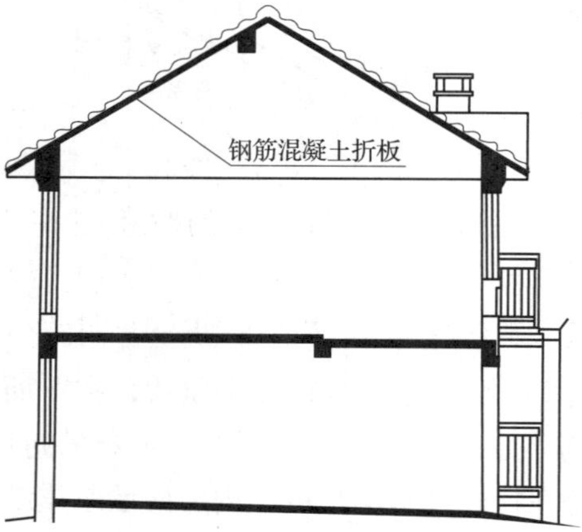

图 2.1.22　钢筋混凝土折板结构

4）钢筋混凝土梁板承重。钢筋混凝土承重结构层按施工方法有两种：一种是现浇钢筋混凝土梁和屋面板，另一种是预制钢筋混凝土屋面板直接搁置在山墙上或屋架上。

对于空间跨度不大的民用建筑，钢筋混凝土折板结构是目前坡屋顶建筑使用较为普遍的一种结构形式，如图 2.1.22 所示。这种结构形式无须采用屋架、檀条等结构构件，而且整个结构层整体现浇，提高了坡屋顶建筑的防水、防渗性能。在这种结构形式中，屋面瓦可直接用水泥砂浆粘贴于结构层上。

（2）坡屋顶屋面。

1）平瓦屋面。平瓦有水泥瓦和黏土瓦两种，其外形按防水及排水要求设计制作机平瓦的外形尺寸约为 230mm×（380～420）mm，瓦的四边有榫和沟槽。铺瓦时，每张瓦的上下左右利用榫、槽相互搭接密合，避免雨水从接缝处渗入。

为了保证瓦屋面的防水性，防水等级为一、二级的瓦屋面下必须至少做 1 道防水垫层，与瓦屋面共同组成防水层。瓦屋面工程的防水做法如表 2.1.7 所示。

表 2.1.7 瓦屋面工程的防水做法

防水等级	防水做法	防水层		
		屋面瓦	防水卷材	防水涂料
一级	不应少于 3 道	为 1 道，应选	卷材防水层不应少于 1 道	
二级	不应少于 2 道	为 1 道，应选	不应少于 1 道；任选	
三级	不应少于 1 道	为 1 道，应选	—	

为保证有效排水，烧结瓦、混凝土瓦屋面的坡度不得小于 30%，沥青瓦屋面的坡度不得小于 20%。在屋脊处需盖上鞍形脊瓦，在屋面天沟下需放上镀锌铁皮，以防漏水。平瓦屋面的构造方式有下列几种：

①有椽条、有屋面板平瓦屋面。在屋面檩条上放置椽条，椽条上稀铺或满铺厚度在 8～12mm 的木板（稀铺时在板面上还可铺芦席等），板面（或芦席）上方平行于屋脊方向铺干油毡一层，钉顺水条和挂瓦条，安装机制平瓦。采用这种构造方案，屋面板受力较小，因而厚度较小。

②无椽条、有屋面板平瓦屋面。在檩条上钉厚度为 15～25mm 的屋面板（板缝不超过 20mm）平行于屋脊方向铺油毡一层，钉顺水条和挂瓦条，安装机制平瓦。这种方案屋面板与檩条垂直布置，为受力构件，因而厚度较大。

③冷摊瓦屋面。这是一种构造简单的瓦屋面，在檩条上钉上断面 35mm×60mm、中距 500mm 的椽条，在椽条上钉挂瓦条（注意挂瓦条间距符合瓦的标志长度），在挂瓦条上直接铺瓦。由于构造简单，只用于简易或临时建筑。

2）波形瓦屋面。波形瓦屋面包括水泥石棉波形瓦、钢丝网水泥瓦、玻璃钢瓦、钙塑瓦、金属钢板瓦、石棉菱苦土瓦等。根据波形瓦的波浪大小又可分为大波瓦、中波瓦和小波瓦三种。波形瓦具有重量轻、耐火性能好等优点，但易折断破碎，强度较低。

3）小青瓦屋面。小青瓦屋面在我国传统房屋中采用较多，目前有些地方仍然采用。小青瓦断面呈弧形，尺寸及规格不统一。铺设时分别将小青瓦仰俯铺排，覆盖成垄。仰铺瓦成沟，俯铺瓦盖于仰铺瓦纵向接缝处，与仰铺瓦间搭接瓦长 1/3 左右。上下瓦间的搭接长在少雨地区为搭六露四，在多雨区为搭七露三。小青瓦可以直接铺设于椽条上，也可铺于望板（屋面板）上。

（3）坡屋面的细部构造。

坡屋面的细部构造有檐口、山墙、斜天沟、烟囱泛水构造、檐沟和落水管等。

双坡屋面的山墙有硬山和悬山两种。硬山是指山墙与屋面等高或高于屋面成女儿墙。悬山是把屋面挑出山墙之外。

（4）坡屋顶的天棚及保温、隔热与通风。

1）天棚。坡屋面房屋，为室内美观及保温隔热的需要，多数均设天棚（吊顶），把屋面的结构层隐蔽起来，以满足室内使用要求。

天棚可以沿屋架下弦表面做成平天棚，也可沿屋面坡向做成斜天棚。吊天棚的面层材料较多，常见的有抹灰天棚（板条抹灰、芦席抹灰等）、板材天棚（纤维板天棚、胶合板天棚、石膏板天棚等）。

天棚的骨架主要：主吊顶筋（主搁栅）与屋架或檩条拉接；天棚龙骨（次搁栅）与主吊顶筋连接。按材质，天棚骨架又可分为木骨架、轻钢骨架等。

2）坡屋面的保温。坡屋顶应该设置保温隔热层，当结构层为钢筋混凝土板时，保温层宜设在结构层上部。当结构层为轻钢结构时，保温层可设置在上侧或下侧。坡屋顶保温层和细石混凝土现浇层均应采取屋顶防滑措施。

坡屋顶常采用的保温材料：挤塑聚苯板、泡沫玻璃、膨胀聚苯板、微孔硅酸钙板硬泡聚氨酯、憎水性珍珠岩板等。当保温层在结构层底部时，保温材料应采用泡沫玻璃、微孔硅酸钙板等，此时应注意，保温板应固定牢固，板底应采用薄抹灰。

坡屋顶保温节能构造根据屋面瓦材的安装方式不同分为钉挂型和粘铺型两种。

①瓦材钉挂型保温节能屋顶，构造做法如图 2.1.23 所示。

②瓦材粘铺型保温节能屋顶，构造做法如图 2.1.24 所示。

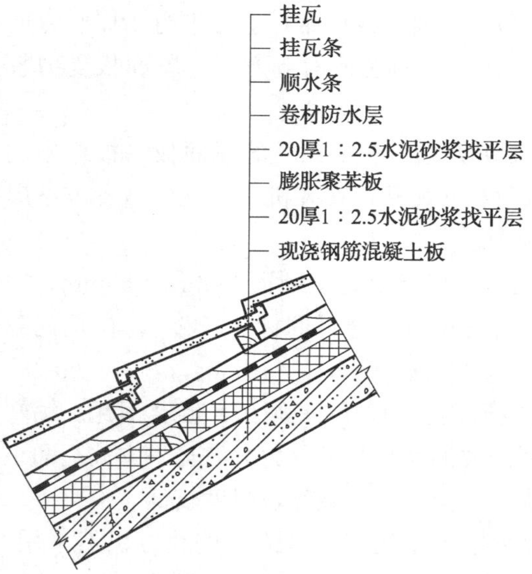

图 2.1.23 瓦材钉挂型保温节能屋顶的构造

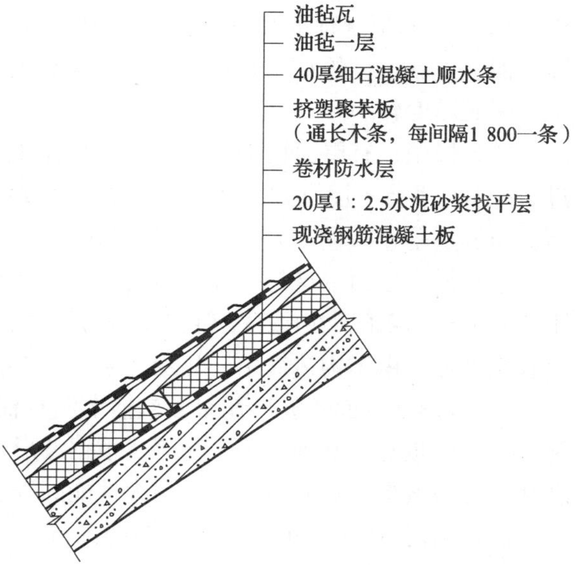

图 2.1.24 瓦材粘铺型保温节能屋顶的构造

3）坡屋面的隔热与通风。坡屋面的隔热与通风有以下几种方法：

①通风屋面。把屋面做成双层，从檐口处进风，屋脊处排风。利用空气的流动，带走热量，降低屋面的温度。

②吊顶隔热通风。吊顶层与屋面之间有较大的空间，通过在坡屋面的檐口下，山墙处或屋面上设置通风窗，使吊顶层内空气有效流通，带走热量，降低室内温度。

（八）装饰构造

装饰装修可以起到保护建筑物、改善建筑物的使用功能、美化环境、提高建筑物艺术效果的作用。

1. 装饰构造的类别

装饰构造的分类方法很多，这里按装饰的位置不同进行分类。

（1）墙面装饰。墙面装饰也称饰面装修，分为室内和室外两部分，是建筑装饰设计的重要环节。它对改善建筑物的功能质量、美化环境等都有重要作用。墙面装饰有保护和改善墙体的热功能性、美观方面的功能。

（2）楼地面装饰。楼面和地坪的面层，在构造上做法基本相同，对室内装修而言，两者可统称地面。它是人们日常生活、工作、学习必须接触的部分，也是建筑中直接承受荷载，经常受到摩擦、清扫和冲洗的部分。

（3）天棚装饰。天棚的高低、造型、色彩、照明和细部处理，对人们的空间感受具有相当重要的影响。天棚本身往往具有保温、隔热、隔声、吸声等作用，此外人们还经常利用天棚来处理好人工照明、空气调节、音响、防火等技术问题。

2. 墙体饰面装修构造

按材料和施工方式的不同，常见的墙体饰面可分为抹灰类、贴面类、涂料类、裱糊类和铺钉类等。

饰面装修一般由基层和面层组成，基层即支托饰面层的结构构件或骨架，其表面应平整，并应有一定的强度和刚度。饰面层附着于基层表面起美观和保护作用，它应与基层牢固结合，且表面需平整均匀。通常将饰面层最外表面的涂料作为饰面装修构造类型的命名。

（1）抹灰类。抹灰类墙面是指用石灰砂浆、水泥砂浆、水泥石灰混合砂浆、聚合物水泥砂浆、膨胀珍珠岩水泥砂浆，以及麻刀灰、纸筋灰、石膏灰等作为饰面层的装修做法。它主要的优点在于材料的来源广泛、施工操作简便和造价低廉，但也存在着耐久性差、易开裂、湿作业量大、劳动强度高、工效低等缺点。一般抹灰按质量要求分为普通抹灰、中级抹灰和高级抹灰三级。

为保证抹灰层与基层连接牢固，表面平整均匀，避免裂缝和脱落，在抹灰前应将基层表面的灰尘、污垢、油渍等清除干净，并洒水湿润。同时还要求抹灰层不能太厚，并分层完成。普通标准的抹灰一般由底层和面层组成；装修标准较高的房间，当采用中级或高级抹灰时，还要在面层与底层之间加一层或多层中间层。

（2）贴面类。贴面类是指利用各种天然石材或人造板、块，通过绑、挂或直接粘贴于基层表面的饰面做法。这类装修具有耐久性好、施工方便、装饰性强、质量高、易于清洗等优点。常用的贴面材料有陶瓷面砖、马赛克，以及水磨石、水刷石、剁斧石等水泥预制板和天然的花岗岩、大理石板等。

（3）涂料类。涂料类是指利用各种涂料敷于基层表面，形成完整牢固的膜层，起到保护墙面和美观的一种饰面做法，是饰面装修中最简便的一种形式。它具有造价低、装饰性好、工期短、工效高、自重轻，以及施工操作、维修、更新都比较方便等特点，是一种最有发展前途的装饰材料。

建筑材料中涂料的品种很多，选用时应根据建筑物的使用功能、墙体周围环境、墙身不同部位，以及施工和经济条件等，选择附着力强、耐久、无毒、耐污染、装饰效果好的涂料。例如，用于外墙面的涂料，应具有良好的耐久、耐冻、耐污染性能。内墙涂料除应满足装饰要求外，还应有一定的强度和耐擦洗性能。炎热多雨地区选用的涂料，应有较好的耐水性、耐高温性和防霉性。寒冷地区则对涂料的抗冻性要求较高。

（4）裱糊类。裱糊类是将各种装饰性墙纸、墙布等卷材裱糊在墙面上的一种饰面做法。依面层材料的不同，有塑料面墙纸（PVC墙纸）、纺织物面墙纸、金属面墙纸及天然木纹面墙纸等。墙布是指可以直接用作墙面装饰材料的各种纤维织物的总称。包括印花玻璃纤维墙面布和锦缎等材料。

墙纸或墙布的裱贴，是在抹灰的基层上进行，要求基层表面平整、阴阳角顺直。

（5）铺钉类。铺钉类指利用天然板条或各种人造薄板借助于钉、胶粘等固定方式对墙面进行的饰面做法。选用不同材质的面板和恰当的构造方式，可以使这类墙面具有质感细腻、美观大方，或给人以亲切感等不同的装饰效果。同时，还可以改善室内声学等环境效果，满足不同的功能要求。铺钉类装修是由骨架和面板两部分组成，施工时先在墙面上立骨架（墙筋），然后在骨架上铺钉装饰面板。

骨架有木骨架和金属骨架，木骨架截面一般为50mm×50mm，金属骨架多为槽形冷轧薄钢板。常见的装饰面板有硬木条（板）、竹条、胶合板、纤维板、石膏板、钙塑板及各种吸声墙板等。面板在木骨架上用圆钉或木螺丝固定，在金属骨架上一般用自攻螺丝固定。

3. 楼地面装饰构造

地面的材料和做法应根据房间的使用要求和装修要求并结合经济条件加以选用。地面按材料形式和施工方式可分为四大类，即整体浇筑楼地面、块料楼地面、卷材楼地面和涂料楼地面。

（1）整体浇筑楼地面。整体浇筑楼地面是指用现场浇筑的方法做成整片的地面。按地面材料不同可分为水泥砂浆楼地面、现浇水磨石楼地面、细石混凝土楼地面、自流平楼地面、塑胶地面等。

1）水泥砂浆楼地面。水泥砂浆楼地面通常是用水泥砂浆在地面基层或垫层上抹压而成，水泥砂浆楼地面是使用最广泛的低档地面面层类型。具有构造简单、施工方便、造价低、耐水、整体性能好等优点，但地面易起灰，无弹性，热传导性高，且装饰效果较差。水泥砂浆的强度等级不应低于M15，水泥砂浆的体积比（强度等级）应符合设计要求，且体积比应为1∶2，厚度不应小于20mm。

2）现浇水磨石楼地面。现浇水磨石楼地面是将用水泥作胶结材料、大理石或白云石等中等硬度石料的石屑作骨料而形成的水泥石屑浆浇抹硬结后，经磨光打蜡而成。现浇水磨石楼地面的常见做法是先用15～20mm厚1∶3水泥砂浆找平，刷一道素水泥浆，再用10～15mm厚1∶1.5或1∶2的水泥石屑浆抹面，待水泥凝结到一定硬度后，用磨光机打磨，再由草酸清洗，打蜡保护。现浇水磨石楼地面坚硬、耐磨、光洁，不透水，不起灰，其装饰效果也优于水泥砂浆地面，但造价高于水泥砂浆地面，施工较复杂，无弹性，吸热性强，常用于人流量较大的交通空间和房间。

3）细石混凝土楼地面。细石混凝土是用水泥、砂和粒径为0.5～1.0mm的小石子级配而成，表面撒1∶1的水泥砂浆随打随抹光。细石混凝土楼地面的强度高、干缩性小，与水泥砂浆楼地面相比，其耐久性和防水性更好，且不易起砂，一般为35～40mm厚。

4）自流平楼地面。自流平楼地面是在基层上，采用具有自动流平或稍加辅助流平功能的材料，经现场搅拌后摊铺形成的面层。基层有坡度设计时，水泥基自流平砂浆可用于坡度小于或等于1.5%的地面；对于坡度大于1.5%但不超过5%的地面，基层应采用环氧底涂撒砂处理，并应调整自流平砂浆流动度；坡度大于5%的基层不得使用自流平砂浆。

常见的有水泥基自流平系统、树脂自流平系统、树脂水泥复合砂浆自流平系统。例如，面层水泥基自流平地面系统由基层、自流平界面剂、面层水泥基自流平砂浆、罩面涂层或基层、自流平界面剂、面层水泥基自流平砂浆、底涂层、环氧树脂/聚氨酯薄涂层构成。

5）塑胶地面。塑胶地面是以高分子合成材料（如聚氯乙烯 PVC、三元乙丙橡胶 EPDM、聚氨酯 PU 等）为主体制成的一种轻质地面装饰材料。适合铺设于室内外地面，适用于各种场地。

塑胶地面要求耐压耐磨、抗冲击、防火、延缓老化、遇水防滑、质感柔和、防污防腐、吸音降噪、易于清洁和环保，采用环保粘接剂。地面保持洁净干燥，铺贴前基层涂底胶，均匀涂刷，铺设时应注意花纹同向铺设，整体铺设完毕后进行固化养护工作。

（2）块料楼地面。块料楼地面是指利用板材或块材铺贴而成的地面。按地面材料不同有陶瓷板块楼地面、石板楼地面、塑料板块楼地面和木楼地面等。

1）陶瓷板块楼地面。用作楼地面的陶瓷板块有陶瓷锦砖和缸砖、陶瓷彩釉砖、瓷质无釉砖等各种陶瓷地砖。陶瓷锦砖（又称马赛克）是以优质瓷土烧制而成的小块瓷砖，有各种颜色、多种几何形状，并可拼成各种图案。其构造做法：基层清理以后，在基层上做10～20mm 厚 1∶4～1∶3 水泥砂浆找平层，刷素水泥浆一道，以增加表面黏结力，铺贴完成后用白水泥嵌缝。

缸砖是用陶土烧制而成，可加入不同的颜料烧制成各种颜色，以红棕色缸砖最常见。陶瓷彩釉砖和瓷质无釉砖是较理想的新型地面装修材料，其规格尺寸一般较大，如200mm×200mm、300mm×300mm 等。

陶瓷板块楼地面的特点是坚硬耐磨、色泽稳定，易于保持清洁，而且具有较好的耐水和耐酸碱腐蚀的性能，但造价偏高，一般适用于用水的房间以及有腐蚀的房间。

2）石板楼地面。石板楼地面包括天然石楼地面和人造石楼地面。

天然石有大理石和花岗石等。天然大理石色泽艳丽，具有各种斑驳纹理，可取得较好的装饰效果。天然石楼地面具有较好的耐磨、耐久性能和装饰性，但造价较高。

人造石有预制水磨石板、人造大理石板等，价格低于天然石板。

石板楼地面的构造做法：在基层清理以后，可在基层上抹 30mm 厚 1∶3 干硬性水泥砂浆，刷素水泥浆一道，然后铺贴石材板块。

3）塑料板块楼地面。塑料板块楼地面材料的种类很多，目前聚氯乙烯塑料地面材料应用最广泛。它是以聚氯乙烯树脂为主要胶结材料，添加增塑剂、填充料、稳定剂、润滑剂和颜料等经塑化热压而成。可加工成块材，也可加工成卷材，其材质有软质和半硬质两种。目前在我国应用较多的是半硬质聚氯乙烯块材，其规格尺寸一般为 100mm×100mm～500mm×500mm，厚度为 1.5～2.0mm。

4）木楼地面。木楼地面按构造方式有空铺式和实铺式两种。

空铺式木楼地面是将支承木地板的搁栅架空搁置，使地板下有足够的空间便于通风，以保持干燥，防止木板受潮变形或腐烂。空铺式木地面构造复杂，耗费木材较多，因而采用较少。

实铺式木楼地面有铺钉式和粘贴式两种做法。铺钉式实铺木楼地面是将木搁栅搁置在混凝土垫层或钢筋混凝土楼板上的水泥砂浆或细石混凝土找平层上，在搁栅上铺钉木地板。粘贴式实铺木楼地面是将木地板用沥青胶或环氧树脂等黏结材料直接粘贴在找平层上，若为底层地面，则应在找平层上做防潮层，或直接用沥青砂浆找平。

木楼地面具有良好的弹性、吸声能力和低吸热性，易于保持清洁，但耐火性差，保养不善时易腐朽，且造价较高。

（3）装配式楼地面。装配式楼地面是一种模块化施工技术，由工厂预制的结构层、找平层及装饰面层组成。

结构层多采用高强度混凝土板或轻钢龙骨框架，确保承载力和稳定性；找平层通过自流平砂浆或可调支架实现精准找平；装饰面层可选地砖、木地板等模块化材料。各层通过干式连接（卡扣、螺栓）或胶粘剂快速组装，集成管线与地暖系统。

装配式楼地面具有施工周期短、精度高、环保及易维护等优势，适用于住宅、商业建筑的全装修体系。

为保护墙面，防止外界碰撞损坏墙面，或擦洗地面时弄脏墙面，通常在墙面靠近地面处设踢脚线（又称踢脚板）。踢脚线的材料一般与地面相同，故可看作地面的一部分，即地面在墙面上的延伸部分。踢脚线通常凸出墙面，也可与墙面平齐或凹进墙面，其高度一般为 120～150mm。

4. 天棚装饰构造

一般天棚多为水平式，但根据房间用途不同，天棚可做成弧形、凹凸形、高低形、折线形等。依构造方式不同，天棚有直接式天棚和悬吊式天棚之分。

（1）直接式天棚。直接式天棚系指直接在钢筋混凝土楼板下喷、刷、粘贴装修材料的一种构造方式。多用于大量性工业与民用建筑中。直接式天棚装修常用的方法有以下几种：直接喷、刷涂料、抹灰装修、贴面式装修。

（2）悬吊式天棚。悬吊式天棚又称吊天花，简称吊顶。在现代建筑中，为提高建筑物的使用功能，除照明、给排水管道、煤气管需安装在楼板层中外，空调管、灭火喷淋、感知器、广播设备等管线及其装置，均需安装在天棚上。为处理好这些设施，往往必须借助于吊天棚来解决。

吊顶依所采用材料、装修标准以及防火要求的不同有木质骨架和金属骨架之分。

三、工业建筑构造

（一）单层厂房的结构组成

单层厂房的骨架结构，是由支承各种竖向和水平荷载作用的构件所组成。厂房依靠各种结构构件合理地连接为一体，组成一个完整的结构空间以保证厂房的坚固、耐久。

1. 承重结构

（1）横向排架：由基础、柱、屋架组成，主要是承受厂房的各种竖向荷载。

（2）纵向连系构件：由吊车梁、圈梁、连系梁、基础梁等组成，与横向排架构成骨架，保证厂房的整体性和稳定性。

（3）支撑系统构件：支撑系统包括柱间支撑和屋盖支撑两大部分。支撑构件设置在屋架之间的称为屋架支撑；设置在纵向柱列之间的称为柱间支撑。支撑构件主要传递水平荷载，起保证厂房空间刚度和稳定性的作用。

2. 围护结构

单层厂房的围护结构包括外墙、屋顶、地面、门窗、天窗、地沟、散水、坡道、消防梯、吊车梯等。

（二）单层厂房承重结构构造

1. 屋盖结构

（1）屋盖结构类型。屋盖结构根据构造不同可以分为两类：有檩体系屋盖或无檩体系屋盖。有檩体系屋面的刚度差，配件和接缝多，在频繁振动下易松动，但屋盖重量较轻，适合小机具吊装，适用于中小型厂房。无檩体系屋面板直接搁置在屋架或屋面梁上，整体性好，刚度大，大中型厂房多采用这种屋面结构形式。

（2）屋盖的承重构件。屋盖结构的主要承重构件，直接承受屋面荷载。按制作材料分为钢筋混凝土屋架或屋面梁、钢屋架、木屋架和钢木屋架。

1）钢筋混凝土屋架或屋面梁。钢筋混凝土屋面梁构造简单、高度小、重心低、较稳定、耐腐蚀、施工方便，但构件重、费材料。一般跨度 9m 以下时为单坡，跨度 12～18m 为双坡。普通钢筋混凝土屋面梁的跨度一般不大于 15m，预应力钢筋混凝土屋面梁跨度一般不大于 18m。

两铰或三铰拱屋架都可现场集中预制，现场组装，用料省，自重轻，构造简单。但其刚度较差，尤其是屋架平面的刚度更差，对有重型吊车和振动较大的厂房不宜采用。一般的实用跨度是 9～15m。

桁架式屋架按外形可分为三角形、梯形、拱形、折线形等类型。三角形组合式屋架自重较轻，这种屋架的弦杆受力不太理想，但其上弦坡度适于使用板瓦等有檩结构的屋面。拱形屋架受力最合理，但由于屋架端部屋面坡度太陡，适用于卷材防水屋面中的中型、重型厂房。折线形屋架吸收了拱形屋架的合理外形，改善了屋面坡度，是目前较常采用的一种屋架形式，如图 2.1.25 所示。

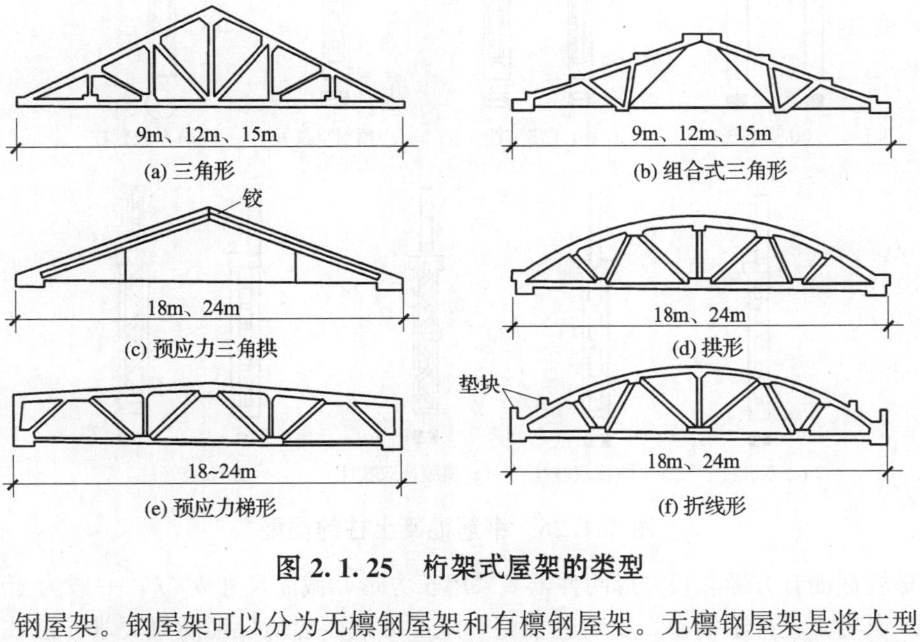

图 2.1.25　桁架式屋架的类型

2）钢屋架。钢屋架可以分为无檩钢屋架和有檩钢屋架。无檩钢屋架是将大型屋面直接支承在钢屋架上，屋架间距就是大型屋面板的跨度。一般为 6m。特点：构件的种类和数量少，安装效率高，施工进度快，易于进行铺设保温层等屋面工序的施工。其突出的优点是屋盖横向刚度大、整体性好、屋面构造简单、较为耐久。但因屋面自重较重，对抗震不利。一般中型以上的厂房，特别是重型厂房，因其对厂房的横向刚度要求较高，采用无檩方案比较合适。

有檩钢屋架是在屋架上设檩条，在檩条上再铺设屋面板，屋架间距就是檩条的跨度，通常为4～6m，檩条间距由所用屋面材料确定。有檩方案具有构件重量轻、用料省、运输及安装较方便等优点；缺点是屋盖构件数量多、构造复杂、吊装次数多、横向整体刚度差。对于中小型厂房，特别是不需要设保温层的厂房，采用有檩方案比较合适。

3）木屋架、钢木屋架。对于温度高、湿度大、结构跨度较大和有较大振动荷载的场所，不宜采用木屋架结构。木屋架结构适用范围：跨度不超过12m，室内相对湿度不大于70%，室内温度不大于50℃，吊车起重量不超过5t，悬挂吊车不超过1t。一般全木屋架适用跨度不超过15m，钢木屋架的下弦受力状况好，刚度也较好，适用跨度为18～21m。

2. 柱

厂房中的柱由柱身（包括上柱和下柱）、牛腿及柱上预埋铁件组成，柱是厂房中的主要承重构件之一，在柱顶上支承屋架，在牛腿上支承吊车梁。柱子的类型很多，按材料分为砖柱、钢筋混凝土柱、钢柱等，目前采用较多的是钢筋混凝土柱。

（1）钢筋混凝土柱。钢筋混凝土柱按截面的构造尺寸分为矩形柱、工字形柱、双肢柱、管柱等，如图2.1.26所示。

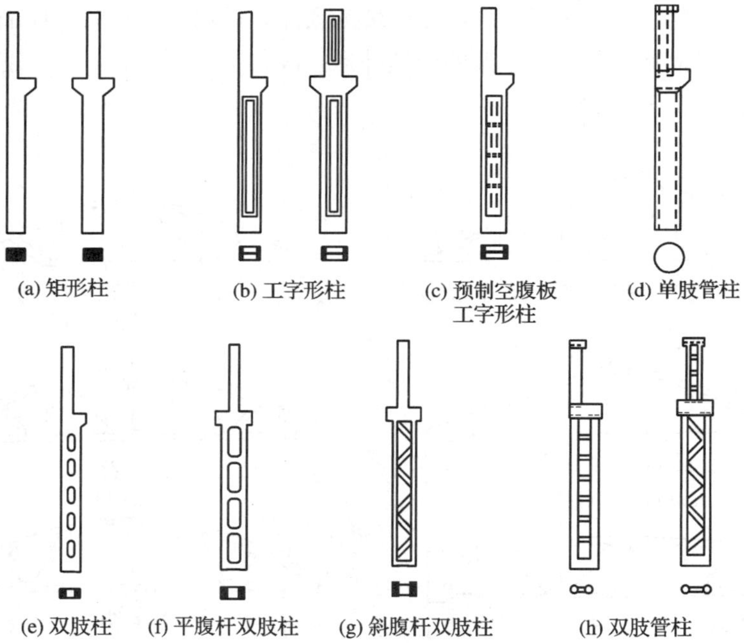

图2.1.26 钢筋混凝土柱的类型

矩形柱截面有方形和长方形两种，多采用长方形，截面尺寸 $b \times h$，一般为400mm×600mm，其特点是外形简单，受弯性能好，施工方便，容易保证质量要求。但柱截面中间部分受力较小，不能充分发挥混凝土的承载能力，自重也重，仅适用于小型厂房。

工字形柱截面尺寸 $b \times h$，一般为400mm×600mm、400mm×800mm、500mm×1 500mm等，与截面尺寸相同的矩形柱相比，承载力基本相等，但因为工字形柱将矩形柱横截面受力较小的中间部分的混凝土省去做成腹板，则可节约混凝土 30%～50%。当截面高度较大时，为了方便水、暖、电等管线穿过，又减轻柱的自重，也可在腹板上开孔。但工字形柱制作比矩形柱复杂，在大、中型厂房内采用较为广泛。

双肢柱由两根承受轴向力的肢杆和联系两肢的腹杆组成。其腹杆有平腹杆和斜腹杆两种布置形式。平腹杆双肢柱的外形简单，施工方便，腹杆上的长方孔便于布置管线，但受力性能和刚度不如斜腹杆双肢柱。斜腹杆双肢柱是桁架形式，各杆基本承受轴向力，弯矩很小，较省材料。当柱的高度和荷载较大，吊车起重量大于 30t，柱的截面尺寸 $b \times h$ 大于 600mm ×1 500mm 时，宜选用双肢柱。

钢筋混凝土管柱有单肢管柱和双肢管柱之分。单肢管柱的外形和等截面的矩形柱相似，可伸出支承吊车梁的牛腿。双肢管柱的外形类似双肢柱，管肢外径为 300～500mm，壁厚 60mm 左右。钢筋混凝土管柱在工厂预制，可采用机械化方式生产，可在现场拼装，受气候影响较小；但因外形是圆的，设置预埋件较困难，与墙的连接也不如其他形式的柱方便。

（2）钢-混凝土组合柱。当柱较高，自重较重，因受吊装设备的限制，为减轻柱重量时一般采用钢-混凝土组合柱。其组合形式为上柱为钢柱，下柱为钢筋混凝土双肢柱。

（3）钢柱。一般分为等截面和变截面形式两类柱。它们可以是实腹式的，也可以是格构式的。钢柱适用吊车吨位大的重型厂房。

（4）柱牛腿。单层厂房结构中的屋架、托梁、吊车梁和连系梁等构件，常由设置在柱上的牛腿支承。钢筋混凝土牛腿有实腹式和空腹式之分，通常多采用实腹式。钢筋混凝土实腹式牛腿的构造要求要满足如下要求，如图 2.1.27 所示。

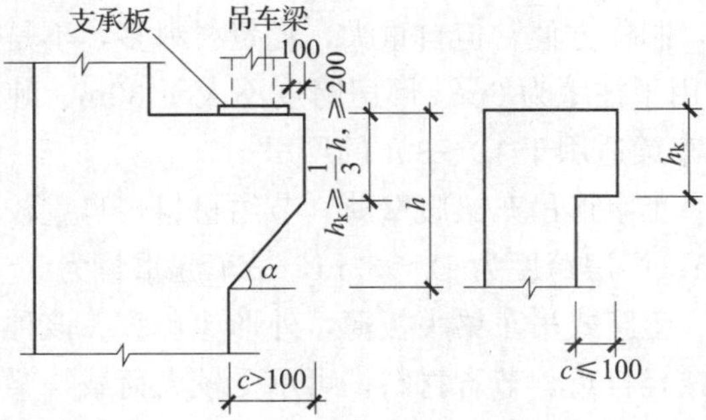

图 2.1.27　牛腿的构造要求

1）为了避免沿支承板内侧剪切破坏，牛腿外缘高 $h_k \geq h/3$，且不应小于 200mm。

2）支承吊车梁的牛腿，其外缘与吊车梁的距离为 100mm，以免影响牛腿的局部承压能力，造成外缘混凝土剥落。

3）牛腿挑出距离 $c>100$mm 时，牛腿底面的倾斜角 $\alpha \leq 45°$，否则会降低牛腿的承载能力。当 $c \leq 100$mm 时，牛腿底面的倾斜角 α 可以为 0°。

3. 基础

基础是厂房的主要承重构件，承担着厂房上部的全部重量，并传送到地基。所以基础起着承上传下的重要作用。

基础类型的选择主要取决于建筑物上部结构荷载的性质和大小、工程地质条件等。单层厂房一般采用预制装配式钢筋混凝土排架结构，厂房的柱距与跨度较大，所以厂房的基础一般多采用独立式基础。

4. 吊车梁

吊车梁是有吊车的单层厂房的重要构件之一。当厂房设有桥式或梁式吊车时，需要在柱牛腿上设置吊车梁，吊车的轮子就在吊车梁铺设的轨道上运行。吊车梁直接承受吊车起重、运行和制动时的各种往返移动荷载；同时，吊车梁还要承担传递厂房纵向荷载（如山墙上的风荷载），保证厂房纵向刚度和稳定性的作用。

钢筋混凝土吊车梁的类型很多，按截面形式分，有等截面的 T 形、工字形吊车梁，元宝式吊车梁、鱼腹式吊车梁、空腹鱼腹式吊车梁等，如图 2.1.28 所示。吊车梁可用非预应力与预应力钢筋混凝土制作。

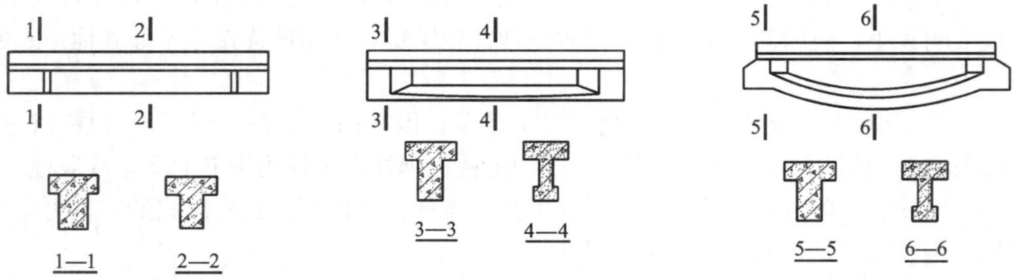

(a) T 形吊车梁 (b) 工字形吊车梁 (c) 鱼腹式吊车梁

图 2.1.28 钢筋混凝土吊车梁的类型

（1）T 形吊车梁。T 形截面的吊车梁，上部翼缘较宽，以增加梁的受压面积，便于固定吊车轨道。施工简单，制作方便，但自重大，耗费材料多，不是很经济。非预应力混凝土 T 形截面吊车梁一般用于柱距为 6m、厂房跨度不大于 30m、吨位 10t 以下的厂房，预应力钢筋混凝土 T 形吊车梁适用于 10～30t 的厂房。

（2）工字形吊车梁。工字形吊车梁腹壁薄，节约材料，自重较轻。预应力工字形吊车梁适用于厂房柱距为 6m，厂房跨度为 12～33m，吊车起重量为 5～25t 的厂房。

（3）鱼腹式吊车梁。鱼腹式吊车梁腹板薄，外形像鱼腹。该种形式的梁受力合理，能充分发挥材料的强度和减轻自重，节省材料，可承受较大荷载，梁的刚度大。但构造和制作比较复杂，运输、堆放需设专门支垫。预应力混凝土鱼腹式吊车梁适用于厂房柱距不大于 12m，厂房跨度为 12～33m，吊车起重量为 15～150t 的厂房。

5. 支撑

单层厂房支撑的作用：可以使厂房形成整体的空间骨架，保证厂房的空间刚度；在施工和正常使用时保证构件的稳定和安全；承受和传递吊车纵向制动力、山墙风荷载、纵向地震力等水平荷载。单层厂房的支撑分屋架支撑和柱间支撑两类。

（1）屋架支撑。屋架支撑构件主要有上下弦横向支撑、上下弦纵向支撑、上下弦水平系杆、屋架垂直支撑、天窗架垂直支撑、天窗架上弦横向支撑等。支撑、系杆构件为钢构件或钢筋混凝土构件。

1）屋架支撑布置原则。屋架支撑应根据厂房的跨度、高度、屋盖形式、屋面刚度、吊车起重量及工作制，有无悬挂吊车和天窗设置等情况并结合抗震要求等进行合理布置。

2）屋架支撑的类型。包括上弦、下弦横向水平支撑，上弦、下弦纵向水平支撑，垂直支撑和纵向水平系杆（加劲杆）等。横向水平支撑和垂直支撑一般布置在厂房端部和伸缩缝两侧的第二柱或第一柱间上，如图 2.1.29 所示。

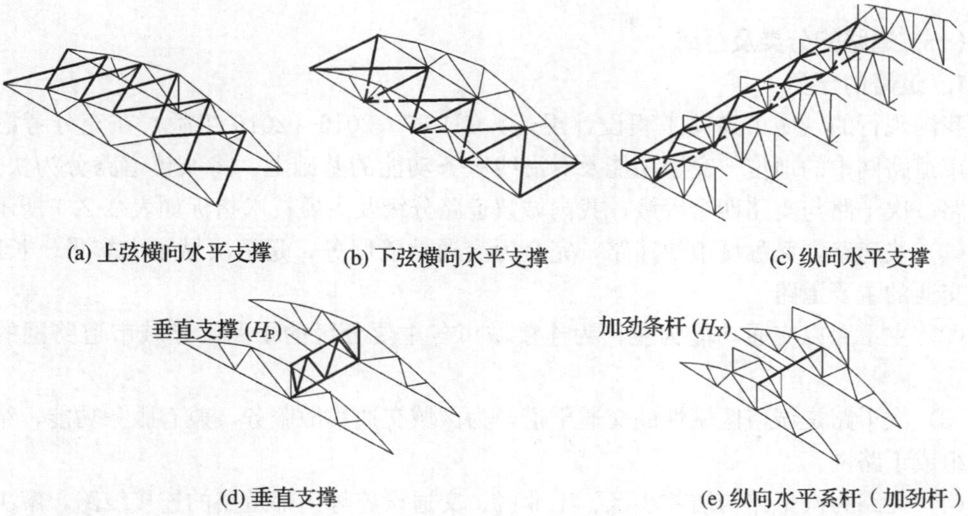

图 2.1.29 屋盖支撑的类型

屋架上弦横向支撑、下弦横向水平支撑和纵向支撑，一般采用十字交叉形式，交叉角一般为 25°～65°，多为 45°。

（2）柱间支撑。柱间支撑的作用是加强厂房纵向刚度和稳定性，将吊车纵向制动力和山墙抗风柱经屋盖系统传来的风力经柱间支撑传至基础。柱间支撑的形式如图 2.1.30 所示。

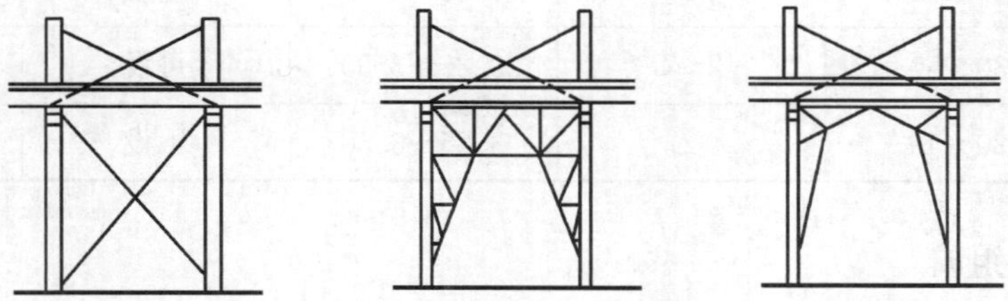

图 2.1.30 柱间支撑的形式

柱间支撑的布置形式如下：

1）有吊车或跨度小于 18m 或柱高大于 8m 的厂房，在变形缝区段中设置；有桥式吊车时，还应在变形缝区段两端开间上加设上柱支撑。

2）当吊车轨顶标高大于或等于 10m 时，柱间支撑应做成两层；当柱截面高度大于或等于 1.0m 时，下柱支撑宜做成双肢，各肢与柱翼缘连接，肢间用角钢连接。

3）当柱间需要通行、需设置设备或柱距较大，采用交叉式支撑有困难时，可采用门架式支撑。

柱间支撑一般用钢材制作。其交叉角一般为 35°～55°，以 45°为宜。

第二节 道路、桥梁、涵洞工程的分类、组成及构造

一、道路工程

（一）道路的分类及组成

1. 道路的分类

我国现行的《城市道路工程设计规范》CJJ 37—2012（2016 年版）在充分考虑道路在城市道路网中的地位、交通功能及对沿线服务功能的基础上，将城镇道路分为快速路、主干路、次干路与支路四个等级，我国城镇道路分级及主要技术指标如表 2.2.1 所示。

（1）快速路，又称城市快速路，完全为交通功能服务，是解决城市大容量、长距离、快速交通的主要道路。

（2）主干路以交通功能为主，为连接城市各主要分区的干路，是城市道路网的主要骨架。

（3）次干路是城市区域性的交通干道，为区域交通集散服务，兼有服务功能，结合主干路组成干路网。

（4）支路为次干路与居住小区、工业区、交通设施等内部道路的连接线路，解决局部地区交通，以服务功能为主。

表 2.2.1 我国城镇道路分级及主要技术指标

等级	设计车速/（km/h）	双向机动车道数/条	机动车道宽度/m	分隔带设置	横断面形式
快速路	60～100	≥4	3.50～3.75	必须设	两、四幅路
主干路	40～60	≥4	3.25～3.50	应设	三、四幅路
次干路	30～50	2～4	3.25～3.50	可设	单、两幅路
支路	20～40	2	3.25～3.50	不设	单幅路

2. 道路的组成

道路组成可以分为线形组成和结构组成两部分。

（1）线形组成。道路线形是指道路中线的空间几何形状和尺寸。这一空间线形投影到平、纵、横三个方向而分别绘制成反映其形状、位置和尺寸的图形，也就是道路的平面图、纵断面图和横断面图。城市道路横断面可分为单幅路、两幅路、三幅路、四幅路及特殊形式的断面。城市道路横断面宜由机动车道、非机动车道、人行道、分车带、设施带、绿化带等组成，特殊断面还可包括应急车道、路肩和排水沟等。

（2）结构组成。道路的结构组成包括路基和路面两部分。路面的基本结构层一般为面层、基层、垫层（有设计要求时基层下加垫层）三个主要层次。当路面各层的厚度较大时，面层可分为上（表）面层、中面层和下（底）面层，基层分为上基层、下（底）基层等，如图 2.2.1 所示。

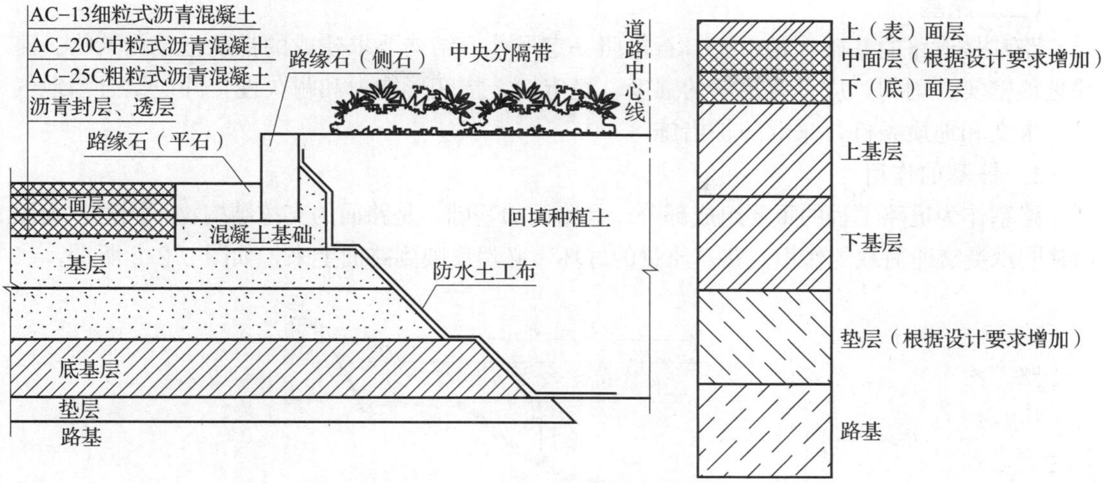

图 2.2.1 道路的结构组成

3. 路面的分类

（1）按路面结构类型分类。可划分为沥青路面、水泥混凝土路面和砌块路面三大类。

1）沥青路面类型包括沥青混合料（混凝土）、沥青贯入式和沥青表面处治。沥青混凝土路面适用于各交通等级道路；沥青贯入式与沥青表面处治路面适用于支路、停车场。

2）水泥混凝土路面类型包括普通混凝土、钢筋混凝土、连续配筋混凝土与钢纤维混凝土，适用于各交通等级道路。

3）砌块路面适用于支路、广场、停车场、人行道与步行街。

不同路面的设计使用年限见表 2.2.2。

表 2.2.2 路面结构的设计使用年限 单位：年

路面等级	路面结构类型		
	沥青路面	水泥混凝土路面	砌块路面
快速路	15	30	—
主干路	15	30	—
次干路	15	20	—
支路	10	20	混凝土预制块路面：10 年 石材路面：20 年

（2）按力学特性分类。可划分为柔性路面和刚性路面。

1）柔性路面：荷载作用下产生的弯沉变形较大、抗弯强度小，在反复荷载作用下产生累积变形，它的破坏取决于极限垂直变形和弯拉应变。柔性路面的主要代表是各种沥青类路面，包括沥青混凝土面层、沥青碎石面层、沥青贯入式碎（砾）石面层等。

2）刚性路面：行车荷载作用下产生板体作用，抗弯拉强度大，弯沉变形很小，呈现出较大的刚性，它的破坏取决于极限弯拉强度。刚性路面的主要代表是水泥混凝土路面。

（二）路基

路基是道路的基础，是由土、石按照一定尺寸、结构要求建成的带状土工构筑物。路基必须密实、均匀，应具有足够的强度、稳定性、抗变形能力和耐久性，并应结合当地气候、水文和地质条件，采取防护措施。

1. 路基的作用

路基作为道路工程的重要组成部分，是路面的基础，是路面的支撑结构物。同时，与路面共同承受交通荷载的作用。路基质量的好坏，必然反映到路面上来，如图 2.2.2 所示。

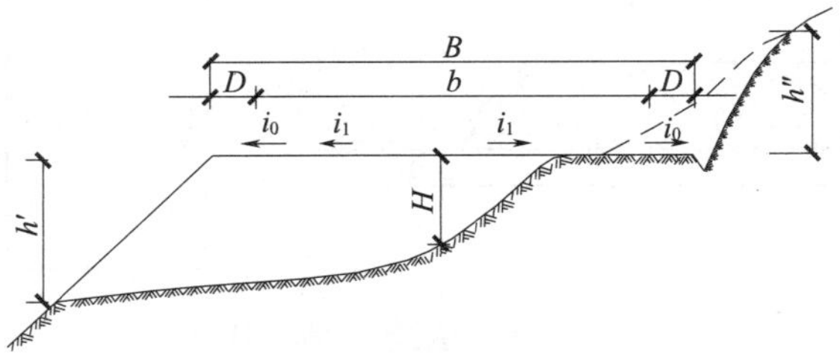

图 2.2.2 路基基本构造图

H—路基填挖高度；b—路面宽度；B—路基宽度；D—路肩宽度；
i_1—路面横坡；i_0—路肩横坡；h'—坡脚填高；h''—坡顶挖深

路面损坏往往与路基排水不畅、压实度不够、温度低等因素有关。

高于原地面的填方路基称为路堤，低于原地面的挖方路基称为路堑。路面底面以下 80cm 范围内的路基部分称为路床。

2. 路基的基本要求

路基是道路的基本结构物，一方面要保证汽车行驶的通畅与安全，另一方面要支持路面承受行车荷载的要求，因此应满足以下要求：

（1）路基结构物的整体必须具有足够的稳定性。在各种不利因素和荷载的作用下，不会产生破坏而导致交通阻塞和行车事故，这是保证行车的首要条件。

（2）路基必须具有足够的强度、刚度和水温稳定性。水温稳定性是指强度和刚度在自然因素的影响下的变化幅度。路基具有足够的强度、刚度和水温稳定性就可以减轻路面的负担，从而减薄路面的厚度，改善路面使用状况。

3. 路基形式

（1）填方路基。

1）填土路基。填土路基宜选用级配较好的粗粒土作填料。用不同填料填筑路基时，应分层填筑，每一水平层均应采用同类填料。

2）填石路基。填石路基是指用不易风化的开山石料填筑的路堤。易风化岩石及软质岩石用作填料时，边坡设计应按土质路堤进行。

3）砌石路基。砌石路基是指用不易风化的开山石料外砌、内填而成的路堤。砌石顶宽采用 0.8m，基底面以 1∶5 向内倾斜，砌石高度为 2～15m。砌石路基应每隔 15～20m 设伸缩缝一道。当基础地质条件变化时，应分段砌筑，并设沉降缝。当地基为整体岩石时，可将地基做成台阶形。

4）护肩路基。坚硬岩石地段陡山坡上的半填半挖路基，当填方不大，但边坡伸出较远不易修筑时，可修筑护肩。护肩应采用当地不易风化片石砌筑，高度一般不超过 2m，其内外坡均直立，基底面以 1∶5 坡度向内倾斜。

5）护脚路基。当山坡上的填方路基有沿斜坡下滑的倾向或为加固，收回填方坡脚时，可采用护脚路基。护脚由干砌片石砌筑，断面为梯形，顶宽不小于 1m，内外侧坡坡度可采用 1∶0.5～1∶0.75，其高度不宜超过 5m。

（2）挖方路基。挖方路基分为土质挖方路基和石质挖方路基。

（3）半填半挖路基。在地面自然横坡陡于 1∶5 的斜坡上修筑路堤时，路堤基底应挖台阶，台阶宽度不得小于 1m，台阶底应有 2%～4%向内倾斜的坡度。分期修建和改建道路加宽时，新旧路基填方边坡的衔接处，应开挖台阶。土质路基填挖衔接处应采取超挖回填措施。快速路、主干路的路基路面不宜分期修建，原因主要是快速路、主干路的交通量大，对路面性能要求高，分期修建不仅影响交通运营及行车安全，而且易造成路面损坏，产生不良社会影响。

（三）路面

1. 路面结构

路面是由各种不同的材料，按一定厚度与宽度分层铺筑在路基顶面上的层状构造物。路面结构层次划分如图 2.2.3 所示。

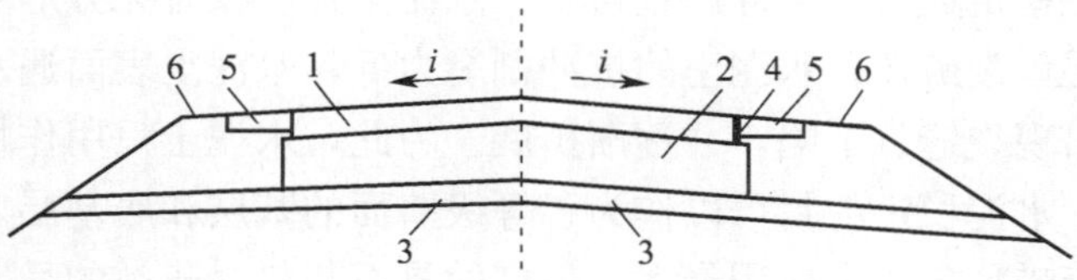

图 2.2.3　路面结构层次划分示意图

i—路拱横向坡度；1—面层；2—基层；3—垫层；4—路缘石；5—加固路肩；6—土路肩

（1）垫层。在路基土质较差、水稳状况不好时，宜在基层（或下基层）之下设置垫层。垫层应满足强度和水稳定性的要求。在季节性冰冻地区路面结构厚度小于最小防冻厚度要求时，设置防冻垫层可以使路面结构免除或减轻冻胀和翻浆病害。

以下路段按设计要求设置垫层：

1）季节性冰冻地区的中湿或潮湿路段。

2）地下水位高、排水不良，路基处于潮湿或过湿状态的路段。

3）水文地质条件不良的土质路堑，路床土处于潮湿或过湿状态的路段。

垫层（防冻垫层和排水垫层）宜采用砂、砂砾等颗粒材料，粒径小于 0.075mm 的颗粒含量不大于 5%。排水垫层应与边缘排水系统相连接，厚度宜大于 150mm，宽度不宜小于基层底面的宽度。半刚性垫层宜采用低剂量水泥、石灰等无机结合料稳定粒料或土类材料。

（2）基层。基层是设置在面层之下，并与面层一起将车轮荷载的反复作用传递到底基层、垫层、土基等起主要承重作用的层次。基层应满足强度、扩散荷载的能力以及水稳定性和抗冻性的要求且不透水性好。底基层顶面宜铺设沥青封层或防水土工织物；为防止地下渗水影响路基，排水基层下应设置由水泥稳定粒料或密级配粒料组成的不透水底基层。

基层可分为上基层和下基层，基层可采用刚性、半刚性或柔性材料。

1）沥青路面的基层。

常用的基层材料包括无机结合料稳定粒料和级配型材料。沥青路面应根据道路交通等级和路基抗冲刷能力来选择基层材料。无机结合料稳定粒料基层属于半刚性基层，包括石灰稳定土类基层、石灰粉煤灰稳定砂砾基层、石灰粉煤灰钢渣稳定土类基层、水泥稳定土类基层、水泥稳定碎石基层等，其强度高、整体性好，适用于交通量大、轴载重的道路。级配型材料基层包括级配砂砾与级配砾石基层、级配碎石及级配碎砾石基层，属于柔性基层。

①石灰稳定土有良好的板体性，但其水稳定性、抗冻性以及早期强度不如水泥稳定土。石灰稳定土的干缩和温缩特性十分明显，且都会导致裂缝产生。石灰稳定土基层包括石灰稳定细粒土（简称石灰土）和石灰稳定粒料。石灰土已被严格禁止用于快速路、主干路等高等级路面的基层，只能用作高级路面的底基层。石灰稳定粒料可以作为各等级路面的基层和底基层，但在工程实践中较少采用。

②水泥稳定土有良好的板体性，其水稳定性和抗冻性都比石灰稳定土好。水泥稳定土的初期强度高，且其强度随龄期增长。水泥稳定土在暴露条件下容易干缩，低温时会冷缩，导致裂缝产生。水泥稳定土基层包括水泥稳定细粒土（简称水泥土）和水泥稳定粒料。水泥土的干缩系数、干缩应变以及温缩系数都明显大于水泥稳定粒料，水泥土产生的收缩裂缝会比水泥稳定粒料的裂缝严重得多；水泥土强度没有充分形成时，表面遇水会软化，导致沥青面层龟裂破坏；水泥土的抗冲刷能力低，水泥土表面遇水后，容易产生唧浆冲刷，导致路面出现裂缝、下陷，并逐渐扩展。为此，水泥土只用作快速路、主干路等高级路面的底基层。水泥稳定粒料可以作为各等级路面的基层和底基层。

③石灰工业废渣稳定土中应用最多、最广的是石灰粉煤灰类的稳定土和石灰粉煤灰类的稳定粒料，简称二灰稳定土（粒料），其特性在石灰工业废渣稳定土中具有典型性。二灰稳定土有良好的力学性能、板体性、水稳定性和一定的抗冻性，其抗冻性比石灰土高很多。二灰稳定土也具有明显的收缩特性，但小于水泥土和石灰土，也被禁止用于高等级路面的基层，而只能作底基层。二灰稳定粒料可用于高等级路面的基层和底基层。

④级配碎石及级配碎砾石基层可用作各等级城市道路的基层和底基层，级配砂砾与级配砾石基层可用作城市次干路及以下道路基层。为防止冻胀和湿软，天然砂砾应质地坚硬，含泥量不应大于砂质量的 10%，砾石颗粒中细长及扁平颗粒的含量不应超过 20%。级配砾石用作次干路及以下道路下基层时，级配中最大粒径宜小于 53mm，用作基层时最大粒径不应大于 37.5mm。

2）水泥混凝土路面的基层。

水泥混凝土道路基层作用包括：防止或减轻由于唧泥导致的板底脱空和错台等病害；与垫层共同作用，可控制或减少路基不均匀冻胀或体积变形对混凝土面层产生的不利影响；为混凝土面层提供稳定而坚实的基础，并改善接缝的荷载传递能力。

水泥混凝土路面基层材料的选用原则：根据道路交通等级和路基抗冲刷能力选择基层材料。特重交通宜选用贫混凝土、碾压混凝土或沥青混凝土；重交通道路宜选用水泥稳定粒料或沥青稳定碎石；中、轻交通道路宜选择水泥或石灰粉煤灰稳定粒料或级配粒料。湿润和多雨地区，繁重交通路段宜采用排水基层。基层的宽度应根据混凝土面层施工方式的不同，比混凝土面层每侧至少宽出 300mm（小型机具施工时）或 500mm（轨模式摊铺机施工时）或 650mm（滑模式摊铺机施工时）。碾压混凝土基层应设置与混凝土面层相对应的接缝。贫混凝土、碾压混凝土属于刚性基层。

（3）面层。面层是直接承受行车荷载作用、大气降水和温度变化影响的路面结构层次。面层应满足结构强度、高温稳定性、低温抗裂性、抗疲劳、抗水损害及耐磨、平整、抗滑、低噪声等表面特性的要求。近年来，我国城市开始修筑降噪排水路面，以提升城市道路的使用功能，减少城市交通噪声。降噪排水路面的面层结构组合一般为：上面层采用 OGFC 沥青混合料，中、下面层等采用密级配沥青混合料。这种组合既满足沥青路面强度高、高低温性能好和平整密实等路用功能，又实现了城市道路排水降噪功能。

1）沥青路面的面层。

高级沥青路面面层可划分为上（表）面层、中面层、下（底）面层。面层直接承受行车的作用，用以改善汽车的行驶条件，提升道路服务水平（包括舒适性和经济性），满足汽车运输要求。沥青路面面层类型包括热拌沥青混合料面层、温拌沥青混合料面层、冷拌沥青混合料面层、沥青贯入式面层、沥青表面处治面层等。

一般而言，热拌沥青混合料、温拌沥青混合料属于沥青混凝土，而冷拌沥青混合料不属于沥青混凝土。热拌沥青混合料面层、温拌沥青混合料面层适用于各种等级的城市道路。温拌沥青混合料面层施工时可在较低温度摊铺，路面可以更快放行；施工季节放宽，尤其适用于较冷的地区。对环保要求较高的路段或隧道内的沥青混凝土路面，宜采用温拌沥青混凝土。冷拌沥青混合料适用于支路及以下道路的面层、支路的表面层，以及各级沥青路面的基层、连接层或整平层；冷拌改性沥青混合料可用于沥青路面的坑槽、井周冷补。沥青贯入式路面是在初步压实的碎石（或轧制砾石）上，分层浇洒沥青、撒布嵌缝料，经压实而成的路面结构，厚度通常为 40～80mm；当采用乳化沥青时称为乳化沥青贯入式路面，其厚度为 40～50mm。沥青贯入式面层宜用作城市次干路以下道路面层，其主石料层厚度应依据碎石的粒径确定，厚度不宜超过 100mm。沥青表面处治面层是用沥青和集料按层铺法或拌和方法裹覆矿料，铺筑成的厚度一般不大于 30mm 的薄层路面面层。沥青表面处治面层主要起防水、磨耗、防滑或改善碎（砾）石路面的作用，其集料最大粒径应与处治层厚度相匹配。

2）水泥混凝土路面的面层。

水泥混凝土路面也称刚性路面，包括普通混凝土（素混凝土）、钢筋混凝土、连续配筋混凝土、预应力混凝土、装配式混凝土、钢纤维混凝土和混凝土小块铺砌等面层板和基（垫）层所组成的路面。目前，采用最广泛的是就地浇筑的素混凝土路面，简称混凝土路面。

水泥混凝土路面适用于各种等级城市道路的路面施工。水泥混凝土路面的优点：强度高、稳定性好、耐久性好、养护费用少、经济效益高，有利于夜间行车。水泥混凝土路面的缺点：对水泥和水的需要量大，有接缝，开放交通较迟，修复困难。

2. 坡度与路面排水

路拱指路面的横向断面做成中央高于两侧（直线路段）具有一定坡度的拱起形状，其作用是利于排水。路拱的基本形式有抛物线形、屋顶线形、折线形或直线形。为便于机械施工，一般采用直线形。道路横坡应根据路面宽度、路面类型、纵坡及气候条件确定，宜采用 1.0%～2.0%；快速路及降雨量大的地区宜采用 1.5%～2.0%；严寒积雪地区、透水路面宜采用1.0%～1.5%。保护性路肩横向坡度可比路面横向坡度加大1.0%。路肩横向坡度一般应较路面横向坡度大1%。

利用道路横坡、纵坡、偏沟和雨水口相结合，是城市道路地面水最重要的收集方式。城市道路排水设计应根据区域排水规划、道路设计和沿线地形环境条件，综合考虑道路排水方式。城市建成区内道路排水应采用管道形式，城市外围道路可采用边沟排水。

道路的地面水必须采取可靠的措施迅速排除。当道路的地下水可能对道路造成不良影响时，应采取适当的排除或阻隔措施。道路结构层内可根据需要采取适当的排水或隔水措施。

道路雨水口的形式、设置间距和泄水能力应满足道路排水要求。雨水口的布置方式应确保有效收集雨水，雨水不应流入路口范围，不应横向流过车行道，不应由路面流入桥面或隧道。一般路段应按适当间距设置雨水口，路面低洼点应设置雨水口，易积水地段的雨水口宜适当加大泄水能力。城市道路边坡底部应设置边沟等排水设施，路堑边坡顶部必要时应设置截水沟。

(四) 道路主要公用设施

按道路的性质和道路使用需要，在道路上需设置公用设施。道路公用设施的种类很多，包括交通安全及管理设施和服务设施等。道路公用设施是保证行车安全、方便人民生活和保护环境的重要措施。

1. 停车场

社会公用停车场主要指设置在商业大街、步行街（区）、大型公建（如影剧院、文化宫等），以及乡镇出入口、农贸市场附近，供各种社会车辆停放服务的静态交通设施。

停车场宜设在其主要服务对象的同侧，以便使客流上下、货物集散时不穿越主要道路，减少对动态交通的干扰。

大、中型停车场出入口不得少于2个，特大型停车场出入口不得少于3个，并应设置专用人行出入口，且两个机动车出入口之间的净距不小于15m。停车场的出口与入口宜分开设置，单向行驶的出入口宽度不得小于5m，双向行驶的出入口宽度不得小于7m。小型停车场只有1个出入口时，出入口宽度不得小于9m。

停车场出入口应有良好的可视条件，视距三角形范围内的障碍物应清除，以便能及时看清前面交通道路上的往来行人和车辆；同时，在道路与通道交汇处设置醒目的交通警告标志。机动车出入口的位置（距离道路交叉口宜大于80m）距离人行过街天桥、地道、桥梁或隧道等引道口应大于50m；距离学校、医院、公交车站等人流集中的地点应大于30m。

停车场内的交通线路必须明确，除注意组织单向行驶，尽可能避免出场车辆左转弯外，尚需借画线标志或用不同色彩漆绘来区分指示通道与停车场地。

为了保证车辆在停放区内停入时不致发生自重分力引起滑溜，导致交通事故，因而要求停车场的最大纵坡与通道平行方向为1%，与通道垂直方向为3%。出入通道的最大纵坡为7%，一般以小于或等于2%为宜。停车场及通道的最小纵坡以满足雨雪水及时排除及施工可能高程误差水平为原则，一般取0.4%～0.5%。

2. 公共交通站点

城市公共交通站分为终点站、枢纽站和中间停靠站。车站应结合常规公交规划、沿线交通需求及城市轨道交通要求等设置。城区停靠站间距宜为400～800m，郊区停靠站间距应根据具体情况确定。

车站可为直接式和港湾式，城市主、次干路和交通量较大的支路上的车站，宜采用港湾式。道路交叉口附近的车站宜安排在交叉口出口道一侧，距交叉口出口缘石转弯半径终点宜为80～150m。站台长度最短应按同时停靠两辆车布置，最长不应超过同时停靠4辆车的长度，否则应分开设置。站台高度宜采用0.15～0.20m，站台宽度不宜小于2m；当条件受限时，站台宽度不得小于1.5m。

3. 道路照明

道路照明是道路建设的重要内容，影响着道路安全和行驶流畅与舒适。道路照明应采用安全可靠、技术先进、经济合理、节能环保、维修方便的设施。机动车交通道路照明应以路面平均亮度（或路面平均照度）、路面亮度均匀度和纵向均匀度（或路面照度均匀度）、眩光限制、环境比和诱导性为评价指标。人行道路照明应以路面平均照度、路面最小照度和垂直照度为评价指标。曲线路段、平面交叉、立体交叉、铁路道口、广场、停车场、桥梁、坡道等特殊地点应比平直路段连续照明的亮度（照度）高、眩光限制严、诱导性好。

道路照明应根据所在地区的地理位置和季节变化合理确定开关灯时间，并应根据天空亮度变化进行必要修正。宜采用光线控制和时间控制相结合的智能控制方式，有条件时宜采用集中遥控系统。照明光源应选择高光效、长寿命、节能及环保的产品。

光源的选择应符合下列规定：快速路、主干路、次干路和支路应采用高压钠灯；居住区机动车和行人混合交通道路宜采用高压钠灯或小功率金属卤化物灯；市中心、商业中心等对颜色识别要求较高的机动车交通道路可采用金属卤化物灯；商业区步行街、居住区人行道路、机动车交通道路两侧人行道可采用小功率金属卤化物灯、细管径荧光灯或紧凑型荧光灯。道路照明不应采用自镇流高压汞灯和白炽灯。

4. 人行天桥和人行地道

城市交通除了解决机动车辆的安全、快速行驶外，还要解决过街人流、自行车与机动车流的相互干扰问题。尤其是人行交通较集中的交叉路口，修建人行天桥是人车分离、保护过街行人和车流畅通最安全的措施。

人行天桥宜建在交通量大、行人或自行车需要横过行车带的地段或交叉口上。在城市商业网点集中的地段，建造人行天桥既方便群众也易于诱导人们自觉上桥过街。

人行地道作为城市公用设施，在使用和美观上较好，但是工程和维修费用较高。因此，在下列情况下，可考虑修建人行地道：

（1）重要建筑物及风景区附近，修人行天桥会破坏风景或城市美观。

（2）横跨行人特别多的站前道路等。

（3）修建人行地道比修建人行天桥在工程费用和施工方法上有利。

（4）有障碍物影响，修建人行天桥需显著提高桥下净空时。

总之，选择人行天桥或人行地道时，要充分考虑设置地点的交通状况、道路状况以及建设费用等问题。

5. 道路交通管理设施

道路交通管理设施通常包括交通标志、交通标线和交通信号灯等，广义概念还包括护栏、统一交通规则的其他显示设施。

（1）交通标志。交通标志分为主标志和辅助标志两大类。主标志按其功能可分为警告标志、禁令标志、指示标志、指路标志、旅游区标志、作业区标志、告示标志等。辅助标志系附设在主标志下面，对主标志起补充说明的标志，不得单独使用。

交通标志应设置在驾驶人员和行人易于见到，并能准确判断的醒目位置。一般安设在车辆行进方向道路的右侧或车行道上方。为保证视认性，同一地点需要设置两个以上标志时，可安装在一根立柱上，但最多不应超过四个；标志板在一根支柱上并设时，应按警告、禁令、指示的顺序，先上后下，先左后右排列。

（2）交通标线。交通标线主要是路面标线，系以文字、图形、画线等在路面上漆绘，以表示车行道中心线，机动车、非机动车分隔线，各类导向线以及人行横道，车道渐变段，停车线等。此外，还有少数立面标记，如设置在立交桥洞侧墙或安全岛等壁面上的标记。

（3）交通信号灯。普通交通信号灯按红、黄、绿或绿、黄、红自上而下，或自左向右排列。竖向排列常用于路幅较窄的旧城路口。横向排列则可用于路幅较宽的城镇道路。信号灯设在进口端右侧人行道边。

二、桥梁工程

（一）桥梁的组成与分类

桥梁由能够满足其功能要求的各种不同结构物组成。有许多类型，不同类型的桥梁，其组成有所不同，但其基本组成大体一致。

1. 桥梁的基本组成部分

桥梁是供铁路、道路、渠道、管线、行人等跨越河流、山谷或其他交通线路等各种障碍物时所使用的承载结构物。桥梁通常可划分为上部结构和下部结构，如图 2.2.4 所示。

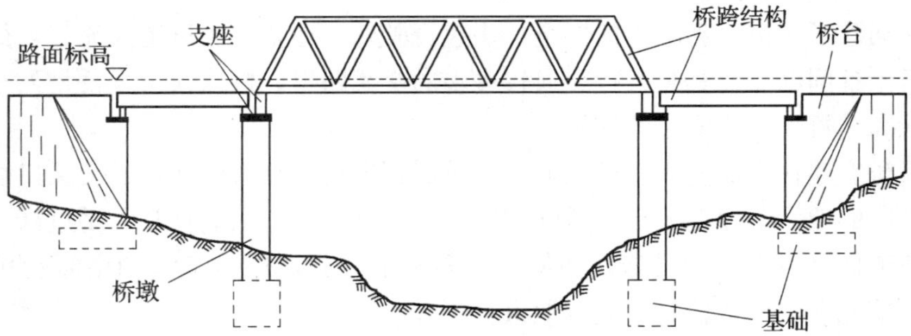

图 2.2.4 桥梁的基本组成

（1）上部结构（也称桥跨结构）。上部结构是指桥梁结构中直接承受车辆和其他荷载，并跨越各种障碍物的结构部分。一般包括桥面构造（行车道、人行道、栏杆等）、桥梁跨越部分的承载结构和桥梁支座。

（2）下部结构。下部结构是指桥梁结构中设置在地基上用于支承桥跨结构，将其荷载传递至地基的结构部分。一般包括桥墩、桥台及墩台基础。

1）桥墩。桥墩是多跨桥梁中处于相邻桥跨之间并支承上部结构的构造物。

2）桥台。桥台是位于桥梁两端与路基相连并支承上部结构的构造物。

3）墩台基础。墩台基础是桥梁墩台底部与地基相接触的结构部分。

2. 桥梁的分类

(1) 根据桥梁主跨结构所用材料，桥梁可划分为木桥、圬工桥（包括砖、石、混凝土桥)、钢筋混凝土桥、预应力混凝土桥和钢桥。

(2) 根据桥梁所跨越的障碍物，桥梁可划分为跨河桥、跨海峡桥、立交桥（包括跨线桥)、高架桥等。

(3) 根据桥梁的用途，可将其划分为公路桥、铁路桥、公铁两用桥、人行桥、运水桥、农桥以及管道桥等。

(4) 根据桥梁跨径总长 L 和单孔跨径 L_K 的不同，桥梁可分为特大桥（$L>1\,000$m 或 $L_K>150$m)、大桥（$1\,000\text{m}\geqslant L\geqslant 100$m 或 $150\text{m}\geqslant L_K\geqslant 40$m)、中桥（$100\text{m}>L>30$m 或 $40\text{m}>L_K\geqslant 20$m)、小桥（$30\text{m}\geqslant L\geqslant 8$m 或 $20\text{m}>L_K\geqslant 5$m)。

(5) 根据桥面在桥跨结构中的位置，桥梁可分为上承式桥、中承式桥和下承式桥。

(6) 根据桥梁的结构形式，桥梁可划分为梁式桥、拱式桥、刚架桥、悬索桥和组合式桥。

(二) 桥梁上部结构

1. 桥面构造

桥面的一般构造如图 2.2.5 所示。

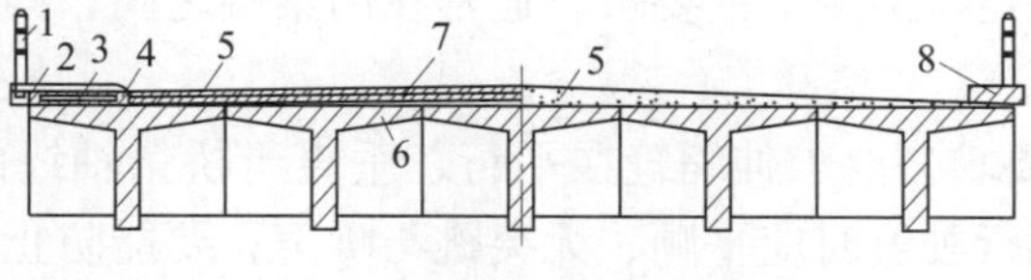

图 2.2.5　桥面的一般构造

1—栏杆；2—人行道铺装；3—人行道；4—缘石；5—行车道铺装；
6—防水层；7—三角垫层；8—安全带

(1) 桥面铺装、桥面纵横坡及桥面排水和防水系统。

1）桥面铺装。桥面铺装即行车道铺装，也称桥面保护层。

桥面铺装的结构形式宜与所衔接的道路路面相协调，可采用沥青混凝土或水泥混凝土材料。

当为快速路、主干路桥梁和次干路上的特大桥、大桥时，桥面铺装宜采用沥青混凝土材料，铺装层厚度不宜小于 80mm，粒料宜与桥头引道上的沥青面层一致。水泥混凝土整平层强度等级不应低于 C30，厚度宜为 70～100mm，并应配有钢筋网或焊接钢筋网。当为次干路、支路时，桥梁沥青混凝土铺装层和水泥混凝土整平层的厚度均不宜小于 60mm。

水泥混凝土铺装层的面层厚度不应小于 80mm，混凝土强度等级不应低于 C40，铺装层内应配有钢筋网或焊接钢筋网，钢筋直径不应小于 10mm，间距不宜大于 100mm，必要时可采用纤维混凝土。

钢桥面沥青混凝土铺装结构应根据铺装材料的性能、施工工艺、车辆轮压、桥梁跨径与结构形式、桥面系的构造尺寸以及桥梁纵断面线形、当地的气象与环境条件等因素综合分析后确定。

2）桥面纵横坡。桥梁及其引道的平、纵、横技术指标应与路线总体布设相协调，各桥面车行道应按现行行业标准《城市道路工程设计规范》CJJ 37 的规定设置横坡，在快速路和主干路桥上，横坡宜为 2%；在次干路和支路桥上，横坡宜为 1.5%～2.0%，人行道上宜设置 1%～2%向车行道的单向横坡。

3）桥面排水和防水设施。

①桥面排水。在桥梁设计时要有一个完整的排水系统，在桥面上除设置纵横坡排水外，常常需要设置一定数量的泄水管。桥面排水设施应适应桥梁结构的变形，细部构造布置应保证桥梁结构的任何部分不受排水设施及泄漏水流的侵蚀；应在行车道较低处设排水口，并可通过排水管将桥面水泄入地面排水系统中。

②防水层。桥面铺装应设置防水层。桥面防水层设置在桥面铺装层下面，它将透过铺装层渗下来的雨水汇集到排水设施（泄水管）排出。沥青混凝土铺装底面在水泥混凝土整平层之上应设置柔性防水卷材或涂料，防水材料应具有耐热、冷柔、防渗、耐腐、黏结、抗碾压等性能。材料性能技术要求和设计应符合相关标准的规定。水泥混凝土铺装可在底层采用不影响水泥混凝土铺装受力性能的防水涂料。

圬工桥台台身背墙、拱桥拱圈顶面及侧墙背面应设置防水层。下穿地下通道箱涵等封闭式结构顶板顶面应设置排水横坡，坡度宜为 0.5%～1%，箱体防水应采用自防水，也可在顶板顶面、侧墙外侧设置防水层。

（2）伸缩缝。为满足桥面变形的要求，通常在两梁端之间、梁端与桥台之间或桥梁的铰接位置上设置伸缩缝。

1）伸缩缝的构造要求。要求伸缩缝在平行、垂直于桥梁轴线的两个方向，均能自由伸缩，牢固可靠，车辆行驶过时应平顺、无突跳与噪声；要能防止雨水和垃圾泥土渗入阻塞；安装、检查、养护、清除污物都要简易方便。

在设置伸缩缝处，栏杆与桥面铺装都要断开。

2）伸缩缝的类型。

①镀锌薄钢板伸缩缝。这是一种简易的伸缩缝，目前在中小跨径的装配式简支梁桥上，当梁的变形量在 20～40mm 以内时常选用。

②钢伸缩缝。钢伸缩缝由钢材制作，能直接承受车辆荷载，并根据伸缩量的大小调整钢盖板的厚度，钢伸缩缝也宜在斜桥上使用。它的构造比较复杂，只有在温差较大的地区或跨径较大的桥梁上才采用。当跨径很大时，一方面要加厚钢板，另一方面需要采用更完善的梳形钢板伸缩缝。

③橡胶伸缩缝。以橡胶带作为跨缝材料，构造简单，使用方便，效果好。在变形量较大的大跨度桥上，可以采用橡胶和钢板组合的伸缩缝。

（3）人行道、栏杆、灯柱。桥梁上的人行道宽度由行人交通量决定，可选用 0.75m、1m，大于 1m 时按 0.5m 倍数递增。行人稀少地区可不设人行道，为保障行车安全改用安全带。

1）安全带。不设人行道的桥上，两边应设宽度不小于 0.25m，高为 0.25～0.35m 的护轮安全带。安全带可以做成预制件或与桥面铺装层一起现浇。

2）人行道。人行道一般高出行车道 0.25～0.35m，在跨径较小的装配式板桥中，可专设人行道板梁或加高墩台梁来抬高人行道板梁，使其高出行车道的桥面。

人行道顶面一般均铺设 20mm 厚的水泥砂浆或沥青混凝土作为面层，人行道在桥面断缝处也必须做伸缩缝。

3）栏杆、灯柱。栏杆是桥上的安全防护设备，要求坚固；栏杆又是桥梁的表面建筑，又要求有一个美好的艺术造型。人行道或安全带临空侧的栏杆高度不应小于 1.10m，非机动车道临空侧栏杆高度不应小于 1.40m。上述栏杆高度为人行道表面至栏杆扶手顶面的距离。栏杆竖直构件间的最大净间距不得大于 110mm，不宜采用有蹬踏面的结构。栏杆结构及底座设计必须安全可靠。

在城市桥梁以及在城郊行人和车辆较多的公路桥上，都要设置照明设备。照明灯柱可以设在栏杆扶手位置上，在较宽的人行道上也可设在靠近缘石处；照明用灯一般高出车道 5m 左右。

2. 承载结构

桥梁的承载结构因其结构形式而异。

（1）梁式桥。梁式桥是指其结构在垂直荷载作用下，其支座仅产生垂直反力，而无水平推力的桥梁。梁式桥的特点是桥跨的承载结构由梁组成。梁式桥可分为简支梁式桥、连续梁式桥、悬臂梁式桥。

1）简支梁式桥。简支梁式桥是梁式桥中应用最早、使用最广泛的桥形之一，受力明确、设计计算较容易，且构造简单、施工方便。简支梁桥是静定结构，其各跨独立受力，如图 2.2.6 所示。桥梁工程中广泛采用的简支梁式桥有三种类型：

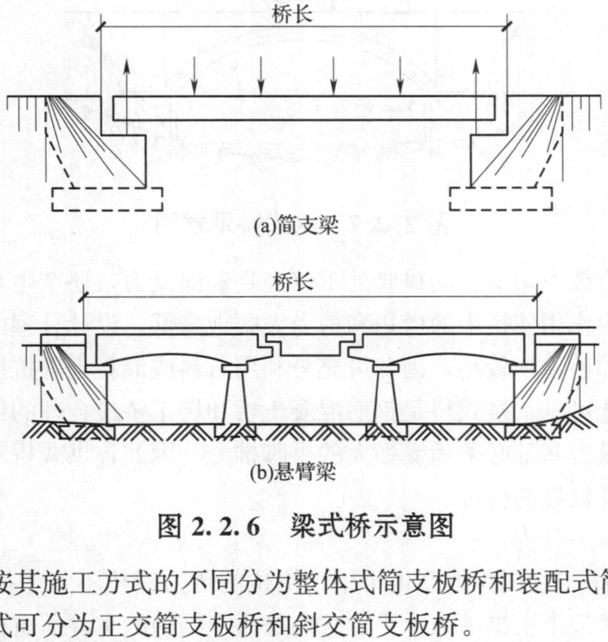

图 2.2.6　梁式桥示意图

①简支板桥。按其施工方式的不同分为整体式简支板桥和装配式简支板桥；按桥梁跨越河流和障碍的方式可分为正交简支板桥和斜交简支板桥。

简支板桥主要用于小跨度桥梁。跨径在 4～8m 时，采用钢筋混凝土实心板桥；跨径在 6～13m 时，采用钢筋混凝土空心倾斜预制板桥；跨径在 8～16m 时，采用预应力混凝土空心预制板桥。

②肋梁式简支梁桥（简称简支梁桥）。简支梁桥主要用于中等跨度的桥梁。跨径在

8～12m 时，采用钢筋混凝土简支梁桥；跨径在 20～50m 时，多采用预应力混凝土简支梁桥。在我国使用最多的简支梁桥横截面形式是由多片 T 形梁组成的横截面。其特点是外形简单，制造方便，横向借助横隔梁的连接，使结构整体性较好。但单片主梁在运输和安装过程中不够稳定。

③箱形简支梁桥。箱形简支梁桥主要用于预应力混凝土梁桥。尤其适用于桥面较宽的预应力混凝土桥梁结构和跨度较大的斜交桥和弯桥。

2）连续梁式桥和悬臂梁式桥。连续梁式桥相当于多跨简支梁桥在中间支座处相连接贯通，形成一整体的、连续的、多跨的梁结构。连续梁式桥是大跨度桥梁广泛采用的结构体系之一，一般采用预应力混凝土结构。

预应力混凝土连续梁按其截面变化可分为等截面连续梁和变截面连续梁；按其各跨的跨长可分为等跨连续梁和不等跨连续梁；按其截面形式可分为板式截面连续梁、肋梁式截面连续梁和箱形截面连续梁。

悬臂梁式桥相当于简支梁桥的梁体越过其支点向一端或两端延长所形成的梁式桥结构。其结构特点是悬臂跨与挂孔跨交替布置，通常为奇数跨布置。

T 形刚架桥是由桥跨梁体与桥墩（台）刚接形成的具有悬臂受力特点的无支座 T 形梁式桥结构。通常全桥由两个或多个 T 形刚架通过铰或挂梁相连组成。

（2）拱式桥。拱式桥的特点是其桥跨的承载结构以拱圈或拱肋为主，如图 2.2.7 所示。

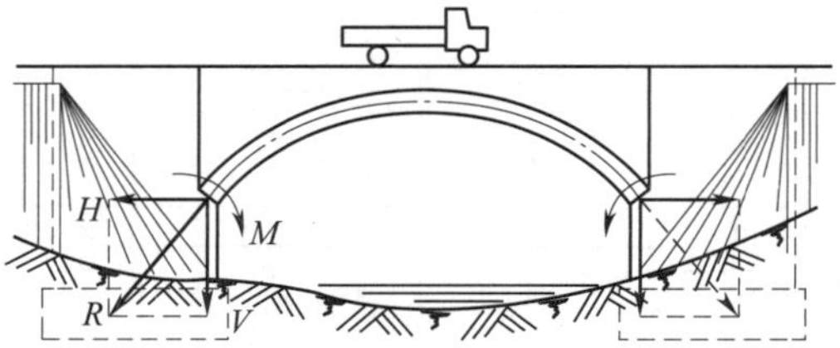

图 2.2.7　拱式桥示意图

拱式桥在竖向荷载作用下，两拱脚处不仅产生竖向反力，还产生水平反力（推力）。

由于水平推力的作用使拱中的弯矩和剪力大幅地降低。设计合理的拱主要承受拱轴压力，拱截面内弯矩和剪力均较小，因此可充分利用石料或混凝土等抗压能力强而抗拉能力差的圬工材料。由此可见，拱式桥是钢筋混凝土桥和圬工桥最合理的结构形式之一。拱式桥是推力结构，其墩台基础必须承受强大的拱脚推力。因此，拱式桥对地基要求很高，适建于地质和地基条件良好的桥址。

拱桥按其结构体系分为：

1）简单体系拱桥。在简单体系拱桥中，拱桥的传力结构不与主拱形成整体共同承受荷载。桥上的全部荷载由主拱单独承受，它们是桥跨结构的主要承重构件。拱的水平推力直接由墩台或基础承受。

2）组合体系拱桥。组合体系拱桥一般由拱和梁、桁架或刚架等两种以上的基本结构体系组合而成，拱桥的传力结构与主拱按不同的构造方式形成整体结构，以共同承受荷载。根据构造方式及受力特点，组合体系拱桥可分为桁架拱桥、刚架拱桥、桁式组合拱桥和拱式组合体系桥四大类。

（3）刚架桥。刚架桥是由梁式桥跨结构与墩台（支柱、板墙）整体相连而形成的结构体系，其梁柱结点为刚结。按照其静力结构体系可分为单跨或多跨的刚架桥；也可分为铰支承刚架桥和固端支承刚架桥。

（4）悬索桥。悬索桥又称吊桥，是最简单的一种索结构。其特点是桥梁的主要承载结构由桥塔和悬挂在塔上的高强度柔性缆索及吊索、加劲梁和锚碇结构组成。现代悬索桥一般由桥塔、锚碇、主缆索、吊索、加劲梁及索鞍等主要部分组成，如图 2.2.8 所示。

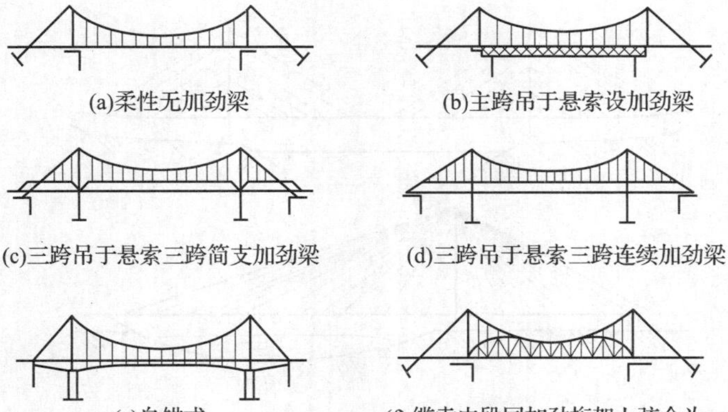

(a)柔性无加劲梁　(b)主跨吊于悬索设加劲梁

(c)三跨吊于悬索三跨简支加劲梁　(d)三跨吊于悬索三跨连续加劲梁

(e)自锚式　(f)缆索中段同加劲桁架上弦合为一体

图 2.2.8　悬索桥示意图

1）桥塔。桥塔是悬索桥最重要的构件。桥塔的高度主要由桥面标高和主缆索的垂跨比 f/L 确定，通常垂跨比 f/L 为 1/9～1/12。大跨度悬索桥的桥塔主要采用钢结构和钢筋混凝土结构。其结构形式可分为桁架式、刚架式和混合式三种。刚架式桥塔通常采用箱形截面。

2）锚碇。锚碇是主缆索的锚固构造。主缆索中的拉力通过锚碇传至基础。通常采用的锚碇有两种形式：重力式和隧洞式。

3）主缆索。主缆索是悬索桥的主要承重构件，可采用钢丝绳钢缆或平行钢丝束钢缆，大跨度吊桥的主缆索多采用后者。

4）吊索。吊索也称吊杆，是将加劲梁等恒载和桥面活载传递到主缆索的主要构件。吊索可布置成垂直形式的直吊索或倾斜形式的斜吊索，其上端通过索夹与主缆索相连，下端与加劲梁连接。吊索与主缆索连接有两种方式：鞍挂式和销接式。吊索与加劲梁连接也有两种方式：锚固式和销接固定式。

5）加劲梁。加劲梁是承受风载和其他横向水平力的主要构件。大跨度悬索桥的加劲梁均为钢结构，通常采用桁架梁和箱形梁。预应力混凝土加劲梁仅适用于跨径 500m 以下的悬索桥，大多采用箱形梁。

6）索鞍。索鞍是支撑主缆的重要构件。索鞍可分为塔顶索鞍和锚固索鞍。塔顶索鞍设置在桥塔顶部，将主缆索荷载传至塔上；锚固索鞍（也称散索鞍），设置在锚碇的支架处，把主缆索的钢丝绳束在水平及竖直方向分散开来，并将其引入各自的锚固位置。

（5）组合式桥。组合式桥是由几个不同的基本类型结构所组成的桥。各种各样的组合式桥根据其所组合的基本类型不同，其受力特点也不同，往往是所组合的基本类型结构的受力特点的综合表现。常见的这类桥型有梁与拱组合式桥，如系杆拱、桁架拱及多跨拱梁结构等；悬索结构与梁式结构的组合式桥，如斜拉桥等。

斜拉桥是典型的悬索结构和梁式结构的组合，是由主梁、拉索及索塔组成的组合结构体系，如图 2.2.9 所示。这里仅就混凝土斜拉桥介绍其构造特点。

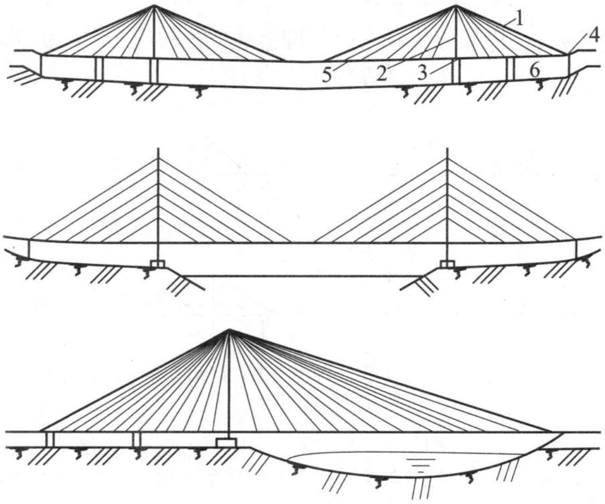

图 2.2.9 斜拉桥示意图

1—缆索；2—塔柱；3—桥墩；4—桥台；5—主梁；6—辅助墩

1）拉索。拉索是斜拉桥的主要承重构件，多采用抗拉强度高、疲劳性能好和弹性受力范围大的优质钢材制成。一般拉索的造价占全桥的 25%～30%。目前采用较多的有平行钢丝束，钢绞线束和封闭式钢索，在某些桥上还有采用高强钢筋和型钢。平行钢丝束目前使用的拉索在桥纵向的布置有许多方式，一般有如下几种：辐射式、竖琴式、扇式、星式。拉索在桥横向布置通常有两种基本形式，即双面索和单面索。双面索一般设置在桥面两侧，可布置为垂直索面或相向倾斜索面。单面索一般设置在桥梁纵轴线上，通常作为桥面分车带。

2）主梁。混凝土斜拉桥常用的主梁结构形式有连续梁、悬臂梁、悬臂和连续刚构等。

3）索塔。索塔主要承受轴力，有些索塔也承受较大的弯矩。通常索塔可采用钢筋混凝土、预应力混凝土或钢材建造。其结构有多种类型，主要根据拉索的布置要求、桥面宽度以及主梁跨度等因素选用。常用的索塔形式沿桥纵向布置有单柱形、A 形和倒 Y 形，沿桥横向布置有单柱形、双柱形、门式、斜腿门式、倒 V 形、倒 Y 形、A 形等。索塔横截面根据设计要求可采用实心截面，当截面尺寸较大时采用工形或箱形截面，对于大跨度斜拉桥采用箱形截面更为合理。索塔的高度通常与桥梁主跨有关，主梁的最大跨度与索塔高度的比一般为 3.1～6.3，平均为 5.0 左右。

3. 桥梁支座

桥梁支座是桥跨结构的支承部分，将桥跨结构的支承反力传递给墩台，并保证桥跨结构在荷载作用下满足变形要求。

按支座变形可能性分为固定支座、单向活动支座、多向活动支座；按支座所用材料分为钢支座、聚四氟乙烯支座（滑动支座）、橡胶支座（板式、盆式）等；按支座结构形式分为弧形支座、摇轴支座、辊轴支座、球形钢支座、拉压支座等。

桥梁支座类型很多，主要根据支承反力、跨度、建筑高度以及预期位移量来选定，城市桥梁中常用的支座主要为板式橡胶支座和盆式支座等。

(三) 桥梁下部结构

1. 桥墩

(1) 实体桥墩。实体桥墩是指桥墩是由一个实体结构组成的。按其截面尺寸、桥墩重量的不同可分为实体重力式桥墩和实体薄壁桥墩（墙式桥墩）。

实体桥墩由墩帽、墩身和基础组成。大跨径的墩帽厚度一般不小于 0.4m，中小跨梁桥也不应小于 0.3m，并设有 50～100mm 的檐口。墩帽采用强度等级 C20 以上的混凝土，加配构造钢筋，小跨径桥的墩帽除严寒地区外，可不设构造钢筋。在墩帽放置支座的部位，应布置一层或多层钢筋网。当桥墩上相邻两孔的支座高度不同时，需加设混凝土垫石予以调整，并在垫石内设置钢筋网。

(2) 空心桥墩。空心桥墩有两种形式：一种为上述实体重力型结构；另一种采取薄壁钢筋混凝土的空格形墩身，四周壁厚只有 30cm 左右。为了墩壁的稳定，应在适当间距设置竖直隔墙及水平隔板。

空心桥墩墩身立面形状可分为直坡式、台坡式、斜坡式。

空心墩按壁厚分为厚壁与薄壁两种，一般用壁厚与中面直径（即同一截面的中心线直径或宽度）的比来区分：$t/D \geqslant 1/10$ 为厚壁，$t/D < 1/10$ 为薄壁。

空心桥墩在构造尺寸上应符合下列规定：

1）墩身最小壁厚，对于钢筋混凝土不宜小于 300mm，对于素混凝土不宜小于 500mm。

2）墩身内应设横隔板或纵、横隔板，通常的做法：对 40m 以上的高墩，不论壁厚如何，均按 6～10m 的间距设置横隔板。

3）墩身周围应设置适当的通风孔与泄水孔，孔的直径不宜小于 200mm；墩顶实体段以下应设置带门的进入洞或相应的检查设备。薄壁空心墩按计算配筋，一般配筋率在 0.5%左右，也有只按构造要求配筋的。

(3) 柱式桥墩。柱式桥墩一般由基础之上的承台、柱式墩身和盖梁组成。柱式桥墩的墩身沿桥横向布置，通常由 1～4 根立柱组成，柱身为 0.6～1.5m 的大直径圆柱或方形、六角形柱等，使墩身具有较大的强度和刚度，当墩身高度大于 6～7m 时，可设横系梁加强柱身横向联系。

盖梁横截面形状一般为矩形或 T 形（或倒 T 形），底面形状有直线形和曲线形两种。

(4) 柔性墩。柔性墩是桥墩轻型化的途径之一，它是在多跨桥的两端设置刚性较大的桥台，中墩均为柔性墩。同时，全桥除在一个中墩上设置活动支座外，其余墩台均采用固定支座。

典型的柔性墩为柔性排架桩墩，是由成排的预制钢筋混凝土沉入桩或钻孔灌注桩顶端连以钢筋混凝土盖梁组成。多用在墩台高度 5～7m，跨径一般不宜超过 13m 的中、小型桥梁上。

柔性排架桩墩分单排架墩和双排架墩。单排架墩一般适用于高度不超过 5m 时。桩墩高度大于 5.0m 时，为避免行车时可能发生的纵向晃动，宜设置双排架墩；当受桩上荷载或支座布置等条件限制不能采用单排架墩时，也可采用双排架墩。盖梁与梁的接触面之间垫10mm的油毛毡。为使全桥形成框架体系，可用锚栓将上、下部构造连接起来，锚栓的直径用25～28mm，预埋在盖梁内。两孔的接缝处用水泥砂浆填实，最好设置桥面连续装置。桥台背墙与梁端接缝也填以水泥砂浆，不设伸缩缝。

（5）框架墩。框架墩采用压挠和挠曲构件，组成平面框架代替墩身，支承上部结构，必要时可做成双层或更多层的框架支承上部结构。这类空心墩为轻型结构，是以钢筋混凝土或预应力混凝土构件组成。

除以上所述类型外，还有弹性墩、拼装式桥墩、预应力桥墩等。

2. 桥台

按照桥台的形式，可分为以下几种：

（1）重力式桥台。重力式桥台主要靠自重来平衡台后的土压力，桥台本身多数由石砌、片石混凝土或混凝土等圬工材料建造，并用就地浇筑的方法施工。重力式桥台依据桥梁跨径、桥台高度及地形条件的不同有多种形式，常用的类型有U形桥台、埋置式桥台、八字形翼墙式和耳墙式桥台等，如图2.2.10所示。埋置式桥台将台身埋置于台前溜坡内，不需要另设翼墙，仅由台帽两端耳墙与路堤衔接。

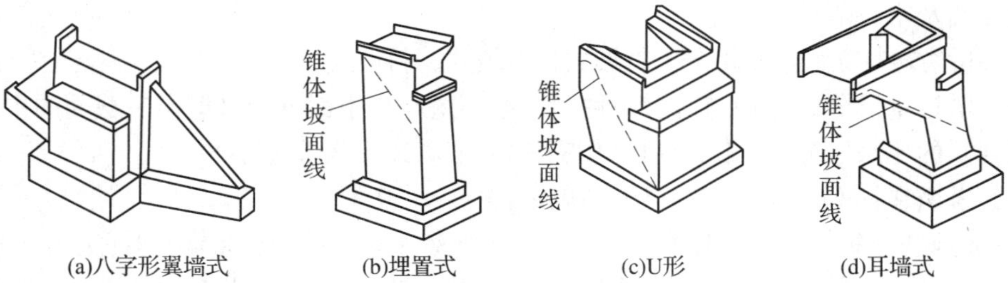

图2.2.10　桥台形式示意图

（2）轻型桥台。轻型桥台一般由钢筋混凝土材料建造，其特点是利用这种结构的抗弯能力来减少圬工体积而使桥台轻型化。常用的轻型桥台有薄壁轻型桥台和支撑梁轻型桥台。轻型桥台适用于小跨径桥梁，桥跨孔数与轻型桥墩配合使用时不宜超过3个，单孔跨径不大于13m，多孔全长不宜大于20m。为了保持桥台的稳定，除构造物牢固地埋入土中外，还必须保证铰接处有可靠的支撑，故锚固上部块件之栓钉孔、上部构造与台背间及上部构造各块件间的连接缝，均需用与上部构造同强度等级的小石子混凝土填实。

（3）框架式桥台。框架式桥台是一种在横桥向呈框架式结构的桩基础轻型桥台，它所承受的土压力较小，适用于地基承载力较低、台身较高、跨径较大的梁桥。其构造形式有柱式、肋墙式、半重力式、双排架式、板凳式等。

框架式桥台均采用埋置式，台前设置溜坡。为满足桥台与路堤的连接，在台帽上部设置耳墙，必要时在台帽前方两侧设置挡板，以防溜坡土进入支座部位。

（4）组合式桥台。为使桥台轻型化，桥台本身主要承受桥跨结构传来的竖向力和水平力，而台后的土压力由其他结构来承受，形成组合式的桥台。常见的有锚定板式、过梁式、框架式以及桥台与挡土墙的组合等形式。

3. 墩台基础

（1）扩大基础。这是桥涵墩台常用的基础形式。它属于直接基础，是将基础底板设在直接承载的地基上，来自上部结构的荷载通过基础底板直接传递给承载地基。其平面常为矩形，平面尺寸一般较墩台底面要大一些。基础较厚时，可在纵、横两个剖面上都砌筑成台阶形。

（2）桩基础。当地基浅层地质较差，持力土层埋藏较深，需要采用深基础才能满足结构物对地基强度、变形和稳定性的要求时，可用桩基础。

（3）管柱基础。管柱基础是由管柱群和钢筋混凝土承台组成的基础结构，也有由单根大型管柱构成基础的。它是一种深基础，埋入土层一定深度，柱底尽可能落在坚实土层或锚固于岩层中，作用在承台的全部荷载通过管柱传递到深层的密实土或岩层上。管柱基础因其施工方法和工艺较为复杂，所需机械设备较多，所以较少采用。但当桥址处的水文地质条件十分复杂，如大型的深水或海中基础，特别是深水岩面不平、流速大或有潮汐影响等自然条件下，不宜修建其他类型基础时，可采用管柱基础。管柱基础主要适用于岩层、紧密黏土等各类紧密土质的基底，并能穿过溶洞、孤石支承在紧密的土层或新鲜岩层上，不适用于有严重地质缺陷的地区，如断层挤压破碎带或严重的松散区域。管柱按材料分类有钢筋混凝土管柱、预应力混凝土管柱及钢管柱三种。

（4）沉井基础。桥梁工程常用沉井作为墩台的基础。沉井是一种井筒状结构物，依靠自身重量克服井壁摩擦阻力下沉至设计标高而形成基础。通常用混凝土或钢筋混凝土制成。它既是基础，又是施工时的挡土和挡土围堰结构物。当桥梁结构上部荷载较大，而表层地基土的容许承载力不足，但在一定深度下有好的持力层，扩大基础开挖工作量大，施工围堰支撑有困难，或采用桩基础受水文地质条件限制时，此时采用沉井基础与其他深基础相比，经济上较为合理。

此外，还有地下连续墙基础、组合式基础等。

三、涵洞工程

涵洞是城镇道路路基工程的重要组成部分。小断面涵洞通常用作排水，一般采用管涵形式。大断面涵洞分为拱形涵、盖板涵、箱涵，用作人行通道或车行道。

根据行业标准，单孔跨径小于5m，多孔跨径总长小于8m的统称为涵洞；而圆管涵及箱涵则不论孔径大小、孔数多少，都称作涵洞。

（一）涵洞的分类

根据行业标准《公路涵洞设计规范》JTG/T 3365－02—2020，涵洞的分类如下：

1. 按建筑材料不同分类

涵洞可分为圬工涵、钢筋混凝土涵、波纹钢管（板）涵等。在石料丰富地区，可采用石盖板涵、石拱涵等圬工涵；混凝土可现场浇筑或预制成拱涵、圆管涵和小跨径盖板涵。钢筋混凝土涵可用于管涵、盖板涵、拱涵、箱涵、倒虹吸涵等。波纹钢管（板）涵主要用于冻土、软弱地基等不良地质的暗涵以及有特殊要求的暗涵，不宜用于陡坡涵。

2. 按构造形式不同分类

涵洞可分为圆管涵、盖板涵、拱涵、箱涵等。

（1）圆管涵。圆管涵的直径一般为0.75～2m。圆管涵受力情况和适应基础的性能较好，两端仅需设置端墙，不需设置墩台，故圬工数量少，造价低，但低路堤使用受到限制。钢筋混凝土管涵适用于缺少石料地区有足够填土高度的小跨径暗涵，一般采用单孔，多孔时不宜超过3孔。倒虹吸管涵适用于路堑挖方高度不能满足设置渡槽的净空要求时的灌溉渠道，不适用于排洪河沟。钢波纹管涵适用于地基承载力较低，或有较大沉降与变形的路基。

（2）盖板涵。盖板涵在结构形式方面有利于在低路堤上使用，当填土较小时可做成明涵。钢筋混凝土盖板涵适用于无石料地区且过水面积较大的明涵或暗涵。石盖板涵适用于石料丰富且过水流量较小的小型涵洞。

（3）拱涵。拱涵适用于跨越深沟或高路堤。一般超载潜力较大，砌筑技术容易掌握，是一种普遍采用的涵洞形式。

（4）箱涵。钢筋混凝土箱涵适用于软土地基，但施工困难且造价较高，故较少采用。

3. 按洞顶填土情况不同分类

涵洞可分为明涵和暗涵。

（1）明涵。洞顶无填土，适用于低路堤及浅沟渠处。

（2）暗涵。洞顶有填土，且最小填土厚度应大于或等于0.5m，适用于高路堤及深沟渠处。

4. 按水力性能不同分类

涵洞可分为无压力式涵洞、半压力式涵洞、压力式涵洞。

（1）无压力式涵洞。水流在涵洞全部长度上保持自由水面。

（2）半压力式涵洞。涵洞进口被水淹没，洞内水全部或一部分为自由面。

（3）压力式涵洞。涵洞进出口被水淹没，涵洞全长范围内以全部断面泄水。

新建涵洞应采用无压力式涵洞；当涵前允许积水时，可采用压力式或半压力式涵洞；当路基顶面高程低于横穿沟渠的水面高程时，也可设置倒虹吸管涵。

5. 按施工方法不同分类

涵洞可分为装配式涵、现浇涵和顶进涵。

（二）涵洞的组成

涵洞由洞身、洞口、基础和附属工程组成，如图2.2.11所示。在地面以下，防止沉陷和冲刷的部分称作基础；建筑在基础之上，挡住路基填土，以形成流水孔道的部分称为洞身；设在洞身两端，用于集散水流，保护洞身和路基使之不被水流破坏的建筑物称为洞口，它包括端墙、翼墙、护坡等。

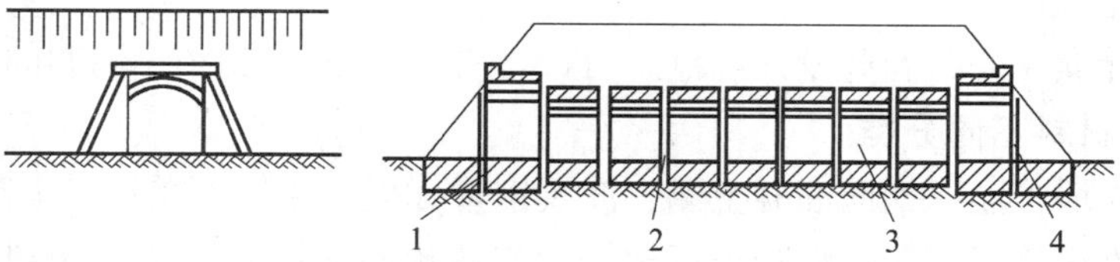

图2.2.11 涵洞的组成部分

1—进水口；2—变形缝；3—洞身；4—出水口

（三）涵洞的构造

1. 洞身

洞身是涵洞的主要部分，其截面形式有圆形、拱形、矩形（箱形）三大类。涵洞的孔径，应根据设计洪水流量、河沟断面形态、地质和进出水口沟床加固形式等条件，经水力验算确定。

一般情况，同一涵洞的洞身截面不变，但为充分发挥洞身截面的泄水能力，有时在涵洞如拱涵、箱涵进口处采用提高节，如图 2.2.12 所示。交通涵、灌溉涵和涵前不允许有过高积水时，不采用提高节。圆形截面不便设置提高节，所以圆形管涵不采用提高节。

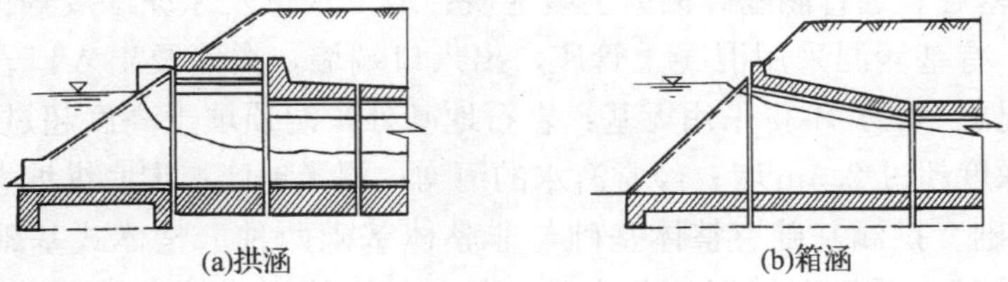

图 2.2.12　涵洞的提高节

洞底应有适当的纵坡，其最小值为 0.4%，一般不宜大于 5%，特别是圆管涵的纵坡不宜过大，以免管壁受急流冲刷。当洞底纵坡大于 5%时，其基础底部宜每隔 3～5m 设防滑横墙，或将基础做成阶梯形；当洞底纵坡大于 10%时，涵洞洞身及基础应分段做成阶梯形，而且前后两段涵洞盖板或拱圈的搭接高度不得小于其厚度的 1/4，如图 2.2.13 所示。

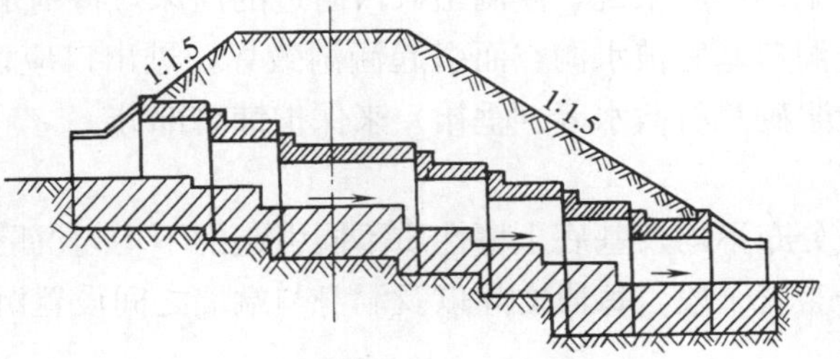

图 2.2.13　阶梯形涵洞洞身

盖板涵的过水能力较圆管涵大，与同孔径的拱涵相接近，施工期限较拱涵短，但钢材用量比拱涵多，对地基承载力的要求较拱涵低。因此，在要求通过较大的排洪量、地质条件较差、路堤高度较小的设涵处，常采用盖板涵，且常采用明涵。

2. 洞口建筑

涵洞洞口建筑在洞身两端，连接洞身与路基边坡。

(1) 涵洞与路线正交的洞口建筑。涵洞与路线正交时，常用的洞口建筑形式有端墙式、八字式、井口式。

八字翼墙泄水能力较端墙式洞口好，多用于较大孔径的涵洞。

当洞身底低于路基边沟（河沟）底时，进口可采用井口式洞口。水流汇入井内后，再经涵洞排走。

(2) 涵洞与路线斜交的洞口建筑。涵洞与路线斜交时，洞口建筑仍可采用正交涵洞的洞口形式，根据洞口与路基边坡相连的情况不同，有斜洞口和正洞口之分。

1) 斜洞口。涵洞端部与线路中线平行，而与涵洞轴线相交。斜洞口能适应水流条件，且外形较美观，虽建筑费工较多，但常被采用。

2) 正洞口。涵洞端部与涵洞轴线互相垂直。正洞口只在管涵或斜度较大的拱涵为避免涵洞端部施工困难才采用。

3. 涵洞的基础

涵洞的基础一般采用浅基防护办法，即不允许水流冲刷，只考虑天然地基的承载力。

除石拱涵外，一般将涵洞的基础埋在允许承压应力为200kPa以上的天然地基上。

（1）洞身基础。

1）圆管涵基础。圆管涵基础根据土壤性质、地下水位及冰冻深度等情况，设计为有基及无基两种。有基涵洞采用混凝土管座，出入口端墙，翼墙及出入口管节一般都为有基。有下列情况之一者，不得采用无基：岩石地基外，洞顶填土高度超过5m；最大流量时，涵前积水深度超过2.5m者；经常有水的河沟；沼泽地区；沟底纵坡大于5%。

2）拱涵基础。拱涵基础有整体基础与非整体基础两种。整体式基础适用于小孔径涵洞；非整体式基础适用于涵洞孔径在2m以上，地基土壤的允许承载力在300kPa及以上、压缩性小的良好土壤（包括密实中砂、粗砂、砾石、坚硬状态的黏土、坚硬砂黏土等）。不能满足要求时，可采用整体式基础，以便分布压力，也可加深基础或采用桩基。

3）盖板涵基础。盖板涵基础一般都采用整体式基础，当基岩表面接近于涵洞流水槽面标高时，孔径大于或等于2m的盖板涵，可采用分离式基础。

（2）洞口建筑基础。一般来说，涵洞出入口附近的河床，特别是下游，水流流速大并易出现漩涡，为防止洞口基底被水淘空而引起涵洞毁坏，进出口应设置洞口铺砌以加固，并在铺砌层末端设置浆砌片石截水墙（垂裙）来保护铺砌部分。

4. 沉降缝

为防止由于荷载分布不均及基底土壤性质不同引起的不均匀沉陷而导致涵洞不规则的断裂，将涵洞全长分为若干段，每段之间以及洞身与端墙之间设置沉降缝，使各段可以独自沉落而互不影响。

凡地基土质发生变化，基础埋置深度不一，基础对地基的压力发生较大变化，基础填挖交界处，以及采用填石抬高基础的涵洞，都应设置沉降缝。置于岩石地基上的涵洞可以不设沉降缝。

5. 附属工程

涵洞的附属工程包括锥体护坡、河床铺砌、路基边坡铺砌及人工水道等。

第三节　地下工程的分类、组成及构造

一、地下工程的分类

（一）按地下工程的用途分类

地下工程按用途分为地下交通工程、地下人防工程、地下国防工程、地下贮库工程、地下工业工程、地下商业工程、地下农业工程、地下居住工程、地下旅游工程、地下宗教工程、地下市政管线工程等。

（二）按地下工程的存在环境及建造方式分类

1. 岩石中的地下工程

岩石中的地下工程包括以下三种形式：一是现代城市在岩石中建设的各种地下工程。二是开发地下矿藏、石油而形成的废旧矿井空间加以改造利用而形成的地下工程。如改造利用已没有价值的废旧矿井，用作兵工厂、军火仓库等，相对来说，投资少、见效快、变废为宝，是充分利用空间资源的好途径。三是利用和改造天然溶洞形成的地下工程。

2. 土中地下工程

根据建造方式分为单建式和附建式两类。单建式地下工程，是指地下工程独立建在土中，在地面以上没有其他建筑物；附建式地下工程，是指各种建筑物的地下室部分。

(三) 按地下工程的开发深度分类

按开发深度分为三类：浅层地下工程、中层地下工程和深层地下工程。

1. 浅层地下工程

浅层地下工程是指地表至－10m深度空间建设的地下工程，主要用于商业、文娱和部分业务空间。

2. 中层地下工程

中层地下工程是指－30～－10m深度空间内建设的地下工程，主要用于地下交通、地下污水处理场及城市水、电、气、通信等公用设施。

3. 深层地下工程

深层地下工程是指在－30m以下建设的地下工程，如高速地下交通轨道，危险品仓库、冷库、油库等。

二、主要地下工程组成及构造

(一) 地下交通工程

1. 地下铁路

随着城市交通的发展和地下铁路的建设，近年来，一些城市形成了城市快速轨道交通系统，其定义为：凡以电能为动力，采用轮轨运行方式的交通系统，速度大于30km/h，单向客运能力超过1万人·次/h的交通系统称为城市快速轨道交通系统。

城市地铁工程主要由土建工程和系统工程两大部分构成。其中，土建工程又分为车站和区间隧道（地面上为地面线路或高架线路）等；系统工程又可分为轨道系统、通信系统、信号系统、电力系统、供电牵引系统、屏蔽门系统、防灾报警系统、设备监控系统、电力监控系统、人防系统、车辆段及车辆系统、自动售检票系统、环控通风系统、控制中心、电梯和自动扶梯等。

地下铁路有很多优点，如运行速度快、运送能力大；准点、安全；对地面无太大影响（噪声小，无震动，不妨碍城市景观）；不存在人、车混流现象，没有复杂的交通组织问题；不侵占地面空间；环境污染小。但是，地铁建设在地下，施工条件困难，工期长，工程建设费用较地面高。因此，对地下铁路建设必须做好可行性研究。

(1) 地铁建设的前提。地铁建设投资巨大，真正制约地下铁路建设的因素是经济性问题。

地铁主要服务于城市中心城区和城市总体规划确定的重点地区，申报建设地铁的城市一般公共财政预算收入应在300亿元以上，地区生产总值在3 000亿元以上，市区常住人口在300万人以上。申报条件将根据经济社会发展情况按程序适时调整。

(2) 地铁车站。

1) 地铁车站形式分类。地铁车站根据其所处位置、埋深、运营性质、结构横断面、站台形式等进行不同分类。根据车站与地面的相对位置，可以分为高架车站、地面车站和地下车站。

车站竖向布置根据线路敷设方式、周边环境及城市景观等因素，可选取地下一层、地下多层、路堑式、地面、高架一层、高架多层等形式。但地下车站宜浅，车站层数宜少。有条件的地下或高架车站应尽量考虑站厅和设备及管理用房设于地面。车站设计宜考虑地下、地上空间综合利用。车站应建设无障碍设施。地下车站的土建工程宜一次建成。地面车站、高架车站及地面建筑可分期建设。

根据运营性质，车站可以分为中间站、区域站、换乘站、枢纽站、联运站、终点站等。换乘车站应根据地铁线网规划、线路敷设方式、地上及地下周边环境、换乘量的大小等因素，可选取同车站平行换乘、同站台平面换乘、站台上下平行换乘、站台间的十字形、T形、L形、H形等换乘及通道换乘形式，且应形成在付费区内换乘。地铁各线路之间及与其他轨道交通线路交会处的换乘站，换乘设施的通过能力应满足预测的远期换乘客流量的需要。不能同步实施时，应预留接口。

根据车站的结构断面可以分为矩形、拱形、圆形、马蹄形、椭圆形等车站。

根据站台形式，地铁车站可以分为岛式站台、侧式站台、岛侧混合式站台等。车站平面形式应根据线路特征、营运要求、地上和地下环境及施工方法等条件确定。

车站间的距离应根据现状及规划的城市道路布局和客流实际需要确定，一般在城市中心区和居民稠密地区宜为1km左右，在城市外围区应根据具体情况适当加大车站间的距离。

2）地铁车站构造组成。地铁车站通常由车站主体（站台、站厅、设备用房、生活用房），出入口及通道，通风道及地面通风亭三大部分组成。车站主体是列车在线路上的停车点，其作用既是供乘客集散、候车、换车及上、下车；又是地铁运营设备设置的中心和办理运营业务的地方。出入口及通道（包括人行天桥）是供乘客进、出车站的建筑设施。通风道及地面通风亭的作用是保证地下车站有一个舒适的地下环境。地铁车站应设公共厕所，并应根据需要与可能在靠近车站位置设置停车场。

车站出入口与通风亭的位置，应根据周边环境及城市规划要求进行合理布置。出入口位置应有利于客流吸引和疏散；通风亭位置在满足功能要求的前提下，尚应满足规划、环保和城市景观的要求。车站的站厅、站台、出入口通道、人行楼梯、自动扶梯、售检票口（机）等部位的通过能力应按该站远期超高峰设计客流量确定。超高峰设计客流量为该站预测远期高峰小时客流量（或客流控制时期的高峰小时客流量）的1.1～1.4倍。

车站的总体布局，应符合城市规划、城市交通规划、环境保护和城市景观的要求，妥善处理好与地面建筑、地下管线、地下构筑物等之间的关系。车站设计必须满足客流需求，保证乘降安全、疏导迅速、布置紧凑、便于管理，并具有良好的通风、照明、卫生、防灾等设施，为乘客提供舒适的乘车环境。

（3）区间隧道与地铁线路。区间隧道是列车通行的通道，有单洞单线隧道和单洞双线隧道之分，但以单洞单线隧道居多，按施工方法不同，主要分为明挖隧道、矿山法隧道和盾构法隧道三种，另外，还有联络通道。

地铁线路应为右侧行车的双线线路，并应采用1 435mm标准轨距。线路纵断面，正线的最大坡度不宜大于30‰，困难地段可采用35‰，联络线、出入线的最大坡度不宜大于40‰（均不考虑各种坡度折减值）。隧道内和路堑地段的正线最小坡度不宜小于3‰，困难地段在确保排水的条件下，可采用小于3‰的坡度；地面和高架桥上正线最小坡度在采取了排水措施后不受限制。正线及辅助线钢轨应依据近、远期客流量，并经技术经济综合比较确定，宜采用60kg/m钢轨。车场线宜采用50kg/m钢轨。

（4）地下铁路网。地下铁路路网的基本类型有单线式、单环式、多线式、蛛网式、棋盘式等。

1）单线式。仅在客运最繁忙的地段重点地修一、二条线路。

2）单环式。在客流量集中的道路下面设置地铁线路，并闭合成环，便于车辆运行，减少折返设备。

3）多线式。城市具有几条方向各异或客流量大的街道，可设置多线路网，这几条线路往往在市中心区交汇，这样，便于乘客自一条线路换乘另一条线路，也有利于线路的延长扩建。

4）蛛网式。该路网由多条辐射状线路与环形线路组合，其运送能力很大，可减少旅客的换乘次数，又能避免客流集中堵塞，还能减轻多线式存在的市中心区换乘的负担。

5）棋盘式。地铁线路沿城市棋盘式的道路系统建设而成，线路网密度大，客流量分散，但乘客换乘次数增多，增加了车站设备的复杂性。

2. 地下道路

（1）地下道路的形式。

1）地下越江（海）道路。当城市中有较大的江、河贯穿时，越江隧道是城市地下交通体系的重要组成部分，20世纪70年代上海就已经在黄浦江下修建了第一条地下越江道路；越海隧道在日本等国家很普遍，日本四岛已由地下交通系统连成一体。

2）地下立交道路。当道路与铁路相交时，或两条道路交叉又都要求具有较快速度、大容量交通特点时，需要考虑利用地下立交道路来解决。地下立交道路一般距离短，在我国较为常见。

3）地下快速道路。现代城市的发展对快速交通容量有不同程度的需求，为了保证城市交通的正常运营，就需要建设地下快速道路。它具有如下优点：改善相邻环境，有利于道路景观的保护；利用街道与道路之间的地下空间，修建停车场和其他公共设施，实现快速道路地下空间的多功能用途。

4）半地下道路。该种道路有两种结构形式，即堑壕构造和U形构造。其主要优点是：有利于减少噪声和排放的废气；能得到充足的日照和上部的开敞空间；在绿化带自然气息较足的地区，能与周围环境较好地和谐共存；造价介于全地下道路与地面道路之间。其缺点主要是排水、除雪不易。

（2）地下道路的线路与断面特点。地下道路与普通道路一样，根据现行道路规范设计，地下道路的平面线形，一般采用直线，避免曲线。综合排水、通风等各方面要求，地下道路隧道的纵坡通常应不小于0.3%，并不大于3%。

地下道路隧道净空，是指隧道衬砌内廓线所包围的空间，它包括道路的建筑限界、通风及其他需要的断面积。

道路建筑限界是为保证车辆和行人正常通行，规定在道路一定宽度和高度范围内不允许有任何设施及障碍物侵入的空间范围。地下道路的建筑限界包括车道、路肩、路缘带、人行道等的宽度以及车道、人行道的净高。道路隧道的横断面净空，除了包括建筑限界之外，还包括通过管道、照明、防灾、监控、运行管理等附属设备所需的空间，以及富余量和施工允许误差等。道路隧道净空断面的形状，即为衬砌的内轮廓形状，其形状的确定，应使衬砌受力合理、围岩稳定。在浅埋和深埋道路隧道中，多采用矩形或近椭圆形断面。

3. 地下停车场

（1）地下停车场。按设置形态、利用方法、设置场所等分类如下：

1）道路式地下停车场。设置于道路下方，形态狭长，多为汽车自行方式，规模较大，日本停车场60%属此类型。

2）公园式地下停车场。占用公园的地下空间建造车库，规模较大，规划设计容易，但原则上应保持公园的功能，更好地保护好地面园林。

3）广场式地下停车场。充分利用广场的地下空间，可与地下街、地下商场一起规划，修建地下停车场。

4）建筑物地下室式停车场。是利用建筑物的地下室部分做停车场。

（2）汽车停车场的构造基准。停车场的构造基准是设计的基础尺寸，包括直线车道宽度、净高、弯道处车道宽度、车道坡度等。车库的有关技术要求及其构造要求应符合现行行业标准《车库建筑设计规范》JGJ 100规定。

（二）地下市政管线工程

1. 市政管线工程的分类

市政管线工程一般应包括供水、能源供应、通信和废弃物的排除四大系统。市政管线工程按性能与用途、敷设方式、管线覆土深度和输送方式的不同分为若干类型。

（1）按性能与用途分类。按性能与用途，市政管线工程分为铁路、道路、给水管道、排水沟管、电力线路、电信线路、热力管道、城市垃圾输送管道、可燃和助燃气体管道等。这些是常见的管线工程，此外，还有空气管道、液体燃料管道、灰渣管道、地下建筑线路及工业生产专用管道等不常见的管线工程。

（2）按敷设形式分类。按管线的敷设形式分为架空敷设线路，如电力、电信、道路照明等；地下埋设线路，如给水、排水、燃气、热力、电信等线路。各种工业管道则根据工艺需要和厂区具体情况进行敷设；电力和照明线路，也可能采用地下敷设。

（3）按管线覆土深度分类。一般以管线覆土深度超过1.5m作为划分深埋和浅埋的分界线。在北方寒冷地区，由于冰冻线较深，给水、排水以及含有水分的煤气管道，需深埋敷设；而热力管道、电力、电信线路不受冰冻的影响，可以采用浅埋敷设。在南方地区，由于冰冻线不存在或较浅，给水管道等也可以浅埋，而排水管道需要有一定的坡度要求，排水管道往往处于深埋状况。

（4）按输送方式分类。各种输送管道，按承压情况可分为压力管道，如给水、燃气、热力、灰渣等管道；重力流管道，如排水管道。

市政管线中的地下管线工程主要有各种给水、污水排放、供热、煤气、原料供应、运输等管道工程，供电、通信等电缆工程及用来敷设各种工程管网和专门管道的综合管道。

2. 市政管线工程的布置方式与布置原则

多数市政管线工程是随着城市的发展逐步形成的，因此，往往自成体系、分散布置，互相之间缺乏有机的配合。例如，排水能力与供水能力不相适应；在一个系统内部，各个环节之间也可能不够协调，如在排水系统中处理能力往往小于排污能力等。

市政管线工程的布置，到目前为止，除少数管道布置在管沟中外，大部分管线均直接埋设在土层中。为了避开建筑物的基础，多沿城市道路敷设，不但维修困难，还占据了道路以下大量有效的地下空间，缺乏适应发展的灵活性。

设计地下工程管网，要综合考虑远景规划期的发展。工程管网的线路要取直，并尽可能平行建筑红线安排。城市工程管网基本上是沿着街道和道路布置，为此，在道路的横断面中必须考虑具有敷设地下管网的地方。

一些常规做法如下：建筑物与红线之间的地带，用于敷设电缆；人行道用于敷设热力管网或通行式综合管道；分车带用于敷设自来水、污水、煤气管道及照明电缆；街道宽度超过 60m 时，自来水和污水管道都应设在街道内两侧；在小区范围内，地下工程管网多数应走专门的地方。此外，地下管网的布置，还应符合相应的建筑规范要求。

3. 综合管廊

(1) 综合管廊概念。城市综合管廊也称为“共同沟”，是建于城市地下，用于容纳两类及以上城市工程管线，内部空间能够满足人员通行的构筑物及附属设施。其中，城市工程管线是指城市范围内满足生活、生产需要的给水、雨水、污水、再生水、天然气、热力、电力、通信等市政公用管线，不包含工业管线。

综合管廊有如下优点：减少挖掘道路频率与次数，降低对城市交通和居民生活的干扰；容易并能在必要时期收容物件，方便扩容；能在综合管廊内巡视、检查，容易维修管理；结构安全性高，有利于城市防灾；由于管线不接触土壤和地下水，避免了酸碱物质的腐蚀，延长了使用寿命；对城市景观有利，为规划发展需要预留了宝贵的空间。另外，对综合管廊中管线的管理部门来说，设施设计、保养、管理容易，安全性高，与相关单位协调容易，手续简单。

(2) 综合管廊系统组成。

1) 管廊本体。综合管廊的本体是以钢筋混凝土为材料，采用现浇或预制方式建设的地下构筑物，其主要作用是为收容各种城市管线提供物质载体。

2) 管线。综合管廊中收容的各种管线是综合管廊的核心和关键，综合管廊发展的早期，以收容电力、电信、煤气、供水、污水为主，目前原则上各种城市管线都可以进入综合管廊，如空调管线、垃圾真空运输管线等，但对于雨水管、污水管等各种重力流管线，进入综合管廊将增加综合管廊的造价，应慎重对待。

3) 地面设施。包括地面控制中心、人员出入口、通风井、材料投入口等地面设施。

4) 标识系统。标识系统的主要作用是标识综合管廊内各种管线的管径、性能以及各种出入口在地面的位置等，标识系统在综合管廊的日常维护、管理中具有非常重要的作用。

此外，综合管廊组成中还包括监控、通风、供电、排水、通信等其他系统。

(3) 综合管廊建设常用形式。按照其功能定位，可以分为干线综合管廊、支线综合管廊和小型综合管廊三类。

1) 干线综合管廊。主要收容城市中的各种供给主干线，但不直接为周边用户提供服务。设置于道路中央下方，向支线综合管廊提供配送服务，管线为通信、有线电视、电力、燃气、自来水等。特点为结构断面尺寸大、覆土深、系统稳定且输送量大，具有高度的安全性，维修及检测要求高。

2）支线综合管廊。主要收容城市中的各种供给支线，为干线综合管廊和终端用户之间联系的通道，也可以直接向用户提供服务。设于人行道下，管线为通信、有线电视、电力、燃气、自来水等，结构断面以矩形居多。特点为有效断面较小、施工费用较少、系统稳定性和安全性较高。

3）小型综合管廊。主要容纳小规模管网或末端配给工程管线。埋设在人行道下，管线有电力、通信、有线电视等，直接供应各终端用户。其特点为空间断面较小，埋深浅，建设施工费用较少，不设通风、监控等设备，在维护及管理上较为简单。

根据施工方法的不同，综合管廊又可分为暗挖工法综合管廊、明挖工法综合管廊以及预制拼装综合管廊。

（三）地下工业工程

地下工业工程可以分为地下轻工业与机械工业工程、地下能源工业工程、地下食品工业工程和地下电力工业工程四类。

（四）地下公共建筑工程

1. 地下公共建筑工程的种类

地下公共建筑工程可以分为城市地下商业建筑工程、城市地下行政办公建筑工程、城市地下文教与展览建筑工程、城市地下文娱与体育建筑等类型。

2. 城市地下综合体

（1）城市地下综合体的含义。随着城市集约化和程度的不断提高，单一功能的单体公共建筑逐渐向多功能和综合化发展。一个建筑空间在不同条件下适应多种功能的需要，成为多功能建筑。由多种不同功能的建筑空间组合在一起的建筑，称为建筑综合体。经过进一步发展，不同城市功能也被综合布置在大型建筑物中，成为城市综合体。地下综合体，是随着城市立体化再开发、建设沿三维空间发展的，地面、地下连通的，综合交通、商业、贮存、娱乐、市政等多用途的大型公共地下建设工程。当城市中若干地下综合体通过铁道或地下步行道系统连接在一起时，形成规模更大的综合体群。

（2）城市地下综合体的发展。地下综合体是在近三四十年间发展起来的一种新的建筑类型，欧洲、北美和日本的一些大城市，在新城镇的建设和旧城市的再开发过程中都建设了不同规模的地下综合体，成为具有现代大城市象征意义的建筑类型。

我国过去的地下空间开发与利用主要是为了备战，或与备战密切相关的防护建筑，起步较早，但发展较慢。近年来，有些大城市为了缓解城市发展中的矛盾，进行了建设城市地下综合体的尝试。

（3）城市地下综合体的类型与特点。

1）新建城镇的地下综合体。在新建城镇或大型居住区的公共活动中心，与地面公共建筑相配合，将一部分交通、商业等功能放到地下综合体中，使中心区步行化，并克服了不良气候的影响。这种地下综合体布置紧凑，使用方便，地面、地下空间融为一体，很受居民欢迎。

2）与高层建筑群相结合的地下综合体。附建在高层建筑地下室中的综合体，其内容与功能与该高层建筑的性质和功能有关，可视为地面建筑功能向地下空间的延伸。

（4）城市广场和街道下的地下综合体。在城市的中心广场、文化休闲广场、购物中心广场和交通集散广场，以及交通和商业高度集中的街道和街道交叉口，都适合于建设地下综合体。我国有几个大城市的中心广场，在再开发的规划设计中，利用地下空间，形成地下综合体，以保留广场上的开敞空间，同时，对交通实行立体化改造，并适当增加一些商业、饮食等服务设施。

（5）我国城市地下综合体的发展。从上述分析可以看出，城市地下综合体建设在我国已占据一定位置，但与发达的工业国家相比，我国城市的现代化水平至少要落后30～50年，地下综合体建设还缺乏整体性、综合性、超前性及科学性。在我国应优先发展以下几种类型的地下综合体：

1）道路交叉口型。即在城市中心区路面交通繁忙的道路交叉地带，以解决人行过街交通为主，适当设置一些商业设施，考虑民防因素，综合市政道路的改造，建设中小型初级的地下综合体。同时，应适当考虑城市的发展与未来地下网络体系连接的可能。

2）车站型。我国部分城市正在规划和建设地铁，结合少量重点地铁车站的建设，把部分商业、贮存、人行过街交通道、市政管线工程，以及灾害时的人员疏散、掩蔽等功能结合起来，并与地面的改造相结合，进行整体规划与设计，实施联合开发。这是一条提高地下交通系统整体效益，探索中国城市现代化改造的有效途径。

3）站前广场型。即在大城市的大型交通枢纽地带，结合该区域的改造、更新，进行整体设计、联合开发建设的大中型地下综合体。在综合体内，可将地面交通枢纽与地下交通枢纽有机组合，适当增设商业设施，充分利用商业赢利来补贴其他市政公用设施，通过加设一些供乘客休息、娱乐、观赏的设施和小型防灾广场等，以满足地下活动人员的各种需要。

4）副都心型。为了达到大城市中心职能疏解的目的，往往需在城市的部分重点地区新建一些反磁力中心（也称分中心、副都心）。这种新建设反磁力中心的地下空间体系，几乎涵盖了市中心的所有职能，如商业、文化、娱乐、行政、事务、金融、贸易、交通等，与上部空间的再建，共同构成现代城市的繁荣。

5）中心广场型。市中心广场被称为城市的“起居室”，但在土地效益寸土寸金的市中心，留出大片空地，单层次利用空间，其效益不能得到全面发挥。为此，许多城市在整顿城市空间的同时，充分利用地下空间资源，建设大型地下综合体，以补充地面功能的单一化，保护广场周围的传统风貌。

（五）地下贮库工程

1. 地下贮库工程的类型

贮库按其储藏品的不同有很多类别。按照用途与专业可分为国家储备库、城市民用库、运输转运库等。这些贮库有的相对集中地布置在居住区内，有的则布置在居住区以外专门的贮库区中。按照民用贮库储存物品的性质，分为一般性综合贮库、食品贮库、粮食和食油贮库、危险品贮库和其他类型的贮库。

2. 城市地下贮库工程的布局与要求

（1）城市地下贮库工程的布局。城市地下贮库的布局，应处理好贮库与交通、贮库与居住区及工业区的关系。

1）贮库布置与交通的关系。贮库最好布置在居住用地之外，离车站不远，以便把铁路支线引至贮库所在地。对小城市的贮库布置，起决定作用的是对外运输设备（如车站、码头）的位置；大城市除了要考虑对外交通外，还要考虑市内供应线的长短问题。大库区以及批发和燃料总贮库，必须要考虑铁路运输。贮库不应直接沿铁路干线两侧布置，尤其是地下部分，最好布置在生活居住区的边缘地带，同铁路干线有一定的距离。

2）贮库的分布与居住区、工业区的关系。一般危险品贮库应布置在离城 10km 以外的地上与地下；一般贮库都布置在城市外围。一般食品贮库布置的基本要求是：应布置在城市交通干道上，不要在居住区内设置；地下贮库洞口（或出入口）的周围，不能设置对环境有污染的各种贮库；性质类似的食品贮库，尽量集中布置在一起；冷库的设备多、容积大，需要铁路运输，一般多设在郊区或码头附近。

（2）城市地下贮库工程布局的基本要求。地下贮库必须依靠一定的地质条件才能存在。从宏观上看，存在条件有岩层和土层两类，一般地下贮库都是通过在岩层中挖掘洞室或在土层中建造地下建筑来实现的。地下贮库的建设应遵循如下技术要求：

1）地下贮库应设置在地质条件较好的地区。

2）靠近市中心的一般性地下贮库，出入口的设置，除满足货物的进出方便外，在建筑形式上应与周围环境相协调。

3）布置在郊区的大型贮能库、军事用地下贮存库等，应注意对洞口的隐蔽性，多布置一些绿化用地。

4）与城市无多大关系的转运贮库，应布置在城市的下游，以免干扰城市居民的生活。

5）由于水运是一种最经济的运输方式，因此，有条件的城市应沿江河多布置一些贮库，但应保证堤岸的工程稳定性。

免费听课

第三章 工 程 材 料

工程材料品种繁多，性能各异，价格相差悬殊，而且用量巨大，因此，正确选择和合理使用土木工程材料，对土木工程的安全、适用、美观、耐久及经济性都有着重要的意义。

第一节 建筑结构材料

一、建筑钢材

钢材具有品质稳定、强度高、塑性和韧性好、可焊接和铆接、能承受冲击和振动荷载等优异性能，是土木工程中使用量最大的材料品种之一。常用的钢材品种有普通碳素结构钢、优质碳素结构钢和低合金高强度结构钢。

（一）常用的建筑钢材

建筑钢材可分为钢筋混凝土结构用钢、钢结构用钢、钢管混凝土结构用钢和建筑装饰用钢材制品等。

1. 钢筋混凝土结构用钢

钢筋混凝土结构用钢主要有热轧钢筋、冷加工钢筋、预应力混凝土热处理钢筋、预应力混凝土钢丝与钢绞线。

（1）热轧钢筋。热轧钢筋是建筑工程中用量最大的钢材之一，主要用于钢筋混凝土结构和预应力混凝土结构。热轧钢筋的技术要求应符合现行国家标准《钢筋混凝土用钢 第1部分：热轧光圆钢筋》GB 1499.1和《钢筋混凝土用钢 第2部分：热轧带肋钢筋》GB 1499.2的相关规定。热轧钢筋的品种及技术要求应符合表3.1.1的规定。

表3.1.1 热轧钢筋的技术要求

<table>
<tr><th rowspan="2">表面形状</th><th rowspan="2">牌号</th><th rowspan="2">公称直径/mm</th><th>下屈服强度 R_{eL}/MPa</th><th>抗拉强度 R_m/MPa</th><th>断后伸长率 A/%</th><th>最大总伸长率 A_{gt}/%</th><th rowspan="2">冷弯试验180°</th></tr>
<tr><th colspan="4">≥</th></tr>
<tr><td>光圆</td><td>HPB300</td><td>6.0～22</td><td>300</td><td>420</td><td>25</td><td>10</td><td>$d=a$</td></tr>
<tr><td rowspan="2">带肋</td><td>HRB400
HRBF400</td><td rowspan="2">6～25
28～40
>40～50</td><td rowspan="2">400</td><td rowspan="2">540</td><td>16</td><td>7.5</td><td rowspan="2">$d=4a$
$d=5a$
$d=6a$</td></tr>
<tr><td>HRB400E
HRBF400E</td><td>—</td><td>9.0</td></tr>
</table>

续表 3.1.1

表面形状	牌号	公称直径/mm	下屈服强度 R_{eL}/MPa	抗拉强度 R_m/MPa	断后伸长率 A/%	最大总伸长率 A_{gt}/%	冷弯试验 180°
			≥				
带肋	HRB500 HRBF500	6～25 28～40 >40～50	500	630	15	7.5	$d=6a$ $d=7a$ $d=8a$
	HRB500E HRBF500E				—	9.0	
	HRB600	6～25 28～40 >40～50	600	730	14	7.5	$d=6a$ $d=7a$ $d=8a$

注：d 为弯心直径；a 为公称直径。

热轧光圆钢筋由碳素结构钢或低合金结构钢经热轧而成，从表 3.1.1 中可以看出其强度较低，但具有塑性好，伸长率高，便于弯折成型、容易焊接等特点，可用于中小型混凝土结构的受力钢筋或箍筋，以及作为冷加工（冷拉、冷拔、冷轧）的原料。热轧带肋钢筋采用低合金钢热轧而成，具有较高的强度，塑性和可焊性较好。钢筋表面有纵肋和横肋，从而加强了钢筋与混凝土中间的握裹力，可用于混凝土结构受力筋，以及预应力钢筋。

（2）冷加工钢筋。冷加工钢筋是在常温下对热轧钢筋进行机械加工（冷拉、冷拔、冷轧、冷扭、冲压等）而成。常见的品种有冷拉热轧钢筋、冷轧带肋钢筋和冷拔低碳钢丝。

1）冷拉热轧钢筋。在常温下将热轧钢筋拉伸至超过屈服点小于抗拉强度的某一应力，然后卸荷，即制成冷拉热轧钢筋。如卸荷后立即重新拉伸，卸荷点成为新的屈服点，因此，冷拉可使屈服点提高，材料变脆、屈服阶段缩短，塑性、韧性降低。若卸荷后不立即重新拉伸，而是保持一定时间后重新拉伸，钢筋的屈服强度、抗拉强度进一步提高，而塑性、韧性继续降低，这种现象称为冷拉时效。实践中，可将冷拉、除锈、调直、切断合并为一道工序，这样可简化流程，提高效率。

2）冷轧带肋钢筋。用低碳钢热轧盘圆条直接冷轧或经冷拔后再冷轧，形成三面或两面横肋的钢筋。根据现行国家标准《冷轧带肋钢筋》GB 13788 的规定，冷轧带肋钢筋分为 CRB550、CRB600H、CRB650、CRB800、CRB800H 五个牌号，数字代表抗拉强度特征值。CRB550、CRB600H 为普通钢筋混凝土用钢筋，CRB650、CRB800、CRB800H 为预应力混凝土用钢筋。CRB550 钢筋的公称直径范围为 4～12mm，CRB600H 钢筋的公称直径范围为 4～16mm，CRB650 及以上牌号钢筋的公称直径为 4mm、5mm、6mm。CRB600H 应为二面肋，CRB550、CRB650 应为三面肋。经供需双方协商，CRB800、CRB800H 准许采用其他外形。冷轧带肋钢筋克服了冷拉、冷拔钢筋握裹力低的缺点，具有强度高、握裹力强、节约钢材、质量稳定等优点，但塑性降低，强屈比变小。

3）冷拔低碳钢丝。低碳钢热轧圆盘条或热轧光圆钢筋经一次或多次冷拔制成的光圆钢丝，在使用中应符合现行行业标准《冷拔低碳钢丝应用技术规程》JGJ 19 的规定。冷拔低碳钢丝宜作为构造钢筋使用，作为结构构件中纵向受力钢筋使用时应采用钢丝焊接网。冷拔低碳钢丝不得作预应力钢筋使用。作为箍筋使用时，冷拔低碳钢丝的直径不宜小于5mm，间距不应大于200mm，构造应符合国家现行相关标准的有关规定。冷拔低碳钢丝只有CDW550一个牌号。CDW550级冷拔低碳钢丝的直径可为：3mm、4mm、5mm、6mm、7mm和8mm。直径小于5mm的钢丝焊接网不应作为混凝土结构中的受力钢筋使用；除钢筋混凝土排水管、环形混凝土电杆外，不应使用直径3mm的冷拔低碳钢丝；除大直径的预应力混凝土桩外，不宜使用直径8mm的冷拔低碳钢丝。

(3) 预应力混凝土热处理钢筋。热处理是指将钢材按一定规则加热、保温和冷却，以改变其组织，从而获得所需要性能的一种工艺措施。热处理的方法有退火、正火、淬火和回火。建筑钢材一般只在生产厂完成热处理工艺。

热处理钢筋是钢厂将热轧的带肋钢筋（中碳低合金钢）经淬火和高温回火调质处理而成的，即以热处理状态交货。热处理钢筋强度高，用材省，锚固性好，预应力稳定，主要用作预应力钢筋混凝土轨枕，也可以用于预应力混凝土板、吊车梁等构件。

(4) 预应力混凝土用钢丝与钢绞线。预应力混凝土用钢丝是用优质碳素结构钢经冷加工及时效处理或热处理等工艺过程制得，具有高强度、安全可靠，便于施工等优点。根据现行国家标准《预应力混凝土用钢丝》GB/T 5223的规定，预应力混凝土用钢丝按照加工状态分为冷拉钢丝和消除应力钢丝两类。钢丝按外形分为光面钢丝（P）、螺旋肋钢丝（H）和刻痕钢丝（I）三种。预应力混凝土用钢绞线的分类与应用应执行现行国家标准《预应力混凝土用钢绞线》GB/T 5224的有关规定。

预应力钢丝与钢绞线均属于冷加工强化及热处理钢材，拉伸试验时无屈服点，但抗拉强度远远超过热轧钢筋和冷轧钢筋，并具有很好的柔韧性，应力松弛率低，适用于大荷载、大跨度及需要曲线配筋的预应力混凝土结构，如大跨度屋架、薄腹梁、吊车梁等大型构件的预应力结构。

2. 钢结构用钢

钢结构用钢主要是热轧成型的钢板、型钢等，其中型钢又分热轧型钢和冷弯薄壁型钢。钢材所用的母材主要是普通碳素结构钢及低合金高强度结构钢。

(1) 热轧型钢。按钢材的外形，钢结构常用热轧型钢有：工字钢、H型钢、T型钢、槽钢、等边角钢、不等边角钢等。型钢是钢结构采用的主要钢材。型钢的规格表示方法：工字钢用“I”与高度值×腿宽度值×腰宽度值表示，如I450×150×11.5（简记为I45a）；槽钢用“[”与高度值×腿宽度值×腰宽度值表示，如[200×200×24（简记为[20b）；等边角钢用“L”与边宽度值×边宽度值×边厚宽度值，如L200×200×24（简记为L200×24）；不等边角钢用“L”与长边宽度值×短边宽度值×边厚宽度值表示，如L160×100×16。

(2) 冷弯薄壁型钢。薄壁型钢是用薄钢板（通常2～6mm）冷弯或者模压而成，其界面形状多样，可分为角钢、槽钢等开口薄壁型钢及方形、矩形等空心薄壁型钢。薄壁轻型钢结构中主要采用薄壁型钢、圆钢和小角钢，壁厚一般为1.5～5mm，多用于轻型钢结构。

(3) 钢板和压型钢板。用光面轧辊轧制而成的扁平钢材称为钢板。按轧制温度的不同，钢板又可分为热轧和冷轧两类。土木工程用钢板的钢种主要是碳素结构钢，某些重型结构、大跨度桥梁等也采用低合金钢。钢板规格表示方法为“宽度×厚度×长度”（单位为mm）。按厚度分，热轧钢板可分为厚板（厚度大于4mm）和薄板（厚度不大于4mm）

两种；冷轧钢板只有薄板。厚板可用于型钢的连接与焊接，组成钢结构承力构件，薄板可用作屋面或墙面等围护结构，或作为薄壁型钢的原料。薄钢板经辊压或冷弯可制成截面呈V形、U形、梯形或类似形状的波纹，并可采用有机涂层、镀锌等表面保护层的钢板，称压型钢板，在建筑上常用作屋面板、楼板、墙板及装饰板等。还可将其与保温材料等复合，制成复合墙板等，用途十分广泛。

3. 钢管混凝土结构用钢

钢管混凝土结构即采用钢管混凝土构件作为主要受力构件的结构，简称CFST结构。钢管混凝土构件是指在钢管内填充混凝土的构件，包括实心和空心钢管混凝土构件，截面可为圆形、矩形及多边形，简称CFST构件。

钢管混凝土结构用钢的选用应符合现行国家标准《钢结构设计标准》GB 50017的有关规定。承重结构的圆钢管可采用焊接圆钢管、热轧无缝钢管，不宜选用输送流体用的螺旋焊管。矩形钢管可采用焊接钢管，也可采用冷成型矩形钢管。当采用冷成型矩形钢管时，应符合现行行业标准《建筑结构用冷弯矩形钢管》JG/T 178中Ⅰ级产品的规定。直接承受动荷载或低温环境下的外露结构，不宜采用冷弯矩形钢管。多边形钢管可采用焊接钢管，也可采用冷成型多边形钢管。

（二）钢材的性能

钢材的主要性能包括力学性能和工艺性能。其中，力学性能是钢材最重要的使用性能，包括抗拉性能、冲击性能、硬度、耐疲劳性能等。工艺性能表示钢材在各种加工过程中的行为，包括弯曲性能和焊接性能等。

钢结构承重构件所用的钢材应具有屈服强度，断后伸长率，抗拉强度和硫、磷含量的合格保证，在低温使用环境下尚应具有冲击韧性的合格保证；对焊接结构尚应具有碳或碳当量的合格保证。铸钢件和要求具有抗层状撕裂（*Z*向）性能的钢材尚应具有断面收缩率的合格保证。焊接承重结构以及重要的非焊接承重结构所用的钢材，应具有弯曲试验的合格保证；对直接承受动力荷载或需进行疲劳验算的构件，其所用钢材尚应具有冲击韧性的合格保证。

1. 抗拉性能

抗拉性能是钢材最主要的性能，表征其性能的技术指标主要是屈服强度、抗拉强度和伸长率。低碳钢（软钢）受拉的应力-应变图能够较好地解释这些重要的技术指标，如图3.1.1所示，低碳钢应力-应变曲线分为四个阶段：弹性阶段（O→A）、弹塑性阶段（A→B）、塑性阶段（B→C）、应变强化阶段（C→D），超过D点后试件产生颈缩和断裂。强屈比是抗拉强度与屈服强度的比值。强屈比越大，反映钢材受力超过屈服点工作时的可靠性越大，因而结构的安全性越高。但强屈比太大，则反映钢材不能被有效利用。伸长率表征了钢材的塑性变形能力，伸长率的大小与标距长度有关。

2. 冲击性能

冲击韧性指钢材抵抗冲击载荷的能力。其指标是通过标准试件的弯曲冲击韧性试验确定的。钢材的化学成分、组织状态、内在缺陷及环境温度等都是影响冲击韧性的重要因素。对直接承受动荷载而且可能在负温下工作的重要结构，必须进行冲击韧性检验，并选用脆性临界温度较使用温度低的钢材。另外，时效敏感性（因时效导致性能改变的程度）越大的钢材，经过时效以后，其冲击韧性和塑性的降低越显著，对于承受动荷载的结构物应选用时效敏感性较小的钢材。

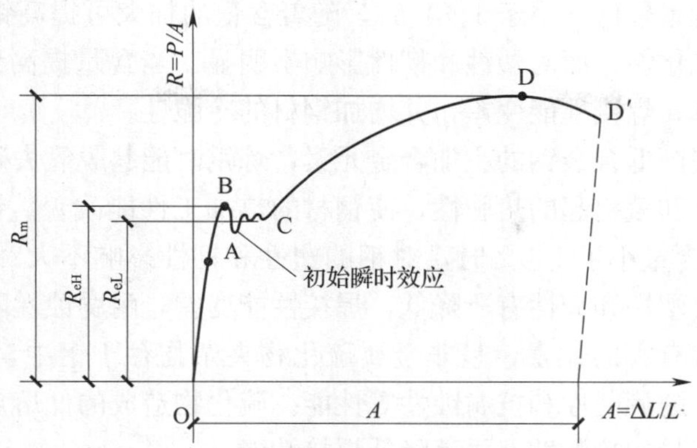

图 3.1.1　低碳钢受拉的应力-应变图

3. 硬度

钢材的硬度是指表面层局部体积抵抗较硬物体压入产生塑性变形的能力，表征值常用布氏硬度值 HB 表示。测试钢材硬度的方法常采用布氏法，在布氏硬度机上用一定直径的硬质钢球，以一定荷载将其压入试件表面，持续至规定的时间后卸去荷载，使形成压痕，将荷载除以压痕面积，所得的应力值为该钢材的布氏硬度值，数值越大，表示钢材越硬。

4. 耐疲劳性能

在交变荷载反复作用下，钢材往往在应力远小于抗拉强度时发生断裂，这种现象称为钢材的疲劳破坏。疲劳破坏的危险应力用疲劳极限来表示，它是指钢材在交变荷载作用下于规定的周期基数内不发生断裂所能承受的最大应力。试验表明，钢材承受的交变应力越大，则断裂时的交变循环次数越少，相反，交变应力越小，则断裂时的交变循环次数越多；当交变应力低于某一值时，交变循环次数达无限次也不会产生疲劳破坏。

5. 冷弯性能

冷弯性能是指钢材在常温下承受弯曲变形的能力，是钢材的重要工艺性能。

冷弯试验能揭示钢材是否存在内部组织不均匀、内应力、夹杂物未融合和微裂缝等缺陷，而这些缺陷在拉力试验中常因塑性变形导致应力重分布而得不到反映，因此，冷弯试验是一种比较严格的试验，对钢材的焊接质量也是一种严格的检验，能揭示焊件在受弯表面存在的未熔合、裂纹和夹杂物等问题。

6. 焊接性能

钢材的可焊性是指焊接后焊缝处的性质与母材性质的一致程度。影响钢材可焊性的主要因素是化学成分及含量。正确地选用焊接材料和焊接工艺是提高焊接质量的主要措施。

（三）钢材化学成分

钢材主要化学成分是铁和碳元素，此外，还有少量的硅、锰、硫、磷等，在不同情况下往往还需考虑氧、氮及各种合金元素。

（1）碳。碳是决定钢材性质的重要元素。土木建筑工程用钢材含碳量一般不大于 0.8%。在此范围内，随着钢中碳含量的增加，强度和硬度增加，而塑性、韧性和冷弯性能相应降低；碳还可显著降低钢材的可焊性，增加钢的冷脆性和时效敏感性，降低抗大气腐蚀能力。

（2）硅。硅在钢中是有益元素，是我国钢筋用钢的主加合金元素，炼钢时起脱氧作用。当硅在钢中的含量较低（小于1%）时，随着含量的加大可提高钢材的强度、疲劳极限、耐腐蚀性和抗氧化性，而对塑性和韧性影响不明显。当含量提高到1.0%～1.2%时，塑性和韧性明显下降，焊接性能变差，并增加钢材的冷脆性。

（3）锰。锰是我国低合金钢的主加合金元素，炼钢时能起脱氧去硫作用，使强度和硬度提高，还能消减硫和氧引起的热脆性，使钢材的热加工性能改善。锰含量一般在1.0%～2.0%范围内，当含量小于1.0%时，对钢的塑性和韧性影响不大；含量大于1.0%时，在提高强度的同时，塑性和韧性有所降低，焊接性能变差，耐腐蚀性降低。

（4）硫。硫是很有害的元素，呈非金属硫化物夹杂物存于钢中，具有强烈的偏析作用，降低冲击韧性、耐疲劳性和抗腐蚀性等性能。硫化物造成的低熔点使钢在焊接时易于产生热裂纹，加大钢材的热脆性，显著降低焊接性能。

（5）磷。磷是有害元素，含量提高，钢材的强度提高，塑性和韧性显著下降，特别是温度越低，对韧性和塑性的影响越大。磷在钢中偏析作用强烈，使钢材冷脆性增大，并显著降低钢材的可焊性。但磷可提高钢的耐磨性和耐腐蚀性，在低合金钢中可配合其他元素作为合金元素使用。

（6）氮。氮对钢材性质的影响与碳、磷相似，可使钢材的强度提高，但塑性特别是韧性明显下降。氮还会加剧钢的时效敏感性和冷脆性，使其焊接性能变差。

（7）氧。氧是冶炼氧化过程中进入钢水，经脱氧处理后残留下来的，是钢中的有害杂质。氧含量增加使钢的力学性能降低，塑性和韧性降低。氧有促进时效倾向的作用，还能使热脆性增加，焊接性能较差。

（8）钛。钛是强脱氧剂，可显著提高钢的强度，但稍降低塑性。由于钛能细化晶粒，故可改善韧性。钛能减少时效倾向，改善焊接性能。

二、胶凝材料

在建筑材料中，经过一系列物理作用、化学作用，能从浆体变成坚固的石状体，并能将其他固体物料胶结成整体而具有一定机械强度的物质，统称为胶凝材料。根据化学组成的不同，胶凝材料可分为无机与有机两大类。石灰、石膏、水泥等属于无机胶凝材料；而沥青、天然或合成树脂等属于有机胶凝材料。无机胶凝材料按其硬化条件的不同又可分为气硬性和水硬性两类。只能在空气中硬化，也只能在空气中保持和发展其强度的称气硬性胶凝材料，如石灰、石膏等；既能在空气中还能更好地在水中硬化、保持和继续发展其强度的称水硬性胶凝材料，如各种水泥。气硬性胶凝材料一般只适用于干燥环境中，而不宜用于潮湿环境，更不可用于水中。

（一）水泥

水泥是一种良好的矿物胶凝材料，属于水硬性胶凝材料。

1. 硅酸盐水泥、普通硅酸盐水泥

（1）定义与代号。

1）硅酸盐水泥。根据现行国家标准《通用硅酸盐水泥》GB 175 的规定，凡由硅酸盐水泥熟料、0～5%的石灰石或粒化高炉矿渣/矿渣粉、适量石膏磨细制成的水硬性胶凝材料，称为硅酸盐水泥（国外通称为波特兰水泥）。可分为两种类型：不掺混合材料的称为Ⅰ型硅酸盐水泥，代号P·Ⅰ；掺入不超过水泥质量5%的石灰石或粒化高炉矿渣/矿渣粉混合材料的称为Ⅱ型硅酸盐水泥，代号P·Ⅱ。

2）普通硅酸盐水泥。由硅酸盐水泥熟料、6%～20%的混合材料、适量石膏磨细制成的水硬性胶凝材料，称为普通硅酸盐水泥，代号P·O。

掺活性混合材料时，最大掺量不得超过20%，其中允许用不超过水泥质量5%的石灰石来代替。

(2) 硅酸盐水泥熟料的组成。硅酸盐水泥熟料主要矿物组成及其含量范围和各种熟料单独与水作用所表现特性，如表3.1.2所示。

表3.1.2 水泥熟料矿物含量与主要特征

矿物名称	化学式	代号含量/%		主要特征				
				水化速度	水化热	强度	体积收缩	抗硫酸盐侵蚀性
硅酸三钙	$3CaO \cdot SiO_2$	C_3S	37～60	快	大	高	中	中
硅酸二钙	$2CaO \cdot SiO_2$	C_2S	15～17	慢	小	早期低，后期高	中	最好
铝酸三钙	$3CaO \cdot Al_2O_3$	C_3A	7～15	最快	最大	低	最大	差
铁铝酸四钙	$4CaO \cdot Al_2O_3 \cdot Fe_2O_3$	C_4AF	10～18	较快	中	中	最小	好

(3) 硅酸盐水泥的凝结硬化。水泥的凝结硬化包括化学反应（水化）及物理化学作用（凝结硬化）。水泥的水化反应过程是指水泥加水后，熟料矿物及掺入水泥熟料中的石膏与水发生一系列化学反应；水泥凝结硬化机理比较复杂，一般解释为水化是水泥产生凝结硬化的必要条件，而凝结硬化是水泥水化的结果。影响水泥凝结硬化的主要因素有熟料的矿物组成、细度、水灰比、石膏掺量、环境温湿度和龄期等。

(4) 硅酸盐水泥及普通硅酸盐水泥的技术性质。

1）细度。细度是指硅酸盐水泥及普通硅酸盐水泥颗粒的粗细程度，用比表面积法表示。水泥的细度直接影响水泥的活性和强度。颗粒越细，与水反应的表面积越大，水化速度快，早期强度高，但硬化收缩较大，且粉磨时能耗大，成本高。但颗粒过粗，又不利于水泥活性的发挥，强度也低。现行国家标准《通用硅酸盐水泥》GB 175规定，硅酸盐水泥比表面积不小于300m^2/kg且不高于400m^2/kg。普通硅酸盐水泥、矿渣硅酸盐水泥、粉煤灰硅酸盐水泥、火山灰质硅酸盐水泥、复合硅酸盐水泥的细度以45μm方孔筛筛余表示，应不低于5%。

当买方有特殊要求时，由买卖双方协商确定。

2）凝结时间。凝结时间分为初凝时间和终凝时间。初凝时间为水泥加水拌和起，至水泥浆开始失去塑性所需的时间；终凝时间从水泥加水拌和起，至水泥浆完全失去塑性并开始产生强度所需的时间。水泥凝结时间在施工中有重要意义，为使混凝土和砂浆有充足的时间进行搅拌、运输、浇捣和砌筑，水泥初凝时间不能过短；当施工完毕后，则要求尽快硬化，具有强度，故终凝时间不能太长。现行国家标准《通用硅酸盐水泥》GB 175 规定，硅酸盐水泥初凝时间不得早于 45min，终凝时间不得迟于 6.5h；普通硅酸盐水泥初凝时间不得早于 45min，终凝时间不得迟于 10h。

水泥初凝时间不符合要求，该水泥报废；终凝时间不符合要求，视为不合格。

3）体积安定性。水泥体积安定性是指水泥在硬化过程中，体积变化是否均匀的性能，简称安定性。水泥安定性不良会导致构件（制品）产生膨胀性裂纹或翘曲变形，造成质量事故。引起安定性不良的主要原因是熟料中游离氧化钙、游离氧化镁或石膏含量过多。

安定性不合格的水泥不得用于工程，应废弃。

4）强度。水泥强度是指胶砂的强度而不是净浆的强度，它是评定水泥强度等级的依据。根据现行国家标准《水泥胶砂强度检验方法（ISO 法）》GB/T 17671 的规定，将水泥、标准砂和水按照（质量比）水泥：标准砂：水＝1：3：0.5（水灰比为 0.5）制成胶砂试件，在标准温度（20±1)℃的水中养护，测 3d 和 28d 的试件抗折和抗压强度，以规定龄期的抗压强度和抗折强度划分强度等级。

5）碱含量。水泥的碱含量将影响构件（制品）的质量或引起质量事故。现行国家标准《通用硅酸盐水泥》GB 175 中规定：水泥中碱含量按 $Na_2O+0.658K_2O$ 计算值来表示，当买方要求提供低碱水泥时，由买卖双方协商确定。

6）水化热。水泥的水化热是水化过程中放出的热量。水化热与水泥矿物成分、细度、掺入的外加剂品种、数量、水泥品种及混合材料掺量有关。水泥的水化热主要在早期释放，后期逐渐减少。

大型基础、水坝、桥墩等大体积混凝土工程，由于水化热产生的热量积聚在内部不易发散，将会使混凝土内外产生较大的温度差，所引起的温度应力使混凝土可能产生裂缝，因此水化热对大体积混凝土工程是不利的。

2. 掺混合材料的硅酸盐水泥

（1）混合材料。在生产水泥时，为改善水泥性能、调节水泥强度等级而加到水泥中的人工或天然矿物材料，称为水泥混合材料。常用的混合材料有粒化高炉矿渣、粒化高炉矿渣粉、粉煤灰、火山灰质混合材料、石灰石和砂岩等。

（2）定义与代号。

1）矿渣硅酸盐水泥。由硅酸盐水泥熟料和 21%～70%粒化高炉矿渣/矿渣粉、适量的石膏磨细制成的水硬性胶凝材料，称为矿渣硅酸盐水泥，代号 P·S。

2）火山灰质硅酸盐水泥。由硅酸盐水泥熟料和 21%～40%的火山灰质混合材料、适量石膏磨细制成的水硬性胶凝材料，称为火山灰质硅酸盐水泥，代号 P·P。

3）粉煤灰硅酸盐水泥。由硅酸盐水泥熟料和 21%～40%的粉煤灰、适量石膏磨细制成的水硬性胶凝材料，称为粉煤灰硅酸盐水泥，代号 P·F。

4）复合硅酸盐水泥。由硅酸盐水泥熟料和 21%～50%的三种及以上混合材料、适量石膏磨细制成的水硬性胶凝材料，称为复合硅酸盐水泥，代号 P·C。

3. 常用水泥的主要特性及适用范围

常用水泥的主要特性及适用范围如表 3.1.3 所示。

表 3.1.3　常用水泥的主要特性及适用范围

水泥种类	硅酸盐水泥	普通硅酸盐水泥	矿渣硅酸盐水泥	火山灰质硅酸盐水泥	粉煤灰硅酸盐水泥
强度等级	42.5，42.5R 52.5，52.5R 62.5，62.5R	42.5，42.5R 52.5，52.5R 62.5，62.5R	32.5，32.5R 42.5，42.5R 52.5，52.5R	32.5，32.5R 42.5，42.5R 52.5，52.5R	32.5，32.5R 42.5，42.5R 52.5，52.5R
主要特性	1. 早期强度较高，凝结硬化快； 2. 水化热较大； 3. 耐冻性好； 4. 耐热性较差； 5. 耐腐蚀及耐水性较差； 6. 干缩性较小	1. 早期强度较高，凝结硬化较快； 2. 水化热较大； 3. 耐冻性较好； 4. 耐热性较差； 5. 耐腐蚀及耐水性较差； 6. 干缩性较小	1. 早期强度低，后期强度增长较快，凝结硬化慢； 2. 水化热较小； 3. 耐热性较好； 4. 耐硫酸盐侵蚀和耐水性较好； 5. 抗冻性较差； 6. 干缩性较大； 7. 抗碳化能力差	1. 早期强度低，后期强度增长较快，凝结硬化慢； 2. 水化热较小； 3. 耐热性较差； 4. 耐硫酸盐侵蚀和耐水性较好； 5. 抗冻性较差； 6. 干缩性较大； 7. 抗渗性较好； 8. 抗碳化能力差	1. 早期强度低，后期强度增长较快，凝结硬化慢； 2. 水化热较小； 3. 耐热性较差； 4. 耐硫酸盐侵蚀和耐水性较好； 5. 抗冻性较差； 6. 干缩性较小； 7. 抗碳化能力较差
适用范围	适用于快硬早强的工程、配制高强度等级混凝土	适用于制造地上、地下及水中的混凝土、钢筋混凝土及预应力钢筋混凝土结构，包括受反复冰冻的结构；也可配制高强度等级混凝土及早期强度要求高的工程	1. 适用于高温车间和有耐热、耐火要求的混凝土结构； 2. 大体积混凝土结构； 3. 蒸汽养护的混凝土结构； 4. 一般地上、地下和水中混凝土结构； 5. 有抗硫酸盐侵蚀要求的一般工程	1. 适用于大体积工程； 2. 有抗渗要求的工程； 3. 蒸汽养护的混凝土构件； 4. 可用于一般混凝土结构； 5. 有抗硫酸盐侵蚀要求的一般工程	1. 适用于地上、地下水中及大体积混凝土工程； 2. 蒸汽养护的混凝土构件； 3. 可用于一般混凝土工程； 4. 有抗硫酸盐侵蚀要求的一般工程

续表 3.1.3

水泥种类	硅酸盐水泥	普通硅酸盐水泥	矿渣硅酸盐水泥	火山灰质硅酸盐水泥	粉煤灰硅酸盐水泥
不适用范围	1. 不宜用于大体积混凝土工程； 2. 不宜用于受化学侵蚀、压力水（软水）作用及海水侵蚀的工程	1. 不适用于大体积混凝土工程； 2. 不宜用于化学侵蚀、压力水（软水）作用及海水侵蚀的工程	1. 不适用于早期强度要求较高的工程； 2. 不适用于严寒地区并处在水位升降范围内的混凝土工程	1. 不适用于处在干燥环境的混凝土工程； 2. 不宜用于耐磨性要求高的工程； 3. 其他同矿渣硅酸盐水泥	1. 不适用于有抗碳化要求的工程； 2. 其他同矿渣硅酸盐水泥

注：强度等级中，R 表示早强型。

复合硅酸盐水泥的强度分为 42.5、42.5R、52.5、52.5R 四个等级，其凝结硬化、抗冻性、耐腐蚀性等与其他掺混合料的硅酸盐水泥基本一致。复合硅酸盐水泥特性取决于所掺混合料的种类、掺量及相对比例，与矿渣硅酸盐水泥、火山灰质硅酸盐水泥、粉煤灰硅酸盐水泥有不同程度的相似，其使用应根据所掺混合材料种类，参照其他掺混合料水泥适用范围选用。但要注意，石灰石含量（质量分数）不大于水泥质量的 15%。

4. 其他水泥

除了常见的通用水泥外，在土木建筑工程中还会用到一些特性水泥和专用水泥，如铝酸盐水泥、硫铝酸盐水泥、膨胀水泥和自应力水泥、道路硅酸盐水泥等。以下介绍其中的几种。

（1）铝酸盐水泥。铝酸盐水泥，以前称为高铝水泥，也称矾土水泥，属于快硬水泥。根据现行国家标准《铝酸盐水泥》GB/T 201 的规定，凡以铝酸钙为主的铝酸盐水泥熟料，磨细制成的水硬性胶凝材料称为铝酸盐水泥，代号 CA。根据需要也可在磨制 Al_2O_3 含量大于 68%的水泥时，掺加适量的 $\alpha-Al_2O_3$ 粉。根据 Al_2O_3 含量百分数将铝酸盐水泥分为四类：CA50、CA60、CA70、CA80，其中 CA60 分为 CA60－Ⅰ（以铝酸一钙为主）、CA60－Ⅱ（以铝酸二钙为主）。

铝酸盐水泥的细度要求比表面积不小于 $300m^2/kg$ 或 $45\mu m$ 筛余不大于 20%。CA60－Ⅱ水泥初凝时间不得早于 60min，终凝时间不得迟于 18h，其余铝酸盐水泥均要求初凝时间不得早于 30min，终凝时间不得迟于 6h。

铝酸盐水泥早期强度高，凝结硬化快，具有快硬、早强的特点，水化热高，放热快且放热量集中，同时具有很强的抗硫酸盐腐蚀作用和较高的耐热性，但抗碱性差。

铝酸盐水泥可用于配制不定型耐火材料；与耐火粗细集料（如铬铁矿等）可制成耐高温的耐热混凝土；用于工期紧急的工程，如国防、道路和特殊抢修工程等；也可用于抗硫酸盐腐蚀的工程和冬季施工的工程。

铝酸盐水泥不宜用于大体积混凝土工程；不能用于与碱溶液接触的工程；不得与未硬化的硅酸盐水泥混凝土接触使用，更不得与硅酸盐水泥或石灰混合使用；不能蒸汽养护，不宜在高温季节施工。

（2）硫铝酸盐水泥。硫铝酸盐水泥是以适当成分的生料，经煅烧所得以无水硫铝酸钙和硅酸二钙为主要矿物成分的熟料，掺入不同量的石灰石、适量石膏共同磨细制成的水硬性胶凝材料，代号P·SAC。硫铝酸盐水泥分为快硬硫铝酸盐水泥（R·SAC）、低碱度硫铝酸盐水泥（L·SAC）和自应力硫铝酸盐水泥（S·SAC）。

根据现行国家标准《硫铝酸盐水泥》GB/T 20472，快硬硫铝酸盐水泥以3d抗压强度划分为42.5、52.5、62.5和72.5四个强度等级。快硬硫铝酸盐水泥中不允许出现游离氧化钙，比表面积不得低于$380m^2/kg$，其初凝时间不得早于25min，终凝时间不得迟于3h。

快硬硫铝酸盐水泥具有快凝、早强、不收缩的特点，宜用于配制早强、抗渗和抗硫酸盐侵蚀等混凝土，适用于浆锚、喷锚支护、抢修、抗硫酸盐腐蚀、海洋建筑等工程。由于硫铝酸盐水泥水化硬化后生成的钙矾石在150℃高温下易脱水发生晶形转变，引起强度大幅下降，所以硫铝酸盐水泥不宜用于高温施工及处于高温环境的工程。

（3）道路硅酸盐水泥。道路硅酸盐水泥是由道路硅酸盐水泥熟料、适量石膏和混合材料磨细制成的水硬性胶凝材料。根据现行国家标准《道路硅酸盐水泥》GB/T 13693，道路硅酸盐水泥按照28d抗折强度分为7.5和8.5两个等级。其初凝时间不得早于1.5h，终凝时间不得迟于12h。道路硅酸盐水泥主要用于公路路面、市政道路路面、机场跑道等工程结构，也可用于要求较高的工厂地面和停车场等工程。

（二）沥青

沥青是一种有机胶凝材料，主要用于生产防水材料和铺筑沥青路面等。常用的沥青主要是石油沥青，另外还使用少量的煤沥青。

1. 石油沥青

石油沥青是石油原油经蒸馏等提炼出各种轻质油（如汽油、柴油等）及润滑油以后的残留物，或再经加工而得的产品。在常温下呈固体、半固体或黏性液体，颜色为褐色或黑褐色。

（1）石油沥青的组分。在石油沥青中，油分、树脂和地沥青质是石油沥青中的三大主要组分。沥青中各组分的主要特性如下：

1）油分。油分为淡黄色至红褐色的油状液体，是沥青中分子量最小和密度最小的组分。油分能溶于石油醚、二硫化碳、三氯甲烷、苯、四氯化碳和丙酮等有机溶剂中，但不溶于酒精。油分赋予沥青以流动性。

2）树脂（沥青脂胶）。沥青脂胶为黄色至黑褐色黏稠状物质（半固体），分子量比油分大，使石油沥青具有良好的塑性和黏结性。沥青脂胶中绝大部分属于中性树脂，中性树脂能溶于三氯甲烷、汽油和苯等有机溶剂，但在酒精和丙酮中难溶解或溶解度低，赋予沥青以良好的黏结性、塑性和可流动性。沥青树脂中还含有少量的酸性树脂，是沥青中的表面活性物质，改善了石油沥青对矿物材料的浸润性，特别是提高了对碳酸盐类岩石的黏附性，并有利于石油沥青的可乳化性。

3）地沥青质（沥青质）。地沥青质为深褐色至黑色固态无定形物质（固体粉末），不溶于酒精、正戊烷，但溶于三氯甲烷和二硫化碳，染色力强，对光的敏感性强，感光后就不能溶解。地沥青质是决定石油沥青温度敏感性、黏性的重要组成部分，其含量越多，则软化点越高，黏性越大，也越硬脆。

另外，石油沥青中还含有2%～3%的沥青碳和似碳物，为无定形的黑色固体粉末，是在高温裂化、过度加热或深度氧化过程中脱氢而生成的，是石油沥青中分子量最大的，它能降低石油沥青的黏结力。石油沥青中还含有蜡，会降低石油沥青的黏结性和塑性，同时对温度特别敏感（即温度稳定性差）。蜡是石油沥青的有害成分。

（2）石油沥青的技术性质。

1）防水性。石油沥青是憎水性材料，几乎完全不溶于水，而且本身构造致密，与矿物材料表面有很好的黏结力，能紧密黏附于矿物材料表面，同时，还具有一定的塑性，能适应材料或构件的变形，所以石油沥青具有良好的防水性，故广泛用作土木工程的防潮、防水材料。

2）黏滞性（黏性）。石油沥青的黏滞性是反映沥青材料内部阻碍其相对流动的一种特性，以绝对黏度表示。黏滞性的大小与组分及温度有关。地沥青质含量较高，同时又有适量树脂，而油分含量较少时，则黏滞性较大。在一定温度范围内，当温度升高时，黏滞性随之降低，反之则随之增大。工程上常用相对黏度（条件黏度）来衡量石油沥青的黏滞性。测定相对黏度的主要方法是用标准黏度计和针入度仪。对于黏稠石油沥青的相对黏度是用针入度仪测定的针入度来表示，反映石油沥青抵抗剪切变形的能力。针入度值越小，表明黏度越大。对于液体石油沥青或较稀的石油沥青的相对黏度，可用标准黏度计测定的标准黏度表示。

3）塑性。塑性指石油沥青在外力作用时产生变形而不破坏，除去外力后，则仍保持变形后形状的性质。石油沥青的塑性与其组分、温度及沥青膜层厚度有关。石油沥青中树脂含量较多，且其他组分含量适当时，则塑性较大；温度升高则塑性增大，膜层越厚其塑性越高。在常温下，塑性较好的沥青在产生裂缝时，也可能由于特有的黏塑性而自行愈合。故塑性还反映了沥青开裂后的自愈能力。沥青之所以能制造出性能良好的柔性防水材料，很大程度上取决于沥青的塑性。沥青的塑性对冲击振动荷载有一定吸收能力，并能减少摩擦时的噪声，故沥青是一种优良的道路路面材料。

石油沥青的塑性用延度（伸长度）表示。延度越大，塑性越好。

4）温度敏感性。温度敏感性是指石油沥青的黏滞性和塑性随温度升降而变化的性能。当温度升高时，沥青由固态或半固态逐渐软化，沥青像液体一样发生了黏性流动，称为黏流态。当温度降低时又逐渐由黏流态凝固为固态，甚至变硬变脆（像玻璃一样硬脆称作玻璃态）。土木建筑工程宜选用温度敏感性较小的沥青。通常石油沥青中地沥青质含量较多，在一定程度上能够减小其温度敏感性。在工程使用时往往加入滑石粉、石灰石粉或其他矿物填料来减小其温度敏感性。沥青中含蜡量较多时，则会增大温度敏感性。

沥青软化点是反映沥青的温度敏感性的重要指标。一般采用环球法软化点仪测定沥青软化点。

5）大气稳定性。大气稳定性是指石油沥青在热、阳光、氧气和潮湿等因素的长期综合作用下抵抗老化的性能。石油沥青在外界条件的综合作用下，随着时间的推移，各组分不断递变，流动性和塑性逐渐减小，硬脆性逐渐增大，直至脆裂，这个过程就是石油沥青的老化。

石油沥青的大气稳定性常以蒸发损失和蒸发后针入度比来评定。蒸发损失百分数越小和蒸发后针入度比越大，则表示大气稳定性越高，“老化”越慢。

（3）石油沥青的技术标准及选用。土木建筑工程中使用的石油沥青主要是建筑石油沥青和道路石油沥青。

1）建筑石油沥青。根据现行国家标准《建筑石油沥青》GB/T 494，建筑石油沥青按针入度不同分为10号、30号和40号三个牌号。建筑石油沥青针入度较小（黏性较大），软化点较高（耐热性较好），但延伸度较小（塑性较小），主要用作制造油纸、油毡、防水涂料和沥青嵌缝膏。绝大部分用于屋面及地下防水、沟槽防水防腐蚀及管道防腐等工程。

2）道路石油沥青。按道路交通量可分为重交通道路石油沥青和中、轻交通道路石油沥青。根据现行国家标准《重交通道路石油沥青》GB/T 15180，重交通道路石油沥青按针入度范围分为AH－130、AH－110、AH－90、AH－70、AH－50、AH－30六个牌号。重交通道路石油沥青主要用于高速公路、一级公路路面、机场道面及重要的城市道路路面工程。中、轻交通道路石油沥青主要用于一般的道路路面、车间地面等工程。

2. 改性沥青

改性沥青是指添加了橡胶、树脂、高分子聚合物、磨细了的胶粉等改性剂，或采用对沥青进行轻度氧化加工，从而使沥青的性能得到改善的沥青混合物。改性沥青一是改变沥青化学组成，二是使改性剂均匀分布于沥青中形成一定的空间网络结构。

（1）橡胶改性沥青。橡胶沥青有较好的混溶性，能使沥青具有橡胶的很多优点，如高温变形性小，低温柔性好。常用的橡胶改性沥青有氯丁橡胶改性沥青、丁基橡胶改性沥青、热塑性弹性体（SBS）橡胶改性沥青、再生橡胶改性沥青等。

沥青中掺入氯丁橡胶后，可使其气密性、低温柔性、耐化学腐蚀性、耐气候性等得到大幅改善。氯丁橡胶改性沥青可用于路面的稀浆封层和制作密封材料和涂料等。

丁基橡胶改性沥青具有优异的耐分解性，并有较好的低温抗裂性能和耐热性能，多用于道路路面工程和制作密封材料和涂料。

SBS改性沥青具有良好的耐高温性、优异的低温柔性和耐疲劳性，是目前应用最成功和用量最大的一种改性沥青。主要用于制作防水卷材和铺筑高等级公路路面等。

再生橡胶改性沥青材料的制备是先将废旧橡胶加工成1.5mm以下的颗粒，然后与沥青混合，经加热搅拌脱硫，就能得到具有一定弹性、塑性和黏结力良好的再生胶改性沥青材料，可以制成卷材、片材、密封材料、胶粘剂和涂料等。

（2）树脂改性沥青。用树脂改性石油沥青，可以改进沥青的耐寒性、耐热性、黏结性和不透气性。常用的树脂有古马隆树脂、聚乙烯、乙烯-乙酸乙烯共聚物（EVA）、无规聚丙烯（APP）等。

古马隆树脂又名香豆桐树脂，呈黏稠液体或固体状，浅黄色至黑色，易溶于氯化烃、酯类、硝基苯等，为热塑性树脂。将沥青加热熔化脱水，在150～160℃情况下，把古马隆树脂放入熔化的沥青中，并不断搅拌，再把温度升至185～190℃，保持一定时间，使之充分混合均匀，即得到古马隆树脂沥青。树脂掺量约40%。这种沥青的黏性较大。

在沥青中掺入5%～10%的低密度聚乙烯，采用胶体磨法或高速剪切法即可制得聚乙烯树脂改性沥青。聚乙烯树脂改性沥青的耐高温性和耐疲劳性有显著改善，低温柔性也有所改善。

此外，乙烯-乙酸乙烯共聚物（EVA）、无规聚丙烯（APP）也常用来改善沥青性能，制成的改性沥青具有良好的弹塑性、耐高温性和抗老化性，多用于防水卷材、密封材料和防水涂料等。

（3）橡胶和树脂改性沥青。橡胶和树脂同时用于改善沥青的性质，使沥青同时具有橡胶和树脂的特性。且树脂比橡胶便宜，橡胶和树脂又有较好的混溶性，所以效果较好。

橡胶、树脂和沥青在加热融熔状态下，沥青与高分子聚合物之间发生相互侵入和扩散，沥青分子填充在聚合物大分子的间隙内，同时聚合物分子的某些链节扩散进入沥青分子中，形成凝聚的网状混合结构，可以得到较优良的性能。主要有卷材、片材、密封材料、防水涂料等。

(4) 矿物填充料改性沥青。常用的矿物填充料大多是粉状的和纤维状的，主要的有滑石粉、石灰石粉、硅藻土和石棉等。

滑石粉亲油性好（憎水），易被沥青润湿，可直接混入沥青中，以提高沥青的机械强度和抗老化性能，可用于具有耐酸、耐碱、耐热和绝缘性能的沥青制品中。

石灰石粉其亲水程度比石英粉弱，而最重要的是石灰石粉与沥青有较强的物理吸附力和化学吸附力，所以是较好的矿物填充料。

硅藻土是软质多孔而轻的材料，易磨成细粉，耐酸性强，是制作轻质、绝热、吸声的沥青制品的主要填料。膨胀珍珠岩粉有类似的作用，故也可作这类沥青制品的矿物填充料。

石棉绒或石棉粉为星纤维状，富有弹性，具有耐酸、耐碱和耐热性能，是热和电的不良导体，内部有很多微孔，吸油（沥青）量大，掺入后可提高沥青的抗拉强度和热稳定性。

三、水泥混凝土

混凝土是指以胶凝材料将骨料胶结成整体的工程复合材料的统称。按所用胶凝材料的种类不同，混凝土可分为水泥混凝土、沥青混凝土、树脂混凝土、聚合物混凝土等。水泥混凝土是以水泥、骨料和水为主要原料，也可加入外加剂和矿物掺和料等材料，经拌和、成型、养护等工艺制成的、硬化后具有强度的工程材料。

（一）普通混凝土组成材料

普通混凝土（以下简称混凝土）一般是由水泥、砂、石和水所组成，为改善混凝土的某些性能，还常加入适量的外加剂和掺和料。在混凝土中，砂、石起骨架作用，称为骨料或集料；水泥与水形成水泥浆，包裹在骨料的表面并填充其空隙。在混凝土硬化前，水泥浆、外加剂与掺和料起润滑作用，赋予拌和物一定的流动性，便于施工操作。水泥浆硬化后，则将砂、石骨料胶结成一个结实的整体。砂、石一般不参与水泥与水的化学反应，其主要作用是节约水泥、承担荷载和限制硬化水泥的收缩。外加剂、掺和料除了起改善混凝土性能的作用外，还有节约水泥的作用。

1. 水泥

水泥是影响混凝土强度、耐久性及经济性的重要因素。配制混凝土时，应根据工程性质与特点、工程部位、工程所处环境以及施工条件等，根据不同品种水泥的特性进行合理的选择。对于泵送混凝土应选用硅酸盐水泥、普通硅酸盐水泥、矿渣硅酸盐水泥和粉煤灰硅酸盐水泥，不宜采用火山灰质硅酸盐水泥。道路工程一般应采用强度高、收缩小、耐磨性强、抗冻性好的水泥。

水泥强度等级的选择，应与混凝土的设计强度等级相适应。对于一般强度的混凝土，水泥强度等级宜为混凝土强度等级的1.5～2.0倍，对于较高强度等级的混凝土，水泥强度宜为混凝土强度等级的0.9～1.5倍。结构混凝土用水泥的主要控制指标应包括凝结时间、安定性、胶砂强度和氯离子含量。水泥中使用的混合材料品种和掺量应在出厂文件中明示。

2. 砂

根据现行国家标准《建设用砂》GB/T 14684，粒径在4.75mm以下的骨料为细骨料(砂)。主要有天然砂、机制砂和混合砂三类。天然砂包括河砂、湖砂、海砂和山砂，混凝土结构用海砂必须经过净化处理。机制砂是经过除土处理，由机械破碎、筛分制成的岩石颗粒，但不含软质岩、风化岩石的颗粒。混合砂是由机制砂和天然砂按一定比例混合而成的砂。

建设用砂按颗粒级配、含泥量或石粉含量、亚甲蓝（MB）值、泥块含量、有害物质、坚固性、压碎指标、片状颗粒含量分为Ⅰ类、Ⅱ类、Ⅲ类。

砂按细度模数分为粗、中、细三种规格：3.7～3.1为粗砂，3.0～2.3为中砂，2.2～1.6为细砂。粗、中、细砂均可作为普通混凝土用砂，但以中砂为佳。

（1）粗细程度及颗粒级配。砂的粗细程度是指不同粒径的砂混合在一起时的平均粗细程度。在砂用量相同的情况下，若砂过粗，则拌制的混凝土黏聚性较差，容易产生离析、泌水现象；若砂过细，砂的总表面积增大，虽然拌制的混凝土黏聚性较好，不易产生离析、泌水现象，但水泥用量增大。所以用于拌制混凝土的砂，不宜过粗，也不宜过细。

砂的颗粒级配是砂大、中、小颗粒的搭配情况。砂大、中、小颗粒含量的搭配适当，则其空隙率和总表面积均较小，即具有良好的颗粒级配。用这种级配良好的砂配制混凝土，不仅所用水泥浆量少，节约水泥，而且可提高混凝土的和易性、密实度和强度。

（2）含泥量或石粉含量、亚甲蓝（MB）值、泥块含量。根据现行国家标准《混凝土结构通用规范》GB 55008，对于有抗渗、抗冻、抗腐蚀、耐磨或其他特殊要求的混凝土，砂的含泥量和泥块含量分别不应大于3.0%和1.0%；高强混凝土用砂的含泥量和泥块含量分别不应大于2.0%和0.5%；机制砂应按石粉的亚甲蓝值指标和石粉的流动比指标控制石粉含量。

（3）坚固性。砂的坚固性是指砂在气候、环境变化或其他物理因素作用下抵抗破裂的能力。按现行行业标准《普通混凝土用砂、石质量及检验方法标准》JGJ 52，砂的坚固性用硫酸钠溶液检验，试样经5次循环后其质量损失应符合标准中的要求。建设用砂的坚固性指标不应大于10%。对于有抗渗、抗冻、抗腐蚀、耐磨或其他特殊要求的混凝土，砂的坚固性指标不应大于8%。

（4）有害杂质含量。砂中常有黏土、淤泥、有机物、云母、硫化物及硫酸盐等杂质。砂中有害杂质含量不超过规范规定的标准。钢筋混凝土用砂的氯离子含量不应大于0.03%，预应力混凝土用砂的氯离子含量不应大于0.01%。对于重要工程混凝土所用的砂，还应进行碱活性检验，以确定其适用性。

3. 石子

根据现行国家标准《建筑用卵石、碎石》GB/T 14685，粒径大于4.75mm的骨料称为粗骨料（石子），包括碎石和卵石。碎石是由天然岩石、卵石或矿山废石经破碎、筛分等机械加工而成的粒径大于4.75mm的岩石颗粒；卵石是在自然条件作用下岩石产生破碎、风化、分选、运移、堆（沉）积而形成的粒径大于4.75mm的岩石颗粒。碎石表面粗糙，颗粒多棱角，与水泥浆黏结力强，配制的混凝土强度高，但其总表面积和空隙率较大，拌制混凝土水泥用量较多，拌和物的和易性较差；卵石表面光滑，少棱角，空隙率及表面积小，拌制混凝土水泥用量少，拌和物的和易性好，便于施工，但所含杂质常较碎石多，与水泥浆黏结力较差，故用其配制的混凝土强度较低。

建设用石按卵石含泥量（碎石泥粉含量），泥块含量，针、片状颗粒含量，不规则颗粒含量，硫化物及硫酸盐含量，坚固性，压碎指标，连续级配松散堆积空隙率，吸水率等分为Ⅰ类、Ⅱ类、Ⅲ类。

（1）含泥量、泥块含量。根据现行国家标准《混凝土结构通用规范》GB 55008，对于有抗渗、抗冻、抗腐蚀、耐磨或其他特殊要求的混凝土，粗骨料中含泥量和泥块含量分别不应大于 1.0％和 0.5％；高强混凝土用粗骨料的含泥量和泥块含量分别不应大于0.5％和0.2％。

（2）最大粒径与颗粒级配。

1）最大粒径。石子中公称粒级的上限称为该粒级的最大粒径。在石子用量一定的情况下，随着粒径的增大，总表面积随之减小，故在满足技术要求的前提下，最大粒径尽可能选得大一些是有利的。根据现行国家标准《混凝土结构工程施工规范》GB 50666，粗骨料的最大粒径不得超过结构截面最小尺寸的 1/4，且不超过钢筋间最小净距的 3/4。对于混凝土实心板，粗骨料最大粒径不宜超过板厚的 1/3，且不得超过 40mm。对于泵送混凝土应根据粗骨料品种、泵送高度、输送管径确定最大粒径，碎石的最大粒径不应大于输送管径的 1/3，卵石的最大粒径不应大于输送管径的 1/2.5。水泥混凝土路面混凝土板用粗骨料，其最大粒径不应超过 40mm。

2）颗粒级配。石子级配分为连续级配与间断级配两种。测定石子的最大粒径与颗粒级配仍采用筛分析法。将石子用标准筛筛分后，计算出各筛分计筛余百分率和累计筛余百分率。以公称粒级的上限为该粒级的最大粒径。

连续级配是指颗粒的尺寸由大到小连续分级，其中每一级石子都占适当的比例。连续级配比间断级配水泥用量稍多，但其拌制的混凝土流动性和黏聚性均较好，是现浇混凝土中最常用的一种级配形式。

间断级配是省去一级或几级中间粒级的集料级配，其大颗粒之间的空隙由比它小几倍的小颗粒来填充，减少空隙率，节约水泥。但由于颗粒相差较大，混凝土拌和物易产生离析现象。因此，间断级配较适用于机械振捣流动性低的干硬性拌和物。

泵送混凝土的粗骨料应采用连续级配，粗骨料的级配影响孔隙率和砂浆用量，对混凝土泵送影响较大。水泥混凝土路面混凝土板用粗骨料，应采用连续粒级 5～40mm。

（3）强度与坚固性。

1）强度。石子的强度用岩石立方体抗压强度和压碎指标表示。

当混凝土强度等级为 C60 及以上时，应进行岩石抗压强度检验。在选择采石场或对集料强度有严格要求或对质量有争议时，宜用岩石抗压强度检验。

用压碎指标表示石子强度是通过测定石子抵抗压碎的能力，间接地推测其相应的强度。对于经常性的生产质量控制用压碎指标值检验较为方便。

2）坚固性。有抗冻等耐久性要求的混凝土用粗骨料，要求测定其坚固性。坚固性试验一般采用硫酸钠溶液浸泡法。结构混凝土用粗骨料的坚固性指标不应大于 12％；对于有抗渗、抗冻、抗腐蚀、耐磨或其他特殊要求的混凝土，粗骨料坚固性指标不应大于8%。

(4) 有害杂质含量。石子中含有黏土、淤泥、有机物、硫化物及硫酸盐和其他活性氧化硅等杂质。石子中有害杂质含量不超过规范规定的标准。对于重要工程混凝土所用的卵石、碎石，还应进行碱活性检验，以确定其适用性。

4. 水

混凝土拌和用水和混凝土养护用水应符合现行行业标准《混凝土用水标准》JGJ 63的规定。对于设计使用年限为100年的结构混凝土，氯离子含量不得超过500mg/L；对使用钢丝或热处理钢筋的预应力混凝土，氯离子含量不得超过350mg/L。混凝土拌和用水不应有漂浮明显的油脂和泡沫，不应有明显的颜色和异味。混凝土企业设备洗刷水不宜用于预应力混凝土、装饰混凝土、不得用于使用碱活性或潜在碱活性骨料的混凝土。在无法获得水源的情况下，海水可用于素混凝土，但不宜用于装饰混凝土。未经处理的海水严禁用于钢筋混凝土和预应力混凝土。

根据现行国家标准《混凝土结构通用规范》GB 55008，混凝土拌和用水应控制pH、硫酸根离子含量、氯离子含量、不溶物含量、可溶物含量；当混凝土骨料具有碱活性时，还应控制碱含量；地表水、地下水、再生水在首次使用前应检测放射性。

5. 外加剂

混凝土外加剂是指在拌制混凝土过程中掺入的用于改善新拌混凝土或硬化混凝土性能的材料。在混凝土中应用外加剂，具有投资少、见效快、技术经济效益显著的特点。混凝土外加剂的质量应符合现行国家标准《混凝土外加剂》GB 8076、《混凝土外加剂应用技术规范》GB 50119及相关的外加剂行业标准的有关规定。

(1) 外加剂的分类。外加剂种类繁多，功能多样，所以国内外分类方法很不一致，按其主要功能分为四类：

1) 改善混凝土拌和物流变性能的外加剂，包括各种减水剂、引气剂和泵送剂等；

2) 调节混凝土凝结时间、硬化性能的外加剂，包括缓凝剂、早强剂和速凝剂等；

3) 改善混凝土耐久性的外加剂，包括引气剂、防水剂、防冻剂和阻锈剂等；

4) 改善混凝土其他性能的外加剂，包括加气剂、膨胀剂、着色剂等。

(2) 常用混凝土外加剂。

1) 减水剂。混凝土减水剂是指在保持混凝土坍落度基本相同的条件下，具有减水增强作用的外加剂。

混凝土掺入减水剂的技术经济效果：一是保持坍落度不变，掺减水剂可降低单位混凝土用水量，从而降低了水灰比，提高混凝土强度，同时改善混凝土的密实度，提高耐久性；二是保持用水量不变，掺减水剂可增大混凝土坍落度（流动性）；三是保持强度不变，掺减水剂可节约水泥用量。减水剂常用品种有普通减水剂、高效减水剂、高性能减水剂等。

2) 早强剂。混凝土早强剂是指能提高混凝土早期强度，并对后期强度无显著影响的外加剂。若外加剂兼有早强和减水作用则称为早强减水剂。目前常用的早强剂有氯盐、硫酸盐、三乙醇胺和以它们为基础的复合早强剂。氯盐早强剂不能用于预应力混凝土结构。硫酸盐等无机盐类早强剂不宜用于：①处于水位变化的结构；②露天结构及经常受水淋、受水流冲刷的结构；③相对湿度大于80%的环境中使用的结构；④直接接触酸、碱或其他侵蚀性介质的结构；⑤有装饰要求的混凝土，特别是要求色彩一致或表面有金属装饰的混凝土。三乙醇胺早强剂对钢筋无锈蚀作用，但三乙醇胺等有机胺类早强剂不宜用于蒸养混凝土。

早强剂多用于抢修工程和冬季施工的混凝土。炎热条件以及环境温度低于－5℃时不宜使用早强剂。早强剂不宜用于大体积混凝土。

3）引气剂及引气减水剂。引气剂是在混凝土搅拌过程中，能引入大量分布均匀的稳定而封闭的微小气泡，以减少拌和物泌水离析、改善和易性，同时显著提高硬化混凝土抗冻融耐久性的外加剂。兼有引气和减水作用的外加剂称为引气减水剂。

引气剂主要有松香树脂类，如松香热聚物、松脂皂；有烷基苯磺酸盐类，如烷基苯磺酸盐、烷基苯酚聚氧乙烯醚等。也采用脂肪醇磺酸盐类以及蛋白质盐、石油磺酸盐等。其中，以松香树脂类的松香热聚物的效果较好，最常使用。

引气减水剂减水效果明显，减水率较大，不但能起到引气作用，而且能提高混凝土强度，弥补由于含气量而使混凝土强度降低的缺陷，而且节约水泥，常在道路、桥梁、港口和大坝等工程上采用。

引气剂及引气减水剂，除用于抗冻、防渗、抗硫酸盐混凝土外，还宜用于泌水严重的混凝土、贫混凝土以及对饰面有要求的混凝土和轻骨料混凝土，不宜用于蒸养混凝土和预应力混凝土。

4）缓凝剂。缓凝剂是指延缓混凝土凝结时间，并不显著降低混凝土后期强度的外加剂。兼有缓凝和减水作用的外加剂称为缓凝减水剂。

缓凝剂用于大体积混凝土、炎热气候条件下施工的混凝土或长距离运输的混凝土，不宜单独用于蒸养混凝土。最常用的缓凝剂是糖蜜和木质素磺酸钙，糖蜜的效果最好。

5）泵送剂。泵送剂是指能改善混凝土拌和物的泵送性能，使混凝土能顺利通过输送管道，不阻塞，不离析，黏塑性良好。其组分包含缓凝及减水组分、增稠组分（保水剂）、引气组分及高比表面无机掺和料。应用泵送剂温度不宜高于35℃，掺泵送剂过量可能造成堵泵现象。泵送剂不宜用于蒸汽养护混凝土和蒸压养护的预制混凝土。

6）膨胀剂。膨胀剂能使混凝土产生一定的体积膨胀，其与水反应生成膨胀性水化物，与水泥混凝土凝结硬化过程中产生的收缩相抵消。按化学成分可分为硫铝酸盐系膨胀剂、石灰系膨胀剂、铁粉系膨胀剂、氧化镁型膨胀剂和复合型膨胀剂等。

当膨胀剂用于补偿收缩混凝土时，膨胀率相当于或稍大于混凝土收缩，用于防裂、防水接缝、补强堵塞。当膨胀剂用于自应力混凝土时，膨胀率远大于混凝土收缩率，可以达到预应力或化学自应力混凝土的目的，常用于自应力钢筋混凝土输水、输气、输油压力管，反应罐、水池、水塔及其他自应力钢筋混凝土构件。

掺硫铝酸钙膨胀剂的混凝土，不能用于长期处于环境温度为80℃以上的工程；掺硫铝酸钙类或石灰类膨胀剂的混凝土，不宜使用氯盐类外加剂。

（二）普通混凝土的技术性质

1. 混凝土的强度

（1）立方体抗压强度。按照标准的制作方法制成边长为150mm的立方体试件，在标准养护条件（温度20±2℃，相对湿度95%以上或在氢氧化钙饱和溶液中）下养护到

28d，按照标准的测定方法测定其抗压强度值称为混凝土立方体试件抗压强度，简称立方体抗压强度，以 f_{cu}表示。而立方体抗压强度 f_{cu}只是一组试件抗压强度的算术平均值，并未涉及数理统计和保证率的概念。立方体抗压强度标准值 $f_{cu,K}$是按数理统计方法确定，具有不低于 95%保证率的立方体抗压强度。

混凝土的强度等级是根据立方体抗压强度标准值来确定的。采用符号 C 与立方体抗压强度标准值（单位为 MPa）表示。普通混凝土划分为 C20、C25、C30、C35、C40、C45、C50、C55、C60、C65、C70、C75 和 C80 共 13 个等级，C30 即表示混凝土立方体抗压强度标准值满足 $30\text{MPa} \leqslant f_{cu,K} < 35\text{MPa}$。混凝土强度等级是混凝土结构设计、施工质量控制和工程验收的重要依据。

（2）抗拉强度。混凝土在直接受拉时，很小的变形就要开裂。它在断裂前没有残余变形，是一种脆性破坏。混凝土的抗拉强度只有抗压强度的 1/10～1/20，且强度等级越高，该比值越小。所以，混凝土在工作时，一般不依靠其抗拉强度。在设计钢筋混凝土结构时，不是由混凝土承受拉力，而是由钢筋承受拉力。但是混凝土的抗拉强度对减少裂缝很重要，有时也用来间接衡量混凝土与钢筋的黏结强度。

混凝土抗拉强度采用劈裂抗拉试验方法间接求得，称为劈裂抗拉强度。

（3）抗折强度。在道路和机场工程中，混凝土抗折强度是结构设计和质量控制的重要指标，而抗压强度作为参考强度指标。道路水泥混凝土的抗折强度检验的标准试件为 150mm×150mm×550mm 直方体，是对直角棱柱体小梁按三分点加荷方式测定的。

（4）影响混凝土强度的因素。混凝土的强度主要取决于水泥石强度及其与骨料表面的黏结强度，而水泥石强度及其与骨料的黏结强度又与水泥强度等级、水灰比及骨料性质有密切关系。此外混凝土的强度还受施工质量、养护条件及龄期的影响。

2. 混凝土的和易性

（1）和易性概念。混凝土的和易性指混凝土拌和物在一定的施工条件下，便于各种施工工序的操作，以保证获得均匀密实的混凝土的性能。和易性是一项综合技术指标，包括流动性、黏聚性、保水性三个主要方面。混凝土拌和物流动性通常采用坍落度及坍落扩展度试验和维勃稠度试验进行评定。混凝土拌和物的黏聚性和保水性主要通过目测结合经验进行评定。

（2）混凝土和易性的影响因素。影响混凝土拌和物和易性的主要因素包括单位体积用水量、砂率、组成材料的性质、时间和温度等。单位体积用水量决定水泥浆的数量和稠度，它是影响混凝土和易性的最主要因素。砂率是指混凝土中砂的质量占砂、石总质量的百分率。组成材料的性质包括水泥的需水量和泌水性、骨料的特性、外加剂和掺和料的特性等几方面。

3. 混凝土耐久性

（1）混凝土耐久性概念。混凝土耐久性是指混凝土在实际使用条件下抵抗各种破坏因素作用，长期保持强度和外观完整性的能力，包括混凝土的抗冻性、抗渗性、抗侵蚀性及抗碳化能力等。

1）抗冻性。抗冻性指混凝土在饱和水状态下，能经受多次冻融循环而不被破坏，也不严重降低强度的性能，是评定混凝土耐久性的主要指标。抗冻性好坏用抗冻等级表示。

混凝土的密实度、孔隙的构造特征是影响抗冻性的重要因素。密实或具有封闭孔隙的混凝土，其抗冻性较好。提高混凝土抗冻性的最有效的方法是采用加入引气剂、减水剂和防冻剂的混凝土或密实混凝土。

2）抗渗性。抗渗性指混凝土抵抗水、油等液体渗透的能力。抗渗性好坏用抗渗等级表示，分为P4、P6、P8、P10、P12和大于P12六个等级。影响混凝土抗渗性的因素有水灰比、水泥品种、骨料的粒径、养护方法、外加剂及掺和料等，其中水灰比对抗渗性起决定性作用。

3）抗侵蚀性。腐蚀的类型通常有淡水腐蚀、硫酸盐腐蚀、溶解性化学腐蚀、强碱腐蚀等。混凝土的抗侵蚀性与密实度有关，水泥品种、混凝土内部孔隙特征对抗侵蚀性也有较大影响。

4）混凝土碳化。环境中的CO_2和水与混凝土内水泥石中的$Ca(OH)_2$发生反应，生成碳酸钙和水，从而使混凝土的碱度降低，减弱了混凝土对钢筋的保护作用。环境中二氧化碳浓度、环境湿度、混凝土密实度、水泥品种与掺和料用量是影响混凝土碳化的主要因素。

（2）提高混凝土耐久性的措施。混凝土耐久性主要取决于组成材料的质量及混凝土密实度。提高混凝土耐久性的主要措施：

1）根据工程环境及要求，合理选用水泥品种。

2）控制水灰比及保证足够的水泥用量。

3）选用质量良好、级配合理的骨料和合理的砂率。

4）掺用合适的外加剂。

（三）普通混凝土配合比设计

混凝土配合比是指混凝土中各组成材料之间的比例关系。混凝土配合比通常用每立方米混凝土中各种材料的质量来表示。混凝土配合比的确定可根据工程特点、组成材料的质量、施工方法等因素，通过理论计算和试配来确定。

1. 设计混凝土配合比的基本要求

设计混凝土配合比的基本要求有以下几点：

（1）满足混凝土设计的强度等级。

（2）满足施工要求的混凝土和易性。

（3）满足混凝土使用要求的耐久性。

（4）在满足上述条件下做到节约水泥和降低混凝土成本。

从表面上看，混凝土配合比只是计算水泥、砂、石子、水这四种组成材料的用量。实质上是根据组成材料的情况，确定满足上述四项基本要求的三大参数：水灰比、单位用水量和砂率。

2. 混凝土配合比设计的规定

混凝土应按现行行业标准《普通混凝土配合比设计规程》JGJ 55的有关规定，根据混凝土强度等级、耐久性和工作性等要求进行配合比设计。对有特殊要求的混凝土，其配合比设计尚应符合国家现行有关标准的专门规定。

3. 结构混凝土强度等级要求

结构混凝土应进行配合比设计，并应采取保证混凝土拌和物性能、混凝土力学性能和耐久性能的措施。结构混凝土强度等级的选用应满足工程结构的承载力、刚度及耐久性要求。对设计工作年限为50年的混凝土结构，结构混凝土的强度等级尚应符合下列规定。对设计工作年限大于50年的混凝土结构，结构混凝土的最低强度等级应比下列规定有所提高。

（1）素混凝土结构构件的混凝土强度等级不应低于C20。钢筋混凝土结构构件的混凝土强度等级不应低于C25。预应力混凝土楼板结构的混凝土强度等级不应低于C30，其他预应力混凝土结构构件的混凝土强度等级不应低于C40。型钢混凝土组合结构构件的混凝土强度等级不应低于C30。

（2）承受重复荷载作用的钢筋混凝土结构构件，混凝土强度等级不应低于C30。

（3）抗震等级不低于二级的钢筋混凝土结构构件，混凝土强度等级不应低于C30。

（4）采用500MPa及以上等级钢筋的钢筋混凝土结构构件，混凝土强度等级不应低于C30。

（四）特种混凝土

1. 高性能混凝土

高性能混凝土（High Performance Concrete，HPC）是一种新型高技术混凝土。现行中国工程建设标准化协会标准《高性能混凝土应用技术规程》CECS 207对高性能混凝土的定义为：采用常规材料和工艺生产，具有混凝土结构所要求的各项力学性能，具有高耐久性、高工作性和高体积稳定性的混凝土。这种混凝土特别适用于高层建筑、桥梁以及暴露在严酷环境中的建筑物。

（1）高性能混凝土的特性。

1）自密实性好。高性能混凝土用水量较低，流动性好，抗离析性高，具有较优异的填充性。因此，配合比恰当的大流动性高性能混凝土有较好的自密实性。

2）体积稳定性高。高性能混凝土的体积稳定性较高，具有高弹性模量、低收缩与徐变、低温度变形的特点。普通混凝土的弹性模量为20～25GPa，采用适宜的材料与配合比的高性能混凝土弹性模量可达40～50GPa。采用高弹性模量、高强度的粗集料并降低混凝土中水泥浆体的含量，选用合理的配合比配制的高性能混凝土90d龄期的干缩值低于0.04%。

3）强度高。高性能混凝土的抗压强度已超过200MPa。28d平均强度为100～120MPa的高性能混凝土已在工程中应用。高性能混凝土抗拉强度与抗压强度值比高强混凝土有明显增加，高性能混凝土的早期强度发展较快，而后期强度的增长率却低于普通强度混凝土。

4）水化热低。由于高性能混凝土的水灰比较低，会较早地终止水化反应，因此，水化热相应地降低。

5）收缩量小。高性能混凝土的总收缩量与其强度成反比，强度越高，总收缩量越小。但高性能混凝土的早期收缩率，随着早期强度的提高而增大。相对湿度和环境温度仍然是影响高性能混凝土收缩性能的两个主要因素。

6）徐变少。高性能混凝土的徐变变形显著低于普通混凝土，高性能混凝土与普通强度混凝土相比较，高性能混凝土的徐变总量（基本徐变与干燥徐变之和）显著减少。

7）耐久性好。高性能混凝土除通常的抗冻性、抗渗性明显高于普通混凝土之外，高性能混凝土的Cl^-渗透率明显低于普通混凝土。高性能混凝土具有较高的密实性和抗渗性，其抗化学腐蚀性能显著优于普通强度混凝土。

8）耐高温（火）差。高性能混凝土在高温作用下会产生爆裂、剥落。为克服这一性能缺陷，可在高性能混凝土中掺入有机纤维，在高温下混凝土中的纤维能溶解、挥发，形成许多连通的孔隙，使高温作用产生的蒸汽压力得以释放，从而改善高性能混凝土的耐高温性能。

高性能混凝土是能更好地满足结构功能要求和施工工艺要求的混凝土，能最大限度地延长混凝土结构的使用年限，降低工程造价。

（2）制备高性能混凝土的技术途径。单方高性能混凝土用水量不宜大于 175kg/m^3。胶凝材料总量宜为 450～600kg/m^3，其中矿物微细粉用量不宜超过胶凝材料总量的 30%。水胶比不宜大于 0.38。砂率宜为 37%～44%。高效减水剂掺量根据坍落度要求而定。

1）选用优质的、符合要求的水泥和粗细集料。

2）选用高效减水剂。

3）选用微细粉。选用具有一定潜在活性或者火山灰活性的矿物掺和料，如硅粉、粉煤灰、磨细矿渣粉、天然沸石粉、偏高岭土粉及复合微细粉等。

4）改善混凝土的施工工艺。目前效果比较显著的有以下几种：

①水泥裹砂混凝土搅拌工艺。

②采用超声波振动或高频振动密实。

③对浇筑成型的新拌混凝土进行真空吸水。

④在真空吸水的同时，最好采用适当的机械振动从而促使新拌混凝土的“液化”而降低脱水阻力，有利于同相颗粒位置的调整，有利于气泡的排出。

2. 高强混凝土

高强混凝土是用普通水泥、砂石作为原料，采用常规制作工艺，主要依靠高效减水剂，或同时外加一定数量的活性矿物掺和料，使硬化后强度等级不低于 C60 的混凝土。高强混凝土应符合现行行业标准《高强混凝土应用技术规程》JGJ/T 281 的规定。

（1）高强混凝土的特点。

1）高强混凝土的优点。

①高强混凝土可减少结构断面，降低钢筋用量，增加房屋使用面积和有效空间，减轻地基负荷。

②高强混凝土致密坚硬，其抗渗性、抗冻性、耐蚀性、抗冲击性等诸方面性能均优于普通混凝土。

③对预应力钢筋混凝土构件，高强混凝土由于刚度大、变形小，故可以施加更大的预应力和更早地施加预应力，以及减少因徐变而导致的预应力损失。

2）高强混凝土的不利条件。

①高强混凝土容易受到施工各环节中环境条件的影响，所以对其施工过程的质量管理水平要求高。

②高强混凝土的延性比普通混凝土差。

（2）高强混凝土的物理力学性能。

1）抗压性能。与中、低强度混凝土相比，高强混凝土中的孔隙较少，水泥石强度、水泥浆与骨料之间的界面强度、骨料强度这三者之间的差异也很小，所以更接近匀质材料，使得高强混凝土的抗压性能与普通混凝土相比有相当大的提高。

2）早期与后期强度。高强混凝土的水泥用量大，早期强度发展较快，特别是加入高效减水剂促进水化，早期强度更高，早期强度高的后期强度增长较小，掺高效减水剂的混凝土后期强度增长幅度要低于没有掺减水剂的混凝土。

3）抗拉强度。混凝土的抗拉强度虽然随着抗压强度的提高而提高，但它们之间的比值却随着强度的增加而降低。劈拉强度为立方体的抗压强度 f_{cu}的 1/15～1/18，抗折强度为 f_{cu}的 1/8～1/12，而轴拉强度为 f_{cu}的 1/20～1/24。在低强度混凝土中，这些比值均要大得多。

4）收缩。高强混凝土的初期收缩大，但最终收缩量与普通混凝土大体相同，用活性矿物掺和料代替部分水泥还可进一步减小混凝土的收缩。

5）耐久性。高强混凝土在耐久性方面的性能均明显优于普通混凝土，尤其是外加矿物掺和料的高强度混凝土，其耐久性进一步提高。

（3）对高强混凝土组成材料的要求。

1）应选用质量稳定的硅酸盐水泥或普通硅酸盐水泥。

2）粗骨料应采用连续级配，其最大公称粒径不应大于 25.0mm，岩石抗压强度应比混凝土强度等级标准值高 30％。

3）细骨料的细度模数 2.6～3.0 的 2 区中砂，含泥量不大于 2.0％。

4）高强度混凝土的水泥用量不应大于 550kg/m³。

3. 轻骨料混凝土

根据现行行业标准《轻骨料混凝土应用技术标准》JGJ/T 12 的规定，轻骨料混凝土是指用轻粗骨料、轻砂或普通砂、胶凝材料、外加剂和水配制而成的干表观密度不大于 1 950kg/m³ 的混凝土。

（1）轻骨料混凝土的分类。

1）按干表观密度及用途分为：保温轻骨料混凝土，干表观密度等级≤0.8t/m³；结构保温轻骨料混凝土，干表观密度等级为 0.8～1.4t/m³；结构轻骨料混凝土，干表观密度等级为 1.4～2.0t/m³。

2）按轻骨料的来源分为：工业废渣轻骨料混凝土，如粉煤灰陶粒混凝土、膨胀矿渣混凝土等；天然轻骨料混凝土，如浮石混凝土等；人造轻骨料混凝土，如膨胀珍珠岩混凝土等。

3）按细骨料品种分为：砂轻混凝土，由普通砂或部分轻砂作细骨料配制而成的混凝土；全轻混凝土，粗骨料、细骨料均为轻质骨料的混凝土。

（2）轻骨料混凝土的物理力学性质。轻骨料本身强度较低，结构多孔，表面粗糙，具有较高吸水率，故轻骨料混凝土的性质在很大程度上受轻骨料性能的制约。

1）强度等级。强度等级划分的方法同普通混凝土，按立方体抗压标准强度分为 13 个强度等级：LC5、LC7.5、LC10、LC15、LC20、LC25、LC30、LC35、LC40、LC45、LC50、LC55 和 LC60。

2）表观密度。按干表观密度分为 14 个密度等级。在抗压强度相同的条件下，其干表观密度比普通混凝土低 25％～50％。

3）耐久性。因轻骨料混凝土中的水泥水化充分，毛细孔少，与同强度等级的普通混凝土相比，耐久性明显改善。

4）轻骨料混凝土的弹性模量比普通混凝土低 20%～50%，保温隔热性能较好，导热系数相当于烧结普通砖的导热系数。

4. 防水混凝土

防水混凝土又叫抗渗混凝土，防水混凝土的抗渗性能不得小于 P6，一般通过对混凝土组成材料质量改善，合理选择配合比和集料级配，以及掺加适量外加剂，达到混凝土内部密实或是堵塞混凝土内部毛细管通路，使混凝土具有较高的抗渗性能，可提高混凝土结构自身的防水能力，节省外用防水材料，简化防水构造，对地下结构、高层建筑的基础以及贮水结构具有重要意义。实现混凝土自防水的技术途径有以下几个方面：

（1）提高混凝土的密实度。

1）调整混凝土的配合比提高密实度。一般应在保证混凝土拌和物和易性的前提下，减小水灰比，改善骨料颗粒级配，降低孔隙率，减少渗水通道。适当提高水泥用量、砂率和灰砂比，在粗骨料周围形成质量良好的、厚度足够的砂浆包裹层，阻断沿粗骨料表面的渗水孔隙。

2）掺入化学外加剂提高密实度，在混凝土中掺入适量减水剂、三乙醇胺早强剂或氯化铁防水剂均可提高密实度，增加抗渗性。

3）使用膨胀水泥（或掺用膨胀剂）提高混凝土密实度，提高抗渗性。

（2）改善混凝土内部孔隙结构。在混凝土中掺入适量引气剂或引气减水剂，可以形成大量封闭微小气泡，这些气泡相互独立，既不渗水，又使水路变得曲折、细小、分散，可显著提高混凝土的抗渗性。

防水混凝土施工技术要求较高，施工中应尽量少留或不留施工缝，必须留施工缝时须设止水带；模板不得漏浆；原材料质量应严加控制；加强搅拌、振捣和养护工序等。

5. 碾压混凝土

碾压混凝土是由级配良好的骨料、较低的水泥用量和用水量、较多的混合材料（往往加入适量的缓凝剂、减水剂或引气剂）制成的超干硬性混凝土拌和物，经振动碾压等工艺达到高密度、高强度的混凝土，是道路工程、机场工程和水利工程中性能好、成本低的新型混凝土材料。

（1）对碾压混凝土组成材料的要求。

1）骨料。由于碾压混凝土用水量低，较大的骨料粒径会引起混凝土离析并影响混凝土外观，最大粒径以 20mm 为宜，当碾压混凝土分两层摊铺时，其下层集料最大粒径采用 40mm。为获得较高的密实度应使用较大的砂率，必要时应多种骨料掺配使用。为承受施工中的压振作用，骨料应具有较高的抗压强度。

2）混合材料。混合材料除具有增加胶结和节约水泥作用外，还能改善混凝土的和易性、密实性及耐久性。碾压混凝土施工操作时间长，碾压成形后还可能承受上层或附近振动的扰动，为此常加入缓凝剂；为使混凝土在水泥浆用量较少的情况下取得较好的和易性，可加入适量的减水剂；为改善混凝土的抗渗性和抗冻性可加入适量的引气剂。

3）水泥。当混合材料掺量较高时宜选用普通硅酸盐水泥或硅酸盐水泥，以便混凝土尽早获得强度；当不用混合材料或用量很少时，宜选用矿渣硅酸盐水泥、火山灰质硅酸盐水泥或粉煤灰硅酸盐水泥，使混凝土取得良好的耐久性。

（2）碾压混凝土的特点。

1）内部结构密实、强度高。碾压混凝土使用的骨料级配孔隙率低，经振动碾压内部结构骨架十分稳定，因此能够充分发挥骨料的强度，使混凝土表现出较高的抗压强度。

2）干缩性小、耐久性好。振动碾压后，一方面，内部结构密实且稳定性好，使其抵抗变形的能力增加；另一方面，由于用水量少，混凝土的干缩减少，水泥石结构中易被腐蚀的 $Ca(OH)_2$ 等物质含量也很少，这些都为其改善耐久性打下了良好的基础。

3）节约水泥、水化热低。因为碾压混凝土的孔隙率很低，填充孔隙所需胶结材料比普通混凝土明显减少；振动碾压工艺对水泥有良好的强化分散和塑化作用，对混凝土流动性要求低，多为干硬性混凝土，需要起润滑作用的水泥浆量减少，所以碾压混凝土的水泥用量大为减少。这不仅节约水泥，而且使水化热大为减少，使其特别适用于大体积混凝土工程。

6. 纤维混凝土

纤维混凝土是以混凝土为基体，外掺各种纤维材料而成，掺入纤维的目的是提高混凝土的抗拉强度与降低其脆性。纤维的品种有高弹性模量纤维（如钢纤维、碳纤维、玻璃纤维等）和低弹性模量纤维（如尼龙纤维、聚丙烯纤维）两类。纤维混凝土目前已逐渐应用在高层建筑楼面，高速公路路面，荷载较大的仓库地面、停车场、贮水池等处。高弹性模量纤维中钢纤维应用较多；低弹性模量纤维不能提高混凝土硬化后的抗拉强度，但能提高混凝土的抗冲击强度，聚丙烯纤维应用较多。各类纤维中以钢纤维对抑制混凝土裂缝形成、提高混凝土抗拉和抗弯强度、增加韧性效果最好。

四、沥青混合料

沥青混合料是一种黏弹塑性材料，具有良好的力学性能，一定的高温稳定性和低温柔性，修筑路面不需设置接缝，行车较舒适，而且施工方便、速度快，能及时开放交通，并可再生利用。因此，沥青混合料是高等级道路修筑中的一种主要路面材料。

沥青混合料是由矿料（粗集料、细集料和填料）与沥青拌和而成的混合料。通常，包括沥青混凝土混合料和沥青碎（砾）石混合料两类。沥青混合料按集料的最大粒径，分为特粗式、粗粒式、中粒式、细粒式和砂粒式沥青混合料；按矿料级配，分为密级配沥青混凝土混合料、半开级配沥青混合料、开级配沥青混合料和间断级配沥青混合料；按施工条件，分为热拌热铺沥青混合料、热拌冷铺沥青混合料和冷拌冷铺沥青混合料。

（一）材料组成与结构

1. 主要材料要求

沥青混合料主要由沥青、粗集料、细集料、矿粉组成，有的还加入聚合物和木纤维素拌和而成。这些不同质量和数量的材料混合形成不同的结构，并具有不同的力学性质。

主要材料应符合现行行业标准《城镇道路工程施工与质量验收规范》CJJ 1 的规定。城镇道路面层宜优先采用 A 级沥青，不宜使用煤沥青。

2. 沥青混合料的组成结构

按矿质骨架的结构状况，其组成结构分为以下三个类型。

（1）悬浮密实结构。当采用连续密级配矿质混合料与沥青组成的沥青混合料时，矿料由大到小形成连续级配的密实混合料，由于粗集料的数量较少，细集料的数量较多，较大颗粒被小一级的颗粒挤开，使粗集料以悬浮状态存在于细集料之间，不能直接互相嵌锁形成骨架，因此该结构具有较大的黏聚力，但内摩擦角较小，高温稳定性较差，如普通沥青混合料（AC）属于此种类型。AC属于密级配混合料，适用于支路及以下道路施工。

（2）骨架空隙结构。当采用连续开级配矿质混合料与沥青组成的沥青混合料时，粗集料较多，彼此紧密相接，细集料的数量较少，不足以充分填充空隙，形成骨架空隙结构。沥青碎石混合料（AM）多属此类型。这种结构的沥青混合料，粗骨料能充分形成骨架，骨料之间的嵌挤力和内摩阻力起重要作用。因此，这种沥青混合料内摩擦角较大，但黏聚力较小，受沥青材料性质的变化影响较小，因而热稳定性较好，但沥青与矿料的黏结力较小、空隙率大、耐久性较差。AM属于半开级配混合料，适用于多雨地区或需要快速排水的路段。高黏高弹改性沥青混合料（OGFC）属于开级配混合料，适用于排水降噪路面。

（3）骨架密实结构。采用间断型级配矿质混合料与沥青组成的沥青混合料时，是综合以上两种结构优势的一种结构。既有一定数量的粗骨料形成骨架，又根据粗集料空隙的多少加入细集料，形成较高的密实度。这种结构的沥青混合料不仅内摩擦角较大，黏聚力较大，密实度、强度和稳定性都较好，是一种较理想的结构类型，如沥青玛瑺脂混合料（SMA）。SMA适合于快速路和主干路施工。

（二）沥青混合料的技术性质

沥青混合料作为沥青路面的面层材料，承受车辆行驶反复荷载和气候因素的作用，而胶凝材料沥青具有黏弹塑性的特点。因此，沥青混合料应具有抗高温变形、抗低温脆裂、抗滑、耐久等技术性质以及施工和易性。

1. 高温稳定性

沥青混合料的高温稳定性是指在高温条件下，沥青混合料承受多次重复荷载作用而不发生过大的累积塑性变形的能力。高温稳定性良好的沥青混合料在车轮引起的垂直力和水平力的综合作用下，能抵抗高温的作用，保持稳定而不产生车辙和波浪等破坏现象。

沥青混合料的高温稳定性，通常采用高温强度与稳定性作为主要技术指标，常用的测试评定方法有：马歇尔试验法、无侧限抗压强度试验法、史密斯三轴试验法等。

马歇尔试验法比较简便，既便于沥青混合料的配合比设计，也便于工地现场质量检验，因而得到了广泛应用，我国国家标准也采用了这一方法。但该方法仅适用于热拌沥青混合料。

2. 低温抗裂性

沥青混合料不仅应具备高温的稳定性，同时，还要具有低温的抗裂性，以保证路面在冬季低温时不产生裂缝。沥青混合料的低温开裂是由混合料的低温脆化、低温收缩和温度疲劳引起的。混合料的低温脆化一般用不同温度下的弯拉破坏试验来评定。低温收缩可采用低温收缩试验评定，而温度疲劳则可以用低频疲劳试验来评定。

3. 耐久性

沥青混合料在路面中，长期受自然因素（阳光、热、水分等）的作用，为使路面具有较长的使用年限，必须具有较好的耐久性。沥青混合料的耐久性与组成材料的性质和配合比有密切关系。首先，沥青在大气因素作用下，组分会产生转化，油分减少，沥青质增加，使沥青的塑性逐渐减小，脆性增加，路面的使用品质下降。其次，以耐久性考虑，沥青混合料应有较高的密实度和较小的空隙率，但是，空隙率过小，将影响沥青混合料的高温稳定性，因此，在我国的有关规范中，对空隙率和饱和度均提出了要求。

沥青混合料耐久性常用浸水马歇尔试验或真空饱水马歇尔试验评价。

4. 抗滑性

随着现代交通车速不断地提高，对沥青路面的抗滑性提出了更高的要求。沥青路面的抗滑性能与集料的表面结构（粗糙度）、级配组成、沥青用量等因素有关。为保证抗滑性能，面层集料应选用质地坚硬具有棱角的碎石，通常采用玄武岩。采取适当增大集料粒径、减少沥青用量及控制沥青的含蜡量等措施，均可提高路面的抗滑性。

5. 施工和易性

沥青混合料应具备良好的施工和易性，使混合料易于拌和、摊铺和碾压施工。影响施工和易性的因素很多，如气温、施工机械条件及混合料性质等。从混合料的材料性质来看，影响施工和易性的是混合料的级配和沥青用量。

五、砌筑材料

（一）砖

1. 烧结砖

经焙烧而制成的砖称为烧结砖，常结合主要原材料命名，如烧结黏土砖、烧结粉煤灰砖、烧结页岩砖等。按规格尺寸及空心率，烧结砖有烧结普通砖、烧结多孔砖、烧结空心砖等。

（1）烧结普通砖的外形为直角六面体，其标准尺寸为240mm×115mm×53mm。烧结普通砖强度划分为MU30、MU25、MU20、MU15、MU10五个等级。烧结普通砖具有较高的强度，良好的绝热性、耐久性、透气性和稳定性，且原料广泛，生产工艺简单，因而可用作墙体材料，砌筑柱、拱、窑炉、烟囱、沟道及基础等。

（2）烧结多孔砖是以黏土、页岩、煤矸石、粉煤灰等为主要原料烧制的主要用于结构承重的多孔砖。多孔砖大面有孔，孔多而小，孔洞垂直于大面（即受压面），孔洞率不小于25%。烧结多孔砖主要用于6层以下建筑物的承重墙体。

（3）烧结空心砖是以黏土、页岩、煤矸石、粉煤灰等为主要原料烧制的主要用于非承重部位的空心砖。其顶面有孔、孔大而少，孔洞为矩形条孔或其他孔形，孔洞率不小于40%。由于其孔洞平行于大面和条面，垂直于顶面，使用时大面承压，承压面与孔洞平行，所以这种砖强度不高，而且自重较轻，因而多用于非承重墙。如多层建筑内隔墙或框架结构的填充墙等。

砖的耐久性应符合规范规定，其耐久性包括抗风化性、泛霜和石灰爆裂等指标。抗风化性通常以其抗冻性、吸水率及饱和系数等来进行判别。而石灰爆裂与泛霜均与砖中石灰夹杂有关。

2. 蒸养（压）砖

蒸养（压）砖属于硅酸盐制品，是以石灰和含硅原料（砂、粉煤灰、炉渣、矿渣、煤矸石等）加水拌和，经成型、蒸养（压）而制成的。目前使用的主要有粉煤灰砖、灰砂砖和炉渣砖。

根据现行国家标准《蒸压灰砂实心砖和实心砌块》GB/T 11945，主要有蒸压灰砂实心砖（代号LSSB）、蒸压灰砂实心砌块（代号LSSU）、大型蒸压灰砂实心砌块（代号

LLSS）三种类型，应考虑工程应用砌筑灰缝的宽度和厚度要求，由供需双方协商后，在订货合约中确定其标示尺寸。按抗压强度分为 MU30、MU25、MU20、MU15、MU10 五个强度等级。均不得用于长期经受 200℃高温、急冷急热或有酸性介质侵蚀的建筑部位。当开孔方向与使用承载方向一致时，其孔洞率不宜超过 10%。

（二）砌块

砌块按主规格尺寸可分为小砌块、中砌块和大砌块。按其空心率大小砌块又可分为空心砌块和实心砌块两种。空心率小于 25%或无孔洞的砌块为实心砌块；空心率大于或等于 25%的砌块为空心砌块。砌块又可按其所用主要原料及生产工艺命名，如水泥混凝土砌块、加气混凝土砌块、粉煤灰砌块、石膏砌块、烧结砌块等。常用的砌块有普通混凝土小型空心砌块、轻骨料混凝土小型空心砌块和蒸压加气混凝土砌块等。

1. 普通混凝土小型空心砌块

根据现行国家标准《普通混凝土小型砌块》GB/T 8239，普通混凝土小型砌块出厂检验项目有尺寸偏差、外观质量、最小壁肋厚度和强度等级。空心砌块按其强度等级分为 MU5.0、MU7.5、MU10、MU15、MU20 和 MU25 六个等级；实心砌块按其强度等级分为 MU10、MU15、MU20、MU25、MU30、MU35 和 MU40 七个等级。

砌块的主规格尺寸为 390mm×190mm×190mm。其孔洞设置在受压面，有单排孔、双排孔、三排孔及四排孔洞。砌块除主规格外，还有若干辅助规格，共同组成砌块基本系列。

普通混凝土小型空心砌块作为烧结砖的替代材料，可用于承重结构和非承重结构。目前主要用于单层和多层工业与民用建筑的内墙和外墙，如果利用砌块的空心配置钢筋，可用于建造高层砌块建筑。

混凝土砌块吸水率小、吸水速度慢，砌筑前不允许浇水，以免发生“走浆”现象，影响砂浆饱满度和砌体的抗剪强度。但在气候特别干燥炎热时，可在砌筑前稍喷水湿润。与烧结砖砌体相比，混凝土砌块墙体较易产生裂缝，应注意在构造上采取抗裂措施。另外，还应注意防止外墙面渗漏，粉刷时做好填缝，并压实、抹平。

2. 轻骨料混凝土小型空心砌块

轻骨料混凝土小型空心砌块按密度划分为 700kg/m^3、800kg/m^3、900kg/m^3、1 000kg/m^3、1 100kg/m^3、1 200kg/m^3、1 300kg/m^{3}和 1 400kg/m^{3}八个等级；按强度可采用 MU3.5、MU5.0、MU7.5、MU10.0 和 MU15 五个等级。同一强度等级砌块的抗压强度和密度等级范围应同时符合规定方为合格。

与普通混凝土小型空心砌块相比，轻骨料混凝土小型空心砌块密度较小、热工性能较好，但干缩值较大，使用时更容易产生裂缝，目前主要用于非承重的隔墙和围护墙。

3. 蒸压加气混凝土砌块

根据现行国家标准《蒸压加气混凝土砌块》GB/T 11968，砌块按干密度分为 B03、B04、B05、B06、B07 五个级别，其中 B03、B04 适用于建筑保温；按抗压强度分为 A1.5、A2.0、A2.5、A3.5、A5.0 五个级别，其中 A1.5、A2.0 适用于建筑保温；按尺寸偏差分为Ⅰ型和Ⅱ型，Ⅰ型适用于薄灰缝砌筑，Ⅱ型适用于厚灰缝砌筑。加气混凝土砌块广泛用于一般建筑物墙体，还用于多层建筑物的非承重墙及隔墙，也可用于低层建筑的承重墙。体积密度级别低的砌块还用于屋面保温。

下列部位或环境中的填充墙不应使用轻骨料混凝土小型空心砌块或蒸压加气混凝土砌块砌体：建（构）筑物防潮层以下墙体；长期浸水或化学侵蚀环境；砌体表面温度高于80℃的部位；长期处于有振动源环境的墙体。

（三）砌筑砂浆

砂浆是由胶凝材料、细骨料、掺和料和水配制而成的材料，在建筑工程中起黏结、衬垫和传递应力的作用。按用途可分为砌筑砂浆、抹面砂浆、其他特种砂浆等；按所用胶凝材料的不同，可分为水泥砂浆、石灰砂浆、水泥石灰混合砂浆等；按生产形式可分为现场拌制砂浆和预拌砂浆，预拌砂浆分为湿拌砂浆和干混砂浆两大类。

1. 砂浆的材料组成

砂浆的组成材料包括胶凝材料、细骨料、掺和料、水、外加剂和纤维等。

（1）胶凝材料。常用的胶凝材料有水泥、石灰、石膏等。在选用时应根据使用环境、用途等合理选择。在干燥条件下使用的砂浆既可选用气硬性胶凝材料（石灰、石膏），也可选用水硬性胶凝材料（水泥）；若在潮湿环境或水中使用的砂浆，则必须选用水泥作为胶凝材料。水泥宜采用通用硅酸盐水泥或砌筑水泥；M15及以下强度等级的砌筑砂浆宜选用32.5级的通用硅酸盐水泥或砌筑水泥；M15以上强度等级的砌筑砂浆宜选用42.5级通用硅酸盐水泥。

（2）细骨料。对于砌筑砂浆用砂，优先选用中砂，既可满足和易性要求，又可节约水泥。毛石砌体宜选用粗砂。砂的技术质量标准应符合有关的标准规定。砂浆用砂还可根据原材料情况，采用人工砂、山砂、海砂、特细砂等，但应根据经验并经试验后，确定其技术要求。在保温砂浆、吸声砂浆和装饰砂浆中，还采用轻砂（如膨胀珍珠岩）、白色砂或彩色砂等。

（3）掺和料。掺和料是指为改善砂浆和易性而加入的无机材料，如石灰膏、电石膏、黏土膏、粉煤灰、沸石粉等。掺和料对砂浆强度无直接影响。消石灰粉不能直接用于砌筑砂浆。

（4）水。拌制砂浆的水应是不含有害物质的洁净水，食用水可用来拌制各类砂浆。若用工业废水和矿泉水时，需经化验合格后才能使用。

（5）纤维。为改善砂浆韧性，提高抗裂性，常在砂浆中加入纤维，如纸筋、麻刀、木纤维、合成纤维等。

2. 砌筑砂浆的主要技术性质

在土木建筑工程中，新拌砌筑砂浆应具有良好的和易性，硬化后应具有一定的强度和良好的耐久性。

（1）流动性。砂浆的流动性指砂浆在自重或外力作用下流动的性能，用稠度表示。稠度是以砂浆稠度测定仪的圆锥体沉入砂浆内的深度（单位为mm）表示。圆锥沉入深度越大，砂浆的流动性越大。

砂浆稠度的选择与砌体材料的种类、施工条件及气候条件等有关。对于吸水性强的砌体材料和高温干燥的天气，要求砂浆稠度要大些；反之，对于密实不吸水的砌体材料和湿冷天气，砂浆稠度可小些。影响砂浆稠度的因素有：所用胶凝材料种类及数量；用水量；掺和料的种类与数量；砂的形状、粗细与级配；外加剂的种类与掺量；搅拌时间。

（2）保水性。保水性指砂浆拌和物保持水分的能力，用分层度表示。砂浆的分层度不得大于 30mm。通过保持一定数量的胶凝材料和掺和料，或采用较细砂并加大掺量，或掺入引气剂等，可改善砂浆保水性。

（3）抗压强度与强度等级。砂浆的强度等级是以边长为 70.7mm 的立方体试件，在标准养护条件下，用标准试验方法测得 28d 龄期的抗压强度值（单位为 MPa）确定。水泥砂浆及预拌砂浆的强度等级可分为 M5、M7.5、M10、M15、M20、M25、M30；水泥混合砂浆的强度等级可分为 M5、M7.5、M10、M15。影响砂浆强度的因素很多，除了砂浆的组成材料、配合比、施工工艺、施工及硬化时的条件等因素外，砌体材料的吸水率也会对砂浆强度产生影响。

第二节 建筑装饰材料

一、建筑饰面材料

常用的饰面材料有天然石材、人造石材、陶瓷与玻璃制品、塑料制品、石膏制品、木材以及金属材料等。

（一）饰面石材

1. 天然饰面石材

天然饰面石材一般用致密岩石凿平或锯解而成厚度不大的石板，要求饰面石板具有耐久、耐磨、色彩美观、无裂缝等性质。常用的天然饰面石板有花岗石板、大理石板等。

（1）花岗石板。花岗石板为花岗岩经锯、磨、切等工艺加工而成的。花岗岩是典型的岩浆岩，其矿物主要是石英、长石及少量云母等，SiO_2 含量高，属酸性岩石。由其加工的板材质地坚硬密实、强度高、密度大、吸水率极低、质地坚硬，耐磨、耐酸，抗风化、耐久性好，使用年限长。但由于花岗岩中含有石英，在高温下会发生晶型转变，产生体积膨胀，因此，花岗石耐火性差，但适宜制作火烧板。

天然花岗石板材应符合现行国家标准《天然花岗石建筑板材》GB/T 18601 的规定，天然花岗石板材的技术要求包括规格尺寸允许偏差、平面度允许公差、角度允许公差、外观质量和物理性能。物理性能又包括密度、吸水率、压缩强度、弯曲强度、耐磨性（使用在地面、楼梯踏步、台面等严重踩踏或磨损部位的花岗石石材应检验此项）。天然石材的放射性是引起普遍关注的问题。民用建筑工程根据控制室内环境污染的不同要求，划分为以下两类：Ⅰ类民用建筑应包括住宅、居住功能公寓、医院病房、老年人照料房屋设施、幼儿园、学校教室、学生宿舍等；Ⅱ类民用建筑应包括办公楼、商店、旅馆、文化娱乐场所、书店、图书馆、展览馆、体育馆、公共交通等候室、餐厅等。但绝大多数的天然石材中所含放射物质极低，不会对人体造成任何危害。但部分花岗石产品放射性指标超标，会在长期使用过程中对环境造成污染，因此有必要给予控制。

现行国家标准《建筑材料放射性核素限量》GB 6566 中规定，装修材料（花岗石、建筑陶瓷、石膏制品等）中以天然放射性核素的放射性比活度和外照射指数的限值分为 A、B、C 三类：A 类产品的产销与使用范围不受限制；B 类产品不可用于Ⅰ类民用建筑的内饰面，但可用于Ⅰ类民用建筑的外饰面及其他一切建筑物的内、外饰面；C 类产品可用于一切建筑物的外饰面。

花岗石板主要应用于大型公共建筑或装饰等级要求较高的室内外装饰工程。花岗石因不易风化，外观色泽可保持百年以上，所以粗面和细面板材常用于室外地面、墙面、柱面、勒脚、基座、台阶；镜面板材主要用于室内外地面、墙面、柱面、台面、台阶等，特别适宜用作大型公共建筑大厅的地面。

（2）大理石板。大理石是将大理石荒料经锯切、研磨、抛光而成的高级室内外装饰材料，属于变质岩，由石灰岩或白云岩变质而成，主要矿物成分为方解石或白云石，是碳酸盐类岩石。大理石质地较密实、抗压强度较高、吸水率低、质地较软，属中硬石材。天然大理石易加工，开光性好，常被制成抛光板材，其色调丰富、材质细腻、极富装饰性。

大理石板应符合现行国家标准《天然大理石建筑板材》GB/T 19766 的规定。按质量分为优等品种（A）、一等品（B）和合格品（C）三个等级。对大理石板材的主要技术要求：尺寸允许偏差、平面度允许公差、角度允许公差、外观质量和物理性能。大理石板材用于宾馆、展览馆、影剧院、商场、图书馆、机场、车站等公共建筑工程的室内柱面、地面、窗台板、服务台、电梯间门脸的饰面等，是理想的室内高级装饰材料。此外，还可用于制作大理石壁画、工艺品、生活用品等。但因其抗风化性能较差，故除个别品种（含石英为主的砂岩及石灰岩）外一般不宜用作室外装饰。

2. 人造饰面石材

人造石材是以大理石、花岗石碎料，石英砂、石渣等为骨料，树脂或水泥等为胶结料，经拌和、成型、聚合或养护后，研磨抛光、切割而成。常用的人造石材有人造花岗石、大理石和水磨石三种，它们具有天然石材的花纹、质感和装饰效果，而且花色、品种、形状等多样化，并具有质量轻、强度高、耐腐蚀、耐污染、施工方便等优点。目前常用的人造石材有以下四类。

（1）水泥型人造石材。以白色、彩色水泥或硅酸盐、铝酸盐水泥为胶结料，砂为细骨料，碎大理石、花岗石或工业废渣等为粗骨料，必要时再加入适量的耐碱颜料，经配料、搅拌、成型和养护硬化后，再进行磨平抛光而制成。用铝酸盐水泥制成的人造石材表面光洁度高，花纹耐久，抗风化性、耐久性及防潮性均优于硅酸盐水泥制成的人造石材。

（2）聚酯型人造石材。以不饱和聚酯为胶结料，加入石英砂、大理石渣、方解石粉等无机填料和颜料，经配制、混合搅拌、浇注成型、固化、烘干、抛光等工序而制成。国内外人造大理石、花岗石以聚酯型为多，该类产品光泽好、颜色浅，可调配成各种鲜明的花色图案。由于不饱和聚酯的黏度低，易于成型，且在常温下固化较快，便于制作形状复杂的制品。与天然大理石相比，聚酯型人造石材具有强度高、密度小、厚度薄、耐酸碱腐蚀及美观等优点。但其耐老化性能不及天然花岗石，故多用于室内装饰。

（3）复合型人造石材。该类人造石材，是由无机胶结料和有机胶结料共同组合而成。例如，可在廉价的水泥型板材上复合聚酯型薄层，组成复合型板材，以获得最佳的装饰效果和经济指标；也可将水泥型人造石材浸渍于具有聚合性能的有机单体中并加以聚合，以提高制品的性能和档次。有机单体可用苯乙烯、甲基丙烯酸甲酯、醋酸乙烯、丙烯氰、二氯乙烯、丁二烯等。

（4）烧结型人造石材。这种石材是把斜长石、石英、辉石石粉和赤铁矿以及高岭土等混合成矿粉，再配以 40%左右的黏土混合制成泥浆，经制坯、成型和艺术加工后，再经 1 000℃左右的高温焙烧而成，如仿花岗石瓷砖、仿大理石陶瓷艺术板等。

（二）饰面陶瓷

凡是用于砖石墙面、地面及卫生间的装备等的各种陶瓷及其制品统称建筑陶瓷。用作饰面的陶瓷主要有釉面砖、墙地砖、陶瓷锦砖、瓷质砖等。

1. 釉面砖

釉面砖又称瓷砖，釉面砖为正面挂釉，背面有凹凸纹，以便于粘贴施工。它是建筑装饰工程中最常用、最重要的饰面材料之一，是由瓷土或优质陶土煅烧而成，属精陶制品。釉面砖按釉面颜色分为单色（含白色）、花色及图案砖三种；按形状分为正方形、长方形和异型配件砖三种；按外观质量分为优等品、一等品与合格品三个等级。

釉面砖具有表面平整、光滑，坚固耐用，色彩鲜艳，易于清洁，防火、防水、耐磨、耐腐蚀等特点。但不应用于室外，因釉面砖砖体多孔，吸收大量水分后将产生湿胀现象，而釉吸湿膨胀非常小，从而导致釉面开裂，出现剥落、掉皮现象。

2. 墙地砖

墙地砖是墙砖和地砖的总称。该类产品作为墙面、地面装饰都可使用，故称为墙地砖，实际上包括建筑物外墙装饰贴面用砖和室内外地面装饰铺贴用砖。墙地砖是以品质均匀、耐火度较高的黏土作为原料，经压制成型，在高温下烧制而成。具有坚固耐用，易清洗、防火、防水、耐磨、耐腐蚀等特点，可制成平面、麻面、仿花岗石面、无光釉面、有光釉面、防滑面、耐磨面等多种产品。为了与基材有良好的黏结效果，其背面常常具有凹凸不平的沟槽等。墙地砖品种规格繁多，尺寸各异，以满足不同的使用环境条件的需要。

3. 陶瓷锦砖

陶瓷锦砖俗称马赛克，是以优质瓷土烧制成的小块瓷砖。出厂前按设计图案将其反贴在牛皮纸上，每张大小约 300mm，称作一联。表面有无釉与有釉两种；花色有单色与拼花两种；基本形状有正方形、长方形、六角形等多种。

陶瓷锦砖色泽稳定、美观，耐磨、耐污染、易清洗，抗冻性能好，坚固耐用，且造价较低，主要用于室内地面铺装。

4. 瓷质砖

瓷质砖又称同质砖、通体砖、玻化砖，是由天然石料破碎后添加化学黏合剂压合经高温烧结而成。瓷质砖的烧结温度高，瓷化程度好，吸水率小于 0.5%，吸湿膨胀率极小，故该砖抗折强度高、耐磨损、耐酸碱、不变色、寿命长，在－15～20℃冻融循环 20 次无可见缺陷。

瓷质砖具有天然石材的质感，更具有高光度、高硬度、高耐磨、吸水率低、色差少以及规格多样化和色彩丰富等优点。装饰在建筑物外墙壁上能起到隔声、隔热的作用，而且它比大理石轻便，质地均匀致密、强度高、化学性能稳定。

二、建筑装饰玻璃

玻璃是以石英砂、纯碱、石灰石和长石等主要原料以及一些辅助材料在高温下熔融、成型、急冷而形成的一种无定形非晶态硅酸盐物质，是各向同性的脆性材料。

在土木建筑工程中，玻璃是一种重要的建筑材料。它除了能采光和装饰外，还有控制光线、调节热量、节约能源、控制噪声、降低建筑物自重、改善建筑环境、提高建筑艺术水平等功能。

(一) 平板玻璃

平板玻璃按颜色属性分为无色透明平板玻璃和本体着色平板玻璃。按生产方法不同,可分为普通平板玻璃和浮法玻璃两类。根据现行国家标准《平板玻璃》GB 11614 的规定,平板玻璃按其公称厚度,可分为 2mm、3mm、4mm、5mm、6mm、8mm、10mm、12mm、15mm、19mm、22mm、25mm 共 12 种规格,其中 3mm 厚的玻璃用量最大。

1. 平板玻璃的特性

(1) 良好的透视、透光性能。对太阳光中近红外热射线的透过率较高,但对可见光射至室内墙顶地面和家具、织物而反射产生的远红外长波热射线却有效阻挡,故可产生明显的“暖房效应”。无色透明平板玻璃对太阳光中紫外线的透过率较低。

(2) 隔声,有一定的保温性能,抗拉强度远小于抗压强度,是典型的脆性材料。

(3) 有较高的化学稳定性。

(4) 热稳定性较差,急冷急热,易发生炸裂。

2. 平板玻璃的应用

3~5mm 的平板玻璃一般直接用于有框门窗的采光,8~12mm 的平板玻璃可用于隔断、橱窗、无框门。平板玻璃的另外一个重要用途是作为钢化、夹层、镀膜、中空等深加工玻璃的原片。

(二) 安全玻璃

1. 防火玻璃

普通玻璃因热稳定性较差,遇火易发生炸裂,故防火性能较差。防火玻璃是经特殊工艺加工和处理、在规定的耐火试验中能保持其完整性和隔热性的特种玻璃。防火玻璃原片可选用浮法平板玻璃、钢化玻璃,复合防火玻璃原片还可选用单片防火玻璃制造。

防火玻璃按结构可分为复合防火玻璃(以 FFB 表示)、单片防火玻璃(以 DFB 表示)。按耐火性能可分为隔热型防火玻璃(A 类)、非隔热型防火玻璃(C 类)。按耐火极限可分为五个等级:0.50h、1.00h、1.50h、2.00h、3.00h。防火玻璃主要用于有防火隔热要求的建筑幕墙、隔断等构造和部位。

2. 钢化玻璃

钢化玻璃是用物理或化学的方法,在玻璃的表面上形成一个压应力层,而内部处于较大的拉应力状态,内外拉压应力处于平衡状态。玻璃本身具有较高的抗压强度,表面不会造成破坏的玻璃品种。当玻璃受到外力作用时,这个压应力层可将部分拉应力抵消,避免玻璃的碎裂,从而达到提高玻璃强度的目的。钢化玻璃机械强度高、弹性好、热稳定性好、碎后不易伤人,但可发生自爆。

钢化玻璃具有较好的机械性能和热稳定性,常用作建筑物的门窗、隔墙、幕墙及橱窗、家具等。但钢化玻璃使用时不能切割、磨削,边角也不能碰击、挤压,需按现成的尺寸规格选用或提出具体设计图纸进行加工定制。用于大面积玻璃幕墙的玻璃在钢化程度上要予以控制,宜选择半钢化玻璃(即没达到完全钢化,其内应力较小),以避免受风荷载引起振动而自爆。

3. 夹丝玻璃

夹丝玻璃也称防碎玻璃或钢丝玻璃。它是由压延法生产的,即在玻璃熔融状态时将经预热处理的钢丝或钢丝网压入玻璃中间,经退火、切割而成。夹丝玻璃表面可以是压花的或磨光的，颜色可以制成无色透明或彩色的。

夹丝玻璃具有安全性、防火性和防盗抢性。安全性：夹丝玻璃由于钢丝网的骨架作用，不仅提高了玻璃的强度，而且遭受到冲击或温度骤变而破坏时，碎片也不会飞散，避免了碎片对人的伤害作用。防火性：当遭遇火灾时，夹丝玻璃受热炸裂，但由于金属丝网的作用，玻璃仍能保持固定，可防止火焰蔓延。防盗抢性：当遇到盗抢等意外情况时，夹丝玻璃虽玻璃已碎但金属丝仍可保持一定的阻挡性，起到防盗、防抢的安全作用。

夹丝玻璃应用于建筑的天窗、采光屋顶、阳台及需有防盗、防抢功能要求的营业柜台的遮挡部位。当用作防火玻璃时，要符合相应耐火极限的要求。夹丝玻璃可以切割，但断口处裸露的金属丝要做防锈处理，以防锈体体积膨胀引起玻璃“锈裂”。

4. 夹层玻璃

夹层玻璃是将玻璃与玻璃和（或）塑料等材料用中间层分隔并通过处理使其黏结为一体的复合材料的统称。常见和大多数使用的是玻璃与玻璃，用中间层分隔并通过处理使其黏结为一体的玻璃构件。而安全夹层玻璃是指在破碎时，中间层能够限制其开口尺寸并提供残余阻力以减少割伤或扎伤危险的夹层玻璃。用于生产夹层玻璃的原片可以是浮法玻璃、钢化玻璃、着色玻璃、镀膜玻璃等。夹层玻璃的层数有 2 层、3 层、5 层、7 层，最多可达 9 层。

夹层玻璃的透明度好，抗冲击性能要比一般平板玻璃高好几倍。由于黏结用中间层（PVB 胶片等材料）的黏合作用，玻璃即使破碎时，碎片也不会散落伤人；通过采用不同的原片玻璃，夹层玻璃还可具有耐久、耐热、耐湿、耐寒等性能。

夹层玻璃有着较高的安全性，一般在建筑上用于高层建筑的门窗、天窗、楼梯栏板和有抗冲击作用要求的商店、银行的橱窗、隔断及水下工程等安全性能高的场所或部位等。夹层玻璃不能切割，需要选用定型产品或按尺寸定制。

（三）节能装饰型玻璃

1. 着色玻璃

着色玻璃是一种既能显著地吸收阳光中热作用较强的近红外线，而又保持良好透明度的节能装饰性玻璃。着色玻璃通常都带有一定的颜色，所以也称为着色吸热玻璃。

着色玻璃能有效吸收太阳的辐射热，产生“冷室效应”，可达到蔽热节能的效果。着色玻璃能吸收较多的可见光，使透过的阳光变得柔和，避免眩光并改善室内色泽。着色玻璃能较强地吸收太阳的紫外线，有效地防止紫外线对室内物品的褪色和变质作用。着色玻璃仍具有一定的透明度，能清晰地观察室外景物。着色玻璃色泽鲜丽，经久不变，能增加建筑物的外形美观。

着色玻璃在建筑装修工程中应用得比较广泛。凡既需采光又需隔热之处均可采用。采用不同颜色的着色玻璃能合理利用太阳光，调节室内温度，节省空调费用，而且对建筑物的外形有很好的装饰效果。一般多用作建筑物的门窗或玻璃幕墙。

2. 镀膜玻璃

镀膜玻璃分为阳光控制镀膜玻璃和低辐射镀膜玻璃，是一种既能保证可见光良好透过又可有效反射热射线的节能装饰型玻璃。镀膜玻璃是由无色透明的平板玻璃镀覆金属膜或金属氧化物而制得。根据外观质量，阳光控制镀膜玻璃和低辐射镀膜玻璃可分为优等品和合格品。

阳光控制镀膜玻璃是对太阳光具有一定控制作用的镀膜玻璃。这种玻璃具有良好的隔热性能。在保证室内采光柔和的条件下，可有效地屏蔽进入室内的太阳辐射能。可以避免暖房效应，节约室内降温空调的能源消耗。阳光控制镀膜玻璃的镀膜层具有单向透视性，故又称为单反玻璃。阳光控制镀膜玻璃可用作建筑门窗玻璃、幕墙玻璃，还可用于制作高性能中空玻璃。具有良好的节能和装饰效果，很多现代的高档建筑都选用镀膜玻璃做幕墙，但在使用时应注意，不恰当或使用面积过大会造成光污染，影响环境的和谐。单面镀膜玻璃在安装时，应将膜层面向室内，以提高膜层的使用寿命和取得节能的最大效果。

低辐射镀膜玻璃又称"Low-E"玻璃，是一种对远红外线有较高反射比的镀膜玻璃。低辐射镀膜玻璃对于太阳可见光和近红外光有较高的透过率，有利于自然采光，可节省照明费用。但玻璃的镀膜对阳光中的和室内物体所辐射的热射线均可有效阻挡，因而可使夏季室内凉爽而冬季则有良好的保温效果，总体节能效果明显。此外，低辐射膜玻璃还具有较强的阻止紫外线透射的功能，可以有效地防止室内陈设物品、家具等受紫外线照射产生老化、褪色等现象。低辐射膜玻璃一般不单独使用，往往与普通平板玻璃、浮法玻璃、钢化玻璃等配合，制成高性能的中空玻璃。

3. 中空玻璃

中空玻璃是由两片或多片玻璃以有效支撑均匀隔开并周边黏结密封，使玻璃层间形成带有干燥气体的空间，从而达到保温隔热效果的节能玻璃制品。中空玻璃按玻璃层数，有双层和多层之分，一般是双层结构。可采用无色透明玻璃、热反射玻璃、吸热玻璃或钢化玻璃等作为中空玻璃的基片。

中空玻璃具有光学性能良好、保温隔热、降低能耗、防结露、隔声性能好等优点。以6mm厚玻璃为原片，玻璃间隔（即空气层厚度）为9mm的普通中空玻璃，大体相当于100mm厚普通混凝土的保温效果，适用于寒冷地区和需要保温隔热、降低采暖能耗的建筑物。中空玻璃具有良好的隔声性能，一般可使噪声下降30～40dB。

中空玻璃主要用于保温隔热、隔声等功能要求较高的建筑物，如宾馆、住宅、医院、商场、写字楼等，也广泛用于车船等交通工具。内置遮阳中空玻璃制品是一种新型中空玻璃制品，这种制品在中空玻璃内安装遮阳装置，可控遮阳装置的功能动作在中空玻璃外面操作，大大提高了普通中空玻璃隔热、保温、隔声等性能，并增加了性能的可调控性。

4. 真空玻璃

真空玻璃是将两片平板玻璃四周密闭起来，将其间隙抽成真空并密封排气孔制得，两片玻璃之间的间隙仅为0.1～0.2mm，而且两片玻璃中一般至少有一片是低辐射玻璃。真空玻璃比中空玻璃有更好的隔热、隔声性能。

真空玻璃的技术要求有：厚度偏差、尺寸及其允许偏差、边部加工、保护帽、支撑物、外观质量、封边质量、弯曲度、保温性能、耐辐射性、气候循环耐久性、高温高湿耐久性、隔声性能。保护帽是由金属或有机等材料制成的附着在真空玻璃排气口的保护装置。

真空玻璃是新型、高科技含量的节能玻璃深加工产品，是我国玻璃工业中为数不多的具有自主知识产权的前沿产品，它的研发推广符合国家鼓励自主创新的政策，也符合国家大力提倡的节能政策，在绿色建筑的应用上具有良好的发展潜力和前景。

三、建筑装饰涂料

（一）建筑装饰涂料的基本组成

涂料最早是以天然植物油脂、天然树脂如亚麻子油、桐油、松香、生漆等为主要原料的植物油脂，以前称为油漆。目前，合成树脂在很大程度上已取代了天然树脂，正式命名为涂料，所以油漆仅是一类油性涂料。根据涂料中各成分的作用，其基本组成可分为主要成膜物质、次要成膜物质和辅助成膜物质三部分。

（1）主要成膜物质。主要成膜物质也称胶粘剂。它的作用是将其他组分黏结成一个整体，并能牢固附着在被涂基层的表面形成坚韧的保护膜。主要成膜物质分为油料与树脂两类，其中油料成膜物质又分为干性油（桐油等）、半干性油（大豆油等）与不干性油（花生油等）三类，而树脂成膜物质则分为天然树脂（虫胶、松香等）与合成树脂（酚醛醇酸、硝酸纤维等）两类。现代建筑涂料中，成膜物质多用树脂，尤以合成树脂为主。

（2）次要成膜物质。次要成膜物质不能单独成膜，包括颜料与填料。颜料不溶于水和油，赋予涂料美观的色彩。填料能增加涂膜厚度，提高涂膜的耐磨性和硬度，减少收缩，常用的有碳酸钙、硫酸钡、滑石粉等。

（3）辅助成膜物质。辅助成膜物质不能构成涂膜，但可用于改善涂膜的性能或影响成膜过程，常用的有助剂和溶剂。助剂包括催干剂（铝、锰氧化物及其盐类）、增塑剂等；溶剂则起溶解成膜物质、降低黏度、利于施工的作用，常用的溶剂有苯、丙酮、汽油等。

建筑涂料主要是指用于墙面与地面装饰涂敷的材料，尽管在个别情况下可少量使用油漆涂料，但用于墙面与地面的涂覆装饰，绝大部分为建筑涂料。建筑涂料的主体是乳液涂料和溶剂型合成树脂涂料，也有以无机材料（钾水玻璃等）胶结的高分子涂料，但成本较高，尚未广泛使用。建筑材料按其使用不同而分为外墙涂料、内墙涂料及地面涂料。

（二）对外墙涂料的基本要求

外墙涂料主要起装饰和保护外墙墙面的作用，要求有良好的装饰性、耐水性、耐候性、耐污染性，施工及维修容易。

（1）装饰性良好。要求外墙涂料色彩丰富多样，保色性良好，能较长时间保持良好的装饰性能。

（2）耐水性良好。外墙面暴露在大气中，要经常受到雨水的冲刷，因而作为外墙涂层，应有很好的耐水性能。当基层墙面发生小裂缝时，涂层仍有防水的功能。

（3）耐候性良好。暴露在大气中的涂层，要经受日光、雨水、风沙、冷热变化等作用，在这类自然力的反复作用下，通常涂层会发生干裂、剥落、脱粉、变色等现象，这样涂层会失去原来的装饰与保护功能。因此，作为外墙装饰的涂层，要求在规定年限内，不能发生破坏现象，即应有良好的耐候性能。

（4）耐污染性好。大气中的灰尘及其他物质污染涂层以后，涂层会失去装饰效果因而要求外墙装饰涂层不易被这些物质沾污或沾污后容易清除掉。

（5）施工及维修容易。建筑物外墙面积很大，要求外墙涂料施工操作简便。同时，为了始终保持涂层良好的装饰效果，要经常进行清理、重涂等维修施工，要求重涂施工容易。

常用于外墙的涂料有苯乙烯-丙烯酸酯乳液涂料、丙烯酸酯系外墙涂料、聚氨酯系外墙涂料、合成树脂乳液砂壁状涂料等。

（三）对内墙涂料的基本要求

对于内墙饰面，多数是在近距离上看的，与人接触也很密切，对内墙涂料的基本要求有：

（1）色彩丰富、细腻、调和。内墙的装饰效果主要由质感、线条和色彩三个因素构成。采用涂料装饰时，其色彩为主要因素。内墙涂料的颜色一般应淡雅、明亮，由于居住者对颜色的喜爱不同，因此，建筑内墙涂料的色彩品种要求十分丰富。

（2）耐碱性、耐水性、耐粉化性良好。由于墙面基层常带有碱性，因而涂料的耐碱性应良好；室内湿度一般比室外高，同时，为清洁内墙，涂层常要与水接触，因此，要求涂料具有一定的耐水性及可刷洗性：脱粉型的内墙涂料是不可取的，它会给居住者带来极大的不适感。

（3）透气性良好。室内常有水汽，透气性不好的墙面材料易结露、挂水，不利于居住，因而透气性良好是内墙涂料应具备的性能。

（4）涂刷方便，重涂容易。为了保持优雅的居住环境，内墙面翻修的次数较多，因此，要求内墙涂料涂刷施工方便，维修容易。

常用于内墙的涂料有聚乙烯醇水玻璃涂料（106 内墙涂料）、聚醋酸乙烯乳液涂料、醋酸乙烯-丙烯酸酯有光乳液涂料、多彩涂料等。

（四）对地面涂料的基本要求

地面涂料的主要功能是装饰与保护室内地面。为了获得良好的装饰效果和使用性能，对地面涂料的基本要求有：

（1）耐碱性良好。因为地面涂料主要涂刷在水泥砂浆基层上，而基层往往带有碱性，因而要求所用的涂料具有优良的耐碱性能。

（2）耐水性良好。为了保持地面的清洁，经常需要用水擦洗，因此，要求涂层有良好的耐水洗刷性能。

（3）耐磨性良好。人们的行走，重物的拖移，使地面层经常受到摩擦，因此，用作地面保护与装饰的涂料涂层应具有非常好的耐磨性能。

（4）抗冲击性良好。地面容易受到重物的撞击，要求地面涂层受到重物冲击以后不易开裂或脱落，允许有少量凹痕。

（5）与水泥砂浆有好的粘接性能。凡用作水泥地面装饰的涂料，必须具备与水泥类基层的粘接性能，要求在使用过程中不脱落，容易脱落的涂料是不易用作地面涂料的。

（6）涂刷施工方便，重涂容易。为了保持室内地面的装饰效果，待地面涂层磨损或受机械力局部被破坏以后，需要进行重涂，因此要求地面涂料施工方法简单，易于重涂施工。

地面涂料的应用主要有两方面：一是用于木质地面的涂饰，如常用的聚氨酯漆、钙酯地板漆和酚醛树脂地板漆等；二是用于地面装饰，做成无缝涂布地面等，如常用的过氯乙烯地面涂料、聚氨酯地面涂料、环氧树脂厚质地面涂料等。

四、建筑装饰塑料

塑料是以合成树脂为主要成分，加入各种填充料和添加剂，在一定的温度、压力条件下塑制而成的材料。塑料具有优良的加工性能，质量轻、比强度高，绝热性、装饰性、电绝缘性、耐水性和耐腐蚀性好，但塑料的刚度小，易燃烧、变形和老化，耐热性差。一般习惯将用于建筑工程中的塑料及制品称为建筑塑料，常用作装饰材料、绝热材料、吸声材料、防水材料、管道及卫生洁具等。

（一）塑料的基本组成

1. 合成树脂

合成树脂是塑料的主要组成材料，在塑料中的含量为30%～60%，在塑料中起胶粘剂作用。按合成树脂受热时的性质不同，可分为热塑性树脂和热固性树脂。热塑性树脂刚度小，抗冲击韧性好，但耐热性较差；热固性树脂耐热性好，刚度较大，但质地脆硬。

2. 填料

填料是绝大多数塑料不可缺少的原料，通常占塑料组成材料的40%～60%。填料可增强塑料的强度、硬度、韧性、耐热性、耐老化性、抗冲击性等，同时，可以降低塑料的成本。常用的有木粉、棉布、纸屑、石棉、玻璃纤维等。

3. 增塑剂

增塑剂的主要作用是提高塑料加工时的可塑性和流动性，改善塑料制品的韧性。常用的增塑剂有邻苯甲酸二丁酯（DBP）、邻苯二甲酸二辛酯（DOP）等。

4. 着色剂

用于装饰的塑料制品常加入着色剂，按其在有色介质中或水中的溶解性分为染料和颜料两类。

5. 固化剂

固化剂主要是使热固性树脂的线型分子的支链发生交联，转变为立体网状结构，从而制得坚硬的塑料制品。常用的固化剂有六亚甲基四胺、乙二胺等。

6. 其他成分

根据塑料用途及成型加工的需要，还可加入稳定剂、润滑剂、抗静电剂、发泡剂、阻燃剂、防霉剂等添加剂。

（二）建筑塑料装饰制品

1. 塑料门窗

塑料门窗是以硬聚氯乙烯（PVC-U）树脂为基料，以轻碳酸钙为填料，掺以少量添加剂，经挤出法制成的各种截面的异型材，并采用与其内腔紧密吻合的增强型钢作内衬，再根据门窗品种，选用不同截面的异型型材组装而成。由于塑料具有易加工成型和拼装的优点，因此，塑料门窗结构形式的设计有很大的灵活性。与钢木门窗及铝合金门窗相比，塑料门窗的隔热性能优异，容易加工，施工方便，同时，具有良好的气密性、水密性、装饰性和隔声性能。在节约能耗、保护环境方面，塑料门窗比木、钢、铝合金门窗有明显的优越性。

目前，塑料门窗多用中空异型型材，为了提高塑料型材的刚度，减少变形，常在中空主腔中补加弯成槽形或方形的镀锌钢板，这种门窗称为塑钢门窗。

2. 塑料地板

塑料地板品种很多，分类方法各异。按照生产塑料地板所用树脂来分，塑料地板可以分为：聚氯乙烯塑料地板、聚丙烯树脂塑料地板、氯化聚乙烯树脂塑料地板。目前，绝大多数塑料地板属于聚氯乙烯塑料地板。按照生产工艺来分，可分为：热压法、压延法、注射法三类。按照塑料地板的结构来分，有单层塑料地板、多层塑料地板等。

塑料地板可以粘贴在如水泥混凝土或木材等基层上，构成饰面层。塑料地板的装饰性好，其色彩及图案不受限制，能满足各种用途的需要，也可仿制天然材料，十分逼真。塑料地板施工铺设方便，耐磨性好，使用寿命较长，便于清扫，脚感舒适且有多种功能，如隔声、隔热和隔潮等。

在采用塑料地板时，应根据其耐磨性、尺寸稳定性、翘曲性、耐化学腐蚀性和耐久性等性能，正确地选择和使用。

3. 塑料壁纸

塑料壁纸是以一定材料（如纸、纤维织物等）为基材，表面进行涂塑后，再经过印花、压花或发泡处理等多种工艺而制成的一种墙面装饰材料。通常，塑料壁纸分为三类：普通壁纸（纸基壁纸）、发泡壁纸、特种壁纸。

塑料壁纸具有装饰效果好、粘贴方便、使用寿命长、易维修保养、物理性能好等优点。塑料壁纸表面不吸水，可用布擦洗，广泛用于室内墙面装饰装修，也可用于顶棚、梁、柱等处的贴面装饰。

4. 塑料管材及配件

塑料管材及配件可在电气安装工程中用于各种电线的套管、各种电器配件（如开关、线盒、插座等）及各种电线的绝缘套等。在水暖安装工程中，上、下水管道的安装主要以硬质管材为主，其配件也为塑料制品；供暖管道的安装主要以新型复合铝塑管为主，配件多以专用金属配件（不锈钢、铜等）进行安装。常用的塑料管材有硬聚氯乙烯（PVC－U）管、氯化聚氯乙烯（PVC－C）管、无规共聚聚丙烯（PP－R）管、丁烯（PB）管、交联聚乙烯（PEX）管等。

（1）硬聚氯乙烯（PVC－U）管。硬聚氯乙烯（PVC－U）管通常直径为 40～100mm。内壁光滑阻力小、不结垢、无毒、无污染、耐腐蚀。使用温度不大于 40℃，为冷水管。抗老化性能好、难燃，可采用橡胶圈柔性接口安装。主要应用于给水管道（非饮用水）、排水管道、雨水管道。

（2）氯化聚氯乙烯（PVC－C）管。氯化聚氯乙烯（PVC－C）管具有高温机械强度高的特点，适用于受压的场合。安装方便，连接方法为溶剂粘接、螺纹连接、法兰连接和焊条连接。阻燃、防火、导热性能低，管道热损失少。管道内壁光滑，抗细菌的滋生性能优于铜、钢及其他塑料管道。热膨胀系数低，产品尺寸全（可做大口径管材），安装附件少，安装费用低。主要应用于冷热水管、消防水管系统、工业管道系统。因其使用的胶水有毒性，一般不用于饮用水管道系统。

（3）无规共聚聚丙烯（PP－R）管。无规共聚聚丙烯（PP－R）管具有无毒，无害，不生锈，不腐蚀，有高度的耐酸性和耐氯化物性。耐热性能好，耐腐蚀性好，不生锈，不腐蚀，不会滋生细菌，无电化学腐蚀，保温性能好，膨胀力小。管材内壁光滑，不会结垢，采用热熔连接方式进行连接，牢固不漏，施工便捷，对环境无任何污染，绿色环保，配套齐全，价格适中。抗紫外线能力差，在阳光的长期照射下易老化。属于可燃性材料，不得用于消防给水系统。刚性和抗冲击性能比金属管道差。线膨胀系数较大，明敷或架空敷设所需支吊架较多，影响美观。主要应用于饮用水管、冷热水管。

(4) 丁烯（PB）管。丁烯（PB）管具有较高的强度、韧性好、无毒、易燃、热胀系数大、价格高。主要应用于饮用水、冷热水管。特别适用于薄壁小口径压力管道，如地板辐射采暖系统的盘管。

(5) 交联聚乙烯（PEX）管。交联聚乙烯（PEX）管具有无毒、卫生、透明的特点。有折弯记忆性、不可热熔连接、热蠕动性较小、低温抗脆性较差、原料便宜等性能。可输送冷水、热水、饮用水及其他液体。阳光照射下可使 PEX 管加速老化，缩短使用寿命，避光可使塑料制品减缓老化，使寿命延长。主要应用于地板辐射采暖系统的盘管。

五、建筑装饰钢材

现代建筑装饰工程中，钢材制品得到广泛应用。常用的主要有不锈钢钢板和钢管、彩色不锈钢钢板、轻钢龙骨、彩色涂层钢板和彩色涂层压型钢板，以及镀锌钢卷帘门板等。

1. 不锈钢及其制品

不锈钢是指含铬量在 12%以上的铁基合金钢。铬的含量越高，钢的抗腐蚀性越好。建筑装饰工程中使用的是要求具有较好的耐大气和水蒸气侵蚀性的普通不锈钢。用于建筑装饰的不锈钢材主要有薄板（厚度小于 2mm）和用薄板加工制成的管材、型材等。

用于装饰的板材按反光率分为镜面板、亚光板和浮雕板三种类型，常用装饰不锈钢板的厚度为 0.35～2mm（薄板），幅面宽度为 500～1 000mm，长度为 1 000～2 000mm，市场上常见的幅面规格为 1 200mm×2 440mm。不锈钢装饰管材按截面可分为等径圆管和变径花形管，按壁厚可分为薄壁管（小于 2mm）或厚壁管（大于 4mm），按其表面光泽度可分为抛光管、亚光管和浮雕管。

装饰不锈钢以其特有的光泽、质感和现代化的气息，应用于室内外墙、柱饰面、幕墙及室内外楼梯扶手、护栏、电梯间护壁、门口包镶等工程部位。可取得与周围环境的色彩、景物交相辉映的效果，对空间环境起到强化、点缀和烘托的作用，构成光彩变幻、层次丰富的室内外空间。

2. 轻钢龙骨

建筑用轻钢龙骨（简称龙骨）是以连续热镀锌钢板（带）或以连续热镀锌钢板（带）为基材的彩色涂层钢板（带）作原料，采用冷弯工艺生产的薄壁型钢。龙骨按荷载类型分，有上人龙骨和不上人龙骨。

轻钢龙骨是木龙骨的换代产品，用作吊顶或墙体龙骨，与各种饰面板（纸面石膏板、矿棉板等）相配合，构成的轻型吊顶或隔墙，以其优异的热学、声学、力学、工艺性能及多变的装饰风格在装饰工程中得到广泛的应用。

3. 彩色涂层钢板

彩色涂层钢板发挥金属材料与有机材料各自的特性，具有较高的强度、刚性，良好的可加工性（可剪、切、弯、卷、钻），多变的色泽和丰富的表面质感，且涂层耐腐蚀、耐湿热、耐低温。涂层附着力强，经二次机械加工，涂层也不破坏。

彩色涂层钢板按涂层分为无机涂层、有机涂层和复合涂层三大类。有机涂料常采用聚氯乙烯、聚丙烯酸酯、醇酸树脂、聚酯、环氧树脂等。按基体钢板与涂层的结合方式，分为涂料涂覆法和薄膜层压法两种。涂覆法主要采用静电喷涂或空气喷涂。层压法是用已成型和印花、压花的聚氯乙烯薄膜压贴在钢板上的一种方法，该种复合钢板也称为塑料复合钢板。

彩色涂层钢板常用于各类建筑物的外墙板、屋面板、室内的护壁板、吊顶板。还可作为排气管道、通风管道和其他类似的有耐腐蚀要求的构件及设备，也常用作家用电器的外壳。

4. 彩色涂层压型钢板

彩色涂层压型钢板是以镀锌钢板为基材，经辊压、冷弯成异型断面，表面涂装彩色防腐涂层或烤漆而制成的轻型复合板材。也可采用彩色涂层钢板直接成型制作彩色压型钢板。该种板材的基材钢板厚度只有 0.5～1.2mm，属薄型钢板。

经轧制或冷弯成异型（V形、U形、梯形或波形）后，使板材的抗弯刚度大大提高，受力合理、自重减轻；同时，具有抗震、耐久、色彩鲜艳、加工简单、安装方便的特点。压型钢板的型号表示方法由四部分组成：压型钢板的代号（YX），波高 H，波距 S，有效覆盖宽度 B。如型号 YX75－230－600 表示压型钢板的波高为 75mm，波距为 230mm，有效覆盖宽度为 600mm。

彩色涂层压型钢板广泛用于外墙、屋面、吊顶及夹芯保温板材的面板等。

六、建筑装饰木材

（一）木材的含水率

1. 含水率

木材的含水量用含水率表示，指木材所含水的质量占木材干燥质量的百分比。

木材吸水的能力很强，其含水量随所处环境的湿度变化而异，所含水分由自由水、吸附水、化合水三部分组成。

2. 含水率指标

影响木材物理力学性质和应用的最主要的含水率指标是纤维饱和点和平衡含水率。

纤维饱和点是木材仅细胞壁中的吸附水达到饱和而细胞腔和细胞间隙中无自由水存在时的含水率。其含水率值随树种而异，一般为 25%～35%，平均值为 30%。它是木材物理力学性质是否随含水率的变化而发生变化的转折点。

平衡含水率是指木材中的水分与周围空气中的水分达到吸收与挥发动态平衡时的含水率。平衡含水率因地域而异，如我国吉林省为 12.5%，青海省为 15.5%，江苏省为 14.8%，海南省为 16.4%，平衡含水率是木材和木制品使用时避免变形或开裂而应控制的含水率指标。

（二）木材的湿胀干缩与变形

木材仅当细胞壁内吸附水的含量发生变化才会引起木材变形，即湿胀干缩。

由于木材构造的不均匀性，木材的变形在各个方向上也不同；顺纹方向最小，径向较大，弦向最大。因此，湿材干燥后，其截面尺寸和形状会发生明显的变化。

湿胀干缩将影响木材的使用。干缩会使木材翘曲、开裂、接榫松动、拼缝不严。湿胀可造成表面鼓凸，所以木材在加工或使用前应预先进行干燥，使其接近于与环境湿度相适应的平衡含水率。

（三）木材的强度

木材按受力状态分为抗拉、抗压、抗弯和抗剪四种强度，而抗拉、抗压和抗剪强度又有顺纹和横纹之分。所谓顺纹是指作用力方向与纤维方向平行；横纹是指作用力方向与纤维方向垂直。木材的顺纹和横纹强度有很大差别。

木材的强度除由本身组成构造因素决定外，还与含水率、疵病、外力持续时间、温度等因素有关。木材的构造特点使其各种力学性能具有明显的方向性，木材在顺纹方向的抗拉和抗压强度都比横纹方向高得多，其中在顺纹方向的抗拉强度是木材各种力学强度中最高的，顺纹抗压强度仅次于顺纹抗拉和抗弯强度。

（四）木材的应用

建筑工程中常用木材按其用途和加工程度有原条、原木、锯材等类别，主要用于脚手架、木结构构件和家具等。为了提高木材利用率，充分利用木材的性能，经过深加工和人工合成，可以制成各种装饰材料和人造板材。

1. 旋切微薄木

有色木、桦木或树根瘤多的木段，经水蒸软化后，旋切成 0.1mm 左右的薄片，与坚韧的纸胶合而成。由于具有天然的花纹，具有较好的装饰性，可压贴在胶合板或其他板材表面，做成墙、门和各种柜体的面板。

2. 软木壁纸

软木壁纸是由软木纸与基纸复合而成。软木纸是以软木的树皮为原料，经粉碎、筛选和风选的颗粒加胶粘剂后，在一定压力和温度下胶合而成。它保持了原软木的材质，手感好、隔声、吸声、典雅舒适，特别适用于室内墙面和顶棚的装修。

3. 木质合成金属装饰材料

木质合成金属装饰材料是以木材、木纤维作芯材，再合成金属层（铜和铝），在金属层上进行着色氧化、电镀贵重金属，再涂膜养护等工序加工制成。木质芯材金属化后克服了木材易腐烂、虫蛀、易燃等缺点，又保留了木材易加工、安装的优良工艺性能，主要用于装饰门框、墙面、柱面和顶棚等。

4. 木地板

木地板可分为实木地板、强化木地板、实木复合地板和软木地板。实木地板是由天然木材经锯解、干燥后直接加工而成，其断面结构为单层。强化木地板是多层结构地板，由表面耐磨层、装饰层、缓冲层、人造板基材和平衡层组成，具有很高的耐磨性，力学性能较好，安装简便，维护保养简单。实木复合地板是利用珍贵木材或木材中的优质部分以及其他装饰性强的材料作表层，材质较差或质地较差部分的竹、木材料作中层或底层，经高温高压制成的多层结构的地板。

5. 人造木材

人造木材是将木材加工过程中的大量边角、碎料、刨花、木屑等，经过再加工处理，制成各种人造板材。

（1）胶合板。胶合板又称层压板，是将原木旋切成大张薄片，各片纤维方向相互垂直交错，用胶粘剂加热压制而成。胶合板一般是 3～13 层的奇数，并以层数取名，如三合板、五合板等。

生产胶合板是合理利用木材、改善木材物理力学性能的有效途径，能获得较大幅宽的板材，消除各向异性，克服木节和裂纹等缺陷的影响。

胶合板可用于隔墙板、天花板、门芯板、室内装修和家具等。

（2）纤维板。纤维板是将树皮、刨花、树枝等木材废料经切片、浸泡、磨浆、施胶、成型及干燥或热压等工序制成。为了提高纤维板的耐燃性和耐腐性，可在浆料里施加或在湿板坯表面喷涂耐火剂或防腐剂。纤维板材质均匀，完全避免了木节、腐朽、虫眼等缺陷，且胀缩性小、不翘曲、不开裂。纤维板按密度大小分为硬质纤维板、中密度纤维板和软质纤维板。

硬质纤维板密度大、强度高，主要用作壁板、门板、地板、家具和室内装修等。中密度纤维板是家具制造和室内装修的优良材料。软质纤维板表观密度小、吸声绝热性能好，可作为吸声或绝热材料使用。

（3）胶板夹合板（细木工板）。胶板夹合板分实心板和空心板两种。实心板内部将干燥的短木条用树脂胶拼成，表皮用胶合板加压加热黏结制成。空心板内部则由厚纸蜂窝结构填充，表面用胶合板加压加热黏结制成。细木工板具有吸声、绝热、易加工等特点，主要适用于家具制作、室内装修等。

（4）刨花板。刨花板是利用木材或木材加工剩余物作原料，加工成刨花（或碎料），再加入一定数量的合成树脂胶粘剂，在一定温度和压力作用下压制而成的一种人造板材，简称刨花板，又称碎料板。按表面状况，刨花板可分为：加压刨花板、砂光或刨光刨花板、饰面刨花板、单板贴面刨花板等。

普通刨花板由于成本低、性能优，用作芯材比木材更受欢迎，而饰面刨花板则由于材质均匀、花纹美观、质量较小等原因，大量应用在家具制作、室内装修、车船装修等方面。

第三节　建筑功能材料

一、防水材料

（一）防水卷材

防水卷材有聚合物改性沥青防水卷材和合成高分子防水卷材等系列。

1. 聚合物改性沥青防水卷材

聚合物改性沥青防水卷材是以合成高分子聚合物改性沥青为涂盖层，纤维织物或纤维毡为胎体，粉状、粒状、片状或薄膜材料为覆面材料制成的可卷曲的片状防水材料。由于在沥青中加入了高聚物改性剂，克服了传统沥青防水卷材温度稳定性差、延伸率小的不足，具有高温不流淌、低温不脆裂、拉伸强度高、延伸率较大等优异性能，且价格适中。常见的有 SBS 改性沥青防水卷材、APP 改性沥青防水卷材、沥青复合胎柔性防水卷材等。

（1）SBS 改性沥青防水卷材。SBS 改性沥青防水卷材属弹性体沥青防水卷材中的一种，弹性体沥青防水卷材是用沥青或热塑性弹性体（如苯乙烯-丁二烯嵌段共聚物 SBS）改性沥青（简称“弹性体沥青”）浸渍胎基，两面涂以弹性体沥青涂盖层，上表面撒以细砂、矿物粒（片）料或覆盖聚乙烯膜，下表面撒以细砂或覆盖聚乙烯膜所制成的一类防水卷材。该类卷材使用玻纤胎和聚酯胎两种胎基。SBS 改性沥青防水卷材应符合现行国家标准《弹性体改性沥青防水卷材》GB 18242 的规定。

该类防水卷材广泛适用于各类建筑防水、防潮工程，尤其适用于寒冷地区和结构变形频繁的建筑物防水，并可采用热熔法施工。

（2）APP 改性沥青防水卷材。APP 改性沥青防水卷材属塑性体沥青防水卷材中的一种。塑性体沥青防水卷材是用沥青或热塑性塑料（如无规聚丙烯 APP）改性沥青（简称“塑性体沥青”）浸渍胎基，两面涂以塑性体沥青涂盖层，上表面撒以细砂、矿物粒（片）料或覆盖聚乙烯膜，下表面撒以细砂或覆盖聚乙烯膜所制成的一类防水卷材。本类卷材也使用玻纤毡或聚酯毡两种胎基，厚度与 SBS 改性沥青防水卷材相同。

该类防水卷材广泛适用于各类建筑防水、防潮工程，尤其适用于高温或有强烈太阳辐射地区的建筑物防水。

（3）沥青复合胎柔性防水卷材。沥青复合胎柔性防水卷材是指以橡胶、树脂等高聚物材料作改性剂制成的改性沥青材料为基料，以两种材料复合毡为脂体，细砂、矿物料（片）料、聚酯膜、聚乙烯膜等为覆盖材料，以浸涂、滚压等工艺而制成的防水卷材。

该类卷材与沥青卷材相比，柔韧性有较大改善，复合毡为胎基比单独聚乙烯膜胎基卷材抗拉强度高。玻纤毡与玻璃网格布复合毡为胎基的卷材抗拉强度也比单一玻纤毡胎基卷材高。适用于工业与民用建筑的屋面、地下室、卫生间等部位的防水防潮，也可用桥梁、停车场、隧道等建筑物的防水。

2. 合成高分子防水卷材

合成高分子防水卷材是以合成橡胶、合成树脂或两者的共混体为基料，加入适量的化学助剂和填充料等，经混炼、压延或挤出等工序加工而制成的可卷曲的片状防水材料。其中又可分为加筋增强型与非加筋增强型两种。合成高分子防水卷材具有拉伸强度和抗撕裂强度高、断裂伸长率大、耐热性和低温柔性好、耐腐蚀、耐老化等一系列优异性能，是新型高档防水卷材。常用的有再生胶防水卷材、三元乙丙橡胶防水卷材、三元丁橡胶防水卷材、聚氯乙烯防水卷材、氯化聚乙烯防水卷材、氯化聚乙烯-橡胶共混防水卷材等。

（1）三元乙丙（EPDM）橡胶防水卷材是以三元乙丙橡胶为主体，掺入适量的硫化剂、促进剂、软化剂、填充料等，经过配料、密炼、拉片、过滤、压延或挤出成型、硫化、检验和分卷包装而成的防水卷材。

由于三元乙丙橡胶分子结构中的主链上没有双键，当它受到紫外线、臭氧、湿和热等作用时，主链上不易发生断裂，故耐老化性能较好，化学稳定性良好。因此，三元乙丙橡胶防水卷材有优良的耐候性、耐臭氧性和耐热性。此外，它还具有重量轻、使用温度范围宽、抗拉强度高、延伸率大、对基层变形适应性强、耐酸碱腐蚀等特点。广泛适用于防水要求高、耐用年限长的土木建筑工程的防水。

（2）聚氯乙烯（PVC）防水卷材是以聚氯乙烯树脂为主要原料，掺加填充料和适量的改性剂、增塑剂、抗氧化剂和紫外线吸收剂等，经混炼、压延或挤出成型、分卷包装而成的防水卷材。聚氯乙烯防水卷材根据其基料的组成与特性分为 S 型和 P 型。其中，S 型是以煤焦油与聚氯乙烯树脂混熔料为基料的防水卷材；P 型是以增塑聚氯乙烯树脂为基料的防水卷材。该种卷材的尺度稳定性、耐热性、耐腐蚀性、耐细菌性等均较好，适用于各类建筑的屋面防水工程和水池、堤坝等防水抗渗工程。

（3）氯化聚乙烯防水卷材是以聚乙烯经过氯化改性制成的新型树脂——氯化聚乙烯树脂，掺入适量的化学助剂和填充料，采用塑料或橡胶的加工工艺，经过捏和、塑炼、压延、卷曲、分卷、包装等工序，加工制成的弹塑性防水材料。该卷材的主体原料——氯化聚乙烯树脂中的含氯量为30%～40%。

氯化聚乙烯防水卷材不但具有合成树脂的热塑性能，而且具有橡胶的弹性。由于氯化聚乙烯分子结构本身的饱和性以及氯原子的存在，使其具有耐候、耐臭氧和耐油、耐化学药品以及阻燃性能。适用于各类工业、民用建筑的屋面防水、地下防水、防潮隔气、室内墙地面防潮、地下室卫生间防水，以及冶金、化工、水利、环保、采矿业防水防渗工程。

(4) 氯化聚乙烯-橡胶共混防水卷材是以氯化聚乙烯树脂和合成橡胶共混物为主体，加入适量的硫化剂、促进剂、稳定剂、软化剂和填充料等，经过塑炼、混炼、过滤、压延或挤出型、硫化、分卷包装等工序制成的防水卷材。

氯化聚乙烯-橡胶共混防水卷材兼有塑料和橡胶的特点。它不仅具有氯化聚乙烯所特有的高强度和优异的耐臭氧、耐老化性能，而且具有橡胶类材料所特有的高弹性、高延伸性和良好的低温柔性。因此，该类卷材特别适用于寒冷地区或变形较大的土木建筑防水工程。

(二) 防水涂料

防水涂料广泛适用于工业与民用建筑的屋面防水工程、地下室防水工程和地面防潮、防渗等，特别适用于各种不规则部位的防水。

防水涂料按成膜物质的主要成分可分为高聚物改性沥青防水涂料和合成高分子防水涂料两类。

(1) 高聚物改性沥青防水涂料，指以沥青为基料，用合成高分子聚合物进行改性，制成的水乳型或溶剂型防水涂料。这类涂料在柔韧性、抗裂性、拉伸强度、耐高低温性能、使用寿命等方面比沥青基涂料有很大改善。品种有再生橡胶改性防水涂料、氯丁橡胶改性沥青防水涂料、SBS橡胶改性沥青防水涂料、聚氯乙烯改性沥青防水涂料等。

(2) 合成高分子防水涂料，指以合成橡胶或合成树脂为主要成膜物质制成的单组分或多组分的防水涂料。这类涂料具有高弹性、高耐久性及优良的耐高低温性能，品种有聚氨酯防水涂料、丙烯酸酯防水涂料、环氧树脂防水涂料和有机硅防水涂料等。

(三) 建筑密封材料

建筑密封材料是能承受接缝位移以达到气密、水密目的而嵌入建筑接缝中的材料。建筑密封材料分为定型密封材料和不定型密封材料。不定型密封材料通常是黏稠状的材料，分为弹性密封材料和非弹性密封材料。按构成类型分为溶剂型、乳液型和反应型；按使用时的组分分为单组分密封材料和多组分密封材料；按组成材料分为改性沥青密封材料和合成高分子密封材料。定形密封材料是具有一定形状和尺寸的密封材料，如密封条带、止水带等。

为保证防水密封的效果，建筑密封材料应具有高水密性和气密性，良好的黏结性、耐高低温性和耐老化性能，一定的弹塑性和拉伸-压缩循环性能。密封材料的选用，应首先考虑它的黏结性能和使用部位。密封材料与被黏基层的良好黏结，是保证密封的必要条件，因此，应根据被黏基层的材质、表面状态和性质来选择黏结性良好的密封材料；建筑物中不同部位的接缝，对密封材料的要求不同，如室外的接缝要求较高的耐候性，而伸缩缝则要求较好的弹塑性和拉伸-压缩循环性能。

1. 不定型密封材料

目前，常用的不定型密封材料有沥青嵌缝油膏、聚氯乙烯接缝膏、塑料油膏、丙烯酸类密封胶、聚氨酯密封胶和硅酮密封胶等。

（1）沥青嵌缝油膏。沥青嵌缝油膏是以石油沥青为基料，加入改性材料（废橡胶粉和硫化鱼油等）、稀释剂（松焦油、松节重油和机油等）及填充料（石棉绒和滑石粉等）混合制成的密封膏。沥青嵌缝油膏的技术性能应符合现行行业标准《建筑防水沥青嵌缝油膏》JC/T 207 的要求。沥青嵌缝油膏主要作为屋面、墙面、沟槽的防水嵌缝材料。

（2）聚氯乙烯接缝膏和塑料油膏。聚氯乙烯接缝膏是以煤焦油和聚氯乙烯（PVC）树脂粉为基料，按一定比例加入增塑剂（邻苯二甲二丁酯、邻苯二甲酸二辛酯）、稳定剂（三盐基硫酸铝、硬脂酸钙）及填充料（滑石粉、石英粉）等，在 140℃下塑化而成的膏状密封材料，简称 PVC 接缝膏。塑料油膏是用废旧聚氯乙烯（PVC）塑料代替聚氯乙烯树脂粉，其他原料和生产方法同聚氯乙烯接缝膏。聚氯乙烯接缝膏和塑料油膏应符合现行行业标准《聚氯乙烯建筑防水接缝材料》JC/T 798 的要求。聚氯乙烯接缝膏和塑料油膏有良好的黏结性、防水性、弹塑性，耐热、耐寒、耐腐蚀和抗老化性能。这种密封材料适用于各种屋面嵌缝或表面涂布作为防水层，也可用于水渠、管道等接缝，用于工业厂房自防水屋面嵌缝、大型屋面板嵌缝等。

（3）丙烯酸类密封胶。丙烯酸类密封胶是在丙烯酸酯乳液中掺入表面活性剂、增塑剂、分散剂、碳酸钙、增量剂等配制而成，通常为水乳型。它具有良好的黏结性能、弹性和低温柔性，无溶剂污染，无毒，具有优异的耐候性和抗紫外线性能。

丙烯酸类密封胶应符合现行行业标准《丙烯酸酯建筑密封胶》JC/T 484 的要求，主要用于屋面、墙板、门、窗嵌缝，但它的耐水性不算很好，所以不宜用于经常泡在水中的工程，不宜用于广场、公路、桥面等有交通来往的接缝中，也不宜用于水池、污水厂、灌溉系统、堤坝等水下接缝中。

（4）聚氨酯密封胶。聚氨酯密封胶一般用双组分配制，甲组分是含有异氰酸基的预聚体，乙组分含有多羟基的固化剂与增塑剂、填充料、稀释剂等。使用时，将甲乙两组分按比例混合，经固化反应成弹性体。

聚氨酯密封胶应符合现行行业标准《聚氨酯建筑密封胶》JC/T 482 的要求，其弹性、黏结性及耐候性特别好，与混凝土的黏结性也很好，同时不需要打底。聚氨酯密封材料可以作屋面、墙面的水平或垂直接缝。尤其适用于游泳池工程。它还是公路及机场跑道补缝、接缝的好材料，也可用于玻璃、金属材料的嵌缝。

（5）硅酮密封胶。硅酮密封胶是以聚硅氧烷为主要成分的单组分和双组分室温固化型的建筑密封材料。目前大多为单组分系统，它以硅氧烷聚合物为主体，加入硫化剂、硫化促进剂以及增强填料组成。硅酮密封胶具有优异的耐热、耐寒性和良好的耐候性；与各种材料都有较好的黏结性能；耐拉抻-压缩疲劳性强，耐水性好。

根据现行国家标准《硅酮和改性硅酮建筑密封胶》GB/T 14683 的规定，硅酮建筑密封胶按用途分为三类，其中 F 类为建筑接缝用；Gn 类为普通装饰装修镶装玻璃用，不适用于中空玻璃；Gw 类为建筑幕墙非结构性装配用，不适用于中空玻璃。改性硅酮建筑密封胶按用途分为两类，其中 F 类为建筑接缝用；R 类为干缩位移接缝用，常见于装配式预制混凝土外挂墙板接缝。

2. 定形密封材料

定形密封材料包括密封条带和止水带，如铝合金门窗橡胶密封条、丁腈橡胶- PVC 门窗密封条、自粘性橡胶、橡胶止水带、塑料止水带等。定形密封材料按密封机理的不同可分为遇水非膨胀型和遇水膨胀型两类。

二、保温隔热材料

在建筑工程中，常把用于控制室内热量外流的材料称为保温材料，将防止室外热量进入室内的材料称为隔热材料，两者统称为绝热材料。绝热材料主要用于墙体及屋顶、热工设备及管道、冷藏库等工程或冬季施工的工程。

保温材料的保温功能性指标的好坏是由材料导热系数的大小决定的，导热系数越小，保温性能越好。影响材料导热系数的主要因素包括材料的化学成分、微观结构、孔结构、湿度、温度和热流方向等，其中孔结构和湿度对导热系数的影响最大。一般情况下，导热系数小于 0.23W/(m·K) 的材料称为绝热材料，导热系数小于 0.14W/(m·K) 的材料称为保温材料；通常导热系数不大于 0.05W/(m·K) 的材料称为高效保温材料。用于建筑物保温的材料一般要求密度小、导热系数小、吸水率低、尺寸稳定性好、保温性能可靠、施工方便、环境友好、造价合理。

装饰材料按其燃烧性能划分为 A（不燃性）、B_1（难燃性）、B_2（可燃性）、B_3（易燃性）四个等级。建筑内、外保温系统，宜采用燃烧性能为 A 级的保温材料，不宜采用 B_2 级保温材料，严禁采用 B_3 级保温材料。当建筑外墙外保温系统按有关规范要求采用燃烧性能为 B_1、B_2 级的保温材料时，应符合下列规定：

(1) 除采用 B_1 级保温材料且建筑高度不大于 24m 的公共建筑或采用 B_1 级保温材料且建筑高度不大于 27m 的住宅建筑外，建筑外墙上门、窗的耐火完整性不应低于 0.50h。

(2) 应在保温系统中每层设置水平防火隔离带。防火隔离带应采用燃烧性能等级为 A 级的材料，防火隔离带的宽度不应小于 300mm。

目前应用较为广泛的纤维状绝热材料，如岩棉、矿渣棉、玻璃棉、硅酸铝棉等制品；多孔状绝热材料，如泡沫玻璃、玻化微珠、膨胀蛭石以及加气混凝土；有机绝热材料如聚苯乙烯板、聚氨酯泡沫塑料、硬泡聚氨酯板、植物纤维类绝热板等。

(一) 纤维状绝热材料

1. 岩棉及矿渣棉

岩棉及矿渣棉统称为矿物棉，由熔融的岩石经喷吹制成的称为岩棉，由熔融矿渣经喷吹制成的称为矿渣棉。最高使用温度约 600℃。矿物棉与有机胶结剂结合可以制成矿棉板、毡、筒等制品，也可制成粒状用作填充材料，其缺点是吸水性大、弹性小。矿渣棉可作为建筑物的墙体、屋顶、天花板等处的保温隔热和吸声材料，以及热力管道的保温材料。燃烧性能为不燃材料。

2. 石棉

石棉是一种天然矿物纤维，具有耐火、耐热、耐酸碱、绝热、防腐、隔声及绝缘等特性，最高使用温度可达 500～600℃。松散的石棉很少单独使用，常制成石棉粉、石棉纸板、石棉毡等制品用于建筑工程。由于石棉中的粉尘对人体有害，民用建筑很少使用，目前主要用于工业建筑的隔热、保温及防火覆盖等。

3. 玻璃棉

玻璃棉是将玻璃熔化后从流口流出的同时，用压缩空气喷吹形成乱向的玻璃纤维。玻璃棉是玻璃纤维的一种，包括短棉、超细棉。最高使用温度为400℃。玻璃棉可制成沥青玻璃棉毡、板及酚醛玻璃棉毡、板等制品，广泛用在温度较低的热力设备和房屋建筑中的保温隔热，同时它还是良好的吸声材料。玻璃棉燃烧性能为不燃材料。

4. 陶瓷纤维

陶瓷纤维是一种纤维状轻质耐火材料，直径为2～5μm，长度多为30～250mm，纤维表面曾光滑圆柱形。具有重量轻、耐高温、热稳定性好、导热系数低、比热小及耐机械振动等优点，因而在机械、冶金、化工、石油、陶瓷、玻璃、电子等行业都得到了广泛的应用。陶瓷纤维最高使用温度为1 100～1 350℃，可用于高温绝热、吸声。

陶瓷纤维制品是指用陶瓷纤维为原材料，通过加工制成的重量轻、耐高温、热稳定性好、导热系数低、比热小及耐机械振动等优点的工业制品，专门用于各种高温、高压、易磨损的环境中。

（二）多孔状绝热材料

1. 膨胀蛭石

蛭石是一种复杂的镁、铁含水铝硅酸盐矿物，由云母类矿物经风化而成，具有层状结构。膨胀蛭石的堆积密度为80～200kg/m³，导热系数为0.046～0.07W/(m·K)，最高使用温度1 000～1 100℃。煅烧后的膨胀蛭石呈松散状，可以铺设于墙壁、楼板、屋面等夹层中作为绝热、隔声材料，但吸水性大、电绝缘性不好。使用时应注意防潮，以免吸水后影响绝热效果。膨胀蛭石可松散铺设，也可与水泥、水玻璃等胶凝材料配合，浇筑成板，用于墙、楼板和屋面板等构件的绝热。

2. 膨胀珍珠岩

膨胀珍珠岩是由天然珍珠岩煅烧而成，呈蜂窝泡沫状的白色或灰白色颗粒，是一种高效能的绝热材料。膨胀珍珠岩的堆积密度为40～50kg/m³，导热系数为0.047～0.07W/(m·K)，其安全使用温度与最高使用温度相同，不大于600℃，最低使用温度为－200℃。膨胀珍珠岩具有吸湿小、无毒、不燃、抗菌、耐腐、施工方便等特点。

以膨胀珍珠岩为主，配合适量胶凝材料，经搅拌成型养护后而制成的一定形状的板、块、管壳等制品称为膨胀珍珠岩制品。

3. 玻化微珠

玻化微珠是一种酸性玻璃质熔岩矿物质（松脂岩矿砂），内部多孔、表面玻化封闭，呈球状体细径颗粒。玻化微珠吸水率低，易分散，可提高砂浆流动性，还具有防火、吸声隔热等性能，是一种具有高性能的无机轻质绝热材料，广泛应用于外墙内外保温砂浆、装饰板、保温板的轻质骨料。用玻化微珠作为轻质骨料，可提高保温砂浆的易流动性和自抗强度，减少材料收缩率，提高保温砂浆综合性能，降低综合生产成本。

其中玻化微珠保温砂浆是以玻化微珠为轻质骨料与玻化微珠保温胶粉料按照一定的比例搅拌均匀混合而成的用于外墙内外保温的一种新型无机保温砂浆材料。玻化微珠保温砂浆具有优良的保温隔热性能和防火耐老化性能、不空鼓开裂、强度高等特性。

4. 泡沫玻璃

泡沫玻璃以碎玻璃、发泡剂在800℃烧成，具有闭孔结构，气孔直径为0.1～5mm，表观密度为150～600kg/m³，导热系数为0.058～0.128W/(m·K)，抗压强度为0.8～15MPa，最高使用温度为500℃，是一种高级保温绝热材料，可用于砌筑墙体或冷库隔热。

(三)有机绝热材料

有机绝热材料是以天然植物材料或人工合成的有机材料为主要成分的绝热材料。常用品种有泡沫塑料、钙塑泡沫板、木丝板、纤维板和软木制品等。这类材料的特点是质轻、多孔、导热系数小,但吸湿性大、不耐久、不耐高温。

1. 泡沫塑料

泡沫塑料是以合成树脂为基料,加入适当发泡剂、催化剂和稳定剂等辅助材料,经加热发泡而制成的具有轻质、保温、绝热、吸声、防震性能的材料。

目前,我国生产的有:聚苯乙烯泡沫塑料,表观密度为 20～50kg/m^3,导热系数为 0.038～0.047W/(m·K),最高使用温度约 70℃;聚氯乙烯泡沫塑料,表观密度为 12～75kg/m^3,导热系数为 0.01W/(m·K),最高使用温度约 70℃,遇火能自行熄灭;聚氨酯泡沫塑料,表观密度为 30～50kg/m^3,导热系数为 0.035～0.042W/(m·K),最高使用温度达 120℃,最低使用温度为－60℃。

聚苯乙烯板是以聚苯乙烯树脂为原料,经特殊工艺连续挤出发泡成型的硬质泡沫保温板材,燃烧等级为 B_2 级。聚苯乙烯板分为模塑聚苯板(EPS)和挤塑聚苯板(XPS)两种,在同样厚度情况下,XPS 板比 EPS 板的保温效果要好,EPS 板与 XPS 板相比,吸水性较高、延展性要好。XPS 板是目前建筑业界常用的隔热、防潮材料,已被广泛应用于墙体保温,平面混凝土屋顶及钢结构屋顶的保温、低温储藏、地面、泊车平台、机场跑道、高速公路等领域的防潮保温及控制地面膨胀等方面。

聚氨酯泡沫塑料按所用材料的不同分为聚醚型和聚酯型两种,又有软质和硬质之分。按照成型方法又分为喷涂型硬泡聚氨酯和硬泡聚氨酯板材。喷涂型硬泡聚氨酯按其用途分为Ⅰ型、Ⅱ型、Ⅲ型三个类型,分别适用于屋面和外墙保温层、屋面复合保温防水层、屋面保温防水层。

硬泡聚氨酯防水性能优异,吸水率很低;硬泡聚氨酯燃烧性能等级不低于 B_2 级;硬泡聚氨酯耐化学腐蚀性好;硬泡聚氨酯使用方便,可现场喷涂为任意形状,板材具有良好的可加工性,使用方便。硬泡聚氨酯板材广泛应用于屋面和墙体保温。可代替传统的防水层和保温层,具有一材多用的功效。

2. 植物纤维类绝热板

该类绝热材料可用稻草、麦秸、甘蔗渣等为原料经加工而成,其表观密度为 200～1 200kg/m^3,导热系数为 0.058～0.307W/(m·K)。可用作墙体、地板、顶棚等,也可用于冷藏库、包装箱等。

三、吸声隔声材料

(一)吸声材料

在规定频率下平均吸声系数大于 0.2 的材料称为吸声材料。吸声材料是一种能在较大程度上吸收由空气传递的声波能量的工程材料,通常使用的吸声材料为多孔材料。材料的吸声性能除与材料的表观密度、厚度、孔隙特征有关外,还与声音的入射方向和频率有关。

1. 薄板振动吸声结构

薄板振动吸声结构具有低频吸声特性,同时还有助于声波的扩散。建筑中常用胶合板、薄木板、硬质纤维板、石膏板、石棉水泥板或金属板等，将其固定在墙或顶棚的龙骨上，并在背后留有空气层，即成薄板振动吸声结构。

2. 柔性吸声结构

具有密闭气孔和一定弹性的材料，如聚氯乙烯泡沫塑料，表面为多孔材料，但因其有密闭气孔，声波引起的空气振动不是直接传递到材料内部，只能相应地产生振动，在振动过程中由于克服材料内部的摩擦而消耗声能，引起声波衰减。这种材料的吸声特性是在一定的频率范围内出现一个或多个吸收频率。

3. 悬挂空间吸声结构

悬挂于空间的吸声体，由于声波与吸声材料的两个或两个以上的表面接触，增加了有效的吸声面积，产生边缘效应，加上声波的衍射作用，大幅提高吸声效果。空间吸声体有平板形、球形、椭圆形和棱锥形等。

4. 帘幕吸声结构

帘幕吸声结构是具有通气性能的纺织品，安装在离开墙面或窗洞一段距离处，背后设置空气层。这种吸声体对中、高频都有一定的吸声效果。帘幕吸声体安装拆卸方便，兼具装饰作用。

（二）隔声材料

隔声材料是能减弱或隔断声波传递的材料。必须选用密实、质量大的材料作为隔声材料，如黏土砖、钢板、混凝土和钢筋混凝土等。对固体声最有效的隔绝措施是隔断其声波的连续传递即采用不连续的结构处理，如在墙壁和梁之间、房屋的框架和隔墙及楼板之间加弹性垫，如毛毡、软木、橡胶等材料。

四、防火材料

1. 防火涂料

按防火涂料的使用目标来分，可分为饰面性防火涂料、钢结构防火涂料、电缆防火涂料、预应力混凝土楼板防火涂料、隧道防火涂料、船用防火涂料等多种类型。其中，钢结构防火涂料根据其使用场合分为室内用和室外用两类，根据其涂层厚度和耐火极限又可分为厚质型、薄型和超薄型三类。

厚质型（H）防火涂料一般为非膨胀型的，厚度大于 7mm 且小于或等于 45mm，耐火极限根据涂层厚度有较大差别；薄型（B）和超薄（CB）型防火涂料通常为膨胀型的，前者的厚度大于 3mm 且小于或等于 7mm，后者的厚度为小于或等于 3mm。薄型和超薄型防火涂料的耐火极限一般与涂层厚度无关，而与膨胀后的发泡层厚度有关。

2. 水性防火阻燃液

水性防火阻燃液又称水性防火剂、水性阻燃剂，现行行业标准《水基型阻燃处理剂》XF 159 中则将其正式命名为水基型阻燃处理剂。根据该标准的定义，水性防火阻燃液（水基型阻燃处理剂）是指以水为分散介质，采用喷涂或浸渍等方法使木材、织物等获得规定的燃烧性能的阻燃剂。

根据水性防火阻燃液的使用对象，可分为木材用水基型阻燃处理剂、织物用水基型阻燃处理剂、木材及织物用水基型阻燃处理剂三类。木材阻燃处理用的火阻燃液可处理各种木材、纤维板、刨花板、竹制品等，经处理后使这些木竹制品由易燃性材料成为难燃性材料；织物阻燃处理用的水性防火阻燃液可处理各种纯棉织物、化纤织物、混纺织物及丝绸麻织物等，使之成为难燃性材料。经水性防火阻燃液处理后的材料一般具有难燃、离火自熄的特点。此外用防火阻燃液处理材料后，不影响原有材料的外貌、色泽和手感，对木材、织物还兼具有防蛀、防腐的作用。

3. 防火堵料

防火堵料是专门用于封堵建筑物中的各种贯穿物，如电缆、风管、油管、气管等穿过墙壁、楼板形成的各种开孔以及电缆桥架等，具有防火隔热功能且便于更换的材料。

根据防火封堵材料的组成、形状与性能特点可分为三类：以有机高分子材料为胶粘剂的有机防火堵料；以快干水泥为胶凝材料的无机防火堵料；将阻燃材料用织物包裹形成的防火包。这三类防火堵料各有特点，在建筑物的防火封堵中均有应用。

（1）有机防火堵料又称可塑性防火堵料，它是以合成树脂为胶粘剂，并配以防火助剂、填料制成的。此类堵料在使用过程中长期不硬化，可塑性好，容易封堵各种不规则形状的孔洞，能够重复使用。遇火时发泡膨胀，因此，具有优异的防火、水密、气密性能。施工操作和更换较为方便，尤其适合需经常更换或增减电缆、管道的场合。

（2）无机防火堵料又称速固型防火堵料，是以快干水泥为基料，添加防火剂、耐火材料等经研磨、混合而成的防火堵料，使用时加水拌和即可。无机防火堵料具有无毒无味、固化快速，耐火极限与力学强度较高，能承受一定重量，又有一定可拆性的特点。有较好的防火和水密、气密性能。主要用于封堵后基本不变的场合。

（3）防火包又称耐火包或阻火包，是采用特选的纤维织物作包袋，装填膨胀性的防火隔热材料制成的枕状物体，因此又称防火枕。使用时通过垒砌、填塞等方法封堵孔洞。适合于较大孔洞的防火封堵或电缆桥架防火分隔，施工操作和更换较为方便，因此尤其适合需经常更换或增减电缆、管道的场合。

第四章　工程施工技术

第一节　建筑工程施工技术

一、土石方工程施工技术

（一）土石方工程分类

土石方工程是建设工程施工的主要工程之一。它包括土石方的开挖、运输、填筑、平整与压实等主要施工过程，以及场地清理、测量放线、排水、降水、土壁支护等准备工作和辅助工作。土木工程中常见的土石方工程有：

（1）场地平整。场地平整前必须确定场地设计标高，计算挖方和填方的工程量，确定挖方、填方的平衡调配，选择土方施工机械，拟定施工方案。

（2）基坑（槽）开挖。开挖深度在5m以内的称为浅基坑（槽），挖深超过5m（含5m）的称为深基坑（槽）。应根据建筑物、构筑物的基础形式，坑（槽）底标高及边坡坡度要求开挖基坑（槽）。

（3）基坑（槽）回填。为了确保填方的强度和稳定性，必须正确选择填方土料与填筑方法。填土必须具有一定的密实度，以避免建筑物产生不均匀沉陷。填方应分层进行，并尽量采用同类土填筑。

（4）地下工程大型土石方开挖。对人防工程、大型建筑物的地下室、深基础施工等进行的地下大型土石方开挖涉及降水、排水、边坡稳定与支护地面沉降与位移等问题。

（5）路基修筑。建设工程所在地的场内外道路，以及公路、铁路专用线，均需修筑路基，路基挖方称为路堑，填方称为路堤。路基施工涉及面广、影响因素多，是施工中的重点与难点。

（二）土石方工程的准备与辅助工作

土石方工程施工前应做好下述准备工作：

（1）场地清理。包括清理地面及地下各种障碍。

（2）排除地面水。地面水的排除一般采用排水沟、截水沟、挡水土坝等措施。

（3）修筑好临时道路及供水、供电等临时设施。

（4）做好材料、机具及土方机械的进场工作。

（5）做好土方工程测量、放线工作。

（6）根据土方施工设计做好土方工程的辅助工作，如边坡稳定、基坑（槽）支护、降低地下水等。

1. 土方边坡及其稳定

土方边坡坡度以其高度（H）与底宽度（B）之比表示。边坡可做成直线形、折线形或踏步形。边坡坡度应根据土质、开挖深度、开挖方法、施工工期、地下水位、坡顶荷载及气候条件等因素确定。

施工中除应正确确定边坡，还要进行护坡，以防边坡发生滑动。因此，在土方施工中，要预估各种可能出现的情况，采取必要的措施护坡防坍，特别要注意及时排除雨水、地面水，防止坡顶集中堆载及振动。必要时可采用钢丝网细石混凝土（或砂浆）护坡面层加固。如果是永久性土方边坡，则应做好永久性加固措施。

2. 基坑（槽）支护

开挖基坑（槽）时，如地质条件及周围环境许可，采用放坡开挖是较经济的。但在建筑稠密地区施工，或有地下水渗入基坑（槽）时，往往不可能按要求的坡度放坡开挖，这时就需要进行基坑（槽）支护，以保证施工的顺利和安全，并减少对相邻建筑、管线等的不利影响。

基坑（槽）支护结构的主要作用是支撑土壁，此外，钢板桩、混凝土板桩及水泥土搅拌桩等围护结构还兼有不同程度的隔水作用。基坑（槽）支护结构的形式有多种，根据受力状态可分为横撑式支撑、重力式支护结构、板式支护结构等，其中，板式支护结构又分为悬臂式和支撑式。

（1）横撑式支撑。开挖较窄的沟槽，多用横撑式土壁支撑。横撑式土壁支撑根据挡土板的不同，分为水平挡土板式［图 4.1.1（a）］以及垂直挡土板式［图 4.1.1（b）］两类。前者挡土板的布置又分间断式和连续式两种。湿度小的黏性土挖土深度小于 3m 时，可用间断式水平挡土板支撑；对松散、湿度大的土可用连续式水平挡土板支撑，挖土深度可达 5m。对松散和湿度很高的土可用垂直挡土板式支撑，其挖土深度不限。挡土板、立柱及横撑的强度、变形及稳定等可根据实际布置情况进行结构计算。

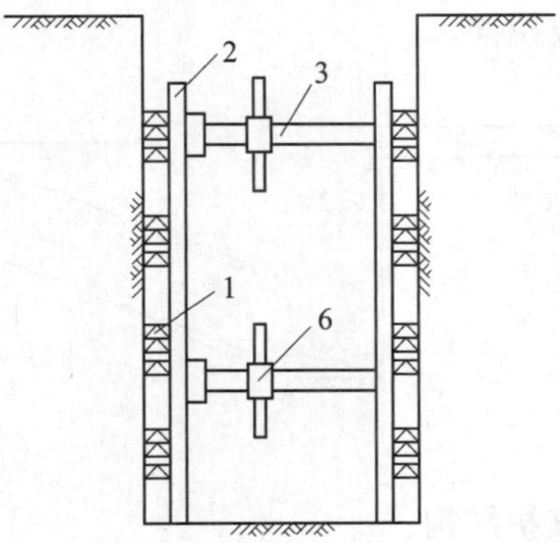

(a) 水平挡土板支撑

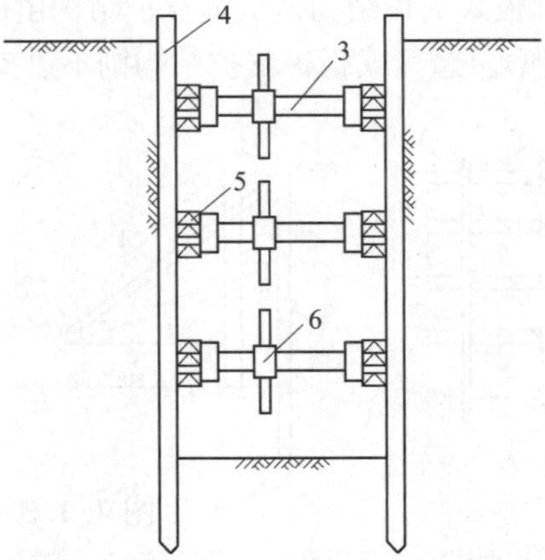

(b)垂直挡土板支撑

图 4.1.1　横撑式支撑

1—水平挡土板；2—立柱；3—工具式横撑；4—垂直挡土板；5—横楞木；6—调节螺丝

（2）重力式支护结构。重力式支护结构是指主要通过加固基坑周边土形成一定厚度的重力式墙，以达到挡土的目的。水泥土搅拌桩（或称深层搅拌桩）支护结构是近年来发展起来的一种重力式支护结构。它是用搅拌机械将水泥、石灰等和地基土相搅拌，形成相互搭接的格栅状结构形式，也可相互搭接成实体结构形式，这种支护墙具有防渗和挡土的双重功能。采用格栅形式时，要满足一定的面积转换率，对淤泥质土，不宜小于 0.7；对淤泥，不宜小于0.8；对一般黏性土、砂土，不宜小于0.6。由于采用重力式结构，开挖深度不宜大于7m。

搅拌桩成桩工艺可采用“一次喷浆、二次搅拌”或“二次喷浆、三次搅拌”工艺，主要依据水泥掺入比及土质情况而定。水泥掺量较小，土质较松时，可用前者；反之，可用后者。“一次喷浆、二次搅拌”工艺流程如图4.1.2所示。当采用“二次喷浆、三次搅拌”工艺时，可在图4.1.2所示步骤5作业时也进行注浆，以后再重复一次图示步骤4和步骤5的过程。

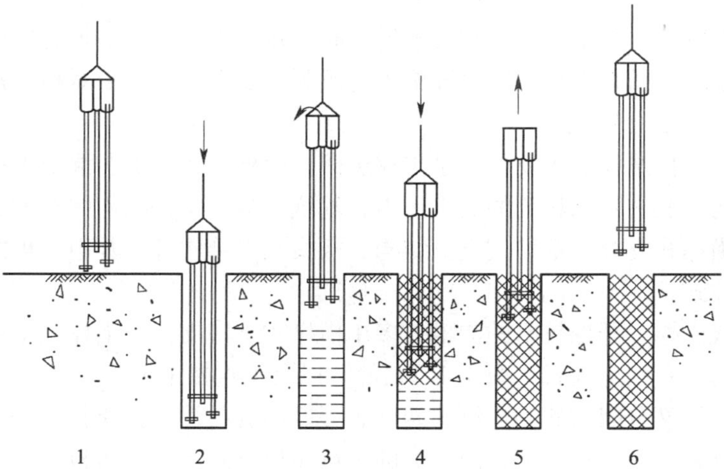

图4.1.2 “一次喷浆、二次搅拌”工艺流程

1—定位；2—预搅下沉；3—提升喷浆搅拌；4—重复下沉搅拌；5—重复提升搅拌；6—成桩结束

（3）板式支护结构。板式支护结构由两大系统组成：挡墙系统和支撑（或拉锚）系统（图4.1.3）。悬臂式板桩支护结构则不设支撑（或拉锚）。

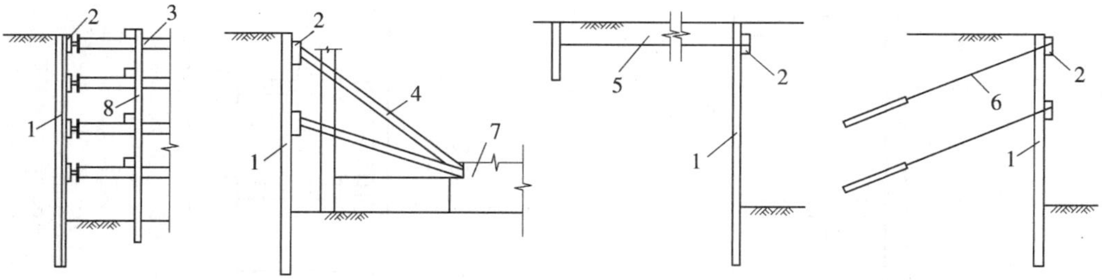

图4.1.3 板式支护结构

1—板桩墙；2—围檩；3—钢支撑；4—斜撑；5—拉锚；6—土锚杆；7—先施工的基础；8—竖撑

挡墙系统常用的材料有槽钢、钢板桩、钢筋混凝土板桩、灌注桩及地下连续墙等。钢板桩有平板形和波浪形两种。钢板桩之间通过锁口互相连接，形成一道连续的挡墙。由于锁口的连接，使钢板桩连接牢固，形成整体。同时也具有较好的隔水能力。钢板桩截面积小，易于打入，U形、Z形等波浪式钢板桩截面抗弯能力较好。钢板桩在基础施工完毕后还可拔出重复使用。

支撑系统一般采用大型钢管、H型钢或格构式钢支撑，也可采用现浇钢筋混凝土支撑。拉锚系统材料一般用钢筋、钢索、型钢或土锚杆。根据基坑开挖的深度及挡墙系统的截面性能可设置一道或多道支点。基坑较浅，挡墙具有一定刚度时，可采用悬臂式挡墙而不设支撑点。支撑或拉锚与挡墙系统通过围檩、冠梁等连接成整体。

板桩墙的施工根据挡墙系统的形式选取相应的方法。一般钢板桩、混凝土板桩采用打入法，而灌注桩及地下连续墙则采用就地成孔（槽）现浇的方法。

3. 降水与排水

降水方法可分为重力降水（如积水井、明渠等）和强制降水（如轻型井点、深井泵、电渗井点等）。土石方工程中采用较多的是明排水法和轻型井点降水。

排除地面水一般采取在基坑周围设置排水沟、截水沟或筑土堤等办法，并尽量利用原有的排水系统，使临时排水系统与永久排水设施相结合。

（1）明排水法施工。明排水法是在基坑开挖过程中，在坑底设置集水坑，并沿坑底周围或中央开挖排水沟，使水流入集水坑，然后用水泵抽走（图 4.1.4）。抽出的水应予引开，以防倒流。

明排水法由于设备简单和排水方便，采用较为普遍。宜用于粗粒土层，也用于渗水量小的黏土层。但当土为细砂和粉砂时，地下水渗出会带走细粒，发生流砂现象，导致边坡坍塌、坑底涌砂，难以施工，此时应采用井点降水法。

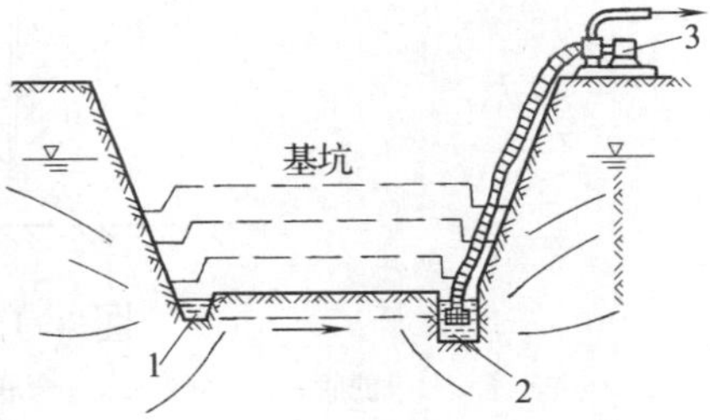

图 4.1.4　集水坑降水法

1—排水沟；2—集水坑；3—水泵

集水坑应设置在基础范围以外，地下水走向的上游。根据地下水量大小、基坑平面形状及水泵能力，集水坑每隔 20～40m 设置一个。

集水坑的直径或宽度，一般为 0.6～0.8m。其深度随着挖土的加深而加深，要经常低于挖土面 0.7～1.0m。坑壁可用竹、木或钢筋笼等简易加固。当基础挖至设计标高后，坑底应低于基础底面标高 1～2m，并铺设碎石滤水层，以免在抽水时间较长时将泥沙抽出，并防止坑底的土被搅动。

采用集水坑降水时，根据现场土质条件，应能保持开挖边坡的稳定。边坡坡面上如有局部渗出地下水时，应在渗水处设置过滤层，防止土粒流失，并设置排水沟，将水引出坡面。

（2）井点降水施工。井点降水法是在基坑开挖之前，预先在基坑四周埋设一定数量的滤水管（井），利用抽水设备抽水，使地下水位降落到坑底以下，并在基坑开挖过程中仍不断抽水。这样，可使所挖的土始终保持干燥状态，也可防止流砂发生，土方边坡也可陡一些，从而减少了挖方量。

井点降水法：轻型井点、电渗井点、喷射井点、管井井点及深井井点等。井点降水的方法根据土的渗透系数、降低水位的深度、工程特点及设备条件等，按照表 4.1.1 选择。

表 4.1.1　各种井点的适用范围

井点类别	土的渗透系数/（m/d）	降低水位深度/m
单级轻型井点	0.005～20	<6
多级轻型井点	0.005～20	<20
喷射井点	0.005～20	<20
电渗井点	<0.1	根据选用的井点确定
管井井点	0.1～200	不限
深井井点	0.1～200	>15

1）轻型井点。

①轻型井点构造。轻型井点是沿基坑四周以一定间距埋入直径较细的井点管至地下蓄水层内，井点管的上端通过弯联管与总管相连接，利用抽水设备将地下水从井点管内不断抽出，使原有地下水位降至坑底以下（图 4.1.5）。在施工过程中要不断地抽水，直至基础施工完毕并回填土为止。

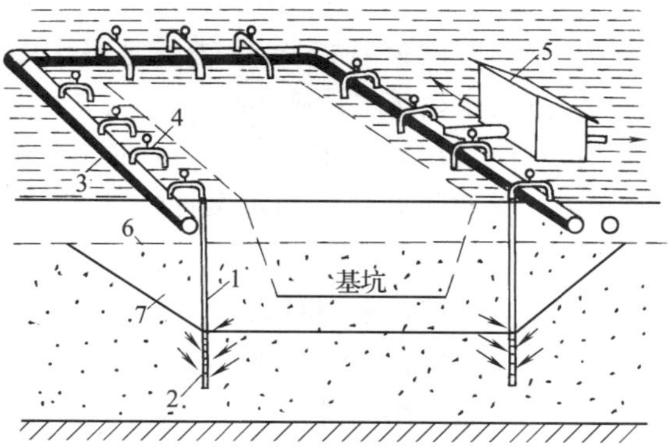

图 4.1.5 轻型井点法示意图

1—井点管；2—滤管；3—总管；4—弯联管；5—水泵房；6—原有地下水位线；7—降低后地下水位线

井点管是用直径 38mm 或 51mm、长 5～7m 的钢管，管下端配有滤管。集水总管常用直径 100～127mm 的钢管，每节长 4m，一般每隔 0.8m 或 1.2m 设一个连接井点管的接头。

抽水设备由真空泵、离心泵和水汽分离器等组成。一套抽水设备能带动的总管长度，一般为 100～120m。

②轻型井点布置。根据基坑平面的大小与深度、土质、地下水位高低与流向、降水深度要求，轻型井点可采用单排布置［图 4.1.6（a）］、双排布置［图 4.1.6（b）］以及环形布置［图 4.1.6（c）］；当土方施工机械需进出基坑时，也可采用 U 形布置［图 4.1.6（d）］。

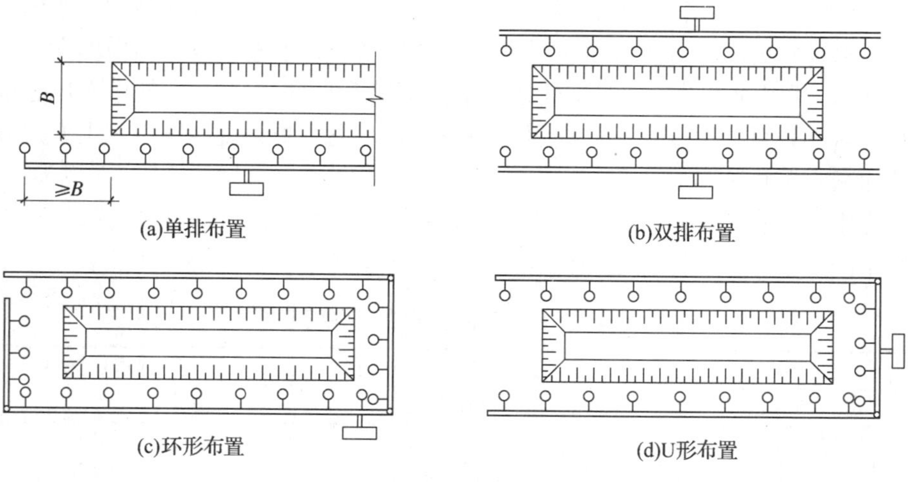

图 4.1.6 轻型井点的平面布置

单排布置适用于基坑、槽宽度小于 6m，且降水深度不超过 5m 的情况。井点管应布置在地下水的上游一侧，两端延伸长度不宜小于坑、槽的宽度［图 4.1.6（a）］。双排布置适用于基坑宽度大于6m或土质不良的情况。环形布置适用于大面积基坑。如采用U形布置，则井点管不封闭的一段应设在地下水的下游方向。

③轻型井点施工。轻型井点系统的施工，主要包括施工准备、井点系统安装与使用。

井点施工前，应认真检查井点设备、施工用具、砂滤料规格和数量、水源、电源等准备工作情况。同时还要挖好排水沟，以便泥浆水的排放。为检查降水效果，必须选择有代表性的地点设置水位观测孔。

井点系统的安装顺序是：挖井点沟槽、铺设集水总管；冲孔、沉设井点管（图 4.1.7）、灌填砂滤料；弯联管将井点管与集水总管连接；安装抽水设备；试抽。

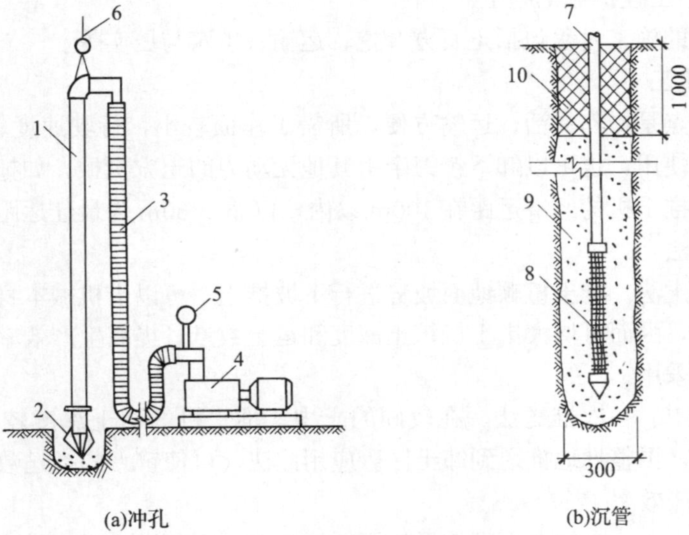

图 4.1.7　井点管的埋设

1—冲管；2—冲嘴；3—胶皮管；4—高压水泵；5—压力表；
6—起重机吊钩；7—井点管；8—滤管；9—填砂；10—黏土封口

2）喷射井点。当基坑较深而地下水位又较高时，需要采用多级轻型井点，会增加基坑的挖土量，延长工期并增加设备数量，是不经济的，因此，当降水深度超过8m时，宜采用喷射井点，降水深度可达8～20m。

喷射井点的平面布置：当基坑宽度小于或等于10m时，井点可做单排布置；当大于10m时，可做双排布置；当基坑面积较大时，宜采用环形布置。井点间距一般采用2～3m，每套喷射井点宜控制在20～30根井管。

3）电渗井点。在饱和黏土中，特别是淤泥和淤泥质黏土中，由于土的透水性较差，持水性较强，用一般喷射井点和轻型井点降水效果较差，此时宜增加电渗井点来配合轻型或喷射井点降水，以便对透水性较差的土起疏干作用，使水排出。

电渗井点埋设程序一般是先埋设轻型井点或喷射井点管，预留出布置电渗井点阳极的位置，待轻型井点降水不能满足降水要求时，再埋设电渗阴极，以改善降水性能。电渗井点阴极埋设与轻型井点、喷射井点相同，阳极埋设可用75mm旋叶式电钻钻孔埋设，钻进时加水和高压空气循环排泥，阳极就位后，利用下一钻孔排出泥浆倒灌填孔，使阳极与土接触良好，减少电阻，以利电渗。如深度不大，也可用锤击法打入。钢筋埋设必须垂直，严禁与相邻阴极相碰，以免造成短路，损坏设备。

4）深井井点。当降水深度超过15m时，在管井井点内采用一般的潜水泵和离心泵满足不了降水要求时，可加大管井深度，改用深井泵即深井井点来解决。深井井点一般可降低水位30～40m，有的甚至可达百米以上。常用的深井泵有两种类型：电动机在地面上的深井泵及深井潜水泵（沉没式深井泵）。

5）管井井点。管井井点就是沿基坑每隔一定距离设置一个管井，每个管井单独用一台水泵不断抽水来降低地下水位。在土的渗透系数大、地下水量大的土层中，宜采用管井井点。管井直径为150～250mm。管井的间距，一般为20～50m。

（三）土石方工程机械化施工

土石方工程的施工过程包括土石方开挖、运输、填筑与压实等。

1. 推土机施工

推土机的特点是操作灵活、运输方便，所需工作面较小，行驶速度较快，易于转移。推土机可以单独使用，也可以卸下铲刀牵引其他无动力的土方机械，如拖式铲运机、松土机、羊足碾等。推土机的经济运距在100m以内，以30～60m为最佳运距，使用推土机推土的几种施工方法：

(1) 下坡推土法。推土机顺地面坡势进行下坡推土，可以借机械本身的重力作用增加铲刀的切土力量，因而可增大推土机铲土深度和运土数量，提高生产效率，在推土丘、回填管沟时，均可采用。

(2) 分批集中、一次推送法。在较硬的土中，推土机的切土深度较小，一次铲土不多，可分批集中，再整批地推送到卸土区。应用此法，可使铲刀的推送数量增大，缩短运输时间，提高生产效率12%～18%。

(3) 并列推土法。在较大面积的平整场地施工中，采用2台或3台推土机并列推土。能减少土的散失，因为2台或3台推土机单独推土时，有四边或六边向外撒土，而并列后只有两边向外撒土，一般可使每台推土机的推土量增加20%。并列推土时，铲刀间距150～300mm。并列台数不宜超过4台，否则会互相影响。

(4) 沟槽推土法。沿第一次推过的原槽推土，前次推土所形成的土埂能阻止土的散失，从而增加推运量。这种方法可以和分批集中、一次推送法联合运用，能够更有效地利用推土机，缩短运土时间。

(5) 斜角推土法。将铲刀斜装在支架上，与推土机横轴在水平方向形成一定角度进行推土。一般在管沟回填且无倒车余地时可采用这种方法。

2. 铲运机施工

铲运机的特点是能独立完成铲土、运土、卸土、填筑、压实等工作，对行驶道路要求较低，行驶速度快，操纵灵活，运转方便，生产效率高。常用于坡度在20°以内的大面积场地平整，开挖大型基坑、沟槽，以及填筑路基等土方工程。铲运机可在Ⅰ～Ⅲ类土中直接挖土、运土，适宜运距为600～1 500m，当运距为200～350m时效率最高。

(1) 铲运机的开行路线。由于挖填区的分布不同，根据具体条件，选择合理的铲运路线，对生产率影响很大。根据实践，铲运机的开行路线有以下几种：

1）环形路线。施工地段较短、地形起伏不大的挖、填工程，适宜采用环形路线[图4.1.8 (a)、图4.1.8 (b)]。当挖土和填土交替，而挖填之间距离又较短时，则可采用大环形路线［图 4.1.8（c）］。大环形路线的优点是一个循环能完成多次铲土和卸土，从而减少了铲运机的转弯次数，提高了工作效率。

2）8 字形路线。对于挖、填相邻、地形起伏较大，且工作地段较长的情况，可采用 8 字形路线［图 4.1.8（d）］。其特点是铲运机行驶一个循环能完成两次作业，而每次铲土只需转弯一次，比环形路线缩短运行时间，提高生产效率。同时，一个循环中两次转弯方向不同，机械磨损较均匀。

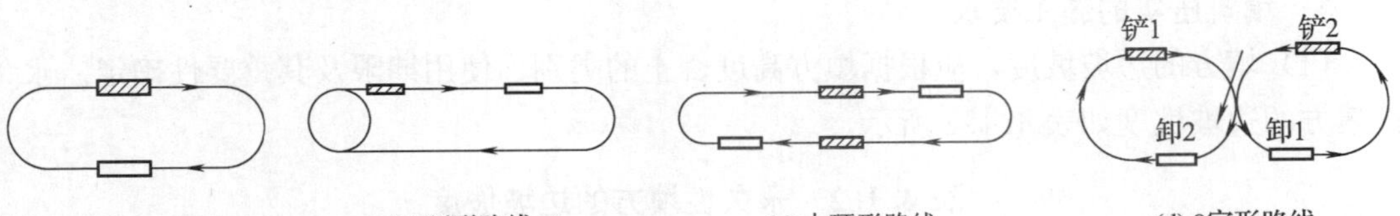

图 4.1.8　铲运机开行路线

▨—铲土；▭—卸土

（2）铲运机铲土的施工方法。为了提高铲运机的生产率，除规划合理的开行路线外，还可根据不同的施工条件，采用下列施工方法：

1）下坡铲土。应尽量利用有利地形进行下坡铲土。这样可以利用铲运机的重力来增大牵引力，使铲斗切土加深，缩短装土时间，从而提高生产率。一般地面坡度以 5°～7°为宜。如果自然条件不允许，可在施工中逐步创造一个下坡铲土的地形。

2）跨铲法。预留土埂，间隔铲土的方法。可使铲运机在挖两边土槽时减少向外撒土量，挖土埂时增加了两个自由面，阻力减小，铲土容易，土埂高度应不大于 300mm，宽度以不大于拖拉机两履带间净距为宜。

3）助铲法。在地势平坦、土质较坚硬时，可采用推土机助铲以缩短铲土时间。此法的关键是双机要紧密配合，否则达不到预期效果。一般每 3～4 台铲运机配 1 台推土机助铲。推土机在助铲的空隙时间，可做松土或其他零星的平整工作，为铲运机施工创造条件。

3. 单斗挖掘机施工

单斗挖掘机是基坑（槽）土方开挖常用的一种机械。按其行走装置的不同，分为履带式和轮胎式两类；按其工作装置的不同，可以分为正铲、反铲、拉铲和抓铲四种；按其传动装置又可分为机械传动和液压传动两种。

当场地起伏高差较大、土方运输距离超过 1 000m，且工程量大而集中时，可采用挖掘机挖土，配合自卸汽车运土，并在卸土区配备推土机平整土堆。

（1）正铲挖掘机。正铲挖掘机的挖土特点是：前进向上，强制切土。其挖掘力大，生产率高，能开挖停机面以内的Ⅰ～Ⅳ类土，开挖大型基坑时需设下坡道，适宜在土质较好、无地下水的地区工作。

根据挖掘机与运输工具的相对位置不同，正铲挖土和卸土的方式有以下两种：正向挖土、侧向卸土；正向挖土、后方卸土。

（2）反铲挖掘机。反铲挖掘机的特点是：后退向下，强制切土。其挖掘力比正铲小，能开挖停机面以下的Ⅰ～Ⅲ类的砂土或黏土，适宜开挖深度 4m 以内的基坑，对地下水位较高处也适用。反铲挖掘机的开挖方式，可分为沟端开挖与沟侧开挖。

（3）拉铲挖掘机。拉铲挖掘机的挖土特点是：后退向下，自重切土。其挖掘半径和挖土深度较大，能开挖停机面以下的Ⅰ～Ⅱ类土，适宜开挖大型基坑及水下挖土。拉铲挖掘机的开挖方式基本与反铲挖掘机相似，也可分为沟端开挖和沟侧开挖。

（4）抓铲挖掘机。抓铲挖掘机的挖土特点是：直上直下，自重切土。其挖掘力较小，只能开挖Ⅰ～Ⅱ类土，可以挖掘独立基坑、沉井，特别适于水下挖土。

（四）土石方的填筑与压实

1. 填筑压实的施工要求

（1）填方的边坡坡度，应根据填方高度、土的类别、使用期限及其重要性确定。永久性填方的边坡坡度如表 4.1.2 所示。

表 4.1.2 永久性填方的边坡坡度

土的种类	填方高度/m	边坡坡度
黏土	6	1∶1.50
亚黏土、泥灰岩土	6～7	1∶1.50
轻亚黏土、细砂	6～8	1∶1.50
黄土、类黄土	6	1∶1.50
中砂、粗砂	10	1∶1.50
碎石土	10～12	1∶1.50
易风化的岩石	12	—

（2）填方宜采用同类土填筑，如采用不同透水性的土分层填筑，下层宜填筑透水性较大的填料、上层宜填筑透水性较小的填料，或将透水性较小的土层表面做成适当坡度，以免形成水囊。

（3）基坑（槽）回填前，应清除沟槽内积水和有机物，检查基础的结构混凝土达到一定的强度后方可回填。

（4）填方应按设计要求预留沉降量，如无设计要求，可根据工程性质、填方高度、填料类别、压实机械及压实方法等，同有关部门共同确定。

（5）填方压实工程应由下至上分层铺填，分层压（夯）实，分层厚度及压（夯）实遍数，根据压（夯）实机械、密实度要求、填料种类及含水量确定，填土施工时的分层厚度及压实遍数如表 4.1.3 所示。

表 4.1.3 填土施工时的分层厚度及压实遍数

压实机具	分层厚度/mm	每层压实遍数/次
平碾	250～300	6～8
振动压实机	250～350	3～4
柴油打夯机	200～250	3～4
人工打夯	<200	3～4

2. 土料选择与填筑方法

为了保证填土工程的质量，必须正确选择土料和填筑方法。

碎石类土、砂土、爆破石渣及含水量符合压实要求的黏性土可作为填方土料。淤泥、冻土、膨胀土及有机物含量大于5%的土，以及硫酸盐含量大于5%的土均不能作填土。填方土料为黏性土时，填土前应检验其含水量是否在控制范围以内，含水量大的黏土不宜作填土用。

填方施工应接近水平地分层填土、分层压实，每层的厚度根据土的种类及选用的压实机械而定。应分层检查填土压实质量，符合设计要求后，才能填筑上层。当填方位于倾斜的地面时，应先将斜坡挖成阶梯状，然后分层填筑，以防填土横向移动。

3. 填土压实方法

填土压实方法有：碾压法、夯实法及振动压实法。

平整场地等大面积填土多采用碾压法，小面积的填土工程多用夯实法，而振动压实法主要用于压实非黏性土。

(1) 碾压法。碾压法是利用机械滚轮的压力压实土壤，使之达到所需的密实度。碾压适用于大面积填土工程。碾压机械有平碾、羊足碾和气胎碾。平碾（光碾压路机）是一种以内燃机为动力的自行式压路机，重量6～15t。羊足碾一般都没有动力，靠拖拉机牵引，有单筒、双筒两种。根据碾压要求，又可分为空筒、装砂、注水等三种。羊足碾虽与土接触面积小，但单位面积的压力比较大，土壤压实的效果好。羊足碾一般用于碾压黏性土，不适于砂性土，因在砂土中碾压时，土的颗粒受到羊足碾较大的单位压力后会向四面移动而使土的结构破坏。此外，松土不宜用重型碾压机械直接滚压，否则土层有强烈起伏现象，效率不高。如果先用轻碾压实，再用重碾压实就会取得较好效果。

(2) 夯实法。夯实法是利用夯锤自由下落的冲击力来夯实土壤，主要用于小面积回填土，可以夯实黏性土或非黏性土。夯实法分人工夯实和机械夯实两种。人工夯实所用的工具有木夯、石夯等；常用的夯实机械有夯锤、内燃夯土机和蛙式打夯机等。

(3) 振动压实法。振动压实法是将振动压实机放在土层表面，借助振动机构使压实机振动，土颗粒发生相对位移而达到紧密状态。振动碾是一种振动和碾压同时作用的高效能压实机械，比一般平碾提高功效1～2倍，可节省动力30%。这种方法对于振实填料为爆破石渣、碎石类土、杂填土和粉土等非黏性土效果较好。

二、地基与基础工程施工技术

(一) 基坑验槽

若地基为必须加固处理的天然地基，当基坑（槽）挖至基底设计标高后，施工单位必须会同勘察、设计、监理单位和业主共同进行验槽，合格后方能进行基础工程施工。

1. 观察验槽

(1) 基坑（槽）开挖后，对新鲜的未扰动的岩土直接观察，并与勘察报告核对，注意坑（槽）内是否有填土、坑穴、古墓、古井等分布，是否有因施工不当而使土质扰动、因排水不及时而使土质软化、因保护不当而使土体冰冻等现象。

(2) 除观察基坑（槽）的位置、断面尺寸、标高和边坡等是否符合设计要求外，还应对整个坑（槽）底的土质进行全面观察：

1) 土质和颜色是否一样；

2）土的坚硬程度是否均匀一致，有无局部过软或过硬；

3）土的含水量是否异常，有无过干或过湿；

4）在坑（槽）底行走或夯拍时有无振颤或空穴声音等现象。

(3) 对难以鉴别的土质，应采用洛阳铲等手段挖至一定深度仔细鉴别。

(4) 在进行直接观察时，可用袖珍贯入仪作为辅助手段。

(5) 观察的重点应以柱基、墙角、承重墙下或其他受力较大的部位为主，如有异常部位，应会同勘察、设计等有关单位进行处理。

2. 轻型动力触探

轻型动力触探是用标准质量的重锤以一定高度的自由落距将标准规格的圆锥形探头贯入土中，根据打入土中一定距离所需的锤击数，判定土的力学特性，具有勘探和测试双重功能。

(1) 采用轻型动力触探进行基坑（槽）检验时，应检查：

1）地基持力土层的强度和均匀性；

2）是否有浅部埋藏的软弱下卧层；

3）是否有浅部埋藏直接观察难以发现的坑穴、古墓、古井等。

(2) 当贯入30cm锤击数大于100击或贯入15cm锤击数超过50击时，可停止试验。

(3) 检验完毕后，触探孔要灌砂填实。

(4) 基坑（槽）底部深处有承压水层，轻型动力触探可能造成冒水涌砂时，不宜进行轻型动力触探；持力层为砾石或卵石时，且厚度符合设计要求时，一般不需进行轻型动力触探。

(二) 地基加固处理

土木工程的地基问题，概括地说，可包括以下四个方面：

(1) 强度和稳定性问题。当地基的承载能力不足以支承上部结构的自重及外荷载时，地基就会产生局部或整体剪切破坏。

(2) 压缩及不均匀沉降问题。当地基在上部结构的自重及外荷载作用下产生过大的变形时，会影响结构物的正常使用，特别是超过结构物所能容许的不均匀沉降时，结构可能开裂破坏。沉降量较大时，不均匀沉降往往也较大。

(3) 地基的渗漏量超过容许值时，会发生水量损失导致事故发生。

(4) 地震、机器以及车辆的振动、波浪作用和爆破等动力荷载可能引起地基土，特别是饱和无黏性土的液化、失稳和震陷等危害。

当结构物的天然地基存在上述问题时，必须采用相应的地基处理措施以保证结构物的安全与正常使用。地基处理的方法有很多，工程中人们常常采用的一类方法是采取措施使土中孔隙减少，土颗粒之间靠近，密度加大，土的承载力提高；另一类方法是在地基中掺加各种物料，通过物理化学作用把土颗粒胶结在一起，使地基承载力提高，刚度加大，变形减小。

1. 换填地基

当建筑物基础下的持力层比较软弱，不能满足上部荷载对地基的要求时，常采用换填地基法来处理软弱地基。换填地基法是先将基础底面以下一定范围内的软弱土层挖去，然后回填强度较高、压缩性较低，并且没有侵蚀性的材料，如中粗砂、碎石或卵石、灰土、素土、石屑、矿渣等，再分层夯实后作为地基的持力层。换填地基按其回填的材料可分为灰土地基、砂和砂石地基、粉煤灰地基等。

灰土地基是将基础底面下要求范围内的软弱土层挖去，用一定比例的石灰与土在最佳含水量情况下，充分拌和分层回填夯实或压实而成。适用于加固深1～4m厚的软弱土、湿陷性黄土、杂填土等，还可用作结构的辅助防渗层。

砂和砂石地基（垫层）系采用砂或沙砾石（碎石）混合物，经分层夯（压）实，作为地基的持力层，提高基础下部地基强度，并通过垫层的压力扩散作用，降低地基的压应力，减少变形量；同时垫层可起排水作用，地基土中孔隙水可通过垫层快速地排出，能加速下部土层的沉降和固结。适于处理3m以内的软弱、透水性强的黏性土地基，包括淤泥、淤泥质土；不宜用于加固湿陷性黄土地基及渗透系数小的黏性土地基。

粉煤灰是火力发电厂的工业废料，有良好的物理力学性能，用它作为处理软弱土层的换填材料，已在许多地区得到应用。可用作各种软弱土层换填地基的处理，以及用作大面积地坪的垫层等。

2. 土工合成材料地基

土工合成材料地基可以分为土工织物地基和加筋土地基。

土工织物地基又称土工聚合物地基，是在软弱地基中或边坡上埋设土工织物作为加筋，使其共同作用形成弹性复合土体，达到排水、反滤、隔离、加固和补强等方面的目的，以提高土体承载力，减少沉降和增加地基的稳定。

加筋土地基是由填土、填土中布置的一定量带状筋体（或称拉筋）以及直立的墙面板三部分组成的一个整体的复合结构。

3. 夯实地基

夯实地基包括重锤夯实法地基和强夯法地基两种。

(1) 重锤夯实法。重锤夯实法是利用起重机械将夯锤（2～3t）提升到一定的高度，然后自由下落产生较大的冲击能来挤密地基、减少孔隙、提高强度，经不断重复夯击，使地基得以加固，达到满足建筑物对地基承载力和变形要求。

重锤夯实法适用于地下水距地面0.8m以上稍湿的黏土、砂土、湿陷性黄土、杂填土和分层填土，但在有效夯实深度内存在软黏土层时不宜采用。

重锤表面夯实的加固深度一般为1.2～2m。重锤夯实的效果或影响深度与夯锤的重量、锤底直径、落距、夯实的遍数、土的含水量及土质条件等因素有关。

(2) 强夯法。强夯法是用起重机械将大吨位（一般8～30t）夯锤起吊到6～30m高度后，自由落下，给地基土以强大冲击能量的夯击，从而提高地基承载力，降低其压缩性的一种有效地基加固方法，也是我国目前最为常用和最经济的深层地基处理方法之一。

强夯法适用于加固碎石土、砂土、低饱和度粉土、黏性土、湿陷性黄土、高填土、杂填土以及“围海造地”地基、工业废渣、垃圾地基等的处理；也可用于防止粉土及粉砂的液化，消除或降低大孔隙土的湿陷性；对于高饱和度淤泥、软黏土、泥炭、沼泽土，如采取一定技术措施也可采用，还可用于水下夯实。强夯不得用于不允许对工程周围建筑物和设备有一定振动影响的地基加固，必需时，应采取防振、隔振措施。

强夯法施工程序为：清理、平整场地→标出第一遍夯点位置、测量场地高程→起重机就位、夯锤对准夯点位置→测量夯前锤顶高程→将夯锤吊到预定高度脱钩自由下落进行夯击，测量锤顶高程→往复夯击，按规定夯击次数及控制标准，完成一个夯点的夯击→重复以上工序，完成第一遍全部夯点的夯击→用推土机将夯坑填平，测量场地高程→在规定的间隔时间后，按上述程序逐次完成全部夯击遍数→用低能量满夯，将场地表层松土夯实，并测量夯后场地高程。强夯处理范围应大于建筑物基础范围，每边超出基础外缘的宽度宜为基底下设计处理深度的1/2～2/3，并不宜小于3m。

4. 预压地基

预压地基又称排水固结法地基，在建筑物建造前，直接在天然地基或在设置有袋状砂井、塑料排水带等竖向排水体的地基上先行加载预压，使土体中孔隙水排出，提前完成土体固结沉降，逐步增加地基强度的一种软土地基加固方法。适用于处理道路、仓库、罐体、飞机跑道、港口等各类大面积淤泥质土、淤泥及冲填土等饱和黏性土地基。预压荷载是其中的关键问题，因为施加预压荷载后才能引起地基土的排水固结。

5. 振冲地基

振冲地基是以起重机吊起振冲器，启动潜水电机带动偏心块使振动器产生高频振动；同时启动水泵通过喷嘴喷射高压水流，在边振边冲的共同作用下，将振动器沉到土中的预定深度，经清孔后，从地面向孔内逐段填入碎石，或不加填料，使地基在振动作用下被挤密实，达到要求的密实度后即可提升振动器，如此重复填料和振密直至地面，在地基中形成一个大直径的密实桩体与原地基构成复合地基，从而提高地基的承载力，减少沉降和不均匀沉降，是一种快速、经济、有效的加固方法。

6. 振冲碎石桩和沉管砂石桩复合地基

将碎石、砂或砂石混合料挤压入已成的孔中，形成密实砂石竖向增强体的复合地基。适用于挤密处理的松散砂土、粉土、粉质黏土、素填土、杂填土等地基，以及可液化地基。饱和黏土地基，如对变形控制不严格，可采用砂石桩置换处理。

振冲碎石桩桩体材料可采用含泥量不大于5%的碎石、卵石、矿渣或其他性能稳定的硬质材料，不宜使用风化易碎的石料。沉管砂石桩桩体材料可用含泥量不大于5%的碎石、卵石、角砾、圆砾、砾砂、粗砂、中砂或石屑等硬质材料。

7. 旋喷桩复合地基

旋喷桩复合地基是通过钻杆的旋转、提升，高压水泥浆由水平方向的喷嘴喷出形成喷射流，以此切割土体并与土拌和形成水泥土竖向增强体的复合地基。

适用于处理淤泥、淤泥质土、黏性土（流塑、软塑和可塑）、粉土、砂土、黄土、素填土和碎石土等地基。旋喷桩施工应根据工程需要和土质条件选用单管法、双管法和三管法；旋喷桩加固体形状可分为柱状、壁状、条状或块状。

单管法、双管法、三管法的施工程序基本一致，都是先把钻杆插入或打进预定土层中，自下而上进行喷射作业。

8. 夯实水泥土桩复合地基

夯实水泥土桩复合地基是将水泥和土按设计比例拌和均匀，在孔内分层夯实形成竖向增强体的复合地基。适用于处理地下水位以上的粉土、黏性土、素填土和杂填土等地基，土料有机质含量不应大于5%，且不得含有冻土和膨胀土。地基处理深度不宜大于15m。

夯实水泥土桩宜在建筑物基础范围内布置，基础边缘距最外一排桩中心的距离不宜小于1.0倍桩径。成孔应根据设计要求、成孔设备、现场土质和周围环境等，选用钻孔、洛阳铲成孔等方法。当采用人工洛阳铲成孔工艺时，处理深度不宜大于6.0m。

9. 水泥粉煤灰碎石桩复合地基

水泥粉煤灰碎石桩（CFG桩）是在碎石桩基础上加入一些石屑、粉煤灰和少量水泥，加水拌和制成的具有一定黏结强度的桩。适用于处理黏性土、粉土、砂土和自重固结已完成的素填土地基。

桩顶和基础之间应设置褥垫层，厚度宜为桩径的40%～60%。褥垫层材料宜采用中砂、粗砂、级配砂石和碎石，最大粒径不宜大于30mm。不宜采用卵石，这是因为卵石咬合力差，施工时扰动较大、不容易保证褥垫厚度均匀。褥垫层不仅用于CFG桩，也用于碎石桩、沉管桩、旋喷桩、夯实水泥土桩等，以形成复合地基，保证桩和桩间土的共同作用。

10. 灰土挤密桩和土挤密桩复合地基

灰土挤密桩和土挤密桩复合地基是由桩间挤密土和填夯的桩体组成的人工"复合地基"，适用于处理地下水位以上的粉土、黏性土、素填土、杂填土和湿陷性黄土等地基，地基处理的深度宜为3～15m。

当以消除地基土的湿陷性为主要目的时，可选用土挤密桩；当以提高地基土的承载力或增强其水稳性为主要目的时，宜选用灰土挤密桩。当地基土的含水量大于24%、饱和度大于65%时，应通过试验确定其适用性。

11. 水泥土搅拌桩复合地基

水泥土搅拌桩复合地基是以水泥作为固化剂的主要材料，通过深层搅拌机械，将固化剂和地基土强制搅拌形成竖向增强体的复合地基。适用于处理正常固结的淤泥、淤泥质土、素填土、黏性土（软塑、可塑）、粉土（稍密、中密）、粉细砂（松散、中密）、中粗砂（松散、稍密）、饱和黄土等土层。不适用于含大孤石或障碍物较多且不易清除的杂填土、欠固结的淤泥和淤泥质土、硬塑及坚硬的黏性土、密实的砂类土，以及地下水渗流影响成桩质量的土层。

水泥土搅拌桩的施工工艺分为浆液搅拌法和粉体搅拌法。可采用单轴、双轴、多轴搅拌或连续成槽搅拌形成柱状/壁状、格栅状或块状水泥土加固体。当地基土的天然含水量小于30%（黄土含水量小于25%）时，不宜采用粉体搅拌法。

12. 柱锤冲扩桩复合地基

柱锤冲扩桩复合地基是指反复将柱状重锤提到高处使其自由下落冲击成孔，然后分层填料夯实形成扩大桩体，与桩间土组成复合地基的处理方法。该方法施工简便，振动及噪声小。适用于处理杂填土、粉土、黏性土、素填土、黄土等地基，对地下水位以下饱和松软土层应通过现场试验确定其适用性。地基处理深度不宜超过10m，复合地基承载力特征值不宜超过160kPa。

柱锤冲扩桩宜用直径300～500mm、长度2～6m、质量2～10t的柱状锤（柱锤）进行施工。桩位布置可采用正方形、矩形、三角形。桩体材料可采用碎砖三合土、级配砂石、矿渣、灰土、水泥混合土等。每个桩孔应夯填至桩顶设计标高以上至少0.5m，其上部桩孔用原槽土夯封。桩身填料夯实后的平均桩径可达600～800mm。柱锤冲扩桩法夯击能量较大，易发生地面隆起，造成表层桩和桩间土出现松动，从而降低处理效果，因此，成孔及填料夯实的施工顺序宜间隔进行。

（三）桩基础施工

桩基础是由若干根桩和桩顶的承台组成的一种常用的深基础。它具有承载能力大、抗震性能好、沉降量小等特点。采用桩基施工可省去大量土方、排水、支撑、降水设施，而且施工简便，可以节约劳动力和压缩工期。

根据桩在土中受力情况的不同，可以分为端承桩和摩擦桩。端承桩是穿过软弱土层而达到硬土层或岩层的一种桩，上部结构荷载主要依靠桩端反力支撑；摩擦桩是完全设置在软弱土层一定深度的一种桩，上部结构荷载主要由桩侧的摩阻力承担，而桩端反力承担的荷载只占很小的部分。

按施工方法的不同，桩身可以分为预制桩和灌注桩两大类。预制桩是在工厂或施工现场制成各种材料和形式的桩（如钢筋混凝土桩、钢桩、木桩等），然后用沉桩设备将桩打入、压入、旋入或振入土中。灌注桩是在施工现场的桩位上先成孔，然后在孔内灌注混凝土，也可加入钢筋后灌注混凝土。根据成孔方法的不用可分为钻孔灌注桩、挖孔灌注桩、冲孔灌注桩、沉管灌注桩和爆扩桩等。

1. 钢筋混凝土预制桩施工

钢筋混凝土桩坚固耐久，不受地下水和潮湿变化的影响，可做成各种需要的断面和长度，而且能承受较大的荷载，在建筑工程中广泛应用。

常用的钢筋混凝土预制桩断面有实心方桩与预应力混凝土空心管桩两种。方形桩边长通常为 200～550mm，桩内设纵向钢筋或预应力钢筋和横向钢筋，在尖端设置桩靴。预应力混凝土管桩直径为 400～600mm，在工厂内用离心法制成。

（1）桩的制作、起吊、运输和堆放。

1）桩的制作。长度在 10m 以下的短桩，一般多在工厂预制，较长的桩，因不便于运输，通常在打桩现场附近露天预制。

制作预制桩有并列法、间隔法、重叠法、翻模法等。现场预制桩多用重叠法预制，重叠层数不宜超过 4 层，层与层之间应涂刷隔离剂，上层桩或邻近桩的灌注，应在下层桩或邻近桩混凝土达到设计强度等级的 30％以后方可进行。

2）起吊和运输。钢筋混凝土预制桩应在混凝土达到设计强度的 70％方可起吊；达到 100％方可运输和打桩。如提前吊运，应采取措施并经验算合格后方可进行。桩在起吊和搬运时，吊点应符合设计要求，满足吊桩弯矩最小的原则。

3）堆放。桩堆放时，地面必须平整、坚实，不得产生不均匀沉陷。桩堆放时应设置垫木，垫木的位置与吊点位置相同，各层垫木应上下对齐，堆放层数不宜超过 4 层。不同规格的桩应分别堆放。

（2）沉桩。沉桩的施工方法为将各种预先制作好的桩（主要是钢筋混凝土或预应力混凝土实心桩或管桩）以不同的沉入方式沉至地基内达到所需要的深度。

沉桩的方式主要有锤击沉桩（打入桩）、静力压桩（压入桩）、射水沉桩（旋入桩）和振动沉桩（振入桩）。

1）锤击沉桩。锤击沉桩是利用桩锤下落时的瞬时冲击机械能，克服土体对桩的阻力，使其静力平衡状态遭到破坏，导致桩体下沉，达到新的静压平衡状态，如此反复地锤击桩头，桩身也就不断地下沉。锤击沉桩是预制桩最常用的沉桩方法。

①适用范围。锤击沉桩法适用于桩径较小（一般桩径为 0.6m 以下），地基土土质为

可塑性黏土、砂性土、粉土、细砂以及松散的碎卵石类土的情况，此方法施工速度快，机械化程度高，适用范围广，现场文明程度高，但施工时有挤土、噪声和振动等公害，对城市中心和夜间施工有所限制。

②锤击法施工。

a. 打桩机具的选择。打桩机具主要包括桩锤、桩架和动力装置三部分。桩锤是对桩施加冲击力，将桩打入土中的主要机具；桩架是将桩吊到打桩位置，并在打桩过程中引导桩的方向，保证桩锤能沿要求的方向冲击打桩设备；动力装置包括驱动桩锤及卷扬机用的动力设备。在选择打桩机具时，应根据地基土壤的性质、工程的大小、桩的种类、施工期限、动力供应条件和现场情况确定。

桩锤的选择应先根据施工条件确定桩锤的类型，然后决定锤重。要求锤重应有足够的冲击能，锤重应大于或等于桩重。实践证明，当锤重大于桩重的 1.5～2.0 倍时，能取得良好的效果，但桩锤也不能过重，过重易将桩打坏；当桩重大于 2t 时，可采用比桩轻的桩锤，但也不能小于桩重的 75%。这是因为在施工中，宜采用“重锤低击”，即锤的重量大而落距小，这样，桩锤不易产生回跃，不致损坏桩头，且桩易打入土中，效率高；反之，若“轻锤高击”，则桩锤易产生回跃，易损坏桩头，桩难以打入土中。

b. 打桩准备。打桩前，应认真处理地上、地下（地下管线、旧有基础、树木等）障碍物，打桩机进场及移动范围内的场地应平整压实，以使地面有一定的承载力，并保证打桩机的垂直度。在打桩前应根据设计图纸确定桩基轴线，并将桩的准确位置测设到地面。

c. 确定打桩顺序。打桩顺序是否合理，直接影响打桩进度和施工质量。确定打桩顺序时要综合考虑到桩的密集程度、基础的设计标高、现场地形条件、土质情况等。

一般当基坑不大时，打桩应从中间分头向两边或四周进行；当基坑较大时，应将基坑分为数段，而后在各段范围内分别进行（图 4.1.9）。打桩应避免自外向内，或从周边向中间进行。当桩基的设计标高不同时，打桩顺序易先深后浅；当桩的规格不同时，打桩顺序宜先大后小、先长后短。

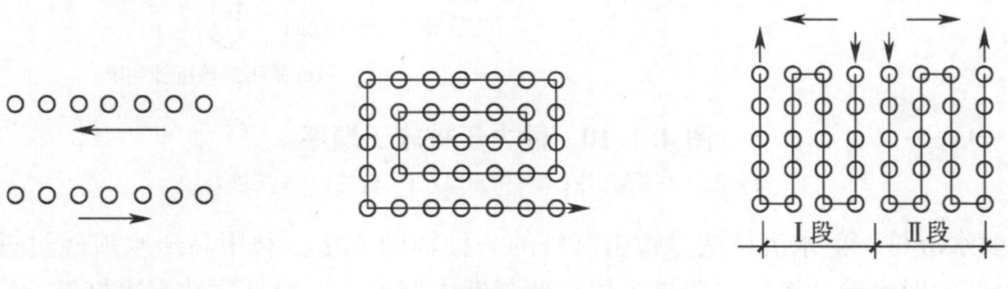

(a) 逐排打设 (b) 自中部向四周打设 (c) 分段打设

图 4.1.9 打桩顺序

d. 打桩方法。打桩机就位后，将桩锤和桩帽吊起来，然后吊桩并送至导杆内，垂直对准桩位缓缓送下插入土中，垂直度偏差不得超过 0.5%，然后固定桩帽和桩锤，使桩、桩帽、桩锤在同一垂线上，确保桩能垂直下沉。在桩锤和桩帽之间应加弹性衬垫，桩帽与桩顶周围应有 5～10mm 的间隙，以防损伤桩顶。

打桩开始时，锤的落距应较小，待桩入土一定深度（约 2m）并稳定后，再按要求的落距锤击，用落锤或单动汽锤打桩时，最大落距不宜大于 1m；用柴油锤时应使锤跳动正常。在打桩过程中，遇有贯入度剧变，桩身突然发生倾斜、移位或有严重回弹，桩顶或桩身出现严重裂缝或破碎等异常情况时，应暂停打桩，及时研究处理。打桩工程是一项隐蔽工程，为了确保工程质量，必须在打桩过程中做好记录。

2）静力压桩。静力压桩是利用压桩架的自重及附属设备（卷扬机及配重等）的重量，通过卷扬机的牵引，由钢丝绳滑轮及压梁将整个压桩架的重量传至桩顶，将桩逐节压入土中。

静力压桩施工时无冲击力，噪声和振动较小，桩顶不易损坏，且无污染，对周围环境的干扰小，适用于软土地区、城市中心或建筑物密集处的桩基础工程，以及精密工厂的扩建工程。

静力压桩由于受设备行程的限制，在一般情况下是分段预制、分段压入、逐段压入、逐段接长，其施工工艺顺序：测量定位→压桩机就位→吊桩、插桩→桩身对中调直→静压沉桩→接桩→再静压沉桩→送桩→终止压桩→切割桩头。当第一节桩压入土中，其上端距地面 0.5～1.0m 时，将第二节桩接上，继续压入。静力压桩施工顺序如图 4.1.10 所示。

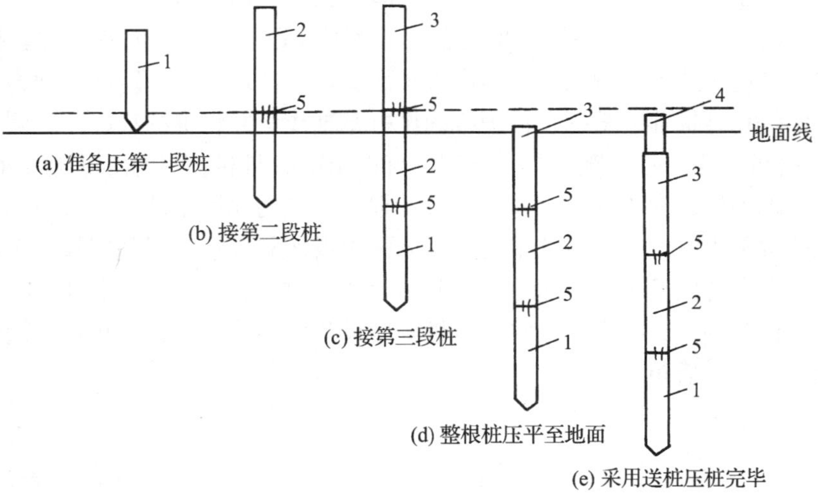

图 4.1.10　静力压桩施工顺序

1—第一段；2—第二段；3—第三段；4—送桩；5—接桩处

3）射水沉桩。射水沉桩法是锤击沉桩的一种辅助方法。利用高压水流经过桩侧面或空心桩内部的射水管冲击桩尖附近土层，便于锤击沉桩。一般是边冲水边打桩，当沉桩至最后 1～2m 时停止冲水，用锤击至规定标高。射水沉桩法适用于砂土和碎石土，有时对于特别长的预制桩，单靠锤击有一定困难时，也可用射水沉桩法辅助之。

射水沉桩法的选择应视土质情况而异，在砂夹卵石层或坚硬土层中，一般以射水为主，锤击或振动为辅；在亚黏土或黏土中，为避免降低承载力，一般以锤击或振动为主，以射水为辅，并应适当控制射水时间和水量；下沉空心桩，一般用单管内射水。

射水沉桩的施工要点是：吊插桩基时要注意及时引送输水胶管，防止拉断与脱落；基桩插正立稳后，压上桩帽桩锤，并开始用较小水压，使桩靠自重下沉。初期应控制桩身不使其下沉过快，以免阻塞射水管嘴，并注意随时控制和校正桩的方向；下沉渐趋缓慢时，可开锤轻击，沉至一定深度（8～10m）已能保持桩身稳定后，可逐步加大水压和锤的冲击动能；沉桩至距设计标高一定距离（2.0m以上）停止射水，拔出射水管，进行锤击或振动使桩下沉至设计要求标高，以保证桩的承载力。

4）振动沉桩。振动沉桩的原理是借助固定于桩头上的振动箱索产生的振动力，以减小桩与土壤颗粒之间的摩擦力，使桩在自重与机械力的作用下沉入土中。

振动沉桩主要适用于砂土、砂质黏土、亚黏土层。在含水砂层中的效果更为显著，但在沙砾层中采用此法时，尚需配以水冲法。

振动沉桩法的优点是设备构造简单，使用方便，效能高，所消耗的动力少。附属机具设备也少。其缺点是适用范围较窄，不宜用于黏性土以及土层中夹有孤石的情况。

（3）接桩与拔桩。钢筋混凝土预制长桩受运输条件和打桩架的高度限制，一般分成数节制作，分节打入，在现场接桩。常用接桩方式有焊接、法兰接及硫黄胶泥锚接等几种形式，其中焊接接桩应用最多，前两种接桩方法适用于各种土层；后者只适用于软弱土层。焊接接桩钢板宜用低碳钢，焊条宜用E43，焊接时应先将四角点焊固定，然后对称焊接，并应确保焊缝质量和设计尺寸。法兰接桩时钢板和螺栓也宜用低碳钢并紧固牢靠。硫黄胶泥锚接桩使用的硫黄胶泥配合比应通过试验确定。

当已打入的混凝土预制桩由于某种原因拔出时，长桩可用拔桩机进行，一般桩可用人字桅杆借卷扬机或用钢丝绳捆紧桩头部借横梁用液压千斤顶抬起，采用气锤打桩可直接用蒸汽锤拔桩。

（4）桩头处理。各种预制桩在施工完毕后，按设计要求的桩顶标高将桩头多余的部分截去。截桩头时不能破坏桩身，要保证桩身的主筋伸入承台，长度应符合设计要求。当桩顶标高在设计标高以下时，在桩位上挖成喇叭口，凿掉桩头混凝土，剥出主筋并焊接接长至设计要求长度，与承台钢筋绑扎在一起，用桩身同强度等级的混凝土与承台一起浇筑接长桩身。

2. 钢管桩

在我国沿海及内陆冲积平原地区，土质常为很厚（深达50～60m）的软土层，用常规钢筋混凝土和预应力混凝土桩难以适应时，多选用钢管桩来加固地基。

钢管桩的优点是：重量轻、刚性好、承载力高，桩长易于调节，排土量小，对邻近建筑物影响小，接头连接简单，工程质量可靠，施工速度快。但钢管桩也存在一些缺点：钢材用量大，工程造价较高；打桩机具设备较复杂，振动和噪声较大；桩材保护不善、易腐蚀等。

钢管桩施工，有先挖土后打桩和先打桩后挖土两种方法。在软土地区，一般表层土承载力尚可，深部地基承载力则往往很差，且地下水位较高，较难以排干。为避免基坑长时间大面积暴露被扰动，同时也为了便于施工作业，一般采取先打桩后挖土施工法。

钢管桩的施工顺序：桩机安装→桩机移动就位→吊桩→插桩→锤击下沉→接桩→锤击至设计深度→内切钢管桩→精割→焊桩盖→浇筑垫层混凝土→绑钢筋→支模板→浇筑混凝土基础承台。

3. 混凝土灌注桩施工

混凝土灌注桩是直接在桩位上就地成孔，然后在孔内安放钢筋笼（也有直接插筋或省却钢筋的），再灌注混凝土而成。根据成孔工艺不同，分为泥浆护壁成孔、干作业成孔、套管成孔和爆扩成孔等。

混凝土灌注桩能适应地层的变化，无须接桩，施工时无振动、无挤土、噪声小，适宜在建筑物密集地区使用。但其操作要求严格，施工后需一定的养护期方可承受荷载，成孔时有大量土基或泥浆排出。桩头“直接凿除法”不得用于地基基础设计等级为乙级及以上房屋建筑工程，可采用“预先切割法＋机械凿除”桩头处理或“环切法”整体桩头处理等工艺。

（1）泥浆护壁成孔灌注桩。泥浆护壁成孔灌注桩按成孔工艺和成孔机械不同分为正循环钻孔灌注桩、反循环钻孔灌注桩、钻孔扩底灌注桩和冲击成孔灌注桩，其使用范围如下：

1）正循环钻孔灌注桩适用于黏性土、砂土、强风化、中等到微风化岩石。可用于桩径小于 1.5m、孔深一般小于或等于 50m 的场地。

2）反循环钻孔灌注桩适用于黏性土、砂土、细粒碎石土及强风化、中等～微风化岩石，可用于桩径小于 2m，孔深一般小于或等于 60m 的场地。

3）钻孔扩底灌注桩适用于黏性土、砂土、细粒碎石土及全风化、强风化、中等风化岩石时，孔深一般小于或等于 40m。

4）冲击成孔灌注桩适用于黏性土、砂土、碎石土和各种岩层。对厚砂层软塑～流塑状态的淤泥及淤泥质土应慎重使用。

泥浆护壁成孔灌注桩施工流程如图 4.1.11 所示。灌注桩的桩顶标高至少要比设计标高高出 1.0m，桩底清孔质量按不同成桩工艺有不同的要求，应按规范要求执行。

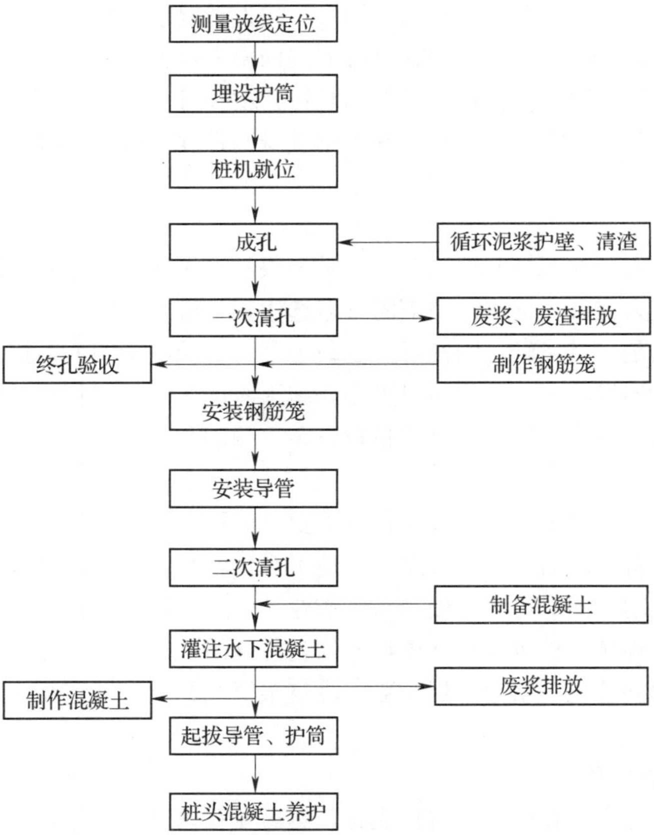

图 4.1.11 泥浆护壁成孔灌注桩施工流程

（2）干作业成孔灌注桩。干作业成孔灌注桩指在地下水位以上地层可采用机械或人工成孔并灌注混凝土的成桩工艺。干作业成孔灌注具有施工振动小、噪声低、环境污染少的优点。

干作业成孔灌注桩即不用泥浆或套管护壁措施而直接排出土成孔的灌注桩。这是在没有地下水的情况下进行施工的方法。目前干作业成孔的灌注桩常用的有螺旋钻孔灌注桩、螺旋钻孔扩孔灌注桩、机动洛阳铲挖孔灌注桩及人工挖孔灌注桩四种。螺旋钻孔灌注桩的施工机械形式有长螺旋钻孔机和短螺旋钻孔机两种。但施工工艺除长螺旋钻孔机为一次成孔，短螺旋钻孔机为分段多次成孔外，其他都相同。

干作业成孔灌注桩施工流程如图 4.1.12 所示。

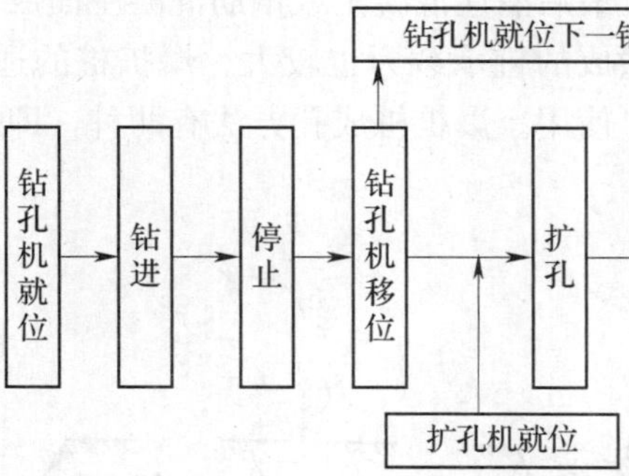

图 4.1.12　干作业成孔灌注桩施工流程

（3）套管成孔灌注桩。套管成孔灌注桩有锤击沉管灌注桩、振动沉管灌注桩等。利用锤击沉桩设备沉管、拔管时，称为锤击沉管灌注桩；利用激振器振动沉管、拔管时，称为振动沉管灌注桩。套管成孔灌注桩施工过程如图 4.1.13 所示。

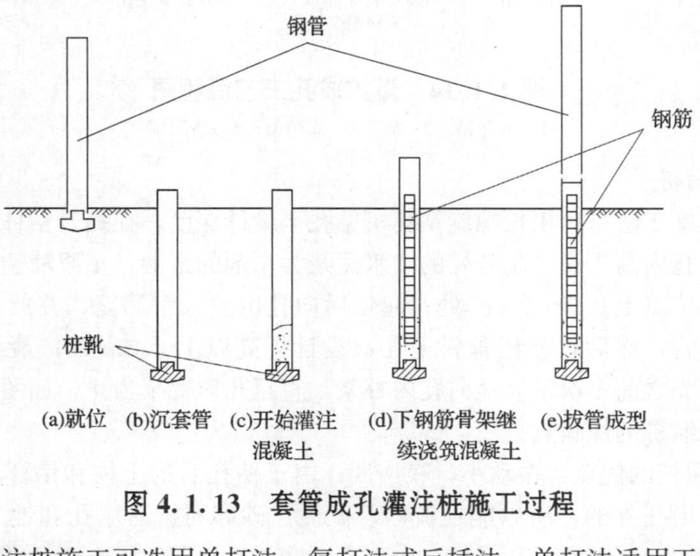

图 4.1.13　套管成孔灌注桩施工过程

套管成孔灌注桩施工可选用单打法、复打法或反插法。单打法适用于含水量较小的土层，复打法或反插法适用于饱和土层。

1）套管成孔灌注桩成桩过程：桩机就位→锤击（振动）沉管→上料→边锤击（振动）边拔管，并继续浇筑混凝土→下钢筋笼，继续浇筑混凝土及拔管→成桩。

2）施工要求：桩管沉到设计标高并停止振动后应立即浇筑混凝土。管内灌满混凝土后应先振动，再拔管。拔管过程中，应分段添加混凝土，保持管内混凝土面不低于地表面或高于地下水位 1.0～1.5m。桩身配钢筋笼时，第一次混凝土应先浇至钢筋笼笼底标高，然后放置钢筋笼，再浇混凝土到桩顶标高。套管成孔灌注桩全长复打桩施工时，第一次灌注混凝土应达到自然地面，复打施工应在第一次浇筑的混凝土初凝之前完成。初打与复打的桩中心线应重合。

（4）爆扩成孔灌注桩。爆扩成孔灌注桩又称爆扩桩，是由桩柱和扩大头两部分组成。爆扩桩的一般施工过程：采用简易的麻花钻（手工或机动）在地基上钻出细而长的小孔，然后在孔内安放适量的炸药，利用爆炸的力量挤土成孔（图 4.1.14）；接着在孔底安放炸药，利用爆炸的力量在底部形成扩大头；最后灌注混凝土或钢筋混凝土而成。这种桩成孔方法简便，能节省劳动力，降低成本，做成的桩承载力也较大。爆扩桩的适用范围较广，除软土和新填土外，其他各种土层中均可使用。爆扩桩成孔方法有两种，即一次爆扩法及两次爆扩法。

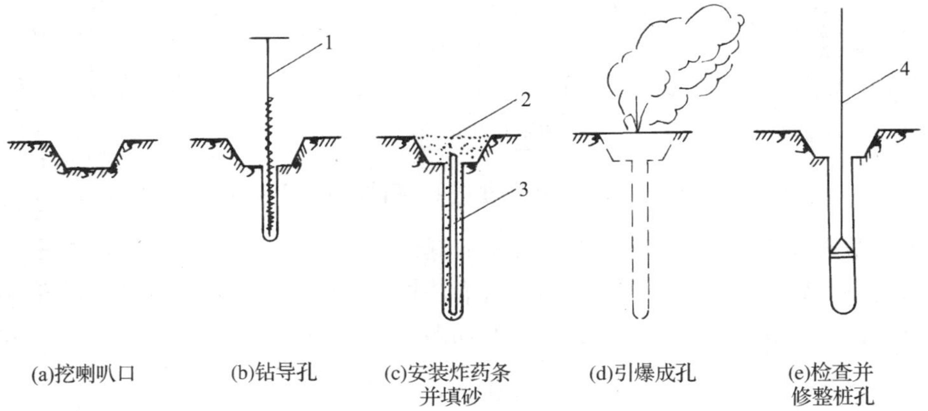

图 4.1.14 爆扩成孔工艺流程图

1—麻花钻；2—砂；3—炸药条；4—洛阳铲

4. 钻孔压灌桩

钻孔压灌桩施工法是利用长螺旋钻孔机钻孔至设计深度，在提升钻杆的同时通过设在钻头上的喷嘴向孔内高压灌注制备好的以水泥浆为主剂的浆液，至浆液达到没有塌孔危险的位置或地下水位以上 0.5～1.0m 处；起钻后向孔内放入钢筋笼，并放入至少 1 根直通孔底的高压注浆管，然后投放粗骨料至孔口设计标高以上 0.3m 处；最后通过高压注浆管，在水泥浆终凝之前多次重复地向孔内补浆，直至孔口冒浆为止，如图 4.1.15 所示。

（1）钻孔压灌桩的优缺点。

1）钻孔压灌桩的优点：振动小，噪声低；由于钻孔后的土柱和钻杆是被孔底的高压水泥浆置换后提出孔外的，所以能在流砂、淤泥、砂卵石、易塌孔和地下水的地质条件下，采用水泥浆护壁而顺利成孔成桩；由于高压注浆对周围地层有明显的渗透、加固挤密作用，可解决断桩、缩颈、桩底虚土等问题，还有局部膨胀扩径现象，提高承载力；因不用泥浆护壁，就没有因大量泥浆制备和处理带来的污染环境、影响施工速度和质量等弊端；施工速度快、工期短；单桩承载力较高。

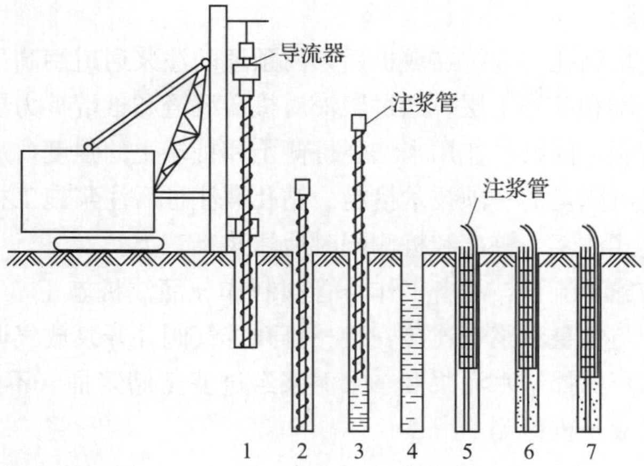

图 4.1.15　钻孔压灌桩施工程序

1—钻机就位；2—钻进；3—首次注浆；4—提出钻杆；
5—放钢筋笼；6—放碎石；7—二次补浆

2）钻孔压灌桩的缺点：因为桩身用无砂混凝土，故水泥消耗量较普通钢筋混凝土灌注桩多，其脆性比普通钢筋混凝土桩要大；桩身上部的混凝土密实度比桩身下部差，静载试验时有桩顶压裂现象；注浆结束后，地面上水泥浆流失较多；遇到厚流砂层，成桩较难。

（2）适用范围。钻孔压灌桩适应性较广，几乎可用于各种地质土层条件施工，既能在地下水位以上干作业成孔成桩，也能在地下水位以下成孔成桩；既能在常温条件下施工，也能在低温条件下施工；采用特制钻头可在风化岩层、盐渍土层及砂卵石层中成孔；采用特殊措施可在厚流砂层中成孔；还能在紧邻持续振动源的困难环境下施工。钻孔压灌桩的直径一般为 300mm、400mm、500mm、600mm 和 800mm，常用桩径为 400mm、600mm，桩长最大可达 31m。

（3）施工流程。钻孔压灌桩施工设备主要有长螺旋钻孔机、导流器、钻杆、钻头、注浆泵及管路系统、注水器、浆液制备装置等。钻孔压灌桩施工工艺流程如图 4.1.16 所示。

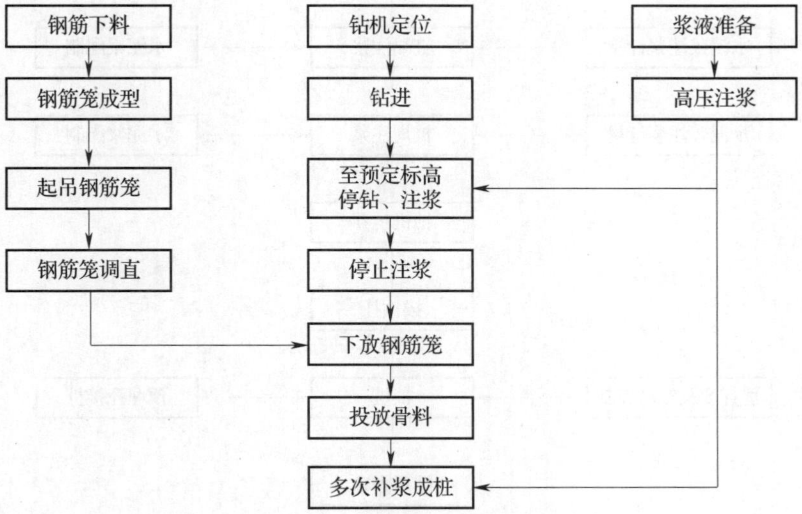

图 4.1.16　钻孔压灌桩施工工艺流程图

5. 灌注桩后注浆

灌注桩后注浆是指钻孔灌注桩在成桩后，由预埋的注浆通道用高压注浆泵将一定压力的水泥浆压入桩端土层和桩侧土层，通过浆液对桩端沉渣和桩端持力层及桩周泥皮起到渗透、填充、压密、劈裂、固结等作用来增强桩侧土和桩端土的强度，从而达到提高桩基极限承载力，减少群桩沉降量的一项技术措施。钻孔灌注桩后注浆施工技术主要有桩底后注浆、桩侧后注浆、复式注浆（桩底和桩侧同时后注浆）三类。

灌注桩后注浆的施工流程：准备工作→管阀制作→灌注桩施工（注浆管埋设）→注浆设备选型及加筋软管与桩身注浆管连接安装→打开排气阀并开泵放气调试→关闭排气阀压清水开塞→按设计水灰比拌制水泥浆液→水泥浆经过滤至储浆桶（不断搅拌）→待注浆管道通畅后压注水泥浆液→桩检测。

6. 静钻根植桩

静钻根植桩是采用单轴钻机进行钻孔、扩底，注入桩端和桩周水泥浆，然后将植入桩置于已成孔内形成的基桩。可用于素填土、淤泥、淤泥质土、黏性土、粉土、砂土、碎（砾）石土、全风化岩、强风化岩以及软质中风化岩，桩径不宜大于 1 400mm。

静钻根植桩施工流程如图 4.1.17 所示。

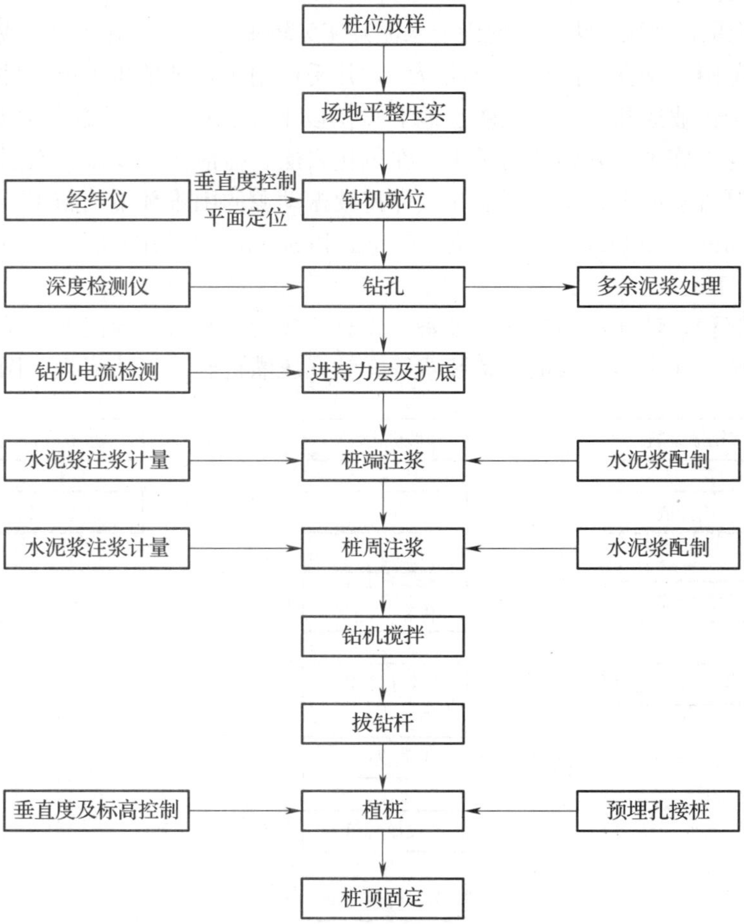

图 4.1.17 静钻根植桩施工流程图

（1）桩架就位。移动桩架到达作业位置，调整桩架垂直度偏差至0.5%以内。桩架就位后对桩位再次进行定位复核，桩位偏差值不应大于20mm。

（2）钻孔、修孔操作。将钻头定位于桩心位置，确认平面位置及钻杆垂直度，垂直度允许偏差为0.5%。钻孔过程中，应根据地质情况边钻孔边注水，通过搅拌钻杆的搅拌作用使桩孔内土体分散形成流塑状态的泥浆。钻孔至设计深度后，反复升降钻杆进行桩孔的修整。

（3）扩底操作。施工前应对扩底装置工作状况进行检查，检查内容包括扩底直径、操作控制状况、保养状况，确认正常后方可进行施工。扩底操作应根据地质情况逐次完成，以保证扩底部位成孔质量。

扩底是提高静钻根植桩承载能力的重要措施，当持力层为较硬土层或全风化岩、强风化岩时，宜进行桩端扩底；当持力层为极软中风化岩时，可进行扩底。扩底尺寸可根据工程需要和持力层土性确定，一般扩底直径为钻孔直径的1.6倍时能够保证桩端水泥土的均匀性并满足承载力要求。

（4）水泥浆制作及注入。水泥浆需要采用全自动水泥浆搅拌系统进行拌制，拌制好的水泥浆在自动计量后排入储浆桶，再由泥浆泵经过输浆管压送至钻杆内注浆孔。水泥浆在输送过程中应配备水泥浆流量计，对水泥浆的用量进行监控。

扩底操作完成后注入桩端水泥浆，在注浆过程中，上下反复升降钻机直至桩端水泥浆全部注入扩底部位。桩端水泥浆注入完成后注入桩周水泥浆，为确保桩周水泥浆的实际注入量，水泥浆泵送速度应与搅拌下沉或提升的速度相匹配，根据提升钻杆的速度确认单位时间的供浆量，发现偏差应及时修正。

（5）植桩。应在水泥浆注入完成、钻杆全部拔出后即开始植桩，以保证水泥浆初凝前完成植桩。植桩过程中，采用检测尺对桩进行定位，偏差超过20mm时需要进行校正。桩与桩之间采用焊接连接时，采用专用工具将桩固定、校正并进行送桩。送桩过程，利用桩身自重及钻机提供的压力，将桩送至设计标高并固定。

静钻根植桩主要特点为无挤土、噪声低，施工对周围设施（地下构造物、管线）无影响，可穿过各种夹层，桩端持力层可适应变化较大的地质条件，桩顶标高可控，无需截桩，桩身接头部分受桩身内外水泥土的保护，耐久性、完整性更加可靠。

因此，对于存在下列情况之一的工程，可优先采用静钻根植桩：地基中夹层多，存在软硬变化较大的土层或风化不均的岩层；场地临近有建（构）筑物或地下管线等，需控制挤土效应；周边环境对泥浆排放限制较严格。

三、主体结构工程施工技术

（一）砌体结构工程施工

1. 砌筑砂浆

（1）水泥使用应符合下列规定。

1）水泥进场时应对其品种、等级、包装或散装仓号、出厂日期等进行检查，并应对其强度、安定性进行复验，其质量必须符合现行国家标准《通用硅酸盐水泥》GB 175的有关规定。

2）当在使用中对水泥质量有所怀疑或水泥出厂超过3个月（快硬硅酸盐水泥超过1

个月）时，应复查试验，并按复验结果使用。

3）不同品种的水泥，不得混合使用。抽检数量：按同一生产厂家、同品种、同等级、同批号连续进场的水泥，袋装水泥不超过 200t 为一批，散装水泥不超过 500t 为一批，每批抽样不少于一次。检验方法：检查产品合格证、出厂检验报告和进场复验报告。

（2）建筑生石灰、建筑生石灰粉熟化为石灰膏，分别不得少于 7d 和 2d；沉淀池中储存的石灰膏，其熟化时间应防止干燥、冻结和污染，严禁采用脱水硬化的石灰膏；建筑生石灰粉、消石灰粉不得替代石灰膏配制水泥石灰砂浆。

（3）砌筑砂浆应进行配合比设计。当砌筑砂浆的组成材料有变更时，其配合比应重新确定。

（4）施工中不应采用强度等级小于 M5 的水泥砂浆替代同强度等级水泥混合砂浆，如需替代，应将水泥砂浆提高一个强度等级。

（5）砌筑砂浆应采用机械搅拌，搅拌时间自投料完起算并应符合相关规定。

（6）现场拌制的砂浆应随拌随用，拌制的砂浆应在 3h 内使用完毕；当施工期间最高气温超过 30℃时，应在 2h 内使用完毕。预拌砂浆及蒸压加气混凝土砌块专用砂浆的使用时间应按照厂方提供的说明书确定。

（7）砌筑砂浆试块强度验收时其强度合格标准应符合下列规定：

1）同一验收批砂浆试块强度平均值应大于或等于设计强度等级值的 1.10 倍。

2）同一验收批砂浆试块抗压强度的最小一组平均值应大于或等于设计强度等级值的 85％。

2. 砌体结构施工基本规定

（1）砌筑顺序应符合下列规定：

1）基底标高不同时，应从低处砌起，并应由高处向低处搭砌。当设计无要求时，搭接长度 L 不应小于基础底的高差 H，搭接长度范围内下层基础应扩大砌筑，如图 4.1.18 所示。

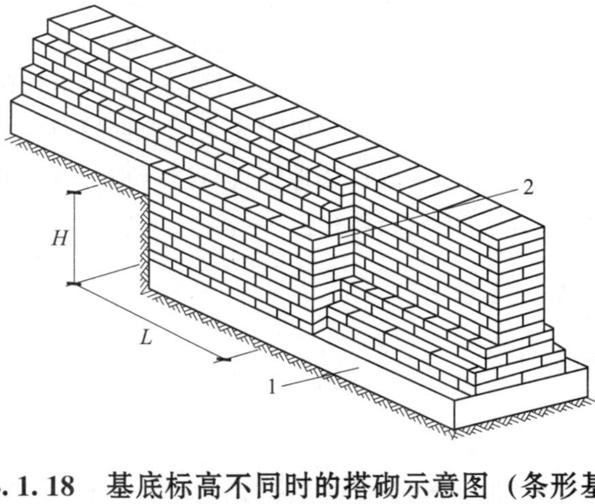

图 4.1.18 基底标高不同时的搭砌示意图（条形基础）

1—混凝土垫层；2—基础扩大部分

2）砌体的转角处和交接处应同时砌筑，当不能同时砌筑时，应按规定留槎、接槎。

（2）砌筑墙体应设置皮数杆。

（3）在墙上留置临时施工洞口，其侧边离交接处墙面不应小于 500mm，洞口净宽度不应超过 1m。抗震设防烈度为 9 度地区建筑物的临时施工洞口位置，应会同设计单位确定。临时施工洞口应做好补砌。

（4）不得在下列墙体或部位设置脚手眼：

1）120mm 厚墙、清水墙、料石墙、独立柱和附墙柱。

2）过梁上与过梁成 60°角的三角形范围及过梁净跨度 1/2 的高度范围内。

3）宽度小于 1m 的窗间墙。

4）门窗洞口两侧石砌体 300mm，其他砌体 200mm 范围内；转角处石砌体 600mm，其他砌体 450mm 范围内。

5）梁或梁垫下及其左右 500mm 范围内。

6）设计不允许设置脚手眼的部位。

7）轻质墙体。

8）夹心复合墙外叶墙。

（5）设计要求的洞口、沟槽、管道应于砌筑时正确留出或预埋，未经设计同意，不得打凿墙体和在墙体上开凿水平沟槽。宽度超过 300mm 的洞口上部，应设置钢筋混凝土过梁。不应在截面长边小于 500mm 的承重墙体、独立柱内埋设管线。

（6）砌体施工质量控制等级分为 A、B、C 三级，砌体施工质量控制等级为 A 级的砌筑工人要求为中级工以上，其中高级工不少于 30％，B 级的要求高、中级工不少于 70％，C 级的要求为初级工以上。

（7）正常施工条件下，砖砌体每日砌筑高度宜控制在 1.5m 或一步脚手架高度内；混凝土小型空心砌块砌体每日砌筑高度宜控制在 1.4m 或一步脚手架高度内；石砌体不宜超过 1.2m。雨天施工时，砖砌块砌体每日砌筑高度不宜超过 1.2m。

（8）砌体结构工程检验批的划分应同时符合下列规定：

1）所用材料类型及同类型材料的强度等级相同。

2）不超过 $250m^3$ 砌体。

3）主体结构砌体一个楼层（基础砌体可按一个楼层计）；填充墙砌体量少时可多个楼层合并。

3. 砖砌体工程

砌砖施工通常包括抄平、放线、摆砖样、立皮数杆、挂准线、铺灰、砌砖等工序。如果是清水墙，则还要进行勾缝。

（1）砌体砌筑时，混凝土多孔砖、混凝土实心砖、蒸压灰砂砖、蒸压粉煤灰砖等块体的产品龄期不应小于 28d。

（2）有冻胀环境和条件的地区，地面以下或防潮层以下的砌体，不应采用多孔砖。

（3）不同品种的砖不得在同一楼层混砌。

（4）采用铺浆法砌筑砌体，铺浆长度不得超过 750mm；当施工期间气温超过 30℃时，铺浆长度不得超过 500mm。

（5）多孔砖的孔洞应垂直于受压面砌筑。半盲孔多孔砖的封底面应朝上砌筑。

（6）砖墙灰缝宽度宜为 10mm，且不应小于 8mm，也不应大于 12mm。竖向灰缝不应出现瞎缝、透明缝和假缝。

（7）砖砌体的转角处和交接处应同时砌筑，严禁无可靠措施的内外墙分砌施工。在抗震设防烈度为 8 度及以上地区，对不能同时砌筑而又必须留置的临时间断处应砌成斜槎，普通砖砌体斜槎水平投影长度不应小于高度的 2/3，多孔砖砌体的斜槎水平投影长度不应小于高度的 1/2。斜槎高度不得超过一步脚手架的高度。

（8）非抗震设防及抗震设防烈度为 6 度、7 度地区的临时间断处，当不能留斜槎时，除转角处外，可留直槎，但直槎必须做成凸槎，且应加设拉结钢筋，拉结钢筋应符合下列规定：

1）每 120mm 墙厚放置 1ϕ6 拉结钢筋（240mm 厚墙应放置 2ϕ6 拉结钢筋）。

2）间距沿墙高不应超过 500mm，且竖向间距偏差不应超过 100mm。

3）埋入长度从留槎处算起每边均不应小于 500mm，对抗震设防烈度 6 度、7 度的地区，不应小于 1 000mm。

4）末端应有 90°弯钩，如图 4.1.19 所示。

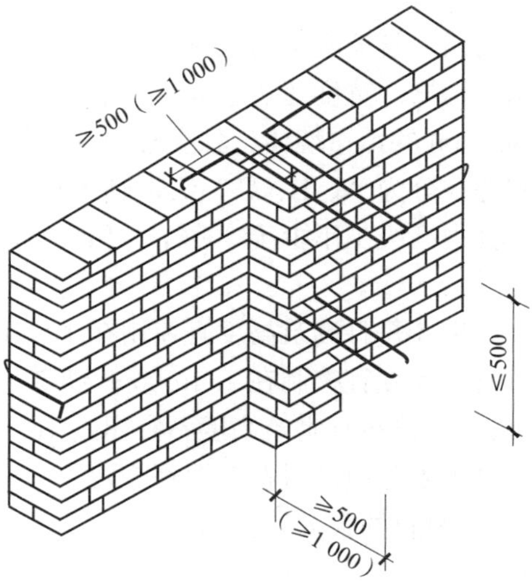

图 4.1.19　直槎处拉结钢筋示意图

4. 混凝土小型空心砌块砌体工程

砌块砌筑的主要工序：铺灰、砌块安装就位、校正、灌缝、镶砖。

（1）小砌块的产品龄期不应小于 28d，承重墙体使用的小砌块应完整、无破损、无裂缝。

（2）底层室内地面以下或防潮层以下的砌体，应采用强度等级不低于 C20（或 Cb20）的混凝土灌实小砌块的孔洞。

（3）砌筑普通混凝土小型空心砌块砌体，不需对小砌块浇水湿润，如遇天气干燥炎热，宜在砌筑前对其喷水湿润；对轻骨料混凝土小砌块，应提前浇水湿润，块体的相对含水率宜为 40%～50%。雨天及小砌块表面有浮水时，不得施工。

（4）小砌块墙体应孔对孔、肋对肋错缝搭砌。单排孔小砌块的搭接长度应为块体长度的 1/2；多排孔小砌块的搭接长度可适当调整，但不宜小于小砌块长度的 1/3，且不应小于 90mm。墙体的个别部位不能满足上述要求时，应在灰缝中设置拉结钢筋或钢筋网片，但竖向通缝仍不得超过两皮小砌块。

（5）小砌块应将生产时的底面朝上反砌于墙上。

（6）砌体水平灰缝和竖向灰缝的砂浆饱满度，按净面积计算不得低于 90%。

（7）墙体转角处和纵横交接处应同时砌筑。临时间断处应砌成斜槎，斜槎水平投影长度不应小于斜槎高度。

5. 配筋砌体工程

（1）填充墙在平面和竖向的布置，宜均匀对称，宜避免形成薄弱层或短柱。

（2）砌筑填充墙时，轻骨料混凝土小型空心砌块和蒸压加气混凝土砌块的产品龄期不应小于 28d，蒸压加气混凝土砌块的含水率宜小于 30%。

（3）砌体的砂浆强度等级不应低于 M5；实心块体的强度等级不宜低于 MU2.5，空心块体的强度等级不宜低于 MU3.5；墙顶应与框架梁密切结合。

（4）填充墙应沿框架柱全高每隔 500～600mm 设 2ϕ6 拉筋，拉筋伸入墙内的长度，6、7 度抗震设防时宜沿墙全长贯通，8、9 度抗震设防时应全长贯通。

（5）墙长大于 5m 时，墙顶与梁宜有拉结；墙长超过 8m 或层高的 2 倍时，宜设置钢筋混凝土构造柱；墙高超过 4m 时，墙体半高宜设置与柱连接且沿墙全长贯通的钢筋混凝土水平系梁。

（6）植筋工艺流程：钻孔→清孔→填充胶粘剂→安装钢筋→凝胶。

（7）楼梯间和人流通道的填充墙，尚应采用钢丝网砂浆面层加强。

（8）在厨房、卫生间、浴室等处采用轻骨料混凝土小型空心砌块、蒸压加气混凝土砌块砌筑墙体时，墙底部宜现浇混凝土坎台，其高度宜为 150mm。

（9）蒸压加气混凝土砌块、轻骨料混凝土小型空心砌块不应与其他块体混砌，不同强度等级的同类块体也不得混砌。

（10）填充墙砌体砌筑，应待承重主体结构检验批验收合格后进行。填充墙与承重主体结构间的空（缝）隙部位施工，应在填充墙砌筑 14d 后进行。

6. 砌筑用脚手架

脚手架是建筑施工中必不可少的作业工具，无论是结构工程还是室外装饰装修工程，或者设备安装工程都需要搭设脚手架。施工现场常见的脚手架有承插型盘扣式钢管脚手架、扣件式钢管脚手架、碗扣式钢管脚手架、承插型轮扣式钢管脚手架等。承插型轮扣式钢管脚手架不得用于危险性较大的分部分项工程的支撑脚手架，不得用于单排作业脚手架和搭设高度大于 15m 的双排作业脚手架，不得用于搭设高度大于 8m 的满堂作业脚手架。以上情况脚手架搭设应采用承插型盘扣式钢管脚手架等代替。

（1）脚手架分类。

脚手架包括作业脚手架和支撑脚手架。作业脚手架包括落地作业脚手架、悬挑脚手架、附着式升降脚手架等。支撑和作业平台的脚手架包括结构安装支撑脚手架、混凝土施工用模板支撑脚手架等。根据其搭设位置不同，作业脚手架可分为外脚手架和里脚手架。

1）外脚手架。外脚手架是沿建筑物外围周边搭设的一种脚手架，用于外墙砌筑和外墙装修装饰。常用的有多立杆式脚手架、门式脚手架等。

①多立杆式脚手架。多立杆式脚手架由立杆、纵向水平杆、横向水平横杆、剪刀撑、

横向斜撑、抛撑、连墙杆、脚手板等组成。脚手架应采用钢管搭设，禁止采用竹（木）材料搭设脚手架。根据使用的要求，多立杆式脚手架可以搭设成双排式和单排式两种形式，如图 4.1.20 所示。双排式是沿墙外侧设两排立杆，纵向水平杆沿墙外侧垂直于立杆搭设，横向水平横杆的两端支承在纵向水平杆上；单排式是沿墙外侧仅设一排立杆，横向水平横杆一端与纵向水平杆连接，另一端支撑在墙上。

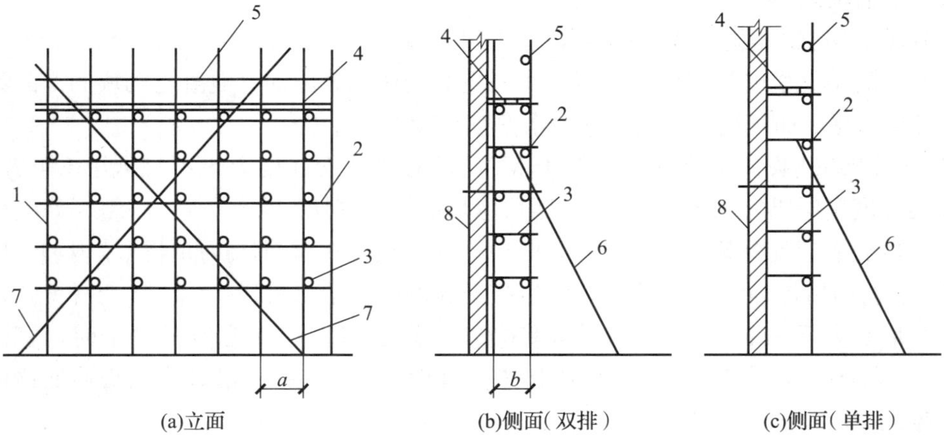

图 4.1.20　多立杆式脚手架

1—立杆；2—纵向水平杆；3—横向水平横杆；4—脚手板；5—栏杆；6—抛撑；7—斜撑；8—墙体

②门式脚手架。门式脚手架又称多功能门型脚手架。可用于搭设外脚手架、里脚手架、施工操作平台。但门式脚手架不得用于搭设满堂承重支撑架体系。

门式脚手架的主要构件是门架，门架由立杆、横杆及加强杆焊接组成。门式脚手架的基本单元由门架、交叉支撑、水平梁架或挂扣式脚手板构成。按照设计要求，将门式脚手架的基本单元进行组合，在设计指定位置上安装水平加固杆、剪刀撑、扫地杆、封口杆、托座、底座及垫板等，并按要求设置连墙杆与建筑物相连，即构成完整的门式脚手架体系。

2）里脚手架。里脚手架是搭设在施工对象内部的脚手架。主要用于在楼层上砌墙和进行内部装修等施工作业。由于建筑内部施工作业量大，平面分布十分复杂，要求里脚手架频繁搬移和装拆。因此，里脚手架必须轻便灵活、稳固可靠、搬移和装拆方便。常用的如折叠式里脚手架和支柱式里脚手架。

（2）脚手架构造。

依据现行国家标准《施工脚手架通用规范》GB 55023，施工脚手架构造应满足下列要求：

1）脚手架构造措施应合理、齐全、完整，并应保证架体传力清晰、受力均匀。脚手架立杆间距、步距应通过设计确定。

2）脚手架底部立杆应设置纵向和横向扫地杆，扫地杆应与相邻立杆连接稳固。

3）作业脚手架应按设计计算和构造要求设置连墙件，并应符合下列要求：

①连墙件应采用能承受压力和拉力的刚性构件，并应与工程结构和架体连接牢固。

②连墙点的水平间距不得超过 3 跨，竖向间距不得超过 3 步，连墙点之上架体的悬臂高度不应超过 2 步。

③在架体的转角处、开口型作业脚手架端部应增设连墙件，连墙件竖向间距不应大于建筑物层高，且不应大于4m。

4）作业脚手架的纵向外侧立面上应设置竖向剪刀撑，并应符合下列规定：

①每道剪刀撑的宽度应为4～6跨，且不应小于6m，也不应大于9m。

②剪刀撑斜杆与水平面的倾角应在45°～60°之间。

③当搭设高度在24m以下时，应在架体两端、转角及中间每隔不超过15m处各设置一道剪刀撑，并应由底至顶连续设置；当搭设高度在24m及以上时，应在全外侧立面上由底至顶连续设置。

④悬挑脚手架、附着式升降脚手架应在全外侧立面上由底至顶连续设置。

5）支撑脚手架独立架体高宽比不应大于3.0；支撑脚手架应设置竖向和水平剪刀撑，剪刀撑的设置应均匀、对称；每道竖向剪刀撑的宽度应为6～9m，剪刀撑斜杆的倾角应在45°～60°之间。

6）支撑脚手架的水平杆应按步距沿纵向和横向通长连续设置，且应与相邻立杆连接稳固。

7）脚手架可调底座和可调托撑调节螺杆插入脚手架立杆内的长度不应小于150mm，且调节螺杆伸出长度应经计算确定，并应符合下列规定：

①当插入的立杆钢管直径为42mm时，伸出长度不应大于200mm。

②当插入的立杆钢管直径为48.3mm及以上时，伸出长度不应大于500mm。

③可调底座和可调托撑螺杆插入脚手架立杆钢管内的间隙不应大于2.5mm。

(3) 脚手架搭设与拆除。

1）脚手架应按顺序搭设，并应符合下列规定：

①落地作业脚手架、悬挑脚手架搭设应与主体结构工程施工同步，一次搭设高度不应超过最上层连墙件2步，且自由高度不应大于4m。

②剪刀撑、斜撑杆等加固杆件应随架体同步搭设。

③构件组装类脚手架的搭设应自一端向另一端延伸，应自下而上按步逐层搭设，并应逐层改变搭设方向。

④每搭设完一步距架体后，应及时校正立杆间距、步距、垂直度及水平杆的水平度。

2）脚手架拆除前，应清除作业层上的堆放物。脚手架拆除应符合下列规定：

①架体拆除应按自上而下的顺序按步逐层进行，不应上下同时作业。

②同层杆件和构配件应按先外后内的顺序拆除；剪刀撑、斜撑杆等加固杆件应在拆卸至该部位杆件时拆除。

③作业脚手架连墙件应随架体逐层、同步拆除，不应先将连墙件整层或数层拆除后再拆架体。

④作业脚手架拆除作业过程中，当架体悬臂段高度超过2步时，应加设临时拉结。

⑤拆除的构配件应采用起重设备吊运或人工传递到地面，严禁抛掷。

（二）混凝土结构工程施工

1. 钢筋工程

(1) 钢筋验收。

1）钢筋进场时，应按国家现行相关标准的规定抽取试件做力学性能和重量偏差检验，检验结构必须符合有关标准的规定。钢筋应平直、无损伤，表面不得有裂纹、油污、颗粒状或片状老锈。

2）对有抗震设防要求的结构，其纵向受力钢筋的性能应满足设计要求；当设计无具体要求时，对按一、二、三级抗震等级设计的框架和斜撑构件（含梯段）中的纵向受力钢筋应采用HRB400E、HRB500E、HRBF400E或HRBF500E钢筋，其强度和最大力下总伸长率的实测值应符合下列规定：

①钢筋的抗拉强度实测值与屈服强度实测值的比值不应小于1.25。

②钢筋的屈服强度实测值与屈服强度标准值的比值不应大于1.30。

③钢筋最大力总延伸率实测值不应小于9%。

3）当发现钢筋脆断、焊接性能不良或力学性能显著不正常等现象时，应停止使用该批钢筋，并应对该批钢筋进行化学成分检验或其他专项检验。

（2）钢筋配料与代换。

钢筋配料是根据构件配筋图，先绘出各种形状和规格的单根钢筋简图并加以编号然后分别计算钢筋下料长度、根数及重量，填写钢筋配料单，作为申请、备料、加工的依据。

钢筋代换分为等强度代换和等面积代换。当构件配筋受强度控制时，按钢筋代换前后强度相等的原则进行代换；当构件按最小配筋率配筋时，或同钢号钢筋之间的代换，按钢筋代换前后面积相等的原则进行代换。钢筋代换时，应征得设计单位的同意并办理相应设计变更文件。当进行钢筋代换时，除应符合设计要求的钢筋延伸率、构件承载力、裂缝宽度、挠度控制以及抗震规定以外，尚应满足最小配筋率、钢筋间距、保护层厚度、钢筋锚固长度、接头面积百分率及搭接长度等构造要求。

（3）钢筋加工。

1）钢筋加工包括调直、除锈、下料切断、接长、弯曲成型等，宜在常温状态下进行，加工过程中不应对钢筋进行加热。钢筋应一次弯折到位。

2）调直。钢筋宜采用无延伸功能的机械设备进行调直，也可采用冷拉方法调直。当采用冷拉方法调直时，HPB300光圆钢筋的冷拉率不宜大于4%；HRB400、HRB500、HRBF400、HRBF500及RRB400带肋钢筋的冷拉率不宜大于1%。

3）剪切。钢筋下料剪断可用钢筋剪切机或手动剪切器。手动剪切器一般只用于剪切直径小于12mm的钢筋；钢筋剪切机可剪切直径小于40mm的钢筋；直径大于40mm的钢筋则需用锯床锯断或用氧乙炔焰或电弧割切。采用机械连接工艺的钢筋加工，不得使用剪切式钢筋切断机，可使用数控激光切割机、等离子切割机等设备。

4）弯曲。

①受力钢筋的弯折和弯钩应符合下列规定：

a. HPB300级钢筋末端应做180°弯钩，弯弧内直径不应小于钢筋直径的2.5倍，弯钩的弯后平直部分长度不应小于钢筋直径的3倍。

b. 设计要求钢筋末端做135°弯钩时，HRB400级钢筋的弯弧内直径不应小于$4d$，弯钩后的平直长度应符合设计要求。

c. 钢筋作不大于90°的弯折时，弯折处的弯弧内直径不应小于$5d$。

②除焊接封闭箍筋外，箍筋、拉筋的末端应按设计要求做弯钩。当设计无具体要求时，应符合下列规定：

a. 箍筋弯钩的弯弧内直径除应满足受力钢筋弯折和弯钩的规定外，尚不应小于受力钢筋直径。

b. 箍筋弯钩的弯折角度：一般结构不宜小于 90°，有抗震等要求的结构弯钩应为 135°。

c. 弯钩后平直部分长度：一般结构不应小于箍筋直径的 5 倍，有抗震等要求的结构不应小于箍筋直径的 10 倍。

（4）钢筋连接。钢筋的连接方法有焊接连接、绑扎搭接连接和机械连接。

1）钢筋连接的基本要求。

①钢筋的接头宜设置在受力较小处。同一纵向受力钢筋不宜设置两个或两个以上接头，接头末端至钢筋弯起点的距离不应小于钢筋直径的 10 倍。

②当受力钢筋采用机械连接接头或焊接接头时，设置在同一构件内的接头宜相互错开。机械连接的连接区段长度为 $35d$（d 为纵向受力钢筋的较大直径），而焊接的连接区段长度为 $35d$ 且不小于 500mm，凡接头中点位于该连接区段长度内的接头均属于同一连接区段。

③同一连接区段内，纵向受力钢筋的接头面积百分率（同一连接区段内，纵向受力钢筋机械连接及焊接的接头面积百分率为该区段内有接头的纵向受力钢筋截面面积与全部纵向受力钢筋截面面积的比值）应符合设计要求；当设计无具体要求时，应符合下列规定：

a. 在受拉区不宜大于 50%。

b. 接头不宜设置在有抗震设防要求的框架梁端、柱端的箍筋加密区；当无法避开时，对等强度高质量机械连接接头，不应大于 50%。

c. 直接承受动力荷载的结构构件中，不宜采用焊接接头；当采用机械连接接头时，不应大于 50%。

④不同直径钢筋焊接时，接头面积百分率按较小直径计算。同一构件纵向受力钢筋直径不同时，连接区段长度按较大直径计算。

2）焊接连接。常用焊接方法：闪光对焊、电弧焊、电阻点焊、电渣压力焊、埋弧压力焊、气压焊等。直接承受动力荷载的结构构件中，纵向钢筋不宜采用焊接接头。

①闪光对焊。钢筋闪光对焊工艺通常有连续闪光焊、预热闪光焊和闪光-预热-闪光焊。闪光对焊广泛应用于钢筋纵向连接及预应力钢筋与螺丝端杆的焊接。在非固定的专业预制厂（场）或钢筋加工厂（场）内，对直径大于或等于 22mm 的钢筋进行连接作业时，不得使用钢筋闪光对焊工艺。

②电弧焊。电弧焊广泛应用于钢筋接头、钢筋骨架焊接、装配式结构接头的焊接、钢筋与钢板的焊接及各种钢结构的焊接。钢筋电弧焊的接头形式有搭接焊接头、帮条焊接头、剖口焊接头、熔槽帮条焊接头和窄间隙焊。

③电阻点焊。电阻点焊主要用于小直径钢筋的交叉连接，如用来焊接钢筋骨架、钢筋网中交叉钢筋的焊接。焊接钢筋骨架，较小钢筋直径不大于 10mm 时，大小钢筋直径之比不宜大于 3；较小钢筋直径为 12～16mm 时，大小钢筋直径之比不宜大于 2；焊接钢筋网，较小钢筋直径不得小于较大钢筋直径的 60%。

④电渣压力焊。电渣压力焊适用于现浇钢筋混凝土结构竖向或斜向钢筋的焊接接长。不得用于梁、板等构件中水平钢筋的连接。也不得用于焊接直径 20mm 及以上的钢筋，不得用于焊接直径 12mm 以下的钢筋。

⑤气压焊。气压焊不仅适用于竖向钢筋的连接，也适用于各种方位布置的钢筋连接。当不同直径钢筋焊接时，两钢筋直径差不得大于 7mm。

3）绑扎搭接连接。

①同一构件中相邻纵向受力钢筋的绑扎搭接接头宜相互错开。绑扎搭接接头中钢筋的横向净距不应小于钢筋直径，且不应小于 25mm。

②钢筋绑扎搭接接头连接区段的长度为 $1.3l_l$（l_l为搭接长度），凡搭接接头中点位于该连接区段长度内的搭接接头均属于同一连接区段。同一连接区段内，纵向钢筋搭接接头面积百分率为该区段内有搭接接头的纵向受力钢筋截面面积与全部纵向受力钢筋截面面积的比值，如图 4.1.21 所示。

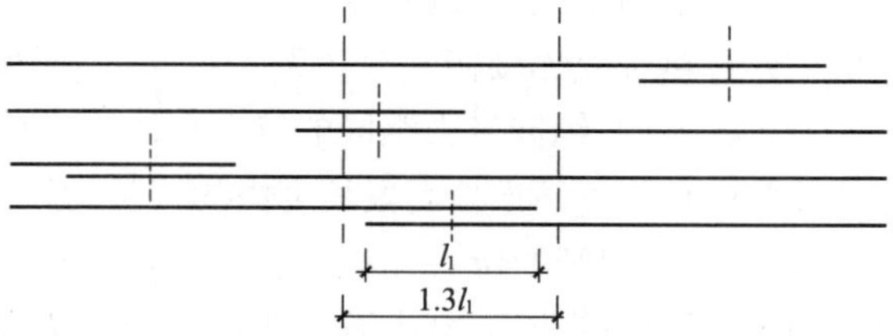

图 4.1.21 钢筋绑扎搭接头连接区段及接头面积百分率

注：图中所示搭接接头同一连接区段内的搭接钢筋为 2 根，当各钢筋直径相同时，接头面积百分率为 50%。

同一连接区段内，纵向受拉钢筋搭接接头面积百分率应符合设计要求。当设计无具体要求时，应符合如下规定：

a. 对梁类、板类及墙类构件，不宜大于 25%；

b. 对柱类构件，不宜大于 50%；

c. 当工程中确有必要增大接头面积百分率时，对梁类构件不应大于 50%；对其他构件可根据实际情况放宽。

③梁、板受弯构件，按一侧纵向受拉钢筋面积计算搭接接头面积百分率，即上部、下部钢筋分别计算；柱、剪力墙按全截面钢筋面积计算搭接接头面积百分率。

④搭接钢筋接头除应满足接头百分率的要求外，还宜交错式布置，相邻钢筋接头不应连续布置；如钢筋直径相同，接头面积百分率为 50%时隔一搭一，接头面积百分率为 25%时隔三搭一。

⑤在梁、柱类构件的纵向受力钢筋搭接长度范围内，应按设计要求配置箍筋。当设计无具体要求时，应符合下列规定：

a. 箍筋直径不应小于搭接钢筋较大直径的 25%；

b. 受拉搭接区段的箍筋间距不应大于搭接钢筋较小直径的 5 倍，且不应大于 100mm；

c. 受压搭接区段的箍筋间距不应大于搭接钢筋较小直径的 10 倍，且不应大于 200mm；

d. 当柱中纵向受力钢筋直径大于 25mm 时，应在搭接接头两端外 100mm 范围内各设置两个箍筋，其间距宜为 50mm。

e. 框架梁中架立筋与纵筋搭接时，搭接位置至少应有一道箍筋同搭接的两根钢筋绑扎。

4）机械连接。钢筋机械连接包括钢筋套筒挤压连接和钢筋螺纹套管连接。

①钢筋套筒挤压连接。钢筋套筒挤压连接是指将需要连接的两根变形钢筋插入特制钢套筒内，利用液压驱动的挤压机沿径向或轴向压缩套筒，使钢套筒产生塑性变形，靠变形后的钢套筒内壁紧紧咬住变形钢筋来实现钢筋的连接。这种方法适用于竖向、横向及其他方向的较大直径变形钢筋的连接。

②钢筋螺纹套管连接。钢筋螺纹套管连接分为锥螺纹套管连接和直螺纹套管连接两种。锥形螺纹套管连接是指将用于这种连接的钢套管内壁用专用机床加工有锥螺纹，钢筋的对接端头也在套丝机上加工有与套管匹配的锥螺纹。连接时，经检查螺纹无油污和损伤后，先用手旋入钢筋，然后用扭矩扳手紧固至规定的扭矩，即完成连接。钢筋螺纹套管连接施工速度快，不受气候影响，自锁性能好，对中性好，能承受拉、压轴向力和水平力，可在施工现场连接同径或异径的竖向、水平或任何倾角的钢筋，已在我国广泛应用。

（5）钢筋构造与安装。

1）准备工作。

①现场弹线，并剔凿、清理接头处表面混凝土浮浆、松动石子、混凝土块等，整理接头处插筋。

②核对需绑钢筋的规格、直径、形状、尺寸和数量等是否与料单、料牌和图纸相符。

③准备绑扎用的钢丝、工具和绑扎架等。

2）基础钢筋。

①对于独立基础、柱下条形基础、设有承台的桩基础、筏形基础，当基础高度满足直锚要求时，柱纵向钢筋伸入基础内的锚固长度应不小于 l_{aE}（l_{aE}为受拉钢筋抗震锚固长度，下同），钢筋下端宜伸至基础底部钢筋网片上 90°弯折，弯折后水平投影长度为 $6d$（d 为纵向钢筋直径）且不小于 150mm；当基础高度不能满足直锚要求时，柱纵向钢筋伸入基础内直段投影长度应满足不小于 $0.6l_{abE}$（l_{abE}为抗震设计时受拉钢筋基本锚固长度，下同）且不小于 $20d$ 的要求，并伸至基础底部钢筋网片上 90°水平弯折，弯折后水平投影长度为 $15d$。

②对于一柱一桩不设置桩承台的桩基础，柱与桩直接连接，柱纵向钢筋伸入桩身长度不小于 $35d$，且不小于 l_{aE}。

③柱纵筋在基础中保护层厚度不一致时（如纵筋部分位于梁中，部分位于板内），保护层厚度大于 $5d$（d 为边缘构件纵筋直径）的部分应设置间距不大于 500mm 且不少于两道的矩形封闭箍筋（非复合箍）；保护层厚度小于或等于 $5d$（d 为边缘构件纵筋直径）的部分应设置锚固区横向钢筋，需满足直径不小于 $d/4$（d 为纵筋最大直径），间距不大于 $5d$（d 为纵筋最小直径）且不大于 100mm 的要求。

④对于独立基础、柱下条形基础、筏形基础，当符合下列条件之一时，可仅将柱四角纵筋伸至底板钢筋网片上或者筏形基础中间层钢筋网片上（伸至钢筋网片上的柱纵筋间距不应大于 1 000mm），其余纵筋锚固在基础顶面下 l_{aE}即可。

a. 柱为轴心受压或小偏心受压，基础高度或基础顶面至中间层钢筋网片顶面距离不小于 1 200mm。

b. 柱为大偏心受压，基础高度或基础顶面至中间层钢筋网片顶面距离不小于 1 400mm。

⑤当独立基础底板长度大于或等于 2 500mm 时，除外侧钢筋外，底板配筋长度可取相应方向底板长度的 90%；当非对称独立基础底板长度大于或等于 2 500mm，但该基础某侧从柱中心至基础底板边缘的距离不大于 1 250mm 时，钢筋在该侧不应减短。

⑥当独立基础埋深较深时，各独立基础埋深不同，需将柱底标高设计在同一标高处且为减少底层柱的计算高度时，或因地基情况需要将局部独立基础加大埋深时，可采用独立短柱深基础方案。

⑦当桩径或矩形桩的截面长边尺寸小于800mm时，桩顶嵌入承台或承台梁内50mm；当大于或等于800mm时，为100mm；当桩纵向钢筋顶部满足直锚要求时，伸入筏板基础、承台或承台梁内的最小锚固长度不宜小于35倍钢筋直径，且不小于l_a（l_a为受拉钢筋锚固长度，下同），对于抗浮或抗拔桩，应不小于l_a，且施工图设计文件中应注明具体的锚固长度及构造要求；当桩纵向钢筋顶部不能满足直锚要求时，可采用90°向桩截面轴线方向弯折锚固，弯折前投影长度不小于$0.6l_{ab}$（l_{ab}为受拉钢筋基本锚固长度，下同）且不小于$20d$，弯折后水平投影长度为$15d$。

⑧灌注桩顶端箍筋根据施工图设计文件的要求在一定范围内加密，若设计文件中未注明箍筋加密范围，桩顶端箍筋加密范围可取$5D$（D为桩直径）。

3）柱钢筋。

①柱钢筋的绑扎应在柱模板安装前进行。

②框架柱的柱端箍筋加密区范围：底层柱柱根（嵌固部位）箍筋加密区长度为该层柱净高的1/3；其他部位箍筋加密区长度取柱截面长边尺寸（或圆柱直径）、柱净高的1/6和500mm中的最大值。当与柱相连的梁为竖向加腋梁时，柱端箍筋加密区长度计算点以与柱交界面处竖向加腋梁的腋底算起；当相邻侧框架梁高度不一致时，柱箍筋加密区长度起算点以与柱交界面处较低的梁底算起，柱净高按较低的梁底计算。

③当柱在某楼层单方向无梁且无板的框架柱（单向穿层柱），上、下端箍筋加密区范围应按穿层柱总净高的1/6计算，而中间层单方向有框架梁，所以该处的柱端箍筋加密区范围按各层柱净高的1/6计算；当柱在各向均无梁且无板（双向穿层柱）时，上、下端箍筋加密区范围按该穿层柱总净高的1/6计算。不论哪一种情况，均应满足不小于柱长边尺寸（或圆柱直径）和500mm。

④框架柱嵌固部位在基础顶面时，无需注明；不在基础顶面时，设计时应在层高表嵌固部位标高下使用双细线注明，并在层高表下方注明上部结构嵌固部位标高；有地下室时，需要根据实际工程情况由设计注明嵌固部位；不在地下室顶板，但仍需考虑地下室顶板对上部结构实际存在的嵌固作用时，可在层高表地下室顶板标高下使用双虚线注明，此时首层柱端箍筋加密区长度范围及纵筋连接位置均按嵌固部位要求设置。

⑤框架柱纵向钢筋在顶层中的节点满足直锚要求时，应伸至柱顶且自梁底起算的锚固长度不小于l_{aE}时，对于梁宽范围内的柱纵向钢筋可不做90°弯折；梁宽范围外的柱纵向钢筋向柱内90°弯折，包含弯弧段在内的水平投影长度不宜小于$12d$，当柱顶有不小于100mm厚的现浇板时也可向外弯折；不满足直锚要求时，可采用带锚头的机械锚固措施，也可采用90°弯折锚固措施，但此时所有框架柱纵向钢筋应伸至柱顶，包括弯弧在内的钢筋竖向投影长度不应小于$0.5l_{abE}$，在弯折平面内包含弯弧段的水平投影长度不宜小于$12d$。

⑥框架顶层端节点（边节点和角节点）处的钢筋有三种构造做法：一是柱外侧纵向钢筋和梁上部纵向钢筋在节点外侧90°弯折搭接；二是柱外侧纵向钢筋和梁上部钢筋在柱顶外侧直线搭接；三是梁宽范围内柱外侧纵向钢筋弯入梁内作梁筋。而柱内侧纵向钢筋构造同中柱柱顶，梁下部纵向钢筋构造同中间层梁。具体构造要求符合图集规范。

⑦箍筋的接头（弯钩叠合处）应交错布置在四角纵向钢筋上；箍筋转角与纵向钢筋交叉点均应扎牢（箍筋平直部分与纵向钢筋交叉点可间隔扎牢），绑扎箍筋时绑扣相互间应成八字形。

4）墙钢筋。

①墙钢筋的绑扎，也应在模板安装前进行。

②通常情况下，剪力墙中的水平分布钢筋位于外侧，竖向分布钢筋位于水平分布钢筋的内侧。

③拉结筋应与剪力墙每排的竖向分布钢筋和水平分布钢筋绑扎，宜同时勾住外侧水平及竖向分布钢筋；剪力墙水平钢筋拉结筋起始位置为墙柱范围外第一列竖向分布钢筋处；剪力墙层高范围竖向钢筋拉结筋起始位置为底部板顶以上第二排水平分布钢筋位置处，终止位置为层顶部板底（梁底）以下第一排水平分布钢筋位置处。

④墙（包括水塔壁、烟囱筒身、池壁等）的垂直钢筋每段长度不宜超过 4m（钢筋直径不大于 12mm）或 6m（直径大于 12mm）或层高加搭接长度，水平钢筋每段长度不宜超过 8m，以利于绑扎。钢筋的弯钩应朝向混凝土内。

5）梁、板钢筋。

①框架梁的上部钢筋接头位置宜设置在跨中 1/3 跨度范围内，下部钢筋接头位置宜设置在梁端 1/3 跨度范围内。有梁板的上部钢筋接头位置宜设置在跨中 1/2 跨度范围内，下部钢筋接头位置宜设置在梁端 1/4 跨度范围内。

②当梁的高度较小时，梁的钢筋架空在梁模板顶上绑扎，然后再落位；当梁的高度较大（大于或等于 1.0m）时，梁的钢筋宜在梁底模上绑扎，其两侧模板或一侧模板后装。板的钢筋在模板安装后绑扎。

③梁上部纵向钢筋水平方向的净距（即钢筋外边缘之间的最小距离），不应小于 30mm 和 1.5d（d 为上部纵向钢筋的最大直径）；下部纵向钢筋水平方向的净距不应小于 25mm 和 d（d 为下部纵向钢筋的最大直经）；梁下部纵向钢筋多于两层时，两层以上纵向钢筋水平方向的中距应至少比下面两层的中距增大 1 倍；各层之间的钢筋净距不应小于 25mm 和 d（d 为两层纵筋直径较大者）；设计、施工中除要考虑满足最小水平净距外，上部钢筋的排布还应考虑混凝土的浇筑及振捣问题。

④框架梁必须设置通长钢筋，架立钢筋是为了固定箍筋而设置的，一般设置在箍筋的角部。

⑤框架梁第一排非通长筋从支座边伸出至 $l_n/3$ 位置（l_n 为梁净跨长度），第二排非通长筋从支座边伸出至 $l_n/4$ 位置；当相邻两跨的长度相等或净跨长度差不大于 20%时，上部纵向受力钢筋伸出长度按较大跨度长度的 1/3（第一排）或 1/4（第二排）计算；当相邻两跨的净跨长度差较大时（但短跨并不是全垮均为负弯矩），也应按较大净跨长度的 1/3 在较短跨内截断；当短跨的净跨长度更小时（短跨全垮均为负弯矩），此时应按施工图设计文件的要求，在短跨内通长配置设计确定的钢筋或按两支座中较大配筋面积的纵向受力钢筋贯通。

⑥当梁的腹板高度 $h \geqslant 450$mn 时，需要在梁的两个侧面沿梁高度范围内配置纵向构造钢筋。

⑦当框架梁位于中间层中间节点且梁下部钢筋不能在柱内锚固时，可在节点外搭接，

搭接区内箍筋直径不小于 $d/4$（d 为搭接钢筋最大直径），且不小于构件所配箍筋直径；箍筋间距不应大于 100mm 及 $5d$（d 为搭接钢筋最小直径）；相邻跨钢筋直径不同时，搭接位置位于较小直径一跨。

⑧板支座上部纵筋自支座边线向跨内的伸出长度应满足设计要求；板下部受力钢筋伸入支座内锚固长度不小于 $5d$（d 为纵向受力钢筋直径），且宜伸过支座中心线。当考虑板内温度、收缩应力较大时，应根据施工图设计文件要求适当增加伸入支座的锚固长度。

⑨当板表面双向配置温度和收缩裂缝钢筋时，间距不宜大于 200mm，配筋率不宜小于 0.1%；无特殊要求时，与支座负筋的搭接长度，为 150mm。

⑩悬臂板钢筋应按下列原则锚固：

a. 悬挑长度较大且板面与内跨标高一致时，由于悬臂支座处的负弯矩对内跨有影响，当内跨跨度较小时，甚至会出现全跨均为负弯矩，因此上部钢筋应通长配置。板面有高差时应分离式配置上部受力钢筋，悬臂板上部受力钢筋在内跨应满足锚固长度的要求。

b. 无内跨纯悬臂板上部受力钢筋伸入支座内的锚固宜采用弯折锚固，当支座宽度满足直锚长度时，上部受力钢筋宜伸至支座远端向下 90°弯折，弯折段长度为 $15d$；当支座尺寸不满足直锚要求时，水平段投影长度应不小于 $0.6l_{ab}$，弯折段长度为 $15d$。

c. 悬臂板下部配置构造钢筋时，该钢筋伸入支座内的长度应不小于 $12d$，且至少伸至支座的中心线。

d. 抗震设防烈度为 7 度（0.15g）和 8 度且悬臂板跨度大于 2m、抗震设防烈度为 9 度且悬臂板跨度大于 1.5m 时，板上、下纵向钢筋伸入支座内的锚固长度需满足抗震锚固要求。

⑪板的钢筋网绑扎，四周两行钢筋交叉点应每点扎牢，中间部分交叉点可相隔交错扎牢，但必须保证受力钢筋不位移。双向主筋的钢筋网，则须将全部钢筋相交点扎牢。采用双层钢筋网时，在上层钢筋网下面应设置钢筋撑脚，以保证钢筋位置正确。绑扎时应注意相邻绑扎点的钢丝扣要成八字形，以免网片歪斜变形。

⑫板、次梁与主梁交叉处，板的钢筋在上，次梁的钢筋居中，主梁的钢筋在下；当有圈梁或垫梁时，主梁的钢筋在上。

2. 模板工程

模板是保证混凝土浇筑成型的模型，钢筋混凝土结构的模板系统是由模板、支撑及紧固件等组成。

（1）常见模板体系及其特性。

1）木模板体系。优点是制作、拼装灵活，较适用于外形复杂或异型混凝土构件，以及冬期施工的混凝土工程；缺点是制作量大、木材资源浪费大等。

2）胶合板模板体系。面板采用高耐候、耐水性的Ⅰ类木胶合板或竹胶合板，优点是自重轻、板幅大、板面平整、施工安装方便简单等，缺点是功效低、损耗大等。

3）组合中小钢模板体系。优点是轻便灵活、拆装方便、通用性强、周转率高等；缺点是接缝多且严密性差，导致混凝土成型后外观质量差。

4）铝合金模板体系。采用铝合金材料挤压而成的 U 形面板，按模数制作成不同尺寸的模板，配以相应的卡件、早拆柱头、可调支撑、背楞等组成的体系。优点是强度高、整体性好、拼装灵活、拆装方便、周转率高、占用机械少等；缺点是拼缝多、人工拼装、倒运频繁等。

5）大模板体系。它由板面结构、支撑系统、操作平台和附件等组成（图 4.1.22），是现浇墙、壁结构施工的一种工具式模板，其特点是以建筑物的开间、进深和层高确定大模板尺寸，优点是模板整体性好、抗振性强、拼缝少等；缺点是模板重量大，移动安装需起重机械吊运。

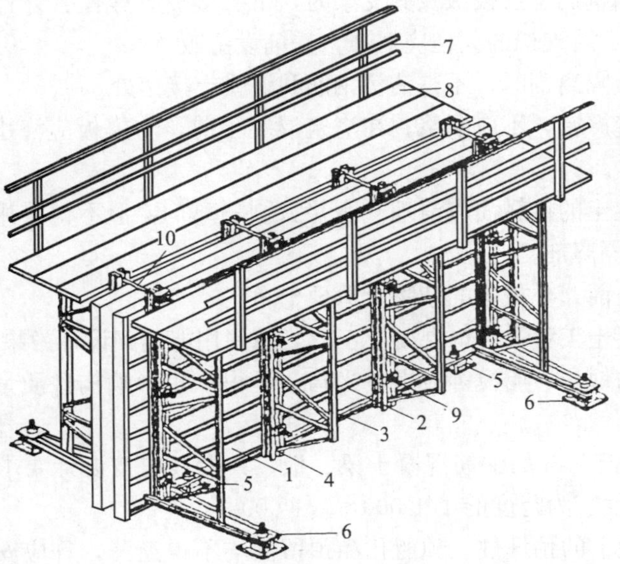

图 4.1.22　大模板构造示意图

1—面板；2—次肋；3—支撑桁架；4—主肋；5—调整水平用的螺旋千斤顶；6—调整垂直用的螺旋千斤顶；7—栏杆；8—脚手板；9—穿墙螺栓；10—卡具

6）滑升模板体系。滑升模板是一种工具式模板，由模板系统、操作平台系统和液压系统三部分组成，适用于现场浇筑的高耸构筑物和高层建筑物等，如烟囱、筒仓、电视塔、竖井、沉井、双曲线冷却塔和剪力墙体系及筒体体系的高层建筑等。用滑升模板施工，可以节约模板和支撑材料、加快施工速度和保证结构的整体性。但模板一次性投资多、耗钢量大，对建筑的立面造型和构件断面变化有一定的限制。施工时宜连续作业，施工组织要求较严。

7）爬升模板体系。爬升模板简称爬模，国外也称跳模，是施工剪力墙体系和筒体体系的钢筋混凝土结构高层建筑的一种有效的模板体系。由于模板能自爬，不需起重运输机械吊运，减少了高层建筑施工中起重运输机械的吊运工作量，能避免大模板受大风影响而停止工作。由于自爬的模板上悬挂有脚手架，所以还省去了结构施工阶段的外脚手架，又因能减少起重机械的数量、加快施工速度而经济效益较好。

8）台模体系。台模是一种大型工具式模板，主要用于浇筑平板式或带边梁的楼板，一般是一个房间一块台模，有时甚至更大。利用台模施工楼板可省去模板的装拆时间，能降低劳动消耗和加速施工，但一次性投资较大。

9）早拆模板体系。在模板支架立柱的顶端采用柱头的特殊构造装置，在保证国家现行标准规定的拆模原则前提下，达到尽早拆除部分模板的体系，优点是部分模板可早拆，加快周转，节约成本。

10）其他模板。有飞模、模壳模板、钢框木（竹）模板、胎模及永久性压型钢板模板和各种配筋的混凝土薄板模板等。

（2）模板安装。尽管模板结构是钢筋混凝土工程施工时所使用的临时结构物，但它对钢筋混凝土工程的施工质量和工程成本影响很大。模板安装的基本要求如下：

1）安装现浇结构的上层模板及其支架时，下层楼板应具有承受上层荷载的承载能力，或加设支架；上、下层支架的立柱应对准，并铺设垫板。

2）在涂刷模板隔离剂时，不得沾污钢筋和混凝土接槎处。

3）模板的接缝严密，不应漏浆；在浇筑混凝土前，木模板应浇水湿润，但模板内不应有积水。

4）模板与混凝土的接触面应清理干净并涂刷隔离剂，但不得采用影响结构性能或妨碍装饰工程施工的隔离剂。

5）浇筑混凝土前，模板内的杂物应清理干净。

6）对清水混凝土工程及装饰混凝土工程，应使用能达到设计效果的模板。

7）用作模板的地坪、胎模等应平整光洁，不得产生影响构件质量的下沉、裂缝、起砂或起鼓。

8）对跨度不小于 4m 的钢筋混凝土梁、板，其模板应按设计要求起拱；当设计无具体要求时，起拱高度宜为跨度的 1/1 000～3/1 000。

9）固定在模板上的预埋件、预留孔和预留洞均不得遗漏，且应安装牢固，其偏差应符合现行国家标准《混凝土结构工程施工质量验收规范》GB 50204 的规定。

10）模板安装应保证结构和构件各部分的形状、尺寸和相互间位置的正确性。现浇结构模板安装的偏差、预制构件模板安装的偏差应符合现行国家标准《混凝土结构工程施工质量验收规范》GB 50204 的规定。

11）构件简单，装拆方便，能多次周转使用。

（3）模板拆除。

1）模板拆除要求。

①底模及其支架拆除时的混凝土强度应符合设计要求。当设计无具体要求时，混凝土强度应符合表 4.1.4 的规定。

表 4.1.4　底模拆除时的混凝土强度要求

构件类型	构件跨度/m	达到设计的混凝土立方体抗压强度标准值的百分率/%
板	≤2	≥50
	>2，≤8	≥75
	>8	≥100
梁、拱、壳	≤8	≥75
	>8	≥100
悬臂构件	—	≥100

②对后张法预应力混凝土结构构件，侧模板宜在预应力张拉前拆除；底模支架的拆除应按施工技术方案执行，当无具体要求时，不应在结构构件建立预应力前拆除。

③后浇带模板的拆除和支顶应按施工技术方案执行。

④侧模板拆除时的混凝土强度应能保证其表面及棱角不受损伤。

⑤模板拆除时，不应对楼层形成冲击荷载。拆除的模板和支架宜分散堆放并及时清运。

2）模板拆除顺序。模板的拆除顺序一般是先拆非承重模板，后拆承重模板；先拆侧模板，后拆底模板。框架结构模板的拆除顺序一般是柱、楼板、梁侧模、梁底模。拆除大型结构的模板时，必须事先制订详细方案。

3. 混凝土工程

混凝土工程是钢筋混凝土工程中的重要组成部分，混凝土工程的施工过程有混凝土的制备、运输、浇筑和养护等。

（1）原材料的质量要求。混凝土所需水泥、钢筋、外加剂、粗细骨料应满足相关国家和行业标准，并符合设计和施工要求。

（2）混凝土搅拌。混凝土的搅拌就是根据混凝土的配合比，把水泥、砂、石、外加剂、矿物掺和料和水通过搅拌使其成为均质的混凝土，混凝土拌和物的入模温度不应低于5℃，且不高于35℃。

1）混凝土搅拌机类型及选用。混凝土搅拌机按其工作原理，可以分为自落式和强制式两大类，自落式混凝土搅拌机适用于搅拌塑性混凝土；强制式搅拌机的搅拌作用比自落式搅拌机强烈，宜于搅拌干硬性混凝土和轻骨料混凝土。

2）混凝土搅拌制度确定。为了拌制出均匀优质的混凝土，除合理地选择搅拌机外，还必须正确地确定搅拌制度，即进料容量、混凝土搅拌时间和投料顺序。

3）商品混凝土搅拌站。对于城市建设工程而言，由于普遍推广商品混凝土，限制现场搅拌混凝土的应用，混凝土生产已实现工厂化，采用大型搅拌站和搅拌楼集中搅拌混凝土，从而实现了混凝土搅拌的机械化和自动化，可以严格控制混凝土的配合比，质量稳定，成本低。常见的类型有固定式混凝土搅拌站、拆装式混凝土搅拌站、移动式混凝土搅拌站和固定式混凝土搅拌楼等。

①固定式混凝土搅拌站是一种生产规模较小的混凝土生产装置，整套设备简单，投资少，建设快，适用于中、小型混凝土预制构件厂。

②拆装式混凝土搅拌站是由几个大型组件拼装而成，投资少，比较经济，生产量小，在施工现场之间转移拆装方便，适用于混凝土用量不大的工地。

③移动式混凝土搅拌站是把搅拌站的混凝土生产装置安装在一台或几台拖车上，可随时转移，主要用于一些短期工程项目中。

④固定式混凝土搅拌楼，常建成大型的生产混凝土的工厂，具有自动化程度高、生产能力大等优点，主要用在商品混凝土工厂、大型预制构件厂和水利工程。

（3）混凝土运输。混凝土运输分为地面运输、垂直运输和楼地面运输三种情况，不论用何种运输方法，混凝土在运输过程中，都应满足下列要求：在运输过程中应保持混凝土的均质性，不发生离析现象；混凝土运至浇筑点开始浇筑时，应满足设计配合比所规定的坍落度要求；应保证在混凝土初凝之前能有充分时间进行浇筑和振捣。

（4）混凝土浇筑。

1）混凝土浇筑的一般规定。

①混凝土运输、输送、浇筑过程中严禁加水；混凝土运输、输送、浇筑过程中散落的混凝土严禁用于结构浇筑；混凝土运输、浇筑及间歇的全部时间不应超过混凝土的初凝时间。同一施工段的混凝土应连续浇筑，并应在底层混凝土初凝之前将上一层混凝土浇筑完毕。当底层混凝土初凝后浇筑上一层混凝土时，应按施工技术方案中对施工缝的要求进行处理。

②浇筑混凝土前，应清除模板内或垫层上的杂物。表面干燥的地基、垫层、模板上还应洒水湿润；现场环境温度高于35℃时宜对金属模板进行洒水降温；洒水后不得留有积水。

③混凝土输送宜采用泵送方式。混凝土粗骨料最大粒径不大于25mm时，可采用内径不小于125mm的输送泵管；混凝土粗骨料最大粒径不大于40mm时，可采用内径不小于150mm的输送泵管。输送泵管安装接头应严密，输送泵管道转向宜平缓。输送泵管应采用支架固定，支架应与结构牢固连接，输送泵管转向处支架应加密。

④在浇筑竖向结构混凝土前，应先在底部填以不大于30mm厚与混凝土内砂浆成分相同的水泥砂浆；浇筑过程中混凝土不得发生离析现象。

⑤柱、墙模板内的混凝土浇筑时，当无可靠措施保证混凝土不产生离析时，其自由倾落高度应符合如下规定，当不能满足时，应加设串筒、溜管、溜槽等装置。

a. 粗骨料粒径大于25mm时，不宜超过3m；

b. 粗骨料粒径不大于25mm时，不宜超过6m。

⑥在浇筑与柱和墙连成整体的梁和板时，应在柱和墙浇筑完毕后停歇1～1.5h，再继续浇筑。

⑦梁和板宜同时浇筑混凝土，有主、次梁的楼板宜顺着次梁方向浇筑，单向板宜沿着板的长边方向浇筑；拱和高度大于1m的梁等结构，可单独浇筑混凝土。

⑧柱、墙混凝土设计强度等级高于梁、板混凝土设计强度等级时，混凝土浇筑应符合下列规定：

a. 柱、墙混凝土设计强度等级比梁、板混凝土设计强度等级高一个等级时，柱、墙位置梁、板高度范围内的混凝土经设计单位确认，可采用与梁、板混凝土设计强度等级相同的混凝土进行浇筑。

b. 柱、墙混凝土设计强度等级比梁、板混凝土设计强度等级高两个及以上等级时，应在交界区域采取分隔措施；分隔位置应在低强度等级的构件中，距离高强度等级构件边缘不应小于500mm，且不应小于1/2梁高。

c. 宜先浇筑强度等级高的混凝土，后浇筑强度等级低的混凝土。为保证混凝土交界面工整清晰，可在高强度等级混凝土与低强度等级混凝土之间采用钢丝网板等分隔措施。钢丝网板两侧混凝土虽然分别浇筑，但应保证在一侧混凝土浇筑后的初凝前，完成另一侧混凝土的覆盖。因此分隔位置不是施工缝，而是临时隔断。

2）大体积混凝土结构浇筑。大体积混凝土结构是指混凝土结构物实体最小几何尺寸不小于1m的大体量混凝土，或预计会因混凝土中胶凝材料水化引起的温度变化和收缩而导致有害裂缝产生的混凝土。大体积混凝土结构由于承受的荷载大，整体性要求高，往往不允许留设施工缝，要求一次连续浇筑完毕。要防止大体积混凝土结构浇筑后产生裂缝，就要降低混凝土的温度应力，大体积混凝土施工温度控制应符合下列规定：

①混凝土入模温度不宜大于30℃，混凝土浇筑体最大温升不宜大于50℃。

②在覆盖养护或带模养护阶段，混凝土浇筑体表面以内40～100mm位置处的温度与混凝土浇筑体表面温度差值不宜大于25℃；结束覆盖养护或拆模后，混凝土浇筑体表面以内40～100mm位置处的温度与环境温度差值不应大于20℃。

③混凝土降温速率不宜大于2.0℃/d。为此应采取相应的措施：应优先选用水化热低的水泥；在满足设计强度要求的前提下，尽可能减少水泥用量；掺入适量的粉煤灰（粉煤灰的掺量一般以15%～25%为宜）；降低浇筑速度和减小浇筑层厚度；采取蓄水法或覆盖法进行人工降温措施；必要时经过计算和取得设计单位同意后可留后浇带或施工缝分层分段浇筑。

大体积混凝土结构的浇筑方案，一般分为全面分层、分段分层和斜面分层三种（图4.1.23）。全面分层法要求的混凝土浇筑强度较大，斜面分层法混凝土浇筑强度较小，施工中可根据结构物的具体尺寸、捣实方法和混凝土供应能力，认真选择浇筑方案。目前应用较多的是斜面分层法。

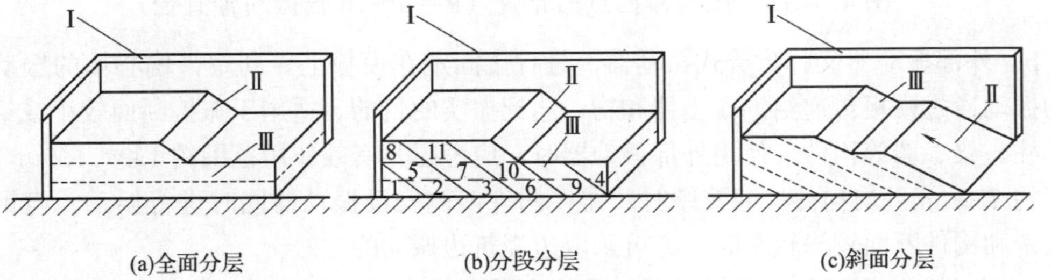

(a)全面分层　(b)分段分层　(c)斜面分层

图4.1.23　大体积混凝土浇筑方案

Ⅰ—模板；Ⅱ—新浇筑的混凝土；Ⅲ—已浇筑的混凝土

3）混凝土密实成型。

①混凝土振动密实成型。用于振动捣实混凝土拌和物的振动器按其工作方式可分为内部振动器、外部振动器、表面振动器和振动台四种（图4.1.24）。

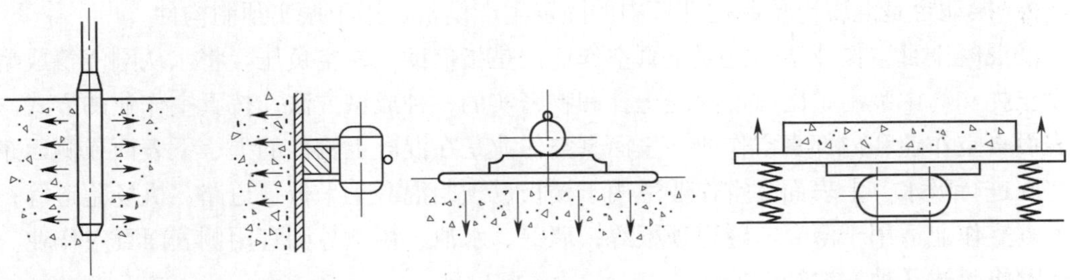

(a)内部振动器　(b)外部振动器　(c)表面振动器　(d)振动台

图4.1.24　振动机械示意图

a. 内部振动器又称插入式振动器，其工作部分是一个棒状空心圆柱体，内部装有偏心振子，在电动机带动下产生高速转动而产生高频微幅的振动。内部振动器适用于基础、柱、梁、墙等深度或厚度较大的结构构件的混凝土捣实。

振动棒振捣混凝土应按分层浇筑厚度分别进行振捣，振动棒的前端应插入前一层混凝土中，插入深度不应小于 50mm；振动棒应垂直于混凝土表面并快插慢拔均匀振捣；当混凝土表面无明显塌陷、有水泥浆出现、不再冒气泡时，可结束该部位振捣；振动棒与模板的距离不应大于振动棒作用半径的 1/2；振捣插点间距不应大于振动棒的作用半径的 1.4 倍。振动棒移动方式有行列式和交错式两种（图 4.1.25）。

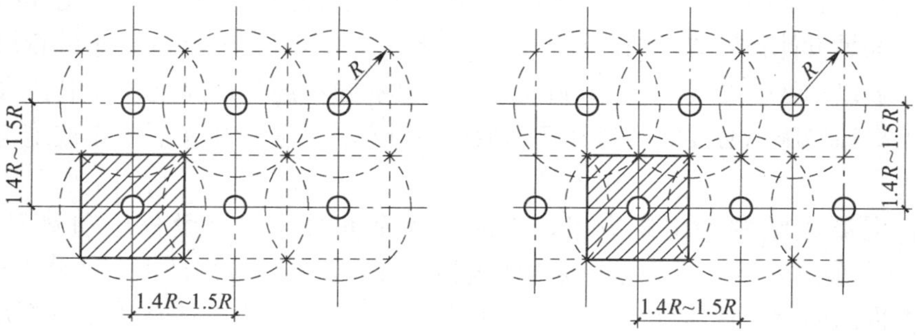

图 4.1.25 振动棒插点的布置（R=8～10 倍振动棒直径）

b. 外部振动器又称附着式振动器，是直接固定在模板上，利用带偏心块的振动器产生的振动通过模板传递给混凝土拌和物，达到振实的目的。适用于振捣断面较小或钢筋较密的柱、梁、墙等构件。使用外部振动器时，应考虑其有效作用范围约 1.0～1.5m，作用深度约 250mm。当构件尺寸较厚时，需在构件两侧安设振动器同时进行振动。当钢筋配置较密和构件断面较深较窄时，亦可采取边浇筑边振动的方法。

c. 表面振动器又称平板振动器，是放在混凝土表面进行振捣，适用于振捣楼板、地面和薄壳等薄壁构件。当采用表面振动器时，要求振动器的平板与混凝土保持接触，其移动间距应保证振动器的平板能覆盖已振实部分的边缘，应相互搭接 30～50mm，以保证衔接处混凝土的密实。最好振捣两遍，两遍方向互相垂直。第一遍主要使混凝土密实，第二遍主要使混凝土表面平整。每一位置的延续时间一般为 25～40s，以混凝土表面均匀出现浮浆为准。

d. 振动台是混凝土预制构件厂中的固定生产设备，用于振实预制构件。

②混凝土真空作业法。混凝土真空作业法是指借助于真空负压，将水从刚浇筑成型的混凝土拌和物中吸出，同时使混凝土拌和物密实的一种成型方法。按真空作业的方式，分为表面真空作业和内部真空作业。表面真空作业是在混凝土构件的上、下表面或侧面布置真空腔进行吸水。上表面真空作业适用于楼板、预制混凝土平板、道路、机场跑道等；下表面真空作业适用于薄壳、隧道顶板等；墙壁、水池、桥墩等则宜用侧表面真空作业。有时还可将上述几种方法结合使用。

4）施工缝留置及处理。施工缝的位置应在混凝土浇筑前按设计要求和施工技术方案确定。由于施工缝是结构中的薄弱环节，因此，施工缝宜留置在结构受剪力较小且便于施工的部位。柱子的施工缝宜留在基础顶面、梁或吊车梁牛腿的下面、吊车梁的上面、无梁楼盖柱帽的下面（图 4.1.26），同时又要照顾到施工的方便。与板连成整体的大断面梁应留在板底面以下 20～30mm 处，当板下有梁托时，留置在梁托下部。单向板应留在平行于板短边的任何位置。有主、次梁楼盖宜顺着次梁方向浇筑，应留在次梁跨度的中间 1/3 跨度范围内（图 4.1.27）。楼梯应留在楼梯段跨度端部 1/3 长度范围内。墙可留在门洞口过梁跨中 1/3 范围内，也可留在纵横墙的交接处。双向受力的楼板、大体积混凝土结构、拱、薄壳、多层框架及其他结构复杂的结构，应按设计要求留置施工缝。

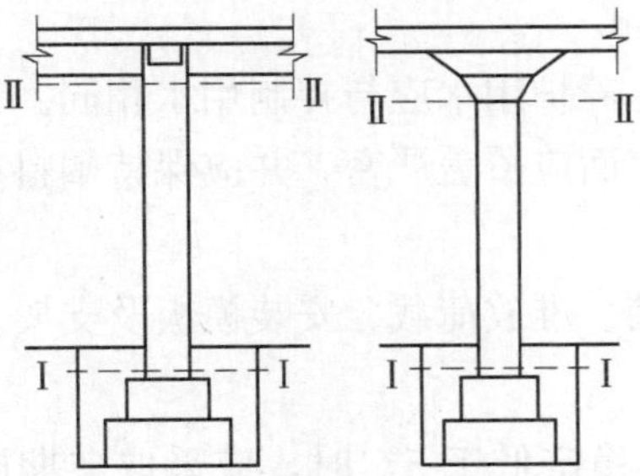

图 4.1.26　柱子的施工缝位置

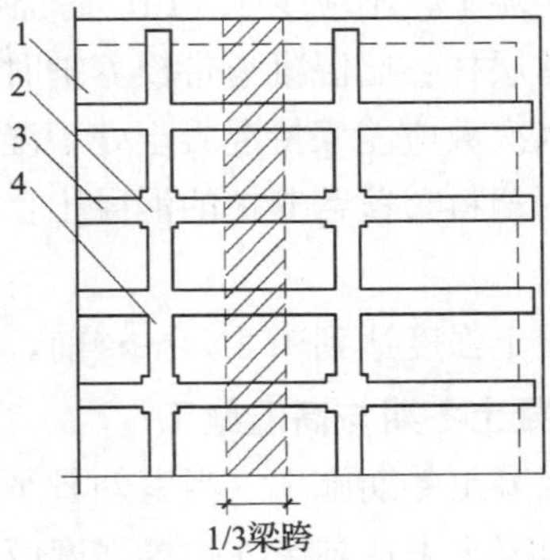

图 4.1.27　有主、次梁楼盖的施工缝位置

1—楼板；2—柱；3—次梁；4—主梁

在施工缝处继续浇筑混凝土时，应符合下列规定：

①浇筑的混凝土，其抗压强度不应小于 1.2N/mm²。

②在已硬化的混凝土表面上，应清除水泥薄膜和松动石子以及软弱混凝土层，并加以充分湿润和冲洗干净，且不得积水。

③在浇筑混凝土前，宜先在施工缝处刷一层水泥浆（可掺适量界面剂）或铺一层与混凝土内成分相同的水泥砂浆。

④混凝土应细致捣实，使新旧混凝土紧密结合。

后浇带通常根据设计要求留设，并在主体结构保留一段时间（若设计无要求，则至少保留 28d）后再浇筑，将结构连成整体。填充后浇带，可采用微膨胀混凝土、强度等级比原结构强度提高一级，并保持至少 14d 湿润养护。后浇带接缝处按施工缝的要求处理。

（5）混凝土养护。混凝土养护一般可分为标准养护、加热养护和自然养护。选择养护方式应考虑现场条件、环境温湿度、构件特点、技术要求、施工操作等因素。

1）标准养护。混凝土在温度为 20℃±2℃，相对湿度为 95％以上的潮湿环境或水中进行的养护，称为标准养护。用于对混凝土立方体试件进行养护。

2）加热养护。为了加速混凝土的硬化过程，对混凝土拌和物进行加热处理，使其在较高的温度和湿度环境下迅速凝结、硬化的养护，称为加热养护。常用的加热养护方法是蒸汽养护。

3）自然养护。在常温下（平均气温不低于 5℃）采用适当的材料覆盖混凝土，并采取浇水润湿、防风防干、保温防冻等措施进行的养护，称为自然养护。自然养护分洒水养护和喷涂薄膜养生液养护两种。

混凝土的自然养护应符合下列规定：

①应在浇筑完毕后的 12h 以内对混凝土加以覆盖并保湿养护；干硬性混凝土应于浇筑

完毕后立即进行养护。当日最低温度低于5℃时，不应采用洒水养护。

②混凝土浇筑后应及时进行保湿养护，保湿养护可采用洒水、覆盖、喷涂养护剂等方式，混凝土洒水养护的时间：采用硅酸盐水泥、普通硅酸盐水泥或矿渣硅酸盐水泥配制的混凝土，不应少于7d；采用其他品种水泥时，养护时间应根据水泥性能确定；采用缓凝型外加剂、大掺量矿物掺和料配制的混凝土，不应少于14d；抗渗混凝土、强度等级C60及以上的混凝土，不应少于14d；后浇带混凝土的养护时间不应少于14d；地下室底层和上部结构首层柱、墙混凝土带模养护时间，不宜少于3d。

③浇水次数应能保持混凝土处于湿润状态，混凝土养护用水应与拌制用水相同。

④采用塑料布覆盖养护的混凝土，其敞露的全部表面应覆盖严密，并应保持塑料布内有凝结水。

⑤混凝土强度达到1.2N/mm^{2}前，不得在其上踩踏、堆放荷载、安装模板及支架。

4. 混凝土冬期与高温施工

（1）混凝土冬期施工。当室外日平均气温连续5d稳定低于5℃时，应采取冬期施工措施；当混凝土未达到受冻临界强度而气温骤降至0℃以下时，应按冬期施工的要求采取应急防护措施。

1）宜采用硅酸盐水泥或普通硅酸盐水泥；采用蒸汽养护时，宜采用矿渣硅酸盐水泥。

2）降低水灰比，减少用水量，使用低流动性或干硬性混凝土。

3）浇筑前将混凝土或其组成材料加温，提高混凝土的入模温度，使混凝土既早强又不易冻结。宜加热拌和水、粗细骨料。水泥、外加剂、矿物掺和料不得直接加热，应事先贮于暖棚内预热，但水泥不能与80℃以上的水直接接触。

4）混凝土冬期养护方法。养护法的三个基本要素是混凝土的入模温度、维护层的总传热系数和水泥水化热值。应通过热工计算调整以上三个要素，目的是使混凝土冷却到0℃时，混凝土强度能达到临界强度的要求。混凝土冬期养护方法主要有三类：混凝土养护期间不加热的方法，如蓄热法、掺外加剂法等；混凝土养护期间加热的方法，如电热法、蒸汽加热法和暖棚法等；综合方法，即把上述两类方法综合应用，如目前常用的综合蓄热法，即在蓄热法基础上掺外加剂（早强剂或防冻剂）或进行短时加热等综合措施。

（2）高温施工。当日平均气温达到30℃及以上时，应按高温施工要求采取措施。

1）高温施工宜采用低水泥用量的原则，并可采用粉煤灰取代部分水泥，宜选用水化热较低的水泥。

2）混凝土坍落度不宜小于70mm。

3）混凝土宜采用白色涂装的混凝土搅拌运输车运输，对混凝土输送管应进行遮阳覆盖，并应洒水降温。

4）混凝土浇筑入模温度不应高于35℃。

5）混凝土浇筑宜在早间或晚间进行，且宜连续浇筑。当水分蒸发速率大于1kg/（m^2·h）时，应在施工作业面采取挡风、遮阳、喷雾等措施。

6）混凝土浇筑前，施工作业面宜采取遮阳措施，并应对模板、钢筋和施工机具采取洒水等降温措施，但浇筑时模板内不得有积水。

7）混凝土浇筑完成后，应及时进行保湿养护，侧模拆除前宜采用带模湿润养护。

5. 装配式混凝土施工

(1) 材料要求。装配整体式结构中，预制构件的混凝土强度等级不宜低于 C30；预应力混凝土预制构件的混凝土强度等级不宜低于 C40，且不应低于 C30；现浇混凝土的强度等级不应低于 C25。

预制构件吊环应采用未经冷加工的 HPB300 钢筋制作。预制构件吊装用内埋式螺母或内埋式吊杆及配套的吊具，应根据相应的产品标准和应用技术规定选用。

(2) 构件预制。预制构件制作单位应具备相应的生产工艺设施，并应有完善的质量管理体系和必要的试验检测手段。

带面砖或石材饰面的预制构件宜采用反打一次成型工艺制作，并应符合下列规定：

1) 当构件饰面层采用面砖时，在模具中铺设面砖前，应根据排砖图的要求进行配砖和加工；饰面砖应采用背面带有燕尾槽或黏结性能可靠的产品。

2) 当构件饰面层采用石材时，在模具中铺设石材前，应根据排板图的要求进行配板和加工；应按设计要求在石材背面钻孔、安装不锈钢卡钩、涂覆隔离层。

3) 应采用具有抗裂性和柔韧性、收缩小且不污染饰面的材料嵌填面砖或石材之间的接缝，并应采取防止面砖或石材在安装钢筋、浇筑混凝土等生产过程中发生位移的措施。

夹心外墙板宜采用平模工艺生产，生产时应先浇筑外叶墙板混凝土层，再安装保温材料和拉结件，最后浇筑内叶墙板混凝土层；当采用立模工艺生产时，应同步浇筑内外叶墙板混凝土层，并应采取保证保温材料及拉结件位置准确的措施。

应根据混凝土的品种、工作性、预制构件的规格形状等因素，制定合理的振捣成型操作规程。混凝土应采用强制式搅拌机搅拌，并宜采用机械振捣。

预制构件采用洒水、覆盖等方式进行常温养护时，应符合现行国家标准《混凝土结构工程施工规范》GB 50666 的要求。预制构件采用加热养护时，应制定养护制度对静停、升温、恒温和降温时间进行控制，宜在常温下静停 2～6h，升温、降温速度不应超过 20℃/h，最高养护温度不宜超过 70℃，预制构件出池的表面温度与环境温度的差值不宜超过 25℃。

脱模起吊时，预制构件的混凝土立方体抗压强度应满足设计要求且不应小于 $15N/mm^2$。

(3) 连接构造要求。

1) 装配整体式结构中，节点及接缝处的纵向钢筋连接宜根据接头受力、施工工艺等要求选用机械连接、套筒灌浆连接、浆锚搭接连接、焊接连接等连接方式，并应符合国家现行有关标准的规定。直径大于 20mm 的钢筋不宜采用浆锚搭接连接，直接承受动力荷载构件的纵向钢筋不应采用浆锚搭接连接。

2) 预制构件与后浇混凝土、灌浆料、坐浆料的结合面应设置粗糙面、键槽。

3) 装配整体式结构的楼盖宜采用叠合楼盖。叠合板应按现行国家标准《混凝土结构设计标准》GB/T 50010 进行设计，并应符合下列规定：

①叠合板的预制板厚度不宜小于 60mm，后浇混凝土叠合层厚度不应小于 60mm；

②当叠合板的预制板采用空心板时，板端空腔应封堵；

③跨度大于 3m 的叠合板，宜采用桁架钢筋混凝土叠合板；

④跨度大于 6m 的叠合板，宜采用预应力混凝土预制板；

⑤板厚大于 180mm 的叠合板，宜采用混凝土空心板；

⑥叠合板可根据预制板接缝构造、支座构造、长宽比按单向板或双向板设计。

a. 当预制板之间采用分离式接缝时，宜按单向板设计，接缝处紧邻预制板顶面宜设置垂直于板缝的附加钢筋。

b. 对长宽比不大于3的四边支承叠合板，当其预制板之间采用整体式接缝或无接缝时，可按双向板设计。

c. 整体式接缝宜设置在叠合板的次要受力方向上且宜避开最大弯矩截面。接缝可采用后浇带形式，宽度不宜小于200mm，两侧板底纵向受力钢筋可在后浇带中焊接、搭接连接、弯折锚固。

4）装配整体式框架结构中，当采用叠合梁时，应符合下列规定：

①框架梁的后浇混凝土叠合层厚度不宜小于150mm，次梁的后浇混凝土叠合层厚度不宜小于120mm；当采用凹口截面预制梁时，凹口深度不宜小于50mm，凹口边厚度不宜小于60mm。

②抗震等级为一、二级的叠合梁的梁端箍筋加密区宜采用整体封闭箍筋。当采用组合封闭箍筋形式时，开口箍筋上方应做成135°弯钩，非抗震设计时，弯钩端头平直段长度不应小于$5d$（d为箍筋直径）；抗震设计时，平直段长度不应小于$10d$。现场应采用箍筋帽封闭开口箍，箍筋帽末端应做成135°弯钩，非抗震设计时，弯钩端头平直段长度不应小于$5d$；抗震设计时，平直段长度不应小于$10d$。

③叠合梁可采用对接连接，连接处应设置后浇段，后浇段的长度应满足梁下部纵向钢筋连接作业的空间需求；梁下部纵向钢筋在后浇段内宜采用机械连接、套筒灌浆连接或焊接连接；后浇段内的箍筋应加密，箍筋间距不应大于$5d$（d为纵向钢筋直径），且不应大于100mm。

5）采用预制柱及叠合梁的装配整体式框架中，柱底接缝宜设置在楼面标高处，并应符合下列规定：

①后浇节点区混凝土上表面应设置粗糙面；

②柱纵向受力钢筋应贯穿后浇节点区；

③柱底接缝厚度宜为20mm，并应采用灌浆料填实。

6）装配整体式剪力墙结构应符合下列规定：

①预制剪力墙宜采用一字形，也可采用L形、T形或U形；开洞预制剪力墙洞口宜居中布置，洞口两侧的墙肢宽度不应小于200mm，洞口上方连梁高度不宜小于250mm。

②当预制外墙采用夹心墙板时，外叶墙板厚度不应小于50mm，且外叶墙板应与内叶墙板可靠连接；夹心外墙板的夹层厚度不宜大于120mm；当作为承重墙时，内叶墙板应按剪力墙进行设计。

③各层楼面位置，预制剪力墙顶部无后浇圈梁时，应设置连续的水平后浇带，宽度应取剪力墙的厚度，高度不应小于楼板厚度，内应配置不少于2根连续纵向钢筋，其直径不宜小于12mm，并与现浇或者叠合楼、屋盖浇筑成整体。

④ 预制剪力墙底部接缝宜设置在楼面标高处，接缝高度宜为20mm；接缝宜采用灌浆料填实且接缝处后浇混凝土上表面应设置粗糙面。

（4）构件储运。

当采用靠放架堆放或运输构件时，靠放架应具有足够的承载力和刚度，与地面倾斜角度宜大于80°，构件应对称靠放，每侧不大于2层；墙板宜对称靠放且外饰面朝外，构件上部宜采用木垫块隔离；运输时构件应采取固定措施。

当采用插放架直立堆放或运输构件时，宜采取直立运输方式；插放架应有足够的承载力和刚度，并应支垫稳固。

水平运输时，预制梁、柱构件叠放不宜超过3层，板类构件叠放不宜超过6层。

采用叠层平放的方式堆放或运输构件时，应采取防止构件产生裂缝的措施。

(5) 结构施工。

1) 一般规定。装配式结构施工前应制订施工组织设计明确方案，施工组织设计的内容应符合现行国家标准《建筑施工组织设计规范》GB/T 50502的规定，施工方案的内容应包括构件安装及节点施工方案、构件安装的质量管理及安全措施等。

2) 构件吊装与就位。吊装用吊具应按国家现行有关标准的规定进行设计、验算或试验检验。吊具应根据预制构件形状、尺寸及重量等参数进行配置，吊索水平夹角不宜小于60°，且不应小于45°；对尺寸较大或形状复杂的预制构件，宜采用有分配梁或分配桁架的吊具。

未经设计允许不得对预制构件进行切割、开洞。吊运过程中，应设专人指挥，操作人员应位于安全可靠的位置，不应有人员随预制构件一同起吊。

安装施工前，应进行测量放线、设置构件安装定位标识，应复核构件装配位置、节点连接构造及临时支撑方案等，应检查复核吊装设备及吊具处于安全操作状态，应核实现场环境、天气、道路状况等满足吊装施工要求。装配式结构施工前，宜选择有代表性的单元进行预制构件试安装，并应根据试安装结果及时调整完善施工方案和施工工艺。

预制构件吊装就位后，应及时校准并采取临时固定措施，每个预制构件的临时支撑不宜少于2道，对预制柱、墙板构件的上部斜支撑，其支撑点距离板底的距离不宜小于构件高度的2/3，且不应小于构件高度的1/2，并应符合现行国家标准《混凝土结构工程施工规范》GB 50666的相关规定。

3) 构件安装。

①安装准备。墙、柱构件安装前，应清洁结合面；构件底部应设置可调整接缝厚度和底部标高的垫块；钢筋套筒灌浆连接接头、钢筋浆锚搭接连接接头灌浆前，应对接缝周围进行封堵，封堵措施应符合结合面承载力设计要求；多层预制剪力墙底部采用坐浆材料时，其厚度不宜大于20mm。

②钢筋套筒连接施工。采用钢筋套筒灌浆连接、钢筋浆锚搭接连接的预制构件就位前，应检查套筒、预留孔的规格、位置、数量和深度；被连接钢筋的规格、数量、位置和长度。当套筒、预留孔内有杂物时，应清理干净；当连接钢筋倾斜时，应进行校直。连接钢筋偏离套筒或孔洞中心线不宜超过5mm。

钢筋套筒灌浆前，应在现场模拟构件连接接头的灌浆方式，每种规格钢筋应制作不少于3个套筒灌浆连接接头，进行灌注质量以及接头抗拉强度的检验；经检验合格后，方可进行灌浆作业。

钢筋套筒灌浆连接接头、钢筋浆锚搭接连接接头应按检验批划分要求及时灌浆，灌浆作业应符合国家现行有关标准及施工方案的要求，并应符合下列规定：灌浆施工时，环境温度、灌浆料拌和物温度、灌浆部位温度应满足相关要求。灌浆分为常温型灌浆和低温型灌浆。灌浆施工及养护过程中24h内环境温度和灌浆料拌和物温度不低于5℃时适用常温型灌浆；灌浆施工及养护过程中24h内灌浆部位温度不低于－5℃，且灌浆施工过程中环境温度和灌浆料拌和物温度不高于10℃时适用低温型灌浆。灌浆操作全过程应有专职检验人员负责旁站监督并及时形成施工质量检查记录；应按产品使用说明书的要求计量灌浆料和水的用量，并搅拌均匀；每次拌制的灌浆料拌和物应进行流动度的检测，且其流动度应满足规定；灌浆作业应采用压浆法从下口灌注，当浆料从上口流出后应及时封堵，必要时可设分仓进行灌浆；灌浆料拌和物应在制备后30min内用完。

③后浇混凝土施工。后浇混凝土施工时，预制构件结合面疏松部分的混凝土应剔除并清理干净；模板应保证后浇混凝土部分形状、尺寸和位置准确，并应防止漏浆；在浇筑混凝土前应洒水润湿结合面，混凝土应振捣密实；浇筑用的材料的强度等级应符合设计要求，设计无要求时，浇筑用材料的强度等级不应低于连接处构件混凝土强度设计等级的较大值；同一配合比的混凝土，每工作班且建筑面积不超过1 000m^2应制作1组标准养护试件，同一楼层应制作不少于3组标准养护试件。构件连接部位后浇混凝土及灌浆料的强度达到设计要求后，方可拆除临时固定措施。

（三）预应力混凝土工程施工

预应力混凝土是在构件承受外荷载前，预先在构件的受拉区对混凝土施加预压力，这种压力通常称为预应力。构件在使用阶段的外荷载作用下产生的拉应力，首先要抵消预压应力，这就推迟了混凝土裂缝的出现，同时也限制了裂缝的开展，从而提高了构件的抗裂度和刚度。对混凝土构件受拉区施加预压应力的方法，是张拉受拉区中的预应力钢筋，通过预应力钢筋和混凝土间的黏结力或锚具，将预应力钢筋的弹性收缩力传递到混凝土构件中，并产生预压应力。

1. 预应力钢筋的种类

预应力钢筋的种类主要有冷拉钢筋、高强度钢丝、钢绞线、热处理钢筋等。

近年来，我国强度高、性能好的预应力钢筋（钢丝、钢绞线）可充分供应，故提倡用高强的预应力钢绞线、钢丝作为我国预应力混凝土结构的主力钢筋。

2. 对混凝土的要求

在预应力混凝土结构中，预应力混凝土楼板结构的混凝土强度等级不应低于C30，其他预应力混凝土结构构件的混凝土强度等级不应低于C40。在预应力混凝土构件的施工中，不能掺用对钢筋有侵蚀作用的氯盐，如氯化钠等，否则会发生严重的质量事故。

3. 预应力的施加方法

预应力的施加方法，根据与构件制作相比较的先后顺序，分为先张法、后张法两大类。当工程所处环境温度低于－15℃时，不宜进行预应力筋张拉。

（1）先张法。先张法是在台座或模板上先张拉预应力筋并用夹具临时固定，再浇筑混凝土，待混凝土达到一定强度后，放张预应力筋，通过预应力筋与混凝土的黏结力，使混凝土产生预压应力的施工方法，如图4.1.28所示。

先张法多用于预制构件厂生产定型的中小型构件，也常用于生产预应力桥跨结构等。先张法工艺流程，如图4.1.29所示。

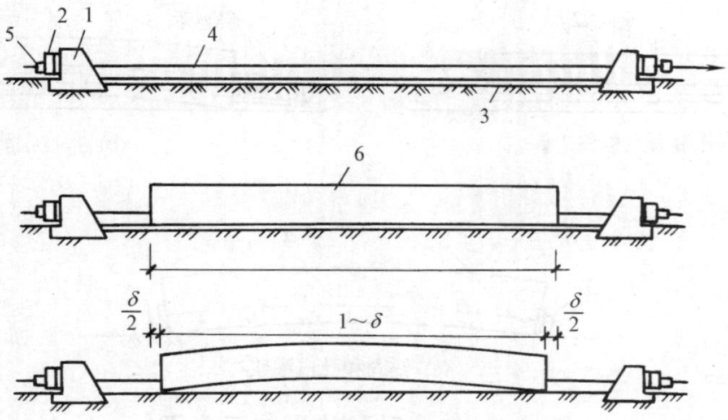

图 4.1.28　先张法生产示意图

1—台座承力结构；2—横梁；3—台面；4—预应力筋；5—锚固夹具；6—混凝土构件

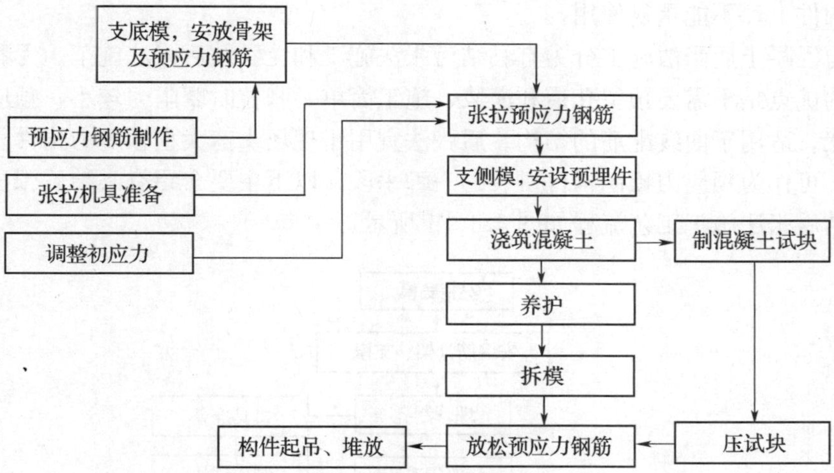

图 4.1.29　先张法工艺流程图

1）预应力筋的张拉。预应力筋的张拉应根据设计要求，采用合适的张拉方法、张拉顺序及张拉程序进行，并应有可靠的质量保证措施和安全技术措施。

①预应力筋的张拉一般采用 $0 \rightarrow 1.03\sigma_{con}$ 或 $0 \rightarrow 1.05\sigma_{con}$（持荷 2min）$\rightarrow \sigma_{con}$，目的是减少预应力的松弛损失。

②预应力筋张拉的相关规定。预应力筋应根据设计和专项施工方案的要求采用一端或两端张拉。采用两端张拉时，宜两端同时张拉，也可一端先张拉，另一端补张拉。

2）混凝土的浇筑与养护。采用重叠法生产构件时，应待下层构件的混凝土强度达到 5.0MPa 后，方可浇筑上层构件的混凝土。

混凝土可采用自然养护或湿热养护。

3）预应力筋放张。为保证预应力筋与混凝土的良好黏结，预应力筋放张时，混凝土强度应符合设计要求；当设计无具体要求时，不应低于设计的混凝土立方体抗压强度标准值的 75%，先张法预应力筋放张时不应低于 30MPa。

（2）后张法。后张法是在混凝土达到一定强度的构件或结构中，张拉预应力筋并用锚具永久固定，使混凝土产生预压应力的施工方法，如图 4.1.30 所示。

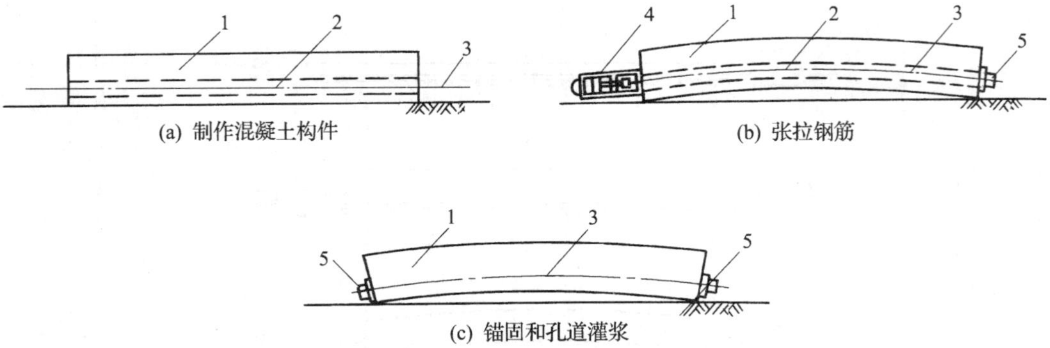

(a) 制作混凝土构件　(b) 张拉钢筋　(c) 锚固和孔道灌浆

图 4.1.30　后张法生产示意图

1—混凝土构件；2—预留孔道；3—预应力筋；4—千斤顶；5—锚具

后张法预应力的传递主要靠预应力筋两端的锚具。锚具作为预应力构件的组成部分，永远留在构件上，不能重复使用。

预应力混凝土后张法施工分为有黏结后张法施工和无黏结后张法施工。无黏结后张法施工工艺的优点是不需要预留孔道和灌浆，施工简单，张拉时摩阻力较小，预应力筋易弯成曲线形状，适用于曲线配筋的结构。后张法宜用于现场生产大型预应力构件、特种结构和构筑物，可作为预应力预制构件拼装的一种手段。以下主要介绍有黏结后张法施工。

有黏结后张法施工工艺流程如图 4.1.31 所示。

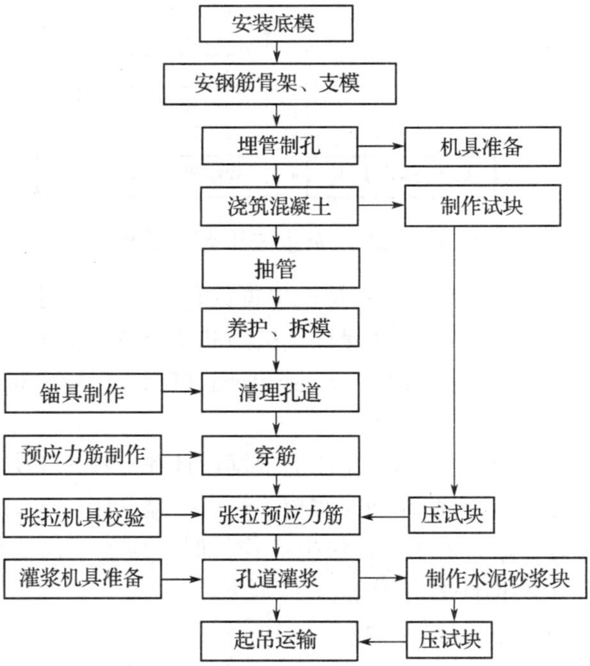

图 4.1.31　有黏结后张法施工工艺流程图

1）孔道的留设。孔道的留设是后张法构件制作的关键工序之一。后张黏结预应力筋预留孔道的规格、数量、位置和形状除应符合设计要求外，尚应符合下列规定：预留孔道的定位应牢固，浇筑混凝土时不应出现移位和变形；孔道应平顺，端部的预埋锚垫板应垂直于孔道中心线；成孔用管道应密封良好，接头应严密且不得漏浆；灌浆孔的间距：对预埋金属螺旋管不宜大于30m；对抽芯成型孔道不宜大于12m；在曲线孔道的曲线波峰部位应设置排气管兼作泌水管，必要时可在最低点设置排水孔；灌浆孔及泌水管的孔径应能保证浆液畅通。孔道留设的方法有以下几种：

①钢管抽芯法。预先将钢管埋设在模板内孔道位置处，在混凝土浇筑过程中和浇筑后，每间隔一定时间慢慢转动钢管，使之不与混凝土黏结，待混凝土初凝后终凝前抽出钢管，形成孔道。该法只可留设直线孔道。

②胶管抽芯法。胶管有五层或七层夹布胶管和钢丝网胶管两种，用间距不大于0.5m的钢筋井字架固定位置，在浇筑混凝土前胶管内充入压力为0.6～0.8MPa的压缩空气或压力水，此时胶管直径可增大约3mm，待浇筑的混凝土初凝以后，放出压缩空气或压力水，管径缩小而与混凝土脱离，随即抽出胶管，形成孔道。胶管抽芯留孔与钢管抽芯法相比，它的弹性好，便于弯曲。因此，它不仅可留设直线孔道，也能留设曲线孔道。

③预埋波纹管法。金属波纹管是用0.3～0.5mm的钢带由专用的制管机卷制而成。预埋时用间距不大于0.8m的钢筋井字架固定。波纹管与混凝土有良好的黏结力，波纹管预埋在构件中，浇筑混凝土后永不抽出。

2）预应力筋张拉。张拉预应力筋时，构件混凝土的强度应按设计规定，如设计无规定，则不低于设计的混凝土立方体抗压强度标准值的75%。对后张法预应力梁和板，现浇结构混凝土的龄期分别不宜小于7d和5d。

后张法预应力筋的张拉程序与所采用的锚具种类有关，为减少松弛应力损失，张拉程序一般与先张法相同。当设计无具体要求时，有黏结预应力筋长度不大于20m时可一端张拉，大于20m时宜两端张拉，预应力筋为直线形时，一端张拉的长度可延长至35m；无黏结预应力筋长度不大于40m时可一端张拉，大于40m时宜两端张拉。

3）孔道灌浆。预应力筋张拉后，应随即进行孔道灌浆，孔道内水泥浆应饱满、密实，以防预应力筋锈蚀，同时增加结构的抗裂性和耐久性。当工程所处环境温度高于35℃或连续5d环境日平均温度低于5℃时，不宜进行灌浆施工。冬期灌浆施工时，应对预应力构件采取保温措施或采用抗冻水泥浆。

(四) 钢结构工程施工

1. 钢结构的材料

(1) 钢结构工程中，常用钢材有普通碳素钢、优质碳素结构钢、普通低合金钢等。

(2) 钢材的品种、规格、性能等应符合现行国家产品标准和设计要求。进口钢材产品的质量应符合设计要求和合同规定。

(3) 钢材的堆放要便于搬运，要尽量减少钢材的变形和锈蚀，钢材端部应竖立标牌。标牌应标明钢材规格、钢号、数量和材质验收证明书。

2. 钢结构构件的制作

(1) 准备工作。钢结构构件加工前，应先进行施工详图设计、图纸审查、提料、备料、工艺试验和工艺规程的编制、技术交底等工作。施工详图和节点设计文件应经原设计单位确认。

(2) 钢结构构件生产的工艺流程。

钢结构构件生产包括放样→号料→切割下料→平直矫正→边缘及端部加工→滚圆→煨

弯→制孔→钢结构组装→连接→涂装等工序。钢结构组装可采用仿形复制装配法、专用设备装配法、胎模装配法等。钢结构的连接方法有焊接、普通螺栓连接、高强度螺栓连接和铆接。

3. 钢结构构件的连接

（1）焊接。

1）建筑工程中钢结构常用的焊接方法有手工焊、半自动焊和全自动焊等。

2）根据焊接接头的连接部位，可以将熔化焊接头分为对接接头、角接接头、T形及十字接头、搭接接头和塞焊接头等。

3）焊工应经考试合格并取得资格证书，应在认可的范围内进行焊接作业，严禁无证上岗。施工单位首次采用的钢材、焊接材料、焊接方法、接头形式、焊接位置、焊后热处理制度以及焊接工艺参数、预热和后热措施等各种参数及参数的组合，应在钢结构制作及安装前进行焊接工艺评定试验。

4）根据设计要求、接头形式、钢材牌号和等级等合理选择、使用和保管好焊接材料和焊剂、焊接气体。

5）焊缝缺陷通常分为六类：裂纹、孔穴、固体夹杂、未熔合、未焊透、形状缺陷和其他缺陷。可采用补焊或铲去缺陷部分的焊缝金属重新焊接的方式来处理。

（2）高强度螺栓。

1）高强度螺栓按连接形式通常分为摩擦连接、张拉连接和承压连接等。其中，摩擦连接是目前广泛采用的基本连接形式。

2）高强度螺栓安装时应先使用安装螺栓和冲钉。高强度螺栓不得兼作安装螺栓。

3）高强度大六角头螺栓（性能等级8.8s和10.9s）连接副由一个高强度大六角头螺栓，一个高强度大六角螺母和两个高强度平垫圈组成，施拧可采用扭矩法或转角法。同一接头中，高强度螺栓连接副的初拧、复拧、终拧应在24h内完成。高强度螺栓连接副初拧、复拧和终拧原则上应以接头刚度较大的部位向约束较小的方向、螺栓群中央向四周的顺序进行。

4）高强度螺栓和焊接并用的连接节点，当设计文件无规定时，宜按先螺栓紧固后焊接的施工顺序。

4. 钢结构防火与防腐

通常情况下，钢结构应先进行防腐涂料涂装，再进行防火处理。

（1）防腐涂料涂装。防腐涂料涂装施工流程为：基面处理→底漆涂装→中间漆涂装→面漆涂装→检查验收。

钢构件采用涂料进行防腐涂装时，可采用机械除锈和手工除锈进行处理。经处理的钢材表面不应有焊渣、焊疤、灰尘、油污、水和毛刺等；对于镀锌构件，在酸洗除锈后，钢材表面应露出金属色泽，无污渍、锈迹，不残留任何酸液。油漆防腐涂装可采用涂刷法、手工滚涂法、空气喷涂法和高压无气喷涂法。

钢结构防腐涂装施工宜在钢构件组装和预拼装工程检验批的施工质量验收合格后进行。涂装完毕后，宜在构件上标注构件编号；大型构件应标明重量、重心位置和定位标记。

（2）防火涂装。建筑钢结构防火涂装应符合现行国家标准《建筑钢结构防火技术规范》GB 51249 的要求。

钢结构的防火保护可采用下列措施之一或其中几种的复（组）合：

1）喷涂（抹涂）防火涂料；

2）包覆防火板；

3）包覆柔性毡状隔热材料；

4）外包混凝土、金属网抹砂浆或砌筑砌体。

钢结构采用喷涂防火涂料保护时，应符合下列规定：

1）室内隐蔽构件，宜选用非膨胀型防火涂料；

2）设计耐火极限大于 1.50h 的构件，不宜选用膨胀型防火涂料；

3）室外、半室外钢结构采用膨胀型防火涂料时，涂料产品应符合环境对其性能的要求；

4）非膨胀型防火涂料涂层的厚度不应小于 10mm；

5）防火涂料与防腐涂料应相容、匹配；

6）涂装施工通常采用喷涂方法施涂，对于薄型钢结构防火涂料的面装饰涂装也可采用刷涂或滚涂等方法施涂。

（五）结构吊装工程施工

将建筑物设计成许多单独的构件，分别在施工现场或工厂预制结构构件或构件组合，然后在施工现场用起重机械把它们吊起并安装在设计位置上去的全部施工过程，称为结构吊装工程，用这种施工方式形成的结构称为装配式结构。

1. 起重机具

结构吊装工程中常采用的起重机具包括索具设备与起重机械。

（1）索具设备。索具设备主要应用于吊装工程中的构件绑扎、吊运。索具设备包括钢丝绳、吊索、卡环、横吊梁、卷扬机、锚碇等。

（2）起重机械。结构吊装工程中常用的起重机械有自行杆式起重机、塔式起重机和桅杆式起重机等。

1）自行杆式起重机。

①履带式起重机。履带式起重机由行走装置、回转机构、机身及起重杆等组成。采用链式履带的行走装置，对地面压力大为减小，装在底盘上的回转机构使机身可回转 360°。机身内部有动力装置、卷扬机及操纵系统。它操作灵活，使用方便，起重杆可分节接长，在装配式钢筋混凝土单层工业厂房结构吊装中得到广泛的使用。其缺点是稳定性较差，未经验算不宜超负荷吊装。履带式起重机的主要参数有三个：起重量 Q、起重高度 H 和起重半径 R。

②汽车起重机。汽车起重机是一种将起重作业部分安装在通用或专用汽车底盘上，具有载重汽车行驶性能的轮式起重机。汽车起重机的主要技术性能有最大起重量、整机质量、吊臂全伸长度、吊臂全缩长度、最大起重高度、最小工作半径、起升速度、最大行驶速度等。汽车起重机作业时，必须先打开支腿，以增大机械的支承面积，保证必要的稳定性。因此，汽车起重机不能负荷行驶。汽车起重机机动灵活性好，能够迅速转移场地，广泛用于土木工程。

③轮胎起重机。轮胎起重机不采用汽车底盘，而另行设计轴距较小的专门底盘。其构造与履带式起重机基本相同，只是底盘上装有可伸缩的支腿，起重时可使用支腿以增加机

身的稳定性，并保护轮胎。轮胎起重机的优点是行驶速度较快，能迅速地转移工作地点或工地，对路面破坏小。但这种起重机不适合在松软或泥泞的地面上工作。轮胎起重机的主要技术性能有额定起重量、整机质量、最大起重高度、最小回转半径、起升速度等。

2）塔式起重机。塔式起重机具有较高的塔身，起重臂安装在塔身顶部，具有较高的有效高度和较大的工作半径，起重臂可以回转360°。因此，塔式起重机在多级高层结构吊装和垂直运输中得到广泛应用。塔式起重机的类型，可按有无行走机构、变幅方法、回转部位和爬升方式等划分。下面简要介绍常用的轨道式、爬升式、附着式塔式起重机。

①轨道式塔式起重机。轨道式塔式起重机是土木工程中使用最广泛的一种起重机。它可带重行走，作业范围大，非生产时间少，生产效率高。轨道式塔式起重机的主要性能有吊臂长度、起重幅度、起重量、起升速度及行走速度等。

②爬升式塔式起重机。又称内爬式塔式起重机，通常安装在建筑物的电梯井或特设的开间内，也可安装在筒形结构内，依靠爬升机构随着结构的升高而升高，一般是每建造3～8m，起重机就爬升一次，塔身自身高度只有20m左右，起重高度随施工高度而定。爬升式起重机的优点是：起重机以建筑物作支承，塔身短，起重高度大，而且不占建筑物外围空间；缺点是：司机作业往往不能看到起吊全过程，需靠信号指挥，施工结束后拆卸复杂，一般需设辅助起重机拆卸。

③附着式塔式起重机。又称自升式塔式起重机，直接固定在建筑物或构筑物近旁的混凝土基础上，随着结构的升高，不断自行接高塔身，使起重高度不断增大。为了塔身稳定，塔身每隔20m高度左右用系杆与结构锚固。附着式塔式起重机多为小车变幅，因起重机械在结构近旁，司机能看到吊装的全过程，自身的安装与拆卸不妨碍施工过程。

3）桅杆式起重机。桅杆式起重机也称牵缆式起重机，是在独脚拔杆下端安装一根可以回转和起伏的吊杆拼装而成。桅杆式起重机的缆风至少6根，根据缆风最大的拉力选择钢丝绳和地锚。起重量在5t以下的桅杆式超重机，大多用圆木做成，用于吊装小构件；起重量在10t左右的桅杆式起重机，大多用无缝钢管做成，桅杆高度可达25m；大型桅杆式起重机，起重量可达60t，桅杆高度可达80m，桅杆和吊杆都是用角钢组成的格构式截面。

桅杆式起重机的优点是：构造简单、装拆方便、起重能力较大，受施工场地限制小；缺点是：设较多的缆风绳，移动困难。另外，其起重半径小，灵活性差。因此，桅杆式起重机一般多用于构件较重、吊装工程比较集中、施工场地狭窄，而又缺乏其他合适的大型起重机械时。

2. 混凝土结构吊装

混凝土结构吊装分为构件吊装和结构吊装两大类。其中，构件的吊装包括构件的制作、运输、堆放、吊装；结构吊装分为单层工业厂房结构吊装和多层装配式框架结构吊装，吊装顺序由于吊装方案的不同而不同。

（1）预制构件吊装工艺。预制构件吊装工艺应考虑构件的制作、运输、堆放、平面布置和构件的吊装过程。

1）预制构件的制作和运输。预制构件如柱、屋架、梁、桥面板等一般在现场预制或工厂预制。

工厂预制的构件需在吊装前运至工地，构件运输宜选用载重量较大的载重汽车和半拖式或全拖式的平板拖车，将构件直接运到工地构件堆放处。构件运输时的混凝土强度应符合设计要求。

2）构件的平面布置。预制构件的堆放应考虑便于吊升及吊升后的就位，特别是大型构件，应做好构件堆放的布置图，以便一次吊升就位，减少起重设备负荷开行。对于小型构件，则可考虑布置在大型构件之间，也应以便于吊装、减少二次搬运为原则。但小型构件常采用随吊随运的方法，以便减少对施工场地的占用。

3）预制构件的吊装。预制构件吊装过程一般包括绑扎、起吊、就位、临时固定、校正和最后固定等工序。

①柱的吊装。

a. 柱的绑扎。柱身绑扎点数和绑扎位置，要保证柱在吊装过程中受力合理，不发生变形或裂缝而折断。一般中、小型柱绑扎一点；重型柱或配筋少而细长的柱常绑扎两点甚至两点以上以减少柱的吊装弯矩。必要时，需经吊装应力和裂缝控制计算后确定。一点绑扎时，绑扎位置在牛腿下面。

按柱吊起后柱身是否能保持垂直状态，分为斜吊法和直吊法，相应的绑扎方法有斜吊绑扎法和直吊绑扎法。斜吊绑扎法用于柱的宽面抗弯能力满足吊装要求时，此法无须将预制柱翻身，但因起吊后柱身与杯底不垂直，对线就位较难；直吊绑扎法用于柱宽面抗弯能力不足，必须将预制柱翻身后窄面向上，刚度增大，再绑扎起吊。它需要较长的起重杆。

b. 柱的起吊。柱的起吊方法，按柱在吊升过程中柱身运动的特点分为旋转法和滑行法；按使用起重机的数量，有单机起吊和双机抬吊。单机起吊的工艺如下：

旋转法（图 4.1.32）。起重机边起钩、边旋转，使柱身绕柱脚旋转而逐渐吊起的方法称为旋转法。其要点是保持柱脚位置不动，并使柱的吊点、柱脚中心和杯口中心三点共圆。其特点是柱吊升中所受振动较小，但对起重机的机动性要求高。一般采用自行式起重机。

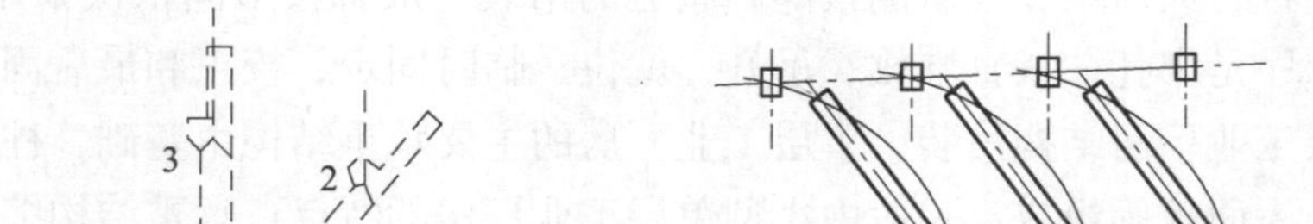

图 4.1.32　旋转法吊柱

1—柱子平卧时；2—起吊中途；3—直立

滑行法（图 4.1.33）。起吊时起重机不旋转，只起升吊钩，使柱脚在吊钩上升过程中沿着地面逐渐向前滑行，直至柱身直立的方法称为滑行法。其要点是柱的吊点要布置在杯口旁，并与杯口中心两点共圆弧。其特点是起重机只需转动吊杆，即可将柱子吊装就位，较安全，但滑行过程中柱子受振动。故只有起重机、场地受限时才采用此法。

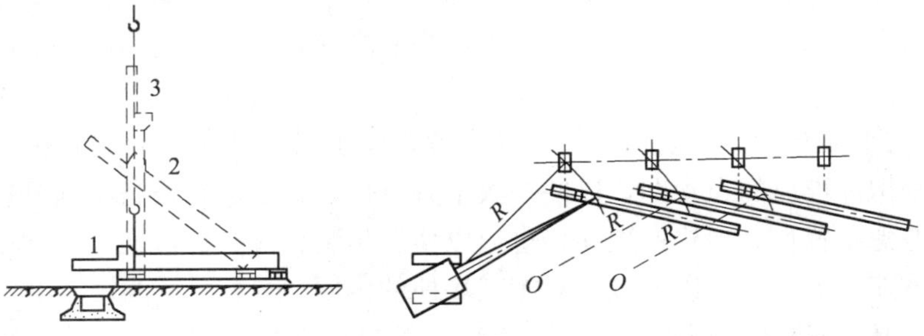

(a)滑行过程　　(b)平面布置

图 4.1.33　滑行法吊柱

1—柱子平卧时；2—起吊中途；3—直立

c. 柱的就位和临时固定。柱脚插入杯口后，使柱的安装中心线对准杯口的安装中心线（吊装准线），然后用 8 个楔块从柱四周插入杯口，打紧将柱临时固定。吊装重型、细长柱时，除采用以上措施进行临时固定外，必要时增设缆风绳拉锚。

d. 柱的校正。柱的校正包括平面定位轴线、标高和垂直度的校正。

e. 柱的最后固定。柱底部四周与基础杯口的空隙之间，浇筑细石混凝土，捣固密实，使柱的底脚完全嵌固在基础内作为最后固定。灌筑工作分两次进行，第一次先浇至楔块底面，待混凝土强度达到 25%设计强度后，拔去楔块再第二次灌筑混凝土至杯口顶面。

②吊车梁的吊装。吊车梁的吊装需在柱子最后固定好，接头混凝土达到 70%设计强度后进行。吊车梁的绑扎应使吊钩对准吊车梁的重心，起吊后使构件保持水平。吊车梁就位时应缓慢落下，争取使吊车梁中心线与支承面的中心线能一次对准，并使两端搁置长度相等。吊车梁的校正，应在屋盖结构构件校正和最后固定后进行。校正的内容有中心线对定位轴线的位移、标高、垂直度。

③屋盖的吊装。屋盖构件包括屋架（或屋面梁）、屋架上下弦水平支撑和垂直支撑、天沟板和屋面板、天窗架和天窗侧板等。屋盖的吊装一般都按节间依次采用综合吊装法。吊装的施工顺序是绑扎、扶直堆放、吊升、就位、临时固定、校正和最后固定。

（2）单层工业厂房结构吊装。单层工业厂房的主要承重结构由基础、柱、吊车梁、屋架、天窗架、屋面板等组成。一般中小型单层工业厂房的特点：承重结构多数采用装配式钢筋混凝土结构，除基础在施工现浇就地浇筑外，其他构件多采用钢筋混凝土预制构件；平面尺寸大，承重结构跨度与重量大，构件类型少，厂房内设备基础多。因此，在拟定结构吊装方案时，应着重解决起重机的选用、结构吊装方案。

1）起重机械选择与起重机的平面布置。

①起重机械选择：起重机械的选择直接影响构件的吊装方法、起重机开行路线与停机点位置、构件平面布置等问题。首先，应根据厂房结构特点、跨度、构件重量、吊装高度、吊装方法以及施工现场条件和当地现有机械设备等确定起重机械类型。一般中小型厂房结构吊装多采用自行杆式起重机；当厂房的高度和跨度较大时，可选用塔式起重机吊装屋盖结构；当工期紧或现场起重机械不受限制时，可采用多型号或多台起重机同时进行吊装。

起重机主要的工作参数有起重量 Q、起重高度 H、起重半径 R。所选起重机的三个工作参数必须满足构件的安装要求。

②起重机的平面布置。起重机的布置方案主要根据房屋平面形状、构件重量、起重机性能及施工现场环境条件等确定。一般有四种布置方案（图 4.1.34）：单侧布置、双侧布置、跨内单行布置和跨内环形布置。当房屋平面宽度较小，构件也较轻时，塔式起重机可单侧布置［图 4.1.34（a）］。当建筑物平面宽度较大或构件较大，单侧布置起重力矩满足不了构件的吊装要求时，起重机可双侧布置［图 4.1.34（b）］。如果工程不大，工期不紧，两侧各布置一台塔吊将造成机械上的浪费。因此可环形布置，仅布置一台塔吊就可兼顾两侧的运输［图 4.1.34（b）］。当建筑物四周场地狭窄，起重机不能布置在建筑物外侧，或者由于构件较重、房屋较宽，起重机布置在外侧满足不了吊装所需要的力矩时，可将起重机布置在跨内，其布置方式有跨内单行布置［图 4.1.34（c）］和跨内环形布置［图 4.1.34（d）］两种。

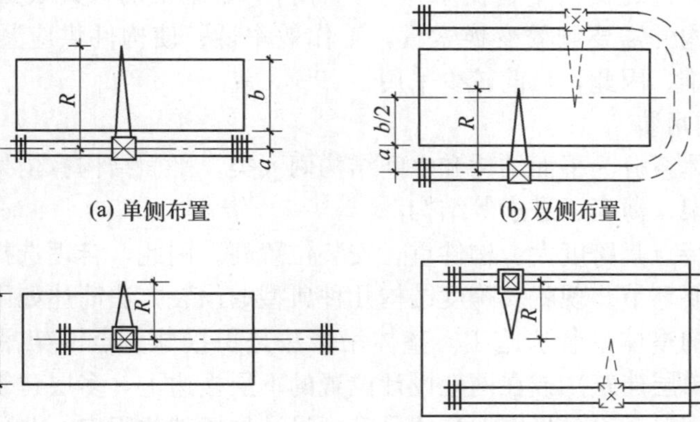

(a) 单侧布置　(b) 双侧布置

(c) 跨内单行布置　(d) 跨内环形布置

图 4.1.34　塔式起重机布置方案

2）结构吊装方法与吊装顺序。

①分件吊装法：起重机在车间内或沿车间外每开行一次，仅吊装一种或两种构件。通常分三次开行吊装完全部构件：第一次开行，吊装全部柱子，并加以校正及最后固定；第二次开行，吊装全部吊车梁、连系梁及柱间支撑；第三次开行，分节间吊装屋架、天窗架、屋面板及屋面支撑等。吊装的顺序如图 4.1.35 所示。

这种方法的优点是：由于每次均吊装同类型构件，可减少起重机变幅和索具的更换次数，从而提高吊装效率，能充分发挥起重机的工作能力，构件供应与现场平面布置比较简单，也能给构件校正、接头焊接、灌筑混凝土和养护提供充分的时间。缺点是：不能为后继工序及早提供工作面，起重机的开行路线较长。分件吊装法是目前单层工业厂房结构吊装中采用较多的一种方法。

②综合吊装法：起重机在车间内每开行一次（移动一次），就分节间吊装完节间内所有各种类型的构件。吊装的顺序如图 4.1.36 所示。即先吊装 4～6 根柱子，并加以校正和最后固定；随后吊装这个节间内的吊车梁、连系梁、屋架和屋面板等构件。一个节间的全部构件吊装完后，起重机移至下一个节间进行吊装，直至整个厂房结构吊装完毕。

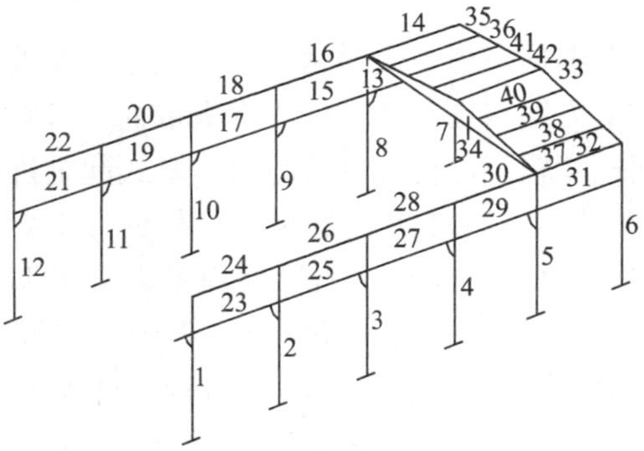

图 4.1.35　分件吊装时的构件吊装顺序

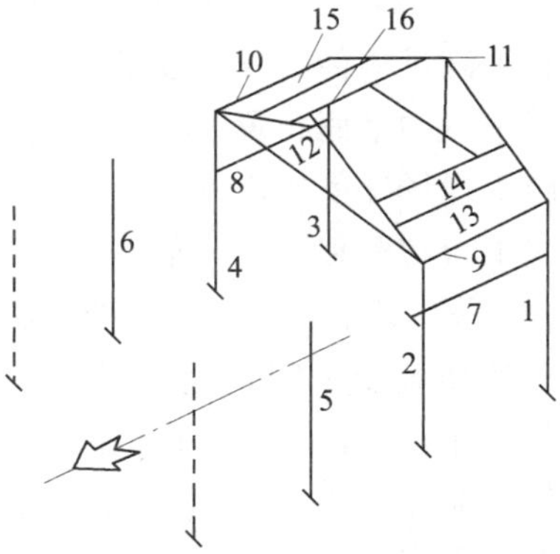

图 4.1.36　综合吊装时的构件吊装顺序

这种方法的优点是开行路线短，停机点少；吊完一个节间，其后续工种就可进入节间内工作，使各个工种进行交叉平行流水作业，有利于缩短工期。其缺点是采用综合吊装法，每次吊装不同构件需要频繁变换索具，工作效率低；使构件供应紧张和平面布置复杂；构件的校正困难。因此，目前较少采用。

3. 大跨度结构吊装

大跨度结构的体系分为平面结构和空间结构两大类。平面结构有桁架、刚架与拱等结构，空间结构有网架、薄壳、悬索等结构。

大跨度结构的特点是跨度大、构件重、安装位置高。因此，合理选择安装方法，是大跨度结构施工的重要环节。现就大跨度结构几种典型的吊装方法简述如下：

（1）大跨度结构整体吊装法施工。整体吊装法是焊接球节点网架吊装的一种常用方法。它是在地面（单层建筑）或在网架设计位置的下层楼边上（多层建筑）将网架一次拼装成整体，然后采用吊升设备将网架整体吊升到设计位置就位固定。此法不需高大的拼装支架，高空作业少，易保证整体焊接质量，但需要大起重量的起重设备，技术较复杂。因此，此法较适合焊接球节点钢管网架。

根据所用设备的不同，整体吊装法可分为多机抬吊法、桅杆吊升法。不论哪种方法，都要合理确定网架吊点的位置。

（2）大跨度结构滑移法施工。滑移法是先用起重机将网架的分块（榀）单元吊到屋盖一端搭设的拼装支架上，然后利用牵引设备将其逐步水平滑移到设计位置，就位后拼装成整体。按滑移顺序有逐条滑移和累计滑移。逐条滑移是起吊一个单元，即将其滑移到设计位置，此法所需的牵引力小（采用滚动摩擦更为有利），且安装方便，但当高空拼装地点分散时，常需要搭设较多的脚手架。累积滑移（图 4.1.37）是吊装一网架单元，就与前一单元进行拼接，一起平移一段距离，然后再吊装拼接一个单元，如此依次顺序进行；每滑移一次再拼装组合上一个单元，直到远端滑移到设计位置为止。

滑移法所需的牵引力较大，但高空拼装作业地点集中在起点一端，搭设脚手架较少。滑移法可采用一般土建单位常用的施工机械，同时还有利于室内土建施工平行作业，特别是场地狭窄，起重机械无法出入时更为有效。故这种新工艺在大跨度桁架结构和网架结构安装中常常采用。由于在起吊和平移过程中，网架单向受力，与设计时的受力状态不同，因此，网架结构形式宜采用上下弦正放类型，以减少临时加固。当网架安装跨度大于 50m 时，为减少网架平移时的挠度，宜在跨中增设支点。

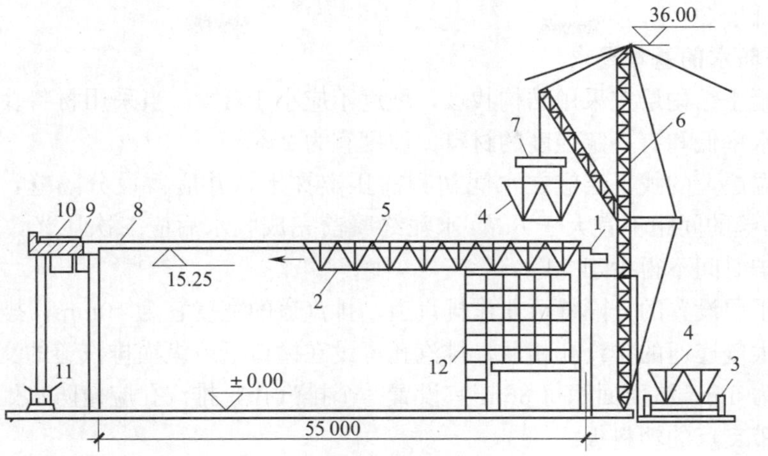

图 4.1.37　累积滑移法安装网架结构

1—天沟梁；2—网架；3—拖车架；4—网架分块单元；5—拼装节点；6—悬臂桅杆；7—一字形铁扁担；8—牵引线；9—牵引滑轮组；10—反力架；11—卷扬机；12—脚手架

（3）大跨度结构高空拼装法施工。高空拼装法是先在设计位置搭设满堂或部分拼装支架，然后直接将网架杆件和节点吊运到拼装支架上进行拼装；或先将网架杆件和节点预拼成小拼单元，再将其吊运到拼装支架上进行整体拼装。

高空拼装法对施工场地、起重设备的能力要求不高，但要搭设满堂或部分拼装支架，高空作业量大，且网架几何尺寸的总调整较麻烦，特别是拼装支架发生移动、沉降时，校正困难，影响网架的安装精度。

采用焊接节点的网架（如焊接球节点钢管网架）时，对安全防火应充分重视。故此法用于螺栓连接（包括螺栓球、高强度螺栓）的非焊接节点的各种类型网架较为适宜。此方法目前多用于钢网架结构的吊装。

（4）大跨度结构整体顶升法施工。整体顶升法是将网架结构在地面上就位拼装或现浇后，利用千斤顶的顶升及柱块的轮番填塞，将其顶升到设计标高的一种垂直吊装方法。此法所需设备简单，顶升能力大，容易掌握。但为满足顶升需要，柱的截面尺寸一般较大。目前此法在国内还只适用于净空不高和尺寸不大的薄壳结构吊装中。

根据千斤顶安放位置的不同，顶升法可分为上顶升法和下顶升法两种。

上顶升法也称为柱块法，它是将千斤顶倒置固定于柱帽（柱帽为支托屋面结构的支座）下，在顶升屋盖过程中，同时配合砌筑柱块，从而逐步将屋盖顶升至设计位置。上顶升法的稳定性好，但高空作业较多。

下顶升法的特点是千斤顶在顶升过程中始终位于柱基上，每次顶升循环即在千斤顶上面填筑一个柱块，无须临时垫块，屋盖随柱徐徐上升，直至设计标高为止。下顶升的高空作业少，但在顶升时稳定性较差，所以工程中一般较少采用。

四、防水工程施工技术

（一）屋面防水工程施工

屋面防水工程根据防水材料的不同又可分为卷材防水层屋面（柔性防水层屋面）、涂膜防水屋面、刚性防水屋面等。目前应用最普遍的是卷材防水屋面。屋面工程防水设计工作年限不应低于 20 年。

1. 屋面防水的基本要求

(1) 混凝土结构层宜采用结构找坡，坡度不应小于 3%；当采用材料找坡时，宜采用质量轻、吸水率低和有一定强度的材料，坡度宜为 2%。

(2) 保温层上的找平层应在水泥初凝前压实抹平，并应留设分隔缝，缝宽宜为 5～20mm，纵横缝的间距不宜大于 6m。水泥终凝前完成收水后应二次压光，并应及时取出分格条。养护时间不得少于 7d。

(3) 找平层设置的分隔缝可兼作排汽道，排汽道的宽度宜为 40mm；排汽道应纵横贯通，并应与大气连通的排汽孔相通，排汽孔可设在檐口下或纵横排汽道的交叉处；排汽道纵横间距宜为 6m，屋面面积每 $36m^2$ 宜设置一个排汽孔，排汽孔应做防水处理；在保温层下也可铺设带支点的塑料板。

2. 卷材防水屋面施工

卷材防水层应采用高聚物改性沥青防水卷材和合成高分子防水卷材。

(1) 铺贴方法。卷材防水屋面铺贴方法的选择应根据屋面基层的结构类型、干湿程度等实际情况来确定。卷材防水层一般用满粘法、点粘法、条粘法和空铺法等来进行铺贴。当卷材防水层上有重物覆盖或基层变形较大时，应优先采用空铺法、点粘法、条粘法或机械固定法，但距屋面周边 800mm 内以及叠层铺贴的各层之间应满粘；当防水层采取满粘法施工时，找平层的分隔缝处宜空铺，空铺的宽度每边宜为 100mm。立面或大坡面铺贴卷材时，应采用满粘法，并宜减少卷材短边搭接。

高聚物改性沥青防水卷材的施工方法一般有热熔法、冷粘法和自粘法等。沥青类防水卷材热熔工艺（明火施工），不得用于地下密闭空间、通风不畅空间、易燃材料附近的防水工程。合成高分子防水卷材的施工方法一般有冷粘法、自粘法、焊接法和机械固定法。

(2) 铺贴顺序与卷材接缝。卷材防水层施工时，应先进行细部构造处理，然后由屋面最低标高向上铺贴；檐沟、天沟卷材施工时，宜顺檐沟、天沟方向铺贴，搭接缝应顺流水方向；卷材宜平行屋脊铺贴，上下层卷材不得相互垂直铺贴。

铺贴卷材应采用搭接法卷材搭接缝应符合下列规定：

1) 平行屋脊的搭接缝应顺流水方向，搭接缝宽度应符合现行国家标准《屋面工程质量验收规范》GB 50207 的规定。

2) 同一层相邻两幅卷材短边搭接缝错开不应小于 500mm。

3) 上下层卷材长边搭接缝应错开，且不应小于幅宽的 1/3。

4) 叠层铺贴的各层卷材，在天沟与屋面的交接处，应采用叉接法搭接，搭接缝应错开；搭接缝宜留在屋面与天沟侧面，不宜留在沟底。

(3) 卷材防水层的施工环境温度，热熔法和焊接法不宜低于－10℃；冷粘法和热粘法不宜低于 5℃；自粘法不宜低于 10℃。

3. 涂膜防水屋面施工

涂膜防水屋面是在屋面基层上涂刷防水涂料，经固化后形成一层有一定厚度和弹性的整体结膜，从而达到防水的目的。

涂膜防水层施工的工艺流程：清理、修理基层表面→喷涂基层处理剂（底涂料）→特殊部位附加增强处理→涂布防水涂料及铺贴胎体增强材料→清理与检查修整→保护层施工。涂膜防水层施工的一般要求如下：

(1) 涂膜防水层的施工应按“先高后低、先远后近”的原则进行。遇高低跨屋面时，一般先涂高跨屋面，后涂低跨屋面；对相同高度屋面，要合理安排施工段，先涂布距离上料点远的部位，后涂布近处；对同一屋面上，先涂布排水较集中的水落口、天沟、檐沟、檐口等节点部位，再进行大面积涂布。

(2) 膜应根据防水涂料的品种分层分遍涂布，待先涂的涂层干燥成膜后，方可涂后一遍涂料，且前后两遍涂料的涂布方向应相互垂直。涂膜施工应先做好细部处理，再进行大面积涂布；屋面转角及立面的涂膜应薄涂多遍，不得流淌和堆积。

(3) 需铺设胎体增强材料时，屋面坡度小于15%时，可平行屋脊铺设，屋面坡度大于15%时应垂直屋脊铺设。胎体长边搭接宽度不应小于50mm，短边搭接宽度不应小于70mm。采用二层胎体增强材料时，上下层不得相互垂直铺设，搭接缝应错开，其间距不应小于幅宽的1/3。涂膜间夹铺胎体增强材料时，宜边涂布边铺胎体；胎体应铺贴平整，应排除气泡，并应与涂料黏结牢固。在胎体上涂布涂料时，应使涂料浸透胎体，并应覆盖完全，不得有胎体外露现象。最上面的涂膜厚度不应小于1.0mm。

(4) 涂膜防水层应沿找平层分隔缝增设带有胎体增强材料的空铺附加层，其空铺宽度每边宜为100mm。天沟、檐沟、檐口、泛水和立面涂膜防水层的收头，应用防水涂料多遍涂刷或用密封材料封严。涂膜防水层上应设置保护层，以提高防水层的使用年限。

(二) 地下防水工程施工

地下工程防水方案主要有以下三类：一是结构自防水，以地下结构本身的密实性（即防水混凝土）实现防水功能，使结构承重和防水合为一体；二是表面防水层防水，即在结构的外表面加设防水层，以达到防水的目的，常用的防水层有水泥砂浆防水层、卷材防水层、涂膜防水层等；三是防排结合，即采用防水加排水措施，排水方案可采用盲沟排水、渗排水、内排水等。地下防水工程不得在雨天、雪天和5级及以上风力时施工。地下工程防水设计工作年限不应低于工程结构设计工作年限。

1. 防水混凝土

目前，常用的防水混凝土有普通防水混凝土、外加剂或掺和料防水混凝土和膨胀水泥防水混凝土。明挖法地下工程防水混凝土最低抗渗等级如表4.1.5所示。防水混凝土的施工配合比应通过试验确定，强度等级不应低于C25，试配混凝土的抗渗等级应比设计要求提高0.2MPa。寒冷地区抗冻设防段防水混凝土抗渗等级不应低于P10。

表4.1.5　明挖法地下工程防水混凝土最低抗渗等级

防水等级	市政工程现浇混凝土结构	建筑工程现浇混凝土结构	装配式衬砌
一级	P8	P8	P10
二级	P6	P8	P10
三级	P6	P6	P8

(1) 防水混凝土在施工中应注意事项。

1) 保持施工环境干燥，避免带水施工。

2) 防水混凝土采用预拌混凝土时，入泵坍落度宜控制在120～140mm，坍落度每小时损失不应大于 20mm，坍落度总损失值不应大于 40mm。

3）防水混凝土浇筑时的自落高度不得大于 1.5m；防水混凝土应采用机械振捣，并保证振捣密实。

4）防水混凝土应自然养护，养护时间不少于 14d。

5）喷射混凝土终凝 2h 后应采取喷水养护，养护时间不得少于 14d；当气温低于 5℃时，不得喷水养护。

6）防水混凝土结构的变形缝、施工缝、后浇带、穿墙管、埋设件等设置和构造必须符合设计要求。

（2）防水构造处理。

1）施工缝处理。防水混凝土应连续浇筑，宜少留施工缝。当留设施工缝时，应遵守下列规定：

①墙体水平施工缝不应留在剪力与弯矩最大处或底板与侧墙的交接处，应留在高出底板表面不小于 300mm 的墙体上。拱（板）墙结合的水平施工缝，宜留在拱（板）墙接缝线以下 150～300mm 处。墙体有预留孔洞时，施工缝距孔洞边缘不应小于 300mm。

②垂直施工缝应避开地下水和裂隙水较多的地段，并宜与变形缝相结合。

③水平施工缝浇筑混凝土前，应将其表面浮浆和杂物清除，然后铺设净浆、涂刷混凝土界面处理剂或水泥基渗透结晶型防水涂料，再铺 30～50mm 厚的 1∶1 水泥砂浆，并及时浇筑混凝土。

④垂直施工缝浇筑混凝土前，应将其表面清理干净，再涂刷混凝土界面处理剂或水泥基渗透结晶型防水涂料，并应及时浇筑混凝土。

2）贯穿铁件处理。地下建筑施工中墙体模板的穿墙螺栓，穿过底板的基坑围护结构等，均是贯穿防水混凝土的铁件。由于材质差异，地下水分较易沿铁件与混凝土的界面向地下建筑内渗透。为保证地下建筑的防水要求，可在铁件上加焊一道或数道止水铁片，延长渗水路径、减小渗水压力，达到防水目的。埋设件端部或预留孔、槽底部的混凝土厚度不得少于 250mm；当混凝土厚度小于 250mm 时，应局部加厚或采取其他防水措施。

2. 表面防水层防水

表面防水层防水有刚性、柔性两种。

（1）水泥砂浆防水层。水泥砂浆防水层是一种刚性防水层，它是依靠提高砂浆层的密实性来达到防水要求。这种防水层取材容易，施工方便，防水效果较好，成本较低，适用于地下砖石结构的防水层或防水混凝土结构的加强层。但水泥砂浆防水层抵抗变形的能力较差，当结构产生不均匀下沉或受较强烈振动荷载时，易产生裂缝或剥落。对于受腐蚀、高温及反复冻融的砖砌体工程不宜采用。水泥砂浆防水层又可分为：

1）刚性多层法防水层。利用素灰（即较稠的纯水泥浆）和水泥砂浆分层交叉抹面而构成的防水层，具有较高的抗渗能力。

2）刚性外加剂法防水层。在普通水泥砂浆中掺入防水剂，使水泥砂浆内的毛细孔填充、胀实、堵塞，获得较高的密实度，提高抗渗能力。常用的外加剂有氯化铁防水剂、铝粉膨胀剂、减水剂等。

水泥砂浆防水层施工应注意下列事项：

①水泥砂浆的配制，应按所掺材料的技术要求准确计量。

②分层铺抹或喷涂，铺抹时应压实、抹平，最后一层表面应提浆压光。

③防水层各层应紧密黏合，每层宜连续施工；必须留设施工缝时，应采用阶梯坡形槎，但与阴阳角的距离不得小于200mm。

④水泥砂浆终凝后应及时进行养护，养护温度不宜低于5℃，并应保持砂浆表面湿润，养护时间不得少于14d。

⑤聚合物水泥砂浆防水层厚度单层施工宜为6～8mm，双层施工宜为10～12mm，掺外加剂、掺和料等的水泥砂浆防水层厚度宜为18～20mm。聚合物水泥防水砂浆未达到硬化状态时，不得浇水养护或直接受雨水冲刷，硬化后应采用干湿交替的养护方法。潮湿环境中，可在自然条件下养护。

（2）涂膜防水层。涂膜防水层施工具有较大的随意性，无论是形状复杂的基面，还是面积狭小的节点，凡是能涂刷到的部位，均可做涂膜防水层，因此在地下工程中广泛应用。地下工程涂膜防水层的设置有内防水、外防水和内外结合防水。

1）涂膜防水层施工工艺和方法。地下工程涂膜防水层施工的一般程序为清理、修理基层→涂刷基层处理剂→节点部位附加增强处理→涂布防水涂料及铺贴胎体增强材料→清理及检查修理→平面部位铺贴油毡保护隔离层→平面部位浇筑细石混凝土保护层→立面部位粘贴聚乙烯泡沫塑料保护层→基坑回填。

2）涂膜防水层的施工应符合下列规定：

①多组分涂料应按配合比准确计量，搅拌均匀，并应根据有效时间确定每次配制的用量。

②涂料应分层涂刷或喷涂，涂层应均匀，涂刷应待前遍涂层干燥成膜后进行；每遍涂刷时应交替改变涂层的涂刷方向，同层涂膜的先后搭接宽度宜为30～50mm。

③涂膜防水层的甩槎处接缝宽度不应小于100mm，接涂前应将其甩槎表面处理干净。

④采用有机防水涂料时，基层阴阳角处应做成圆弧；在转角处、变形缝、施工缝、穿墙管等部位应增加胎体增强材料和增涂防水涂料，宽度不应小于50mm。

⑤胎体增强材料的搭接宽度不应小于100mm，上下两层和相邻两幅胎体的接缝应错开1/3幅宽，且上下两层胎体不得相互垂直铺贴。

⑥涂膜防水层的平均厚度应符合设计要求，最小厚度不得低于设计厚度的90%。

3）涂膜防水层完工并经验收合格后应及时做保护层。保护层应符合下列规定：

①顶板的细石混凝土保护层与防水层之间宜设置隔离层。细石混凝土保护层厚度：机械回填时不宜小于70mm，人工回填时不宜小于50mm。

②底板的细石混凝土保护层厚度不应小于50mm。

③侧墙宜采用软质保护材料或铺抹20mm厚1：2.5水泥砂浆。

（3）卷材防水层。卷材防水层施工的铺贴方法，按其与地下防水结构施工的先后顺序分为外贴法和内贴法两种。

1）外贴法。外贴法是指在地下建筑墙体做好后，直接将卷材防水层铺贴墙上，然后砌筑保护墙（图4.1.38）。外贴法的优点是构筑物与保护墙有不均匀沉降时，对防水层影响较小；防水层做好后即可进行漏水试验，修补方便。其缺点是工期较长，占地面积较大；底板与墙身接头处卷材易受损。

2）内贴法。内贴法施工是指在地下建筑墙体施工前，先砌筑保护墙，然后将卷材防水层铺贴在保护墙上，最后进行地下建筑墙体浇筑（图 4.1.39）。内贴法的优点是防水层的施工比较方便，不必留接头；施工占地面积小。其缺点是构筑物与保护墙有不均匀沉降时，对防水层影响较大；保护墙稳定性差；竣工后如发现漏水较难修补。

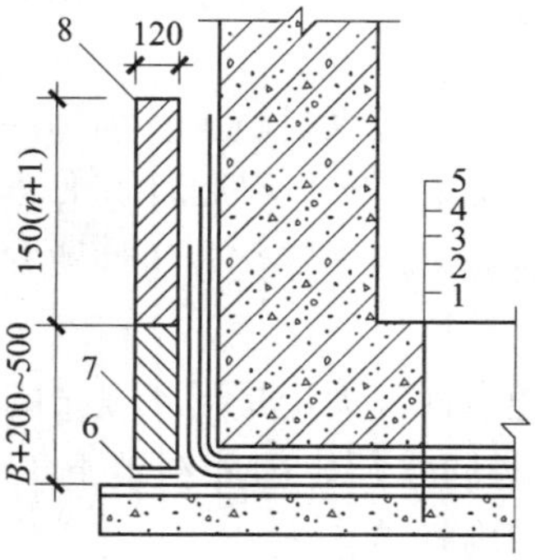

图 4.1.38　外贴法

1—垫层；2—找平层；3—卷材防水层；4—保护层；5—构筑物；6—油毡；7—永久保护墙；8—临时性保护墙

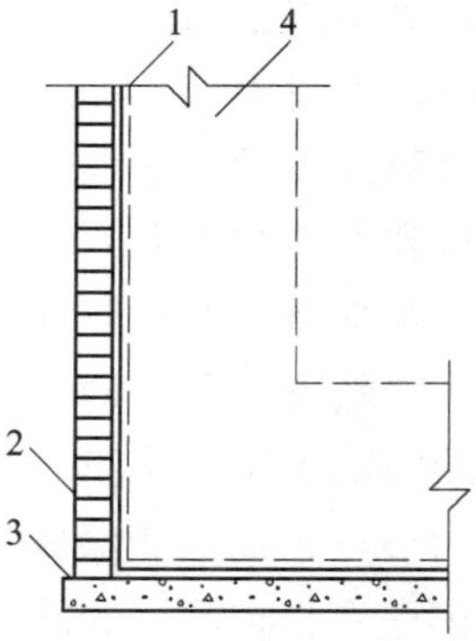

图 4.1.39　内贴法

1—卷材防水层；2—保护墙；3—垫层；4—尚未施工的构筑物

卷材防水层可为一层或二层。高聚物改性沥青防水卷材厚度不应小于 3mm，单层使用时，厚度不应小于 4mm，双层使用时，总厚度不应小于 6mm；合成高分子防水卷材单层使用时，厚度不应小于 1.5mm，双层使用时，总厚度不应小于 2.4mm。阴阳角处应做成圆弧或 45°（135°）折角，其尺寸视卷材品质而定。在转角处、阴阳角等特殊部位，应增贴 1～2 层相同的卷材，宽度不宜小于 500mm。卷材防水层完工并经验收合格后应及时做保护层。保护层的规定与涂膜防水层的保护层相同。

3. 止水带防水

为适应建筑结构沉降、温度伸缩等因素产生的变形，在地下建筑的变形缝（沉降缝或伸缩缝）、地下通道的连接口等处，两侧的基础结构之间的空隙应满足规范要求，两侧的基础是分别浇筑的，这是防水结构的薄弱环节，如果这些部位产生渗漏时，抗渗堵漏较难实施。为防止变形缝处的渗漏水现象，除在构造设计中考虑防水的能力外，通常还采用止水带防水。

目前，常见的止水带材料有橡胶止水带、塑料止水带、氯丁橡胶板止水带和金属止水带等。其中，橡胶及塑料止水带均为柔性材料，抗渗、适应变形能力强，是常用的止水带材料；氯丁橡胶止水板是一种新的止水材料，具有施工简便、防水效果好、造价低且易修补的特点；金属止水带一般仅用于高温环境条件下，而无法采用橡胶止水带或塑料止水带时。

止水带构造形式有粘贴式、可卸式和埋入式等。目前采用较多的是埋入式。根据防水设计的要求，有时在同一变形缝处，可采用数层、数种止水带的构造形式。

（三）建筑外墙防水施工

建筑外墙防水应根据工程所在地区的工程防水使用环境类别进行整体防水设计。建筑外墙门窗洞口、雨篷、阳台、女儿墙、室外挑板、变形缝、穿墙套管和预埋件等节点应采取防水构造措施，并应根据工程防水等级设置墙面防水层。

防水等级为一级的框架填充或砌体结构外墙，应设置2道及以上防水层。防水等级为二级的框架填充或砌体结构外墙，应设置1道及以上防水层。当采用2道防水时，应设置1道防水砂浆及1道防水涂料或其他防水材料。防水等级为一级的现浇混凝土外墙、装配式混凝土外墙板应设置1道及以上防水层。封闭式幕墙应达到一级防水要求。建筑外墙的防水层应设置在迎水面。

无外保温外墙的防水层，当为涂料、块材或幕墙饰面时，防水层宜设置在找平层和饰面层之间。外保温外墙的整体防水层宜设在保温层和墙体基层之间。涂料饰面和块材饰面宜采用聚合物水泥防水砂浆或普通防水砂浆作为防水层。幕墙饰面可采用聚合物水泥防水砂浆、普通防水砂浆、聚合物水泥防水涂料、聚合物乳液防水涂料或聚氨酯防水涂料等作为防水层。

外墙防水层的基层找平层应平整、坚实、牢固、干净，不得酥松、起砂、起皮。外墙防水工程严禁在雨天、雪天和5级及以上风时施工；施工的环境气温宜为5～35℃。施工时应采取安全防护措施。外墙门、窗框、伸出外墙管道、设备或预埋件等部件安装完毕，再进行防水施工。外墙防水层施工前，宜先做好节点处理，再进行大面积施工。

(四) 室内防水施工

室内墙面防水层不应少于1道。室内楼地面防水分两个等级，其防水做法如表4.1.6所示。室内工程防水设计工作年限不应低于25年。

表4.1.6　室内楼地面防水做法

防水等级	防水做法	防水层		
		防水卷材	防水涂料	水泥基防水材料
一级	不应少于2道	防水涂料或防水卷材不应少于1道		
二级	不应少于1道	任选		

住宅和公共建筑中穿过楼地面或墙体的上下水管道，供热、燃气管道一般都集中明敷在厕浴间和厨房间，其防水方法应用柔性涂膜防水层和刚性防水砂浆防水层，或两者复合的防水层防水。防水涂料涂布于复杂的细部构造部位，能形成没有接缝的、完整的涂膜防水层。由于防水涂膜的延伸性较好，基本能适应基层变形的需要。防水砂浆则以补偿收缩水泥砂浆较为理想，其微膨胀的特性，能防止或减少砂浆收缩开裂，使砂浆致密化，提高其抗裂性和抗渗性。

1. 涂膜防水

涂膜防水的材料，可以用合成的高分子防水涂料和高聚物改性沥青防水涂料。该防水层必须在管道安装完毕，管孔四周堵填密实后，做地面工程之前，做一道柔性防水层。防水层必须翻至墙面并做到离地面250mm处，施工中应按规定要求操作，这样才能起到良好的楼层间防渗漏作用。

2. 刚性防水

其理想材料是具有微胀性能的补偿收缩混凝土和补偿收缩水泥砂浆。厕浴间、厨房间中的穿楼板管道、地漏口、蹲便器下水管等节点是重点防水部位。

用水空间与非用水空间楼地面交接处应有防止水流入非用水房间的措施。淋浴区墙面防水层翻起高度不应小于2 000mm，且不低于淋浴喷淋口高度。盥洗池盆等用水处墙面防水层翻起高度不应小于1 200mm。墙面其他部位泛水翻起高度不应小于250mm。

五、节能工程施工技术

(一) 墙体节能工程

墙体节能工作主要是指外墙保温工程。外墙保温系统分为外墙外保温系统、外墙内保温系统、夹芯保温系统等。

1. 外墙外保温

外墙外保温系统是由保温层、保护层和胶粘剂、锚固件等固定材料构成并适用于安装在外墙外表面的非承重的保温墙体。常见的外墙外保温系统有聚苯板薄抹灰外墙保温系统、胶粉聚苯颗粒保温复合型外墙保温系统、聚苯板钢丝网架现浇混凝土外墙外保温系统、聚苯板现浇混凝土外墙外保温系统等。

(1) 聚苯板薄抹灰外墙外保温系统。聚苯板薄抹灰外墙外保温系统是以阻燃型聚苯乙烯泡沫塑料板为保温材料，用聚苯板胶粘剂（必要时加设机械锚固件）安装于外墙外表面，用耐碱玻璃纤维网格布或者镀锌钢丝网增强的聚合物砂浆作防护层，用涂料、饰面砂浆或饰面砖等进行表面装饰，具有保温功能和装饰效果的构造总称。聚苯乙烯泡沫塑料板保温板包括模塑聚苯板（EPS板）和挤塑聚苯板（XPS板）。采取防火构造措施后，聚苯板薄抹灰外墙外保温系统适用于各类气候区域的，按设计需要保温、隔热的新建、扩建、改建的，高度在100m以下的住宅建筑和24m以下的非幕墙建筑。为了确保聚苯板与外墙基层黏结牢固，高度在20m以上的建筑物，宜使用锚栓辅助固定。基层墙体可以是混凝土或砌体结构。

施工流程：施工准备基层处理→测量放线、挂基准线→配胶粘剂（XPS板背面涂界面剂）→贴翻包网布→粘贴聚装板（按设计要求安装锚固件，做装饰条）→打磨、修理、隐检→抹聚合物砂浆底层→压入翻包网布和增强网布→贴压增强网布→抹聚合物砂浆面层→修整、验收→外饰面→检测验收。粘贴聚苯板时，基面平整度≤5mm时宜采用条粘法，基面平整度＞5mm时宜采用点框法；当设计饰面为涂料时，黏结面积率不小于40%；设计饰面为面砖时黏结面积率不小于50%；聚苯板应错缝粘贴，板缝拼严。对于XPS板宜采用配套界面剂涂刷后使用。锚固件数量应符合有关规定，当采用涂料饰面时，墙体高度在20～50m时，不宜少于4个/m^2，50m以上时不宜少于6个/m^2；当采用面砖饰面时不宜小于6个/m^2。锚固件安装应在聚苯板粘贴24h后进行，涂料饰面外保温系统安装时锚固件盘片压住聚苯板，面砖饰面盘片压住抹面层的增强网。增强网应符合有关规定，涂料饰面时应采用耐碱玻纤网，面砖饰面时宜采用后热镀锌钢丝网；施工时增强网应绷紧绷平，搭接长度玻纤网不少于80mm，钢丝网不少于50mm且保证两个完整网格的搭接。

(2) 胶粉聚苯颗粒保温复合型外墙外保温系统。胶粉聚苯颗粒保温复合型外墙外保温系统是设置在外墙外侧，由胶粉聚苯颗粒保温浆料复合基层墙体或复合其他保温材料构成的具有保温隔热、防护和装饰作用的构造系统。其较典型的做法有胶粉聚苯颗粒外墙外保温系统（简称保温浆料系统）和胶粉聚苯颗粒贴砌聚苯板外墙外保温系统（简称贴砌聚苯板系统）。采取防火构造措施后，胶粉聚苯颗粒复合型外墙外保温系统可适用于建筑高度在100m以下的住宅建筑和50m以下的非幕墙建筑，基层墙体可以是混凝土或砌体结构。

而单一胶粉聚苯颗粒外墙外保温系统不适用于严寒和寒冷地区。

施工流程：基层处理→喷刷基层界面砂浆→吊垂直线、弹控制线→抹胶粉聚苯颗粒保温浆料（或贴砌聚苯板→喷刷聚苯板界面砂→抹胶粉聚苯颗粒找平浆料→抹抗裂砂浆复合增强网布）→外饰面→检测验收。采用保温浆料系统时，应先按厚度控制线做标准厚度灰饼、冲筋；当保温层厚度大于 20mm 时应分层施工，抹灰不应少于两遍，每遍施工间隔应在 24h 以上，最后一遍宜为 10mm。采用贴砌聚苯板系统时，梯形槽 EPS 板应在工厂预制好横向梯形槽并且槽面涂刷好界面砂浆；XPS 板应预先用专用机械钻孔，贴砌面涂刷 XPS 板界面剂；贴砌聚苯板时，胶粉聚苯颗粒黏结层厚度约 15mm，聚苯板间留约 10mm 的板缝用浆料砌筑，灰缝不饱满处及聚苯两开孔处用浆料填平；贴砌 24h 后再满涂聚苯板界面砂浆，涂刷界面砂浆再经 24h 后用胶粉聚苯颗粒黏结找平砂浆罩面找平。涂料饰面时抗裂砂浆满铺复合耐碱玻纤网布。

（3）聚苯板钢丝网架现浇混凝土外墙外保温系统。聚苯板钢丝网架现浇混凝土外墙外保温系统是采用外表面有梯形凹槽和带斜插丝的单面钢丝网架聚苯板，在聚苯板内外表面及钢丝网架上喷涂界面剂，将带网架的聚苯板安装于墙体钢筋之外，在聚苯板上插入经防锈处理的 L 形 $\phi6$ 钢筋或尼龙锚栓，并与墙体钢筋绑扎，安装内外大模板，浇筑混凝土墙体并拆模后，有网聚苯板与混凝土墙体联结成一体，在有网聚苯板表面厚抹掺有抗裂剂的水泥砂浆，再做饰面层。

施工流程：钢丝网架聚苯板分块→钢丝网架聚苯板安装→模板安装→混凝土浇筑模板拆除→抹专用抗裂砂浆→外饰面。安装聚苯板时，保温板内外表面及钢丝网均应涂刷界面砂浆，施工时外墙钢筋外侧需绑扎水泥砂浆垫块（不得采用塑料垫卡），安装保温板就位后，应将塑料锚栓穿过保温板，锚入混凝土长度不得小于 50mm，螺丝应拧入套管，保温板和钢丝网宜按楼层层高断开，中间放入泡沫塑料棒，外表用嵌缝膏嵌缝。

（4）聚苯板现浇混凝土外墙外保温系统。采用内表面带有齿槽的聚苯板作为现浇混凝土外墙的外保温材料，聚苯板内外表面喷涂界面剂，安装于墙体钢筋之外，用尼龙锚栓将聚苯板与墙体钢筋绑扎，安装内外大模板，浇筑混凝土墙体并拆模后，聚苯板与混凝土墙体联结成一体，在聚苯板表面薄抹抹面抗裂砂浆，同时铺设玻纤网格布，再做涂料饰面层。

施工流程：聚苯板分块→聚苯板安装→模板安装→混凝土浇筑→模板拆除→涂刮抹面层浆→压入玻纤网布→饰面→检测验收。聚苯板安装时，当采用 XPS 保温板时，内外表面及钢丝网均应涂刷界面砂浆，采用 EPS 保温板时，外表面应涂刷界面砂浆。施工时先安装阴阳角保温构件，再安装角板之间的保温板。安装前先在保温板高低槽口均匀涂刷聚苯胶，将保温板竖缝两侧相互黏结在一起。在保温板上弹线标出锚栓的位置，再安装尼龙锚栓，其锚入混凝土长度不得小于 50mm。

2. 外墙内保温

外墙内保温系统主要由保温层和防护层组成，是用于外墙内表面起保温作用的系统。常见的外墙内保温系统有保温板外墙内保温系统、保温砂浆外墙内保温系统、喷涂硬泡聚氨酯（外墙）内保温系统等。

（1）保温板外墙内保温系统。保温层与面板黏合构成复合板。保温层品种有 EPS 板、XPS 板、PU 板、纸蜂窝填充憎水型膨胀珍珠岩保温板等；面板品种有纸面石膏板、无石棉纤维水泥平板、无石棉硅酸钙板。保温层与面板按照设计要求组合的品种和规格，在工厂预制，现场安装铺贴黏结。铺贴前，宜先在基层墙体上做界面处理，采用以粘为主，粘、锚结合方式铺贴。铺贴完成后再进行饰面层施工。

（2）保温砂浆外墙内保温系统。保温砂浆内保温系统的基本施工流程：基层墙体→抹界面砂浆→抹保温砂浆→防护层抹面层施工（抹面胶浆＋耐碱纤维网布）→饰面层施工（腻子＋涂料或墙纸、墙布或面砖）。

（3）喷涂硬泡聚氨酯（外墙）内保温系统。喷涂硬泡聚氨酯内保温系统的基本施工流程：基层墙体→水泥砂浆聚氨酯防潮底漆→喷涂保温层（硬泡聚氨酯）→抹界面砂浆或界面剂→做保温砂浆或聚合物水泥砂浆找平层→防护层施工（抹面胶浆＋玻纤网布）→饰面层施工。

（二）屋面保温工程

常用屋面保温材料有聚苯板、硬质聚氨酯泡沫塑料等有机材料，保温层厚度为 25～80mm；水泥膨胀珍珠岩板、水泥膨胀蛭石板、加气混凝土等无机材料，保温层厚度为 80～260mm。

1. 保温层施工

保温层施工工序和要求如下：

（1）施工准备。

1）审查图纸，编制施工方案，对施工人员进行安全技术交底。

2）进场的保温材料应检验下列项目：板状保温材料检查表观密度或干密度、压缩强度或抗压强度、导热系数、燃烧性能；纤维保温材料应检验表观密度、导热系数、燃烧性能。

3）保温材料的储运、保管应采取防雨、防潮、防火的措施，并分类存放。

4）清理基层，保持基层平整、干燥、干净。

5）现场设置防火措施。

（2）施工操作要点。

1）施工工艺流程一般分为基层处理、弹线、保温层铺设、质量验收。

2）当设计有隔汽层时，先施工隔汽层，然后再施工保温层。隔汽层四周应向上沿墙面连续铺设，并高出保温层表面不得小于 150mm。

3）块状材料保温层施工时，相邻板块应错缝拼接，分层铺设的板块上下层接缝应相互错开，板间缝隙应采用同类材料嵌填密实。铺贴方法有干铺法、粘贴法和机械固定法。

4）纤维材料保温层施工时，应避免重压，并应采取防潮措施；屋面坡度较大时，宜采用机械固定法施工。

5）喷涂硬泡聚氨酯保温层施工时，喷嘴与基层的距离宜为 800～1 200mm；一个作业面应分遍喷涂完成，每遍喷涂厚度不宜大于 15mm；当日施工作业面应连续施工完成；喷涂后 20min 严禁上人；作业时应采取防止污染的遮挡措施。

6）现浇泡沫混凝土保温层施工时，浇筑出口离基层的高度不宜超过 1m，泵送时应采取低压泵送；泡沫混凝土应分层浇筑，一次浇筑厚度不宜超过 200mm，保湿养护时间不得少于 7d。

7）保温层施工环境温度要求：干铺的保温材料可在负温度下施工；用水泥砂浆粘贴

的块状保温材料不宜低于5℃；喷涂硬泡聚氨酯宜为15～35℃，空气相对湿度宜小于85%，风速不宜大于三级；现浇泡沫混凝土宜为5～35℃；雨天、雪天、5级风以上的天气停止施工。

2. 倒置式屋面保温层要求

（1）倒置式屋面基本构造自下而上宜由结构层、找坡层、找平层、防水层、保温层及保护层组成。

（2）倒置式屋面坡度不宜小于3%。当大于3%时，应在结构层采取防止防水层、保温层及保护层下滑的措施。坡度大于10%时，应在结构层上沿垂直于坡度方向设置防滑条。

（3）当采用多道防水设防时，宜选用防水涂料作为其中一道防水层；硬泡聚氨酯防水保温复合板可作为次防水层。

（4）倒置式屋面保温层的厚度应根据现行国家标准《民用建筑热工设计规范》GB 50176进行计算；其设计厚度应按照计算厚度增加25%取值，且最小厚度不得小于25mm。

（5）低女儿墙和山墙的保温层应铺到压顶下；高女儿墙和山墙内侧的保温层应铺到顶部；保温层应覆盖变形缝挡墙的两侧；屋面设施基座与结构层相连时，保温层应包裹基座的上部。

（6）保温层板材施工，坡度不大于3%的不上人屋面可采用干铺法，上人屋面宜采用粘贴法；坡度大于3%的屋面应采用粘贴法，并应采用固定防滑措施。

3. 种植屋面保温层要求

种植屋面又分为覆土类种植屋面和无土种植屋面两种，覆土类种植屋面的土壤厚度一般在200mm左右。

（1）种植屋面不宜设计为倒置式屋面。屋面坡度大于50%时，不宜做种植屋面。

（2）种植屋面和地下建（构）筑物种植顶板工程防水等级应为一级，并应至少设置一道具有耐根穿刺性能的防水层，其上应设置保护层。

（3）当屋面坡度大于20%时，绝热层、防水层、排（蓄）水层、种植土层均应采取防滑措施。

（4）种植屋面绝热材料可采用喷涂硬泡聚氨酯、硬泡聚氨酯板、挤塑聚苯乙烯泡沫塑料保温板、硬质聚异氰脲酸酯泡沫保温板、酚醛硬泡保温板等轻质绝热材料，不得采用散状绝热材料。种植屋面保温隔热材料的密度不宜大于100kg/m^3，压缩强度不得低于100kPa。100kPa压缩强度下，压缩比不得大于10%。

（5）耐根穿刺防水材料的厚度要求：改性沥青防水卷材的厚度不应小于4mm；聚氯乙烯防水卷材、热塑性聚烯烃防水卷材、高密度聚乙烯土工膜、三元乙丙橡胶防水卷材等厚度均不应小于1.2mm；聚乙烯丙纶防水卷材厚度不应小于0.6mm；喷涂聚脲防水涂料的厚度不应小于2mm。

（6）种植平屋面的基本构造层次包括（从下而上）：基层、绝热层、找（坡）平层、普通防水层、耐根穿刺防水层、保护层、排（蓄）水层、过滤层、种植土层和植被层等。可根据各地区气候特点、屋面形式、植物种类等情况，增减构造层次。

（7）种植平屋面排水坡度不宜小于2%；天沟、檐沟的排水坡度不宜小于1%。

（8）种植坡屋面的绝热层应采用粘贴法和机械固定法施工。

六、装饰装修工程施工技术

（一）抹灰工程

抹灰用的水泥宜为硅酸盐水泥、普通硅酸盐水泥，其强度等级不应小于 32.5。不同品种不同强度等级的水泥不得混合使用。抹灰用砂宜选用中砂，砂使用前应过筛，不得含有杂物。抹灰用石灰膏的熟化期不应少于 15d，罩面用磨细石灰粉的熟化期不应少于 3d。

不同材料基体交接处表面的抹灰应采取防止开裂的加强措施。室内墙面、柱面和门洞口的阳角做法应符合设计要求，设计无要求时，应采用 1∶2 水泥砂浆做暗护角，其高度不应低于 2m，每侧宽度不应小于 50mm。水泥砂浆抹灰层应在抹灰 24h 后进行养护。

基层处理应符合下列规定：砖砌体，应清除表面杂物、尘土，抹灰前应洒水湿润；混凝土，表面应凿毛或在表面洒水润湿后涂刷 1∶1 水泥砂浆（加适量胶粘剂）；加气混凝土，应在湿润后边刷界面剂边抹强度不小于 M5 的水泥混合砂浆。

大面积抹灰前应设置标筋。抹灰应分层进行，每遍厚度宜为 5～7mm。抹石灰砂浆和水泥混合砂浆每遍厚度宜为 7～9mm。当抹灰总厚度超出 35mm 时，应采取加强措施。

用水泥砂浆和水泥混合砂浆抹灰时，应待前一抹灰层凝结后方可抹后一层；用石灰砂浆抹灰时，应待前一抹灰层七八成干后方可抹后一层。

（二）吊顶工程

后置埋件、金属吊杆、龙骨应进行防腐处理。木吊杆、木龙骨、造型木板和木饰面板应进行防腐、防火、防蛀处理。

重型灯具、电扇及其他重型设备严禁安装在吊顶龙骨上。

1. 龙骨安装

龙骨安装应符合下列规定：

（1）应根据吊顶的设计标高在四周墙上弹线。弹线应清晰，位置应准确。

（2）主龙骨吊点间距、起拱高度应符合设计要求。当设计无要求时，吊点间距应小于 1.2m，应按房间短向跨度适当起拱。主龙骨安装后应及时校正其位置标高。

（3）吊杆应通直，距主龙骨端部距离不得超过 300mm。当吊杆与设备相遇时，应调整吊点构造或增设吊杆。

（4）次龙骨应紧贴主龙骨安装。固定板材的次龙骨间距不得大于 600mm，在潮湿地区和场所，间距宜为 300～400mm。用沉头自攻钉安装饰面板时，接缝处次龙骨宽度不得小于 40mm。

（5）暗龙骨系列横撑龙骨应用连接件将其两端连接在通长次龙骨上。明龙骨系列的横撑龙骨与通长龙骨搭接处的间隙不得大于 1mm。

2. 纸面石膏板和纤维水泥加压板

纸面石膏板和纤维水泥加压板安装应符合下列规定：

（1）板材应在自由状态下进行安装，固定时应从板的中间向板的四周固定。

（2）纸面石膏板螺钉与板边距离：纸包边宜为 10～15mm，切割边宜为 15～20mm；水泥加压板螺钉与板边距离宜为 8～15mm。

(3) 板周边钉距宜为150～170mm，板中钉距不得大于200mm。

(4) 安装双层石膏板时，上下层板的接缝应错开，不得在同一根龙骨上接缝。

(5) 螺钉头宜略埋入板面，并不得使纸面破损。钉眼应做防锈处理并用腻子抹平。

(6) 石膏板接缝应按设计要求进行板缝处理。

3. 石膏板接缝

石膏板、钙塑板的安装应符合下列规定：

(1) 当采用钉固法安装时，螺钉与板边距离不得小于15mm，螺钉间距宜为150～170mm，均匀布置，并应与板面垂直，钉帽应进行防锈处理，并应用与板面颜色相同涂料涂饰或用石膏腻子抹平。

(2) 当采用粘接法安装时，胶粘剂应涂抹均匀，不得漏涂。

(三) 轻质隔墙工程

1. 轻钢龙骨安装

轻钢龙骨安装应符合下列规定：

(1) 应按弹线位置固定沿地龙骨、沿顶龙骨及边框龙骨，龙骨的边线应与弹线重合。龙骨的端部应安装牢固，龙骨与基体的固定点间距应不大于1m。

(2) 安装竖向龙骨应垂直，龙骨间距应符合设计要求。潮湿房间和钢板网抹灰墙，龙骨间距不宜大于400mm。

(3) 安装支撑龙骨时，应先将支撑卡安装在竖向龙骨的开口方向，卡距宜为400～600mm，距龙骨两端的距离宜为20～25mm。

(4) 安装贯通系列龙骨时，低于3m的隔墙安装一道，3～5m隔墙安装两道。

(5) 饰面板横向接缝处不在沿地龙骨、沿顶龙骨上时，应加横撑龙骨固定。

2. 木龙骨安装

木龙骨的安装应符合下列规定：

(1) 木龙骨的横截面积及纵、横向间距应符合设计要求。

(2) 骨架横、竖龙骨宜采用开半榫、加胶、加钉连接。

(3) 安装饰面板前应对龙骨进行防火处理。

3. 纸面石膏板安装

纸面石膏板的安装应符合以下规定：

(1) 石膏板宜竖向铺设，长边接缝应安装在竖龙骨上。

(2) 龙骨两侧的石膏板及龙骨一侧的双层板的接缝应错开，不得在同一根龙骨上接缝。

(3) 轻钢龙骨应用自攻螺钉固定，木龙骨应用木螺钉固定。沿石膏板周边钉间距不得大于200mm，板中钉间距不得大于300mm，螺钉与板边距离应为10～15mm。

(4) 安装石膏板时应从板的中部向板的四边固定。钉头略埋入板内，但不得损坏纸面，钉眼应进行防锈处理。

(5) 石膏板的接缝应按设计要求进行板缝处理。石膏板与周围墙或柱应留有3mm的槽口，以便进行防开裂处理。

4. 胶合板安装

胶合板安装应符合下列规定：

(1) 胶合板安装前应对板背面进行防火处理。

（2）轻钢龙骨应采用自攻螺钉固定。木龙骨采用圆钉固定时，钉距宜为 80～150mm，钉帽应砸扁；采用钉枪固定时，钉距宜为 80～100mm。

（3）阳角处宜做护角。

（4）胶合板用木压条固定时，固定点间距不应大于 200mm。

5. 玻璃砖墙安装

玻璃砖墙安装应符合下列规定：

（1）玻璃砖墙宜以 1.5m 高为一个施工段，待下部施工段胶结材料达到设计强度后再进行上部施工。

（2）当玻璃砖墙面积过大时应增加支撑。玻璃砖墙的骨架应与结构连接牢固。

（3）玻璃砖应排列均匀整齐，表面平整，嵌缝的油灰或密封膏应饱满密实。

（四）墙面铺装工程

湿作业施工现场环境温度宜在 5℃以上；裱糊时空气相对湿度不得大于 85%，应防止湿度及温度剧烈变化。

1. 墙面砖铺贴

墙面砖铺贴应符合下列规定：

（1）墙面砖铺贴前应进行挑选，并应浸水 2h 以上，晾干表面水分。

（2）铺贴前应进行放线定位和排砖，非整砖应排放在次要部位或阴角处。每面墙不宜有两列非整砖，非整砖宽度不宜小于整砖的 1/3。

（3）铺贴前应确定水平及竖向标志，垫好底尺，挂线铺贴。墙面砖表面应平整，接缝应平直，缝宽应均匀一致。阴角砖应压向正确，阳角线宜做成 45°角对接，在墙面突出物处，应整砖套割吻合，不得用非整砖拼凑铺贴。

（4）结合砂浆宜采用 1∶2 水泥砂浆，砂浆厚度宜为 6～10mm。水泥砂浆应满铺在墙砖背面，一面墙不宜一次铺贴到顶，以防塌落。

2. 墙面石材铺装

墙面石材铺装应符合下列规定：

（1）墙面石材铺贴前应进行挑选，并应按设计要求进行预拼。

（2）强度较低或较薄的石材应在背面粘贴玻璃纤维网布。

（3）当采用湿作业法施工时，固定石材的钢筋网应与预埋件连接牢固。每块石材与钢筋网拉接点不得少于 4 个。拉接用金属丝应具有防锈性能。灌注砂浆前应将石材背面及基层湿润，并应用填缝材料临时封闭石材板缝，避免漏浆。灌注砂浆宜用 1∶2.5 水泥砂浆，灌注时应分层进行，每层灌注高度宜为 150～200mm，且不超过板高的 1/3，插捣应密实。待其初凝后方可灌注上层水泥砂浆。

（4）当采用粘贴法施工时，基层处理应平整，但不应压光。胶粘剂的配合比应符合产品说明书的要求。胶液应均匀、饱满的刷抹在基层和石材背面，石材就位时应准确，并应立即挤紧、找平、找正，进行顶、卡固定。溢出胶液应随时清除。

3. 木装饰装修墙制作安装

木装饰装修墙制作安装应符合下列规定：

（1）打孔安装木砖或木楔，深度应不小于 40mm，木砖或木楔应做防腐处理。

（2）龙骨间距应符合设计要求。当设计无要求时：横向间距宜为 300mm，竖向间距宜为 400mm。龙骨与木砖或木楔连接应牢固。龙骨本质基层板应进行防火处理。

（五）涂饰工程

混凝土或抹灰基层涂刷溶剂型涂料时，含水率不得大于 8%；涂刷水性涂料时，含水率不得大于 10%；木质基层含水率不得大于 12%。

施工现场环境温度宜在 5～35℃，并应注意通风换气和防尘。

涂饰施工一般方法如下：

（1）滚涂法：将蘸取漆液的毛辊先按“W”形将涂料大致涂在基层上，然后用不蘸取漆液的毛辊紧贴基层上下、左右来回滚动，使漆液在基层上均匀展开，最后用蘸取漆液的毛辊按一定方向满滚一遍。阴角及上下口宜采用排笔刷涂找齐。

（2）喷涂法：喷枪压力宜控制在 0.4～0.8MPa 范围内。喷涂时喷枪与墙面应保持垂直，距离宜在 500mm 左右，匀速平行移动。两行重叠宽度宜控制在喷涂宽度的 1/3。

（3）刷涂法：宜按先左后右、先上后下、先难后易、先边后面的顺序进行。

木质基层涂刷调和漆：先满刷清油一遍，待其干后用油腻子将钉孔、裂缝、残缺处嵌刮平整，干后打磨光滑，再刷中层和面层油漆。

对泛碱、析盐的基层应先用 3%的草酸溶液清洗，然后用清水冲刷干净或在基层上满刷一遍耐碱底漆，待其干后刮腻子，再涂刷面层涂料。

浮雕涂饰的中层涂料应颗粒均匀，用专用塑料辊蘸煤油或水均匀滚压，厚薄一致，待完全干燥固化后，才可进行面层涂饰，面层为水性涂料应采用喷涂，溶剂型涂料应采用刷涂。间隔时间宜在 4h 以上。

（六）地面工程

1. 石材、地面砖铺贴

石材、地面砖铺贴应符合下列规定：

（1）石材、地面砖铺贴前应浸水湿润。天然石材铺贴前应进行对色、拼花并试拼、编号。

（2）结合层砂浆宜采用体积比为 1∶3 的干硬性水泥砂浆，厚度宜高出实铺厚度 2～3mm。铺贴前应在水泥砂浆上刷一道水灰比为 1∶2 的素水泥浆或干铺水泥 1～2mm 后洒水。

（3）铺贴后应及时清理表面，24h 后应用 1∶1 水泥浆灌缝，选择与地面颜色一致的颜料与白水泥拌和均匀后嵌缝。

2. 竹、实木地板铺装

竹、实木地板铺装应符合下列规定：

（1）基层平整度误差不得大于 5mm。

（2）铺装前应对基层进行防潮处理，防潮层宜涂刷防水涂料或铺设塑料薄膜。

（3）铺装前应对地板进行选配，宜将纹理、颜色接近的地板集中使用于一个房间或部位。

（4）木龙骨应与基层连接牢固，固定点间距不得大于 600mm。

（5）毛地板应与龙骨成 30°或 45°铺钉，板缝应为 2～3mm，相邻板的接缝应错开。

（6）在龙骨上直接铺装地板时，主次龙骨的间距应根据地板的长宽模数计算确定，地板接缝应在龙骨的中线上。

（7）毛地板及地板与墙之间应留有 8～10mm 的缝隙。

3. 强化复合地板铺装

强化复合地板铺装应符合下列规定：

（1）防潮垫层应满铺平整，接缝处不得叠压。

（2）安装第一排时应凹槽面靠墙。地板与墙之间应留有 8～10mm 的缝隙。

（3）房间长度或宽度超过 8m 时，应在适当位置设置伸缩缝。

4. 地毯铺装

地毯铺装应符合下列规定：

（1）地毯对花拼接应按毯面绒毛和织纹走向的同一方向拼接。

（2）当使用张紧器伸展地毯时，用力方向应呈“V”字形，应由地毯中心向四周展开。

（3）当使用倒刺板固定地毯时，应沿房间四周将倒刺板与基层固定牢固。

（4）地毯铺装方向，应是毯面绒毛走向的背光方向。

（5）满铺地毯，应用扁铲将毯边塞入卡条和墙壁间的间隙中或塞入踢脚下面。

（6）裁剪楼梯地毯时，长度应留有一定余量，以便在使用中可挪动常磨损的位置。

（七）幕墙工程

建筑幕墙是建筑物主体结构外围的围护结构，具有防风、防雨、隔热、保温、防火、抗震和避雷等多种功能，具有新颖耐久、美观时尚、装饰感强、施工快捷、便于维修等特点，是一种广泛运用于现代建筑的结构构件。按幕墙材料可分为玻璃幕墙、石材幕墙、金属幕墙、混凝土幕墙和组合幕墙。玻璃幕墙是国内外目前最常用的一种幕墙，广泛运用于现代化高档公共建筑的外墙装饰，是用玻璃板片做墙面板材与金属构件组成悬挂在建筑物主体结构上的非承重连续外围护墙体。

1. 建筑幕墙施工的准备工作

预埋件制作与安装。常用建筑幕墙预埋件有平板型和槽型两种，其中平板型预埋件最为广泛应用。平板型预埋件的加工要求如下：

（1）锚板宜采用 Q235、Q345 级钢，受力预埋件的锚筋应采用 HRB400（带肋）或 HPB300（光圆）钢筋，不应使用冷加工钢筋。除受压直锚筋外，当采用光圆钢筋时，钢筋末端应做 180°弯钩。

（2）直锚筋与锚板应采用 T 形焊。当锚筋直径不大于 20mm 时，宜采用压力埋弧焊；当锚筋直径大于 20mm 时，宜采用穿孔塞焊。当采用手工焊时，焊缝高度不宜小于 6mm 及 $0.5d$（HPB300 级钢筋）或 $0.64d$（HRB400 级钢筋），d 为锚筋直径。

为保证预埋件与主体结构连接的可靠性，连接部位的主体结构混凝土强度等级不应低于 C20。预埋件的锚筋应置于混凝土构件最外排主筋的内侧。为防止预埋件在混凝土浇捣过程中产生位移，应将预埋件与钢筋或模板连接固定；在混凝土浇捣过程中，派专人跟踪观察，若有偏差应及时纠正；梁板顶面的埋件一般与混凝土浇捣同步进行，随捣随埋，预埋板下面的混凝土应注意振捣密实。幕墙与砌体结构连接时，宜在连接部位的主体结构上增设钢筋混凝土或钢结构梁、柱。轻质填充墙不应作幕墙的支承结构。

2. 玻璃幕墙施工

玻璃幕墙的施工工序较多，施工技术和安装精度比较高，凡从事玻璃安装施工的企业，必须取得相应专业资格后方可承接业务。

（1）构件式玻璃幕墙。

1）幕墙立柱安装。

①铝合金立柱通常是一层楼高为一整根，接头处应有一定空隙，上、下立柱之间通过活动接头连接。当每层设两个支点时，一般宜设计成受拉构件，不设计成受压构件。上支点宜设圆孔，在上端悬挂，采用长圆孔或椭圆孔与下端连接，形成吊挂受力状态。

②铝合金立柱与钢镀锌连接件（支座）接触面之间应加防腐隔离柔性垫片。

③每个连接部位的受力螺栓，至少需要布置2个。

④立柱应先与连接件（角码）连接，然后连接件再与主体结构预埋件连接。

2）幕墙横梁安装。

①横梁一般分段与立柱连接，连接处应设置柔性垫片或预留1～2mm的间隙，间隙内填胶，以避免型材刚性接触。

②横梁与立柱间的连接紧固件应按设计要求采用不锈钢螺栓、螺钉等连接。

③明框墙横梁及组件上的导气孔和排水孔位置应符合设计要求，保证导气孔和排水孔通畅。

3）玻璃面板。

①固定半隐框、隐框玻璃幕墙玻璃板块的压块或勾块，其规格和间距应符合设计要求。固定幕墙玻璃板块，不得采用自攻螺钉。

②隐框玻璃幕墙采用挂钩式固定玻璃板块时，挂钩接触面宜设置柔性垫片，以防止产生摩擦噪声。

③明框玻璃幕墙的玻璃不得与框构件直接接触，玻璃四周与构件凹槽底部保持一定的空隙，每块玻璃下面应至少放置两块宽度与槽口宽相同的弹性定位垫块。

④幕墙开启窗的开启角度不宜大于30°，开启距离不宜大于300mm。

4）密封胶。

①密封胶的施工厚度应大于3.5mm，一般控制在4.5mm以内。

②密封胶在接缝内应两对面黏结，不应三面黏结。

③硅酮结构密封胶与硅酮耐候密封胶的性能不同，二者不能互换使用。

（2）单元式玻璃幕墙。

1）单元式玻璃幕墙主要特点有工厂化程度高、工期短、造型丰富、施工技术要求较高等。同时存在单方材料消耗量大、造价高，墙的接缝、封口和防渗漏技术要求高，施工有一定的难度等缺点。

2）单元式玻璃幕墙起吊和就位应满足下列要求：

①吊点和挂点应符合设计要求，吊点不应少于2个，必要时可增设吊点加固措施并试吊；

②起吊单元板块时，应使各吊点均匀受力，起吊过程应保持单元板块平稳；

③吊装升降和平移应使单元板块不摆动、不撞击其他物体；

④吊装过程应采取措施保证装饰面不受磨损和挤压；

⑤单元板块就位时，应先将其挂到主体结构的挂点上，板块未固定前，吊具不得拆除。

（3）全玻璃幕墙施工。由玻璃板和玻璃肋制作的玻璃幕墙称为全玻璃幕墙，采用较厚的玻璃隔声效果较好、通透性强，用于外墙装饰时使室内外环境浑然一体，被广泛用于各种底层公共空间的外装饰。全玻璃幕墙按构造方式可分为吊挂式和坐落式两种。以吊挂式全玻璃幕墙为例，其施工流程：定位放线→上部钢架安装→下部和侧面嵌槽安装→玻璃肋、玻璃板安装就位→镶嵌固定及注入密封胶→表面清洗和验收。

（4）点支撑玻璃幕墙施工。点支撑幕墙是指在幕墙玻璃的四角打孔，用幕墙专用钢爪将玻璃连接起来，并将荷载传给相应构件，最后传给主体结构的一种幕墙做法。点式连接玻璃幕墙主要有：玻璃肋点式连接玻璃幕墙、钢桁架点式连接玻璃幕墙和拉索式点式连接玻璃幕墙。玻璃肋点式连接玻璃幕墙是指玻璃肋支撑在主体结构上，在玻璃肋上面安装连接板和钢爪，玻璃开孔后与钢爪（4脚支架）用特殊螺栓连接的幕墙形式。钢桁架点式连接玻璃幕墙是指在金属桁架上安装钢爪，在面板玻璃的四角进行打孔，钢爪上的特殊螺栓穿过玻璃孔，紧固后将玻璃固定在钢爪上形成幕墙。

拉索式点式连接玻璃幕墙是将玻璃面板用钢爪固定在索桁架上的玻璃幕墙，由玻璃面板、索桁架和支撑结构组成。索桁架悬挂在支撑结构上，由按一定规律布置的预应力索具及连系杆等组成。索桁架起着形成幕墙支撑系统、承受面板玻璃荷载并传递至支撑结构上的作用。拉索式点式玻璃幕墙施工与其他玻璃幕墙不同，需要施加预应力，其工艺流程：测设轴线及标高→支撑结构的安装→索桁架的安装→索桁架张拉→玻璃幕墙的安装→安装质量控制→幕墙的竣工验收。

3. 石材幕墙施工

石材幕墙的构造一般采用框支承结构，因石材面板连接方式的不同，可分为钢销式、槽式和背栓式等。

（1）钢销式连接需要在石材的上下两边或四周开设销孔，石材通过钢销以及连接板与幕墙骨架连接。它拓孔方便，但受力不合理，容易出现应力集中导致石材局部破坏，使用受到限制。

（2）槽式连接需要在石材的上下两边或四周开设槽口，与钢销式连接相比，它的适应性更强。根据槽口的大小，可以分为短槽式和通槽式两种。短槽式连接的槽口较小，通过连接片与幕墙骨架连接，它对施工安装的要求较高。通槽式槽口为两边或四周通长，通过通长铝合金型材与幕墙骨架连接，主要用于单元式幕墙中。

（3）背栓式连接与钢销式及槽式连接不同，它将连接石材面板的部位放在面板背部，改善了面板的受力。通常先在石材背面钻孔，插入不锈钢背栓，并扩胀使之与石板紧密连接，然后通过连接件与幕墙骨架连接。

4. 铝板幕墙施工

铝板幕墙的构造组成与隐框玻璃幕墙类似，采用框支承受力方式，也需要制作铝板板块，铝板板块通过铝角与幕墙骨架连接。

铝板板块由加劲肋和面板组成。板块的制作需要在铝板背面设置边肋和中肋等加劲肋。在制作板块时，铝板应四周折边以便与加劲肋连接。加劲肋常采用铝合金型材，以槽形或角形型材为主。面板与加劲肋之间通常的连接方式有铆接、电栓焊接、螺栓连接以及化学黏结等。为了方便板块与骨架体系的连接，需在板块的周边设置铝角，铝角一端常通过铆接方式固定在板块上，另一端采用自攻螺丝固定在骨架上。

第二节　道路、桥梁与涵洞工程施工技术

一、道路工程施工技术

（一）路基施工

路基施工包括路基土、路基石方施工，路基整修，路基排水及防护施工等。

1. 一般路基土方施工

路基土方作业工作内容，由开挖、运输、填堆、压实和整修五个环节构成。然而，随着路基填挖高（深）度、地形和运距的不同，这五个环节在整个工程所占的比重及相互关系不尽相同。

（1）路堤的填筑。为保证路堤的强度和稳定性，在填筑路堤时，要处理好基底，选择良好的填料，保证必需的压实度及正确选择填筑方案。

1）基底的处理。路基基底是指土石填料与原地面的接触部分。为使两者紧密结合以保证填筑后的路堤不至于产生沿基底的滑动和过大变形，填筑路堤前，应根据基底的土质、水文、坡度、植被和填土高度采取一定措施对基底进行处理。

①当基底为松土时，应先清除有机土、种植土、草皮等，清除深度应达到设计要求，一般不小于150mm，平整后按规定要求压实。当基底土质湿软而深厚时，应按软土地基处理。

②基底应在填筑前进行压实，基底原状土的强度不符合要求时，应进行换填，换填深度应不小于300mm，并予以分层压实到规定要求。城市快速路、主干路路堤基底的压实度应不小于90%，当路堤填土高度小于路床厚度（0.8m）时，基底的压实度不宜小于路床的压实度标准。

③基底土密实稳定且地面横坡缓于1∶10，填方高大于0.5m时，基底可不处理；路堤填方高低于0.5m的地段，应清除原地表杂草。横坡为1∶10～1∶5时，应清除地表草皮杂物再填筑；横坡陡于1∶5时，应按设计要求挖台阶，或设置成坡度向内并大于2%、宽度不小于1m的台阶。

2）填料的选择。路堤通常是利用沿线就近土石作为填筑材料。选择填料时应尽可能选择当地强度高、稳定性好并利于施工的土石作路堤填料。一般情况下，碎石、卵石、砾石、粗砂等具有良好透水性，且强度高、稳定性好，因此，可优先采用。亚砂土、亚黏土等经压实后也具有足够的强度，故也可采用。粉性土水稳定性差，不宜作路堤填料。重黏土、黏性土、捣碎后的植物土等由于透水性差，作路堤填料时应慎重采用。

3）填筑方法。路堤的填筑方法有水平分层填筑法、纵向分层填筑法、竖向填筑法和混合填筑法四种。

①水平分层填筑法。水平分层填筑法是一种将不同性质的土按照横断面全宽分成水平层次，逐层向上填筑的方法，该法易于达到规定的压实度，易于保证质量，是填筑路堤的基本方法，如图4.2.1所示。不同路堤的填筑方法，如图4.2.2所示。

图4.2.1　水平分层填筑法

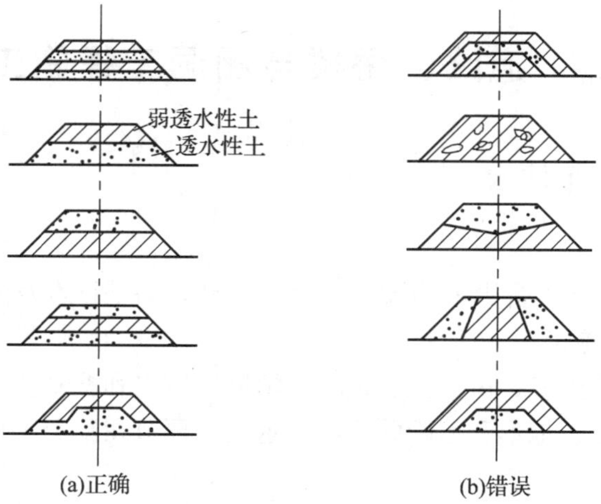

图 4.2.2 不同路堤的填筑方法

此外，对于高填方路堤的填筑，应按技术规范的有关规定进行。

②纵向分层填筑法。依路线纵坡方向分层，逐层向上填筑，纵向分层填筑法如图 4.2.3 所示。该法常用于地面纵坡大于 12%、用推土机从路堑取料、填筑距离较短的路堤，缺点是不易碾压密实。

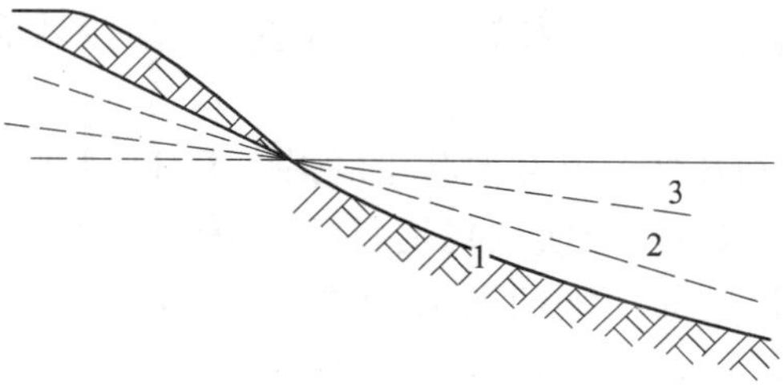

图 4.2.3 纵向分层填筑法

③竖向填筑法。地面纵坡大于 12%的深谷陡坡地段，可采用竖向填筑法施工。从路堤的一端或两端的某一高度把土倾倒到路堤底部，并逐渐沿纵向向前填筑，如图 4.2.4 所示。竖向填筑因填土过厚不易压实，仅用于无法自下而上填筑的深谷、陡坡、断岩、泥沼等机械无法进场的路堤。施工时需采取下列措施：选用高效能压实机械；采用沉陷量较小的砂性土或附近开挖路堑的废石方，并一次填足路堤全宽；在底部进行拨土夯实。

④混合填筑法。路堤下层用竖向填筑，而上层用水平分层填筑，使路堤上部经分层压实获得需要的压实度。如因地形限制或堤身较高时，不宜采用水平分层填筑或横向填筑法进行填筑时，可采用混合填筑法，如图 4.2.5 所示。在施工中，单机或多机作业均可，一般沿线路分段进行，每段距离以 20～40m 为宜，多在地势平坦，或两侧有可利用的山地土场的场合采用。沿线的土质经常变化，为避免将不同性质的土任意混填而造成路基病害，应确定正确的填筑方法。

(2) 路堑的开挖。土质路堑的开挖方法有横向挖掘法、纵向挖掘法和混合式挖掘法几种。

1) 横向挖掘法。对路堑整个横断面的宽度和深度，从一端或两端逐渐向前开挖的方法称为横挖法。土质路堑横向挖掘可采用人工作业，也可机械作业，具体方法有单层横向全宽挖掘法和多层横向全宽挖掘法。

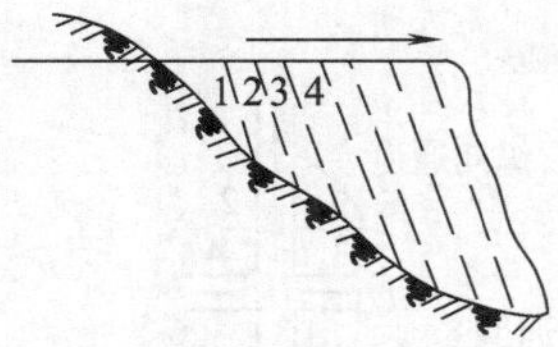

图 4.2.4　竖向填筑方法

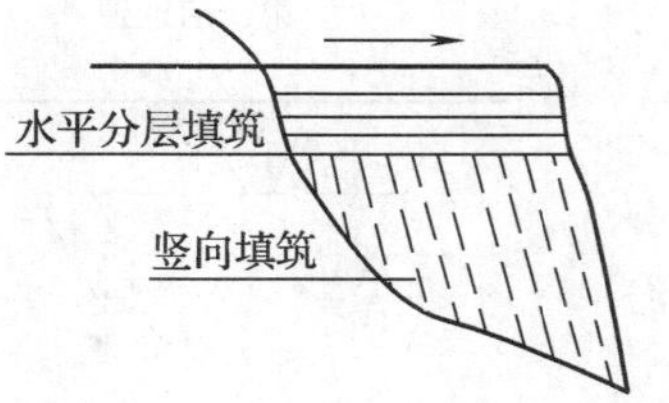

图 4.2.5　混合填筑法

单层横向全宽挖掘法是从开挖路堑的一端或两端按断面全宽一次性挖到设计标高，逐渐向纵深挖掘，挖出的土方一般都是向两侧运送，适用于挖掘浅且短的路堑。

多层横向全宽挖掘法是从开挖路堑的一端或两端按断面分层挖到设计标高，适用于挖掘深且短的路堑。

2）纵向挖掘法。土质路堑纵向挖掘多采用机械作业，具体方法有分层纵挖法、通道纵挖法和分段纵挖法三种。

①分层纵挖法是沿路堑全宽以深度不大的纵向分层挖掘前进，如图 4.2.6（a）所示。该法适用于较长的路堑开挖。

②通道纵挖法是先沿路堑纵向挖一通道，继而将通道向两侧拓宽以扩大工作面，并利用该通道作为运土路线及场内排水的出路，如图 4.2.6（b）所示。该法适用于路堑较长、较深、两端地面纵坡较小的路堑开挖。

③分段纵挖法是沿路堑纵向选择一个或几个适宜处，将较薄一侧路堑横向挖穿，使路堑分成两段或数段，各段再进行纵向开挖的方法，如图 4.2.6（c）所示。该法适用于路堑过长，弃土运距过长的傍山路堑，其一侧堑壁不厚的路堑开挖。

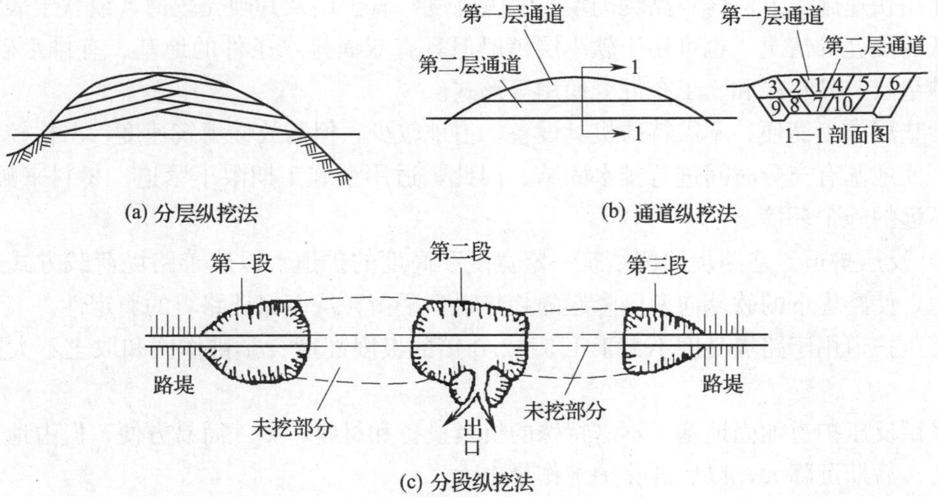

图 4.2.6　纵向挖掘法

3）混合式挖掘法。多层横向全宽挖掘法和通道纵挖法混合使用。先沿路线纵向挖通道，然后沿横向坡面挖掘，以增加开挖面，如图 4.2.7 所示。该法适用于路线纵向长度和挖深都很大的路堑开挖。

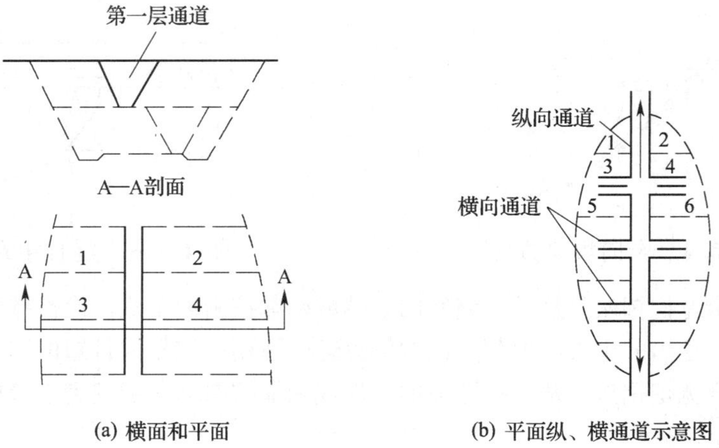

图 4.2.7　混合式挖掘法

2. 软土路基施工

软土一般指淤泥、泥炭土、流泥、沼泽土和湿陷性大的黄土、黑土等，通常含水量大、承载力小、压缩性高，尤其是沼泽地，水分过多，强度很低。按加固性质，软土路基施工主要有以下方法：

（1）表层处理法。

1）砂垫层。在软土层顶面铺砂垫层，主要起浅层水平排水作用，使软土在路堤自重的压力作用下，加速沉降发展，缩短固结时间。但对基底应力分布和沉降量的大小无显著影响。

砂垫层主要用于路堤高度小于 2 倍极限高度（在天然软土地基上，基底不做特殊加固处理而用快速施工方法修筑路堤的填筑最大高度）软土层及其硬壳较薄，或软土表面渗透性很低的硬壳等情况。也可用于软土层稍厚但具有双面排水条件的地基。有排水砂垫层、换土砂垫层、砂垫层和土工布混合使用等形式。

砂垫层施工简便，不需特殊机具设备，占地较少，但需放慢填筑速度，严格控制加荷速率，使地基有充分时间进行排水固结。因此，适用于施工期限不紧迫、材料来源充足、运距不远的施工环境。

2）反压护道。在路堤两侧填筑一定宽度和高度的护道，以改善路堤荷载方式来增加抗滑力，使路堤下的软基向两侧隆起的趋势得到平衡，从而保证路堤的稳定性。

反压护道用于路堤高度不大于 1.5～2.0 倍的极限高度，非耕作区和取土不太困难的地区。

采用反压护道加固地基，不需特殊的机具设备和材料，施工简易方便，但占地多，土用量大，后期沉降大，以后的养护工作量也大。

反压护道应与路堤本身同时填筑，如分开填筑时，必须在路堤达到临界高度前筑好。其施工工艺要求与路堤填筑要求基本相同。

3）土工聚合物处治。

①土工布。土工布铺设于路堤底部，在路基自重作用下受拉产生抗滑力矩，提高路基稳定性。土工布在软土地基加固中的作用包括排水、隔离、应力分散和加筋补强。土工布

连接一般采用搭接法或缝接法。缝接法有一般缝法、丁缝法和蝶形法。

土工布一般分一层或多层铺设。当铺设两层以上时，层与层之间要夹 100～200mm 的砂或沙砾垫层，以提高基底透水性。土工布的铺设需满足锚固搭接长度要求，注意保持土工布的平整和张拉程度，注意端头的位置和锚固，以保证土工聚合物的整体性。土工布存放以及铺设过程中，应尽量避免长时间暴晒，存放过程中避免与污物接触，以防土工布被污染而失去透水性条件。

②土工格栅。土工格栅加固土的机理在于格栅与土的相互作用。一般可归纳为格栅表面与土的摩擦作用、格栅孔眼对土的锁定作用和格栅肋的被动抗阻作用。三种作用均能充分约束土颗粒的侧向位移，从而大幅增加了土体的自身稳定性，对土的加固效果，明显高于其他土工织物，可迅速提高地基承载力，加快施工进度，控制软基地段沉降量发展，缩短工期，使道路及早投入使用。

（2）换填法。换填法一般适用于地表下 0.5～3.0m 的软土处治。

1）开挖换填法。将软弱地基层全部挖除或部分挖除，用透水性较好的材料（如沙砾、碎石、钢渣等）进行回填。该方法简单易行，也便于掌握。对于软基较浅（1～2m）的泥沼地特别有效。但对于深层软基处理，要求沉降控制较严的路基、桥涵构造物、引道等，应考虑采用其他方法。按软土层的分布形态与开挖部位，有全面开挖换填和局部开挖换填两种。图 4.2.8 所示是开挖换填工程施工实例。

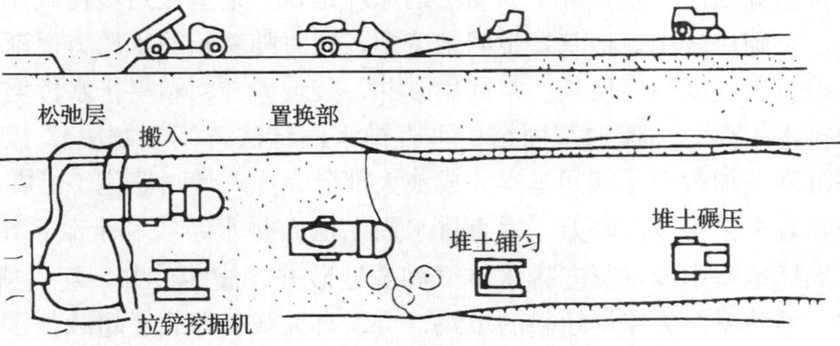

图 4.2.8 开挖换填工程施工

2）抛石挤淤法。在路基底部抛投一定数量的片石，将淤泥挤出基底范围，以提高地基的强度。这种方法施工简单、迅速、方便，适用于常年积水的洼地，排水困难，泥炭呈流动状态，厚度较薄，表层无硬壳，片石能沉达底部的泥沼或厚度为 3～4m 的软土；在特别软弱的地面上施工由于机械无法进入，或是表面存在大量积水无法排除时；石料丰富、运距较短的情况。

抛投片石的大小，随泥炭或软土的稠度而定。抛投顺序，应先从路堤中部开始，中部向前突进后再渐次向两侧扩展，以使淤泥向两旁挤出。当软土或泥沼底面有较大的横坡时，抛石应从高的一侧向低的一侧扩展，并在低的一侧多抛填一些。片石露出水面后，宜用重型压路机反复碾压，然后在其上面铺反滤层，再行填土。

3）爆破排淤法。将炸药放在软土或泥沼中爆炸，利用爆炸时的张力作用，把淤泥或泥沼扬弃，然后回填强度较高的渗水性土壤，如沙砾、碎石等。爆破排淤分为两种：一种方法是先在原地面上填筑低于极限高度的路堤，再在基底下爆破，适用于稠度较大的软土或泥沼；另一种方法是先爆后填，适用于稠度较小、回淤较慢的软土。

爆破排淤法用于当淤泥（泥炭）层较厚、稠度大、路堤较高和施工期紧迫时；路段内没有桥涵等构造物，路基承载力均衡一致，因整体沉降对道路不会产生破坏，也可考虑换填。但对桥涵构造物及两侧引道等，应考虑采用其他方法。

（3）重压法。

1）堆载预压法。在软基上修筑路堤，通过填土堆载预压，使地基土压密、沉降、固结，从而提高地基强度，减少路堤建成后的沉降量。进行预压的荷载超过设计的道路工程荷载，称为超载预压；预压荷载等于道路工程荷载，称为等载预压。

堆载预压法对各类软弱地基均有效；使用材料、机具简单，施工操作方便。但堆载预压需要一定的时间，适合工期要求不紧的项目。

2）真空预压法。利用大气压强 0.098MPa 等效堆载预压法对软基进行加固。即依靠真空抽气设备，使密封的软弱地基产生真空负压力，使土颗粒间的自由水、空气沿着纵向排水通道，上升到软基上部砂垫层内，由砂垫层过滤再排到软基密封膜以外，从而使土体固结。该法适用于含水量高、孔隙比大、强度低、渗透系数和固结系数均较小的黏土。

3）真空预压加堆载预压法。该法是堆载预压和真空预压两种方法的结合，原理与真空预压相同，但加载更大，预压时间缩短了一半。

（4）垂直排水固结法。垂直排水固结法的原理是软土地基在路堤荷载作用下，水从空隙中慢慢排除，空隙比较小，地基发生固结变形，同时随着超静水压力逐渐扩散，土的有效应力增大，地基土强度逐步增长。常利用砂井、袋装砂井、塑料排水板增加土层竖向排水途径，缩短排水距离、加速地基固结。垂直排水固结法常用于解决软土地基的沉降问题，可使地基沉降在加载预压期间基本完成或大部分完成，使道路完工后在营运期间不发生过大的沉降和减少桥头段沉降差。垂直排水固结法由排水系统和堆载系统两部分组成，排水系统可在天然地基中设置竖向排水体（如普通砂井、袋装砂井、塑料排水板等），其上铺设砂垫层。堆载系统为路堤填料的填筑，可以有欠载、等载、超载预压，也可以采用真空预压法用于软黏土地基，施工期间保证有足够的预压期。

（5）稳定剂处置法。稳定剂处置法是利用生石灰、熟石灰、水泥等稳定材料，掺入软弱的表层黏土中，以改善地基的压缩性和强度特征，保证机械作业条件，提高路堤填土稳定及压实效果。施工时应注意以下几点：

1）工地存放的水泥、石灰不可太多，以 1d 使用量为宜，最长不宜超过 3d 的使用量，应做好防水、防潮措施。

2）压实要达到规定压实度，用水泥和熟石灰稳定处理土应在最后一次拌和后立即压实；而用生石灰稳定土的压实，必须有拌和时的初碾压和生石灰消解结束后的再次碾压。压实后若能获得足够的强度，可不必进行专门养生，但由于土质与施工条件不同，处置土强度增长不均衡，则应做约一周时间的养生。

（6）振冲置换法（或称砂桩、碎石桩加固法）。

利用能产生水平向振动的管桩机械在软弱黏土上地基中钻孔，在孔内分批填入碎石或矿渣，制成桩体，使桩体和周围的地基土构成复合地基以提高地基承载力，并减少压缩性。碎石桩的承载力和沉降量在很大程度上取决于周围软土对碎石桩的约束作用，如周围土过于软弱，对碎石桩的约束作用就差。该方法适用于软弱黏性土地基，但对于抗剪强度较低的软黏土采用本方法务必慎重。

3. 路基石方开挖施工

在山区或某些丘陵地区修筑路基时，常需挖掘岩石。路基爆破施工常用爆破方法有以下几种：

（1）光面爆破：在开挖限界的周边，适当排列一定间隔的炮孔，在有侧向临空面的情况下，用控制抵抗线和药量的方法进行爆破，使之形成一个光滑平整的边坡。

（2）预裂爆破：在开挖限界处按适当间隔排列炮孔，在没有侧向临空面和最小抵抗线的情况下，用控制药量的方法，预先炸出一条裂缝，使拟爆体与山体分开，作为隔震减震带，起保护开挖限界以外山体或建筑物和减弱地震对其破坏的作用。

（3）微差爆破：两相邻药包或前后排药包以若干毫秒的时间间隔（一般为 15～75ms）依次起爆，称为微差爆破，也称毫秒爆破。

（4）定向爆破：利用爆能将大量土石方按照拟定的方向，搬移到一定的位置并堆积成路堤的一种爆破施工方法，称为定向爆破。

（5）洞室爆破：为使爆破设计断面内的岩体大量抛掷（抛坍）出路基，减少爆破后的清方工作量，保证路基的稳定性，可根据地形和路基断面形式，采用抛掷爆破、定向爆破、松动爆破方法。

爆破作业的施工程序：对爆破人员进行技术学习和安全教育→对爆破器材进行检查→试验→清除表土→选择炮位→凿孔→装药→堵塞→敷设起爆网路→设置警戒线→起爆→清方等。主要工序如下：

（1）选择炮位。选择炮位十分重要，炮眼的方向和深度都会直接影响爆破效果。

（2）凿孔。凿孔的技术要求与采用的爆破方法有关。通常按炮孔的直径和深度分为浅孔爆破和深孔爆破两种。浅孔爆破通常用手提式凿岩机凿孔，深孔爆破常用冲击式钻机或潜孔钻机凿孔。

（3）装药。装药的方式根据爆破方法和施工要求的不同而异，通常有以下几种：

1）集中药包。炸药完全装在炮孔的底部，爆炸后对于工作面较高的岩石崩落效果较好，但不能保证岩石均匀破碎。

2）分散药包。炸药沿孔深的高度分散安装，爆炸后可以使岩石均匀地破碎。它适用于高作业面的开挖段。

3）药壶药包。将炮孔底部打成葫芦形，集中埋置炸药，以提高爆破效果。它适用于结构均匀致密的硬土、次坚石和坚石、量大而集中的石方施工。

4）坑道药包。药包安装在竖井或平垌底部特制的储药室内，装药量大，属于大型爆破的装药方式。它适用于土石方大量集中、地势险要或工期紧迫的路段，以及一些特殊的爆破工程。

（4）堵塞。中小型爆破的药孔，一般可用干砂、滑石粉、黏土和碎石等堵塞，并用木棒等将堵塞物捣实，切忌用铁棒。

（5）起爆。可用火花起爆、电力起爆、导爆线（又称传爆线）起爆和塑料导爆管起爆。中小型爆破可用雷管、引火剂或导火索等从炮孔的外部引入炮孔的药室使炸药爆炸。导爆线起爆爆速快（6 800～7 200m/s），主要用于深孔爆破和药室爆破，使几个药室能同时起爆，可以提高爆破效果。塑料导爆管起爆具有抗杂电、操作简单、使用安全可靠、成本较低等优点，有逐渐取代导火索和导爆线起爆的趋势。

（6）清方。当石方爆破后，必须按爆破次数分次清理。

4. 路基石方填筑施工

山区填石路堤最为常见，石料来源主要是路堑和隧道爆破后的石料，其强度（饱水试件极限抗压强度）要求和风化程度应符合规定，最大粒径应不大于500mm，并不宜大于层厚的2/3。路床底面以下400mm范围内，填料粒径应小于150mm。填石路堤施工的填筑方法主要有以下几种：

（1）竖向填筑法（倾填法）。以路基一端按横断面的部分或全部高度自上往下倾卸石料，逐步推进填筑。主要用于次干路及支路施工，也可用在陡峻山坡施工特别困难或大量以爆破方式挖开填筑的路段，以及无法自下而上分层填筑的陡坡、断岩、泥沼地区和水中作业的填石路堤。该方法施工路基压实、稳定问题较多。

（2）分层压实法（碾压法）。自下而上水平分层，逐层填筑，逐层压实，是普遍采用并能保证填石路堤质量的方法。快速路、主干路的填石路堤应采用此方法。

（3）冲击压实法。利用冲击压实机的冲击碾周期性、大振幅、低频率地对路基填料进行冲击，压密填方。它具有分层压实法连续性的优点，又具有强力夯实法压实厚度深的优点；缺点是在周围有建筑物时，使用受到限制。

（4）强力夯实法。用起重机吊起夯锤从高处自由落下，利用强大的动力冲击，迫使岩土颗粒位移，提高填筑层的密实度和地基强度。该方法机械设备简单，击实效果显著，施工中不需铺撒细粒料，施工速度快，有效地解决了大块石填筑地基厚层施工的夯实难题。对强夯施工后的表层松动层，采用振动碾压法进行压实。

（二）路面施工

路面施工包括备料、路床施工、路面基层施工、路面面层施工、路容整修等。

1. 路面基层施工

石灰稳定土基层施工、水泥稳定土基层施工、石灰粉煤灰稳定砂砾（碎石）基层施工、级配砂砾（碎石）基层施工和级配砾石（碎砾石）基层施工均包括材料与拌和→运输与摊铺→压实与养护等工序。石灰稳定土、水泥稳定土、石灰工业废渣（石灰粉煤灰）稳定砂砾（碎石）等无机结合料稳定基层原材料质量、压实度、7d无侧限抗压强度等应符合规范规定。级配碎石（碎砾石）、级配砾石（砂砾）基层集料质量及级配、压实度、弯沉等应符合规范规定。

（1）材料与拌和。原材料应满足设计和规范要求。城区施工应采用厂拌（异地集中拌和）方式，不得使用路拌方式，以保证配合比准确且达到文明施工要求。宜用强制式拌和机进行拌和，拌和应均匀。为保护环境减少大气污染，不得采用路拌方式施工。

（2）运输与摊铺。拌成的混合料应及时运送到铺筑现场。宜在春末和气温较高季节施工，施工气温不应低于5℃，宜采用机械摊铺。水泥稳定土材料自搅拌至摊铺完成，不应超过3h。厂拌石灰土类混合料摊铺时路床应润湿，但应避免在雨天施工。

（3）压实与养护。压实系数等参数应经试验确定。摊铺好的石灰稳定土应当天碾压成活，碾压时的含水量宜在最佳含水量的允许偏差范围内。水泥稳定土宜在水泥初凝前碾压成形；直线和不设超高的平曲线段，应由两侧向中心碾压；设超高的平曲线段，应由曲线的内侧向外侧碾压；纵横接缝（槎）均应设直槎。石灰粉煤灰稳定砂砾（碎石）基层施工时，每层最大压实厚度为200mm，且不宜小于100mm；碾压时采用先轻型、后重型压路机碾压；禁止用薄层贴补的方法进行找平。石灰土压实成型后应立即洒水（或覆盖）养护，保持湿润，直至上部结构施工为止；水泥土分层摊铺时，应在下层养护7d后方可摊铺上层材料。石灰粉煤灰稳定砂砾（碎石）基层，常温下养护不宜小于7d。养护期应封闭交通。

2. 路面面层施工

（1）沥青混合料路面施工。热拌沥青混合料、改性沥青混合料面层施工工艺包括施工准备→材料运输→摊铺→接缝处理→压实成型→养护→开放交通等内容。沥青混合料面层不得在雨、雪天气施工。城市快速路、主干路的沥青混合料面层严禁冬期施工。次干路及其以下道路在施工温度低于5℃时，应停止施工。当风力在6级及以上时，沥青混合料面层不应施工。

1）施工准备。施工准备包括喷洒透层、粘层、封层油，运输与布料等。

沥青混合料面层摊铺前应在基层表面喷洒透层油。根据基层类型选择渗透性好的液体沥青、乳化沥青作透层油。粘层油宜采用快裂或中裂乳化沥青、改性乳化沥青，也可采用快凝或中凝液体石油沥青作粘层油。粘层油宜在摊铺面层当天洒布。封层油宜采用改性沥青或改性乳化沥青，封层集料应质地坚硬、耐磨、洁净且粒径与级配符合要求。透层、粘层油宜采用沥青洒布车或手动沥青洒布机喷洒，喷洒应呈雾状，洒布均匀，用量与渗透深度宜按设计及规范要求并通过试洒确定。封层宜采用层铺法表面处治或稀浆封层法施工。当气温在10℃及以下，风力大于5级及以上时，不应喷洒透层、粘层、封层油。

改性沥青混合料通常宜较普通沥青混合料的生产温度提高10～20℃。改性沥青混合料宜采用间歇式拌和设备生产，拌和时间根据具体情况经试拌确定，以沥青均匀包裹集料为度。改性沥青混合料的贮存时间不宜超过24h。改性沥青混合料SMA只限当天使用，大孔隙排水式沥青混合料OGFC宜随拌随用。

应按施工方案安排运输和布料，摊铺机前应有足够的运料车等候。对高等级道路，等候的运料车宜在5辆以上。运料车应在摊铺机前100～300mm外空挡等候，摊铺时被摊铺机缓缓顶推前进并逐步卸料，避免撞击摊铺机。

2）摊铺作业。热拌沥青混合料在城市快速路、主干路施工时，宜采用两台以上摊铺机联合摊铺，其表面层宜采用多机全幅摊铺，以减少施工接缝。摊铺机必须缓慢、均匀、连续不间断地摊铺，不得随意变换速度或中途停顿，以提高平整度、减少沥青混合料的离析。摊铺机应采用自动找平方式。下面层宜采用钢丝绳或路缘石、平石控制高程与摊铺厚度，上面层宜采用导梁或平衡梁的控制方式。摊铺的混合料，不宜用人工反复修整。不具备机械摊铺条件时（如路面狭窄部分、平曲线半径过小的匝道或加宽部分，以及小规模工程），可采用人工摊铺作业。

在喷洒粘层油的路面上铺筑改性沥青混合料时，宜使用履带式摊铺机。摊铺机应采用自动找平方式，中、下面层宜采用钢丝绳或导梁引导的高程控制方式，上面层宜采用非接触式平衡梁。

3）接缝处理。路面接缝必须紧密、平顺。热拌沥青混合料采用梯队作业方式摊铺时应选用热接缝，将已铺部分留下100～200mm宽暂不碾压，作为后续部分的基准面，然后跨缝压实。当半幅施工采用冷接缝时，宜加设挡板或将先铺的沥青混合料刨出毛槎，涂刷粘层油后再铺新料，新料应跨缝摊铺与已铺层重叠50～100mm，软化下层后铲走重叠部分，再跨缝压密挤紧。高等级道路的表面层横向接缝应采用垂直的平接缝，以下各层和其他等级道路的各层可采用斜接缝。改性沥青混合料路面冷却后很坚硬，冷接缝处理很困难，因此应尽量避免出现冷接缝。

4）压实成型。热拌沥青混合料压实施工应配备足够数量、状态完好的压路机，选择合理的压路机组合方式，根据摊铺完成的沥青混合料温度情况严格控制初压、复压、终压（包括成型）时机。压实层最大厚度不宜大于100mm，各层压实度及平整度应符合要求。初压应采用钢轮压路机静压1～2遍。碾压时应将压路机的驱动轮面向摊铺机，从外侧向中心碾压，在超高路段和坡道上则由低处向高处碾压。复压应紧跟初压连续进行，碾压路段长度宜为60～80m。密级配沥青混凝土混合料复压宜优先采用重型轮胎压路机进行碾压，以增加密实性，其总质量不宜小于25t；以粗集料为主的混合料宜优先采用振动压路机复压，层厚较大时宜采用高频大振幅，厚度较薄时宜采用低振幅，以防止集料破碎；当采用三轮钢筒式压路机复压时，总质量不小于12t。碾压遍数应经试压确定。终压应紧接在复压后进行，宜选用双轮钢筒式压路机或关闭振动的振动压路机，碾压至无明显轮迹为止。

改性沥青混合料施工的初压应采用钢轮压路机静压。复压宜采用振动压路机或钢轮压路机碾压，不应采用轮胎压路机碾压，振动压实应遵循“紧跟、慢压、高频、低幅”的原则。OGFC混合料复压宜采用12t以上钢筒式压路机碾压。改性沥青混合料施工的终压宜选用双轮钢筒式压路机或关闭振动的振动压路机碾压。

沥青混合料面层压实度，对城市快速路、主干路不应小于96%；对次干路及以下道路不应小于95%。厚度应符合设计要求，允许偏差为－5～＋10mm。弯沉值不应大于设计要求。

5）开放交通。行业标准《城镇道路工程施工与质量验收规范》CJJ 1—2008规定：热拌沥青混合料路面应待摊铺层自然降温至表面温度低于50℃后，方可开放交通。

（2）水泥混凝土路面施工。普通水泥混凝土路面施工包括混凝土配合比设计、搅拌、运输、模板安装、钢筋设置、摊铺与振动、接缝、养护与开放交通等工序。混凝土配合比设计在兼顾经济性的同时应满足弯拉强度、工作性、耐久性三项指标要求。搅拌设备应优先选用间歇式拌和设备，并在投入生产前进行标定和试拌，搅拌机配料计量偏差应符合规范规定。根据拌和物的黏聚性、均质性及强度稳定性经试拌确定最佳拌和时间。水泥混凝土面层的原材料质量、混凝土弯拉强度、混凝土面层厚度、构造深度等应符合设计要求。

1）水泥混凝土路面小型机具施工。水泥混凝土路面的小型机具施工是指由机器拌和，人工摊铺，辅助配备一些小型机具（如插入式振捣器、平板振动器、振动梁、真空吸水设备、切缝机等）进行混凝土路面施工的方式，其施工工艺流程如图4.2.9所示。采用小型机具摊铺混凝土面层时，松铺系数宜控制在1.10～1.25。摊铺厚度达到混凝土板厚的2/3时，应拔出模内钢钎，并填实钎孔。混凝土面层分两次摊铺时，上层混凝土的摊铺应在下层混凝土初凝前完成，且下层厚度宜为总厚的3/5。

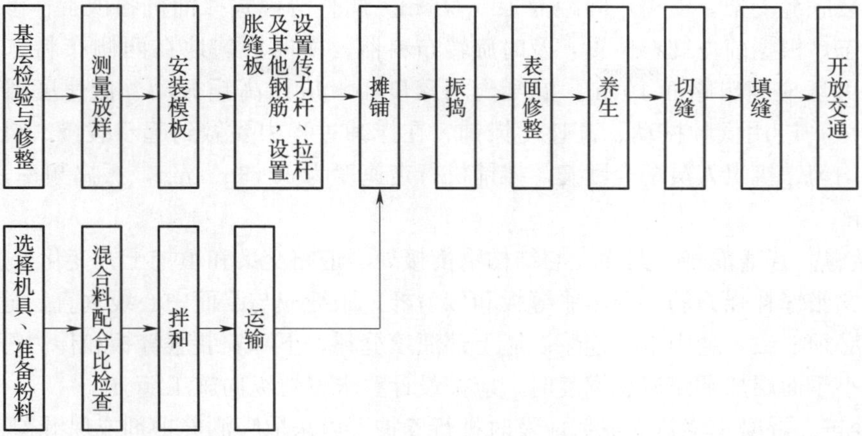

图 4.2.9　水泥混凝土路面施工工艺流程图

2）水泥混凝土路面轨道式摊铺机施工。高等级道路水泥混凝土路面的技术标准（如平整度）要求高，工程数量大，要保证施工进度和工程质量，应尽可能采用机械化施工。轨道式摊铺机铺筑混凝土板，就是机械施工的一种方法，它利用主导机械（摊铺机、拌和机）和配套机械（运输车辆、振捣器等）的有效组合，完成铺筑混凝土板的全过程。其工艺流程及设备组合如图 4.2.10 所示。采用轨道式摊铺机铺筑时，最小摊铺宽度不宜小于 3.75m，并选择适宜的摊铺机型；坍落度宜控制在 20～40mm，根据不同坍落度时的松铺系数计算出松铺高度。轨道式摊铺机应配备振捣器组，当面板厚度超过 150mm，坍落度小于 30mm 时，必须插入振捣。轨道式摊铺机应配备振动梁或振动板对混凝土表面进行振捣和修整，使用振动板提浆饰面时，提浆厚度宜控制在（4±1）mm。面层表面整平时，应及时清除余料，用抹平板完成表面修整。

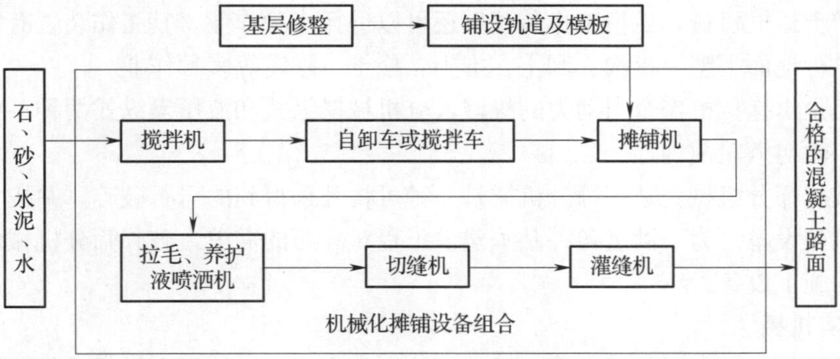

图 4.2.10　轨道式摊铺机施工工艺流程图

3）水泥混凝土路面滑模式摊铺机施工。滑模式摊铺机是机械化施工中自动化程度很高的一种方法。它具有现代化的自控高速生产能力，与轨道式摊铺机械施工不同，滑模式摊铺机不需要人工设置模板，其模板安装在机器上。机器在运转中将摊铺路面的铺料、振捣、挤压、熨平、设传力杆等工序一气呵成，机器经过之后，即形成一条规则成型的水泥混凝土路面，可达到较高的路面平整度要求，特别是整段路的宏观平整度更是其他施工方式所无法达到的。采用滑模式摊铺机摊铺时应布设基准线，清扫湿润基层，在拟设置胀缝处牢固安装胀缝支架，支撑点间距为40～60cm。调整滑模式摊铺机各项工作参数使之达到最佳状态，根据前方卸料位置，及时旋转布料器，横向均匀地在两侧布料。振动仓内料位高度一般应高出路面10cm。混凝土坍落度小，应用高频振动、低速度摊铺；混凝土坍落度大，应用低频振动、高速度摊铺。在摊铺过程中要做到起步缓慢、机械运行平稳、速度均匀、机组人员配合默契，摊铺机行走速度为1～3m/min，振捣频率为8 000～9 000r/min。

4）接缝。普通混凝土路面在与结构物衔接处、道路交叉和填挖土方变化处应设胀缝。胀缝应设置胀缝补强钢筋支架、胀缝板和传力杆。胀缝应与路面中心线垂直，缝壁必须垂直，缝宽必须一致，缝中不得连浆。缝上部灌填缝料，下部安装胀缝板和传力杆。当一次铺筑宽度小于面层加硬路肩总宽度时，应按设计要求设置纵向施工缝。

5）养护。混凝土浇筑完成后应及时进行养护，可采取喷洒养护剂或保湿覆盖等方式，不宜采用围水养护；养护时间应根据混凝土弯拉强度增长情况而定，不宜小于设计弯拉强度的80%，一般宜为14～21d。当面层混凝土弯拉强度未达到1MPa或抗压强度未达到5MPa时，必须采取防止混凝土受冻的措施，严禁混凝土受冻。

6）开放交通。在混凝土达到设计弯拉强度的40%以后，可允许行人通过。在面层混凝土完全达到设计弯拉强度且填缝完成前，不得开放交通。

（三）筑路机械

常用的筑路机械包括土石方施工机械、压实机械和路面施工机械。

1. 土石方施工机械

道路工程施工中常用的土石方施工机械有推土机、铲运机、平地机、装载机、挖掘机和破碎筛分机械。其中推土机、铲运机、装载机和挖掘机在其他工程中也比较常见，此处不做介绍。

（1）平地机。平地机是在前后轮轴之间装一平地板，可按各种坡度要求平整地面和摊铺物料的铲土运输机械，更换工作装置后还可以进行多种作业。其工作装置有推土铲和松土器，可进行地面平整、挖沟、刮土、推土、松土、除雪等多种作业。

平地机是由拖拉机作牵引动力的机械，分机械操纵式和液压操纵式两种；根据车轮数目，又有四轮与六轮两种。

（2）破碎筛分机械。破碎筛分机械是一种可将开采得到的岩石破碎，并按一定规格进行筛分的机械设备。为了满足各种基本建设工程对碎石的需求，破碎筛分机械已成为一种不可缺少的施工设备。

2. 压实机械

压实机械是一种利用机械自重、振动或冲击的方法，对被压实材料重复加载，排除其内部空气和水分，使之达到一定密实度和平整度的作业机械。根据工作原理的不同，压实机械可分为静力压路机、振动压路机和夯实机械三类。

（1）静力压路机。静力压路机是用碾轮沿被压实材料表面往复滚动，靠自重产生的静压力作用，使被压物产生永久变形达到压实的目的。静力压路机又分为光轮压路机和轮胎压路机。

1）光轮压路机。光轮压路机又称钢轮压路机，用来压实路基路面，有时也被用来碾压密实土方，是公路和城市道路施工必备的施工机械。根据光轮压路机的整机质量，可分为轻型（6～8t）、中型（8～10t、10～12t）、重型（12～15t 以上）。轻型压路机大多为二轮二轴式，适用于城市道路、简易公路路面压实和临时场地压实及公路养护工作等；中型压路机有二轮二轴式和三轮二轴式两种，前者大多用于压实、压平各种路面，后者大多用于压实路基、地基以及初压铺砌层；重型压路机大多为三轮二轴式，主要用于最终压实路基和其他基础层。

2）轮胎压路机。轮胎压路机用于压实工程设施基础，压平砾石、碎石、沥青混凝土路面，是市政、道路和水利等工程不可缺少的压实机械。轮胎压路机具有可增减配重与改变轮胎充气压力的性能。轮胎对被压实材料既有一定的静负荷，又有一定的缓冲作用，故压实砂质土壤和黏性土壤都能取得良好的效果，即压实时不破坏原有的黏度，使各层间有良好的结合性能。在压实碎石路面时，不会破坏碎石的棱角。由于前轮能够摆动，故压实较均匀，不会出现假象压实。

（2）振动压路机。振动压路机是在静力压路机的碾轮上安装激振机构，工作时，碾轮沿被压实材料表面做往复滚动，又以一定的频率、振幅对被压实材料振动，使被压层间同时受到碾轮的静压力和振动力的综合作用，提高压实效果。振动压路机适用于道路工程的土方碾压，垫层、基层、底基层的各种材料碾压，在沥青混凝土路面施工时，初压和终压适宜静压，在复压时可以使用振动碾压。振动压路机以其行走形式不同分为拖式（单轴单轮）、手扶式（单轴两轮、两轴两轮）、自行式（两轴两轮常规式、两轴组合式、两轴综合式）三种类型。新型压路机有轮胎驱动光轮式振动压路机和轮胎驱动凸块式振动压路机，适用于各种土质的碾压，压实厚度可达 150cm；还有适宜边坡、路肩、堤岸、水渠、人行道、管道沟槽等狭窄地段施工的手扶振动压路机；适用黏土坝坝面板压实的平斜面两用振动压路机等。

（3）夯实机械。夯实机械是一种冲击式机械，适用于对黏性土壤和非黏性土壤进行夯实作业，夯实厚度可达到 1～1.5m。在筑路施工中，可用在桥背涵侧路基夯实、路面坑槽的振实，以及路面养护维修的夯实、平整。

根据夯实冲击能量大小，分为轻型（0.8～1kN·m）、中型（1～10kN·m）和重型（10～50kN·m）三种。按结构和工作原理分为自由落锤式夯实机、振动平板夯实机、振动冲击夯实机、爆炸式夯实机和蛙式夯实机。

3. 路面施工机械

（1）摊铺机。

1）沥青混凝土摊铺机。沥青混凝土摊铺机是用于铺筑沥青混凝土路面的专用设备。

沥青混凝土摊铺机与沥青混凝土搅拌设备、自卸汽车配套施工，适用于公路、城市道路、机场等铺筑作业。

沥青混凝土摊铺机分为自行式与拖式两类。自行式又分为履带式与轮胎式两种。

履带式摊铺机的最大优点是对路基不平度敏感性差，因而摊铺工作稳定性好，又因其接地压力低，具有较大的牵引力，所以很少出现打滑现象，多用于新建公路及大规模的城市道路施工。

轮胎式沥青混凝土摊铺机的最大优点是机动性好，适用经常转移工地或较大距离的运行。但在摊铺宽度较大、厚度超厚时，轮胎易出现打滑现象，轮胎式摊铺机多用于城市道路施工。

2）水泥混凝土摊铺机。水泥混凝土摊铺机是完成水泥混凝土路面铺筑的专用机械。除发动机外，主要由布料机、捣实机、平整机、表面修光机组成。

水泥混凝土摊铺机因其移动形式不同分为轨道式摊铺机和滑模式摊铺机两种。

水泥混凝土摊铺机适用于水泥混凝土路面（市政道路、机场跑道、大面积地坪等）的混凝土摊铺。

（2）沥青洒布机。沥青洒布机是一种黑色路面机械，沥青贯入式路面在碎石层摊铺碾压挤密实、平整均匀后，在表面清扫干净、保持干燥的基层上用沥青洒布机喷洒第一遍沥青；在趁热撒布嵌缝料均匀覆盖后，再由沥青洒布机喷洒第二遍沥青，直至喷洒罩面沥青形成路面。沥青洒布机被用来运输与洒布各类液态沥青。

沥青洒布机按运行方式可分为自行式和拖式两种。自行式是将整套沥青洒布设施装在汽车底盘上，其沥青油箱容量大，适用于大型路面工程和距离沥青供应基地较远的野外筑路工程。拖式又分为手压式和机压式，手压式是手压油泵，机压式是单缸柴油机驱动油泵。拖式沥青洒布机构造简单，适用于路面维修。

二、桥梁工程施工技术

（一）桥梁下部结构施工

1. 桥梁墩台施工

桥梁墩台按施工方法分为整体式墩台和装配式墩台两大类，相应的施工方法也分为两大类：一是整体式墩台的现场就地浇筑与砌筑，二是装配式墩台的拼装预制类施工。

（1）整体式墩台施工。

1）石砌墩台。墩台砌筑前应按设计图放出大样，按大样图用挤浆法分段砌筑。砌筑时还应计算砌筑层数，选好石料，严格控制平面位置和高度。

砌石时所采用的施工脚手架应环绕墩台搭设，主要用以堆放材料。轻型脚手架有适用于6m以下墩台的固定式轻型脚手架、适用于25m以下墩台的简易活动脚手架；较高的墩台可用悬吊脚手架。

2）混凝土墩台。混凝土墩台的施工与混凝土构件施工方法相似，对混凝土结构模板的要求也与其他钢筋混凝土构件模板的要求相同，但模板、支架稳定计算中应考虑风力影响。根据施工经验，当墩台高度小于30m时采用固定模板施工；当高度大于或等于30m时常用滑动模板施工。墩台混凝土的特点在施工时应特别注意，具体如下：

①墩台混凝土特别是实体墩台均为大体积混凝土时，水泥应优先选用矿渣水泥、火山灰水泥，采用普通水泥时强度等级不宜过高。

②当墩台截面小于或等于100m^2时应连续灌注混凝土，以保证混凝土的完整性；当墩台截面面积大于100m^2时，允许适当分段浇筑。分块数量，墩台水平截面面积在200m^2内不得超过2块；在300m^2以内不得超过3块。每块面积不得小于50m^2。

③墩台混凝土宜水平分层浇筑，每层高度宜为1.5～2.0m。

④墩台混凝土分块浇筑时，接缝应与墩台截面尺寸较小的一边平行，邻层分块接缝应错开，接缝宜做成企口形。

采用预制混凝土管作柱身外模时，预制管安装应符合下列规定：

①基础面宜采用凹槽接头，凹槽深度不得小于50mm。

②上下管节安装就位后，应采用四根竖方木对称设置在管柱四周并绑扎牢固，防止撞击错位。

③混凝土管柱外模应设斜撑，保证浇筑时的稳定。

④管节接缝应采用水泥砂浆等材料密封。

（2）装配式墩台施工。装配式墩台适用于山谷架桥、跨越平缓无漂流物的河沟、河滩等的桥梁，特别是在工地干扰多、施工场地狭窄、缺水与砂石供应困难地区，其效果更为显著。装配式墩台有砌块式、柱式和管节式或环圈式墩台等。

2. 墩台基础施工

（1）明挖扩大基础施工。扩大基础的施工方法通常是采用明挖的方式进行的。其施工的主要内容包括基础的定位放样、基坑开挖、基坑排水、基底处理以及砌筑（浇筑）基础结构物等。

1）基础的定位放样。在基础开挖前，先进行基础的定位放样工作，以便正确地将设计图上的基础位置准确地设置到桥址上。

2）陆地基坑开挖。一般基底尺寸应比设计平面尺寸各边增宽 0.5～1.0m，可采用垂直开挖、放坡开挖、支撑加固或其他加固的开挖方法。

3）水中基础开挖。最常用的施工方法是围堰法。常用的围堰形式有土围堰、木（竹）笼围堰、钢板桩围堰、套箱围堰等。

4）基坑排水。常用的排水方法有集水坑排水法、井点排水法等。

5）基底检验与处理。

6）基础圬工浇（砌）筑。通常可分为无水砌筑、排水砌筑及水下灌注三种情况。

（2）桩与管柱基础施工。沉入桩常用的施工方法有锤击沉桩、射水沉桩、振动沉桩、静力压桩、水中沉桩等。管柱基础施工是在水面上进行，按施工时是否需设置防水围堰而技术难度有所不同。

（二）桥梁上部结构的施工

桥梁上部结构的施工主要是指其承载结构的施工。桥梁承载结构的施工方法多种多样，常用的有支架现浇法、预制安装法、悬臂施工法、转体施工法、顶推法施工、移动模架逐孔施工法、横移法施工、提升与浮运施工。

（1）支架现浇法。支架现浇法是指在桥跨间设置支架，在支架上安装模板、绑扎钢筋、现场浇筑桥体混凝土，达到强度后拆除模板。

就地浇筑施工无须预制场地，而且不需要大型起吊、运输设备，梁体的主筋可不中断，桥梁整体性好。它的缺点主要是工期长，施工质量不容易控制；对预应力混凝土梁由于混凝土的收缩、徐变引起的应力损失比较大；施工中的支架、模板耗用量大，施工费用高；搭设支架影响排洪、通航，施工期间可能受到洪水和漂流物的威胁。

（2）预制安装法。预制安装法是指在预制工厂或在运输方便的桥址附近设置预制场进行梁的预制工作，然后采用一定的架设方法进行安装。预制安装法施工一般是指钢筋混凝土或预应力混凝土简支梁的预制安装。预制安装的方法很多，根据实际情况可采用自行式吊车安装、跨墩龙门架安装、架桥机安装、扒杆安装、浮吊安装等。不同的预制安装方法需要的安装设备也不同，可根据施工的实际情况合理选择。

预制安装施工的主要特点如下：

1）由于是工场生产制作，构件质量好，有利于确保构件的质量和尺寸精度，并尽可能多地采用机械化施工。

2）上下部结构可以平行作业，因而可缩短现场工期。

3）能有效利用劳动力，并由此而降低了工程造价。

4）由于施工速度快，故可适用于紧急施工工程。

5）将构件预制后由于要存放一段时间，因此在安装时已有一定龄期，可减少混凝土收缩、徐变引起的变形。

（3）悬臂施工法。悬臂施工法是大跨径连续梁桥常用的施工方法，属于一种自架设方式。悬臂施工法是从桥臂开始，两侧对称进行现浇梁段或将预制节段对称进行拼装。前者称悬臂浇筑施工，后者为悬臂拼装施工。

悬臂浇筑法是利用挂篮在桥墩两侧对称浇筑箱梁节段，待已浇节段混凝土强度达到要求的张拉强度后进行预应力张拉，然后移动挂篮进行下一节段施工，直至全桥合龙。

悬臂拼装指在预制场预制梁节段，然后进行逐节对称拼装。拼装方法主要有扒杆吊装法、缆索吊装法、提升法等。

悬臂施工的主要特点如下：

1）悬臂施工宜在营运状态的结构受力与施工阶段的受力状态比较近的桥梁中选用，如预应力混凝土 T 形刚构桥、变截面连续梁桥和斜拉桥等。

2）非墩梁固接的预应力混凝土梁桥，采用悬臂施工时应采取措施使墩、梁临时固结。

3）采用悬臂施工的机具设备种类较多，可根据实际情况选用。

4）悬臂浇筑法施工简便，结构整体性好，施工中可不断调整位置，常在跨径大于 100m 的桥梁上选用；悬臂拼装法施工速度快，桥梁上下部结构可平行作业，但施工精度要求比较高，可在跨径 100m 以下的大桥中选用。

5）悬臂施工法可不用或少用支架，施工不影响通航或桥下交通。

悬臂施工的注意事项如下：

1）悬臂浇筑梁体一般应分四大部分浇筑：墩顶梁段（0 号块）；墩顶梁段（0 号块）两侧对称悬浇梁段；边孔支架现浇梁段；主梁跨中合龙段。

2）悬臂浇筑顺序及要求如下：

①在墩顶托架或膺架上浇筑 0 号块并实施墩梁临时固结。

②在 0 号块上安装悬臂挂篮，向两侧依次对称分段浇筑主梁至合龙前段。

③在支架上浇筑边跨主梁合龙段。

④最后浇筑中跨合龙段形成连续梁体系。

⑤悬臂浇筑混凝土时，宜从悬臂前端开始，最后与前段混凝土连接。

⑥桥墩两侧梁段悬臂施工应对称、平衡，平衡偏差不得大于设计要求。

3）张拉及合龙。

①预应力混凝土连续梁悬臂浇筑施工中，顶板、腹板纵向预应力筋的张拉顺序一般为上下、左右对称张拉，设计有要求时按设计要求施作。

②预应力混凝土连续梁合龙顺序一般是先边跨，后次跨，最后中跨。

（4）转体施工法。转体施工是将桥梁构件先在桥位处岸边（或路边及适当位置）进行预制，待混凝土达到设计强度后旋转构件就位的施工方法。转体施工其静力组合不变，它的支座位置就是施工时的旋转支承和旋转轴，桥梁完工后，按设计要求改变支承情况。

转体施工的主要特点如下：

1）可以利用地形，方便预制构件。

2）施工期间不断航，不影响桥下交通，并可在跨越通车线路上进行桥梁施工。

3）施工设备少，装置简单，容易制作并便于掌握。

4）节省木材，节省施工用料。采用转体施工与缆索无支架施工比较，可节省木材80%，节省施工用钢60%。

5）减少高空作业，施工工序简单，施工迅速，当主要结构先期合龙后，给以后施工带来方便。

6）转体施工适合于单跨和三跨桥梁，可在深水、峡谷中建桥采用，同时也适应于平原区以及用于城市跨线桥。

7）大跨径桥梁采用转体施工将会取得良好的技术经济效益，转体重量轻型化、多种工艺综合利用，是大跨及特大路桥施工有力的竞争方案。

（5）顶推法施工。顶推施工是在沿桥纵轴方向的台后设置预制场地，分节段预制，并用纵向预应力筋将预制节段与施工完成的梁体连成整体，然后通过水平千斤顶施力，将梁体向前顶推出预制场地。之后继续在预制场进行下一节段梁的预制，循环操作直至施工完成。

顶推法施工的特点如下：

1）顶推法可以使用简单的设备建造长大桥梁，施工费用低，施工平稳无噪声，可在水深、山谷和高桥墩上采用，也可在曲率相同的弯桥和坡桥上使用。

2）主梁分段预制，连续作业，结构整体性好；由于不需要大型起重设备，所以施工节段的长度一般可取用10～20m。

3）桥梁节段固定在一个场地预制，便于施工管理，改善施工条件，避免高空作业。同时，模板、设备可多次周转使用，在正常情况下，节段的预制周期为7～10d。

4）顶推施工时，用钢量较高。

5）顶推法宜在等截面梁上使用，当桥梁跨径过大时，选用等截面梁会造成材料用量不经济，也会增加施工难度，因此以中等跨径的桥梁为宜，桥梁的总长以500～600m为宜。

（6）移动模架逐孔施工法。逐孔施工是中等跨径预应力混凝土连续梁中的一种施工方法，它使用一套设备从桥梁的一端逐孔施工，直到对岸。

采用移动模架逐孔施工的主要特点如下：

1）移动模架法不需设置地面支架，不影响通航和桥下交通，施工安全、可靠。

2）有良好的施工环境，保证施工质量，一套模架可多次周转使用，具有在预制场生产的优点。

3）机械化、自动化程度高，节省劳力，降低劳动强度，上下部结构可以平行作业，缩短工期。

4）通常每一施工梁段的长度取用一孔梁长，接头位置一般可选在桥梁受力较小的部位。

5）移动模架设备投资大，施工准备和操作都较复杂。

6）移动模架逐孔施工宜在桥梁跨径小于50m的多跨长桥上使用。

（7）横移法施工。横移施工是在拟待安置结构的位置旁预制该结构物，并横向移运该结构物，将它安置在规定的位置上。

横移施工多采用卷扬机、液压装置并配以千斤顶进行。由于混凝土桥具有较大的自重，横移法施工常在钢桥上使用。

横向位移施工多用于正常通车线路上的桥梁工程的换梁。为了尽量减少交通的中断时间，可在原桥位旁预制并横移施工。

横移施工也可与其他施工方法配合使用。

（8）提升与浮运施工。这是一种采用竖向运动施工就位的方法。提升施工是在未来安置结构物以下的地面上预制该结构并把它提升就位。浮运施工是将桥梁在岸上预制，通过大型浮船移运至桥位，利用船的上下起落安装就位的方法。

采用提升和浮运的方法常选取整体结构，重达数千吨，使用该法的要求如下：

1）在该结构下面需要有一个适宜的地面。

2）被提升结构下的地面要有一定的承载力。

3）拥有一台支承在一定基础上的提升设备。

4）该结构应该是平衡的，至少在提升操作期间是平衡的。

5）采用浮运法要有一系列的大型浮运设备。

三、涵洞工程施工技术

（一）钢筋混凝土盖板涵施工

1. 砌筑基础

涵洞基础若就地灌筑混凝土，必须根据基础放样线立模板，然后灌筑混凝土；如基础是浆砌片石，则依据基础放样线在基坑底面上钉小木桩，作为砌筑时的依据，并在基础应砌筑的高度上钉几个横向木桩，桩上钉钉，拉水平细线以控制基顶高程。

基础的砌筑还应按设计图纸的要求留出沉降缝的位置，在灌筑基础混凝土时，可用沥青浸制木板作隔板和混凝土一起灌筑至基础中。如施工时不用木板，沉降缝也可用黏土填塞。如基础是浆砌片石，沉降缝处砌筑端面应垂直、整齐、方正，不得交错；填塞物应紧密填实。当基础不厚，在砌完后用黏土填满沉降缝。如基础较厚，可边砌边填黏土，并在流水面边缘以1∶3水泥砂浆填塞，深约150mm。

沿涵洞中心线左右侧各1/2孔径范围内的基顶形状，应与流水槽形状相符，在砌筑基础时，一般在流水槽部分少砌10～20mm，以后再抹10～20mm的水泥砂浆形成平顺的流水槽。

2. 砌筑边墙

为了严格掌握边墙断面尺寸，当在基顶已放好边墙底平面尺寸后，利用木板条制成边墙断面挂线样板，把它固定在沉降缝的位置上，挂上线绳作为砌筑时的依据。为了防止它移动，应经常检查边墙的沉降缝和基础沉降缝的位置是否一致，以确保工程质量。边墙顶部与盖板接触面以下0.4m范围内，用C15混凝土，此部分以下及翼墙均有M10水泥砂浆砌片石。

(二) 钢筋混凝土圆涵施工

圆管涵洞是市郊公路和城市道路上应用广泛的一种形式。

1. 施工工序

围堰（筑坝)→抽水→除淤清基→管位放样→基槽开挖→铺筑垫层→浇捣管基→排管→接缝处理→端墙砌筑→洞口铺砌→坡脚浇捣→砌护坡→养护→拆坝通水。

2. 施工方法

(1) 围堰（筑坝)。涵洞施工宜在枯水季节进行。施工前须在施工范围两端河道或泄道上筑坝阻水，坝顶比施工期间可能出现的最高水位至少要高出 0.5～1m，以防淹没。

(2) 基槽开挖。涵管施工的基槽开挖一般采用无支撑梯形断面，以便于大型筑管的吊装。基槽的宽度取决于涵管的直径和埋设深度，基槽的底宽尺寸应该保证施工便利和安全。基槽开挖应逐层进行，应根据土质情况确定土臂坡度。

(3) 涵管基础。涵管基础的标高、厚度由打入槽底的木桩控制。涵管基础分管座、管基和垫层。垫层铺筑按基槽宽满铺。管基采用混凝土浇捣。浇捣前应立模，浇捣时可用平板振动器行夯。管基达到一定强度后方可排管。管座在管道排设后浇捣。

(4) 排管。涵管需用吊车下管。中小型涵管可采用外壁边线排管，大型涵管须用中心线法排管。

(5) 接缝处理。涵管接缝一般采用柔性接口，并设有预制钢筋混凝土套环。施工时在接缝内和外围用沥青麻丝填嵌密实，内口用水泥砂浆封嵌抹平，外口用预制钢筋混凝土套环箍住，套环侧面用水泥砂浆抹角。

管道接缝基本硬化后就进行护管，即浇捣管座。护管应在涵管两侧同时进行。

(6) 拆模还土。还土应逐段层夯填，必须两侧同时进行，并注意保护涵管和腰箍。为防止涵管渗漏，涵管四周宜用黏土做 150mm 厚的防水层。涵洞周围填土均需用黏土或亚黏土回填。

(7) 洞口砌筑。端墙、锥形护坡和洞口铺砌都用浆砌块石砌筑，由于防水要求较高，应特别注意砌缝的砂浆饱满和表面勾缝。浆砌块石强度达到 80%以上时可填土。浇捣压顶，然后拆坝通水。

(三) 混凝土拱涵和石砌拱涵施工

石砌拱涵经久耐用，可就地取材，但施工期限较长，石料的质量要求较高，常用块石与粗料石砌筑。在缺乏石料的地区可采用混凝土拱涵。拱涵的拱圈一般按无铰拱设计，采用浆砌块石、粗料石、C15 及 C20 混凝土等材料。

混凝土拱圈可就地灌筑或分块预制进行砌筑；也可以预制成沿涵洞长度分段的成品进行安装，以节约拱架。

1. 拱架制作与安装

涵洞拱架可用小钢轨或木料制作，也有用黏土筑模（又叫土片拱胎）砌拱，但此法质量不易掌握。

(1) 钢拱架。利用废旧小钢轨冷弯或经过热处理在样台上弯制成型。涵洞孔径在 3m 以内的用 12～18kg 型小钢轨，孔径为 3～6m 的用 18～32kg 型轻便轨，其构造形式如图 4.2.11 (a) 所示。

(2) 木拱架。通常采用 5mm 厚的木板锯成梳形弧板，双层叠合以铁钉或螺栓组成。

其构造如图 4.2.11（b）所示。

（3）拱模与支撑。混凝土拱圈与浆砌块石拱圈在拱架上应满铺模板。如为粗凿定型石砌拱圈，可不满铺模板，仅在骑缝位置钉上 70mm 宽的板条，位置必须正确。在拱架下面的支撑，孔径小于 2m 的，用两排木柱；大于 2m 的，用三排木柱，如图 4.2.11（c）所示。为了节约木料，在砌筑边墙时可预留孔洞，安放槛木承托拱架，如图 4.2.11（d）所示，则槛木以下的木柱、拉撑等均可省去；但若跨度过大，槛木抗弯强度不够，中间应加设顶柱。

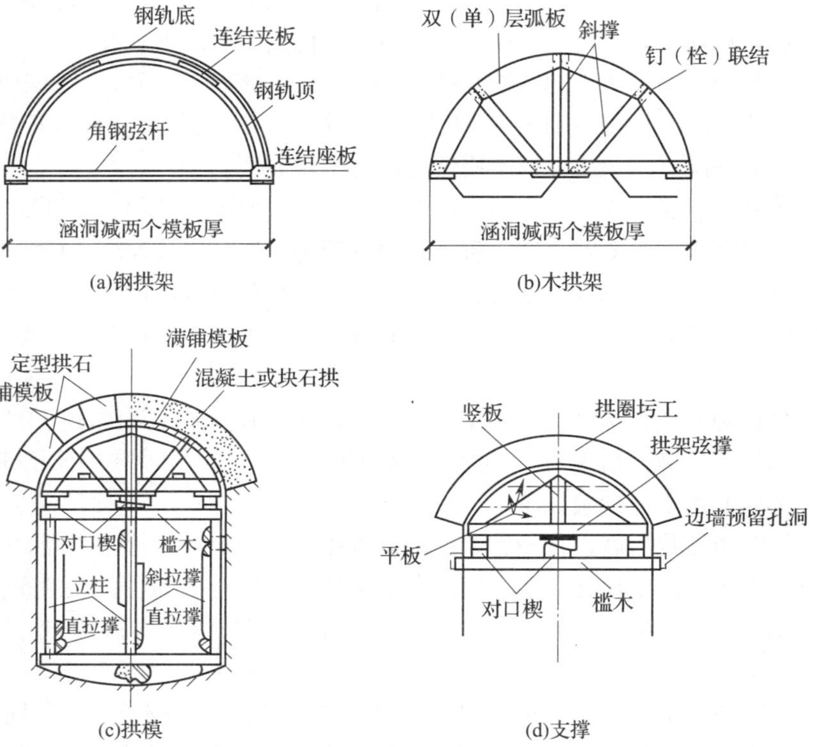

图 4.2.11　拱架、支撑构造及安装示例

拱架放样时，需预留施工拱度，根据现场施工经验，拱涵拱架的沉降量很小，孔径在 3m 以上时可预加 20～30mm 的高度，孔径 3m 以下者可不预留。安装前，在脚手架上抄平并安设木楔，高度有出入时，可用垫木调整。

2. 拱圈施工

拱架立好，经过检查无误，即可砌筑拱圈，原则上都是自两拱座起对称并进至拱顶刹尖。

（1）小跨度石拱涵多采用块石砌筑，石料没有固定尺寸，应适当选择，稍加修凿，最好略具楔形，砌筑时要求对准灰缝、错缝等尺寸。

（2）当拱圈为混凝土块砌体时，所用砂浆强度等级应按设计规定选用，灰缝宽度宜为 20mm。在寒冷或严寒地区所用石料及混凝土块，应符合冻融试验指标。采用混凝土块砌拱圈时，砌块应提前制作，宜比封顶时间提前 4 个月。混凝土块砌拱圈时，也应在拱脚处开始砌筑，向拱顶方向进行。

两端及上下游均需对称施工。在砌筑过程中，应随时观测拱架的变形，并做出详细记录，必要时按拱架变形情况调整砌筑程序。

（3）当拱涵用混凝土预制拱圈安装时，成品达到设计强度的70%时才允许搬运、安装。安装前应检查成品及拱座（边墙）的尺寸。拱座与拱圈的接触面应在铺水泥砂浆前凿毛并冲刷干净。拱座与拱圈、拱圈与拱圈以及盖板与边墙的接触面，应浇水湿润，以不低于M10水泥砂浆（稠度宜小）铺设接触面或填塞接触缝。

混凝土成品拱圈或盖板安装后，其上的吊装孔应以泥砂浆填塞。

（4）就地灌筑的混凝土拱圈及端墙的施工，应铺好底模及堵头板，并标出拱圈中线。混凝土的灌筑应由拱脚向拱顶同时对称进行。要求全拱一次灌完，不能中途间歇；如因工程量大，一次难以完成全拱时，可按基础沉降缝分节进行，每节应一次连续灌完，决不可水平分段（因为拱圈受力是沿着拱轴线），也不宜按拱圈辐射方向分层（无模板控制，很难保证辐射方向）。砌筑拱圈可按涵洞的纵向分成和基础相同的段进行。段与段间同样应留30mm的沉降缝，以便形成拱顶至基底的横向断缝，并按规定铺设好防水层。拱圈端侧面应镶面并勾缝，拱座石不得有锐角，应采用五角石，它在起拱线处的厚度应不小于200mm，拱座石与拱圈石及拱座石与边墙砌石之间的错缝不得小于100mm，灰缝不得超过20mm。

3. 拆除拱架与拱顶填土

当拱圈中砂浆强度达到设计强度的70%时，即可拆除拱圈支架，但需待达到设计强度的100%后，方可填土。当拱圈支架未拆除，拱圈中砂浆强度达到设计强度的70%时，可进行拱顶填土，但应待拱圈中砂浆强度达到设计强度的100%后，方能拆除拱圈支架。

为了不损伤木料使拱圈受力均匀，对同一排拱架，拆除时可自中央向两侧用手锤打出楔木，将支架平顺地降下，以便拱圈均匀地着力。

拆除钢轨拱架时，当楔木已去除，拱架仍不降落，可采取反扣螺栓张拉拱架两端底部，消除水平力，促使其下降。

（四）箱涵

箱涵的施工方法与盖板涵类似，就地浇筑的箱涵与盖板涵的区别是：盖板涵的台身与盖板是分开浇筑的，台身还可以采用砌石圬工，成为简支结构。而箱涵的上下顶板、底板与左右墙身是连续浇筑的，成为刚性结构。箱涵身的支架、模板可参照现浇混凝土拱涵和盖板涵的支架、模板制造安装。浇筑混凝土的注意事项与浇筑拱涵与盖板涵相同。装配式拱涵、盖板涵和箱涵与装配式墩台相关的施工要求相同，因此，本章节不再赘述。

（五）涵洞附属工程

1. 沉降缝施工

涵洞和急流槽、端墙、翼墙、进出水口急流槽等，需在结构分段处设置沉降缝（但无圬工基础的圆管涵仅于交接处设置沉降缝，洞身范围不设），以防止由于受力不均、基础产生不均匀沉降而使结构物破坏。沉降缝应以有弹性和不透水的材料填塞，并应紧密填实。

斜交正做涵洞，沉降缝与涵洞中心线垂直；斜交斜做涵洞，沉降缝与路基中心线平行。但拱涵、管涵的沉降缝应与涵洞中心线垂直。沉降缝的填塞方法如下：

（1）基础顶面以下，填嵌沥青木板或沥青砂板，也可以用黏土填入捣实，并在流水面边缘以1∶3水泥砂浆填塞，深度约150mm。

（2）在基础顶面以上，接缝外侧以热沥青浸制麻絮填塞，深度约50mm，内侧以1∶3

水泥砂浆填塞，深度约为150mm，中间空隙填以黏土。

（3）各式有基础涵洞的基础顶面以上，均应顺沉降缝外侧周围设置黏土保护层，厚约200mm，顶宽约200mm。对于无圬工基础涵洞，保护层宜使用沥青混凝土或沥青胶砂，厚度100～200mm。

2. 防水层施工

各式钢筋混凝土涵洞（不包括圆管涵）的涵身及端墙，在基础面以上凡被土掩埋部分，均涂以热沥青两道，每道厚1.0～1.5mm，不另抹砂浆。混凝土及石砌涵洞（端、翼墙）被土掩埋部分，只需将圬工表面做平，没有凹入存水部位，可不设防水层。

钢筋混凝土明涵可采用20mm厚的防水砂浆或40～60mm厚的防水混凝土。

3. 涵洞进出水口

涵洞进出水口工程是指涵洞端墙、翼墙（包括八字墙、锥坡、平行廓墙）以外的部分，如沟底铺砌和其他进出水口处理工程。

（1）平原地区的处理工程。涵洞出入口的沟床应整理顺直，与上、下排水系统（天沟、路基边沟、排水沟、取土坑等）的连接应圆顺、稳固，保证流水顺畅，避免损害路堤、村舍、农田、道路等。

（2）山丘区的处理工程。在山丘区的涵洞底纵坡超过5%时，除进行上述处理外，还应对沟床进行干砌或浆砌片石防护，翼墙以外的沟床当坡度较大时，也应铺砌防护。防护长度、砌石宽度、厚度、形状等，应按设计图纸施工。如图纸漏列，应按合同规定向业主指定单位做出补充设计。

第三节 地下工程施工技术

一、深基坑施工技术

深基坑施工技术是保障地下工程安全的关键，通过支护、降水等措施防止坍塌，确保工程顺利实施，是现代化建设中技术与管理创新的综合体现。

（一）深基坑土方开挖施工

深基坑挖土是基坑工程的重要部分，直接影响着工程质量进度。基坑的土方开挖工艺，主要分为放坡挖土、中心岛式（也称墩式）挖土、盆式挖土。前者无支护结构，后两者皆有支护结构。采取哪种形式，主要根据基坑的深浅、维护结构的形式、地基土岩性、地下水位及渗水量、挖掘施工机械及场地大小、周围环境等情况决定。

当采用放坡挖土时，宜设置多级平台分层开挖，每级平台的宽度不宜小于1.5m，分层挖土厚度不宜超过2.5m。中心岛式挖土的支撑形式为角撑、环梁式或边桁（框）架式。盆式挖土周边留置的土坡，其宽度、高度和坡度大小均应通过稳定验算确定。

整个土方的开挖顺序必须与支护结构的设计工况严格一致，要遵循开槽支撑、先撑后挖、分层开挖、严禁超挖的原则。同一基坑内当深浅不同时，土方开挖宜先从基坑浅处开始，如条件允许，可待基坑浅处底板浇筑后，再挖基坑较深处的土方。当两个深浅不同的基坑同时挖土时，土方开挖宜先从较深基坑开始，待较深基坑底板浇筑后，再开始挖较浅基坑的土方。基坑采用机械挖土，坑底应保留200～300mm厚基土，用人工清理整平，防止坑底土扰动。

（二）深基坑降排水施工

深基坑降水方法有集水沟明排水法和人工降低地下水位法等，可以根据基坑规模、深度、场地及周边工程、水文与地质条件、需降水深度、周围环境状况、支护结构种类、工期要求及技术经济效益等全面综合考虑、分析、比较后合理选用降水类型，其与土石方工程中基坑降水类似。

（三）深基坑支护施工

1. 深基坑支护形式

（1）深基坑支护的基本形式。深基坑支护形式很多，工程上常用的典型的支护形式按其工作机理和围护墙的形式有下列几种，如图 4.3.1 所示。

- 支护形式
  - 水泥土桩墙
    - 深层搅拌水泥土桩墙
    - 高压喷射注浆桩墙
    - 粉体喷射注浆桩墙
  - 排桩与桩墙
    - 排桩式
      - 钻孔灌注桩
      - 挖孔灌注桩
      - 钢管桩、预制钢筋混凝土桩
    - 板桩式
      - 型钢横挡板
      - 钢板桩
      - 钢筋混凝土板桩
    - 板墙式
      - 现浇地下连续墙
      - 预制装配式地下连续墙
    - 组合式
      - 钻孔灌注桩与水泥土桩组合
      - 加筋水泥土围护墙
  - 边坡稳定式
    - 土钉墙
    - 喷锚支护
  - 逆作拱墙式
  - 放坡开挖式

图 4.3.1　深基坑支护基本形式

（2）深基坑支护基本形式的选择。深基坑支护形式的选择应综合考虑工程地质与水文地质条件、基础类型、基坑开挖深度、降排水条件、周边环境对基坑侧壁位移的要求、基坑周边荷载、施工季节、支护结构使用期限等因素，做到因工程、因地、因时制宜，合理选择，精心施工，严格监控。深基坑支护形式的选择应考虑基坑结构的安全等级（表 4.3.1），对同一基坑的不同部位，可采用不同的安全等级。

表 4.3.1　基坑结构安全等级及重要性系数

安全等级	破坏后果	γ_0
一级	支护结构失效、土体失稳或过大变形对基坑周边环境及地下结构施工影响很严重	1.10
二级	支护结构失效、土体失稳或过大变形对基坑周边环境及地下结构施工影响严重	1.00
三级	支护结构失效、土体失稳或过大变形对基坑周边环境及地下结构施工影响不严重	0.90

1）水泥土桩墙，是由水泥土桩相互搭接形成的格栅状、壁状等形式的连续重力式挡土止水墙体。特点是具有挡土、截水双重功能，施工机具设备相对较简单、成墙速度快、使用材料单一、造价较低等。其适用条件如下：基坑侧壁安全等级宜为二、三级；水泥土桩墙施工范围内地基承载力不宜大于150kPa；基坑深度不宜大于7m；基坑周围具备水泥土桩墙的施工宽度。

2）排桩与桩墙。挡土灌注排桩是以现场灌注桩、按队列式布置组成的支护结构；地下连续墙系用机械施工方法成槽浇灌钢筋混凝土形成的地下墙体。具有刚度大、抗弯强度高、变形小、适应性强、工作场地不大、振动小、噪声低等特点，但排桩墙不能止水，连续墙施工需要较多机具设备。其适用条件如下：基坑侧壁安全等级为一、二、三级；悬臂式结构在软土场地中不宜大于5m；当地下水位高于基坑底面时，宜采用降水、排桩与水泥土桩组合截水帷幕或采用地下连续墙；用逆作法施工。

3）边坡稳定式。系用土钉或预应力锚杆加固的基坑侧壁土体与喷射钢筋混凝土护面组成的支护结构。具有结构简单、承载力较高、可阻水、变形小、安全可靠、适应性强、施工机具简单、施工灵活、污染小、噪声低、对周边环境影响小、支护费用低等特点。其适用条件如下：基坑侧壁安全等级宜为二、三级非软土场地；土钉墙基坑深度不宜大于12m；喷锚支护适用于无流砂、含水量不高、不是淤泥等流塑土层的基坑，开挖深度不大于18m；当地下水位高于基坑底面时，应采取降水或截水措施。

4）逆作拱墙式。系在平面上将支护墙体或排桩做成的闭合拱形支护结构。该种结构主要承受压应力，可充分发挥材料特性，结构截面小，底部不用嵌固，可减少埋深，具有受力安全可靠、变形小、外形简单、施工方便快速、质量易保证、费用低等特点。其适用条件如下：基坑侧壁安全等级宜为二、三级；淤泥和淤泥质土场地不宜采用；基坑平面尺寸近似方形或圆形，施工场地适合拱圈布置；拱墙轴线的矢跨比不宜小于1/8，坑深不宜大于12m；地下水位高于基坑底面时，应采取降水或截水措施。

5）放坡开挖式。对土质较好、地下水位低、场地开阔的基坑按照规范允许的坡度放坡开挖，或仅在坡脚叠袋护脚，坡面做适当保护。此种方法不用支撑支护，需加强边坡稳定监测，土方量大，须外运。其适用条件如下：基坑侧壁安全等级宜为三级；基坑周围场地应满足放坡条件，土质较好；当地下水位高于坡脚时，应采取降水措施。

2. 深基坑支护技术

（1）复合土钉墙支护技术。复合土钉墙是由普通土钉墙与一种或若干种单项轻型支护技术（如预应力锚杆、竖向钢管、微型桩等）或截水技术（深层搅拌桩、旋喷桩等）有机组合而成的支护-截水体系。其主要构成要素有土钉（钢筋土钉或钢管土钉）、预应力锚杆（索）、截水帷幕、微型桩（树根桩）、挂网喷射混凝土面层、原位土体等。

复合土钉墙支护具有轻型、复合、机动灵活、针对性强、适用范围广、支护能力强的特点，可作超前支护，并兼备支护、截水等效果。复合土钉墙支护技术可用于回填土、淤泥质土、黏性土、砂土、粉土等常见土层，施工时可不降水；在工程规模上，深度16m以上的深基坑均可根据已有条件，灵活、合理地使用。

（2）组合内支撑技术。组合内支撑技术是建筑基坑支护的一项新技术，它是在混凝土内支撑技术的基础上发展起来的一种内支撑结构体系，主要利用组合式钢结构构件截面灵活可变、加工方便等优点。

组合内支撑技术适用于周围建筑物密集，相邻建筑物基础埋深较大，周围土质情况复杂，施工场地狭小，软土场地等深大基坑。该技术可在各种地质情况和复杂周边环境下使用，施工速度快，支撑形式多样，计算理论成熟，并可拆卸重复利用，节省投资。

组合钢支撑支护体系施工顺序：钢支撑吊装、就位、焊接→钢支撑施加预应力→斜撑、纵向系杆安装→临时钢立柱安装。

(3) 型钢水泥土复合搅拌桩支护技术（SMW 工法）。型钢水泥土复合搅拌桩支护技术，又称 SMW 工法，也被称为加筋水泥地下连续墙工法，它是在一排相互连续搭接的水泥土桩中加强芯材（型钢）的一种地下连续墙施工技术。

型钢水泥土复合搅拌桩支护技术基本原理：水泥土搅拌桩作为围护结构无法承受较大的弯矩和剪力，通过在水泥土连续墙中插入 H 形或工字形等型钢形成复合墙体，从而改善墙体受力。型钢主要用来承受弯矩和剪力，水泥土主要用来防渗，同时对型钢还有围箍作用。

型钢水泥土复合搅拌桩支护技术可在黏性土、粉土、沙砾土中使用，目前在国内主要在软土地区有成功应用。该技术目前可在开挖深度 15m 以下的基坑围护工程中应用，型钢水泥土复合搅拌桩支护的施工，首先，通过特制的多轴深层搅拌机（SMW 搅拌桩机）自上而下将施工场地原位土体切碎，同时从搅拌头处将水泥浆等固化剂注入土体并与土体搅拌均匀，通过连续的重叠搭接施工，形成水泥土地下连续墙；然后，在水泥土凝结硬化之前，将型钢插入墙中，形成型钢与水泥土的复合墙体。

型钢水泥土复合搅拌桩支护技术施工工艺流程如图 4.3.2 所示。

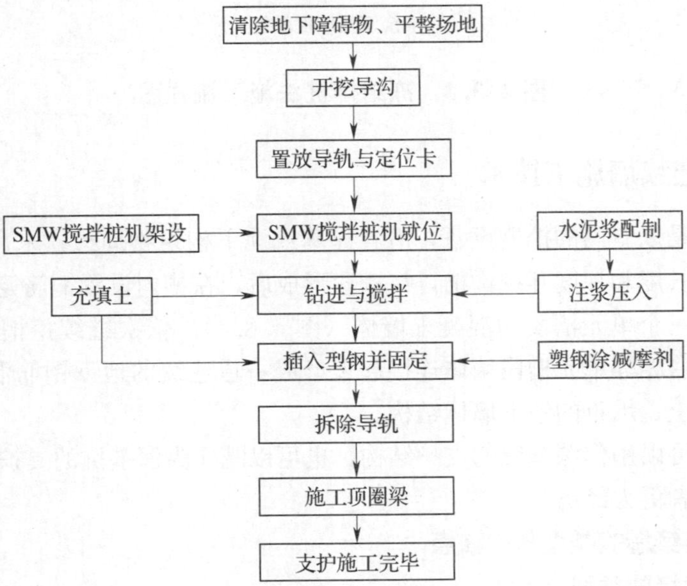

图 4.3.2 型钢水泥土复合搅拌桩支护技术施工工艺流程图

(4) 冻结排桩法基坑支护技术。冻结排桩法是一种将冻结施工技术与排桩支护技术科学合理地结合起来的一种新型技术。该技术是以含水地层冻结形成的隔水帷幕墙为基坑的封水结构，以基坑内排桩支撑系统为抵抗水土压力的受力结构，充分发挥各自的优势特点，以满足大基坑围护要求。

冻结排桩法支护体系由排桩、压顶梁、钢筋混凝土支撑和立柱桩组成。其中，压顶梁为桩顶连接的钢筋混凝土结构，平面支撑由圈梁、对撑、角撑组成，立柱桩设置于平面支撑的节点处。以保证整个支护体系的稳定隔水帷幕是在基坑四周、排桩外侧采用人工制冷的办法形成的一圈冻土墙，称为“冻土壁”。

冻结排桩法适用于大体积深基础开挖施工、含水量高的地基基础和软土地基基础以及地下水丰富的地基基础施工。

冻结排桩法施工流程如图 4.3.3 所示。

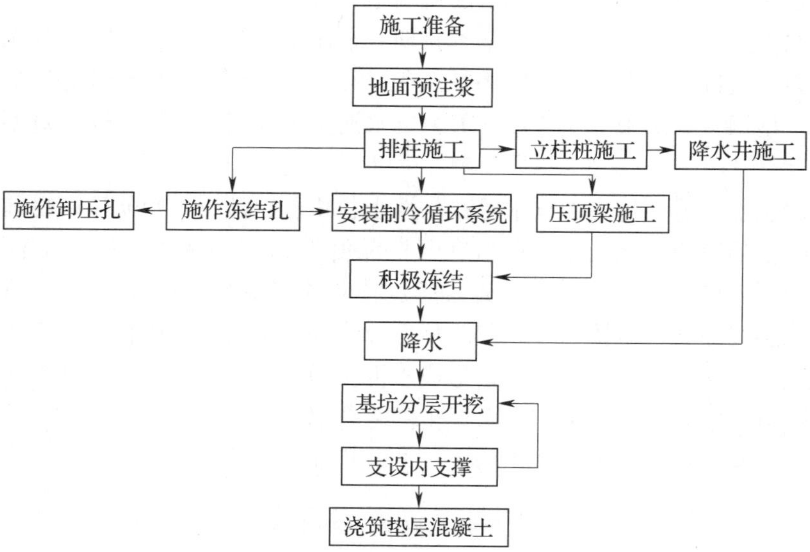

图 4.3.3 冻结排桩法施工流程图

二、地下连续墙施工技术

地下连续墙是以专门的挖槽设备，沿着深基或地下构筑物周边，采用触变泥浆护壁，按设计的宽度、长度和深度开挖沟槽，待槽段形成后，在槽内设置钢筋笼，采用导管法浇筑混凝土，筑成一个单元槽段的混凝土墙体（图 4.3.4）。依次继续挖槽、浇筑施工，并以某种接头方式将相邻单元槽段墙体连接起来形成一道连续的地下钢筋混凝土墙或帷幕，以作为防渗、挡土、承重的地下墙体结构。

地下连续墙可以用作深基坑的支护结构，也可以既作为深基坑的支护又用作建筑物的地下室外墙，后者更为经济。

（一）地下连续墙的类型与优缺点

1. 地下连续墙的类型

从国内外的使用情况及习惯考虑，地下连续墙有如下几种类型：按槽孔的形式可以分为壁板式和桩排式两种；按开挖方式及机械分类，可分为抓斗冲击式、旋转式和旋转冲击式；按施工方法的不同可以分为现浇、预制和二者组合成墙等；按功能及用途分为承重基础或地下构筑物的结构墙、挡土墙、防渗心墙、阻滑墙、隔震墙等；按墙体材料不同分为钢筋混凝土、素混凝土、黏土、自凝泥浆混合墙等墙体。

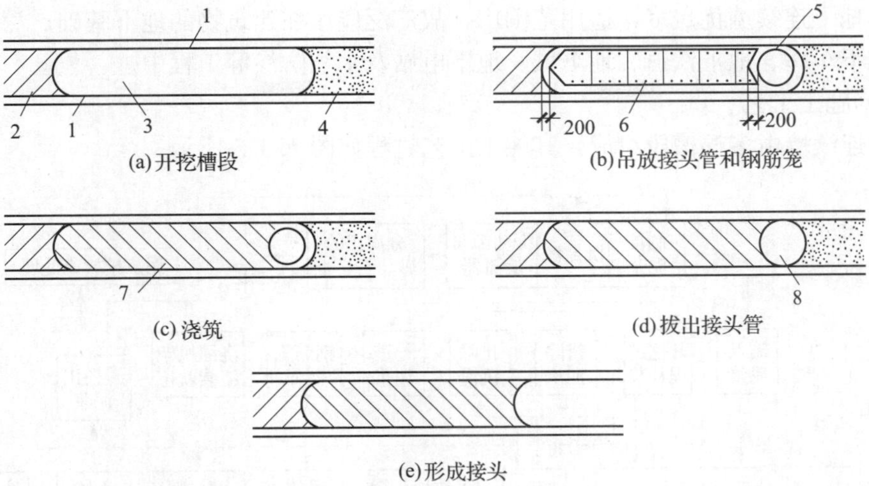

(a)开挖槽段　(b)吊放接头管和钢筋笼　(c)浇筑　(d)拔出接头管　(e)形成接头

图 4.3.4　地下连续墙施工程序

1—导墙；2—已浇筑混凝土的单元槽段；3—开挖的槽段；4—未开挖的槽段；5—接头管；6—钢筋笼；7—正浇筑混凝土的单元槽段；8—接头管拔出后的孔洞

2. 地下连续墙的优缺点

（1）地下连续墙的优点。

1）施工全盘机械化，速度快、精度高，并且振动小、噪声低，适用于城市密集建筑群及夜间施工。

2）具有多功能用途，如防渗、截水、承重、挡土、防爆等，由于采用钢筋混凝土或素混凝土，强度可靠，承压力大。

3）对开挖的地层适应性强，在我国除熔岩地质外，可适用于各种地质条件，无论是软弱地层还是在重要建筑物附近的工程中，都能安全地施工。

4）可以在各种复杂的条件下施工，如美国 110 层世界贸易中心的地基，过去曾为河岸，地下埋有码头等构筑物，用地下连续墙则易处理；广州白天鹅宾馆基础施工，地下连续墙呈腰鼓状，两头狭中间宽，形状虽复杂也能施工。

5）开挖基坑无须放坡，土方量小，浇混凝土无须支模和养护，并可在低温下施工，降低成本，缩短施工时间。

6）用触变泥浆保护孔壁和止水，施工安全可靠，不会引起水位降低而造成周围地基沉降，保证施工质量。

7）可将地下连续墙与“逆作法”施工结合起来，地下连续墙为基础墙，地下室梁板作支撑，地下部分施工可自上而下与上部建筑同时施工，将地下连续墙筑成挡土、防水和承重的墙，形成一种深基础多层地下室施工的有效方法。

（2）地下连续墙的缺点。

1）每段连续墙之间的接头质量较难控制，往往容易形成结构的薄弱点。

2）墙面虽可保证垂直度，但比较粗糙，尚须加工处理或做衬壁。

3）施工技术要求高，造槽机械选择、槽体施工、泥浆下浇筑混凝土、接头、泥浆处理等环节，均应处理得当，不容疏漏。

4）制浆及处理系统占地较大，管理不善易造成现场泥泞和污染。

由于地下连续墙优点多，适用范围广，故广泛应用在建筑物的地下基础、深基坑支护结构、地下车库、地下铁道、地下城、地下电站及水坝防渗等工程中。

（二）施工工艺

地下连续墙由多幅槽段组成，其施工工艺过程如图 4.3.5 所示。

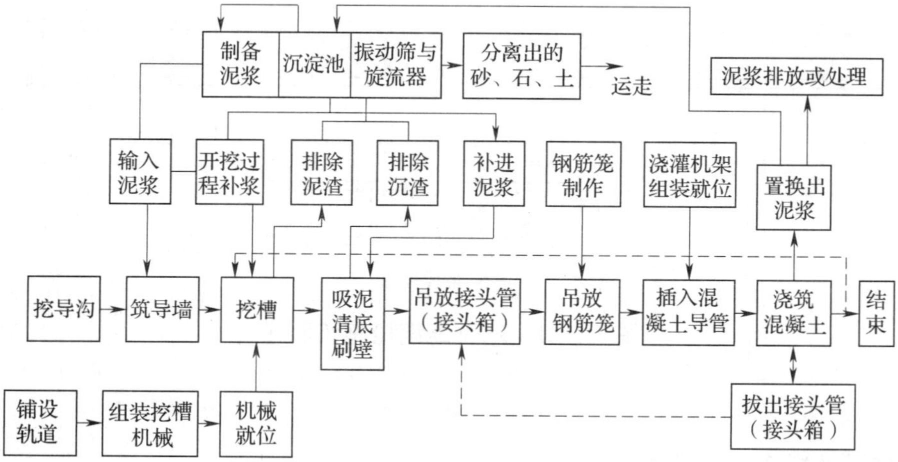

图 4.3.5　地下连续墙的施工工艺过程

1. 导墙施工

导墙是地下连续墙挖槽之前修筑的导向墙，两片导墙之间的距离即为地下连续墙的厚度。导墙宜采用混凝土结构，且混凝土强度等级不宜低于 C20。导墙底面不宜设置在新近填土上，且埋深不宜小于 1.5m。导墙的强度和稳定性应满足成槽设备和顶拔接头管施工的要求。导墙虽属于临时结构，但除了引导挖槽方向之外，还起着多方面的重要作用。

（1）导墙作用。在施工过程中，导墙有作为挡土墙、测量基准、重物支承及存储泥浆等作用。此外，导墙还可以防止雨水等地面水流入槽内。

（2）导墙形式。导墙一般为现浇钢筋混凝土结构，但也有钢制的或预制钢筋混凝土的装配式结构，后者可多次重复使用，可根据表层土质、导墙上荷载及周边环境等情况选择适宜的形式。

一般在表层地基良好地段采用简易形式钢筋混凝土导墙，在表层土软弱的地带采用现浇 L 形钢筋混凝土导墙。

（3）导墙施工。现浇钢筋混凝土导墙的施工顺序为：平整场地→测量定位→挖槽及处理弃土→绑扎钢筋→支模板→浇筑混凝土→拆模板并设置横撑→导墙外侧回填土。

2. 开挖槽段

挖槽是地下连续墙施工中的重要工序。挖槽约占地下连续墙工期的一半，因此提高挖槽效率是缩短工期的关键；同时，槽壁的形状决定了墙体的外形，所以挖槽的精度又是保证地下连续墙质量的关键之一。地下连续墙挖槽的主要工作包括单元槽段的划分、挖槽机械的选择与正确使用、制订防止槽壁坍塌的措施等。

（1）单元槽段划分。地下连续墙施工前，需预先沿墙体长度方向划分好施工的单元槽段。单元槽段的最小长度不得小于挖土机械挖土工作装置的一次挖土长度（称为一个挖掘段）。单元槽段宜尽量长一些，以减少槽段的接头数量和增加地下连续墙的整体性，又可提高其防水性能和施工效率。单元槽段长度划分还受地质条件、地面荷载、起重机的起重能力、单位时间内混凝土的供应能力、泥浆池（罐）的容积等因素影响。

此外，划分单元槽段时还应考虑接头的位置，接头应避免设在转角处及地下连续墙与内部结构的连接处，以保证地下连续墙有较好的整体性；单元槽段的划分还与接头形式有关。单元槽段宜采用间隔一个或多个槽段的跳幅施工顺序。每个单元槽段，挖槽分段不宜超过 3 个。成槽时，护壁泥浆液面应高于导墙底面 500mm。

（2）挖槽方法。地下连续墙挖槽常见的方法有多头钻施工法、钻抓式施工法和冲击式施工法。

1）多头钻施工法。多头钻挖槽机主体由多头钻和潜水电动机组成。挖槽时用钢索悬吊，采用全断面钻进方式，可一次完成一定长度和宽度的深槽。施工槽壁平整，效率高，对周围建筑物影响小，适用于黏性土、沙质土、沙砾层及淤泥等土层。

2）钻抓式施工法。钻抓式钻机由潜水钻机、导板抓斗机架、轨道等组成。抓斗有中心提拉式和斗体推压式两种。钻抓斗式挖槽机构造简单，出土方便，能抓出地层中障碍物，但当深度大于 15m 及挖坚硬土层时，成槽效率显著降低，成槽精度较多头挖槽机差，适用于黏性土和 N 值小于 30 的砂性土，不适用于软黏土。

3）冲击式施工法。冲击式钻机由冲击锥、机架和卷扬机等组成，主要采用各种冲击式凿井机械，适用于老黏性土、硬土和夹有孤石等地层，多用于排桩式地下连续墙成孔。其设备比较简单，操作容易，但工效较低，槽壁平整度也较差。桩排对接和交错接头采取间隔挖槽施工方法。

3. 泥浆护壁

（1）泥浆的组成及作用。泥浆的主要成分是膨润土、掺和物和水。泥浆的作用主要为护壁、携砂、冷却和润滑，其中以护壁为主。施工过程中，泥浆要与地下水、砂和混凝土接触，并一同返回泥浆池，经过处理后再继续使用。

（2）泥浆的控制指标。在确定泥浆配合比时，要测定其黏度、相对密度、含砂量、稳定性、胶体率、静切力、pH 值、失水量和泥皮厚度。对新生产的泥浆、回收重复利用的泥浆、浇筑混凝土前槽内的泥浆，主要测定其黏度、相对密度和含砂量。

（3）泥浆的制备、循环与再处理。

1）泥浆制备。泥浆制备的基本流程如图 4.3.6 所示。施工主要机械及设备有搅拌设备，包括清水池、给水设备、搅拌器、新鲜泥浆储存池、送浆泵等。一般情况下泥浆搅拌后应静置 24h 后使用。

2）泥浆循环。泥浆循环分为正循环及反循环两种。反循环的出渣率较高，对于较深的槽段效果更为显著。反循环排渣法有三种方式，即空气排渣法、泵举反循环和泵吸反循环，前两种方法较常用。

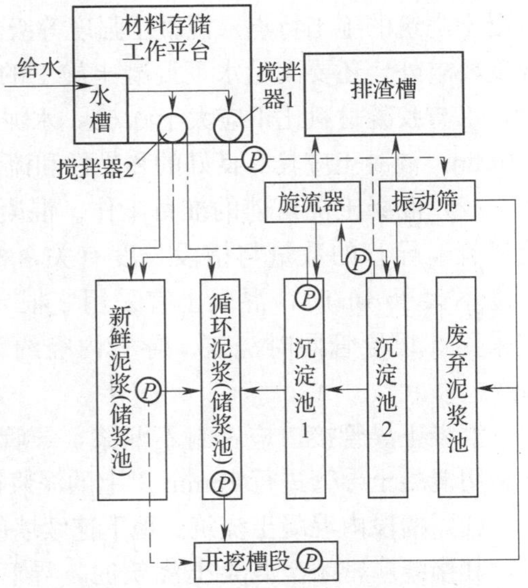

图 4.3.6　泥浆制作的基本流程

3）泥浆再生处理。对于携带土渣的泥浆，一般采用重力沉降和机械处理两种方法，最好是将这两种方法组合使用。

4. 清底

清底的方法一般有沉淀法和置换法两种，我国多采用置换法进行清底。清底后槽内泥浆的相对密度应在 $1.15g/cm^3$ 以下。

清底一般安排在插入钢筋笼之前进行，对于采用泥浆反循环法进行的挖槽施工，可在挖槽后紧接着进行清底工作。如果清底后到混凝土浇筑前的时间间隔较长，也可在浇筑混凝土前利用混凝土导管再进行一次清底。

5. 钢筋笼吊放

开工前应做好钢筋笼吊装作业设计，以设置好吊点、加工好吊具，并选定吊机和起吊方式。在主吊机将钢筋笼吊入槽段前，可另配一台副吊机配合抬吊将钢筋笼由水平放置状态直立起来。钢筋笼吊放入槽前，必须对已开挖槽段侧边的垂直面进行刷壁并进行槽底清孔。钢筋笼端部与接头管或混凝土接头面间应留有 150～200mm 的空隙。钢筋笼保护层厚度不应小于 70mm。

钢筋笼起吊时，顶部要用一根横梁（常用工字钢），其长度要和钢筋笼尺寸相适应。钢丝绳须吊住四个角。为了不使钢筋笼在起吊时产生很大的弯曲变形，通常采用两台吊车同时操作，其中一主吊钩吊住顶部，另一副吊钩吊住中间部位。为了不使钢筋笼在空中晃动，钢筋笼下端可系绳索用人力控制。起吊时不允许钢筋笼下端在地面上拖行，以防造成下端钢筋弯曲变形。

插入钢筋笼时，吊点中心必须对准槽段中心，然后徐徐下降，垂直而又准确地将钢筋笼吊入槽内。在钢筋笼进入槽段内时，必须注意不要使钢筋笼产生横向摆动，造成槽壁坍塌。钢筋笼插入槽内后，检查其顶端高度是否符合设计要求，然后用槽钢等将其搁置在导墙上。

6. 混凝土浇筑

（1）地下连续墙对混凝土的要求。地下连续墙槽段内的混凝土浇筑过程具有一般水下混凝土浇筑的施工特点。混凝土强度等级一般为 C30～C40。混凝土的级配除了满足结构强度要求外，还要满足水下混凝土施工的要求。其配合比应按重力自密式流态混凝土设计，水与胶凝材料比不应大于 0.55，水泥用量不宜小于 $400kg/m^3$，入槽坍落度不宜小于 180mm。混凝土应具有良好的和易性和流动性。

（2）混凝土浇筑前的准备工作。混凝土浇筑前应按作业设计规定的位置安装好混凝土导管。导管的数量与槽段长度有关，槽段长度小于 4m 时，可使用一根导管；槽段长度不大于 6m 时，混凝土宜采用 2 根导管同时浇筑；槽段长度大于 6m 时，混凝土宜采用 3 根导管同时浇筑。导管内径约为粗骨料粒径的 8 倍，不得小于粗骨料粒径的 4 倍。

混凝土导管接口应密封不漏浆，导管底部应与槽底相距约 200mm。混凝土浇筑前，应利用混凝土导管进行 15min 以上的泥浆循环，以改善泥浆质量。

（3）槽段内混凝土浇筑。地下连续墙的混凝土是在泥浆中采用导管浇筑的，导管拼接时，其接缝应密闭。混凝土浇筑时，导管内应预先设置隔水栓。槽段内混凝土浇筑如图 4.3.7 所示。

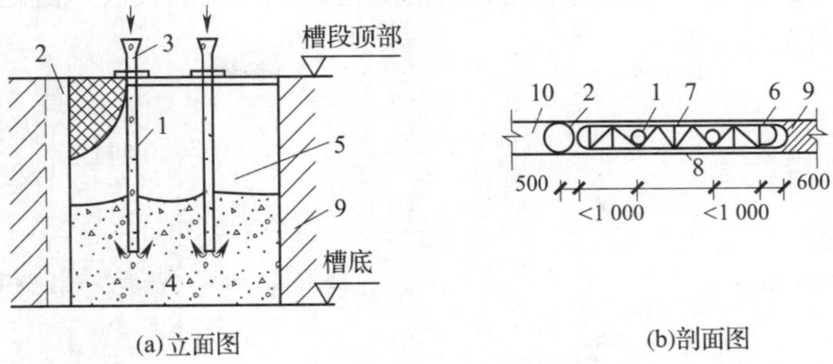

图 4.3.7　槽段内混凝土浇筑

1—导管；2—接头管；3—漏斗；4—混凝土；5—泥浆；6—施工槽段；7—纵向桁架；8—横向桁架；9—已完成槽段；10—未完成槽段

钢筋笼就位后应及时浇筑混凝土。每根导管分担的浇筑面积应基本均等。混凝土浇筑过程中，导管埋入混凝土面的深度宜在 2.0～4.0m，只有当混凝土浇筑到地下连续墙墙顶附近，导管内混凝土不易流出的时候，方可将导管的埋入深度减为 1m 左右，并可让导管适当做上下运动，促使混凝土流出导管。浇筑液面的上升速度不宜小于 3m/h。导管须全长度水密。

在浇筑完成后的地下连续墙墙顶存在一层浮浆层，因此混凝土顶面需要比设计高度超浇 0.5m 以上。凿去浮浆层后，地下连续墙墙顶才能与主体结构或支撑相连，成为整体。

7. 槽段接头施工

地下连续墙的接头分为两大类：施工接头和结构接头。

施工接头是在浇筑地下连续墙时，沿墙的纵向连接两相邻单元墙段的接头。施工接头有接头管（也称锁口管）接头、接头箱接头、隔板式接头三种形式，接头管接头是目前地下连续墙施工中采用最多的一种施工接头。

结构接头是已完工的地下连续墙在水平向与其他构件（如与内部结构的梁、板、墙等）相连接的接头。结构接头有预埋连接钢筋法、预埋连接钢板法、预埋剪力连接件法等，预埋连接钢筋法是应用最多的一种结构接头。

三、隧道工程施工技术

（一）隧道工程施工特点

当人工建筑处于地表下，结构沿长度方向的尺寸大于宽度和高度并具有连通 A、B 两点的功能，同时截面积较大时称为隧道，如图 4.3.8 所示。隧道分为主体建筑物和附属建筑物两部分。主体建筑物是为了保持隧道的稳定和正常使用而修建的，由洞身支护结构及洞门组成，在隧道洞口附近容易坍塌或有落石危险时则需加筑明洞。附属建筑物是保证隧道正常使用所需的各种辅助措施，如铁路隧道中的避车洞、通风、消防、报警等设施。

（二）隧道工程施工方法

隧道施工是修建隧道及地下洞室的施工方法、施工技术和施工管理的总称。隧道施工方法的选择主要依据工程地质条件、水文地质条件、埋深大小、隧道断面形状及尺寸、长度、衬砌类型、隧道的使用功能、施工技术条件和施工技术水平及工期要求等因素综合考虑确定。根据隧道穿越地层的不同情况和目前隧道施工方法的发展，隧道施工方法可按以下方式分类，如图 4.3.9 所示。

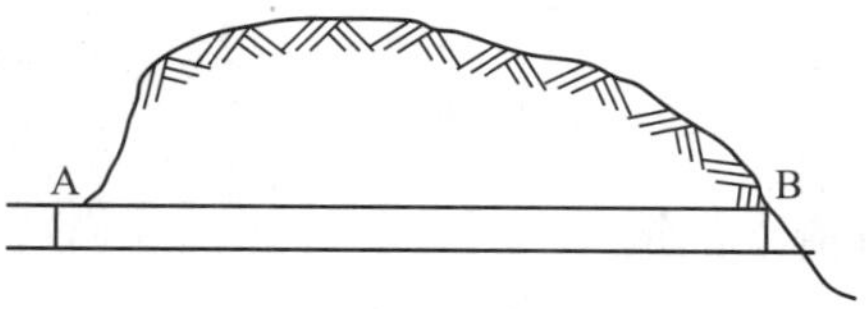

图 4.3.8　隧道

- 隧道施工方法
  - 山岭隧道
    - 钻爆法
    - 掘进机法
  - 浅埋及软土隧道
    - 明挖法
    - 盖挖法
    - 浅埋暗挖法
    - 盾构法
  - 水底隧道
    - 沉管法
    - 盾构法

图 4.3.9　隧道施工方法分类

1. 钻爆法

（1）钻爆法施工技术的优缺点。钻孔爆破法是常规、传统的开挖方法。其优点如下：

1）比较灵活，可以很快地开始开挖施工。

2）可以开挖各种形状、尺寸、大小的地下洞室。

3）既可采用比较简单便宜的施工设备，也可采用先进、高效的施工设备。

4）既可以适应坚硬完整的围岩，也可以适应较为软弱破碎的围岩。

但是钻爆法也有一定的局限性或缺点。由于采用炸药爆破，会产生有害气体，对通风要求较高。一般开挖隧洞，独头推进长度不能超过 2km，再长，通风问题就更困难了，不能及时散烟，就会影响工期。钻爆法由于采用爆炸，在城市人口密集地区不能采用，因为震动可能影响附近的建筑或居民生活。因此，一般短洞、地下大洞室、不是圆形的隧洞、地质条件变化大的地方都常用钻爆法；长洞，又没有条件布置施工支洞、施工斜井的，或者地质条件很差，特别软弱的地方，不利于用钻爆法。

（2）钻爆法施工的基本工序与要求。钻爆法的基本工序为：钻孔、装药、放炮、散烟、清撬、出渣、支护、衬砌。其辅助工作还有测量、放线、通风、排水，以及必要的监测、记录工作和后勤支持工作。以上各工序中，钻孔、出渣是开挖过程中耗时最多的主要工序；支护是保证施工安全、顺利、快速进行的重要手段。开挖工作机械化和先进性与否主要体现在这三个工序中。衬砌是开挖后的另一施工程序，一般是指混凝土衬砌、钢板衬砌，也包括其他材料的承重式衬砌、装饰性或防水性衬砌等。

2. 掘进机法

掘进机法，简称 TBM（Tunnel Boring Machine）法，是用特制的大型切削设备，将岩石剪切挤压破碎，然后，通过配套的运输设备将碎石运出。

掘进机有不同的类型，代表类型有：全断面掘进机，其刀具直径基本上就是开挖直径；独臂钻，即在履带车上装设独臂大钻头，可在上下左右几个方向运动，挖出需要的洞室形状，然后，通过配套的运输装渣系统出渣；盾构型的全断面掘进机，是一种前面不断向前掘进，后面在盾构的掩护下，接着用预制的混凝土片完成衬砌的工作。

（1）全断面掘进机的开挖施工。全断面掘进机的开挖施工技术是在近几十年发达国家发展起来的一种高效、先进的隧道开挖设备。

全断面掘进机主要优点是：适宜于打长洞，因为它对通风要求较低；开挖洞壁比较光滑；对围岩破坏较小，所以对围岩稳定有利；超挖少，衬砌混凝土回填量少。

（2）独臂钻的开挖施工。独臂钻是另一种形式的掘进机，它是在一个悬管上装设一个可以切削岩土的大钻头，这个大钻头可以上下左右运动。大钻头切削开挖的同时，皮带扒料机将石渣装上后面的斗车，开挖速度很快。该种设备适宜于开挖软岩，不适宜于开挖地下水较多、围岩不太稳定的地层。

（3）天井钻的开挖施工。天井钻是专门用来开挖竖井或斜井的大型钻具，钻机是液压电动操作的，钻杆直径 200～300min，中空，每一节长 1.0～1.5m。先在钻杆上装较小的钻头，从上向下钻一直径为 200～300mm 的导向孔，达到竖井或斜井的底部。再在钻杆上换直径较大的钻头，由下向上反钻竖井或斜井。由上向下掘进时，用泥浆循环，带出石渣碎屑；由下向上掘进时，石渣碎屑即自由下落到已打通的底部巷道中出渣。

天井钻开挖直径可达 1.5～3.5m，甚至更大，开挖深度可由几十米至二三百米不等。在岩层硬度中等的情况下，由上向下、由下向上钻进速度均可达到 10m/d 左右。

（4）带盾构的 TBM 法。当围岩是软弱破碎带时，若用常规的 TBM 掘进，常会因围岩塌落，造成事故，要采用带盾构的 TBM 法。

带盾构的 TBM 法是在掘进机前部带有盾构，在盾构内部可以立即安设预制钢筋混凝土片的衬圈，随掘进随安设。衬圈与盾构外边缘间有 50mm 的间隙，盾构前进之后，在这间隙中填以小豆石，然后用水泥浆灌实。

3. 盾构法

盾构施工是一种在软土或软岩中修建隧道的特殊施工方法。先在设计开挖位置开挖土体，再用千斤顶将盾构推进到已开挖的位置，然后在缩回千斤顶的同时，用液压举重拼装器拼装隧道衬砌。如此一段段地向前掘进、拼装，直至完成整条隧道的开挖和衬砌。

（1）盾构机的类型与构造。盾构机一般分为开放式、部分开放式和封闭式三种类型。然后从每种形式可以再进一步细分，如图 4.3.10 所示。

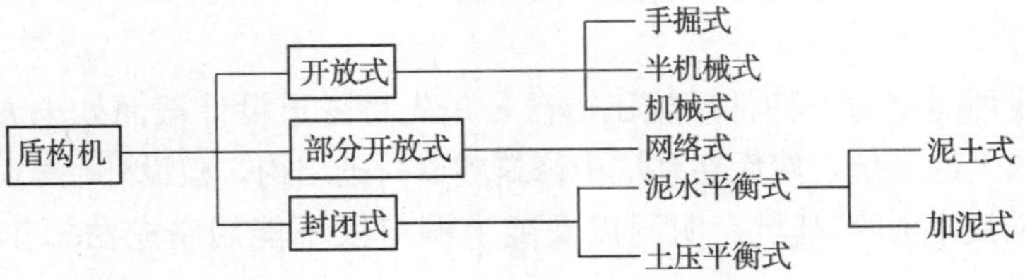

图 4.3.10　盾构机的分类

盾构机的标准为圆形，也有矩形、椭圆形、马蹄形、半圆形、双环及多环形等特殊形状，但其基本构造则是由钢壳、推进机系统、衬砌拼装系统三部分构成的。盾构壳体一般由切口环、支承环和盾尾三部分组成。切口环部分位于盾构的最前端，施工时切入地层，并掩护作业，切口环前端制成刃口，以减少切口阻力和对地层的扰动。支承环位于切口环之后，是与后部的盾尾相连的中间部分，是盾构结构的主体，是具有较强刚性的圆环结构，作用在盾构上的地层土压力、千斤顶的顶力以及切口、盾尾、衬砌拼装时传来的施工荷载等，均由支承环承担，它的外沿布置盾构推进千斤顶。盾尾部分是由盾构外壳钢板延长构成，主要用于掩护隧道衬砌的拼装工作，其末端设有密封装置，以防止地下水、外层土、衬砌背面压浆之浆液等流入隧道内。盾构的推进系统，由液压设备和盾构千斤顶组成，盾构前进是靠千斤顶推进来实现的，因此要求千斤顶有足够力量，用以克服盾构推进过程中所遇到的各种阻力。拼装器是衬砌拼装系统的主要设备，能把管片按照设计的形状，安全迅速地进行拼装装置，并有夹钳使管片伸缩、滑动、旋转。常用的有杠杆式拼装机和环式拼装机两种形式。

此外，切削刀盘和螺旋输送机也是盾构机的主要设备。切削刀盘有的在切口环内，有的突出于切口环，有的与切口环几乎平齐，其正面形状如图 4.3.11 所示。螺旋输送机的主要功能是从切削密封舱内将切割下来的土运出。

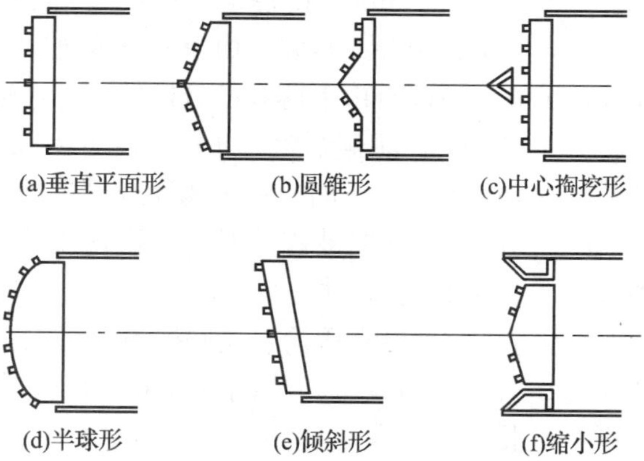

图 4.3.11　盾构机的切削刀盘正面形状

(2) 盾构工法的选择。详尽地掌握好各种盾构机的特征是确定盾构工法的关键。其中，选择适合土质条件的、确保工作面稳定的盾构机种及合理的辅助工法最重要。此外，盾构的外径、覆盖土厚度、线形（曲线施工时的曲率半径等）、掘进距离、工期、竖井用地、路线附近的重要构筑物、障碍物等地域环境条件及安全性与成本的考虑也至关重要。应通过对上述条件综合考虑选定合适的盾构工法。

4. 明挖法

明挖法是浅埋隧道的一种常用施工方法，是先将隧道设计截面处土方以及覆盖层挖去，形成一个露天的基坑，然后在基坑中修筑隧道衬砌结构，敷设外贴式防水层，在隧道结构达到一定强度后回填基坑。明洞以及隧道洞口段不能用暗挖法施工时常用明挖法施工。

(1) 明挖法特点。明挖法施工简单，技术成熟，施工快捷，根据需要可以分段同时作业，工程造价和运营费用均较低，且能耗较少。但外界气象条件和环境条件对施工影响较大。

(2) 明挖法施工分类。明挖方式开挖的基坑，根据不同的地质条件及开挖面的大小，可设计成矩形、四边形或梯形等。开挖面的大小应满足隧道断面设计和施工作业的要求。

根据不同的地质条件及外部条件，可先开挖基坑后建造基坑围护结构，也可先建造基坑围护结构再开挖土方。当隧道处于地下水位以下有可能出现涌水时，则需先人工降低地下水位，或利用支撑墙明挖。一般当覆盖层厚度小于 5m 时，可考虑明挖法。

明挖法也有无围护结构的敞口明挖，适用于地面开阔，周围建筑物稀少，地质条件好，土质稳定且在基坑周围无较大荷载，对基坑周围的位移和沉降无严格要求的情况。有围护结构的明挖适用于施工场地狭窄，土质自立性较差，地层松软，地下水丰富，建筑物密集的地区，采用该方法可以较好地控制基坑周围的变形和位移，同时可满足基坑开挖深度大的要求。

5. 盖挖法

盖挖法是先盖后挖，即先以临时路面或结构顶板维持地面畅通，再向下施工。盖挖法的优点是对结构的水平位移小，能够有效控制周围土体的变形和地表沉降；有利于保护邻近建筑物和构筑物；基坑底部土体稳定，隆起小，施工安全；对地面影响小，只在短时间内封锁地面交通，施工受外界气候影响小。其缺点是盖板上不允许留下过多的竖井，后续开挖土方需要采取水平运输，出土不方便；施工作业空间较小，施工速度较明挖法慢，工期较长；和基坑开挖、支挡开挖相比，费用较高。

盖挖法可分为盖挖顺作法、盖挖逆作法及盖挖半逆作法。盖挖逆作法的施工流程：构筑围护结构→构筑主体结构及中间立柱→构筑顶板→回填土、恢复路面→开挖中土层→构筑上层主体结构→开挖下层土→构筑下层主体结构。目前，城市中施工采用最多的是盖挖逆作法。

顺作法与逆作法两种方法的不同点在于：一是施工顺序不同。顺作法是在挡墙施工完毕后，对挡墙做必要的支撑，再着手开挖至设计标高，并开始浇筑基础底板，接着依次由下而上，一边浇筑地下结构主体，一边拆除临时支撑；而逆作法是上下同时施工或由上而下顺序施工。二是所采用的支撑不同。顺作法中常见的支撑有钢管支撑、钢筋混凝土支撑、型钢支撑及锚杆支护，如图 4.3.12 所示。

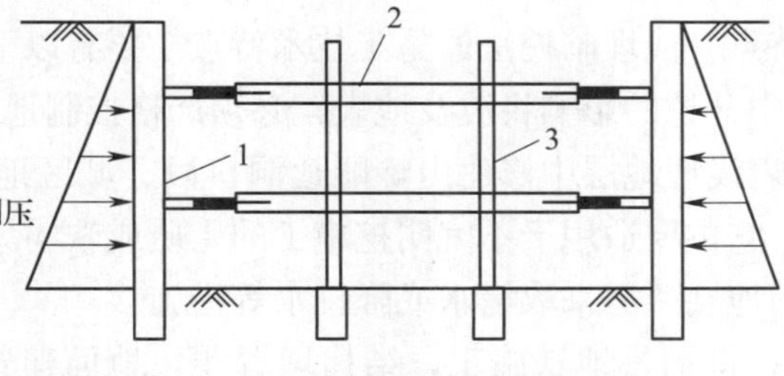

图 4.3.12　顺作法施工的支撑

1—挡墙；2—支撑；3—立柱

而逆作法中建筑物本体的梁和板，也就是逆作结构本身，就可以作为支撑，其特点是：快速覆盖、缩短中断交通的时间；自上而下的顶板、中隔板及水平支撑体系刚度大，可营造一个相对安全的作业环境；占地少、回填量小、可分层施工，也可分左右两幅施工，交通导改灵活；不受季节影响、无冬期施工要求，低噪声、扰民少；设备简单、不需大型设备，操作空间大、操作环境相对较好。

盖挖逆作法多用于深层开挖，松软土层开挖，靠近建筑物施工等情况下。工程中较早采用的是盖挖顺作法，施工程序如图 4.3.13 所示。盖挖顺作法施工程序：构筑连续墙，中间支撑柱及覆盖板→构筑中间支撑柱及覆盖板→构筑连续墙及覆盖板→开挖及支撑安装→开挖及构筑底板→构筑侧墙、柱及楼板→构筑侧墙及顶板→构筑内部结构及道路复原。

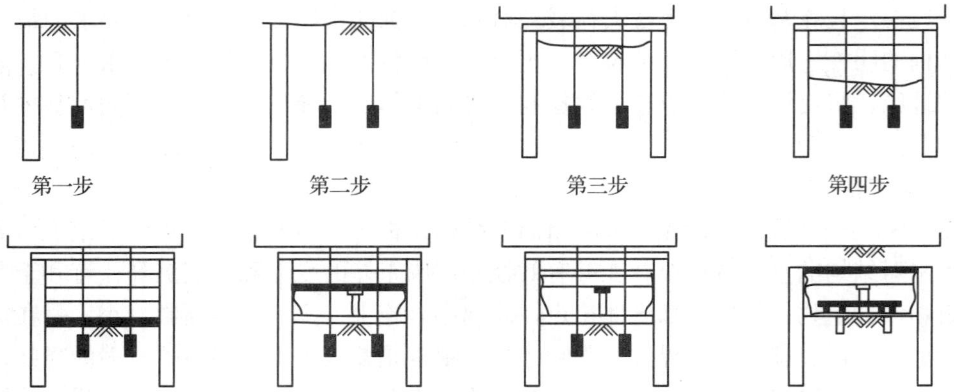

图 4.3.13 盖挖顺作法施工步骤

盖挖半逆作法的施工流程：构筑连续墙、中间支撑桩及临时挡土设备→构筑顶板→打设中间桩、临时挡土设备及构筑顶板→构筑连续墙及顶板→依次向下开挖逐层安装水平支撑→构筑连续墙支撑桩及盖箱板→向下开挖、构筑底板→构筑侧墙及内部结构物。在半逆作法施工中，一般都必须设置横撑并施加预应力。采用逆作或半逆作法施工时都要注意混凝土施工缝的处理问题，由于它是在上部混凝土达到设计强度后再接着往下浇筑的，而混凝土的收缩及析水，施工缝处不可避免地要出现缝隙，将对结构的强度、耐久性和防水性产生不良影响。

6. 浅埋暗挖法

浅埋暗挖法是在距离地表较近的地下进行各种类型地下洞室暗挖施工的一种方法，在土质隧道开挖中应用较广。

（1）浅埋暗挖法特点。浅埋暗挖法的施工技术特点主要有以下几点：

1）浅埋隧道施工中开挖的影响将波及地表，必须严格控制地中和地表的沉陷变形。

2）它是在软弱围岩浅埋地层中修建山岭隧道洞口段、城区地下铁道及其他适于浅埋地下工程的施工方法。它主要适用于不宜明挖施工的土质或软弱无胶结的砂、卵石等第四纪地层。对于水位高的地层，需采取堵水或降排水等措施。

3）浅埋地下工程，特别是地铁施工，结构埋置浅，地面建筑密集，交通运输繁忙，地下管线密布，地表沉陷要求严格，周边环境复杂，拆迁改移费用高。

4）辅助工法多样，由于其适用于松软地层中，预先加固改良地层是一项必不可少的技术措施，提倡使用的辅助工法包括注浆法、降水法、超前小导管法、长管棚法、水平旋喷法、注浆-冻结法等。

5）开挖方法多，常用开挖方法有全断面法、正台阶法以及适用于特殊地层条件的其他施工方法。

6）与明挖法相比，其灵活多变，对地面建筑、道路和地下管网影响小，拆迁占地少，不扰民，不干扰交通，不污染城市；与盾构法相比，其简单易行，不需太多专用设备，灵活多变，适用范围广。

（2）浅埋暗挖法施工方针。浅埋暗挖法施工中必须坚持“管超前、严注浆、短开挖、强支护、快封闭、勤量测”。

（3）浅埋暗挖法的适用条件。首先，浅埋暗挖法不允许带水作业，如果含水地层达不到疏干，带水作业是非常危险的，开挖面的稳定性时刻受到威胁，甚至发生塌方。大范围的淤泥质软土、粉细砂地层，降水有困难或经济上选择此工法不合算的地层，不宜采用此法。其次，采用浅埋暗挖法要求开挖面具有一定的自立性和稳定性。我国规范对土壤的自立性从定性上提出了要求：工作面土体的自立时间，应足以进行必要的初期支护作业。对开挖面前方地层的预加固和预处理是浅埋暗挖法的必要前提，其目的就在于加强开挖面的稳定性，增加施工的安全性。

7. 沉管法

沉管法修筑隧道，就是在水底预先挖好沟槽，把在陆地上（船台上或临时船坞内）预制的沉放管段，用拖轮运到沉放现场，待管段准确定位后，向管段水箱内灌水压载下沉，然后进行水下连接。处理好管端接头与基础，经覆土回填后，再进行内部设备的安装与装修，就筑成了隧道。沉管隧道如图 4. 3. 14 所示。

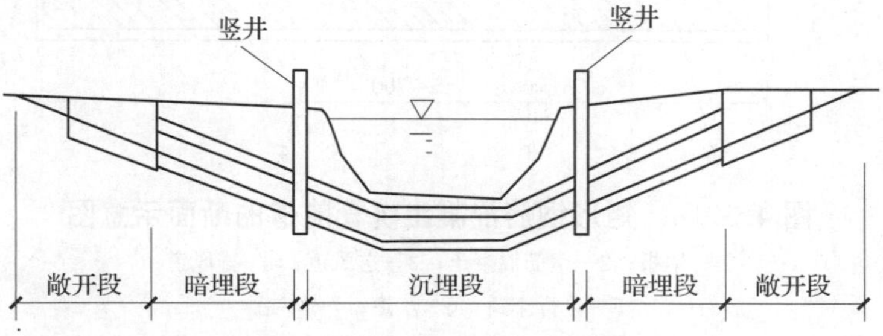

图 4. 3. 14　沉管隧道纵断面一般结构示意图

（1）沉管隧道施工方式。沉管隧道施工方式视现场条件、用途、断面大小等各异。总体上可分为两种：一是不需要修建特殊的船坞，用浮在水上的钢壳箱体作为模板制造管段的“钢壳方式”；二是在干船坞内制造箱体，而后浮运、沉放的“干船坞方式”。

沉管隧道结构主要有圆形钢壳类与矩形混凝土类。圆形钢壳类隧道的钢壳管段是钢壳与混凝土的组合结构，通常用内、外两层骨架制成。内部是预制的短节，在船坞滑台上将它焊接成所要求长度的短节，加上辅助的加强板，再安装外部钢壳并焊接好。外壳顶部设有浇筑混凝土用的孔，在管段底部要浇筑一定量的混凝土，以便在水下起镇重和稳定作用。该形式的隧道管段通常在船坞滑台上侧向下水，并要浇筑较多的混凝土，一般是直接下沉到已充分准备好和破碎的砾石垫层上。图 4. 3. 15 所示为圆形钢壳断面示例。

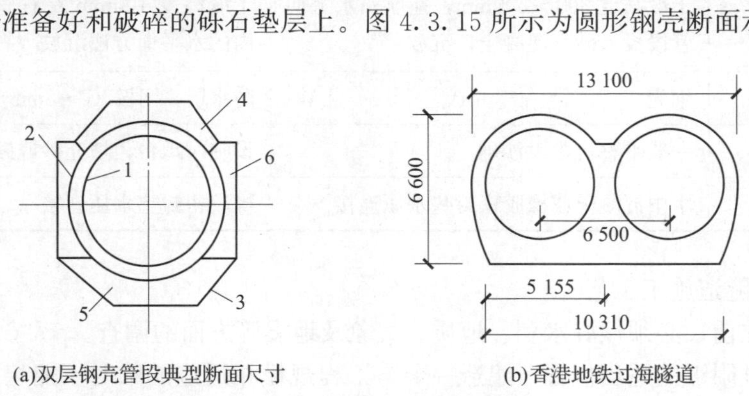

(a)双层钢壳管段典型断面尺寸　(b)香港地铁过海隧道

图 4. 3. 15　圆形钢壳断面示例

1—混凝土内环；2—钢壳；3—模板（外钢壳）；4—覆盖混凝土；
5—龙骨混凝土；6—水下导管浇筑混凝土

在干船坞中制作的矩形混凝土管段比在船台上制作的钢壳圆形、八角形或花篮形管段经济，且矩形断面更能充分利用隧道内的空间，可作为多车道、大宽度的道路隧道，是沉管隧道的主流结构，图 4.3.16 是矩形钢筋混凝土沉管隧道的断面图例。两种施工方式的比较见表 4.3.2。

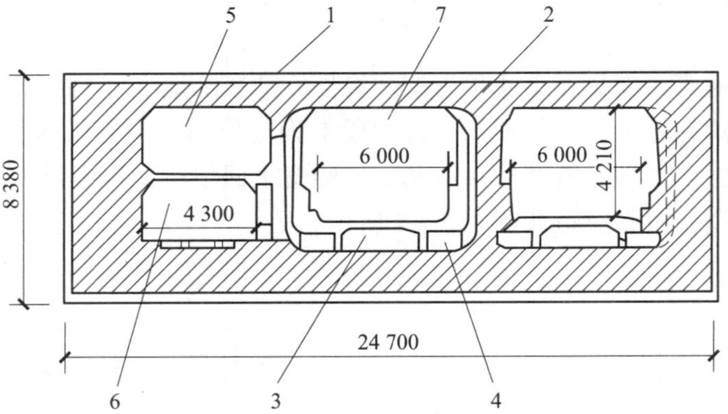

图 4.3.16　矩形钢筋混凝土沉管隧道的断面示意图

1—钢板；2—钢筋混凝土；3—送风道；4—排风道；
5—自行车道；6—步道；7—车道

表 4.3.2　两种施工方式的比较

项　　目	钢 壳 方 式	干船坞方式
用途	双车道道路、单线铁路、下水管道等管段在 10m 以内的	多车道宽度大的道路（铁道、人行道并置的情况也在内）
断面形状	圆形，外廓为变形的八角形	矩形
材料	钢壳及钢筋混凝土	钢筋混凝土
管段预制地点	船台	临时干船坞
浮运沉放	干舷高度 300～500mm，拖航；水上向管段投入砂和混凝土，沉放	干舷高度 100mm 左右、拖航、用管段内的水平衡方法沉放
防水处理	钢壳	防水层，钢板（6～8mm）、沥青、橡胶
基础处理	一般平整机敷设沙砾	设临时承台，填充砂或砂浆
水中连接	水中混凝土或橡胶密封垫水压连接	橡胶密封垫水压连接

（2）沉管隧道施工工艺。

1）施工之前，必须做好水利、地质、气象及地震等方面的调查。

2）在隧址附近的适当位置，建造一个与工程规模相适应的临时干船坞，用于预制沉管管段的场地。场地规模取决于管段节数、每节长度和宽度，以及管段预制批量和工期；船坞深度应能保证管段制作后能顺利进行安装工作并浮运出坞；坞底一般铺一层 200～300mm 厚无筋混凝土或钢筋混凝土，并要在管段底下铺设一层沙砾或碎石，以防管段起浮时被吸住。

3）管段制作工艺与地面钢筋混凝土结构大体相同，但对防水、均质要求较高，需在构造混凝土选材、温控和模板等方面采取措施。

4）管段制作完成后，开始向干船坞内注水，此时，需派检查人员从入口进入沉放管段内部检查有无漏水情况。当船坞内水位接近干舷量时，应向压载水箱内注水以防止管段上浮。当管段完全被水淹没后，派人从出入口进入沉放管段，排出压载水箱内的水，使管段上浮。管段浮运时的干舷量一般取 100～150mm，调整完各节沉放管段后，即可打开干船坞的坞门，将沉放管段拽出。

5）施工中，沟槽对沉放管段和其他基础设施有特殊用途。沟槽底部应相对平坦，其误差一般为±750mm。开挖由三个基本尺度决定，即底宽、深度和边坡坡度，应视土质情况，沟槽搁置时间以及沟槽水流情况而定。沟槽浚挖分粗挖和精挖两个阶段。粗挖挖到离管底标高约 1m 处。为避免淤泥沉积，精挖层应在临近管段沉放前再挖。在挖到沟槽底的标高后，应将槽底覆土和淤泥清除，主要设备是挖泥船。

6）管道沉放前，需将其定位在挖好的基槽上方，管段的中线与隧道的轴线基本重合，定位完毕后，可开始灌注压载水，管段即开始慢慢下沉。初次下沉先灌注压载水使管段下沉力达到规定值 50%，然后进行位置校正待管段前后位置校正完毕后，再继续灌水直至下沉完全达到下沉规定值，并使管段开始以 200～500mm/min 速度下沉，直到管底离设计标高 4～5m 为止。

7）靠拢下沉。先把管段向前面已沉放管段方向平移，直至已设管段的 2.0～2.5m 处，然后下沉管段至高于最终标高的 0.5m 处。

8）着地下沉。再次下沉管段至高于其最终位置 200～500mm 处。接着，把管段拉向距前面已设管段约 100mm 处，再检查其水平位置，着地时，前段搁在已设管段的鼻式托座上，然后将后端搁置到临时支座上，校正后，卸去全部吊力。管段常用沉放方法是浮箱分吊法和方驳扛吊法。

9）水下连接常用水下混凝土法和水力压接法。水下混凝土法是先在管段的两端安装矩形堰板，在管段沉放就位，解封对准拼合、安装底部罩板后，在前后两块平堰板的两侧，安置圆弧形堰板，然后把封闭模板插入堰板侧边，形成由堰板，封闭模板，上下罩板所围成的空间，随后向里灌注水下混凝土，从而形成水下混凝土的连接。等水下混凝土充分硬化后，抽掉临时隔墙内的水，再进行管段内部接头部位混凝土衬砌的施工。开槽作业后槽底表面总有相当程度的不平整，在槽底表面与沉管底面间存在很多不规则的空隙，导致地基受力不均而局部破坏，引起不均匀沉降，使沉管局部受到较高的压力以致开裂，必须进行基础处理将其垫平。施工方法主要有刮铺法、喷砂法、压注砂浆法。如图 4.3.17 所示，喷砂法原理是在设于管段上的门式起重机上的 3 根 1 组的钢管中，用中央的钢管把水和砂一起喷射，用另外的 2 根钢管同时吸引管段和基础间同量的水来填充砂，砂的供给需从管段以外取得，作业受气候条件影响大，砂的填充不易确认。压注砂浆法是先在管底连续铺设尼龙袋，临时支撑管段，而后从沉管作业船上把备好的砂浆向尼龙袋中压注，也有直接从管段内的压浆孔（每隔 4～9m 设置）向管段底的空隙压注。此法不受气候和航道影响，压注情况易于确认。水力压接法就是利用作用在管段上的巨大水压力使安装在管段前端面周边上的一圈胶垫发生压缩变形，形成一个水密性相当可靠的管段接头。

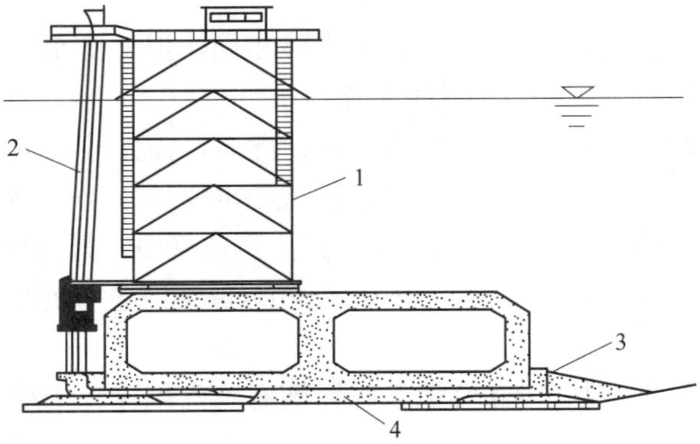

图 4.3.17 喷砂台架

1—喷砂台支架；2—喷管及吸管；3—临时支座；4—喷入砂垫

（三）喷射混凝土

喷射混凝土是使用混凝土喷射机，按一定混合程序，将掺有速凝剂的混凝土拌和物与高压水混合，经过喷嘴喷射到岩壁表面上，并迅速凝固形成一层支护结构，从而对围岩起到支护作用。

1. 施工准备

（1）喷射混凝土的施工机具，包括混凝土喷射机、喷嘴、混凝土搅拌机、上料装置、动力及贮水容器等。混凝土喷射机分为干式和湿式，干式喷射设备简单，价格较低，能进行远距离压送，易加入速凝剂，喷嘴脉冲现象少，但施工粉尘多，回弹比较严重。

（2）待喷面准备。正式进行喷射施工前，除做好配料、设备试运转、施工劳动组织等工作外，待喷面准备工作是保证顺利施工的关键。喷射前应对开挖尺寸认真检查，清除喷面松动危石，欠挖超标过多的先进行局部处理；喷射前应根据石质情况，用高压风或水冲洗待喷面，将开挖粉尘和杂物清理干净，以有利于混凝土黏结。受喷面有较集中渗水时，应做好排水引流处理；无集中渗水时，根据岩面潮湿程度，适当调整水灰比；喷射施工要按一定顺序有条不紊地进行。喷射作业区段的宽度，一般宜为 1.5～2.0m。对水平坑道，其喷射顺序为先墙后拱、自下而上；侧墙应自墙基开始，拱应自拱脚开始，封拱区宜沿轴线由前向后；其他准备，主要是检查喷射面尺寸，几何形状是否符合设计要求；作业区应安装足够照明设施，灯具应有保护措施；对有涌水的部位，要做好排水；喷射面上若有冻结，应清扫掉融化的水分；当喷射面具有较强的吸水性时，要预先洒水进行养护。

2. 施工工艺

喷射混凝土的效果很大程度上取决于喷射混凝土制作工艺，喷射混凝土有不同的制作方法，主要分为干式喷射混凝土和湿式喷射混凝土。干式喷射混凝土是先将水泥、骨料和添加剂在不加水的状态下，由搅拌机拌和，在气体压力下，干拌和料以 20～30m/h 的速度被压密并通过一个橡胶管送至喷嘴口，同时压力水通过另一管道送至喷嘴口，配合料与水混合并同时喷到作业面上。湿喷法是利用湿式混凝土喷射机施工的一种工艺，即配合料和水在搅拌机内拌和后，再被高压气流送到喷嘴口喷射。施工工艺流程如图 4.3.18 所示。干式喷射混凝土工艺不得用于大断面隧道、大型洞室、C30 及以上强度等级喷射混凝土、非富水围岩地质条件。

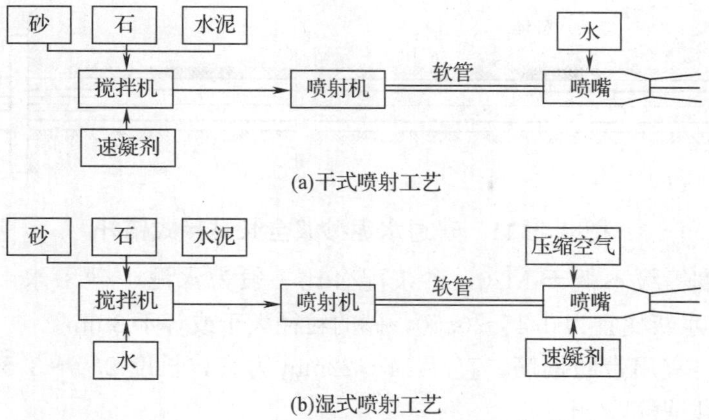

图 4.3.18　干式与湿式喷射混凝土施工工艺流程图

（四）锚杆施工

锚杆是喷锚支护的一个重要组成部分，在喷锚联合支护中起着主要作用。锚杆除了与喷射混凝土联合使用也可以单独使用。在隧道开挖过程中用锚杆作为保证施工安全的临时支护是很方便的，隧道开挖后应尽快安设锚杆以确保隧道围岩的稳定和施工的安全。

1. 锚杆布置

在开挖面上，锚杆的布置方式如图 4.3.19 所示，在拱圈处间距较小，在边墙处间距相对较大，锚杆的方向为垂直隧道开挖轮廓线，在沿隧道纵向上，锚杆常按等间距的方式均匀布置，如图 4.3.20（a）所示；当锚杆沿隧道纵向间距较大时，需采用图 4.3.20（b）所示的菱形分布，即在两等间距的锚杆之间，再交叉布置一层锚杆，以增大锚杆的支撑能力。实际作业中，通常还须根据实际的岩石分层状态改变锚杆的布置形式，在必要时局部增加锚杆的用量以控制岩石坍方。当岩石为倾斜或齿状等时，锚杆的方向要尽可能与岩层层面垂直相交，以达到较好的锚固效果。

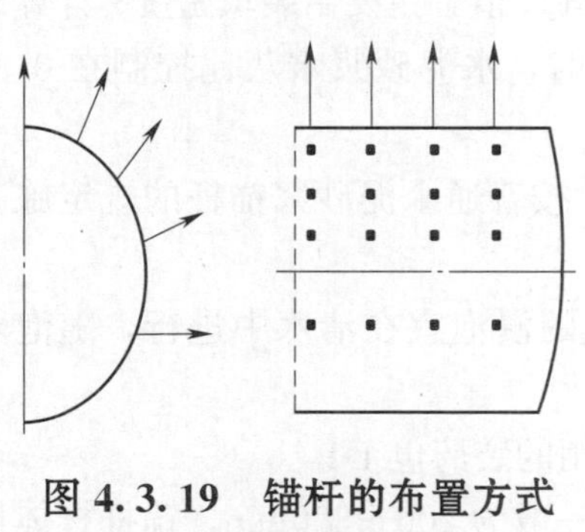

图 4.3.19　锚杆的布置方式

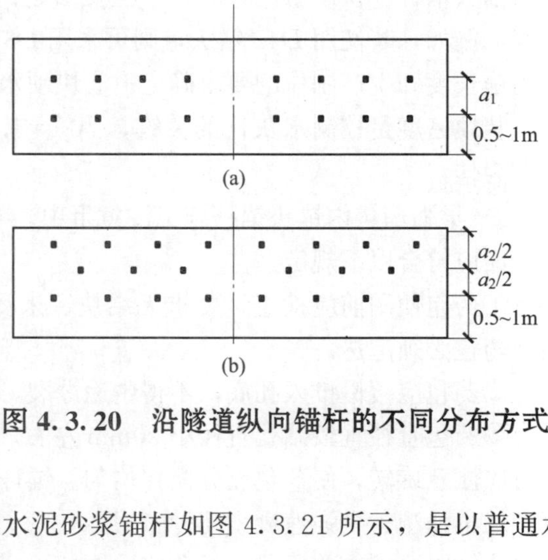

图 4.3.20　沿隧道纵向锚杆的不同分布方式

2. 锚杆施工要点

（1）普通水泥砂浆锚杆施工要点。普通水泥砂浆锚杆如图 4.3.21 所示，是以普通水泥砂浆作为胶粘剂的全长粘接式锚杆。

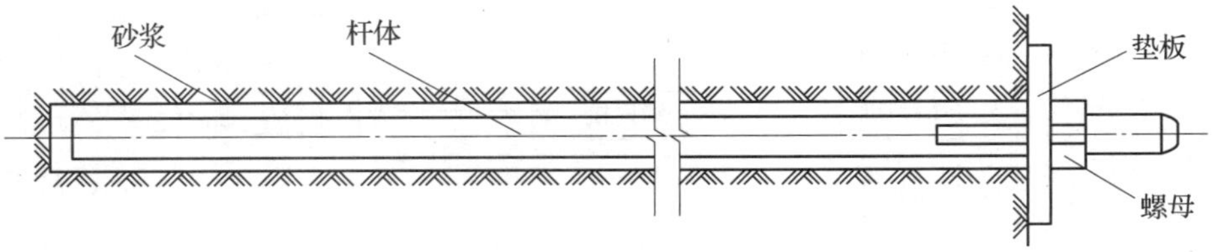

图 4.3.21　普通水泥砂浆全长粘接式锚杆

1）砂浆强度等级不低于 M20；砂浆配合比一般为水泥∶砂∶水＝1∶(1～15)∶(0.45～0.50)。水灰比宜为 0.45～0.50，砂的粒径大于或等于 3mm。

2）杆体材料宜用带肋钢筋，直径 14～22mm 为宜，长度 2.0～3.5m，为增加锚固力，杆体内端可以劈口叉开。

3）钻孔方向宜尽量与岩层主要结构面垂直。孔钻好后用高压水将孔眼冲洗干净，并用塞子塞紧孔口，以防止石渣或泥土掉入钻孔内。

4）锚杆及胶粘剂材料制作，应符合设计要求，锚杆应按实际要求尺寸截取，外端不用垫板的锚杆应先弯制弯头。

5）黏结砂浆应拌和均匀，随拌随用，一次拌和的砂浆应在初凝前用完。

（2）早强水泥砂浆锚杆施工要点。早强水泥砂浆锚杆的施工与普通水泥砂浆锚杆基本相同，所不同的是早强水泥砂浆的粘接剂是由硫酸铝盐早强水泥、Ⅱ型早强剂和水组成。因此，它具有早期强度高、承载快、安装方便等优点，可弥补普通水泥砂浆锚杆早期强度低，承载慢的不足，尤其是在软弱、破碎、自稳时间短的围岩中使用早强水泥砂浆锚杆能显示出优越性。早强水泥砂浆锚杆施工中，注浆作业开始或中途停止超过 30min 时，应测定砂浆坍落度，当其值小于 10mm 时不得注入罐内使用。早强水泥砂浆采用硫酸铝盐早强水泥所掺入的早强剂具有早强、缓凝、减水与除锈的效果，亚硝酸钠掺量为 1%～3%，缓凝型糖蜜减水剂掺量宜为 0.2%。

1）早强药包内锚头锚杆，是以快硬水泥卷，或早强砂浆卷，或树脂卷作为内锚固剂的内锚头锚杆。快硬水泥卷的三个主要参数：①快硬水泥卷的直径 d 要与钻孔直径 D 配合好，例如，若使用 D42 钻头，则可采用 D37 直径的水泥卷；②快硬水泥卷长度 L 要根据内锚长度和生产制作的要求确定；③快硬水泥卷的质量 G 值，主要由装填密度 r 计算确定，装填密度是控制水灰比的关键，当 $r=1.45\text{kg/cm}^3$ 时，水泥砂浆水灰比控制在 0.34 左右为佳。

2）早强药包内锚头锚杆施工注意事项。早强药包除按普通水泥砂浆锚杆的规定施工外，尚应符合以下规定：

①药包使用前应检查，要求无结块、未受潮。药包的浸泡宜在清水中进行，随泡随用，药包必须泡透。

②药包应缓慢推入孔底，不得中途爆裂，应配备专用的装药包工具。

③药包直径宜较钻孔直径小 20mm 左右，药卷长度一般为 200～300mm。锚杆杆体插入时应注意旋转，使药包充分搅拌均匀。锚杆药包主要有硅酸盐与硫酸盐两个系列，分速凝型、早强型、早强速凝型几种。

④钻眼要求同前所述，但孔应比锚杆长度短 40～50mm。

⑤用直径 2～3mm、长 150mm 的锥子，在快硬水泥卷端头扎两个排气孔。然后将水泥卷竖立放于清洁的水中，保持水面高出水泥卷约 100mm。浸水时间以不冒泡为准，但不得超过水泥的初凝时间，可做浸水后的水灰比检查。

⑥将浸好水的水泥卷用锚杆送到孔底，并轻轻捣实，若中途受阻，应及时处理；若处理时间超过水泥终凝时间，则应换装新水泥卷或钻眼作废。

⑦将锚杆外端套上连接套筒（即带有六角旋转头的短锚杆；断面打平后对中焊上锚杆螺母），装上搅拌机（如 TJ－9 型），然后开动搅拌机，带动锚杆旋转搅拌水泥浆，并用人力推进锚杆至孔底，再保持 10s 的搅拌时间（搅拌时间为 30～40s）。

⑧轻轻卸下搅拌机头，用木楔揳紧杆体，使其位于钻眼孔中心处。自浸水后 20min，快硬水泥具有足够的强度时，才能使用扳手卸下连接套筒。

⑨采用树脂药包时，还应注意：搅拌时间应根据现场气温决定，20℃时固化时间为 5min；温度下降 5℃时固化时间约会延长一倍，即 15℃时为 10min；10℃时为 20min。因此，地下工程在正常温度下，搅拌时间约为 30s，当温度在 10℃以下时，搅拌时间可适当延长为 45～60s。

（3）缝管式摩擦锚杆施工要点。

1）缝管式锚杆可根据需要和机具能力，选择不同直径的钻头和管径，通过现场试验确定最合理的径差，一般要求杆体材料具有较高的弹性极限。

2）采用一般风动凿岩机时应配备专用冲击器。宜随钻眼随安设锚杆，也可集中钻孔与安设锚杆，不得隔班隔日安设锚杆。

3）安设锚杆前应吹孔，并核对孔深是否符合设计要求，安设前应检查风压，不得小于 0.4MPa。

4）安设前先将锚杆套上垫板，将带有挡环的冲击钎杆插入锚管内，锚杆尾端套入凿岩机或风镐的卡套内，锚头导入钻孔，调整方向、开动凿岩机，即可将锚杆打入钻孔内，至垫板压紧围岩为止。停机去除钎杆即可完成。

5）在安设推进锚杆过程中，要保持凿岩机—锚杆—钻孔的中心线在同一轴线上，凿岩机在推进过程中，适当放水冷却冲击器。锚杆推到末端时，应降低推进力，当垫板抵紧岩石时应立即停机，以免损坏垫板和挡环。

6）若作为永久支护，则应做防锈处理，并灌注有膨胀性的砂浆。

（4）胀壳式内锚头预应力锚索施工要点。胀壳式内锚头预应力锚索，除钢绞线预应力锚索外，主要由机械胀壳式内锚头、锚杆外锚头以及灌注的黏结材料等组成，如图 4.3.22 所示。该锚杆常用于中等以上的围岩中，可在较小的施工现场中作业，常用于高边坡、大坝以及在大跨度地下隧道洞室的抢修加固及支护。

1）胀壳式内锚头预应力锚索的加工应符合设计质量要求，在存放、运输及安装过程中，不得有损伤和变形。

2）钻孔一般采用冲击式浅孔钻，也可选用各种旋转式地质钻，钻孔完毕后应丈量孔深和清洗，并做好孔口现浇混凝土支墩。

3）锚索安装要平直、不紊乱，同时安设排气管。锚索推送就位后，即可安装千斤顶张拉。一般先用 20%～30%的预应力预张拉 1～2 次，促使各相连部位接触紧密，使钢锚索平直。最终张拉值有 5%～10%的超张拉量，以保证预应力损失后仍能达到设计要求的有效预应力。预张拉时千斤顶严禁站人。

4）预应力无明显衰减时，才最后锁定且 48h 内再检查。注浆应饱满，注浆应达到设计强度后，进行外锚头封盖。

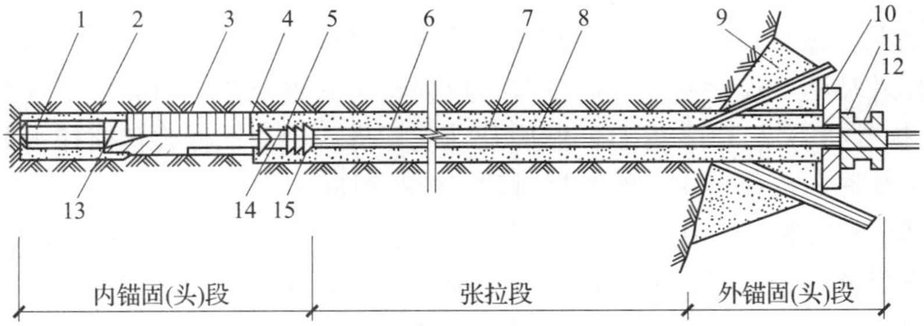

图 4.3.22　胀壳式锚头钢绞线预应力锚索

1—导向帽；2—六棱锚塞；3—外夹片；4—挡圈；5—顶簧；6—套管；7—排气管；8—黏结砂浆；9—现浇混凝土支墩；10—垫板；11—锚环；12—锚塞；13—锥筒；14—顶簧套管；15—托圈

四、地下工程特殊施工技术

（一）长距离顶管技术

地下管道的敷设一般采用开槽方法，这种方法施工时挖大量土方，占用大量临时场地，管道安装后需进行回填，而且施工时影响交通、影响环境。而采用顶管技术敷设管道，无须挖槽或在水下开挖土方，并可避免为疏干和固结土体而采用的降低地下水位等辅助措施，从而大大加快施工速度，降低造价，并能克服在穿越江、河、湖、海等无法降水的特殊环境下施工的困难。

普通顶管施工是在一般条件下的顶进技术，在最佳施工条件下，一次顶进长度为 100m 左右，但在城市干管施工中，或管线需穿越大型建筑群或河道时，普通顶管法的一次顶进长度就不足以顶完全程，因此需要完善长距离顶管技术。

长距离顶管的施工程序是：先在管道的一端挖掘工作坑（井），完成后在其内安装顶进设备，将管道顶入土层，边顶进边挖土，将管段逐节顶入土层内，直到顶至设计长度为止。

1. 顶管技术的基本设备

顶管施工的基本设备主要包括管段前端的工具管，后部顶进设备及贯穿前后的出泥与气压设备，此外还有通风照明等设施。

工具管是长距离顶管的关键设备，它安装在管道前端，外形与管道相似，其作用是定向、纠偏、防止塌方、出泥等。工具管从前向后由冲泥仓、操作室和控制室组成。

顶进设备主要包括后座、主油缸、顶铁和导轨等。后座设备在主油缸与反力墙之间，每只油缸配置一块，其作用是将油缸的集中力分散传递给后墙。主油缸是顶进动力，一般对称布置 4～6 台，其顶力和行程可根据工程实际选定。顶铁主要是为弥补油缸行程设置的，其厚度应小于油缸行程。导轨起顶进导向作用，在接管时又起管道吊放和拼焊平台的作用。

出泥设备主要是吸泥机，应根据工程实际，选择其提升高度、排量、供水泵型号、排泥管口径等。

此外，在水下进行长距离顶管，工具管有时必须采用局部气压施工，而且时间很长，有时还需要在气压下排除故障，因此，还需要压缩空气供气系统。

2. 顶管施工的关键技术与措施

长距离顶管的主要技术关键有以下几个方面：

(1) 顶力问题。顶管的顶力随着顶进长度的增加需不断增加，但是又受到管道强度的限制，不能无限增加，因此用普通顶管法只在管尾推进的方法，顶进距离受到限制。所以长距离顶管必须解决在管道强度允许范围内施加的顶力问题。目前有两种方法，即采用润滑剂减阻和中继接力技术。

(2) 方向控制。管段能否按设计轴线顶进，这是长距离顶管成败的关键之一。顶进方向失控，会导致管道弯曲，顶力急骤增加，顶进困难，工程无法施工。因此，必须有一套能准确控制管段顶进方向的导向机构。例如，上海基础工程公司顶管系统中，采用三段双铰工具管来完成。

(3) 制止正面坍方。坍方危及地面建筑物，使管道方向失去控制，导致管道受力情况恶化，给施工带来许多困难。在深层顶管中，制止坍方实际上是制服地下水的问题。

为了解上述技术关键，在长距离顶管中主要采用的技术措施如下：

1) 穿墙。从打开穿墙管闷板，将工具管顶出井外，到安装好穿墙止水，这一过程通称穿墙。穿墙是顶管施工的主要工序，因为穿墙后工具管方向的准确程度将会给以后管道的方向控制和管道拼接工作带来影响。穿墙时应注意，在墙管内事先填满经过夯实的黄黏土，以免地下水和土大量涌入工作井，打开穿墙管闷板，应立刻将工具管顶进。

2) 纠偏与导向。顶管必须沿设计轴向顶进，应控制顶进中的方向和高程，若发生偏差，必须纠偏。以往纠偏工作是当管道头部偏离了轴线后才进行，但这时管道已经产生了偏差，因此管轴线难免有较大的弯曲。管道偏离轴线，其中一个主要原因是顶力不平衡导致的。如果事先能消除不平衡外力，就能更好地防止管道的偏位。

3) 局部气压。顶管在流沙层和流塑状态的土层顶进，有时因正面挤压力不足以阻止坍方，则易产生正面坍方，出泥量增加，造成地面沉降，管轴线弯曲，给纠偏带来困难，而且会破坏泥浆减阻效果。为解决这类问题，常采用局部气压。局部气压的太小视具体情况而定，一般土层以不坍方为准。

4) 触变泥浆减阻。为减少长距离顶管中的管壁四周摩阻力，在管壁外压注触变泥浆，形成一定厚度的泥浆套，使顶管在泥浆套中顶进，以减少阻力。

5) 中继接力顶进。在长距离顶管中，只采用触变泥浆减阻单一措施仍显不够，还需采用中继接力顶进，也就是在管道中设置中继环，分段克服摩擦阻力，从而解决顶力不足问题。

(二) 气动夯管锤铺管施工

气动夯管锤是一种不需要阻力支座，利用动态的冲击能将空心的钢管推入地层的机械。它实质上是一个低频、大冲击功的气动冲击器，由压缩空气驱动，将所铺设的钢管沿设计路线夯入地层，实现非开挖铺设管线。施工时，夯管锤的冲击力直接作用在钢管的后端，通过钢管传递到前端的切削管靴上切削土体，并克服土层与管体之间的摩擦力，使钢管不断进入土层。随着钢管的前进被切削的土芯进入钢管内，在第一节钢管夯入地层后，后一节钢管与其焊接在一起，如此重复，直到夯入后一节钢管，待钢管全部夯到目标后，取下切削管靴，用压缩空气、高压水、螺旋钻、人工掏土等方式将管内土排出，钢管留在孔内，完成铺管作业，施工原理如图 4.3.23 所示。

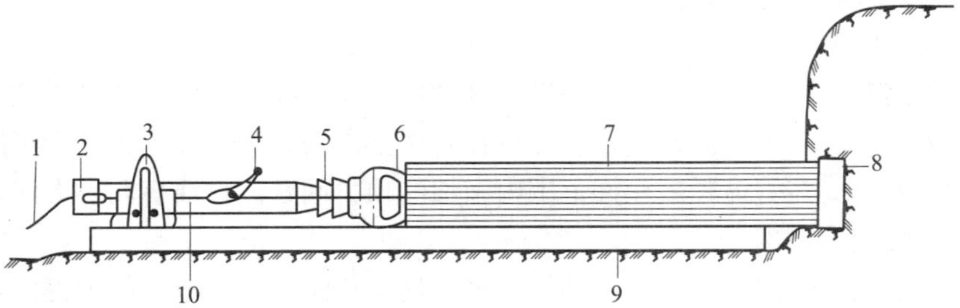

图 4.3.23　气动夯管锤铺管施工原理图

1—压缩空气管；2—增压板；3—滑架；4—棘轮拉手；5—套插锥体；6—排土锥体；7—钢管；8—切削护环；9—钢管起始支架；10—夯管锤

1. 气动夯管锤铺管施工设备和配套机具

气动夯管锤铺管施工主要设备除气动夯管锤外，还需配置一些其他设备和机具，包括主机、动力系统、注油与管路系统、连接固定系统、注浆系统、清土系统和辅助工具。

2. 气动夯管锤铺管的特点

气动夯管锤铺管时，由于夯管锤对钢管是动态夯进，产生强烈的冲击和振动，绝大部分泥土随着钢管进入土层而不断进入管道，这样大幅减小了夯管的管端阻力，并减小对穿越处地面的隆起破坏。同时，振动作用也有利于使钢管周围的土层产生一定程度的液化，并与地层间产生一定的空隙，减少了钢管与地层间的摩擦阻力。由于动态夯进可以击碎障碍物，所以在含卵砾石地层或回填地层中铺管时，比管径大的砾石或石块可被击碎后一部分进入管内而穿过障碍物，而不是试图将整个障碍物排开或推进。基于此，气动夯管锤具有以下特点：

（1）地层适用范围广。夯管锤铺管几乎适应除岩层以外的所有地层。

（2）铺管精度较高。气动夯管锤铺管属不可控向铺管，但由于其以冲击方式将管道夯入地层，在管端无土楔形成，而且在遇障碍物时可将其击碎穿越，所以具有较好的目标准确性。

（3）对地表的影响较小。夯管锤由于是将钢管开口夯入地层，除了钢管管壁部分需排挤土体之外，切削下来的土芯全部进入管内，因此即使钢管铺设深度很浅，地表也不会产生隆起或沉降现象。

（4）夯管锤铺管适合较短长度的管道铺设，为保证铺管精度，在实际施工中，铺管长度按钢管直径（以“mm”为单位）除以 10 就得到夯进长度（以“m”为单位）。

（5）对铺管材料的要求。夯管锤铺管要求管道材料必须是钢管，若要铺设其他材料的管道，可铺设钢套管，再将工作管道穿入套管内。

（6）投资和施工成本低。施工条件要求简单，施工进度快，材料消耗少，施工成本较低。

（7）工作坑要求低。通常只需很小的施工深度，无须进行很复杂的深基坑支护作业。

（8）穿越河流时，无须在施工中清理管内土体，无渗水现象，能确保施工人员安全。

（三）导向钻进法施工

1. 导向钻进法施工的基本原理

大多数导向钻进采用冲洗液辅助破碎，钻头通常带有一个斜面，因此当钻杆不停地回转时则钻出一个直孔，而当钻头朝着某个方向给进而不回转时，钻孔发生偏斜。导向钻头内带有一个探头或发射器，探头也可以固定在钻头后面。当钻孔向前推进时，发射器发射出来的信号被地表接收器所接收和追踪，因此可以监视方向、深度和其他参数。

成孔方式有两种：干式和湿式。干式钻具由挤压钻头、探头室和冲击锤组成，靠冲击挤压成孔，不排土。湿式钻具由射流钻头和探头室组成，以高压水射流切割土层，有时以顶驱式冲击动力钻头来破碎大块卵石和硬地层。两种成孔方式均以斜面钻头来控制钻孔方向。若同时给进和回转钻杆，斜面失去方向性，实现保直钻进；若只给进而不回转，作用于斜面的反力使钻头改变方向，实现造斜。钻头轨迹的监视，一般由手持式地表探测器和孔底探头来实现，地表探测器接收显示位于钻头后面探头发出的信号（深度、顶角、工具面向角等参数），供操作人员掌握孔内情况，以便随时进行调整。

2. 钻头的选择依据

（1）在淤泥质黏土中施工，一般采用较大的钻头，以适应变向的要求。

（2）在干燥软黏土中施工，采用中等尺寸钻头一般效果最佳（土层干燥，可较快地实现方向控制）。

（3）在硬黏土中，较小的钻头效果比较理想，但在施工中要保证钻头至少要比探头外筒的尺寸大 12mm 以上。

（4）在钙质土层中，钻头向前推进十分困难，所以，较小直径的钻头效果最佳。

（5）在粗粒砂层，中等尺寸的钻头使用效果最佳。在这类地层中，一般采用耐磨性能好的硬质合金钻头来克服钻头的严重磨损。另外，钻机的锚固和冲洗液质量是施工成败的关键。

（6）对于砂质淤泥，中等到大尺寸钻头效果较好。在较软土层中，采用较大尺寸的钻头以加强其控制能力。

（7）对于致密砂层，小尺寸锥形钻头效果最好，但要确保钻头尺寸大于探头筒的尺寸。在这种土层中，向前推进较难，可较快地实现控向。另外，钻机锚固是钻孔成功的关键。

（8）在砾石层中施工，镶焊小尺寸硬质合金的钻头使用效果较佳。

（9）对于固结的岩层，使用孔内动力钻具钻进效果最佳。

3. 导向孔施工

导向孔施工步骤主要为：探头装入探头盒内；导向钻头连接到钻杆上；转动钻杆，测试探头发射是否正常；回转钻进 2m 左右；开始按设计轨迹施工；导向孔完成。

导向孔施工多采用手提式地表导航仪来确定钻头所在的空间位置。导向仪器由探头、地表接收器和同步显示器组成。探头放置在钻头附近的钻具内。接收器接收并显示探测数据，同步显示接收器探测的数据，供操作人员掌握孔内情况，以便随时调整。

钻进时应特别注意纠偏过度，这种情况一旦发生将给施工带来不必要的麻烦，会大大影响施工的进度和加大施工的工作量。为了避免这种情况的发生，钻进少量进尺后便进行测量，检验调整钻头方向。

4. 扩孔施工

扩孔是将导向孔孔径扩大至所铺设的管径以上，以减小铺管时的阻力。当先导孔钻至靶区时就需用一个扩孔器来扩大钻孔。一般的经验是将钻孔扩大到成品管尺寸的1.2～1.5倍，扩孔器的拉力或推力一般要求为每毫米孔径175.1N。根据成品管和钻机的规格，可采用多级扩孔。

扩孔时将扩孔钻头连接在钻杆后端，然后由钻机旋转回拉扩孔。随着扩孔的进行，在扩孔钻头后面的单动器上不断加接钻杆，直到扩至与钻机同一侧的工作场地，即完成了这级孔眼的扩孔，如此反复，通过采用不同直径的扩孔钻头扩孔，直至达到设计的扩孔孔径为止。对于回拉力较大的钻机，扩孔时可以采用阶梯形扩孔钻头，一次完成扩孔施工，甚至有时可以同时完成扩孔和铺管施工。

（四）沉井法

沉井施工法是修筑深基础和地下建（构）筑物的一种施工工艺。施工时先在地面或基坑内制作开口的沉井井身；然后在井身内部分层挖土，随着挖土使土面降低，沉井借助井体自重或在其他措施协助下克服与土壁间的摩阻力和刃脚反力，不断下沉，直至设计标高；最后进行封底并构筑井内构件，形成一个地下建（构）筑物或其基础。

1. 沉井施工方案与准备

沉井的施工根据不同情况和条件（如沉井高度、地基承载力、施工机械设备等），可采用一次制作一次下沉，分解制作、接高一次下沉，或制作与下沉交替进行。施工前应做好地基处理、平整场地、修建临时设施和测量控制与沉降控制。

2. 沉井施工工艺

沉井法施工的主要工序为：测量放线、开挖基坑和搭设工作台→铺设垫层、承垫木→沉井制作→抽取垫木→挖土下沉→封底、回填、浇筑其他部分结构。

（1）测量放线和基坑开挖。根据设计图纸进行定位放线，先在地面上定出沉井纵横两个方向的中心轴线，基坑的轮廓线及水准标高等；然后进行基坑开挖，基坑平面尺寸要大于沉井的平面尺寸，以便满足垫木、支模、搭设脚手架及排水等工作的需要。

（2）铺设垫层、承垫木。当沉井制作高度较大时，重量会增大，为避免不均匀沉降，基坑上应铺设一定厚度（≥0.6m）的砂垫层。铺设砂垫层后，即可在其上部铺设垫木和浇筑混凝土垫板，以加大刃脚的支撑面积，保证沉井的制作质量。铺设垫木时，应用水平仪进行抄平，使刃脚踏面在同一水平面上，垫木长度中心应与刃脚踏面中线相重合。对于圆形沉井的定位垫木，一般对称设置在四个支点上；对矩形沉井定位垫木，一般设置在两长边，每边2个。当沉井长短边之比，$2>l/b\geq 1.5$ 时，两个定位点间距离为0.71；当 $l/b\geq 2$ 时，则为 $0.6l$。

（3）沉井制作。沉井井身制作过程包括拼装和就位刃脚角钢、支模和绑扎钢筋。拼装刃脚角钢时，应准确测量刃脚位置，放出刃脚的中线和边线，将准备好的角钢拼装就位，经校核无误后焊接固定。应注意：模板支好后，应检查其位置、刃脚标高和井壁垂直度；浇筑井身混凝土时，应沿井壁四周均匀对称进行，避免高低悬殊、压力不均、产生地基不均匀沉降而造成沉井断裂；做好井壁分节处的施工缝，以防漏水。

（4）挖土下沉。沉井下沉主要是通过从沉井内用机械或人工的办法对称均匀挖土，消除或减小沉井刃脚下的正面阻力，使沉井依靠自重逐渐从地面沉入地下。根据沉井所通过的土层和地下水的情况，沉井下沉施工可分为排水挖土下沉和不排水挖土下沉。

1）排水挖土下沉。当沉井所穿过的土层透水性较差，涌水量不大，排水不致产生流砂现象时，可采用排水挖土下沉。

2）不排水挖土下沉。若沉井穿过的土层中有较厚的亚砂土和粉砂土，地下水丰富，土层不稳定，有产生流砂的可能性时，沉井就宜采用不排水挖土下沉，下沉中要使井内水面高出井外水面 1～2m，以防流砂。

（5）沉井封底。沉井下沉至标高，应进行沉降观测，当 8h 内下沉量小于或等于 10mm 时，方可封底。封底可分为干封底和湿封底两种。

3. 沉井纠偏

土质不均匀或出现障碍物以及施工管理不严，都会造成沉井施工偏差。偏差主要包括倾斜和位移两方面。沉井纠偏有以下方法：

（1）矩形沉井长边产生偏差，可用偏心压重纠偏。

（2）沉井向某侧倾斜，可在高的一侧多挖土使其恢复水平再均匀挖土。

（3）采用触变泥浆润滑套时，可采用导向木纠偏。

（4）小沉井或矩形沉井短边产生偏差，应在下沉少的一侧外部用压力水冲井壁附近的土并加偏心压重；在下沉多的一侧加一水平推力来纠偏。

（5）当沉井中心线与设计中心线不重合时，可先在一侧挖土，使沉井倾斜，然后均匀挖土，使沉井沿倾斜方向下沉到沉井底面中心线接近设计中心线位置时再纠偏。

（五）其他非开挖施工方法

气动夯管锤铺管法和导向转进法都属于非开挖管线工程施工技术，一般适用于管径小于 900mm 的管线铺设工程。除了这两种方法以外，常用的还有冲击矛法、油压夯管锤法、水平螺旋钻进法、滚压挤土法、微型隧道法等。其中油压夯管锤法是以油压动力设备替代空气压缩机的另一种夯管锤法，与气动夯管锤法相似。

第五章　工 程 计 量

第一节　工程计量的基本原理与方法

一、工程计量的有关概念

（一）工程量计算的含义

工程量计算是工程计价活动的重要环节，是指建设工程项目以技术文件、规范等为依据，按照一定的工程量计算规则进行列项确定其工程数量的活动，也即工程计量。

工程项目发承包模式不同，或者说在不同的阶段发承包，工程计量的依据、原则、规则方法也各不相同。国内比较典型的发承包模式，一个是工程总承包模式（EPC或DB），另一个是施工发承包模式。对于实施工程总承包模式的房屋工程量计算可采用《房屋工程总承包工程量计算规范》T/CCEAS 002—2022，对于施工发承包模式（包括施工总承包、施工总承包管理等）的工程量计算可采用《房屋建筑与装饰工程工程量计算标准》GB/T 50854—2024）。具体区别见表5.1.1。

表5.1.1　不同发承包模式下的工程量计算区别

序号	内容	工程总承包	施工发承包
1	适用标准	《房屋工程总承包工程量计算规范》T/CCEAS 002—2022	《房屋建筑与装饰工程工程量计算标准》GB/T 50854—2024
2	编制依据	计量规范、可行性研究文件、方案设计文件、初步设计文件及其他有关技术经济文件	计量标准、施工图设计文件、技术标及其他有关技术经济文件
3	清单形式	项目清单，清单项目可以是单位工程或扩大分部分项工程等	工程量清单，以分部分项工程量清单为主
4	清单作用	价格清单列出的建筑安装工程的任何工程量及其价格应仅限于作为合同约定的变更和支付的参考，不应作为结算依据	单价合同中合同清单作为价款结算的依据。总价合同中标价工程量清单中的清单项目、项目特征、工程数量不具有合同约束力，合同单价根据约定作为变更调价的依据
5	清单缺陷责任	由投标人（承包人）承担	单价合同中，分部分项工程量清单缺陷责任由招标人（承包人）承担；总价合同中，分部分项工程量清单缺陷责任由投标人（承包人）承担。措施项目清单缺陷责任不论总价合同还是单价合同均由投标人（承包人）承担

续表 5.1.1

序号	内容	工程总承包	施工发承包
6	合同工程计量	采用总价合同，除工程变更外，工程量不予调整，按里程碑节点进行计量支付	单价合同中分部分项工程项目清单的单价计价清单项目应依据发包人提供的工程实际施工图纸及颁发和确认的变更指令，按照合同约定的国家及行业工程量计算标准及补充的工程量计算规则进行重新计量；总价合同中分部分项工程项目清单可不重新计量，合同价格不应因分部分项工程项目清单存在工程量清单缺陷而调整（工程变更、新增工程除外）

工程总承包模式下项目清单设置与施工发承包模式下项目清单设置有很大区别，表 5.1.2为工程总承包模式在可行性研究和方案设计完成后招标的项目清单设置，表 5.1.3 为工程总承包模式在初步设计完成后招标的项目清单设置，表 5.1.4 为施工发承包模式在施工图设计完成后招标的工程量清单项目设置。

表 5.1.2　可行性研究和方案设计完成后招标的项目清单（部分）

项目编码	项目名称	计量单位	计量规则	工程内容
A××10	竖向土石方工程	m^3	按设计图示尺寸以体积计算	包括竖向土石方（含障碍物）开挖、竖向土石方回填、余方弃置等全部工程内容
A××20	土建工程	m^2	按建筑面积计算	包括基础土石方工程、地基处理、基坑支护及降排水工程、地下室防护工程、桩基工程、砌筑工程、钢筋混凝土工程、装配式混凝土工程、钢结构工程、木结构工程、屋面工程和建筑附属构件等全部工程内容
A××21	地下部分土建		按地下部分建筑面积计算	
A××22	地上部分土建（带基础）		按地上部分建筑面积计算	
A××23	地上部分土建（不带基础）			
A××30	装饰工程		按建筑面积计算	包括建筑外立面装饰工程、室内装饰工程等全部工程内容
A××31	建筑外立面装饰工程		按设计图示尺寸以建筑外立面面积计算	包括建筑外立面装饰工程及其附属的遮阳板、线条等全部工程内容
A××32	地下部分室内装饰工程		按地上部分建筑面积计算	包括室内装饰工程等全部工程内容
A××33	地上部分室内装饰工程		按地下部分建筑面积计算	

注：如为居住建筑，多层建筑编码为 A01，小高层建筑编码为 A02 等。具体见《房屋工程总承包工程量计算规范》T/CCEAS 002—2022。

表 5.1.3　初步设计完成后招标的项目清单（砌筑工程）

项目编码	项目名称	计量单位	计量规则	工程内容
A××2×××0601	砌筑基础	m^3	按设计图示尺寸以体积计算，过梁、圈梁、反坎、构造柱等并入砌块砌体体积计算	包括砌体、构造柱、圈梁、现浇带、钢筋、模板及支架（撑）等全部工程内容
A××2×××0602	砌筑墙			包括砌体、钢筋等全部工程内容
A××2×××0603	砌筑柱			包括砌体、构造柱、圈梁、现浇带、钢筋、模板及支架（撑）等全部工程内容
A××2×××0604	其他砌筑工程			

注：具体见《房屋工程总承包工程量计算规范》T/CCEAS 002—2022。

表 5.1.4　施工图设计完成后招标的清单项目（砌筑工程）

项目编码	项目名称	项目特征	计量单位	工程量计算规则	工作内容
010401001	砖基础	1. 砖品种、规格、强度等级； 2. 基础类型； 3. 砂浆强度等级； 4. 防潮层材料种类	m^3	按设计图示尺寸以体积计算。 扣除地梁（圈梁）、构造柱所占体积，不扣除基础大放脚T形接头处的重叠部分及嵌入基础内的钢筋、铁件、管道、基础砂浆防潮层和单个面积≤0.3m^2的孔洞所占体积。附墙垛基础宽出部分体积并入计算，靠墙暖气沟的挑檐不增加体积。 墙基础长度：外墙基础按外墙中心线、内墙基础按内墙净长计算	1. 砂浆制作； 2. 砌砖； 3. 水平防潮层铺设
010401002	实心砖墙	1. 砖品种、规格、强度等级； 2. 墙体类型； 3. 墙体厚度； 4. 砂浆强度等级		按设计图示尺寸以体积计算。 扣除门窗洞口、嵌入墙内的柱、梁、板及凹进墙内的壁龛、管槽、暖气槽、消火栓箱所占体积，不扣除单个面积≤0.3m^2的孔洞及墙内檩头、垫木、木楞头、沿缘木、木砖、门窗走头、加固钢筋、木筋、铁件、管道所占的体积。 凸出墙面的墙垛并入计算。腰线、挑檐、压顶、窗台线、虎头砖、门窗套凸出墙面部分的体积不并入计算。 同材质围墙柱及围墙压顶并入围墙体积内计算。 墙长度：外墙按中心线、内墙按净长计算，框架间墙不区分内外墙均按净长计算	1. 砂浆制作； 2. 砌砖； 3. 刮缝； 4. 墙体顶缝、侧缝填塞处理
010401003	多孔砖墙				
010401004	空心砖墙				

续表 5.1.4

项目编码	项目名称	项目特征	计量单位	工程量计算规则	工作内容
010401005	实心砖柱	1. 砖品种、规格、强度等级； 2. 柱截面尺寸； 3. 砂浆强度等级	m^3	按设计图示尺寸以体积计算。扣除混凝土及钢筋混凝土梁垫、梁头、板头所占体积	1. 砂浆制作； 2. 砌砖； 3. 刮缝
010401006	多孔砖柱				

注：具体见《房屋建筑与装饰工程工程量计算标准》GB/T 50854—2024。

本章内容无特别说明，工程计量指施工发承包及实施阶段计价活动中的工程量计量。该阶段的工程计量不仅包括招标阶段工程量清单编制中工程量的计算，也包括投标报价以及合同履约阶段的变更、索赔、支付和结算中工程量的计算和确认。工程计量工作在不同计价过程中有不同的具体内容，如在招标阶段主要依据施工图纸和工程量计算规则确定拟建清单项目的工程数量；在施工阶段主要根据合同约定、施工图纸及工程量计算规则对已完成工程量进行计算和确认。

（二）工程量的含义

工程量是工程计量的结果，是指按一定规则并以物理计量单位或自然计量单位所表示的建设工程清单项目或结构构件的数量。准确计算工程量是工程计价活动中最基本的工作，一般来说工程量有以下作用：

（1）工程量是确定建筑安装工程造价的重要依据。只有准确计算工程量，才能正确计算工程相关费用，合理确定工程造价。

（2）工程量是承包方生产经营管理的重要依据。工程量在投标报价时是确定项目的综合单价和投标策略的重要依据。工程量在工程实施时是编制项目管理规划，安排工程施工进度，编制材料供应计划，进行工料分析，编制人工、材料、机具台班需要量，进行工程统计和经济核算，编制工程形象进度统计报表的重要依据。工程量在工程竣工时是向工程建设发包方结算工程价款的重要依据。

（3）工程量是发包方管理工程建设的重要依据。工程量是编制建设计划、筹集资金、工程招标文件、工程量清单、建筑工程预算、安排工程价款的拨付和结算、进行投资控制的重要依据。

二、工程量计算的原则与依据

（一）工程量计算的原则

工程量计算的基本基准是图纸和规范，非设计因素不作为工程量计算的依据，这是工程量计算的一大原则。

（1）图纸与规范为基准的计量原则。施工方案不再作为清单编制和工程计量的依据。在工程项目的发包过程中，施工方案不属于发包人应提供的资料，不作为工程计量的基准，但是常规的施工方案仍然是计量计价过程中应考虑的因素。

（2）非设计要求不计量原则。如非设计要求的马凳筋、斜撑筋、抗浮筋、垫铁等措施钢筋的工程量不予计量，应在相应项目的综合单价中考虑。例如，非设计要求的植筋，不单独列项计量，但当设计有要求时，应按对应构件钢筋项目分别编码列项，并增加对植入要求的描述。再如，防水层、隔离层的搭接、拼缝、压边、留用量及为满足施工规范所需的附加层用量均不另行计算；但设计文件中标注具体尺寸的附加层，应计算工程量，并按附加层材质、做法等项目特征单独编码列项计算工程量。

（3）履约计量原则。在实施过程中，合同工程应以承包人按合同要求已完成且应予计量的工程进行计量。工程数量应按发承包双方约定的相关工程国家及行业工程量计算标准及补充的工程量计算规则计算。

（二）工程量计算的依据

工程量的计算应遵循以下依据：

（1）国家发布的工程量计算标准和相关计算规则。对于房屋建筑与装饰工程主要依据《房屋建筑与装饰工程工程量计算标准》GB/T 50854—2024（本章简称工程量计算标准）；房屋建筑与装饰工程（另有规定者除外）涉及电气、给排水、暖通等安装工程的项目，应按《通用安装工程工程量计算标准》GB/T 50856—2024 的相应项目执行；涉及仿古建筑工程的项目，应按《仿古建筑工程工程量计算标准》GB/T 50855—2024 的相应项目执行；涉及市政道路、路灯等市政工程的项目，应按《市政工程工程量计算标准》GB/T 50857—2024 的相应项目执行；涉及园林绿化工程的项目，应按《园林绿化工程工程量计算标准》GB/T 50858—2024 的相应项目执行。

（2）经审定的施工设计图纸及其说明。施工图纸全面反映建筑物（或构筑物）的结构构造、各部位的尺寸及工程做法，是工程量计算的基础资料和基本依据。除了施工设计图纸及其说明，还应配合有关的标准图集进行工程量计算。

（3）经审定通过的其他有关技术经济文件。如工程施工合同、招标文件的商务条款、补充的工程量计算规则等。

三、工程量计算标准

工程量计算标准包括正文、附录和条文说明三部分。正文部分包括总则、术语、工程计量、工程量清单编制。附录 A～附录 Q（主要为分部分项工程清单项目，包括按分部分项工程形式列项的措施项目）对项目编码、项目名称、项目特征描述的内容、计量单位、工程量计算规则及工作内容做了规定；附录 R 对于按“项”计列的措施项目，其基本原则是按与完成整体工程项目相关、但与完成分部分项工程项目清单无关的费用项目进行列项，标准中仅规定了项目编码、项目名称、单位和工作内容。

对于措施项目，如发包人提供设计图纸，并要求承包人按图施工的非实体项目，由于有图纸可以计算工程量，其计量原则同分部分项工程量清单。如措施项目“混凝土模板”就按分部分项工程的形式计列入附录 E 部分。

在编制工程量清单时，对于标准中未包括的项目，编制人可以补充。补充项目的编码由专业工程代码（工程量计算标准代码，房屋建筑与装饰工程代码为 01）与 B 和三位阿拉伯数字组成，并应从 01B001 起顺序编制。补充的工程量清单应附有补充项目的项目名称、项目特征、计量单位、工程量计算规则以及工作内容。不能计量的措施项目，需附有补充项目的名称、工作内容及包含范围。

(一) 项目编码

项目编码是指分部分项工程和措施项目清单名称的阿拉伯数字标识。工程量清单项目编码采用十二位阿拉伯数字表示，一至九位应按计量规范附录规定设置，十至十二位应根据拟建工程的工程量清单项目名称设置。项目编码的十二位数字的含义是：一、二位为专业工程代码（01—房屋建筑与装饰工程；02—仿古建筑工程；03—通用安装工程；04—市政工程；05—园林绿化工程；06—矿山工程；07—构筑物工程；08—城市轨道交通工程；09—爆破工程。以后进入国标的专业工程代码以此类推）；三、四位为附录分类顺序码；五、六位为分部工程顺序码；七、八、九位为分项工程项目名称顺序码；十至十二位为清单项目名称顺序码。

同一招标工程中的同一单项工程的项目编码不得有重码。当同一单项工程量清单中含有多个单位工程且工程量清单是以单位工程为编制对象时，在编制工程量清单时应特别注意对同一单项工程内项目编码十至十二位的设置不得有重码的规定。例如，一个房屋建筑与装饰工程有 3 个单位工程，每一单位工程中都有项目特征相同的实心砖墙砌体，在工程量清单中又需反映 3 个不同单位工程的实心砖墙砌体工程量时，则第一个单位工程的实心砖墙砌体的项目编码应为 010401002001，第二个单位工程的实心砖墙砌体的项目编码应为 010401002002，第三个单位工程的实心砖墙砌体的项目编码应为 010401002003，并分别列出各单位工程实心砖墙砌体的工程量。

(二) 项目名称

工程量清单的分部分项工程和措施项目的项目名称应按工程量计算标准附录中的项目名称结合拟建工程的实际确定。工程量计算标准中的项目名称是具体工作中对清单项目命名的基础，应在此基础上结合拟建工程的实际，对项目名称具体化，特别是归并或综合性较大的项目应区分项目名称，分别编码列项。如标准附录中的“010701001 屋架”项目，其项目名称为“屋架”，在具体编制工程量清单时，应结合拟建工程实际将其名称具体化为“木屋架”“钢木屋架”等。

(三) 项目特征

项目特征是载明构成工程量清单项目自身的本质及要求，用于说明设计图纸、技术标准规范及招标文件所要求完成的清单项目的文字性描述，是清单项目内提供的对完成清单项目交付要求的工作任务描述。项目特征是清单项目自身价值的本质特征。从本质上讲，项目特征体现的是对清单项目的质量要求，是确定一个清单项目综合单价不可缺少的重要依据，在编制工程量清单时，必须对项目特征进行准确和全面的描述。工程量清单项目特征描述的重要意义：项目特征是区分具体清单项目的依据；项目特征是确定综合单价的前提；项目特征是履行合同义务的基础。编制人需充分了解工程项目的实际情况和要求，结合工程图纸和技术规范，准确、详细、全面地描述项目特征，应避免出现歧义或遗漏。工程量清单项目特征有助于投标人准确理解招标人的意图和要求，确保投标报价的准确性和合理性。

工程量清单的项目特征描述应能反映拟建工程的实际，既要反映图纸设计做法，还应符合规范施工要求。项目特征应按工程量计算标准附录中规定的项目特征，结合拟建工程项目的实际予以描述，能够体现项目本质区别的特征和对报价有实质影响的内容都必须描述。对采用发包人提供材料的清单项目，其项目特征应对发包人提供材料予以描述。如“010102002 挖沟槽土方”，需要描述的项目特征有土类别、开挖深度和基底处理方式。为达到规范、简捷、准确、全面描述项目特征的要求，在描述工程量清单项目特征时应按以下原则进行：

（1）项目特征描述的内容应按工程量计算标准附录中的规定，结合拟建工程的实际，能满足确定综合单价的需要。

（2）若采用标准图集或施工图纸能够全部或部分满足项目特征描述的要求，项目特征描述可直接采用详见××图集或××图号的方式。对不能满足项目特征描述要求的部分，仍应用文字描述。

而对于应由投标人根据施工方案确定的内容，项目特征中不进行描述。这部分内容无法按设计图纸准确描述，应由投标人根据施工现场实际情况自行考虑。如“010102007 回填方”，项目特征不需要描述“运距”和“来源”等由投标人根据现场情况确定的内容，但“填方部位、材料品种、密实度”需要描述。

（四）计量单位

清单项目的计量单位应按工程量计算标准附录中规定的计量单位确定。标准中的计量单位均为基本单位。如质量以“t”为单位，长度以“m”为单位，面积以“m^2”为单位，体积以“m^3”为单位，自然计量的以“个”“根”“座”“套”“孔”“榀”为单位。

不同计量单位汇总后的有效位数也不相同，根据工程量计算标准的规定，工程计量时每一项目汇总的有效位数应符合下列规定：

（1）以“t”为单位，保留小数点后三位数字，第四位小数四舍五入。

（2）以“m”“m^2”“m^3”为单位，保留小数点后两位数字，第三位小数四舍五入。

（3）以“个”“根”“座”“套”“孔”“榀”为单位，取整数。

（五）工程量计算规则

工程量计算标准统一规定了工程量清单项目的工程量计算规则。工程量计算规则指向设计已知条件，包含设计图纸及规范规定的范围，不考虑应由施工因素考虑的内容。如钢筋的工程量计算规则“按设计图示钢筋中心线长度乘以单位理论质量计算。设计（包括规范规定）标明的搭接和锚固长度应并入计算。各钢筋项目除设计（包括规范规定）标明的搭接外，其他施工搭接（如定尺搭接）不计算工程量”。如挖沟槽土方工程量计算规则“按照设计图示基础（含垫层）底面积另加工作面面积，乘以挖土深度，以体积计算”，工程量中不计算放坡工程量，而土方放坡则会与工程的坐落位置、土质情况、开挖方式、边坡支护等各种实际情况有关，其方式方法并不唯一，是应由投标人自行考虑的施工方式，所以在计算规则中不再考虑放坡因素，需由投标人在投标报价中综合考虑。

（六）工作内容

工作内容是指为了完成工程量清单项目所需要进行的具体施工工序。工作内容虽然不是编制工程量清单的要素之一，但编制工程量清单及确定清单项目的综合单价时，工作内容是必须考虑的因素，否则可能会出现列项错误或单价综合内容错误。确定综合单价时必须包括完成符合完工交付要求的相应清单项目必要的施工任务及其不可或缺的辅助工作。

工程量计算标准附录中仅列出了完成清单项目的主要工序，次要工序没有列出但并不意味着不包含，如工序完成后的清理、材料的场内运输等，除另有说明外，工作内容均包含材料（半成品、成品）、构件或设备的场内运输（尽管标准中没有列出）。

清单项目的工作内容作为工程量计算标准的重要组成内容，是编制工程量清单时需考虑的重要因素，不应将工作内容中已经包含的工作拆分再列清单，比如挖基坑土方清单工作内容包括开挖、放坡（若有）、挡土板围护（若有），装车，场内运输，清底修边，基底夯实，基底钎探。可以看出，工作内容中已经包含基底钎探，不应将基底钎探作为一个清单项目单独列项。

工作内容不同于项目特征。项目特征体现的是清单项目质量或特性的要求或标准，工作内容体现的是完成一个合格的清单项目需要具体做的施工作业和操作程序，对于一项明确了的分部分项工程项目或措施项目，工作内容确定了其工程成本。不同的施工工艺和方法，工作内容也不一样，工程成本也就有了差别。例如，“010401001 砖基础”的项目特征为砖品种、规格、强度等级，基础类型，砂浆强度等级，防潮层材料种类。其工作内容为砂浆制作，砌砖，水平防潮层铺设。还有没有列出的“运砂浆、运砖”。通过对比可以看出，“砂浆强度等级”是对砂浆质量标准的要求，体现的是用什么样规格的材料去做，属于项目特征；“砂浆制作”是砌筑过程中的工艺和方法，体现的是如何做，属于工作内容。

四、平法标准图集

（一）平法施工图的基本概念

混凝土结构施工图采用建筑结构施工图平面整体表示方法，简称“平法”。平法是把结构构件的尺寸和配筋等信息按照平面整体表示方法制图规则，直接表达在各类构件的结构平面布置图上，再与标准构造详图相配合，构成一套完整的结构设计施工图纸。平法改变了传统的将构件从结构平面布置图中索引出来，再逐个绘制配筋详图、画出配筋表的做法。实施平法的优点主要表现在以下两方面：

（1）减少图纸数量。平法把结构设计中的重复性内容做成标准化的节点构造，把结构设计中创造性内容使用标准化的方法来表示。这样按平法设计的结构施工图就可以简化为两部分：一是各类结构构件的平法施工图，二是图集中的标准构造详图。所以，大幅减少了图纸数量。识图时，施工图纸要结合平法标准图集进行。

（2）实现平面表示，整体标注，即把大量的结构尺寸和钢筋数据标注在结构平面图上，并且在一个结构平面图上，同时进行梁、柱、墙、板等各种构件尺寸和钢筋数据的标注。整体标注很好地体现了整个建筑结构是一个整体，梁和柱、板和梁都存在不可分割的有机联系。

（二）平法标准图集简介

平法标准图集即 G101 系列平法图集，是混凝土结构施工图采用建筑结构施工图平面整体设计方法的国家建筑标准设计图集。平法标准图集内容包括两个主要部分：一是平法制图规则，二是标准构造详图。

现行的平法标准图集为 22G101 系列图集，包括 22G101－1《混凝土结构施工图平面整体表示方法制图规则和构造详图（现浇混凝土框架、剪力墙、梁、板）》、22G101－2《混凝土结构施工图平面整体表示方法制图规则和构造详图（现浇混凝土板式楼梯）》、22G101－3《混凝土结构施工图平面整体表示方法制图规则和构造详图（独立基础、条形基础、筏形基础、桩基础）》，适用于抗震设防烈度为 6～9 度地区的现浇混凝土结构施工图的设计。

（三）主要构件的平法注写方式

根据平法图集的内容，简要介绍现浇混凝土柱、梁、板、基础和剪力墙等构件的平法标注，构件的详细注写方式和节点构造请参阅 22G101 图集。

1. 柱平法施工图的注写方式

柱平法施工图有列表注写方式和截面注写方式。列表注写方式系在柱平面布置图上，分别在同一编号的柱中选择一个截面标注几何参数代号，在柱表中注写柱编号、柱段起止标高、几何尺寸与配筋的具体数值，并配以各种柱截面形状及其箍筋类型图的方式来表达柱平法施工图。

柱编号由柱类型代号和序号组成，柱的类型代号有框架柱（KZ）、转换柱（ZHZ）、芯柱（XZ）。注写柱箍筋时，当框架节点核心区内箍筋与柱端箍筋设置不同时，应在括号中注明核心区箍筋直径及间距。如ϕ10@100/200（ϕ12@100），表示柱中箍筋为HPB300钢筋，直径为10mm，加密区间距为100mm，非加密区间距为200mm。框架节点核心区箍筋为HPB300钢筋，直径为12mm，间距为100mm。当箍筋沿柱全高为一种间距时，则不使用斜线“/”。

某框架柱列表注写方式如表5.1.5所示。

表5.1.5　某框架柱列表注写方式示例

柱号	标高	$b\times h$	b_1	b_2	h_1	h_2	全部纵筋	角筋	b边一侧中部筋	h边一侧中部筋	箍筋类型号	箍筋
KZ1	−0.030～19.470	750×700	375	375	150	550	24Φ25	—	—	—	1(5×4)	ϕ10@100/200
	19.470～37.470	650×600	325	325	150	450	—	4Φ22	5Φ22	4Φ20	1(4×4)	ϕ10@100/200
	37.470～59.070	550×500	275	275	150	350	—	4Φ22	5Φ22	4Φ20	1(4×4)	ϕ8@100/200

截面注写方式是在柱平面布置图的柱截面上，分别在同一编号的柱中选择一个截面，以直接注写截面尺寸和配筋的具体数值的方式来表达柱平法施工图。柱截面注写方式如图5.1.1所示。

2. 梁平法施工图的注写方式

梁平法施工图分平面注写方式、截面注写方式。梁的平面注写包括集中标注与原位标注。集中标注表达梁的通用数值，原位标注表达梁的特殊数值。当集中标注中的某项数值不适用于梁的某部位时，则将该项数值原位标注，施工时，原位标注优先于集中标注。

（1）集中标注的内容包括梁编号、梁截面尺寸，箍筋的钢筋级别、直径、加密区及非加密区、肢数，梁上下通长筋和架立筋，梁侧面纵筋（包括构造腰筋及抗扭腰筋），梁顶面标高高差。

1）梁编号，该项为必注值。梁编号由梁类型代号、序号、跨数及有无悬挑代号组成。梁的类型代号有楼层框架梁（KL）、楼层框架扁梁（KBL）、屋面框架梁（WKL）、框支梁（KZL）、托柱转换梁（TZL）、非框架梁（L）、悬挑梁（XL）、井字梁（JZL），A为一端悬挑，B为两端悬挑，悬挑不计跨数。如KL7（5A）表示7号框架梁，5跨，一端悬挑。

2）梁截面尺寸，该项为必注值。当为等截面梁时，用$b\times h$表示；当为竖向加腋梁时，用$b\times h$、Y$c_1\times c_2$表示，其中c_1为腋长，c_2为腋高（图5.1.2）；当为水平加腋梁时，一侧加腋时用$b\times h$、PY$c_1\times c_2$表示，其中c_1为腋长，c_2为腋宽，加腋部分应在平面中绘制（图5.1.3）；当有悬挑梁且根部和端部的高度不同时，用斜线分隔根部与端部的高度值，即为$b\times h_1/h_2$（图5.1.4）。

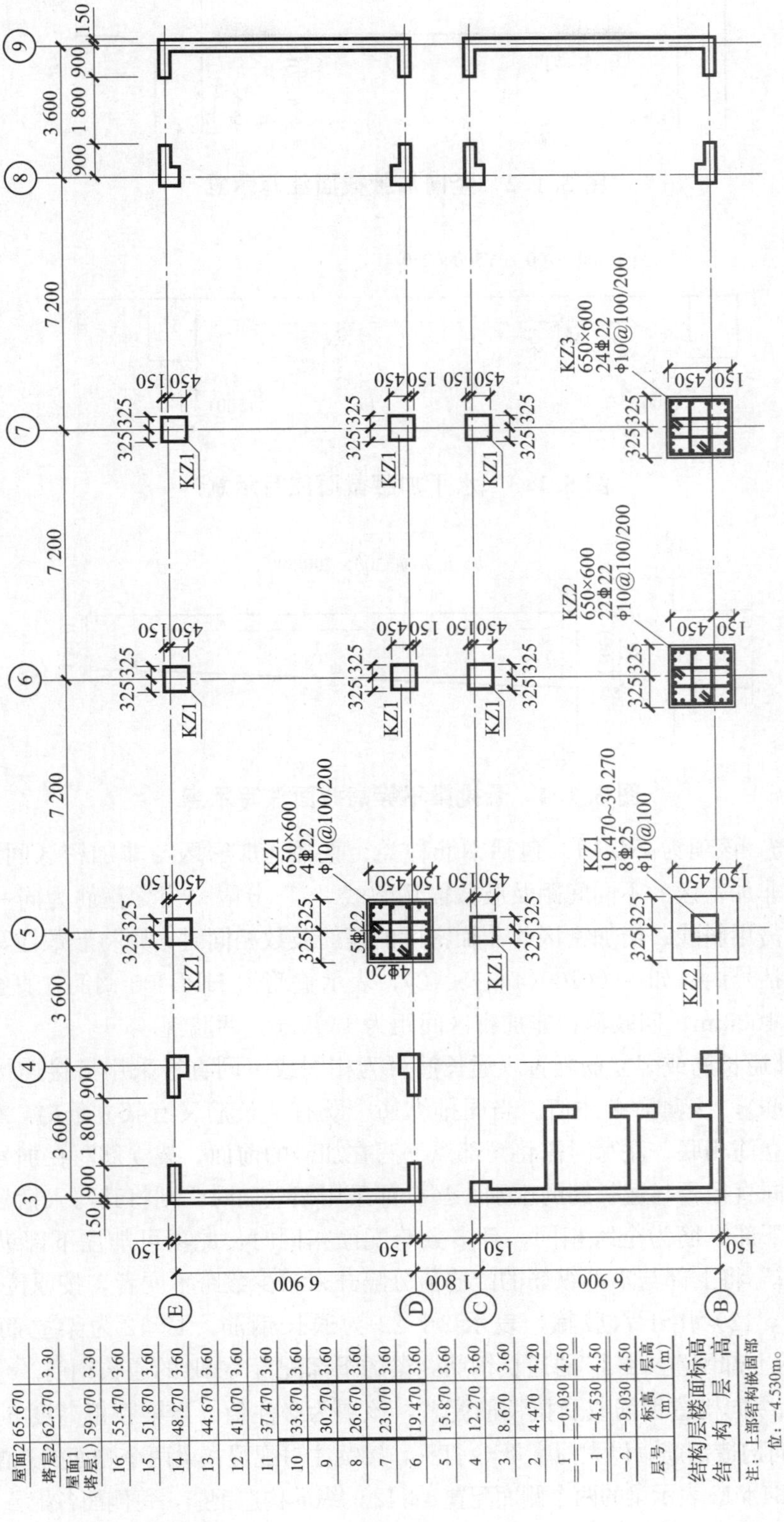

图 5.1.1　某 KZ1截面注写示意图（19.470～37.470）

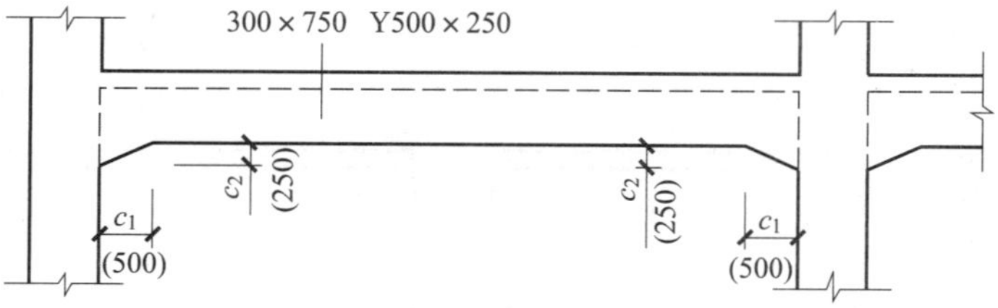

图 5.1.2　竖向加腋截面注写示意

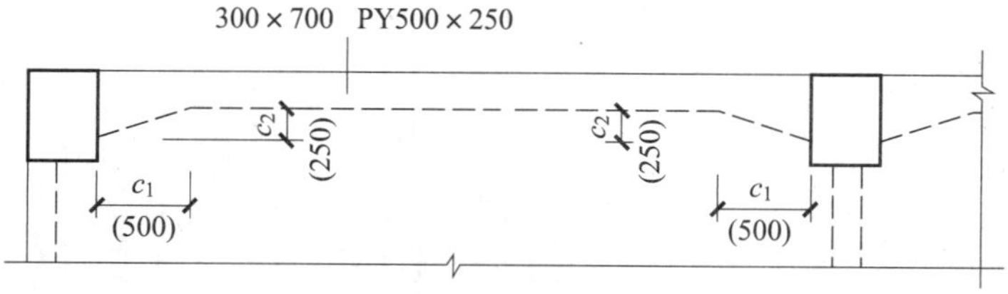

图 5.1.3　水平加腋截面注写示意

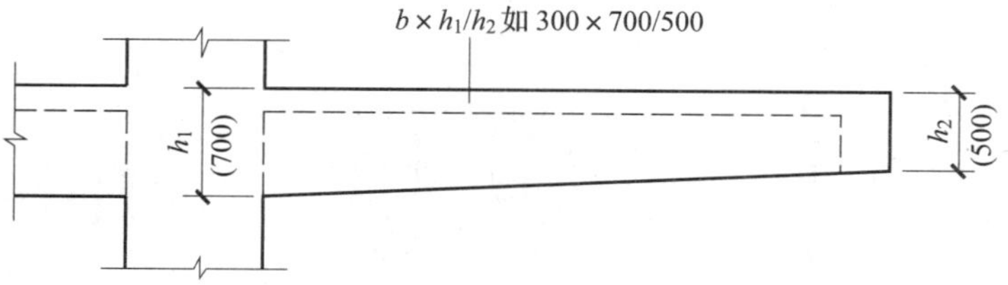

图 5.1.4　悬挑梁不等高截面注写示意

3）梁箍筋，该项为必注值。包括钢筋种类、直径、加密区与非加密区间距及肢数。箍筋加密区与非加密区的不同间距及肢数需用斜线“/”分隔；当梁箍筋为同一种间距及肢数时，则不需用斜线；当加密区与非加密区的箍筋肢数相同时，则将肢数注写一次；箍筋肢数应写在括号内。如φ8@100(4)/150(2)，表示箍筋为 HPB300 钢筋，直径为 8mm，加密区间距为 100mm，四肢箍；非加密区间距为 150mm，两肢箍。

4）梁上部通长筋或架立筋配置（通长筋可为相同或不同直径采用搭接连接、机械连接或焊接的钢筋），该项为必注值。当同排纵筋中既有通长筋又有架立筋时，应用“+”将通长筋和架立筋相联。注写时需将角部纵筋写在加号的前面，架立筋写在加号后面的括号内，以示不同直径及与通长筋的区别。当全部采用架立筋时，则将其写入括号内。当梁的上部纵筋和下部纵筋为全跨相同，且多数跨配筋相同时，此项可加注下部纵筋的配筋值，用分号“；”将上部与下部纵筋的配筋值分隔开来，少数跨不同者，按原位标注处理。如 2Φ22+（4φ12）用于六肢箍，表示 2Φ22 为通长钢筋，4φ12 为架立筋；3Φ22；3Φ22表示梁的上部配置 3Φ22 的通长钢筋，梁的下部配置3Φ22 的通长钢筋。

5）梁侧面纵向构造钢筋或受扭钢筋配置，该项为必注值。当梁腹板高度 $h_w \geqslant 450$mm 时，需配置纵向构造钢筋，以大写字母 G 打头，接续注写配置在梁两个侧面的总配筋值，且对称配置，如 G4φ12 表示梁的两个侧面配置 4φ12 的纵向构造钢筋，每侧面各配置 2φ12。配置受扭纵向钢筋时，以大写字母 N 打头，接续注写配置在梁两个侧面的总配筋值，且对称配置，如 N6⌀22 表示梁的两个侧面配置 6⌀22 的受扭纵向钢筋，每侧面各配置 3⌀22 的受扭纵向钢筋。受扭纵向钢筋应满足梁侧面纵向钢筋的间距要求，且不再重复配置纵向构造钢筋。

6）梁顶面标高高差，该项为选注值。梁顶面标高高差指相对于结构层楼面标高的高差值；对于位于结构夹层的梁，则指相对于结构夹层楼面标高的高差。有高差时，需将其写入括号内，无高差时不注。

（2）原位标注内容包括梁支座上部纵筋、梁下部纵筋、附加箍筋或吊筋以及集中标注不适合于某跨时标注的数值。

1）梁支座上部纵筋，该部位含通长筋在内的所有纵筋。当上部纵筋多于一排时，用斜线“/”将各排纵筋自上而下分开，如梁支座上部纵筋注写为 6⌀25 4/2 表示上一排纵筋为 4⌀25，下一排纵筋为 2⌀25；当同排纵筋有两种直径时，用加号“+”将两种直径的纵筋相联，注写时将角部纵筋写在前面，如梁支座上部有四根纵筋，2⌀25 放在角部，2⌀22 放在中部，在梁支座上部应注写为 2⌀25+2⌀22；当梁中间支座两边的上部纵筋不同时，需在支座两边分别标注；当梁中间支座两边的上部纵筋相同时，可仅在支座的一边标注配筋值，另一边省去不注。

2）梁下部纵筋。当下部纵筋多于一排时，用斜线“/”将各排纵筋自上而下分开；当同排纵筋有两种直径时，用加号“+”将两种直径的纵筋相联，注写时角筋写在前面；当梁下部纵筋不全部伸入支座时，将梁支座下部纵筋减少的数量写在括号内，用“-”表示，如梁下部纵筋注写为 2⌀25+3⌀22(-3)/5⌀25，表示上排纵筋为 2⌀25 和 3⌀22，其中 3⌀22 的不伸入支座，下排纵筋为 5⌀25，全部伸入支座。

3）当在梁上集中标注的内容（即梁截面尺寸、箍筋、上部通长筋或架立筋，梁侧面纵向构造钢筋或受扭纵向钢筋，以及梁顶面标高高差中的某一项或几项数值）不适用于某跨或某悬挑部分时，则将其不同数值原位标注在该跨或该悬挑部位，施工时应按原位标注数值取用。当在多跨梁的集中标注中已注明加腋，而该梁某跨的根部不需要加腋时，则应该在该跨原位注明等截面的 $b \times h$，以修正集中标注中加腋信息（图 5.1.5）。

4）附加箍筋或吊筋，将其直接画在平面图中的主梁上，用线引注总配筋值（附加箍筋肢数注在括号内）。当多数附加箍筋或吊筋相同时，可在梁平法施工图上统一注明，少数与统一注明不同时，在原位引注。附加箍筋和吊筋画法示例如图 5.1.6 所示。

某梁的平面注写方式如图 5.1.7 所示。

3. 板平法施工图的注写方式

（1）有梁楼盖平法施工图的注写方式。

有梁楼盖平法施工图是在楼面板和屋面板布置图上，采用平面注写的表达方式。板平面注写主要包括板块集中标注和板支座原位标注两种方式。为方便设计表达和施工识图，规定结构平面的坐标方向：当两向轴网正交布置时，图面从左至右为 X 向，从下至上为 Y 向；当轴网向心布置时，切向为 X 向，径向为 Y 向。

1）板块集中标注的内容为板块编号、板厚、上部贯通纵筋、下部纵筋，以及当板面标高不同时的标高高差。对于普通楼面，两向均以一跨为一板块；对于密肋楼盖，两向主梁（框架梁）均以一跨为一板块（非主梁密肋不计）。所有板块应逐一编号，相同编号的板块可以选择其一做集中标注，其他仅注写置于圆圈内的板编号，以及当板面标高不同时的标高高差。

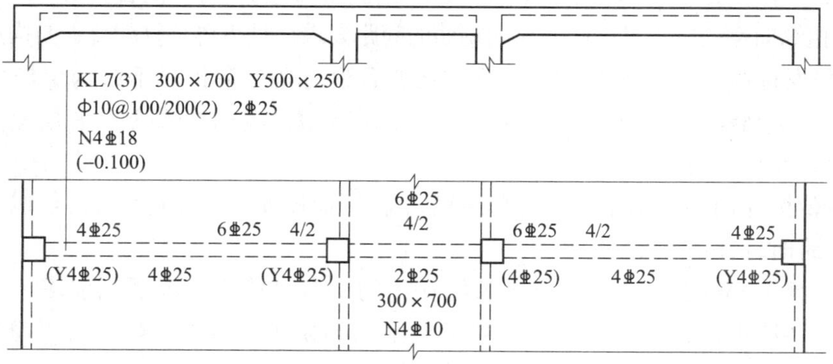

图 5.1.5 梁竖向加腋平面注写方式表达示例

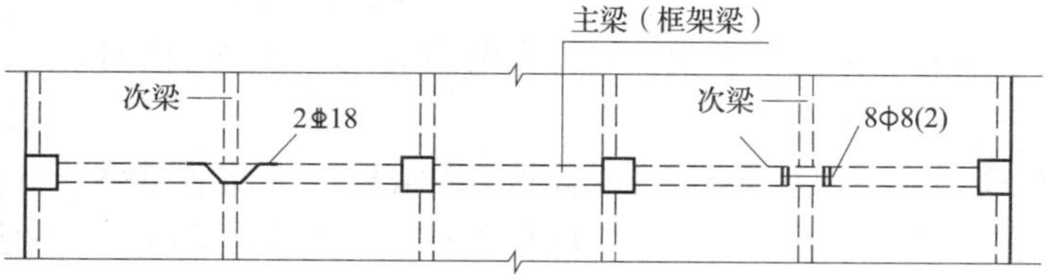

图 5.1.6 附加箍筋和吊筋的画法示例

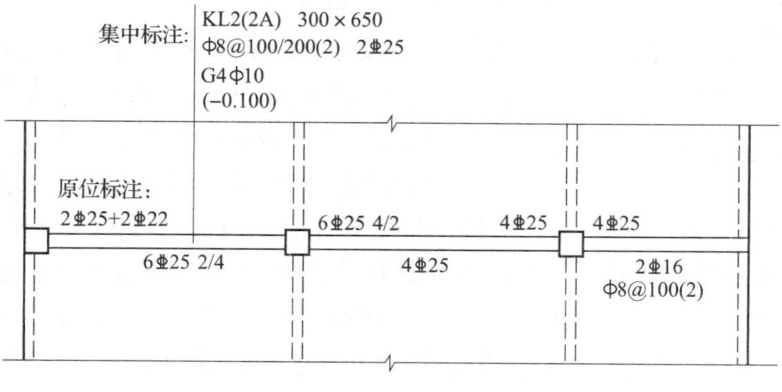

图 5.1.7 梁平面注写示例

板类型及代号为楼面板（LB）、屋面板（WB）、悬挑板（XB）。贯通钢筋按板块的下部和上部分别注写，B 代表下部，T 代表上部。当在某些板内［例如悬挑板（XB）的下部］配置构造钢筋时，则 *X* 向以 Xc、*Y* 向以 Yc 打头注写。

例如，板块集中标注注写为 LB5　*h*=110　B：X⏀12@120；Y⏀10@100，表示 5 号楼面板、板厚 110mm、板下部 *X* 向贯通纵筋⏀12@120、板下部 *Y* 向贯通纵筋⏀10@100、板上部未配置贯通纵筋。注写为 LB5　*h*=110　B：X⏀10/12@100；Y⏀10@110，表示 5 号楼面板、板厚 110mm，板下部配置的贯通纵筋 *X* 向为⏀10 和⏀12 隔一布一、⏀10 与⏀12之间间距 100mm，*Y* 向贯通纵筋⏀10@110；板上部未配置贯通纵筋。标注 XB2　*h*=150/100　B：Xc&Yc⏀8@200，表示 2 号悬挑板、板根部厚 150mm、端部厚 100mm、板下部配置构造钢筋双向均为⏀8@200、上部受力钢筋见板支座原位标注。

2）板支座原位标注的内容为板支座上部非贯通纵筋和悬挑板上部受力钢筋。板支座上部非贯通纵筋自支座边线向跨内的伸出长度，注写在线段的下方位置。两侧对称时可只注写一侧，两侧不对称时两侧均需要注写其伸出长度。

当板的上部已配置贯通纵筋，但需增配板支座上部非贯通纵筋时，应结合已配置的同向贯通纵筋的直径与间距采取“隔一布一”方式配置。

有梁楼盖平法注写示例如图 5.1.8 所示。

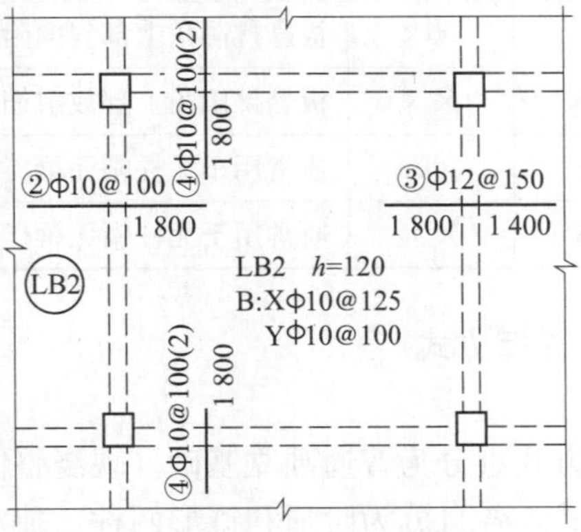

图 5.1.8　有梁楼盖平法注写示例

（2）无梁楼盖平法施工图的注写方式。

无梁楼盖板带类型及代号为柱上板带（ZSB）、跨中板带（KZB）。板带的集中标注包括板带编号、板带厚、板带宽和贯通纵筋；板带支座原位标注的具体内容为板带支座上部非贯通纵筋，以一段与板带同向的中粗实线段表示，在线段上注写钢筋编号、配筋值并在线段的下方注写自支座中线向两侧柱跨内的伸出长度。

施工图中，在柱轴线处画中粗虚线表示暗梁（AL），集中标注包括暗梁编号、暗梁截面尺寸（箍筋外皮宽度×板厚）、暗梁箍筋、暗梁上部通长筋或架立筋四部分内容，其他注写方式同梁。

例如，有一板带注写为 ZSB2（5A）　$h=300$　$b=3\ 000$　B⌀16@100；T⌀18@200，表示 2 号柱上板带，有 5 跨且一端有悬挑；板带厚 300mm，宽 3 000mm；板带配置贯通纵筋下部为⌀16@100，上部为⌀18@200。

（3）其他相关构造编号见表 5.1.6。

表 5.1.6　其他相关构造编号表

构造类型	代号	序号	说明
纵筋加强带	JQD	××	以单向加强纵筋取代原位置配筋
后浇带	HJD	××	留筋方式可为贯通或 100%搭接
柱帽	ZM×	××	适用于无梁楼盖，立面形状有单倾角柱帽 ZMa、托板柱帽 ZMb、变倾角柱帽 ZMc 和倾角托板柱帽 ZMab 等
局部升降板	SJB	××	板厚及配筋与所在板相同；构造升降高度不大于 300mm
板加腋	JY	××	腋高与腋宽可选注

续表 5.1.6

构造类型	代号	序号	说明
板开洞	BD	××	最大边长或直径小于 1 000mm；加强筋长度有全跨贯通和自洞边锚固两种
板翻边	FB	××	翻边高度不大于 300mm
角部加强筋	Crs	××	以上部双向非贯通加强钢筋取代原位置的非贯通配筋
悬挑板阴角附加筋	Cis	××	板悬挑阴角上部斜向附加钢筋
悬挑板阳角放射筋	Ces	××	板悬挑阳角上部放射筋
抗冲切箍筋	Rh	××	通常用于无柱帽无梁楼盖的柱顶
抗冲切弯起筋	Rb	××	通常用于无柱帽无梁楼盖的柱顶

4. 基础平法施工图的注写方式

（1）独立基础。

独立基础按柱的施工方式可分为普通独立基础（现浇整体式）和杯口独立基础（装配式）两种；按底板截面形式，各自分为阶形和锥形两种。独立基础平法施工图有平面注写与截面注写两种表达方式。以普通独立基础为例介绍独立基础的平面注写方式。

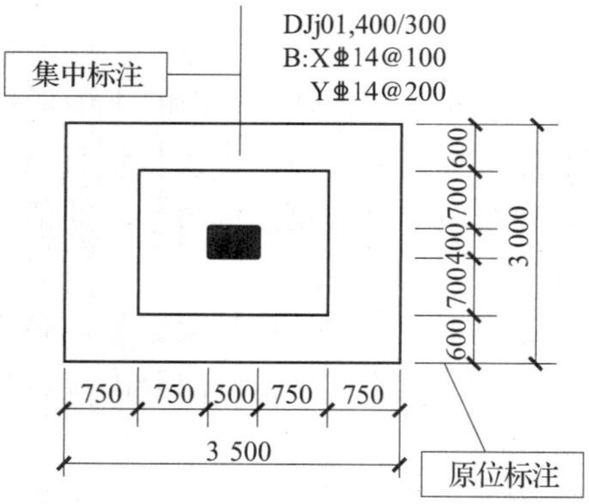

图 5.1.9 普通独立基础平面注写方式

普通独立基础的平面注写方式可分为集中标注和原位标注，如图 5.1.9 所示。

1）集中标注包括基础形式和编号、截面竖向尺寸、配筋三项必注内容，以及基础底面标高（与基础底面基准标高不同时）和必要的文字注解两项选注内容。

①基础形式和编号。独立基础的形式和编号按表 5.1.7 注写，阶形截面编号加 j，锥形截面编号加 z。如 DJj01 表示序号 01 的普通阶形截面独立基础。

表 5.1.7 独立基础的编号

类型	基础底板截面形状	代号	序号
普通独立基础	阶形	DJj	××
	锥形	DJz	××
杯口独立基础	阶形	BJj	××
	锥形	BJz	××

②截面竖向尺寸。注写为：$h_1/h_2/\cdots$，要求由下往上表示每个台阶的高度，如图 5.1.10 所示。如 400/300 表示基础的竖向尺寸为 $h_1=400$mm、$h_2=300$mm，基础底板厚度或基础高度为：$h_j=400+300=700$（mm）。

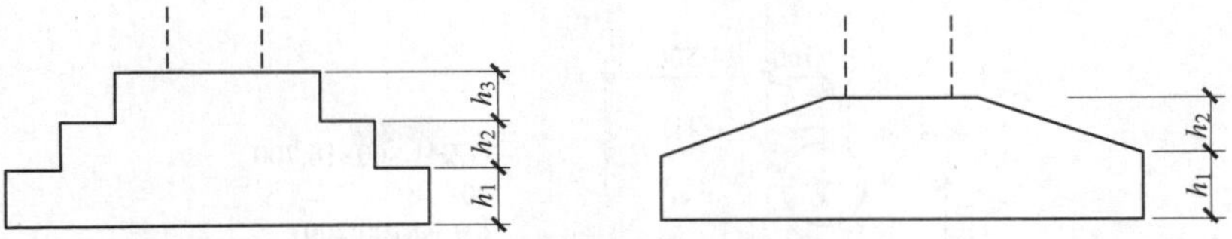

图 5.1.10　普通独立基础竖向尺寸

③配筋。基础底板底部配筋以 B 表示，以 X 和 Y 表示配筋方向，当两向配筋相同时，则用 X&Y 表示。如当独立基础底板配筋标注为 B：X⏀16@150，Y⏀16@200，表示基础底板底部配置 HRB400 级钢筋，X 向钢筋直径为 16mm，间距 150mm，Y 向钢筋直径为 16mm，间距 200mm。基础底板顶部配筋以 T 表示，T 后先注写受力筋，再注写分布筋，并用“/”分开。如 T：7⏀18@100/⏀10@200，“/”前 7⏀18@100 表示：配置平行于两柱轴心连线的受力筋 7 根（压轴线 1 根，两边按间距 100mm 各布 3 根），HRB400 级钢筋，直径为 18mm；“/”后⏀10@200 表示：沿底板顶部受力筋下垂直布置分布筋，HRB400 级钢筋，直径为 10mm，每隔 200mm 布置 1 根(图 5.1.11)。

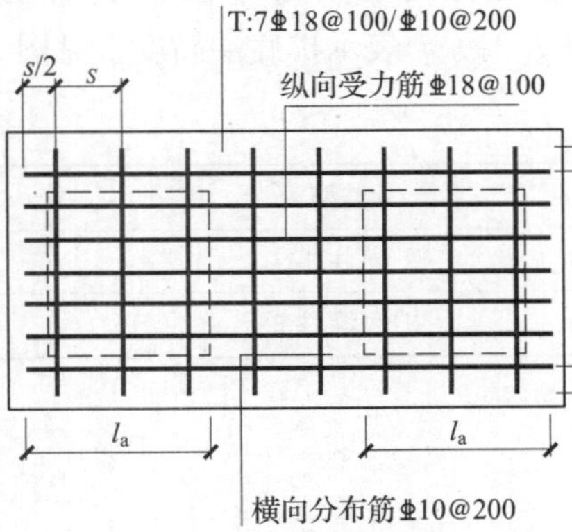

图 5.1.11　普通基础底扳顶部配筋标注示例

当独立基础埋深较大，设置短柱时，短柱配筋应注写在独立基础中。以 DZ 代表普通独立基础短柱。先注写短柱角筋/x 边中部筋/y 边中部筋，再注写箍筋，最后注写短柱标高范围。如：DZ 4⏀2015⏀18/5⏀18，ϕ10@100，－2.500～－0.050。表示独立基础的短柱设置在－2.500m～－0.050m 高度范围内，配置 HRB400 竖向纵筋和 HPB300 箍筋。其竖向纵筋为：角筋 4⏀20、x 边中部筋5⏀18、y 边中部筋 5⏀18；其箍筋直径为 10mm，间距 100mm。

2）原位标注主要标注独立基础的平面尺寸。对相同编号的基础，可选择一个进行原位标注；当平面图形较小时，可将所选定进行原位标注的基础按比例适当放大；其他相同编号者仅注编号。普通独立基础原位标注 x、y，x_c、y_c（或圆柱直径 d_c），x_i、y_i，$i=1$，2，3，…。其中，x、y 为普通独立基础两向边长，x_c、y_c为柱截面尺寸，x_i、y_i为阶宽或坡形平面尺寸，如图 5.1.12 所示。

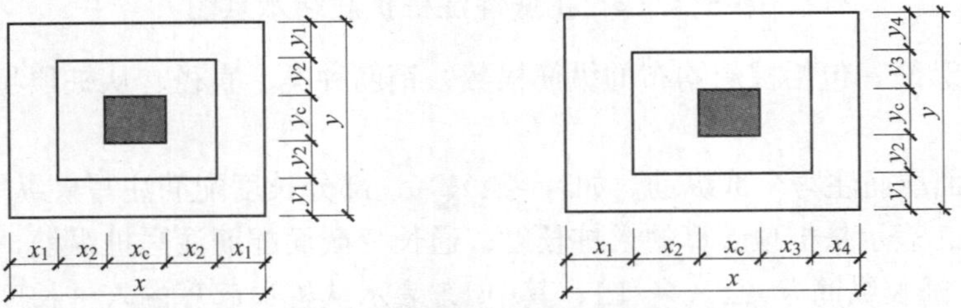

图 5.1.12　普通独立基础原位标注示意图

（2）桩基础。

1）灌注桩平面布置图上采用平面注写方式或列表注写方式进行表达。

平面注写方式，是在灌注桩平面布置图上集中标注灌注桩的编号、尺寸、纵筋、箍筋、桩顶标高和单桩竖向承载力特征值，见图 5.1.13。

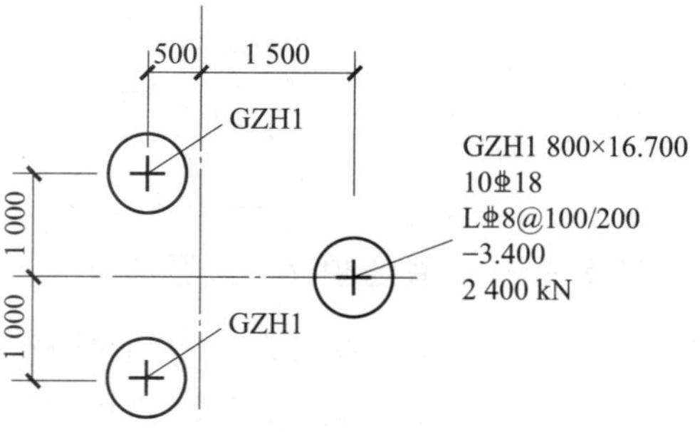

图 5.1.13　灌柱桩平面注写示意图

①注写桩编号，桩编号由类型和序号组成，应符合表 5.1.8 的规定。

②注写桩尺寸，包括桩径 D 和桩长 L，当为扩底灌注桩时，还应增加扩底端尺寸 D_0、h_b、h_c或 D_0、h_b、h_{c1}、h_{c2}。其中 D_0 表示扩底端直径，h_b 表示扩底端锅底形矢高，h_c（h_{c1}、h_{c2})表示扩底端高度，见图 5.1.14。

表 5.1.8　桩编号

类型	代号	序号
灌注桩	GZH	××
扩底灌注桩	GZHk	××

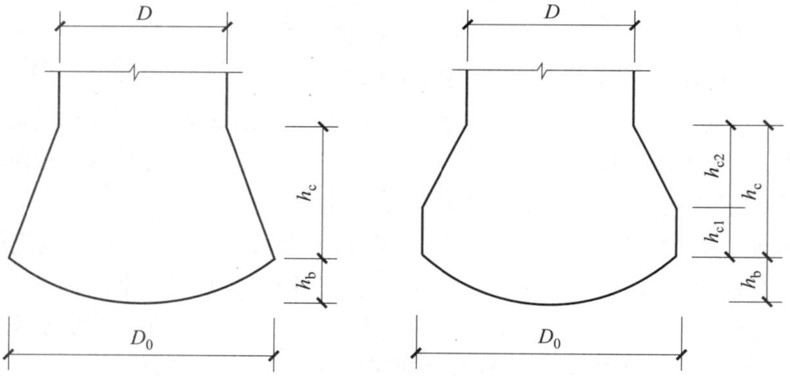

图 5.1.14　扩底灌注桩扩底端示意图

③注写桩纵筋，包括桩周均布的纵筋根数、钢筋种类、直径、从桩顶起算的纵筋配置长度。

通长等截面配筋注写全部纵筋，如××Φ××；部分长度配筋注写桩纵筋，如××Φ××/L1，其中 L1 表示从桩顶起算的入桩长度；通长变截面配筋注写桩纵筋，包括通长纵筋××Φ××、非通长纵筋××Φ××/L1，其中 L1 表示从桩顶起算的入桩长度，通长纵筋与非通长纵筋沿桩周间隔均匀布置。如 15Φ20，15Φ18/6 000，表示采用通长变截面配筋方式，桩通长纵筋为 15Φ20；桩非通长纵筋为 15Φ18，从桩顶起算的入桩长度为6 000mm。实际桩上段纵筋为 15Φ20+15Φ18，通长纵筋与非通长纵筋间隔均匀布置于桩周。

④以大写字母 L 打头，注写桩螺旋箍筋，包括钢筋种类、直径与间距。

用斜线“/”区分桩顶箍筋加密区与桩身箍筋非加密区长度范围内箍筋的间距。图集中箍筋加密区为桩顶以下 5D（D 为桩身直径），若与实际工程情况不同，需设计者在图中注明。

当桩身位于液化土层范围内时，箍筋加密区长度应由设计者根据具体工程情况注明，或者箍筋全长加密。如 L⌀8@100/200，表示箍筋采用 HRB400 级钢筋，直径为 8mm，加密区间距为 100mm，非加密区间距为 200mm，L 表示采用螺旋箍筋。

⑤注写桩顶标高。

⑥注写单桩竖向承载力特征值，单位为 kN。

列表注写方式，是在灌注桩平面布置图上，分别标注定位尺寸；在桩表中注写桩编号、桩尺寸、纵筋、螺旋箍筋、桩顶标高、单桩竖向承载力特征值，注写规则同平面注写方式，见表 5.1.9。

表 5.1.9　灌注桩表

桩号	桩径 D/mm	桩长 L/m	通长纵筋	非通长纵筋	箍筋	桩顶标高/m	单桩竖向承载力特征值/kN
GZH1	800	16.700	16⌀18	—	L⌀8@100/200	−3.400	2 400
GZH2	800	16.700	—	16⌀18/6 000	L⌀8@100/200	−3.400	2 400
GZH3	800	16.700	10⌀18	10⌀20/6 000	L⌀8@100/200	−3.400	2 400

注：1. 表中可根据实际情况增加栏目。例如，当采用扩底灌注桩时，增加扩底端尺寸。
2. 当为通长等截面配筋方式时，非通长纵筋一栏不注，如表中 GZH1；当为部分长度配筋方式时，通长纵筋一栏不注，如表中 GZH2；当为通长变截面配筋方式时，通长纵筋和非通长纵筋均应注写，如表中 GZH3。

2）桩基承台。

桩基承台分为独立承台和承台梁，编号见表 5.1.10。

表 5.1.10　桩基承台编号

类型	代号	序号	说明
独立承台	CTj	××	单阶截面即为平板式独立承台
承台梁	CTL	××	（××）端部无外伸 （××A）一端有外伸 （××B）两端有外伸

独立承台的平面注写方式，分为集中标注和原位标注两部分内容。

①独立承台的集中标注，是在承台平面上集中引注独立承台编号、截面竖向尺寸、配筋三项必注内容，以及承台板底面标高（与承台底面基准标高不同时）和必要的文字注解两项选注内容。

注写独立承台配筋时，底部与顶部双向配筋应分别注写，顶部配筋仅用于双柱或四柱等独立承台。当独立承台顶部无配筋时则不注顶部。

当为等边三桩承台时，以“△”打头，注写三角布置的各边受力钢筋（注明根数并在配筋值后注写“×3”）。如△6⌀25@150×3，表示等边三桩承台每边各配置 6 根直径为 25mm 的 HRB400 级钢筋，间距为 150mm。

当为等腰三桩承台时，以“△”打头注写等腰三角形底边的受力钢筋＋两对称斜边的受力钢筋（注明根数并在两对称配筋值后注写“×2”）。如 5Φ22@150＋6Φ22@150×2，表示等腰三桩承台底边配置 5 根直径为 22mm 的 HRB400 级钢筋，间距为 150mm；两对称斜边各配置 6 根直径为 22mm 的 HRB400 级钢筋，间距为 150mm。

当为多边形（五边形或六边形）承台或异型独立承台，且采用 x 向和 y 向正交配筋时，注写方式与矩形独立承台相同。

②独立承台的原位标注，是在桩基承台平面布置图上标注独立承台的平面尺寸，相同编号的独立承台，可仅选择一个进行标注，其他仅注编号。

5. 剪力墙平法施工图的注写方式

剪力墙不是一个独立的构件，而是由墙身、墙梁和墙柱共同组成的。剪力墙构件的平面表达方式有列表注写和截面注写两种。

（1）剪力墙构件列表注写方式。列表注写方式是分别在剪力墙柱表、剪力墙身表和剪力墙梁表中，对应于剪力墙平面布置图上的编号，用绘制截面配筋图并注写几何尺寸与配筋具体数值的方式来表达剪力墙平法施工图。

各构件的编号由代号和序号组成。墙柱编号由墙柱类型代号和序号组成，其墙柱的类型有约束边缘构件（YBZ）、构造边缘构件（GBZ）、非边缘暗柱（AZ）和扶壁柱（FBZ）。墙身编号由墙身代号、序号以及墙身所配置的水平与竖向分布钢筋的排数组成，其中钢筋的排数注写在括号内，表达形式为 Q××（×排）。墙梁编号由墙梁类型代号和序号组成，墙梁类型有连梁（LL）、暗梁（AL）和边框梁（BKL）三类。

（2）剪力墙构件截面注写方式。截面注写方式是在分标准层绘制的剪力墙平面布置图上，以直接在墙柱、墙身、墙梁上注写截面尺寸和配筋具体数值的方式来表达剪力墙平法施工图。

（3）剪力墙洞口表示方法。

1）洞口编号：矩形洞口为 JD××（××为序号），圆形洞口为 YD××（××为序号）。

2）洞口尺寸：矩形洞口以宽×高（$b \times h$）（mm）表示，圆形洞口为洞口直径 D。

3）洞口所在层及洞口中心相对标高（m）：相对标高指相对于本结构层楼（地）面标高的洞口中心高度，应为正值。例如，＋1.800m 表示洞口中心距本结构层楼面高出 1 800mm。

4）洞口每边补强钢筋，分以下几种不同情况：

①当矩形洞口的洞宽、洞高均不大于 800mm 时，注写洞口每边补强钢筋的具体数值。当洞宽、洞高方向补强钢筋不一致时，分别注写洞宽方向、洞高方向补强钢筋，以“/”分隔。

例如，JD4　800×300　6 层：＋3.100　3Φ18/3Φ14，表示 6 层设置 4 号矩形洞口，洞宽 800mm、洞高 300mm，洞口中心距本结构层楼面 3 100mm，洞宽方向补强钢筋为 3Φ18，洞高方向补强钢筋 3Φ14。

②当矩形洞口的洞宽和洞高或圆形洞口直径大于 800mm 时，在洞口的上、下边需设置补强暗梁，此项注写为洞口上、下每边暗梁的纵筋与箍筋的具体数值，圆形洞口时尚需注明环向钢筋的具体数值。

例如，YD5　1 000　2～6 层：＋1.800　6Φ20　φ8@150（2）　2Φ16，表示 2～6 层设置 5 号圆形洞口，直径 1 000mm，洞口中心距本结构层楼面 1 800mm，洞口上下设补强暗梁，每边暗梁纵筋为 6Φ20，箍筋为φ8@150，双肢箍，环向加强钢筋 2Φ16。

（4）地下室外墙的表示方法。

1）地下室外墙编号由墙身代号、序号组成，表达为DWQ××（××为序号）。

2）地下室外墙的集中标注，规定如下：

①注写地下室外墙编号，包括代号、序号、墙身长度（注为××～××轴）。

②注写地下室外墙厚度 b_w=×××。

③注写地下室外墙外侧贯通筋（OS）、内侧贯通筋（IS）和拉筋（tb）。

3）地下室外墙的原位标注，主要表示在外墙外侧配置的水平非贯通筋或竖向非贯通筋。

6. 现浇混凝土板式楼梯平法施工图的注写方式

（1）楼梯包含AT～GT、ATa、ATb、ATc、BTb、CTa、CTb、DTb共14种类型。

（2）楼梯注写：楼梯编号由梯板代号和序号组成；如AT××、BT××、ATa××等。

（3）平面注写方式，系在楼梯平面布置图上注写截面尺寸和配筋具体数值的方式来表达楼梯施工图。包括集中标注和外围标注。

1）楼梯集中标注的内容有五项，具体规定如下：

①梯板类型代号与序号，如AT××。

②梯板厚度，注写为 h=×××。当为带平板的梯板且梯段板厚度和平板厚度不同时，可在梯段板厚度后面括号内以字母P打头注写平板厚度。

例如，h=130（P150），130表示梯段板厚度，150表示梯板平板段的厚度。

③踏步段总高度和踏步级数，之间以"/"分隔。

④梯板支座上部纵筋、下部纵筋，之间以"；"分隔。

⑤梯板分布筋，以F打头注写分布钢筋具体值，该项也可在图中统一说明。

例如，AT1，h=120表示梯板类型及编号，梯板板厚；1 800/12表示踏步段总高度/踏步级数；Φ10@200；Φ12@150表示上部纵筋，下部纵筋；Fϕ8@250表示梯板分布筋。

2）楼板外围标注的内容，包括楼梯间的平面尺寸、楼层结构标高、层间结构标高、楼梯的上下方向、梯板的平面几何尺寸、平台板配筋、梯梁及梯柱配筋等。图5.1.15所示为某标高段AT型楼梯平面图，图5.1.16所示为AT型楼梯板配筋构造图。

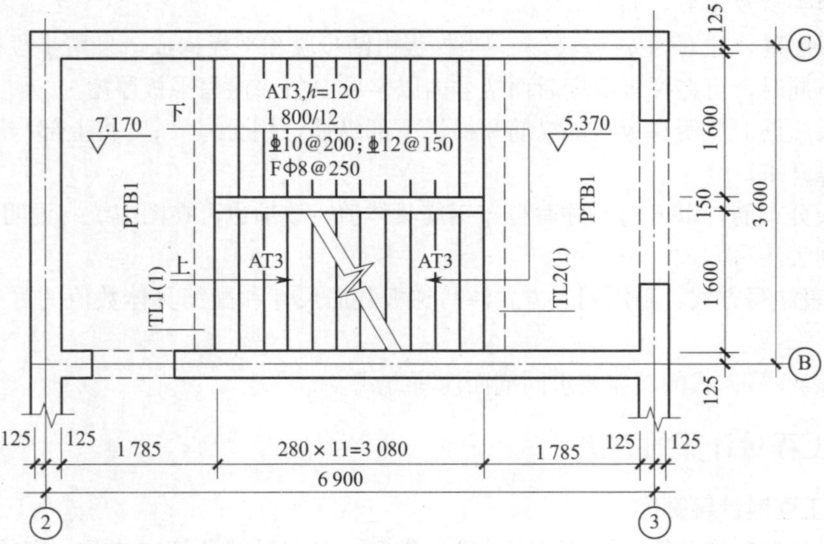

图5.1.15　某标高段AT型楼梯平面图

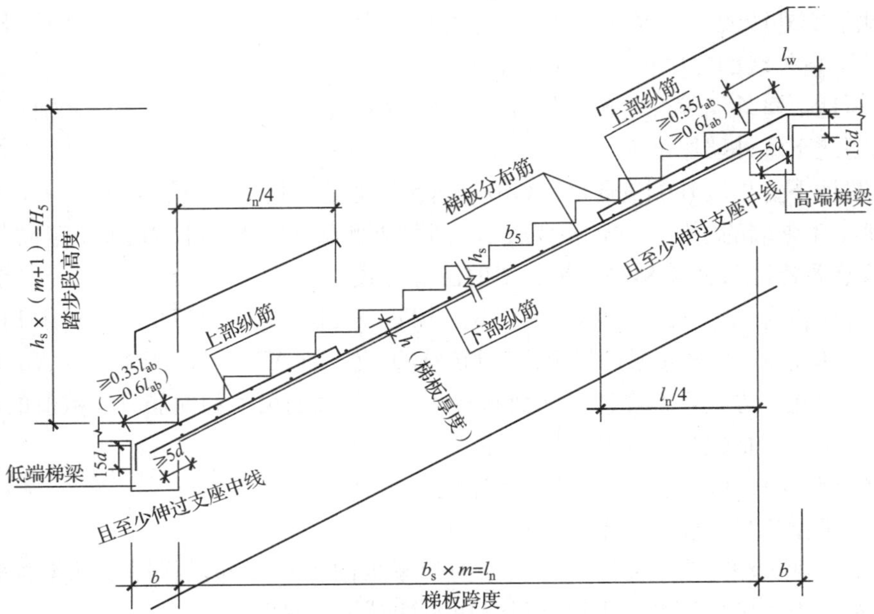

图 5.1.16　AT 型楼梯板配筋构造图

（4）剖面注写方式。

1）剖面注写方式需在楼梯平法施工图中绘制楼梯平面布置图和楼梯剖面图，注写方式分平面注写、剖面注写两部分。

2）楼梯平面布置图注写内容，包括楼梯间的平面尺寸、楼层结构标高、层间结构标高、楼梯的上下方向、梯板的平面几何尺寸、梯板类型及编号、平台板配筋、梯梁及梯柱配筋等。

3）楼梯剖面图注写内容，包括梯板集中标注、梯梁梯柱编号、梯板水平及竖向尺寸、楼层结构标高、层间结构标高等。

4）梯板集中标注的内容有四项，具体规定如下：

①梯板类型及编号，如 AT××。

②梯板厚度，注写为 h=×××。当梯板由踏步段和平板构成，且踏步段梯板厚度和平板厚度不同时，可在梯板厚度后面括号内以字母 P 打头注写平板厚度。

③梯板配筋。注明梯板上部纵筋和梯板下部纵筋，用分号“;”将上部与下部纵筋的配筋值分隔开来。

④梯板分布筋，以 F 打头注写分布钢筋具体值，该项也可在图中统一说明。

（5）列表注写方式。

1）列表注写方式，是用列表方式注写梯板截面尺寸和配筋具体数值的方式来表达楼梯施工图。

2）列表注写方式的具体要求同剖面注写方式。

五、工程量计算的方法

（一）工程量计算顺序

为了避免漏算或重算，提高计算的准确程度，工程量的计算应按照一定的顺序进行。具体的计算顺序应根据具体工程和个人习惯来确定，一般有以下几种顺序。

1. 单位工程计算顺序

一个单位工程，其工程量计算顺序一般有以下几种：

(1) 按图纸顺序计算。根据图纸排列的先后顺序，由建筑施工图到结构施工图；每个专业图纸由前向后，按“先平面→再立面→再剖面，先基本图→再详图”的顺序计算。

(2) 按消耗量的分部分项顺序计算。按消耗量的章、节、子目次序，由前向后，逐项对照，项与图纸设计内容能对应时就计算。

(3) 按工程量计算标准顺序计算。按工程量计算标准附录先后顺序，由前向后，逐项对照计算。

(4) 按施工顺序计算。按施工顺序计算工程量，可以按先施工的先算，后施工的后算的方法进行。如由平整场地、基础挖土方开始算起，直到装饰工程等全部施工内容结束。

2. 单个分部分项工程计算顺序

(1) 按顺时针方向计算，即先从平面图的左上角开始，自左至右，然后再由上而下，最后转回到左上角为止，这样按顺时针方向转圈依次进行计算。例如，计算外墙、地面、天棚等分部分项工程，都可以按照此顺序进行计算。

(2) 按“先横后竖、先上后下、先左后右”计算，即在平面图上从左上角开始，按“先横后竖、从上而下、自左到右”的顺序计算工程量。例如，房屋的条形基础土方、砖石基础、砖墙砌筑、门窗过梁、墙面抹灰等分部分项工程，均可按这种顺序计算工程量。

(3) 按图纸分项编号顺序计算，即按照图纸上所标注结构构件、配件的编号顺序进行计算。例如，计算混凝土构件、门窗、屋架等分部分项工程，均可以按照此顺序计算。

(4) 按图纸上定位轴线编号计算。对于造型或结构复杂的工程，为了计算和审核方便，可以根据施工图纸轴线编号来确定工程量计算顺序。例如，某房屋一层墙体、抹灰分项，可按A轴上，①～③轴，③～④轴这样的顺序进行工程量计算。

按一定顺序计算工程量的目的是防止漏项少算或重复多算的现象发生，只要能实现这一目的，采用哪种顺序方法计算都可以。

(二) 用统筹法计算工程量

运用统筹法计算工程量，就是分析工程量计算中各分部分项工程量计算之间的固有规律和相互之间的依赖关系，运用统筹法原理和统筹图图解来合理安排工程量的计算程序，以达到节约时间、简化计算、提高工效的目的。

实践表明，每个分部分项工程量计算虽有着各自的特点，但都离不开计算“线”“面”之类的基数，另外，某些分部分项工程的工程量计算结果往往是另一些分部分项工程的工程量计算的基础数据，因此，根据这个特性，运用统筹法原理，对每个分部分项工程的工程量进行分析，然后依据计算过程的内在联系，按先主后次，统筹安排计算程序，可以简化繁琐的计算，形成统筹计算工程量的计算方法。

1. 统筹法计算工程量的基本要点

(1) 统筹程序，合理安排。工程量计算程序的安排是否合理，关系着计量工作的效率高低，进度快慢。按施工顺序进行工程量计算，往往不能充分利用数据间的内在联系而形成重复计算，浪费时间和精力，有时还易出现计算差错。

(2) 利用基数，连续计算。就是以“线”或“面”为基数，利用连乘或加减，算出与其有关的分部分项工程量。这里的“线”和“面”指的是长度和面积，常用的基数为“三线一面”，“三线”是指建筑物的外墙中心线、外墙外边线和内墙净长线；“一面”是指建筑物的底层建筑面积。

(3) 一次算出，多次使用。在工程量计算过程中，往往有一些不能用“线”“面”基数进行连续计算的项目，如门窗、屋架、钢筋混凝土预制标准构件等。首先，将常用数据一次算出，汇编成土建工程量计算手册（即“册”）；其次，也要把那些规律较明显的如槽、沟断面等一次算出，也编制入册。当须计算有关的工程量时，只要查手册就可快速算出所需要的工程量。这样可以减少按图逐项地进行烦琐而重复的计算，也能保证计算的及时与准确性。

(4) 结合实际，灵活机动。用“线”“面”“册”计算工程量，是常用的工程量基本计算方法，实践证明，在一般工程上完全可以利用。但在特殊工程上，由于基础断面、墙厚、砂浆强度等级和各楼层的面积不同，就不能完全用“线”或“面”的一个数作为基数，而必须结合实际灵活地计算。

常遇到的几种情况及采用的方法如下：

1) 分段计算法。当基础断面不同，在计算基础工程量时，就应分段计算。

2) 分层计算法。如遇多层建筑物，各楼层的建筑面积或砌体砂浆强度等级不同时，均可分层计算。

3) 补加计算法。在同一分项工程中，遇到局部外形尺寸或结构不同时，为便于利用基数进行计算，可先将其看作相同条件计算，然后再加上多出部分的工程量。如基础深度不同的内外墙基础、宽度不同的散水等工程。

4) 补减计算法。与补加计算法相似，只是在原计算结果上减去局部不同部分工程量。如在楼地面工程中，各层楼面除每层盥洗间为水磨石面层外，其余均为水泥砂浆面层，则可先按各楼层均为水泥砂浆面层计算，然后补减盥洗间的水磨石地面工程量。

2. 统筹图

运用统筹法计算工程量，就是要根据统筹法原理对分部分项工程列项，考虑工程量计算规则，设计出“计算工程量程序统筹图”。统筹图以“三线一面”作为基数，连续计算与之有共性关系的分部分项工程量，而与基数无共性关系的分部分项工程量则用“册”或图示尺寸进行计算。

(1) 统筹图的主要内容。统筹图主要由计算工程量的主次程序线、基数、分部分项工程量计算式及计算单位组成。主要程序线是指在“线”“面”基数上连续计算项目的线，次要程序线是指在分部分项项目上连续计算的线。

(2) 计算程序的统筹安排。统筹图的计算程序安排是根据下述原则考虑的：

1) 共性合在一起，个性分别处理。分部分项工程量计算程序的安排，是根据分部分项工程之间共性与个性的关系，采取共性合在一起，个性分别处理的办法。共性合在一起，就是把与墙的长度（包括外墙外边线、外墙中心线、内墙净长线）有关的计算项目，分别纳入各自系统中，把与建筑面积有关的计算项目，分别归于建筑物底层面积和分层面积系统中，把与墙长或建筑面积这些基数联系不起来的计算项目，如楼梯、阳台、门窗、台阶等，则按其个性分别处理，或利用“工程量计算手册”，或另行单独计算。

2）先主后次，统筹安排。用统筹法计算各分项工程量是从“线”“面”基数的计算开始的。计算顺序必须本着先主后次原则统筹安排，才能达到连续计算的目的。先算的项目要为后算的项目创造条件，后算的项目就能在先算的基础上简化计算，有些项目只和基数有关系，与其他项目之间没有关系，先算后算均可，前后之间要参照定额程序安排，以方便计算。

3）独立项目单独处理。预制混凝土构件、钢窗或木门窗、金属或木构件、钢筋用量、台阶、楼梯、地沟等独立项目的工程量计算，与墙的长度、建筑面积没有关系，不能合在一起，也不能用“线”“面”基数计算时，需要单独处理。可采用预先编制“手册”的方法解决，只要查阅“手册”即可得出所需要的各项工程量；或者利用前面所说的按表格形式填写计算的方法。与“线”“面”基数没有关系又不能预先编入“手册”的项目，按图示尺寸分别计算。

（3）统筹法计算工程量的步骤。用统筹法计算工程量大体可分为五个步骤，如图5.1.17所示。

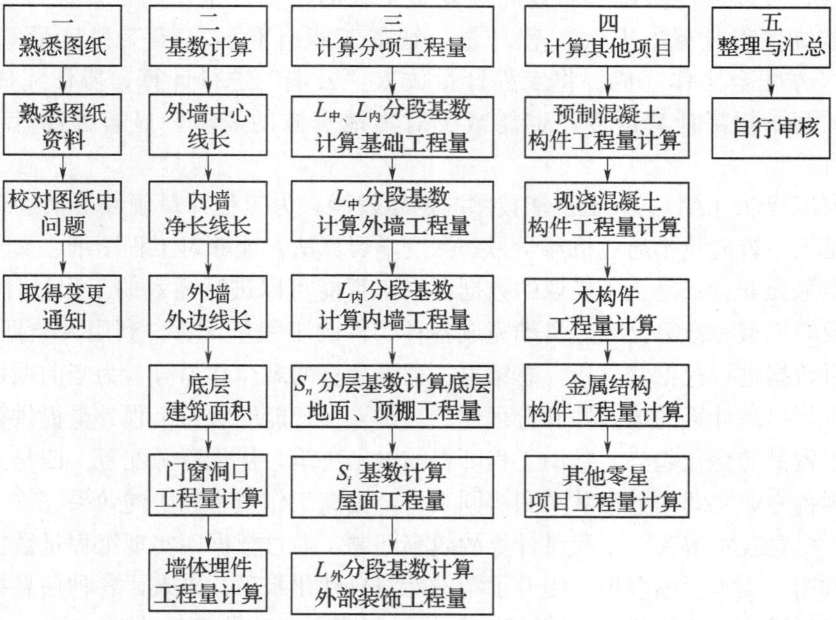

图 5.1.17　利用统筹法计算分部分项工程量步骤图

（三）工程量计算中信息技术的应用

工程量计算是编制工程计价的基础工作，具有工作量大、繁琐、费时、细致等特点，占工程计价工作量的50%～70%，计算的精确度和速度也直接影响着工程计价文件的质量。20世纪90年代初，随着计算机技术的发展，出现了利用软件表格法算量的计量工具，代替了手工算量的计算工作量，之后逐渐发展到目前广泛使用的自动计算工程量软件。自动算量软件按照支持的图形维数的不同分为两类：二维算量软件和三维算量软件。除算量软件外，在工程量计算中近年来又发展到BIM（Building Information Modeling，BIM）和云计算以及基于大数据的人工智能技术等更为先进的信息技术。

（1）BIM。BIM是以建筑工程项目的各项相关信息数据为基础建立的数字化建筑模型，具有可视化、协调性、模拟性、优化性和可出图形五大特点，给工程建设信息化带来重大变革。首先，BIM技术采用以数据为中心的协作方式，实现数据共享，大大提高了建筑行业工效；其次，是能够提升建筑品质，实现绿色、模拟的设计和建造。BIM技术对工程造价信息化建设将带来巨大影响，它不仅能够使工程造价管理与设计工作关系更加密切，交互的数据信息更加丰富，相互作用更加明显，而且可以实现施工过程中的可视化、可控化工程造价的动态管理，集三维设计、动态可视施工、动态造价管理五维于一体的5D技术。BIM技术将改变工程量计算方法，将工程量计算规则、消耗量指标与BIM技术相结合，实现由设计信息到工程造价信息的自动转换，使得工程量计算更加快捷、准确和高效。该工程量的计算不仅可以适用于工程计价和工程造价管理的计量要求，也可以适用于对建设工程碳计量或能效评价等方面的要求。

（2）云计算。现代建设工程将更加注重分工的专业化、精细化和协作：一是由于建筑单体的体量大、复杂度高，其三维信息量非常巨大，在自动计算工程量时会消耗巨大的计算机资源，计算效率差；二是智能建筑、节能设施各类专业工程越来越复杂，其技术更新越来越快，可以通过协作来高速完成复杂工程的精细计量，如可以通过云技术将钢筋计量、装饰工程计量、电气工程计量、智能工程计量、幕墙工程计量等分别放入“云端”，多方配合协作完成。将工程计量放入“云端”进行计算，协作完成，不仅可保证计量质量，提高计算速度，也能减少对本地资源的需求，显著提高计算的效率，降低成本。

（3）人工智能（AI）。人工智能技术的迅猛发展，为工程计量领域带来了新的变革与机遇。一是人工智能技术通过机器学习和深度学习算法，能够对工程图纸、文档等进行智能识别与信息提取。二是基于提取的数据，人工智能可以进行高效的工程量计算和分析，通过建立数学模型和计算公式，自动完成各种构件的工程量计算，利用大数据分析技术，对历史项目数据进行挖掘和分析，总结出工程量计算的规律和趋势，为当前项目的计量工作提供参考，提高计算的准确性和合理性。三是人工智能能够为工程计量提供智能决策支持，预测工程量的变化趋势，帮助工程师提前做出决策，优化资源配置。四是人工智能技术可以实现各专业之间的数据共享和协同工作，提高工作效率和协同效果。

总之，信息技术解决了工程量计算的效率问题，通过数据库实现工程量数据的安全存储与高效利用，实现一模多用，提升了精准性与自动化水平。未来，各种信息技术的深度融合（如“BIM＋AI＋区块链”）将进一步推动工程行业的数字化转型。

第二节　建筑面积计算

一、建筑面积的概念

建筑面积主要是建筑每个自然层楼（地）面处外围护结构外表面所围空间水平投影的面积。

功能单元建筑面积为功能单元使用面积、功能单元墙体水平投影面积、功能单元内阳台面积及为本功能单元服务的烟囱、通风道、管道井面积之和。

功能单元使用面积应按功能单元内各功能空间使用面积之和计算。功能空间使用面积应按功能空间墙体内表面所围合空间的水平投影面积计算。功能单元本身的使用面积和建筑面积，不包含功能单元之外的公共门厅、公共走道、公共楼梯等的面积。功能空间使用面积即房间净面积，这里“墙体内表面”是指围合功能空间的墙体基层表面，不包含墙体饰面层（图 5.2.1）。功能空间是组成功能单元的最小元素，对于住宅建筑，功能空间使用面积即为住宅内某独立空间（卧室、客厅、厨房或卫生间）的使用面积；功能单元使用面积即为住宅套内使用面积，其面积为套内卧室、起居室、过厅、过道、厨房、卫生间、厕所、储藏室、壁柜等功能空间使用面积的总和。

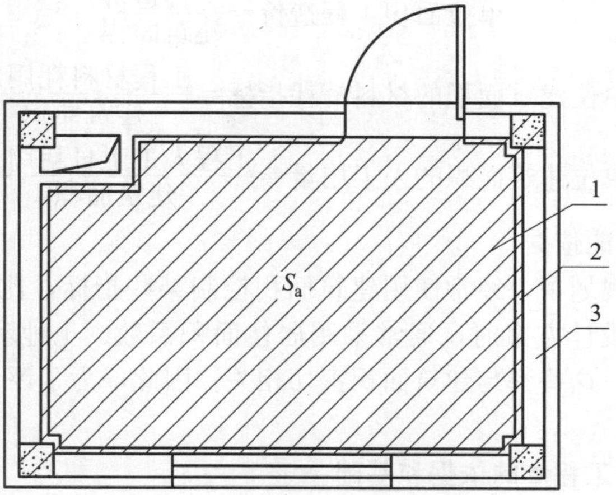

图 5.2.1 功能空间使用面积示意图

（S_a 为功能空间使用面积）

1—功能空间；2—饰面层；3—墙体

功能单元墙体面积为功能单元各功能空间周围的围护或承重墙体，或其他承重支撑体的水平投影面积。其中，功能单元之间的分隔墙和功能单元与公共建筑空间的分隔墙等公共墙，按其水平投影面积的一半计入功能单元墙体面积；外墙（包括山墙）按其水平投影面积计入功能单元墙体面积。

功能单元阳台面积按国家标准《民用建筑通用规范》GB 55031—2022 中的相关规定计算。

二、建筑面积的作用

建筑面积计算是维护社会公平正义、保障公众权益和公众利益的重要内容，对建筑面积计算的界面作出规定非常必要。建筑面积计算是工程计量的最基础工作，在工程建设中具有重要意义。首先，工程建设的技术经济指标大多数以建筑面积为基数，建筑面积是核定估算、概算、预算工程造价的一个重要基础数据，是计算和确定工程造价，并分析工程造价和工程设计合理性的一个基础指标；其次，建筑面积是国家进行建设工程数据统计、固定资产宏观调控的重要指标；最后，建筑面积还是房地产交易、工程发承包交易、建筑工程有关运营费用核定等的一个关键指标。建筑面积的作用，具体有以下几个方面。

1. 建筑面积是确定建设规模的重要指标

建筑面积的多少可以用来控制建设规模，如根据项目立项批准文件所核准的建筑面积来控制施工图设计的规模。建设面积的多少也可以用来衡量一定时期国家或企业工程建设的发展状况和完成的生产量情况等。

2. 建筑面积是确定各项技术经济指标的基础

建筑面积是衡量工程造价、人工消耗量、材料消耗量和机械台班消耗量的重要经济指标。比如，有了建筑面积，才能确定每平方米建筑面积的工程造价等指标。计算如公式（5.2.1）～公式（5.2.3）所示。

$$单位面积工程造价=\frac{工程造价}{建筑面积} \tag{5.2.1}$$

$$单位建筑面积的材料消耗指标=\frac{工程材料耗用量}{建筑面积} \tag{5.2.2}$$

$$单位建筑面积的人工用量=\frac{工程人工工日耗用量}{建筑面积} \tag{5.2.3}$$

3. 评价设计方案的依据

建筑设计和建筑规划中，经常使用建筑面积控制某些指标，比如容积率、建筑密度、建筑系数等。在评价设计方案时，通常采用居住面积系数、土地利用系数、有效面积系数、单方造价等指标，这些都与建筑面积密切相关。因此，为了评价设计方案，必须准确计算建筑面积。

4. 计算有关分项工程量的依据和基础

建筑面积是确定一些分项工程量的基本依据。应用统筹计算方法，根据底层建筑面积，就可以很方便地推算出室内回填土体积、地（楼）面面积和天棚面积等。

三、建筑面积与建筑高度的计算规则与方法

本节建筑面积与建筑高度的计算规则与方法依据国家标准《民用建筑通用规范》GB 55031—2022编写。该规范为强制性工程建设规范，具有强制约束力。在工程建设项目的勘察、设计、施工、验收、维修、养护、拆除等建设活动全过程中必须严格执行。

建筑面积计算涉及公众权益、公众利益以及经济社会管理。国家标准《民用建筑通用规范》GB 55031—2022 发布前，我国规划、设计、概预算执行的是国家标准《建筑工程建筑面积计算规范》GB/T 50353—2013。而房屋竣工后房屋销售采用的是房产实测的面积数据，执行的是国家标准《房产测量规范　第一单元：房产测量规定》GB/T 17986.1—2000。两个阶段面积计算依据的规范不同，导致房屋的建筑面积前后不一致，出入较大，由此引发的民事纠纷长期存在。随着社会对建筑面积计算的关注度持续升高，对面积计算的精准度、透明度提出了更高要求。鉴于此，国家标准《民用建筑通用规范》GB 55031—2022 依照建筑空间的基本特征，在以上两本面积计算规范的顶层，即技术法规层面对面积计算作出了强制规定，突出其原则性、精准性、可测性。国家标准《民用建筑通用规范》GB 55031—2022 中建筑面积计算原则更多地考虑了与国家标准《房产测量规范　第一单元：房产测量规定》GB/T 17986.1—2000 协调一致，以减少对既有房产市场的扰动。

国家标准《民用建筑通用规范》GB 55031—2022 对面积计算的界面如何确定，面积计算的前提条件，面积计算的基本原则，阳台面积如何确定，哪些空间不计算建筑面积，

地上、地下建筑面积如何划分等作出了相关规定。由于该规范为技术法规，按照编制原则，只能规定面积计算的基本准则，而非计算细则，因此，无法，也不可能穷尽所有面积计算的情形，具体计算的细节要求还需要由下一层级的相关标准作出详细的技术规定。

（一）建筑面积与建筑高度计算相关术语

为准确理解和正确使用国家标准《民用建筑通用规范》GB 55031—2022，该规范对民用建筑相关的术语进行了新的定义。与建筑面积与建筑高度计算相关的术语有：

层高：指建筑物各层之间以楼（地）面面层（设计完成面）计算的垂直距离，屋顶层由该层楼面面层（设计完成面）至平屋面的结构面层或至坡屋顶的结构梁顶与外墙结构面延长线的交点计算的垂直距离。

室内净高：指室内有效使用空间的垂直距离。

地下室：房间楼（地）面低于室外设计地坪的高度超过该房间建筑层高的 1/2 者为地下室。

半地下室：房间楼（地）面低于室外设计地坪的高度超过该房间建筑层高的 1/3，且不超过 1/2 者为半地下室。

设备层：指建筑中其有效面积全部或大部分用来布置设备的楼（地）面层。

架空层：指建筑物中仅有结构支撑而无外围护系统的开敞楼层。

台阶：指连接不同标高的楼（地）面，供人行的阶梯式踏步。

坡道：指连接不同标高的楼（地）面的斜坡式交通道。

楼梯：由连续行走的梯级、休息平台和维护安全的栏杆（或栏板）、扶手以及相应的支承结构组成的作为楼层之间垂直交通用的建筑部件。

栏杆：指具有一定的安全高度，用以保障人身安全或分隔空间用的防护分隔构件。

建筑幕墙：由面板与支承结构体系（支承装置与支承结构）组成的可相对主体结构有一定位移能力或自身有一定变形能力、不承担主体结构所受作用的建筑外围护墙。

顶棚：指建筑空间顶面的底部。

吊顶：指悬吊在房屋屋顶或楼板结构下的顶棚。

管道井：指建筑物中用于布置设备管线及设备的竖向井道。

烟道：指排放各种烟气的管道、井道。

通风道：指建筑物内用于组织进、排风的管道、井道。

变形缝：为防止建筑物在外界因素作用下，结构内部产生附加变形和应力，导致建筑物开裂、碰撞甚至破坏而预留的构造缝，包括伸缩缝、沉降缝和防震缝。

（二）建筑面积计算规则

（1）建筑面积应按建筑每个自然层楼（地）面处外围护结构外表面所围空间的水平投影面积计算。

对面积计算的界面作出了规定。“每个自然层”为非单层建筑时，建筑面积应为建筑各自然层面积的总和；“楼（地）面处”是指楼（地）面的设计完成面，对于没有结构楼板的地面，应为混凝土垫层顶面；“外围护结构”是指外墙，包括作为外围护结构的玻璃幕墙、金属幕墙、石材幕墙、人造板材幕墙等；“外表面”是指外围护结构的设计完成面，建筑外围护结构一般由墙体、保温层、饰面层组成，设计完成面即装饰面层外边线；当幕墙作为外围护结构时，“外表面”为幕墙面板外边线（见图 5.2.2）。

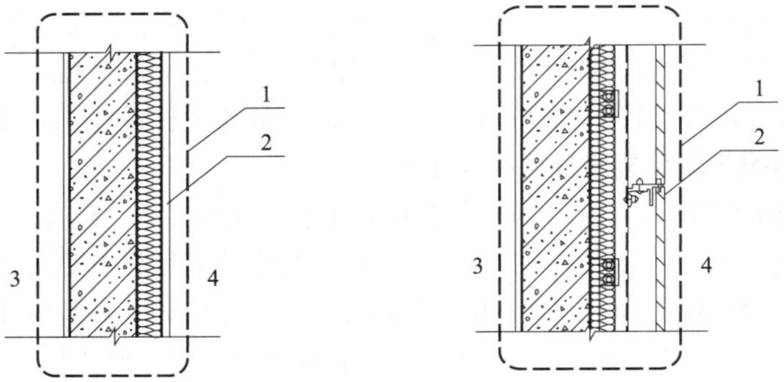

图 5.2.2 外围护结构外表面示意图

1—外围护结构；2—外围护结构外表面；3—室内；4—室外

（2）总建筑面积应按地上和地下建筑面积之和计算，地上和地下建筑面积应分别计算。室外设计地坪以上的建筑空间，其建筑面积应计入地上建筑面积；室外设计地坪以下的建筑空间，其建筑面积应计入地下建筑面积。

当室外设计地坪位于建筑空间的中间时，若该建筑空间的楼（地）面低于室外设计地坪的高度大于该空间建筑层高的 1/2，应计入地下建筑面积；若其楼（地）面低于室外设计地坪的高度小于或等于该空间建筑层高的 1/2，则计入地上建筑面积。

对于室外设计地坪为坡地的情况，建筑空间的楼（地）面低于室外设计地坪的高度应以平均高度计算。

（3）永久性结构的建筑空间，有永久性顶盖、结构层高或斜面结构板顶高在 2.20m 及以上的，应按下列规定计算建筑面积：

1）有围护结构、封闭围合的建筑空间，应按其外围护结构外表面所围空间的水平投影面积计算。

包括建筑外围护结构以内的各类使用空间及局部楼层；地下室、半地下室及其相应出入口；与室内相通的变形缝；建筑内的设备层、管道层、避难层；立体书库、立体仓库、立体车库；水箱间、电梯机房；门厅、大厅及门厅、大厅内的回廊；封闭的通廊、挑廊、连廊，封闭架空通道；有顶盖的采光井；室内有围护设施的悬挑看台、舞台灯控室、室内场馆看台下部空间；附属在建筑物外墙的落地橱窗等。但不包括有永久性顶盖，有围护结构、均布荷载不大于 0.5kN/m^2，且点荷载不大于 1kN 的室内非上人顶盖，如展览、机场等建筑中的房中房顶部。

建筑内的楼梯（间）、电梯井、提物井、管道井、通风排气竖井、烟道应按建筑自然层计算建筑面积。

2）无围护结构、以柱围合，或部分围护结构与柱共同围合，不封闭的建筑空间，应按其柱或外围护结构外表面所围空间的水平投影面积计算。

包括由墙、柱围合的雨篷、车棚、货棚、站台、有顶盖平台、有顶盖空中花园；门廊、门斗；室外楼梯；地下车库出入口；室外场馆看台下部空间；有柱的室外连廊；建筑物架空层及吊脚架空层；结构转换层等。

3）无围护结构、单排柱或独立柱、不封闭的建筑空间，应按其顶盖水平投影面积的 1/2 计算。

包括由单排柱或独立柱支撑的室外连廊、车棚、货棚、站台、室外场馆看台雨篷、单排柱或独立柱支撑的室外楼梯等。

4）无围护结构、有围护设施、无柱、附属在建筑外围护结构、不封闭的建筑空间，应按其围护设施外表面所围空间水平投影面积的 1/2 计算。

包括无柱的室外挑廊、连廊、檐廊；出挑的无柱室外楼梯；出挑的有顶盖空中花园等，不包含无柱雨篷。

按照建筑空间的基本特征对建筑面积的计算作出了原则规定。需要注意的是，计算建筑面积的前提条件有以下三点：一是永久性结构的建筑空间，此永久性结构是相对临时性结构而言，即不包括临时房屋、活动房屋、简易房屋；二是要有永久性顶盖，不包括临时搭建的各类顶盖，如临时性遮阳篷等；三是结构层高或斜面结构板顶高度在 2.20m 及以上（见图 5.2.3）的建筑空间。

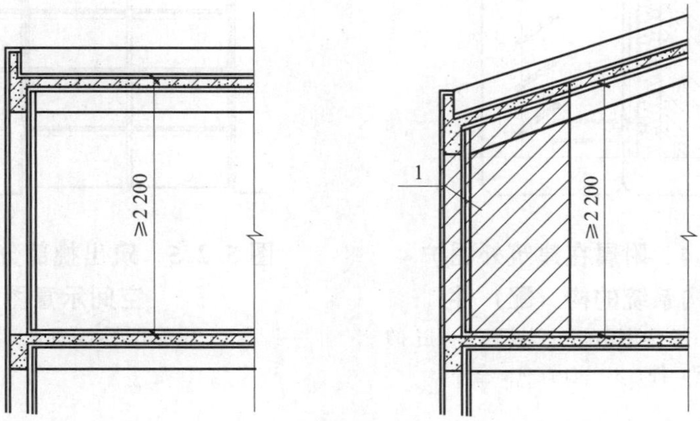

图 5.2.3　结构层高或斜面结构板顶高度在 2.20m 及以上的建筑空间示意图

1—不计算建筑面积的区域

围护结构是指围合建筑空间的墙体、门、窗。围护设施是指为保障安全而设置的栏杆、栏板等围挡。

（4）阳台建筑面积应按围护设施外表面所围空间水平投影面积的 1/2 计算；当阳台封闭时，应按其外围护结构外表面所围空间的水平投影面积计算。

阳台是指附设于建筑物外墙，可供人活动的室外空间，设有安全防护措施。此处阳台必须有顶盖，无盖阳台按露台考虑，不计算建筑面积。

（5）下列空间与部位不应计算建筑面积：

1）结构层高或斜面结构板顶高度小于 2.20m 的建筑空间。

包括层高小于 2.20m 的设备管道夹层、结构板顶高度小于 2.20m 的坡屋顶等。

2）无顶盖的建筑空间。

包括室外平台、室外挑台、露台、室外游泳池、室外台阶、坡道、建筑屋面、屋顶花园、花架；无顶盖架空通廊；各种操作平台、上料平台、设备平台等。

3）附属在建筑外围护结构上的构（配）件。

指附属在外围护结构的装饰、遮阳、设备平台等构（配）件，如附属在外墙的装饰柱、门窗线脚、勒脚、突出墙面的装饰线条、空调机板、遮阳板、建筑挑檐、无柱雨篷等非建筑外围护结构系统的构（配）件（见图 5.2.4）。

4）建筑出挑部分的下部空间。

建筑出挑部分的下部空间不计算建筑面积（见图 5.2.5）。

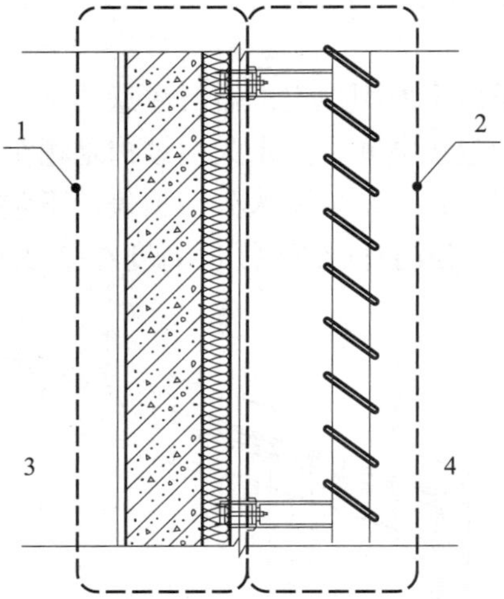

图 5.2.4 附属在建筑外围护结构系统的构（配）件

1—外围护结构；2—附属在建筑外围护结构上的构（配）件；3—室内；4—室外

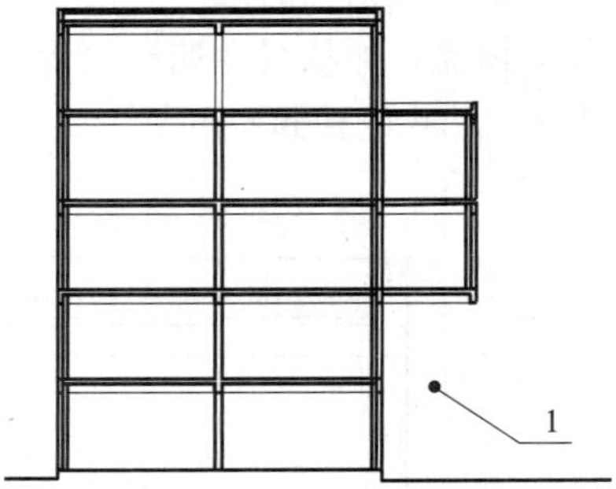

图 5.2.5 筑出挑部分的下部空间示意图

1—建筑出挑部分的下部空间

5）建筑物中用作城市街巷通行的公共交通空间。

包括骑楼、建筑的过街通道等（见图 5.2.6）。

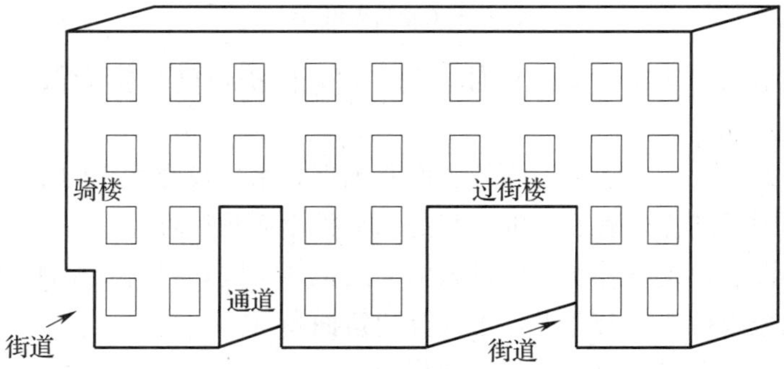

图 5.2.6 骑楼、过街楼、建筑物通道示意图

6）独立于建筑物之外的各类构筑物。

包括烟筒、水塔、水（油）罐、栈桥、储仓、储油（水）池等。

（三）建筑高度计算规则

（1）平屋顶建筑高度应按室外设计地坪至建筑物女儿墙顶点的高度计算，无女儿墙的建筑应按至其屋面檐口顶点的高度计算。

对一般情况下的建筑物高度起算点进行了规定，基本原则是真实地反映建筑物的实际高度，这里规定的建筑高度有别于《建筑设计防火规范》GB 50016—2014（2018 年版）里的建筑高度。室外设计地坪起算点是指建筑围护结构外表面与室外设计地坪交界的最低处，但不包含局部的下沉庭院空间。这与国家标准《民用建筑设计统一标准》GB 50352—2019 第 4.5.2 条规定“平屋顶建筑高度应按建筑物主入口场地室外设计地面至建筑女儿墙顶点的高度计算”中的设计室外地坪起算点不同。

（2）坡屋顶建筑应分别计算檐口及屋脊高度，檐口高度应按室外设计地坪至屋面檐口或坡屋面最低点的高度计算，屋脊高度应按室外设计地坪至屋脊的高度计算。

坡屋顶建筑应分别计算檐口和屋脊高度，此处的檐口高度是指室外设计地坪至屋面檐口（坡屋面最低点）的高度，即檐口结构板最外缘的顶标高（见图 5.2.7）；当有檐沟时，檐口高度为檐沟（或构件）最外缘的顶标高（见图 5.2.8）。

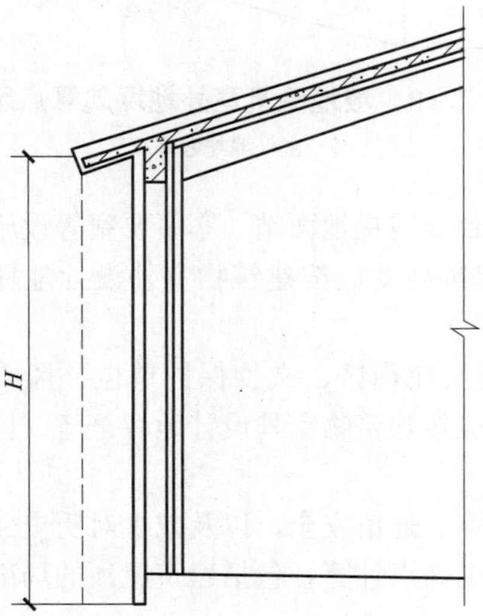

图 5.2.7 檐口高度计算示意图

H—檐口高度

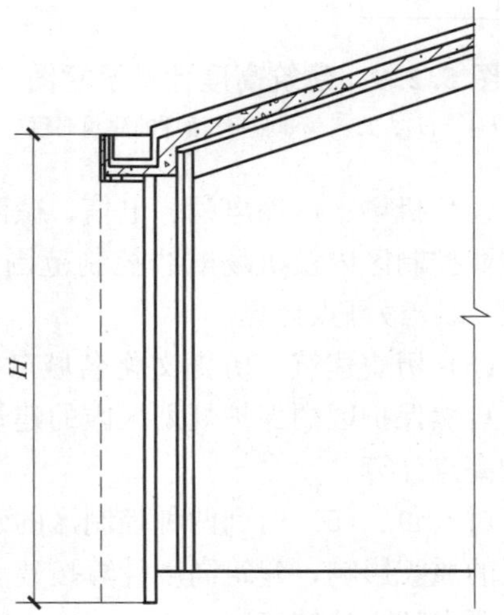

图 5.2.8 有檐沟时檐口高度计算示意图

H—檐口高度

这里的建筑高度计算是以真实反映建筑本体高度为原则，应用于规划、建筑等场景。例如，有些历史保护区要求控制建筑最高点，而有的风貌保护区街道要求控制檐口高度。这里的高度计算不同于《建筑设计防火规范》GB 50016—2014（2018 年版）里的建筑高度计算。《建筑设计防火规范》GB 50016—2014（2018 年版）里的建筑高度是以消防扑救场地或消防车道为建筑高度计算的基准面，属于防火建筑高度或防火建筑计算高度。比如《建筑设计防火规范》GB 50016—2014（2018 年版）规定，高层建筑的高度计算至建筑屋面，而非女儿墙顶部；并且，针对住宅建筑，首层高度不大于 2.2m，以及地下室高出室外设计地面不大于 1.5m 的部分，都不计算建筑高度，这两种情况在本规定中都要计算建筑高度。

（3）当同一座建筑有多种屋面形式，或多个室外设计地坪时，建筑高度应分别计算后取其中最大值。

当同一座建筑物有多种屋面形式，或台地建筑有多个室外设计地坪（地面面层）的情形（不包含地下室的下沉庭院），建筑高度应分别计算后取其中最大值（见图 5.2.9），若 $H_2 \geqslant H_3$，且 $H_2 \geqslant H_1$，则建筑高度为 H_2；对于坡地建筑，室外地坪起算点应为建筑围护结构外表面与室外设计地坪（地面面层）交界的最低处（见图 5.2.10）。

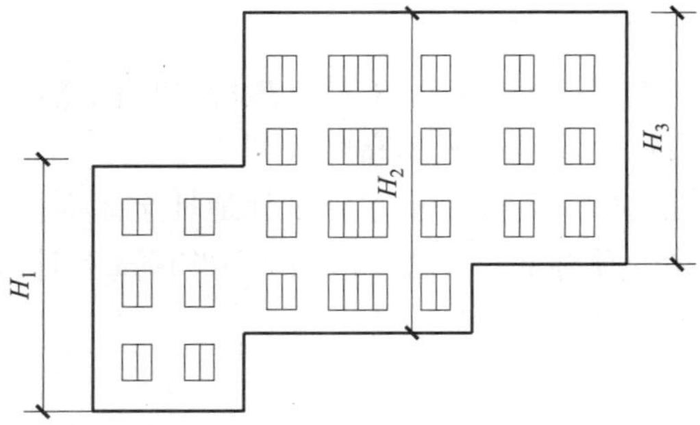

图 5.2.9　建筑高度计算示意图

H_1、H_2、H_3—不同室外地坪的建筑高度

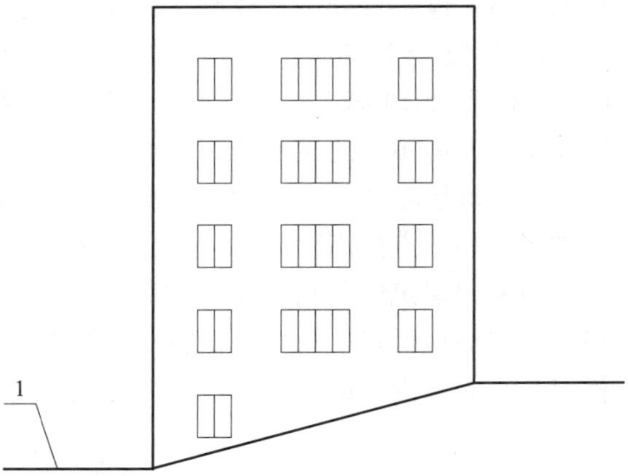

图 5.2.10　坡地建筑室外地坪起算点示意图

1—室外地坪起算点

（4）机场、广播电视、电信、微波通信、气象台、卫星地面站、军事要塞等设施的技术作业控制区内及机场航线控制范围内的建筑，建筑高度应按建筑物室外设计地坪至建（构）筑物最高点计算。

（5）历史建筑，历史文化名城名镇名村、历史文化街区、文物保护单位、风景名胜区、自然保护区的保护规划区内的建筑，建筑高度应按建筑物室外设计地坪至建（构）筑物最高点计算。

对（4）、（5）所列两种控制区的建筑，考虑航空、通信安全，以及减少对历史建筑保护区的风貌影响，建筑高度计算按建（构）筑物的最高点计算，包括建筑屋顶的局部突出物也要求计入建筑高度。

（6）除（4）、（5）条规定以外的建筑，屋顶设备用房及其他局部突出屋面用房的总面积不超过屋面面积的 1/4 时，不应计入建筑高度。

本规定中屋顶设备用房及其他局部突出屋面用房是指屋顶楼梯间、电梯机房、水箱间、装饰塔等。

（7）建筑的室内净高应满足各类型功能场所空间净高的最低要求，地下室、局部夹层、公共走道、建筑避难区、架空层等有人员正常活动的场所最低处室内净高不应小于 2.00m。

室内净高是指室内有效使用空间的垂直距离。室内净高是满足建筑功能的基本要素，也是保证安全、人身健康、公众权益和公共利益的控制性底线要求。2.00m 的净高是考虑了我国成人人均身高、上部安全距离确定的，并以此为依据确定计算建筑面积的最低层高 2.20m。

本规定提出了民用建筑的室内净高应满足各类型功能场所空间净高的最低要求，并对民用建筑的通用空间，如地下室、局部夹层、公共走道、建筑避难区、架空层给出了最低室内净高要求。此处的室内净高为室内楼（地）面面层（设计完成面）至上部吊顶或楼板、屋面板底面之间有效使用空间的垂直距离。当室内有吊顶时，室内净高应计算至吊顶下皮；当上部的结构梁或设备管线影响室内有效使用空间时，室内净高应计算至结构梁或设备管线下皮；当上部局部的结构梁或设备管线不影响室内有效使用空间时，室内净高应计算至楼板下皮，如图 5.2.11 所示。

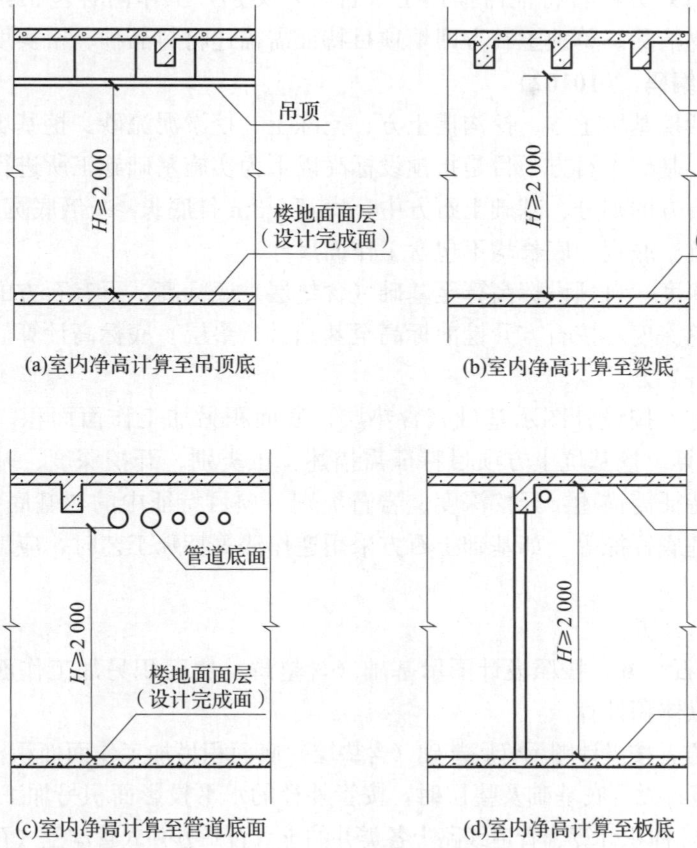

(a)室内净高计算至吊顶底　(b)室内净高计算至梁底

(c)室内净高计算至管道底面　(d)室内净高计算至板底

图 5.2.11　室内净高计算示意图

第三节　工程量计算规则与方法

本节介绍房屋建筑与装饰工程工程量的计算规则与方法，以国家标准《房屋建筑与装饰工程工程量计算标准》GB/T 50854—2024 附录中清单项目设置和工程量计算规则为主，标准中的计量单位以体积计量的为“m^3”，以面积计量的为“m^2”，以质量的为“t”，以数量计量的计量单位区分不同的项目采用“孔”“座”“个”“套”“樘”“根”等。

一、土石方工程

土石方工程包括单独土石方、基础土石方、平整场地及其他。

（一）清单项目设置及计算规则

1. 单独土石方（编码：010101）

清单项目设置包括挖单独土方、挖单独石方、单独土石方回填等。单独土石方项目是指为使施工场地达到预设标高（设计室外标高/设计室外地面做法底标高/委托人指定标高）所进行的土石方工程。

挖单独土（石）方、单独土石方回填，按原始地貌与预设标高之间的挖填尺寸，以体积计算。挖单独土（石）方项目特征需描述土（岩石）类别，工作内容包括：开挖、装车、场内运输、障碍物清除。单独土石方回填项目特征需描述材料品种、密实度。

2. 基础土石方（编码：010102）

清单项目设置包括挖基坑土方、挖沟槽土方、挖冻土、挖淤泥流砂、挖基坑石方、挖沟槽石方、回填方等。基础土石方项目是指预设标高以下为实施基础施工所进行的土石方工程。沟槽、基坑土石方的划分：基础土石方中，底宽≤3m 且底长＞3 倍底宽的为沟槽，超出上述范围的为基坑。底宽、底长均不包含工作面尺寸。

基础土方的开挖深度，自预设标高算至基础（含垫层）底标高，下有石方的算至土石分界线。基础石方开挖深度，按石方开挖前标高至基础（含垫层）底标高计算。

（1）挖基坑土（石）方。

挖基坑土（石）方，按设计图示基础（含垫层）底面积另加工作面面积，乘以挖土（石）深度，以体积计算。挖基坑土方项目特征需描述：土类别、开挖深度、基底处理方式；挖基坑石方项目特征需描述：开挖深度、岩石类别。项目特征中的“基底处理方式”可描述为基底夯实、基底钎探等。如基础土石方采用逆作法等特殊工艺时，应增加相应特征描述。

（2）挖沟槽土（石）方。

1）基础沟槽土（石）方，按照设计图示基础（含垫层）底面积另加工作面面积，乘以挖土（石）深度，以体积计算。

2）管沟土（石）方，按设计图示管底基础（含垫层）底面积另加工作面面积，乘以挖土（石）深度，以体积计算；无管底基础及垫层时，按管外径的水平投影面积另加工作面面积，乘以挖土（石）深度，以体积计算。管道线路上各类井的土（石）方并入管沟土（石）方。

挖沟槽土（石）方项目特征描述同挖基坑土（石）方。挖沟槽土方的工作内容包括：开挖、放坡（若有）、挡土板围护（若有）；装车；场内运输；清底修边；基底夯实；基底钎探。挖沟槽石方的工作内容包括：开挖、放坡（若有）、挡土板围护（若有）；装车；场内运输；检底修边。

（3）挖冻土、挖淤泥流砂。

1）挖冻土，按设计图示开挖面积乘以厚度，以体积计算。

2）挖淤泥流砂，按设计图示位置、界限，以体积计算。

（4）回填方。

回填方，按设计图示尺寸以体积计算。项目特征需描述：填方部位、材料品种、密实度。回填方的“材料品种”可描述为就地取土、素土、灰土等。如同时采用多种材料回填，应分别编码列项。工作内容包括：运输、回填、压实。

1）基础回填，按设计图示基础（含垫层）底面积另加工作面面积，乘以回填深度，减去回填范围内建筑物（构筑物）、基础（含垫层）、管道，以体积计算。

2）房心回填，按回填区的净体积计算。净体积是指扣除各种障碍物后的体积。

3. 平整场地及其他（编码：010103）

清单项目设置包括平整场地、余方弃置等。平整场地是指基础土石方施工前，对建筑物所在场地标高±300mm之间的就地挖、填、运及平整。如单独土石方和基础土石方由同一承包人连续施工，不再单列平整场地清单项目。余方弃置包括施工现场至指定弃置点的土石方装卸、运输，且应满足国家及当地建设行政主管部门关于建筑垃圾消纳和处置的要求。

(1) 平整场地，按设计图示尺寸以建筑物首层建筑面积计算。建筑物地下室结构外边线突出首层结构外边线时，其突出部分的建筑面积合并计算。项目特征需描述土石类别。

(2) 余方弃置，按挖方清单项目工程量减回填清单项目工程量（可利用），以体积计算。项目特征需描述土石类别。工作内容包括：装卸、外运、消纳。

(二) 其他规定

(1) 项目特征中的“土类别”“岩石类别”可按表 5.3.1、表 5.3.2 确定，如有需要可增加干土、湿土的描述。如土、岩石类别不能准确划分，可依据地勘报告进行描述。

表 5.3.1 土分类表

土分类	土的名称
一、二类土	粉土、砂土（粉砂、细砂、中砂、粗砂、砾砂）、粉质黏土、弱中盐渍土、软土（淤泥质土、泥炭、泥炭质土）、软塑红黏土、冲填土
三类土	黏土、碎石土（圆砾、角砾）混合土、可塑红黏土、硬塑红黏土、强盐渍土、素填土、压实填土
四类土	碎石土（卵石、碎石、漂石、块石）、坚硬红黏土、超盐渍土、杂填土

表 5.3.2 岩石分类表

岩石分类		代表性岩石
软质岩	极软岩	1. 全风化的各种岩石； 2. 强风化的软岩； 3. 各种半成岩
	软岩	1. 强风化的坚硬岩； 2. 中等（弱）风化～强风化的较坚硬岩； 3. 中等（弱）风化的较软岩； 4. 未风化的泥岩、泥质页岩、绿泥石片岩、绢云母片岩等
	较软岩	1. 强风化的坚硬岩； 2. 中等（弱）风化的较坚硬岩； 3. 未风化～微风化的：凝灰岩、千枚岩、砂质泥岩、泥灰岩、泥质砂岩、粉砂岩、砂质页岩等
硬质岩	较坚硬岩	1. 中等（弱）风化的坚硬岩； 2. 未风化～微风化的：熔结凝灰岩、大理岩、板岩、白云岩、石灰岩、钙质砂岩、粗晶大理岩等
	坚硬岩	未风化～微风化的：花岗岩、正长岩、闪长岩、辉绿岩、玄武岩、安山岩、片麻岩、硅质板岩、石英岩、硅质胶结的砾岩、石英砂岩、硅质石灰岩等

（2）干土、湿土的划分，以地质勘测资料的地下常水位为准，地下常水位以上为干土，以下为湿土。地表水排出后，土的含水率≥25%时为湿土。含水率超过液限，土和水的混合物呈现流动状态时为淤泥。温度在0℃及以下，并夹含有冰的土为冻土（指短时冻土和季节冻土）。

（3）计算土石方的开挖、回填工程量时，均不考虑不同密实状态的土、石体积折算。

（4）挖沟槽、基坑土石方的工作面宽度应按设计要求进行计算，无设计要求时可按表5.3.3、表5.3.4计算。

表5.3.3　基础施工所需工作面宽度计算表

基础材料	每边各增加工作面宽度/mm
砖基础	200
浆砌毛石、条石基础	250
混凝土基础、垫层（支模板）	600
基础垂直面做砂浆防潮层	400（自防潮层面）
基础垂直面做防水层或防腐层	1 000（自防水层或防腐层面）
支挡土板	100（在上述宽度外另加）

表5.3.4　管沟施工每侧所需工作面宽度计算表

管道材质	管道结构宽/mm			
	≤500	≤1 000	≤2 500	>2 500
混凝土及钢筋混凝土管道/mm	400	500	600	700
其他材质管道/mm	300	400	500	600

注：管道结构宽：有管座的按基础外缘，无管座的按管道外径。

【例5.3.1】 某工程基础平面图如图5.3.1所示。室外设计地坪标高为−0.45m（预设标高），基础底面标高−2.45m；基础垫层厚100mm，每侧比基础底面宽100mm；工作面宽度按表5.3.3确定。土为三类土，场内堆土，运距1km以内。框架柱（均为KZ1）截面尺寸为500mm×500mm。混凝土均为商品混凝土，垫层为C20，其他均为C30。请根据工程量计算标准计算相关清单项目的工程量。

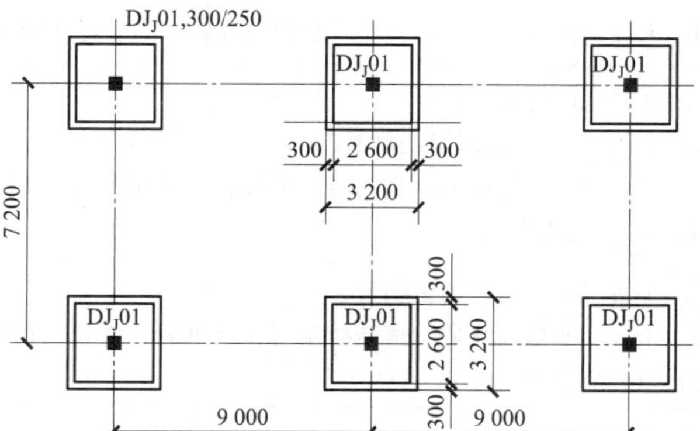

图5.3.1　基础平面图

解：计算结果如表 5.3.5 所示。

表 5.3.5　工程量计算表

序号	清单项目编码	清单项目名称	计算式	工程量合计	计量单位
1	010102001001	挖基坑土方	挖土深度：2.45＋0.1－0.45＝2.1（m） 挖方体积：（3.2＋0.2＋0.6×2）×（3.2＋0.2＋0.6×2）×2.1×6＝266.62（m^3）	266.62	m^3
2	010102007001	回填方（基础回填）	266.62－28.57（独立基础体积）－6.94（垫层体积）－2.18（－0.45m 以下柱体积）＝228.93（m^3）	228.93	m^3
3	010103002001	余方弃置	226.62－228.93＝37.69（m^3）	37.69	m^3

注：余方弃置仅考虑基坑开挖与回填后的余方，其他不考虑。基础回填至室外设计地坪标高。

二、地基处理与边坡支护工程

地基处理与边坡支护工程包括地基处理、基坑与边坡支护。

（一）项目设置及计算规则

1. 地基处理（编码：010201）

清单项目设置包括换填垫层、预压地基、强夯地基、振冲密实地基（不填料）、填料桩复合地基、水泥粉煤灰碎石桩复合地基、水泥土搅拌桩复合地基、旋喷桩复合地基、注浆加固地基、褥垫层等。

（1）换填垫层，按设计图示尺寸以体积计算。换填垫层是指挖去浅层软弱土层和不均匀土层，回填坚硬、较粗粒径的材料，并夯压密实形成的垫层。项目特征需描述：材料种类及配比、换填方式及压实系数、掺加剂（料）品种。项目特征中“换填材料种类”可描述为砂石、粉质黏土、灰土、粉煤灰、矿渣等。如有土工合成材料，则应增加相应特征描述。

（2）预压地基、强夯地基、振冲密实地基（不填料），按设计图示处理范围以面积计算。预压地基是指采取堆载预压、真空预压、堆载与真空联合预压方式对淤泥质土、淤泥、冲击填土等地基土固结压密处理后形成的饱和黏性土地基。强夯地基属于夯实地基，即反复将夯锤提到高处使其自由落下，给地基以冲击和振动能量，将地基土密实处理或置换形成密实墩体的地基。振冲密实是利用振动和压力水使砂层液化，砂颗粒相互挤密，重新排列，空隙减少，提高砂层的承载能力和抗液化能力。

（3）填料桩复合地基、水泥粉煤灰碎石桩复合地基，按设计桩截面面积乘以桩长以体积计算。填料桩复合地基项目特征需描述：地层类别；桩形式；空桩长度、桩长；桩径；填充材料种类及配比。项目特征中“桩形式”可描述为振冲碎石桩、沉管砂石桩、灰土（土）挤密桩、夯实水泥土桩、柱锤冲扩桩等。设计文件指定成孔方式的，清单编制时应增加“成孔方式”的描述。

（4）水泥土搅拌桩复合地基，按设计图示桩体尺寸以体积计算。项目特征需描述：地层类别；空桩长度、桩长；桩截面尺寸；做法、搅拌要求；水泥强度等级、掺量。项目特征中“做法”可描述为单轴、双轴和三轴等；“搅拌要求”可描述为浆液搅拌法（即湿法）、粉体搅拌法（即干法）。

（5）旋喷桩复合地基，按设计图示尺寸以桩长计算。项目特征需描述：地层类别；空桩长度、桩长；桩截面尺寸；喷射注浆类型；水泥强度等级、掺量。项目特征中“喷射注浆类型”可描述为单重管、双重管、三重管等。

（6）注浆加固地基，按设计加固地基尺寸以体积计算。项目特征需描述：地层类别；空钻深度、注浆深度；注浆间距；浆液种类及配比；水泥强度等级。

（7）褥垫层，按设计图示尺寸以体积计算。项目特征需描述：材料种类及配比；厚度；铺设方式及压实系数。

2. 基坑与边坡支护（编码：010202）

清单项目设置包括地下连续墙、型钢水泥土搅拌墙、咬合灌注桩、木制桩、预制钢筋混凝土板桩、型钢（钢板）桩、锚杆（锚索）、土钉、喷射混凝土（水泥砂浆）、钢筋混凝土支撑、钢筋混凝土支撑的模板、钢筋混凝土腰梁（冠梁）、钢筋混凝土腰梁（冠梁）的模板、钢支撑、钢腰梁（冠梁）、泥浆外运等。

（1）地下连续墙，按设计图示墙体尺寸以体积计算。项目特征需描述：地层类别；墙体厚度；成槽深度；混凝土种类、强度等级；接头形式。

（2）型钢水泥土搅拌墙，按设计图示成墙截面尺寸乘以桩长以体积计算。项目特征需描述：地层类别；搅拌桩直径；水泥强度等级、掺量；型钢规格型号；型钢是否拔出。

（3）咬合灌注桩、木质桩、预制钢筋混凝土板桩，按设计图示尺寸以桩长计算。预制钢筋混凝土板桩项目特征需描述：地层类别；送桩深度、桩长；桩截面形式、尺寸；混凝土强度等级。

（4）型钢桩、钢板桩，按设计图示尺寸以质量计算。项目特征需描述：地层类别；截面形式或组合截面形式；钢桩材质规格和型号；送桩深度、桩长；是否拔出。

（5）锚杆（锚索），按设计图示尺寸以钻孔深度计算。项目特征需描述：地层类别；锚杆（索）类型、深度、部位；杆体材料品种、规格、数量；预应力值；浆液种类、强度等级。

（6）土钉，按设计图示尺寸以土钉置入深度计算。项目特征需描述：地层类别；土钉类型、深度、部位；杆体材料品种、规格、数量；浆液种类、强度等级。

（7）喷射混凝土（水泥砂浆），按设计图示尺寸以面积计算。项目特征需描述：部位；厚度；材料种类；混凝土（砂浆）类别、强度等级。

（8）钢筋混凝土支撑及其模板。钢筋混凝土支撑，按设计图示尺寸以体积计算。钢筋混凝土支撑的模板，按模板与现浇混凝土构件的接触面积计算。

（9）钢筋混凝土腰梁、冠梁及其模板。钢筋混凝土腰梁、冠梁，按设计图示尺寸以体积计算。钢筋混凝土腰梁、冠梁的模板，按模板与现浇混凝土构件的接触面积计算。

（10）钢支撑、钢腰梁（冠梁），按设计图示尺寸以质量计算，不扣除孔眼质量，焊条、铆钉、螺栓等不另增加质量。

（11）泥浆外运，按成槽、成孔尺寸，以体积计算。项目特征需描述泥浆来源。“泥浆来源”应按泥浆所产生的清单项目进行描述。泥浆外运包括将施工现场的泥浆进行处置、运输到指定地点，应满足国家及当地行政主管部门关于建筑垃圾消纳和处置的要求。

（二）其他规定

（1）地基处理与边坡支护工程的清单项目工作内容均包括无法自行移动的大型施工机

械的场内就位及移位，也包括各清单项目全面实施前的试夯、试打等现场试验工序。除另有说明外，清单项目中均包括施工过程中所必须的土石方挖填。

(2) 项目特征中的“地层类别”应按表 5.3.1 和表 5.3.2 的规定，并根据岩土工程勘察报告进行描述。

(3) 项目特征中的“桩长”应包括桩尖（若有），空桩长度＝孔深－桩长，孔深为自然地面至设计桩底的深度。

(4) 同类桩的重复套打、截面咬合不增加相应工程量。

(5) 喷射混凝土（砂浆）的钢筋网、钢丝网按“混凝土及钢筋混凝土工程”中“钢筋网片”“钢丝网”项目列项；地下连续墙和混凝土桩的钢筋笼，按“混凝土及钢筋混凝土工程”中“钢筋笼”项目列项。钢筋混凝土支撑、冠梁、腰梁的钢筋，按“混凝土及钢筋混凝土工程”中“现浇混凝土基础及联系梁钢筋”项目列项。以上钢筋制作、安装使用“混凝土及钢筋混凝土工程”相应项目编码列项时均需描述使用部位。

(6) 本部分未列出的支护桩，按“地基处理”和“桩基工程”中的相关项目列项，截（凿）桩头按“桩基工程”中的相关项目列项，重力式水泥土墙按“地基处理”中“水泥土搅拌桩复合地基”项目列项，砖、石挡土墙、护坡按“砌筑工程”中的相关项目列项，混凝土挡土墙按“混凝土及钢筋混凝土工程”中的相关项目列项。

【例 5.3.2】 某三轴水泥土搅拌桩止水帷幕如图 5.3.2 所示。桩径为 850mm，桩轴心距为 600mm，设计桩长 18m，要求按全截面套打施工（图中阴影部分为全截面套打），单根三轴水泥土搅拌桩平面布置如图 5.3.3 所示。请根据工程量计算标准计算水泥土搅拌桩的工程量。

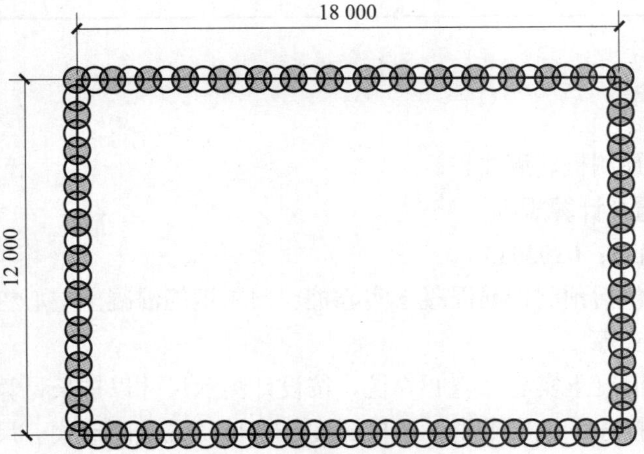

图 5.3.2　三轴水泥土搅拌桩平面图

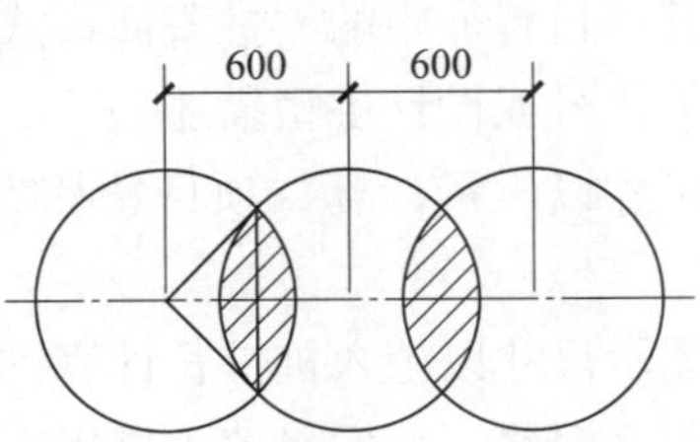

图 5.3.3　单根三轴水泥土搅拌桩截面示意图

解：计算结果如表5.3.6所示。

表5.3.6 工程量计算表

序号	清单项目编码	清单项目名称	计算式	工程量合计	计量单位
1	010201007001	水泥土搅拌桩复合地基	1. 桩根数：(18 000+12 000)×2/1 200=50(根) 2. 咬合部分截面积： (1) 圆心角：2×arccos(300/425)=1.57(rad) (2) 扇形面积：3.14×0.425×0.425×1.57/(2×3.14)=0.142(m^2) (3) 三角形面积：$\frac{1}{2}\times\sqrt{0.425^2-0.3^2}\times0.3\times2=0.090(m^2)$ 所以，咬合部分面积：(0.142−0.090)×2=0.104(m^2) 3. 桩的截面积： (3.14×0.425×0.425−0.104)×50×2=46.316(m^2) 体积为：46.316×18=833.69(m^3)	833.69	m^3

三、桩基工程

桩基工程包括预制桩、灌注桩。

（一）项目设置及计算规则

1. 预制桩（编码：010301）

清单项目设置包括预制钢筋混凝土实心桩、预制钢筋混凝土空心桩、钢管桩、静钻根植桩、截（凿）桩头等。

(1) 预制钢筋混凝土实心（空心）桩，按设计图示尺寸以桩长计算。预制钢筋混凝土实心桩项目特征需描述：地层类别；送桩深度、桩长；桩截面形式、尺寸；混凝土强度等级。预制钢筋混凝土空心桩项目特征需描述：地层类别；送桩深度、桩长；桩截面形式、尺寸；桩尖类型；混凝土强度等级。预制钢筋混凝土实心桩、预制钢筋混凝土空心桩应按相应截面形式分别编码列项，其项目特征中的“桩截面形式”“混凝土强度等级”“桩尖类型”等可直接用标准图集的相关代号或设计桩型描述。

(2) 钢管桩，按设计图示尺寸以质量计算。项目特征需描述：地层类别；送桩深度、桩长；材质；管径、壁厚。

(3) 静钻根植桩，按设计图示尺寸以植入桩桩长计算。静钻根植桩是采用单轴钻机进行钻孔、扩底，注入桩端和桩周水泥浆，然后将植入桩置于已成孔内形成的基桩。

(4) 截（凿）桩头，按设计图示数量计算（单位：根）。截（凿）桩头项目适用于

“地基处理与边坡支护工程”“桩基工程”所列桩的桩头截（凿）。

2. 灌注桩（编码：010302）

清单项目设置包括泥浆护壁成孔灌注桩、沉管灌注桩、干作业机械成孔灌注桩、爆扩成孔灌注桩、钻孔压灌桩、灌注桩后注浆、声测管等。泥浆护壁成孔灌注桩是指在泥浆护壁条件下成孔的采用水下灌注混凝土的桩。干作业机械成孔灌注桩是指在不用泥浆护壁和套管护壁的情况下，用钻机成孔后下钢筋笼并灌注混凝土的桩，适用于地下水位以上的土层。

（1）泥浆护壁成孔灌注桩、沉管灌注桩、干作业机械成孔灌注桩、爆扩成孔灌注桩，按设计截面面积乘以设计桩长以体积计算，截面局部扩大部分体积并入计算。内夯沉管灌注桩按“沉管灌注桩”编码列项，外管封底部分体积并入桩工程量内。

泥浆护壁成孔灌注桩项目特征需描述：地层类别；空桩长度、桩长；桩径；混凝土种类、强度等级。

沉管灌注桩项目特征需描述：地层类别；空桩长度、桩长；桩径；桩尖类型。混凝土种类、强度等级。

干作业机械成孔灌注桩、爆扩成孔灌注桩项目特征需描述：地层类别；空桩长度、桩长；桩径；扩孔直径、高度；混凝土种类、强度等级。

（2）钻孔压灌桩，按设计图示尺寸以桩长计算。项目特征需描述：地层类别；空钻长度、桩长；钻孔直径；材料种类、配比、强度等级。

（3）灌注桩后注浆，按设计图示以注浆孔数计算（单位：孔）。项目特征需描述：注浆导管材料、规格；注浆导管长度；单孔注浆量；水泥强度等级。

（4）声测管，按设计图示桩长乘以管根数计算。项目特征需描述：材质、规格；连接要求。

（二）其他规定

（1）项目特征中的“地层类别”应按表 5.3.1 和表 5.3.2 的规定，并根据岩土工程勘察报告进行描述。

（2）项目特征中及工程量计算规则中的“桩长”应包括桩尖（若有），空桩长度＝孔深－桩长，孔深为自然地面至设计桩底的深度。

（3）项目特征中的“混凝土种类”可描述为预拌（商品）混凝土、现场搅拌混凝土、清水混凝土、彩色混凝土、水下混凝土、防水混凝土、耐酸混凝土、毛石混凝土、轻骨料混凝土等。

（4）打桩方式及成孔机械由投标人自行确定，若设计有要求，应在项目特征中增加相关描述。

（5）打试验桩和打斜桩应按相应项目单独编码列项，并应在项目特征中注明试验桩或斜桩（斜率）。

（6）预制桩的工作内容中包括了接桩和送桩，不需要单独列项，应在综合单价中考虑。

（7）预制桩项目工作内容均包括预制桩的场内堆放、场内转运，还包括使用成品预制桩时的成品桩购置工作及使用现场预制桩时的桩制作全部工序。使用现场预制桩时，应在项目特征中增加相关描述。

（8）预制钢筋混凝土桩的桩顶与桩承台的连接构造，应按“混凝土及钢筋混凝土工程”的基础相关项目编码列项。空心桩、钢管桩整体填充混凝土时，按“混凝土及钢筋混凝土工程”中“填充混凝土”项目编码列项。混凝土灌注桩的钢筋笼制作、安装，按“混凝土及钢筋混凝土工程”中相关项目编码列项。

【例 5.3.3】 某工程基地采用泥浆护壁成孔灌注桩，根数 120 根，自然地面标高为 −0.45m。桩顶设计标高为 −5.50m，桩设计截面直径为 800mm，桩长 28m，空钻长 3.6m，混凝土强度等级为 C30，采用水下浇筑。请根据工程量计算标准确定相关清单项目的工程量。

解： 计算结果如表 5.3.7 所示。

表 5.3.7　工程量计算表

序号	清单项目编码	清单项目名称	计算式	工程量合计	计量单位
1	010302001001	泥浆护壁成孔灌注桩	体积：3.14 × 0.4 × 0.4 × 28 × 120 = 1 688.06（m^3）	1 688.06	m^3
2	010202016001	泥浆外运	空桩长度：5.50−0.45=5.05（m） 泥浆体积：3.14×0.4×0.4×（28+5.05）×120=1 992.52（m^3）	1 992.52	m^3

四、砌筑工程

砌筑工程包括砖砌体、砌块砌体、石砌体、轻质墙板。

（一）项目设置及计算规则

1. 砖砌体（编码：010401）

清单项目设置包括砖基础、实心砖墙、多孔砖墙、空心砖墙、实心砖柱、多孔砖柱、砖检查井、零星砌砖、砖散水（地坪）、砖地沟（明沟）、贴砌砖墙等。

（1）砖基础，按设计图示尺寸以体积计算。扣除地梁（圈梁）、构造柱所占体积，不扣除基础大放脚 T 形接头处的重叠部分及嵌入基础内的钢筋、铁件、管道、基础砂浆防潮层和单个面积≤0.3m^2 的孔洞所占体积（见图 5.3.4）。附墙垛基础宽出部分体积并入计算，靠墙暖气沟的挑檐不增加体积。项目特征需描述：砖品种、规格、强度等级；基础类型；砂浆强度等级；防潮层材料种类。防潮层在综合单价中考虑，不单独列项计算工程量。

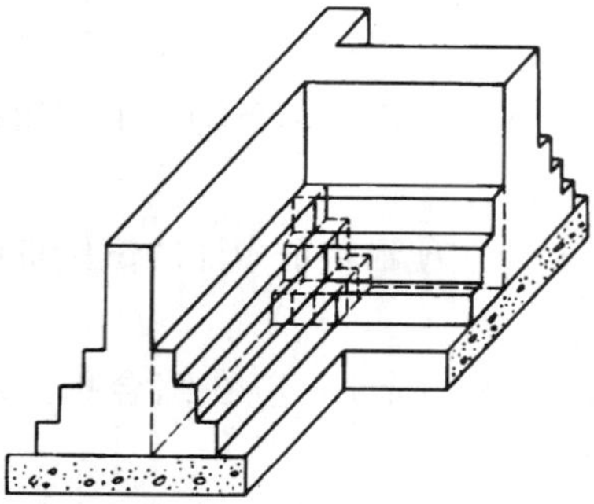

图 5.3.4　砖基础 T 形接头处的重叠部分示意图

墙基础长度：外墙基础按外墙中心线，内墙基础按内墙净长计算。

（2）实心砖墙、多孔砖墙、空心砖墙，按设计图示尺寸以体积计算。扣除门窗洞口、嵌入墙内的柱、梁、板及凹进墙内的壁龛、管槽、暖气槽、消火栓箱所占体积，不扣除单个面积≤0.3m² 的孔洞及墙内檩头、垫木、木楞头、沿缘木、木砖、门窗走头、加固钢筋、木筋、铁件、管道所占的体积。凸出墙面的墙垛并入计算。腰线、挑檐、压顶、窗台线、虎头砖、门窗套凸出墙面部分的体积不并入计算。同材质围墙柱及围墙压顶并入围墙体积内计算。

墙长度：外墙按中心线、内墙按净长计算，框架间墙不区分内外墙均按净长计算。

项目特征需描述：砖品种、规格、强度等级；墙体类型；墙体厚度；砂浆强度等级。工作内容中综合了刮缝，墙面勾缝按“墙、柱面装饰与隔断、幕墙工程”中“墙、柱面勾缝”列项。

(3) 实心砖柱、多孔砖柱，按设计图示尺寸以体积计算。扣除混凝土及钢筋混凝土梁垫、梁头、板头所占体积。

(4) 砖检查井，按设计图示数量计算（单位：座）。工作内容中综合了铺设垫层、底板混凝土、井盖安装、刮缝、抹防潮层等，不需要另列项计算。

(5) 零星砌砖，按设计图示尺寸以体积计算。砖砌台阶、台阶挡墙、梯带、花台、花池、栏板；砖砌锅台、炉灶、蹲台、池槽、池槽腿、地垄墙；砖砌腰线、挑檐、压顶、窗台线、虎头砖、门窗套凸出墙面的部分及单个面积≤0.3m² 的孔洞填塞等按“零星砌砖”编码列项。

(6) 砖散水、地坪，按设计图示水平投影面积计算。工作内容中综合了地基找平夯实、铺设垫层、抹砂浆面层等。

(7) 砖地沟、明沟，按设计图示以中心线长度计算。工作内容中综合了铺设垫层、底板混凝土、刮缝抹灰等。

(8) 贴砌砖墙，按设计图示尺寸以体积计算。依附构件或者依附墙体砌筑的贴砌砖（如地下室外墙防水层的保护砖墙），按“贴砌砖墙”项目编码列项。

2. 砌块砌体（编码：010402）

清单项目设置包括砌块墙、砌块柱等。

(1) 砌块墙，同实心砖墙的工程量计算规则。项目特征需描述：砌块品种、规格、强度等级；墙体类型；墙体厚度；砂浆强度等级。工作内容中也综合了刮缝。

(2) 砌块柱，按设计图示尺寸以体积计算，扣除混凝土及钢筋混凝土梁垫、梁头、板头所占体积。

3. 石砌体（编码：010403）

清单项目设置包括石基础、石勒脚、石墙、石挡土墙、石柱、石栏杆、石护坡、石台阶、石坡道、石地沟（明沟）等。

(1) 石基础，按设计图示尺寸以体积计算。不扣除基础砂浆防潮层及单个面积≤0.3m² 的孔洞所占体积，附墙垛基础宽出部分体积并入计算，靠墙暖气沟的挑檐不增加体积。

墙基础长度：外墙基础按中心线、内墙基础按净长计算。

(2) 石勒脚，按设计图示尺寸以体积计算，不扣除单个面积≤0.3m² 的孔洞所占的体积。

(3) 石墙，同实心砖墙的工程量计算规则。

(4) 石挡土墙、石柱，按设计图示尺寸以体积计算。石梯膀应按“石挡土墙”项目编码列项(图 5.3.5)。

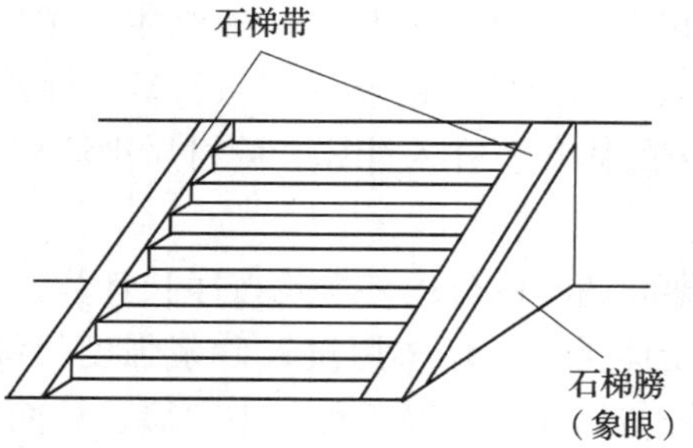

图 5.3.5 石台阶

（5）石栏杆，按设计图示以长度计算。

（6）石护坡、石台阶、石坡道，按设计图示尺寸以体积（不含垫层）计算。石台阶项目包括石梯带（垂带），不包括石梯膀。石台阶如图 5.3.5所示。工作内容中综合了铺设垫层。

（7）石地沟、明沟，设计图示以中心线长度计算。

4. 轻质墙板（编码：010404）

清单项目设置包括轻质墙板、轻质保温一体墙板等。

轻质墙板、轻质保温一体墙板，按设计图示尺寸以面积计算。轻质墙板应用于框架、框剪结构中的内外墙或隔墙。

（二）其他规定

（1）基础与墙（柱）身使用同一种材料时，以设计室内地面为界（有地下室者，以地下室室内设计地面为界），以下为基础，以上为墙（柱）身。基础与墙（柱）身使用不同材料时，材料分界线位于设计室内地面高度±300mm 以内的，以不同材料分界线为界；±300mm 以外的，以设计室内地面为分界线。

（2）石基础、石勒脚、石墙的划分：基础与勒脚应以设计室外地坪为界。勒脚与墙身应以设计室内地面为界。石围墙以设计室外地坪为界，两侧地坪标高不同时，应以较低地坪标高为界，以下为基础，以上为墙身；当两侧标高之差为挡土墙时，挡土墙以上为墙身。

（3）砖石基础的“基础类型”可描述为柱基础、墙基础、管道基础等。墙体项目特征中的“墙体类型”可描述为直形、弧形等，也可按外墙、内墙、女儿墙、围墙等墙体部位进行描述。石砌体的“石料种类”可描述为砂石、青石等；“石料规格”可描述为粗料石、细料石等。

（4）砖墙、砌体墙等的加筋、墙体拉结筋、压砌钢筋网片，应按“混凝土及钢筋混凝土工程”中相关项目编码列项。检查井内的钢爬梯、砖地沟里的钢支架等，应按“金属结构工程”中相关项目编码列项。砖（石）地沟、明沟，若设计施工有防水要求，应按“屋面及防水工程”中相关项目编码列项。

（5）附墙砌筑的烟囱、通风道、垃圾道应按设计图示尺寸以体积（扣除孔洞所占体积）计算，并入所依附的同材质墙体体积内。当设计要求孔洞内需抹灰时，应按“墙、柱面装饰与隔断、幕墙工程”中“零星抹灰”项目编码列项。

（6）砖砌体、砌块墙工作内容中包括了刮缝，不包括勾缝，勾缝需要另列项计算工程量；石砌体工作内容中包括了勾缝。

【例 5.3.4】 某工程±0.00 以下条形基础平面、剖面大样图如图 5.3.6 所示，室内外高差为 150mm，室外标高为－0.15。基础垫层为原槽浇筑，垫层为 3∶7 灰土，现场拌和。砌石部分，采用清条石 1 000mm×300mm×300mm，M7.5 水泥砂浆砌筑。砌砖部分，采用 MU7.5 的页岩标砖，M5 水泥砂浆砌筑。请根据工程量计算标准确定该工程基础垫层、砖基础、石基础的分部分项工程量。

解： 计算结果如表 5.3.8 所示。

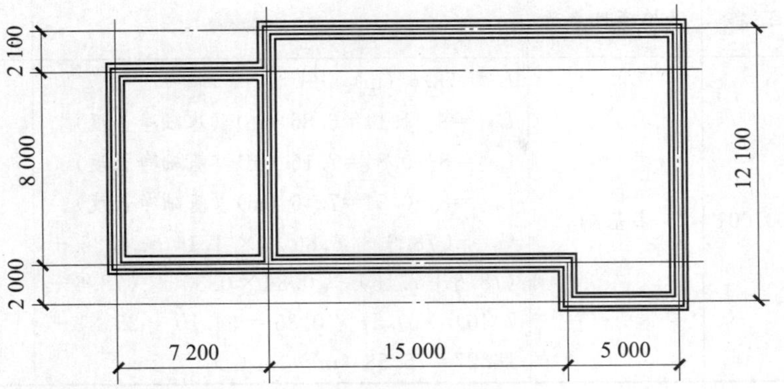

(a)基础平面图

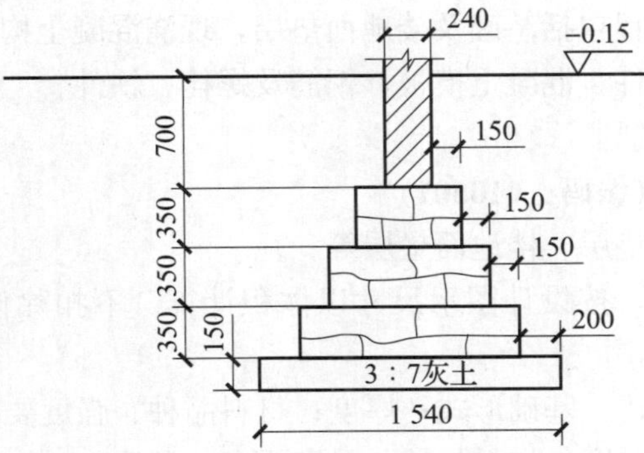

(b)基础剖面大样图

图 5.3.6　某基础工程示意图

表 5.3.8　工程量计算表

序号	清单项目编码	清单项目名称	计算式	工程量合计	计量单位
1	010501001001	基础垫层	$L_{中}$＝（27.2＋12.1）×2＝78.6（m）（外墙中心线长度） $L_{净}$＝8－1.54＝6.46（m）（垫层的净长度） V＝（78.6＋6.46）×1.54×0.15＝19.65（m^3）	19.65	m^3
2	010401001001	砖基础	$L_{中}$＝78.6（m） $L_{内}$＝8－0.24＝7.76（m）（内墙净长度） V＝（78.6＋7.76）×0.24×0.85＝17.62（m^3）	17.62	m^3

续表 5.3.8

序号	清单项目编码	清单项目名称	计算式	工程量合计	计量单位
3	010403001001	石基础	$L_{中}$=78.6（m） $L_{净1}$=8－1.14=6.86（m）（基础净长度） $L_{净2}$=8－0.84=7.16（m）（基础净长度） $L_{净3}$=8－0.54=7.46（m）（基础净长度） V=（78.6＋6.86）×1.14×0.35＋（78.6＋7.16）×0.84×0.35＋（78.6＋7.46）×0.54×0.35＝34.10＋25.21＋16.27＝75.58（m^3）	75.58	m^3

五、混凝土及钢筋混凝土工程

混凝土及钢筋混凝土工程包括基础及楼地面垫层，现浇混凝土构件，一般预制混凝土构件，装配式预制混凝土构件，混凝土模板，钢筋及螺栓，铁件。

（一）项目设置及计算规则

1. 基础及楼地面垫层（编码：010501）

清单项目设置包括基础垫层、楼地面垫层等。

基础垫层、楼地面垫层，按设计图示尺寸以体积计算。不扣除伸入垫层的桩头所占体积。

基础垫层项目特征需描述：基础形式；厚度；材料品种、强度要求、配比。楼地面垫层项目特征需描述：部位；厚度；材料品种、强度要求、配比。

2. 现浇混凝土构件（编码：010502）

清单项目设置包括独立基础、条形基础、筏形基础、设备基础、基础联系梁、钢筋混凝土柱、劲性钢筋混凝土柱、钢管混凝土柱、地下室外墙、钢筋混凝土墙、钢筋混凝土梁、劲性钢筋混凝土梁、实心楼板、空心楼板、空心板内置筒芯、空心板内置箱体、坡屋面板、坡道板、其他板、楼梯、构造柱、圈梁、过梁、填充混凝土、零星现浇构件、挡土墙、电缆沟（地沟）、化粪池（检查井）、散水、地坪、坡道、台阶、后浇带等。该部分项目基本上是按基础、柱、墙、梁、板、楼梯、二次结构、其他构件等设置的。

（1）独立基础、条形基础、筏形基础，按设计图示尺寸以体积计算。不扣除伸入桩承台的桩头所占体积。与筏形基础一起浇筑的，凸出筏形基础上下表面的其他混凝土构件的体积，并入相应筏形基础体积内（比如筏形基础上的梁或柱墩等）。项目特征需描述：混凝土种类；混凝土强度等级；基础类型。

（2）设备基础，按设计图示尺寸以体积计算。项目特征需描述：混凝土种类；混凝土强度等级；灌浆材料及强度等级。

（3）基础联系梁，按设计图示截面面积乘以梁长以体积计算。

梁长：所联系基础之间的净长度。

（4）钢筋混凝土柱、劲性钢筋混凝土柱，按设计断面面积乘以柱高以体积计算。扣除劲性钢骨架所占体积，附着在柱上的牛腿并入柱体积内（如图 5.3.7 所示）。

柱高：柱基上表面至柱顶之间的高度，其楼层分界线为各层楼板上表面，其与柱帽的分界线为柱帽下表面，如图 5.3.8 所示。

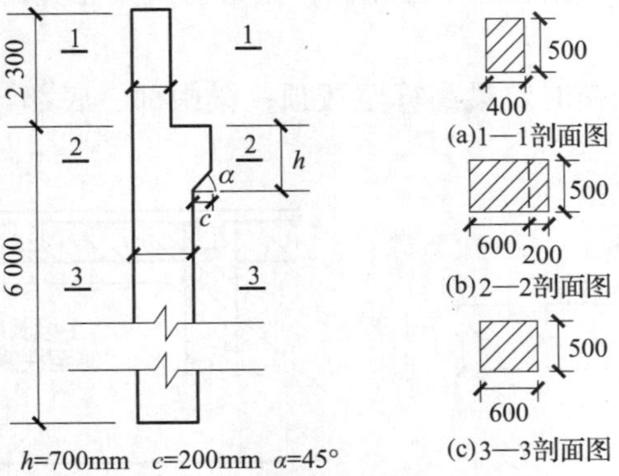

图 5.3.7　某带牛腿的现浇混凝土柱

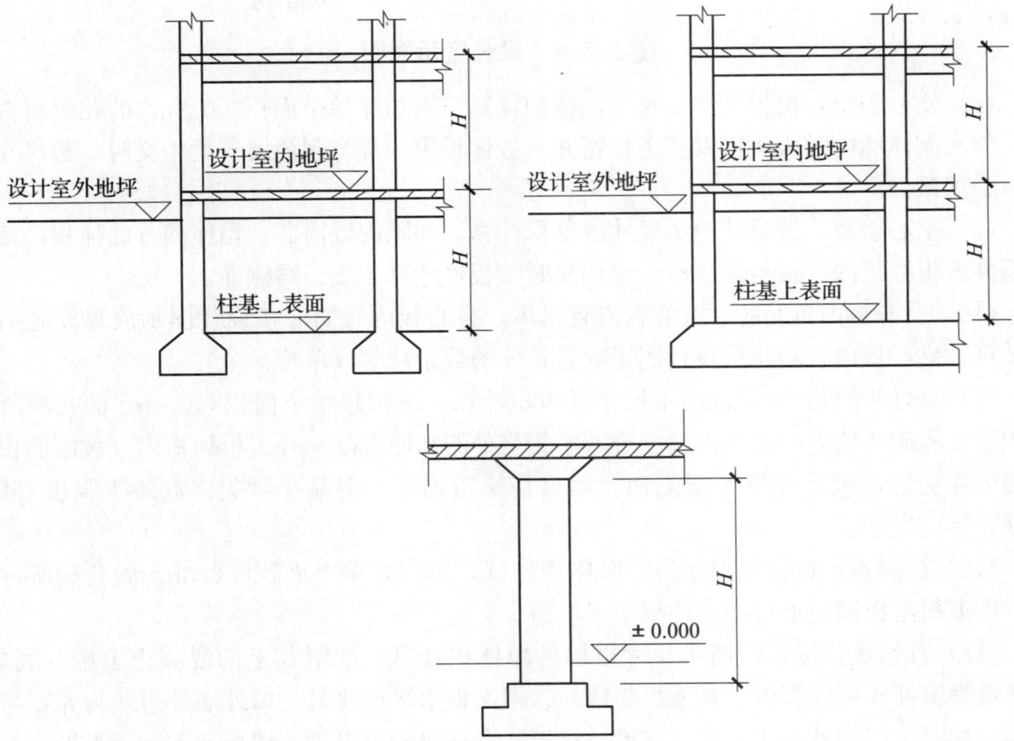

图 5.3.8　柱高示意图

(5) 钢管混凝土柱，按需浇筑混凝土的钢管内截面面积乘以钢管高度以体积计算。项目特征需描述：混凝土种类；混凝土强度等级；填充形式；空心率。

(6) 地下室外墙、钢筋混凝土墙，按设计图示尺寸以体积计算。扣除门窗洞口及单个面积＞0.3m^2 的孔洞所占体积，墙柱、墙梁及突出墙面部分并入墙体体积内。

墙高：墙基上表面至墙顶之间的高度，与板相交时，内、外墙高度均算至板顶。

(7) 钢筋混凝土梁、劲性钢筋混凝土梁，按设计图示尺寸以体积计算。扣除劲性钢骨架所占体积，伸入砌体墙内的梁头、梁垫并入梁体积内。项目特征需描述：混凝土种类；混凝土强度等级；坡度。

梁长：梁与柱相交时，梁长算至柱侧面；主梁与次梁相交时，次梁长算至主梁侧面，如图 5.3.9 所示。

梁高：梁顶部与板相交时，梁高算至板顶；梁中部、底部与板相交时，梁高不扣除板厚。

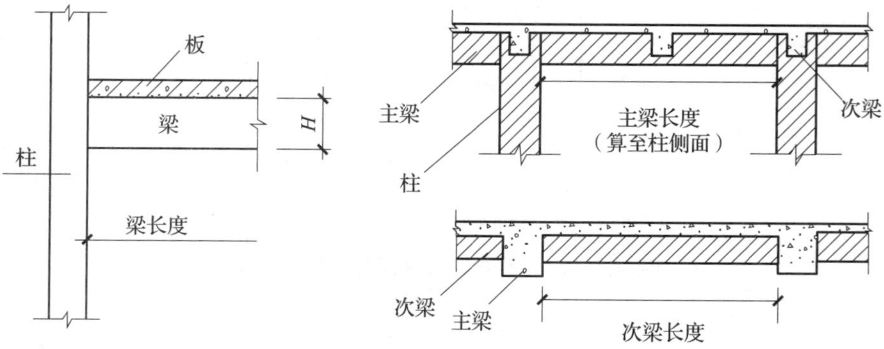

图 5.3.9　梁长度示意图

（8）实心楼板，按设计图示尺寸以体积计算。不扣除单个面积≤0.3m^2 的孔洞所占体积，伸入砌体墙内的板头以及板下柱帽并入板体积内。板与现浇墙、梁相交时，板尺寸算至墙、梁侧面。

（9）空心楼板，按设计图示尺寸以体积计算。扣除内置筒芯、箱体部分的体积，板下柱帽并入板体积内。板与现浇墙、梁相交时，板尺寸算至墙、梁侧面。

（10）空心板内置筒芯、空心板内置箱体。空心板内置筒芯按设计图示放置筒芯的长度计算；空心板内置箱体按设计图示放置箱体的数量计算（单位：个）。

（11）坡屋面板，按设计图示尺寸以体积计算。不扣除单个面积≤0.3m^2 的孔洞所占体积，伸入砌体墙内的板头以及屋脊八字相交处的加厚混凝土并入板体积内。坡屋面板与屋面梁相交时，板尺寸算至梁侧面。项目特征需描述：混凝土种类；混凝土强度等级；坡度。

（12）坡道板，按设计图示尺寸以体积计算。不扣除单个面积≤0.3m^2 的孔洞所占体积。坡道板是指满足通行要求的架空式坡道。

（13）其他板，按设计图示尺寸以构件净体积计算。依附其上的混凝土上翻、线条、外凸造型等并入板体积内。其他板与楼板、屋面板水平连接时，以外墙外边线为界；与梁水平连接时，以梁外边线为界；与梁、楼板竖向连接时，以梁、楼板上下表面为界。

挑檐板、天沟板、雨篷板、凸飘窗顶（底）板、凸飘窗侧立板、下挂板、栏板、造型板等按“其他板”项目分别编码列项。

（14）楼梯，按设计图示尺寸以体积计算，嵌入砌体墙内的部分并入楼梯体积内。楼梯包括楼梯梯段、楼梯梁、楼梯休息平台、平台梁；当楼梯与楼板无楼梯梁连接时，以楼梯的最上一级踏步边缘加 300mm 为界，如图 5.3.10 所示。项目特征需描述：混凝土种类；混凝土强度等级；楼梯形式。楼梯项目的“楼梯形式”可描述为直形、弧形、螺旋、板式、梁式、单跑、双跑、三跑等。架空式混凝土台阶应按“楼梯”项目编码列项。

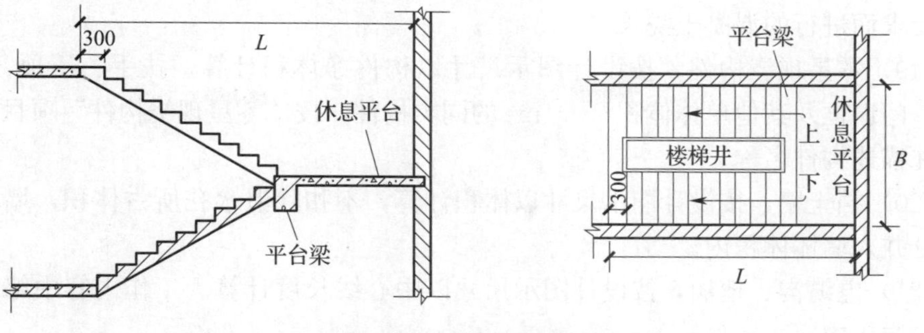

(a)整体楼梯与现浇楼板无梯梁连接

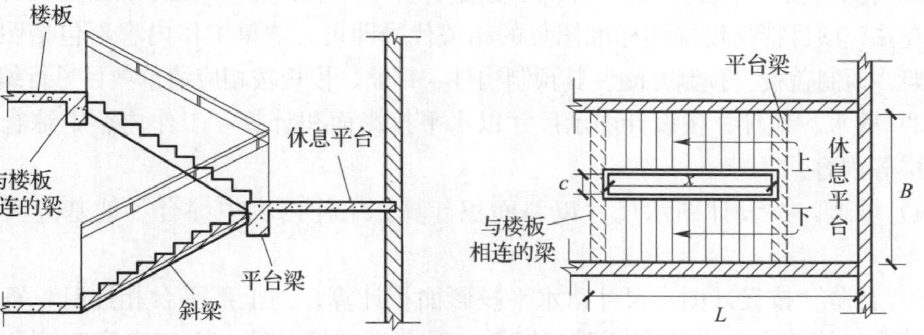

(b)整体楼梯与现浇楼板有梯梁连接

图 5.3.10　现浇混凝土楼梯示意图

(15) 构造柱，按设计断面面积乘以柱高以体积计算。与砌体嵌接部分（马牙槎）并入柱体积内。

柱高：非通长构造柱高度，自其生根构件（基础、基础圈梁、下部梁、下部板等）的上表面算至其锚固构件（上部梁、上部板等）的下表面；通长构造柱高度自其生根构件的上表面算至柱顶，如果 5.3.11 所示。

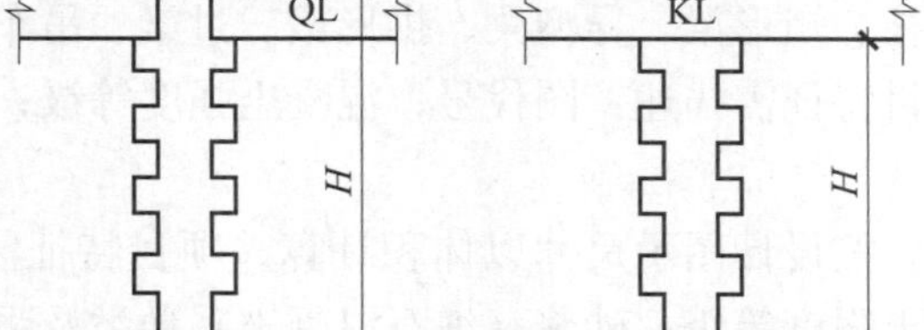

图 5.3.11　不同情形下构造柱高示意图

(16) 圈梁，按设计图示截面面积乘以梁长以体积计算。遇洞口变截面部分并入圈梁体积内。圈梁与构造柱连接时，梁长算至构造柱（不含马牙槎）的侧面。

(17) 过梁，按设计图示截面面积乘以梁长以体积计算。梁长按设计规定计算，设计无规定时，按梁下洞口宽度两端各加 250mm。

(18) 填充混凝土，按设计图示填充部位的尺寸以体积计算。项目特征需描述：混凝土种类；混凝土强度等级；填充部位。填充混凝土项目适用于已完成的结构体内，为满足设计要求而进行的混凝土浇筑。

（19）零星现浇构件，按设计图示尺寸以构件净体积计算。扶手、压顶、小型池槽、垫块、门窗框及其他单体体积≤0.1m^3 的同类构件，按“零星现浇构件”项目分别编码列项，并描述构件名称。

（20）挡土墙，按设计图示尺寸以体积计算，不扣除泄水孔所占体积，墙垛及突出墙面部分并入墙体体积内。

（21）电缆沟、地沟，按设计图示尺寸以中心线长度计算。工作内容中综合了地基夯实、垫层等内容。

（22）化粪池、检查井，按设计图示数量计算（单位：座）。按标准图集设计的“化粪池、检查井”项目特征仅描述标准图集的相关代号即可，清单工作内容不包括图集中的管道、支架、预制盖板、预制井圈。其预制构件、钢筋、模板按相应清单项目另行编码列项。

（23）散水、地坪，按设计图示尺寸以水平投影面积计算。工作内容中综合了地基夯实、垫层等内容。

（24）坡道，按设计图示尺寸以斜面积计算。工作内容中综合了地基夯实、垫层等内容。

（25）台阶，按设计图示尺寸以水平投影面积计算。与上部平台相连时，算至最上一级踏步踏面，该踏面无设计宽度时，按下一级踏面宽度计算。工作内容中综合了地基夯实、垫层等内容。

（26）后浇带，按设计图示尺寸以体积计算。工作内容中综合了设置钢丝网或快速收口板留置后浇带。

3. 一般预制混凝土构件（编码：010503）

清单项目设置包括矩形柱、异型柱、矩形梁、异型梁、拱形梁、过梁、吊车梁、其他梁、屋架、天窗架、实心条板、空心条板、大型板、盖板、井圈、垃圾道、通风道、烟道、其他构件等。非装配式的预制混凝土构件，按“一般预制混凝土构件”的相应项目编码列项。

（1）矩形柱、异型柱、矩形梁、异型梁、拱形梁、过梁、吊车梁、其他梁，按设计图示尺寸以体积计算。项目特征需描述：图代号；混凝土强度等级；砂浆（细石混凝土）种类及强度等级。

（2）屋架、天窗架，按设计图示尺寸以体积计算。项目特征需描述：屋架形式/天窗架组成；图代号；混凝土强度等级；砂浆（细石混凝土）种类及强度等级。项目特征中的“屋架形式”可描述为折线型、三角形、锯齿形等；“天窗架组成”可描述为天窗架、端壁板、侧板、上下档、支撑及檩条等。

（3）实心条板、空心条板、大型板，按设计图示尺寸以体积计算。不扣除单个面积≤0.3m^2 的孔洞及宽度≤40mm 的板缝所占的体积，空心板空洞体积也不扣除，伸入墙内的板头并入板体积内计算。项目特征需描述：板形式及部位；图代号；混凝土强度等级；砂浆（细石混凝土）种类及强度等级。项目特征中“板形式”可描述为平板、槽形板、双 T 板等；“板部位”可描述为楼板、墙板、屋面板、挑檐板、雨篷板、栏板等。

（4）盖板、井圈，按设计图示数量计算（单位：套）。

（5）垃圾道、通风道、烟道，按设计图示尺寸以长度计算。

（6）其他构件，按设计图示尺寸以体积计算。小型池槽、压顶、扶手、垫块、墩块、隔热板、花格等，按“其他构件”项目分别编码列项，并描述构件名称。

4. 装配式预制混凝土构件（编码：010504）

清单项目设置包括实心柱、单梁、叠合梁、叠合楼板、实心剪力墙板、夹心保温剪力墙板、叠合剪力墙板、外挂墙板、女儿墙、楼梯、阳台、凸（飘）窗、空调板、其他构件、叠合梁（板）后浇混凝土、叠合剪力墙后浇混凝土等。

（1）实心柱、单梁、叠合梁，按设计图示构件尺寸以体积计算。接缝灌浆层体积并入构件体积内。不扣除构件内钢筋、预埋部件、预留孔洞、灌浆套筒及后浇键槽所占体积，构件外露钢筋、连接件及吊环体积亦不增加。

（2）叠合楼板，按设计图示构件尺寸以体积计算。不扣除构件内钢筋、预埋部件、预留孔洞、构件边缘倒角及后浇键槽所占体积，构件外露钢筋、连接件及吊环体积亦不增加。

（3）实心剪力墙板、夹心保温剪力墙板、叠合剪力墙板，按设计图示构件尺寸扣除门窗洞口以体积计算。坐浆层体积并入构件体积内。不扣除构件内钢筋、预埋部件、预留孔洞、灌浆套筒、灌浆孔道及后浇键槽所占体积以及相邻预制墙板锚环连接处灌浆体积。构件外露钢筋、连接件及吊环体积亦不增加。

（4）外挂墙板、女儿墙，按设计图示构件尺寸以体积计算。不扣除构件内钢筋、预埋部件、预留孔洞、后浇键槽及预制墙板拼缝所占体积，构件外露钢筋、连接件及吊环体积亦不增加。

（5）楼梯、阳台、凸（飘）窗、空调板、其他构件，按设计图示构件尺寸以体积计算。不扣除构件内钢筋、预埋部件、预留孔洞、后浇键槽及预制构件拼缝所占体积，构件外露钢筋、连接件及吊环体积亦不增加。

（6）叠合梁、板后浇混凝土和叠合剪力墙后浇混凝土，按设计图示尺寸以体积计算。不扣除构件内钢筋、预埋部件、预留孔洞所占的体积，预制构件边缘倒角部分及后浇混凝土键槽部分亦不增加。

5. 混凝土模板（编码：010505）

清单项目设置包括垫层模板、基础模板、基础联系梁模板、柱面模板、墙面模板、梁模板、楼板（屋面板、坡道板）模板、其他板模板、柱帽模板、楼梯模板、构造柱模板、圈梁模板、过梁模板、零星现浇构件模板、挡土墙模板、井（池）模板、电缆沟（地沟）模板、台阶模板、后浇带模板、叠合构件后浇混凝土模板等。

（1）垫层模板，按模板与现浇混凝土垫层的接触面积计算。项目特征需描述模板部位。

（2）基础模板、基础联系梁模板，按模板与现浇混凝土构件的接触面积计算。基础模板项目特征需描述基础类型，类型不一样的要分别列项计算工程量。

（3）柱面模板，按模板与现浇混凝土构件的接触面积计算。若柱上有柱帽，则柱帽模板另列项计算工程量，也是按模板与现浇混凝土构件的接触面积计算。

（4）墙面模板，按模板与现浇混凝土构件的接触面积计算。扣除门窗洞口及单个面积＞$0.3m^2$ 的孔洞所占面积，洞侧壁面积并入计算；不扣除单个面积≤$0.3m^2$ 的孔洞所占的面积，洞侧壁面积亦不计算。

（5）梁模板，按模板与现浇混凝土构件的接触面积计算。梁板连接时，边缘处梁侧模不扣除板厚。

（6）楼板（屋面板、坡道板）模板、其他板模板，按模板与现浇混凝土构件的接触面积计算。扣除单个面积$>0.3m^2$的孔洞所占面积，洞侧壁面积并入计算；不扣除单个面积$\leqslant 0.3m^2$的孔洞所占的面积，洞侧壁面积亦不计算。

（7）柱帽模板、楼梯模板，按模板与现浇混凝土构件的接触面积计算。楼梯模板项目特征需描述：楼梯形式、模板形式。

（8）构造柱模板，按混凝土外露宽度乘以柱高以面积计算。与砌体嵌接处按混凝土外露面最大宽度计算。

（9）圈梁模板，按模板与现浇混凝土构件的接触面积计算。圈梁与构造柱连接时，梁长算至构造柱（含马牙槎）的侧面。

（10）过梁模板，按模板与现浇混凝土构件的接触面积计算。过梁梁长设计无规定时，按梁下洞口宽度两端各加250mm，计算侧模面积。

（11）零星现浇构件模板，按模板与现浇混凝土构件的接触面积计算。“零星现浇构件”是指“扶手、压顶、小型池槽、垫块、门框及其他单体体积$\leqslant 0.1m^3$的同类构件”。

（12）挡土墙模板，按模板与现浇混凝土构件的接触面积计算。不扣除单个面积$\leqslant 0.3m^2$的孔洞所占的面积，洞侧壁模板亦不增加。

（13）井（池）模板、电缆沟（地沟）模板、台阶模板，按模板与现浇混凝土构件的接触面积计算。

（14）后浇带模板、叠合构件后浇混凝土模板。后浇带模板，按模板与后浇带的接触面积计算；叠合构件后浇混凝土模板，按模板与后浇混凝土构件的接触面积计算。

6. 钢筋及螺栓、铁件（编码：010506）

清单项目设置包括现浇混凝土基础及联系梁钢筋、现浇混凝土柱钢筋、现浇混凝土地下室外墙钢筋、现浇混凝土墙钢筋、现浇混凝土梁钢筋、现浇混凝土楼板及屋面板钢筋、现浇混凝土坡道板钢筋、现浇混凝土其他板钢筋、现浇混凝土楼梯钢筋、现浇混凝土二次结构钢筋、现浇混凝土零星构件钢筋、现浇混凝土挡土墙钢筋、现浇混凝土散水（坡道）钢筋、现浇混凝土地坪钢筋、现浇混凝土台阶钢筋、叠合构件后浇混凝土钢筋、砌体工程内配钢筋、屋面刚性层内配钢筋、装饰工程内配钢筋、钢筋网片、钢筋笼、预应力钢筋、钢丝网、螺栓、预埋铁件、结构抗（隔）震支座、阻尼器等。

（1）现浇混凝土基础及联系梁钢筋、现浇混凝土柱钢筋、现浇混凝土地下室外墙钢筋、现浇混凝土墙钢筋、现浇混凝土梁钢筋、现浇混凝土楼板及屋面板钢筋、现浇混凝土坡道板钢筋、现浇混凝土其他板钢筋、现浇混凝土楼梯钢筋，按设计图示钢筋中心线长度乘单位理论质量计算。设计（包括规范规定）标明的搭接和锚固长度应并入计算。工作内容中包括了钢筋连接（含搭接、焊接、机械连接、检查清理等全部连接工序），即钢筋的连接不单独列项计算工程量。项目特征需描述钢筋种类及规格。

（2）现浇混凝土二次结构钢筋、现浇混凝土零星构件钢筋、现浇混凝土挡土墙钢筋、现浇混凝土散水（坡道）钢筋、现浇混凝土地坪钢筋、现浇混凝土台阶钢筋，按设计图示钢筋中心线长度乘单位理论质量计算。设计（包括规范规定）标明的搭接和锚固长度应并入计算。

（3）叠合构件后浇混凝土钢筋，按设计图示钢筋中心线长度乘单位理论质量计算。叠合预制构件伸入后浇部分的钢筋不计算，相邻现浇构件伸入后浇部分的预留钢筋不并入计算。

（4）砌体工程内配钢筋，按设计图示钢筋中心线长度或设计（含规范）要求的钢筋计算长度乘单位理论质量计算。设计（包括规范规定）标明的搭接和锚固长度应并入计算。

（5）屋面刚性层内配钢筋、装饰工程内配钢筋，按设计图示钢筋中心线长度或设计（含图集）要求的钢筋计算长度乘单位理论质量计算。

（6）钢筋网片，按设计图示钢筋网面积乘单位理论质量计算。

（7）钢筋笼，按设计图示钢筋中心线长度乘单位理论质量计算。设计（包括规范规定）标明的搭接应计算在内，灌注桩允许超灌长度内的钢筋应并入计算。

（8）预应力钢筋，按设计图示钢筋（丝束、绞线）中心线长度乘单位理论质量计算。项目特征需描述：钢筋（丝束、绞线）种类、规格；锚具种类；张拉方式；砂浆强度等级。综合单价中应综合锚具安装、孔道灌浆等内容。

（9）钢丝网，按设计（包括规范规定）要求以面积计算。

（10）螺栓，按设计（包括规范规定）要求以数量计算（单位：套）。

（11）预埋铁件，按设计图示尺寸以质量计算。

（12）结构抗（隔）震支座、阻尼器，按设计图示数量计算（单位：套）。

（二）其他规定

1. 现浇混凝土构件通用说明

（1）项目特征中的“混凝土种类”可描述为预拌（商品）混凝土、现拌混凝土，清水混凝土、彩色混凝土，防水混凝土、耐酸混凝土，毛石混凝土、轻骨料混凝土等。

（2）现浇钢筋混凝土构件，均不扣除构件内钢筋、螺栓、预埋铁件、张拉孔道所占体积，但应扣除劲性骨架的型钢所占体积。

（3）现浇混凝土清单项目工作内容中综合了混凝土的输送、浇筑、振捣、养护，即综合单价中应包括混凝土泵送或其他输送方式的价格。

2. 现浇钢筋混凝土基础说明

（1）独立基础的“基础类型”可描述为普通、杯口、独立桩承台等；条形基础的“基础类型”可描述为板式、梁板式等；筏形基础的“基础类型”可描述为平板式、梁板式等。

（2）独立桩承台按“独立基础”项目编码列项，承台梁按“基础联系梁”项目编码列项，整片浇筑的桩承台按“筏形基础”项目编码列项。

（3）箱式满堂基础的底板按“筏形基础”项目编码列项，其余构件按柱、梁、墙、板相应项目分别编码列项。框架式设备基础按基础、柱、梁、墙、板相应项目分别编码列项。

3. 现浇钢筋混凝土柱、墙说明

（1）钢管混凝土柱的“填充形式”可描述为实心、空心。当填充形式为空心时，需描述空心率。

（2）建筑物中起挡土作用的地下室外围护墙按“地下室外墙”项目编码列项，其余现浇混凝土墙按“钢筋混凝土墙”项目编码列项。钢筋混凝土墙除剪力墙身（简称墙身）

外，还包括剪力墙柱（简称墙柱）和剪力墙梁（简称墙梁）。墙柱指约束边缘构件、构造边缘构件、非边缘暗柱、扶壁柱，呈＋、T、Y、L、一字等形状，按柱式配筋，墙柱与墙身相连还可能形成工、［、Z 字等形状；墙梁指连梁、暗梁、边框梁，处于填充墙大洞口或其他洞口上方，按梁式配筋。

（3）墙与柱连接时墙算至柱边，墙与梁连接时墙算至梁底，墙与板连接时板算至墙侧。

（4）异型柱水平各方向上截面高度与厚度之比均大于 4 时，按“钢筋混凝土墙”项目编码列项，如图 5.3.12 所示。

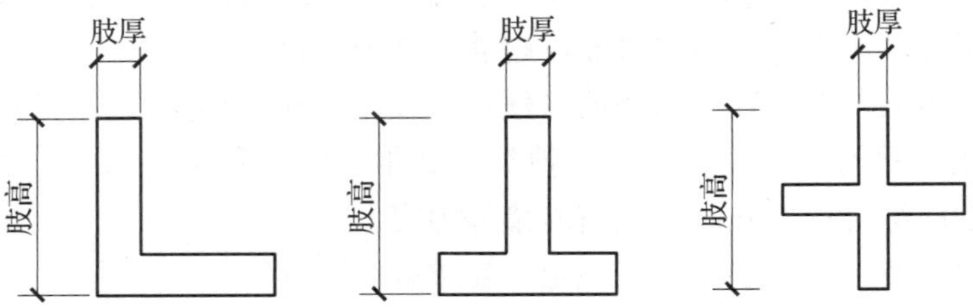

图 5.3.12　异型柱与混凝土墙示意图

4. 现浇钢筋混凝土梁、板说明

（1）梁坡度≥20％时，需描述坡度。

（2）钢板上浇筑的混凝土板按“实心楼板”项目编码列项，计算工程量时应扣除钢板所占体积，并计算因压型钢板板面凹凸造成的混凝土体积增减。

（3）空心板内置筒芯、箱体是指在混凝土浇筑前，为形成现浇空心楼盖的内部空腔而预先安装放置玻纤增强复合筒芯、叠合箱、蜂巢芯等。

（4）屋面板坡度＜20％时，按“实心楼板”项目编码列项，坡度≥20％时，按“坡屋面板”项目编码列项，并描述坡度。

5. 现浇钢筋混凝土构件的其他说明

（1）阳台按现浇混凝土梁、板等相应构件分别编码列项。

（2）散水、坡道、地坪项目特征中的“嵌缝材料种类”需描述设计图纸注明的功能性分隔缝材料种类，无需描述为留置施工缝而使用的分隔材料种类。

6. 一般预制混凝土构件说明

（1）预制混凝土构件或预制钢筋混凝土构件，设计图纸标注做法见标准图集时，在项目特征中描述标准图集的编号、节点大样编号及所在页号即可。

（2）一般预制混凝土构件的工作内容中不包含使用大型垂直运输机械进行的吊装工作，大型垂直运输机械的使用应包含在措施项目中。

7. 装配式预制混凝土构件说明

（1）装配式构件自带钢筋之外的钢筋，按“钢筋及螺栓、铁件”的相应项目编码列项。

（2）装配式构件安装包括构件固定所需临时支撑的搭设及拆除，如采用特殊工艺，则应在项目特征中描述支撑（含支撑用预埋铁件）的种类及搭设方式。

（3）装配式构件工程量计算规则中的预埋部件，是指预埋钢板、螺栓、套筒、螺母、线盒、电盒、线管、木砖等。

（4）叠合楼板预制板之间的后浇混凝土板带，并入“叠合梁、板后浇混凝土”内计算。

8. 混凝土模板说明

（1）设计图纸或交工标准对现浇混凝土构件表面有特殊要求的，如清水混凝土、表面纹饰造型混凝土等，其模板项目特征中需增加“混凝土表面要求”；设计图纸要求使用定制模板浇筑异型混凝土构件的，其模板项目特征中需增加“模板定制要求”；发包人对模板材质、支模方式等有特殊要求的，可在项目特征中补充描述。

（2）项目特征中的“模板形式”可描述为直形模板、倾斜模板（适用于坡度≥20％的构件斜面）、弧形模板（适用于半径≤12m 的构件弧面）、拱形模板等。

（3）其他板模板、零星现浇构件模板，按相应现浇混凝土构件的项目名称分别编码列项。

（4）浇筑混凝土地坪、散水、坡道如使用模板，按“垫层模板”项目编码列项。

（5）墙与柱连接时算至柱边；墙与梁连接时墙算至梁底；墙与板连接时板算至墙侧；柱、墙、梁、板、栏板相互连接的重叠部分，应扣除重叠部分的模板面积。

9. 钢筋及螺栓、铁件说明

（1）各钢筋项目的工作内容均应包含相应的措施钢筋；钢筋的制作包含钢筋清理、调直、切断、弯曲成型等全部制作工序；钢筋的安装、固定包含基层清理及钢筋就位、定位、支撑、绑扎、焊接等全部安装工序；钢筋的连接包含搭接、焊接、机械连接、检查清理等全部连接工序。

（2）现浇混凝土构件的钢筋，按构件的钢筋项目分别编码列项。一般预制混凝土构件及装配式预制混凝土构件中的钢筋，包含在相应构件中，不单独列项计量。

（3）地下连续墙、灌注桩的钢筋，按“钢筋笼”项目编码列项。

（4）构造柱、圈梁、过梁等构件的钢筋，按“现浇混凝土二次结构钢筋”项目编码列项。

（5）现浇混凝土井、池及电缆沟、地沟中的钢筋，按“现浇混凝土零星构件钢筋”项目编码列项。

（6）各构件及分部工程中如使用成型钢筋网、成品钢丝网，按“钢筋网片”“钢丝网”项目编码列项。

（7）预应力钢筋、钢丝束、钢绞线应区分材料种类、规格等项目特征分别编码列项。

（8）现浇混凝土中的预埋螺栓、锚入混凝土结构的化学螺栓、因特殊需要留置在混凝土内不周转使用的对拉螺栓，按“螺栓”项目编码列项；钢结构中使用的螺栓，应执行“金属结构工程”相应规定。

（9）现浇混凝土结构中的后浇带部位的钢筋不单独列项计量，其工程量并入与其对应的现浇构件钢筋工程量中。

（10）伸出各现浇构件的锚固钢筋，按设计要求确定长度，并入该构件的钢筋工程量内。

（11）各钢筋项目除设计（包括规范规定）标明的搭接外，其他施工搭接（如定尺搭接）不计算工程量。

（12）各钢筋项目均不计算非设计要求的马凳筋、斜撑筋、抗浮筋、垫铁等措施钢筋的工程量。

（13）非设计要求的植筋，均不单独列项计量。如设计有要求，应按对应构件钢筋项目分别编码列项，并增加对植入要求的描述。

（三）钢筋长度计算方法

1. 纵向钢筋图示长度的计算

在计算纵向钢筋图示长度时，需要考虑以下参数：

（1）混凝土保护层厚度。混凝土保护层是结构构件中最外层钢筋外边缘至构件表面范围用于保护钢筋的混凝土。根据现行国家标准《混凝土结构设计标准》GB/T 50010 的规定，构件中受力钢筋的保护层厚度不应小于钢筋的公称直径 d；设计使用年限为 50 年的混凝土结构，最外层钢筋的保护层厚度应符合表 5.3.9 的规定；设计使用年限为 100 年的混凝土结构，最外层钢筋的保护层厚度不应小于表 5.3.9 中数值的 1.4 倍。

表 5.3.9 混凝土保护层最小厚度 单位：mm

环境类别	板、墙、壳	梁、柱、杆
一	15	20
二 a	20	25
二 b	25	35
三 a	30	40
三 b	40	50

注：1. 混凝土强度等级不大于 C25 时，表中保护层厚度数值应增加 5mm。
2. 钢筋混凝土基础宜设置混凝土垫层，基础中钢筋的混凝土保护层厚度应从垫层顶面算起，且不应小于 40mm。

（2）弯起钢筋增加长度。弯起钢筋的弯曲度数有 30°、45°、60°，如图 5.3.13 所示。弯起钢筋增加的长度为 $S-L$，不同弯起角度的 $S-L$ 值如表 5.3.10 所示。

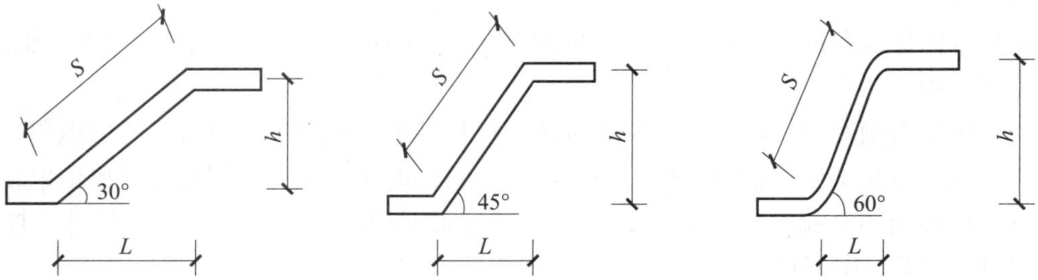

图 5.3.13 弯起钢筋增加长度示意图（S−L）

表 5.3.10 弯起钢筋增加长度计算表

弯起角度	S	L	$S-L$
30°	2.000h	1.732h	0.268h
45°	1.414h	1.000h	0.414h
60°	1.155h	0.577h	0.578h

（3）钢筋弯钩增加长度。钢筋的弯钩主要有半圆弯钩（180°）、直弯钩（90°）和斜弯钩（135°），如图 5.3.14 所示。对于 HPB300 级光圆钢筋受拉时，钢筋末端作 180°弯钩时，钢筋弯折的弯弧内直径不应小于钢筋直径 d 的 2.5 倍，弯钩弯折后平直段长度不应小于钢筋直径 d 的 3 倍。按弯弧内径为钢筋直径 d 的 2.5 倍，平直段长度为钢筋直径 d 的 3 倍确定弯钩的增加长度为：半圆弯钩增加长度为 $6.25d$，直弯钩增加长度为 $3.5d$，斜弯钩增加长度为 $4.9d$。

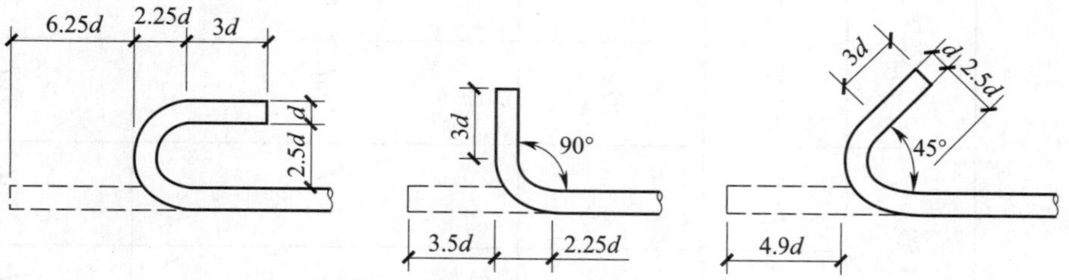

图 5.3.14　钢筋弯钩长度示意图

（4）钢筋的锚固长度。受拉钢筋的锚固长度应符合现行国家标准《混凝土结构设计标准》GB/T 50010 的规定。为便于钢筋工程量计算，钢筋的锚固长度可以通过查 22G101 图集确定，受拉钢筋锚固长度、受拉钢筋抗震锚固长度分别如表 5.3.11、表 5.3.12 所示。

（5）纵向受拉钢筋的搭接长度。纵向受拉钢筋绑扎搭接接头的搭接长度应符合现行国家标准《混凝土结构设计标准》GB/T 50010 的规定。纵向受拉钢筋搭接长度可以通过查 22G101 图集确定，纵向受拉钢筋搭接长度如表 5.3.13 所示。

2. 箍筋长度的计算

箍筋是为了固定主筋位置和组成钢筋骨架而设置的一种钢筋。计算长度时，要考虑混凝土保护层、箍筋的形式、箍筋的根数和箍筋单根长度。

箍筋单根长度的计算采用箍筋的中心线长度并考虑弯钩的增加长度，可按公式（5.3.1）计算：

$$\text{箍筋单根长度}=\text{箍筋中心线长度}+2\times\text{弯钩增加长度} \tag{5.3.1}$$

双肢箍的单根长度可按公式（5.3.2）计算：

$$\begin{aligned}\text{双肢箍单根长度}&=\text{箍筋中心线长度}+2\times\text{弯钩增加长度}=\text{构件周长}-8\times\text{混凝土}\\&\quad\text{保护层厚度}-4\times\text{箍筋直径}+2\times\text{弯钩增加长度}\end{aligned} \tag{5.3.2}$$

现行国家标准《混凝土结构工程施工规范》GB 50666 对箍筋、拉筋末端弯钩的要求：对一般结构构件，箍筋弯钩的弯折角度不应小于 90°，弯折后平直段长度不应小于箍筋直径的 5 倍；对有抗震设防要求或设计有专门要求的结构构件，箍筋弯钩的弯折角度不应小于 135°，弯折后平直段长度不应小于箍筋直径的 10 倍和 75mm 两者之中的较大值（图 5.3.15）；圆形箍筋的搭接长度不应小于其受拉锚固长度，且两末端均应做不小于 135°的弯钩，弯折后平直段长度对一般结构构件不应小于箍筋直径的 5 倍，对有抗震设防要求的结构构件不应小于箍筋直径的 10 倍和 75mm 的较大值。拉筋用作梁、柱复合箍筋中单肢箍筋或梁腰筋间拉结筋时，两端弯钩的弯折角度均不应小于 135°，弯折后平直段长度对一般结构构件不应小于箍筋直径的 5 倍，对有抗震设防要求的结构构件不应小于箍筋直径的 10 倍和 75mm 的较大值；拉筋用作剪力墙、楼板等构件中拉结筋时，两端弯钩可采用一端 135°、另一端 90°，弯折后平直段长度不应小于拉筋直径的 5 倍。

表 5.3.11 受拉钢筋锚固长度 l_a

钢筋种类	混凝土强度等级															
	C25		C30		C35		C40		C45		C50		C55		≥C60	
	d≤25	d>25	d≤25	d>25	d≤25	d>25	d≤25	d>25	d≤25	d>25	d≤25	d>25	d≤25	d>25	d≤25	d>25
HPB300	34d	—	30d	—	28d	—	25d	—	24d	—	23d	—	22d	—	21d	—
HRB400 HRBF400 RRB400	40d	44d	35d	39d	32d	35d	29d	32d	28d	31d	27d	30d	26d	29d	25d	28d
HRB500 HRBF500	48d	53d	43d	47d	39d	43d	36d	40d	34d	37d	32d	35d	31d	34d	30d	33d

表 5.3.12　受拉钢筋抗震锚固长度 l_{aE}

钢筋种类及抗震等级		混凝土强度等级															
		C25		C30		C35		C40		C45		C50		C55		≥C60	
		$d \leqslant 25$	$d>25$	$d \leqslant 25$	$d>25$	$d \leqslant 25$	$d>25$	$d \leqslant 25$	$d>25$	$d \leqslant 25$	$d>25$	$d \leqslant 25$	$d>25$	$d \leqslant 25$	$d>25$	$d \leqslant 25$	$d>25$
HPB300	一、二级	39d	—	35d	—	32d	—	29d	—	28d	—	26d	—	25d	—	24d	—
	三级	36d	—	32d	—	29d	—	26d	—	25d	—	24d	—	23d	—	22d	—
HRB400 HRBF400	一、二级	46d	51d	40d	45d	37d	40d	33d	37d	32d	36d	31d	35d	30d	33d	29d	32d
	三级	42d	46d	37d	41d	34d	37d	30d	34d	29d	33d	28d	32d	27d	30d	26d	29d
HRB500 HRBF500	一、二级	55d	61d	49d	54d	45d	49d	41d	46d	39d	43d	37d	40d	36d	39d	35d	38d
	三级	50d	56d	45d	49d	41d	45d	38d	42d	36d	39d	34d	37d	33d	36d	32d	35d

注：1. 当为环氧树脂涂层带肋钢筋时，表中数据乘以 1.25。
2. 当纵向受拉钢筋在施工过程中易受挠动时，表中数据尚应乘以 1.1。
3. 当锚固长度范围内纵向受力钢筋周边保护层厚度为 3d、不小于 5d（d 为锚固钢筋直径）时，表中数据可分别乘以 0.8、0.7；中间时按内插值。
4. 当纵向受拉普通钢筋锚固长度修正系数（注 1～注 3）多于一项时，可连乘计算。
5. 四级抗震时，$l_{aE}=l_a$。

表 5.3.13 纵向受拉钢筋搭接长度 l_l

钢筋种类及同一区段内搭接钢筋面积百分率		混凝土强度等级															
		C25		C30		C35		C40		C45		C50		C55		C60	
		$d\leq25$	$d>25$	$d\leq25$	$d>25$	$d\leq25$	$d>25$	$d\leq25$	$d>25$	$d\leq25$	$d>25$	$d\leq25$	$d>25$	$d\leq25$	$d>25$	$d\leq25$	$d>25$
HPB300	≤25%	41d	—	36d	—	34d	—	30d	—	29d	—	28d	—	26d	—	25d	—
	50%	48d	—	42d	—	39d	—	35d	—	34d	—	32d	—	31d	—	29d	—
	100%	54d	—	48d	—	45d	—	40d	—	38d	—	37d	—	35d	—	34d	—
HRB400 HRBF400 RRB400	≤25%	48d	53d	42d	47d	38d	42d	35d	38d	34d	37d	32d	36d	31d	35d	30d	34d
	50%	56d	62d	49d	55d	45d	49d	41d	45d	39d	43d	38d	42d	36d	41d	35d	39d
	100%	64d	70d	56d	62d	51d	56d	46d	51d	45d	50d	43d	48d	42d	46d	40d	45d
HRB500 HRBF500	≤25%	58d	64d	52d	56d	47d	52d	43d	48d	41d	44d	38d	42d	37d	41d	36d	40d
	50%	67d	74d	60d	66d	55d	60d	50d	56d	48d	52d	45d	49d	43d	48d	42d	46d
	100%	77d	85d	69d	75d	62d	69d	58d	64d	54d	59d	51d	56d	50d	54d	48d	53d

注：当为环氧树脂涂层带肋钢筋时，表中数据乘以 1.25；当纵向受拉钢筋在施工过程中易受挠动时，表中数据尚应乘以 1.1；当锚固长度范围内纵向受理钢筋周边保护层厚度为 $3d$、不小于 $5d$（d 为锚固钢筋直径）时，表中数据可分别乘以 0.8、0.7，中间时按内插值；当纵向受拉普通钢筋锚固长度修正系数（即 1.25、1.1、0.8 或 0.7）多于一项时，可连乘计算。

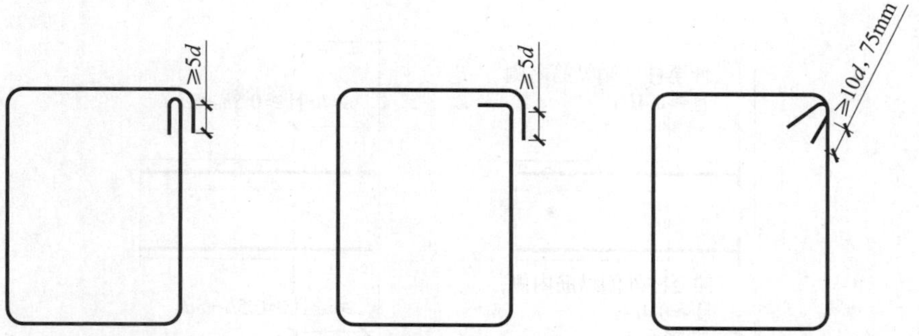

(a)90°/180°　一般结构　　(b)90°/90°　一般结构　　(c)135°/135°　抗震结构

图 5.3.15　箍筋弯钩长度示意图

箍筋根数的计算，应按公式（5.3.3）计算（公式中根数应向上取整加 1）：

$$箍筋根数=\frac{箍筋分布长度}{箍筋间距}+1 \tag{5.3.3}$$

3. 平法钢筋工程量计算方法

平法钢筋工程量计算时除了要依据平法施工图外，还要参考平法图集中的标准构造详图，方能正确计算钢筋图示长度，然后确定其质量。以楼层框架梁为例说明平法钢筋工程量的计算方法。

楼层框架梁中常见钢筋包括纵向钢筋、吊筋、箍筋、拉筋等。主要的标准构造详图，如楼层框架梁纵向钢筋构造（图 5.3.16）、端支座锚固（图 5.3.17）、梁侧面纵向构造筋和拉筋（图 5.3.18）、框架梁箍筋加密区范围（图 5.3.19）、附加吊筋等构造详图（图 5.3.20）（其他构造详图参见 22G101 图集）。

楼层框架梁中的主要钢筋长度可参考以下公式计算：

（1）上部贯通钢筋长度按公式（5.3.4）计算：

$$上部贯通钢筋长度=通跨净长+两端支座锚固长度+搭接长度 \tag{5.3.4}$$

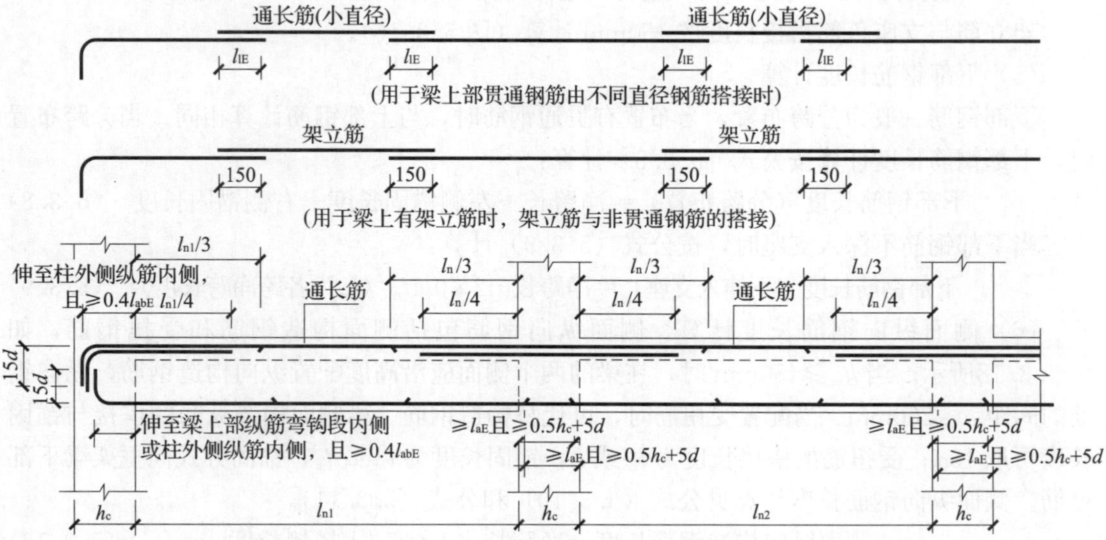

图 5.3.16　楼层框架梁纵向钢筋构造

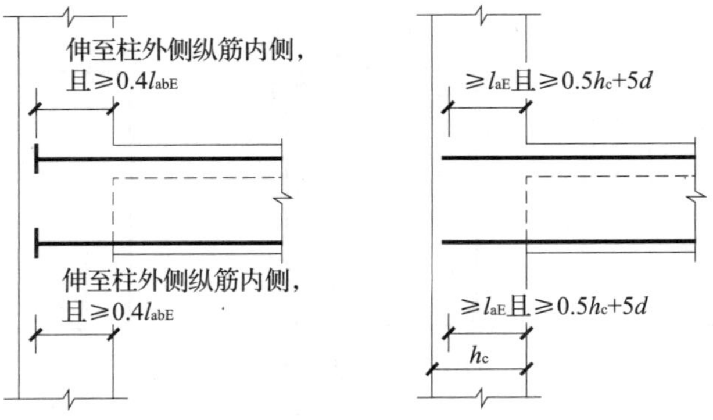

(a)加锚头（锚板）锚固　　(b)直锚锚固

图 5.3.17　端支座锚固

钢筋锚固长度区分直锚和弯锚，可按图 5.3.16、图 5.3.17 确定。当梁的端支座宽 h_c—保护层≥l_{aE}时为直锚，锚固长度不小于 max（l_{aE}，0.5h_c+5d）；当梁端支座宽 h_c—保护层<l_{aE}时为弯锚，锚固长度不小于 0.4l_{aE}+15d。

（2）端支座负筋长度按公式（5.3.5）计算：

端支座负筋长度=锚固长度+伸出支座的长度　　（5.3.5）

锚固长度同上部贯通钢筋；伸出支座的长度，第一排为净跨的 1/3，第二排为净跨的 1/4。

（3）中间支座负筋长度按公式（5.3.6）计算：

中间支座负筋长度=中间支座宽度+左右两边伸出支座的长度　　（5.3.6）

伸出支座的长度，第一排为净跨的 1/3，第二排为净跨的 1/4。当支座两端净跨不相等时，取左右跨中较大的跨度值。

（4）架立筋长度按公式（5.3.7）计算：

架立筋长度=每跨净长—左右两边伸出支座的负筋长度+2×搭接长度　（5.3.7）

架立筋与支座负筋搭接长度按 150mm 计算（图 5.3.16）。

（5）下部钢筋长度计算。

下部钢筋一般为分跨布置，当布置有贯通钢筋时，与上部钢筋计算相同；当分跨布置时，下部钢筋长度计算按公式（5.3.8）计算：

下部钢筋长度（分跨布置）=净跨长+左侧锚固长度+右侧锚固长度　（5.3.8）

当下部钢筋不深入支座时，按公式（5.3.9）计算：

下部钢筋长度（不伸入支座）=净跨长—2×0.1l_{ni}（l_{ni}为各跨净跨长度）　（5.3.9）

（6）侧面纵向钢筋长度计算。侧面纵向钢筋包括侧面构造钢筋和受扭钢筋，如图 5.3.18所示。当 h_w≥450mm 时，在梁的两个侧面应沿高度配置纵向构造钢筋，纵向钢筋的间距 a≤200mm。当配置受扭筋时，可代替构造钢筋。梁侧面构造纵筋的搭接与锚固长度可取 15d；受扭筋的搭接长度为 l_{lE}或 l_l，锚固长度为 l_{aE}或 l_a，锚固方式同框架梁下部纵筋。侧面纵向钢筋长度计算见公式（5.3.10）和公式（5.3.11）。

侧面纵向构造钢筋长度=净跨长+2×15d+搭接长度　　（5.3.10）

侧面纵向抗扭钢筋长度=净跨长+锚固长度+搭接长度　　（5.3.11）

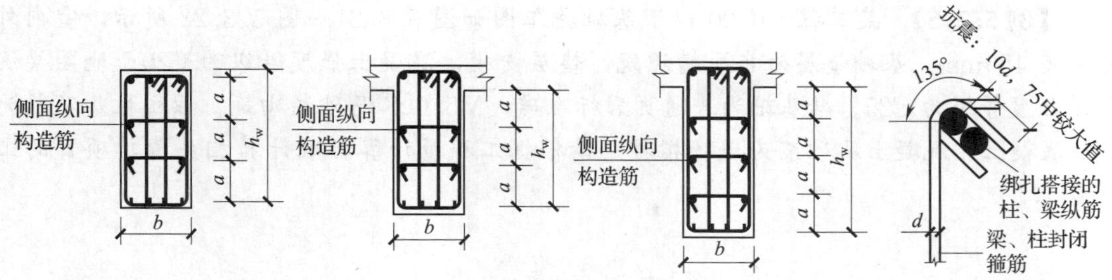

图 5.3.18　梁侧面纵向构造筋和拉筋

（7）箍筋和拉筋长度的计算。对于有抗震设防要求的结构构件的两肢箍单根长度可按公式（5.3.12）计算：

两肢箍单根长度＝（梁宽＋梁高）×2－8×保护层－
4×箍筋直径＋2×弯钩增加长度　　（5.3.12）

箍筋根数可按公式（5.3.13）计算。图 5.3.19 中加密区的范围：抗震等级为一级的，≥2.0h_b且≥500mm，抗震等级为二～四级的，≥1.5h_b且≥500mm；h_b为梁截面高度。

箍筋根数＝［（加密区长度－50）/加密区间距＋1］×2＋
非加密区长度/非加密区间距－1　　（5.3.13）

拉筋单根长度的计算可参考公式（5.3.14）确定。拉筋的直径，当梁宽≤350mm 时，直径为 6mm，当梁宽＞350mm 时，直径为 8mm。

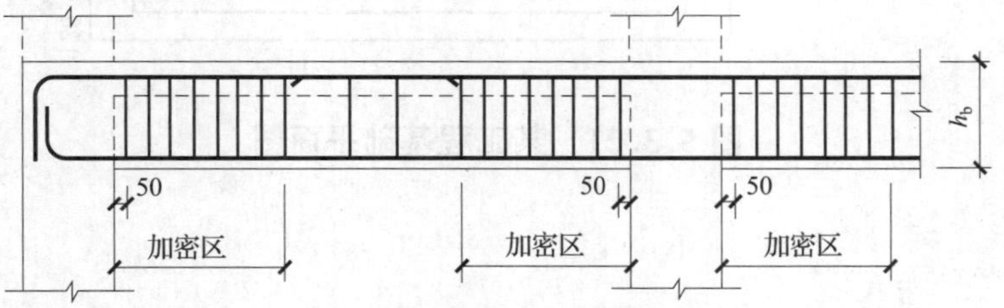

图 5.3.19　框架梁箍筋加密区范围

拉筋单根长度＝梁宽－2×保护层－箍筋直径＋2×弯钩增加长度　　（5.3.14）

拉筋的根数计算，其间距为非加密区箍筋间距的 2 倍，当有多排拉筋时，上下两排拉筋竖向错开设置（见图 5.3.18）。

（8）吊筋长度按公式（5.3.15）计算。

吊筋长度＝2×锚固长度＋2×斜段长度＋次梁宽度＋2×50　　（5.3.15）

吊筋构造如图 5.3.20 所示。当梁高度≤800mm 时，α ＝45°；当梁高度＞800mm 时，α ＝60°。

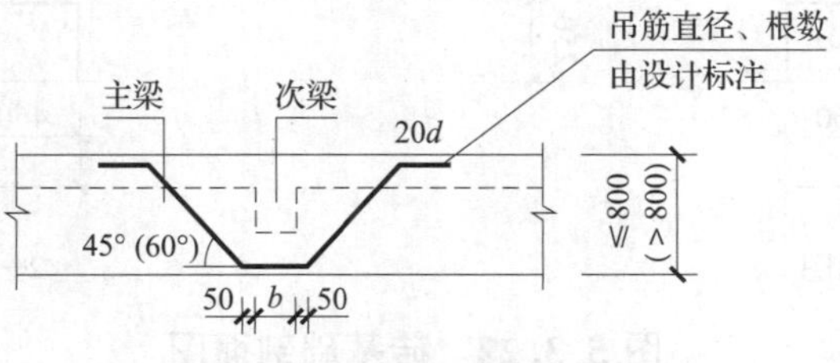

图 5.3.20　附加吊筋构造

【例 5.3.5】 某工程±0.00 以下基础施工图如图 5.3.21～图 5.3.23 所示，室内外标高差 450mm。基础垫层为非原槽浇筑，垫层支模，混凝土强度等级为 C20；地圈梁混凝土强度等级为 C25。砖基础为普通页岩标准砖，M5.0 水泥砂浆砌筑。独立柱基及柱为 C25 混凝土，混凝土及砂浆为现场搅拌。请根据工程量计算标准计算相关清单项目的工程量。

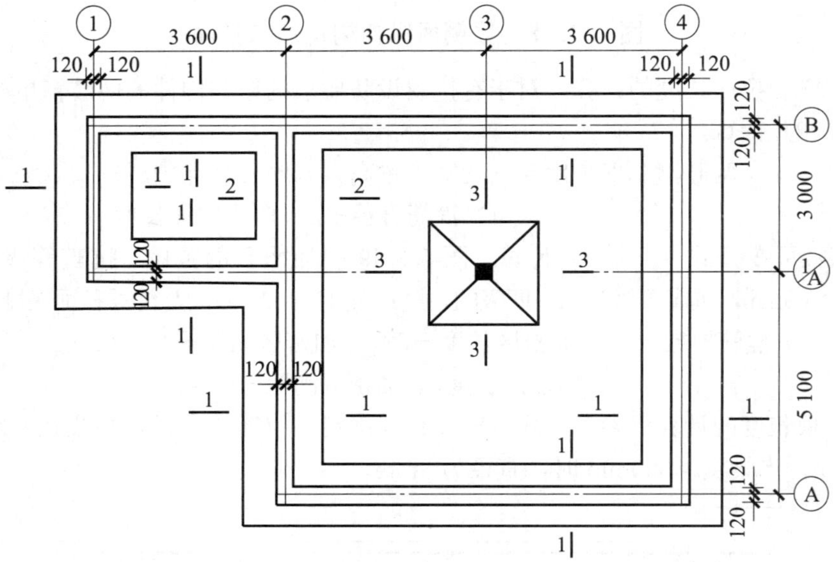

图 5.3.21　某工程基础平面图

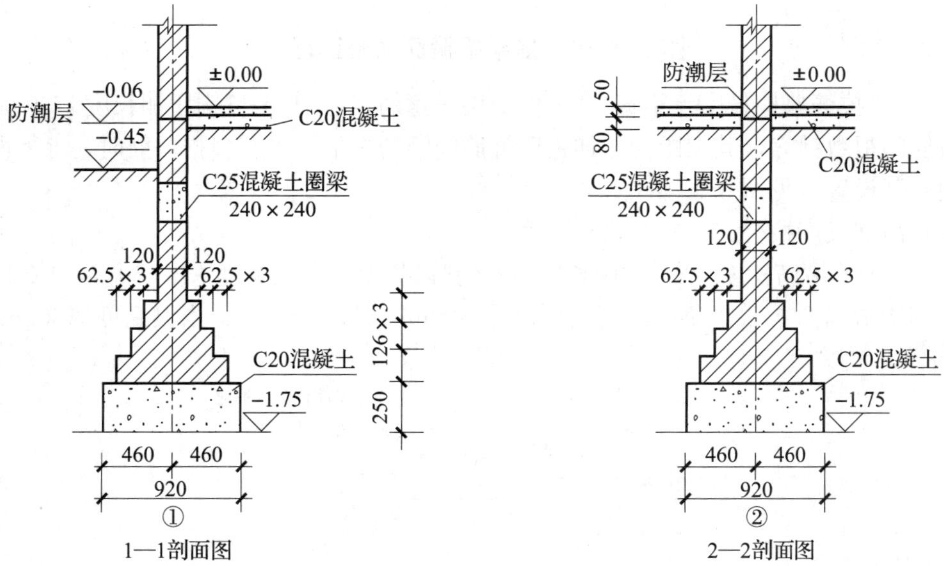

图 5.3.22　砖基础剖面图

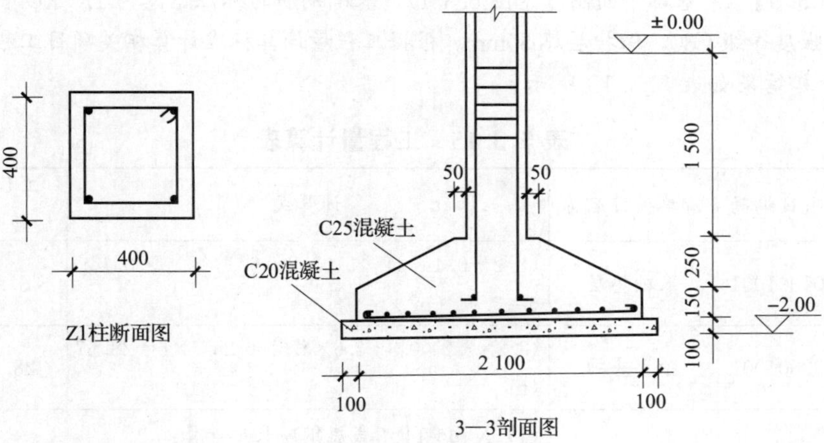

图 5.3.23　柱基础剖面图

解：计算结果如表 5.3.14 所示。

表 5.3.14　工程量计算表

序号	清单项目编码	清单项目名称	计算式	工程量合计	计量单位
1	010102001001	挖基坑土方（开挖深度 1.3m）	$V=(3.0-0.92-0.6\times2)\times(0.92+0.6\times2)\times1.3=2.43$（$m^3$）	2.43	m^3
2	010102001002	挖基坑土方（开挖深度 1.55m）	$V=(2.10+0.20+2\times0.6)\times(2.10+0.20+2\times0.6)\times1.55=18.99$（$m^3$）	18.99	m^3
3	010102002001	挖沟槽土方	$(10.80+8.10)\times2=37.80$（m） $V=(0.92+0.6\times2)\times37.80\times1.3=104.18$（$m^3$）	104.18	m^3
4	010401001001	砖基础	基础长度$=(10.80+8.10)\times2+(3.00-0.24)=40.56$（m） 截面积$=1.5\times0.24+3\times0.0625\times4\times0.126-0.24\times0.24=0.40$（$m^2$） 体积$=40.56\times0.40=16.22$（$m^3$）	16.22	m^3
5	010501001001	条形基础垫层	$[(10.80+8.10)\times2+(3.00-0.92)]\times0.92\times0.25=9.17$（$m^3$）	9.17	m^3
6	010501001002	独立基础垫层	$2.3\times2.3\times0.1=0.53$（$m^3$）	0.53	m^3
7	010502001001	独立基础	$V_1=2.1\times2.1\times0.15=0.662$（$m^3$） $V_2=\frac{1}{3}\times0.25\times(0.5^2+2.1^2+\sqrt{0.5^2\times2.1^2})=0.476$（$m^3$） $0.662+0.476=1.14$（m^3）	1.14	m^3

【例 5.3.6】 某基础平面图（见图 5.3.1），基础钢筋的标注信息为 B：X&Y ⌀14@150。基础混凝土强度等级 C30，保护层厚 50mm。根据工程量计算标准计算相关项目工程量。

解：计算结果如表 5.3.15 所示。

表 5.3.15 工程量计算表

序号	清单项目编码	清单项目名称	计算式	工程量合计	计量单位
1	010501001001	基础垫层	(3.2+0.1×2) × (3.2+0.1×2) ×0.1×6=6.94 (m^3)	6.94	m^3
2	010502001001	独立基础	(3.2×3.2×0.3+2.6×2.6×0.25) ×6=28.57 (m^3)	28.57	m^3
3	010506001001	现浇混凝土基础钢筋	(1) X 向⌀14 不减短钢筋长度计算： 根数=2 根 长度= (3 200−2×50) ×2=6 200 (mm) (2) X 向⌀14 减短钢筋长度计算： 根数= (3 200−2×75) /150+1−2=20 (根) 长度=3 200×0.9×20=57 600 (mm) (3) Y 向与 X 向完全一样，因此钢筋： 总长度= (6 200+57 600) ×2×6=765 600 (mm) =765.6 (m) 质量=1.210×765.6=926.38 (kg)	0.926	t

【例 5.3.7】 某框架结构一层办公楼平面图见图 5.3.24 和图 5.3.25。框架柱截面尺寸为 450mm×450mm；框架梁 KL1 的截面尺寸为 240mm×700mm；框架梁 KL2 的截面尺寸为 240mm×700mm；次梁 L1 的截面尺寸为 240mm×500mm；板厚 100mm；混凝土均采用 C30 的商品混凝土；柱顶（板顶）标高 4.20m。构造柱主截面同墙厚；门窗洞口上设置过梁，过梁截面尺寸为 240mm×150mm；C1：2 100mm×2 300mm，M1：1 000mm×2 500mm；C1 底标高为 1.20m。内外墙均采用加气混凝土砌块砌筑，墙厚 240mm，M5.0 砌筑砂浆砌筑。请根据工程量计算标准计算±0.00 到 4.20m 范围内有关清单项目的工程量。

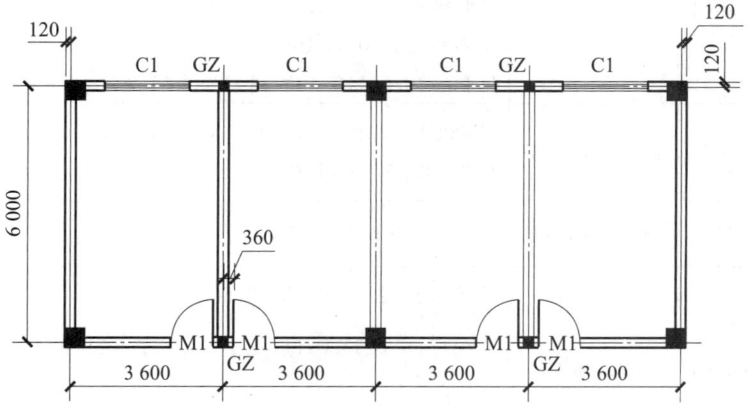

图 5.3.24 建筑平面图（墙及构造柱）

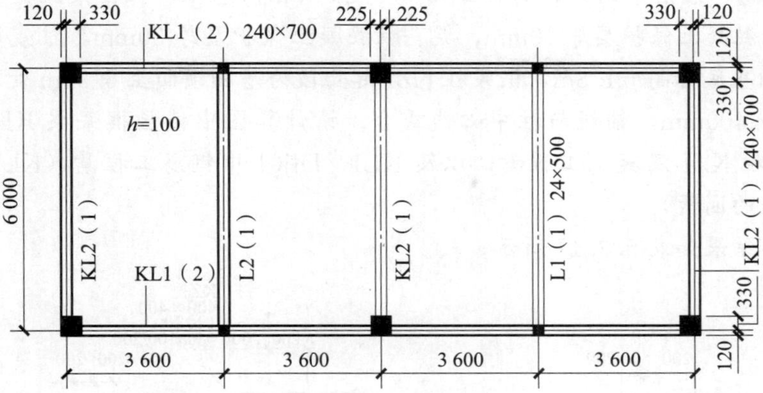

图 5.3.25　梁板及柱平面图

解： 计算结果如表 5.3.16 所示。

表 5.3.16　工程量计算表

序号	清单项目编码	清单项目名称	计算式	工程量合计	计量单位
1	010502006001	钢筋混凝土柱	0.45×0.45×4.20×6=5.10（m^3）	5.10	m^3
2	010502011001	钢筋混凝土梁	KL1：0.24×0.70×（3.60×4－0.33×2－0.45）×2=4.465（m^3） KL2：0.24×0.70×（6.00－0.33×2）×3=2.691（m^3） L1：0.24×0.5×（6.00－0.24）×2=1.382（m^3） 合计：4.465+2.691+1.382=8.54（m^3）	8.54	m^3
3	010502013001	实心楼板	(3.60－0.24)×(6.00－0.24)×0.10×4－(0.45－0.24)×(0.45－0.24)×0.10×6=7.71（m^3）	7.71	m^3
4	010502021001	构造柱	(0.24×0.24+0.03×0.24×3)×(4.20－0.70)×4=1.11（m^3）	1.11	m^3
5	010502023001	过梁	C1 底标高为 1.2m，则其顶标高为 3.5m，KL1 底标高为 3.5m，所以 C1 上不需设置过梁 门洞上过梁计算：0.24×0.15×（1.0+0.25+0.24）×4=0.21（m^3）	0.21	m^3
6	010402001001	砌块墙	{[(3.6×4－0.33×2－0.45)×2+(6－0.33×2)×3]×(4.2－0.7)+(6－0.24)×(4.2－0.5)×2－2.1×2.3×4－1.0×2.5×4}×0.24－1.11－0.21=37.66（m^3）	37.66	m^3

【例 5.3.8】 某框架结构，局部如图 5.3.26 所示。基础、柱、梁混凝土强度等级均为 C30，基础混凝土保护层厚 40mm，梁、柱混凝土保护层厚 30mm，抗震等级为一级抗震、独立基础基底标高−1.8m，框架柱 KZ1 起止段为基础顶面至 6.27m 处，柱的截面尺寸为 400mm×400mm，轴线与柱中心线重合。请计算图中楼层框架梁 KL1、独立基础 DJj01 和框架柱 KZ1 混凝土工程量，以及 KL1、DJj01 中钢筋工程量（KL1 按矩形梁计算，不考虑板的因素）。

解：计算结果如表 5.3.17 所示。

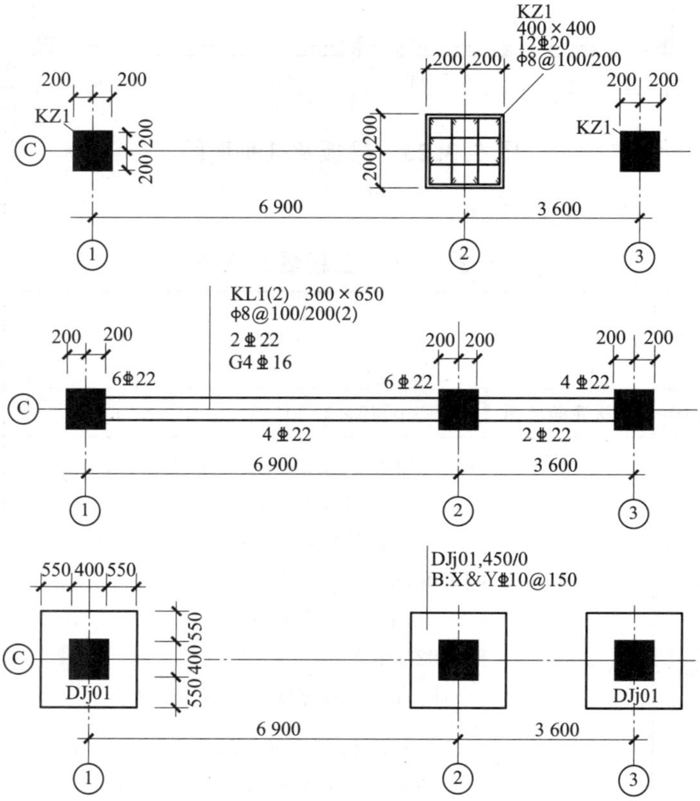

图 5.3.26 某框架结构局部结构施工图

表 5.3.17 工程量计算表

序号	清单项目编码	清单项目名称	计算式	工程量合计	计量单位
1	010502011001	钢筋混凝土梁（KL1）	0.3×0.65×（3.6−0.4+6.9−0.4）=1.89（m^3）	1.89	m^3
2	010502001001	独立基础（DJj01）	1.5×1.5×0.45×3=3.04（m^3）	3.04	m^3
3	010502006001	钢筋混凝土柱（KZ1）	0.4×0.4×（1.8−0.45+6.27）×3=3.66（m^3）	3.66	m^3
4	010505002001	基础模板（DJj01）	1.5×4×0.45×3=8.10（m^2）	8.10	m^2

续表 5.3.17

序号	清单项目编码	清单项目名称	计算式	工程量合计	计量单位
5	010506005001	现浇混凝土梁钢筋（Φ22）	直锚长度＝40×22＝880mm＞400mm，按弯锚计算 (1) KL1 上部通长钢筋（2Φ22）： 弯锚锚固长度＝400－30＋15×22＝700（mm） [700＋（6 900＋3 600－400）＋700]×2＝23 000（mm） (2) KL1 上部支座负筋： 左支座负筋（4Φ22）： （700＋6 500/3）×4＝11 467（mm） 中支座及右支座通跨布置的负筋（2Φ22）： （6 500/3＋3 600＋700）×2＝12 933（mm） 中支座负筋（2Φ22）： （6 500/3＋400＋6 500/3）×2＝9 467（mm） (3) KL1 下部钢筋： 第一跨下部纵筋（4Φ22）： （700＋6 500＋880）×4＝32 320（mm） 第二跨下部纵筋（2Φ22）： （880＋3 200＋700）×2＝9 560（mm） 合计长度＝98 747mm 质量＝2.984×98 747＝294.66（kg）	0.295	t
6	010506005002	现浇混凝土梁钢筋（Φ16）	KL1 侧面构造钢筋（4Φ16）： （15×16＋10 100＋15×16）×4＝42 320（mm） 质量＝1.578×42.320＝66.78（kg）	0.067	t
7	010506001001	现浇混凝土基础钢筋（Φ10）	(1) DJj01 的 *X* 向钢筋： 单根长度＝1 500－40×2＝1 420（mm） 根数＝[1 500－2×max（75，150/2）]/150＋1＝10（根） (2) DJj01 的 *Y* 向钢筋：与 *X* 向钢筋一样 总长度＝1 420×10×2＝28 400（mm） 质量＝0.617×28.4＝17.52（kg）	0.018	t
8	010506005003	现浇混凝土梁钢筋（Φ8）	KL1 箍筋单根长度： （300－2×30＋650－2×30）×2－4×8＋2×11.9×8＝1 818.4（mm） KL1 箍筋根数： 加密区长度＝max（2×650，500）＝1 300（mm） 第一跨箍筋根数＝[（1 300－50）/100＋1]×2＋（3 900/200－1）＝47（根）	0.055	t

续表 5.3.17

序号	清单项目编码	清单项目名称	计算式	工程量合计	计量单位
8	010506005003	现浇混凝土梁钢筋（⏀8）	第二跨箍筋根数＝［（1 300－50）/100＋1］×2＋（600/200－1）＝30（根） 总长度＝1 818.4×（47＋30）＝140 016.8（mm） 质量＝0.395×140.02＝55.31（kg）	0.055	t

六、金属结构工程

金属结构工程包括钢网架，钢屋架、钢托架、钢桁架，钢柱，钢梁，钢板楼板、墙板、屋面板，钢天窗架、墙架、挡风架，其他钢构件，钢构件制作及其他，金属制品。

（一）项目设置及计算规则

1. 钢网架（编码：010601）

清单项目设置包括钢网架、钢网壳等。工程量按设计图示尺寸以质量计算。不扣除孔眼的质量，焊条、螺钉（或销子）等不另增加质量。

项目特征需描述：结构形式、跨度；杆件钢材品种、规格；节点形式、连接方式；节点钢材品种、规格；构件涂（镀）层要求；探伤要求。钢网架“结构形式”可描述为平面桁架、四角锥、三角锥等，钢网壳“结构形式”可描述为圆柱面、球面、椭圆抛物面、双曲抛物面等；钢网架“节点形式”可描述为焊接钢板节点、焊接空心球节点、螺栓球节点等，钢网壳“节点形式”可描述为焊接空心球节点、螺栓球节点、嵌入式毂节点等。

2. 钢屋架、钢托架、钢桁架（编码：010602）

清单项目设置包括钢屋架、钢托架、钢桁架等。工程量按设计图示尺寸以质量计算。不扣除孔眼的质量，焊条、铆钉、普通螺栓等不另增加质量。

钢屋架项目特征需描述：钢材品种、规格；屋架跨度及起拱高度；构件涂（镀）层要求；探伤要求。

3. 钢柱（编码：010603）

清单项目设置包括实腹钢柱、空腹钢柱、钢管柱等。工程量按设计图示尺寸以质量计算。不扣除孔眼的质量，焊条、铆钉、普通螺栓等不另增加质量，钢柱上的节点板、加强环、内衬管、牛腿及悬臂梁等并入钢柱工程量内。

实腹钢柱、空腹钢柱项目特征需描述：柱类型；钢材品种、规格；构件涂（镀）层要求；探伤要求。钢管柱项目特征需描述：钢材品种、规格；构件涂（镀）层要求；探伤要求。实腹钢柱的“柱类型”可描述为十字、T、L、H 形等；空腹钢柱的“柱类型”可描述为箱形、格构式等。

4. 钢梁（编码：010604）

清单项目设置包括钢梁、钢吊车梁等。工程量按设计图示尺寸以质量计算。不扣除孔眼的质量，焊条、铆钉、普通螺栓等不另增加质量，节点板、加强肋、制动梁、制动板、制动桁架、车挡并入钢梁及吊车梁工程量内。

钢梁项目特征需描述：梁类型；钢材品种、规格；构件涂（镀）层要求；探伤要求。钢梁的“梁类型”可描述为 H、L、T 形、箱形、格构式等。

5. 钢板楼板、墙板、屋面板（编码：010605）

清单项目设置包括钢板楼板、钢板墙板、钢屋面板等。

（1）钢板楼板，按设计图示尺寸以铺设水平投影面积计算。不扣除单个面积≤0.3m^2的柱、垛及孔洞所占面积。

（2）钢板墙板，按设计图示尺寸以铺挂展开面积计算。扣除门窗洞口所占面积，不扣除单个面积≤0.3m^2的梁、孔洞所占面积，包角、包边、窗台泛水等不另加面积。

（3）钢屋面板，按设计图示尺寸以铺设斜面积计算。不扣除房上烟囱、风帽底座、风道、小气窗、斜沟等所占面积，小气窗的出檐部分不增加面积。

6. 钢天窗架、墙架、挡风架（编码：010606）

清单项目设置包括钢天窗架、钢挡风架、钢墙架等。工程量按设计图示尺寸以质量计算。不扣除孔眼的质量，焊条、铆钉、普通螺栓等不另增加质量。钢墙架项目包括墙架柱、墙架梁和连接杆件。

7. 其他钢构件（编码：010607）

清单项目设置包括钢拉索、钢支撑（钢拉条）、钢檩条、钢平台、钢走道、钢梯、钢护栏、钢漏斗、钢板天沟、零星钢构件等。

（1）钢拉索，按设计图示尺寸以索体质量计算。不扣除孔眼的质量，锚具及接头等不另增加质量。钢拉索的“索体类型”可描述为钢丝束、钢丝绳、钢绞线、钢拉杆。

（2）钢支撑（钢拉条）、钢檩条、钢梯、钢护栏、零星钢构件，按设计图示尺寸以质量计算。不扣除孔眼的质量，焊条、铆钉、普通螺栓等不另增加质量。“金属结构工程”中未列项且不依附于主钢构件的单独金属构件，按“零星钢构件”项目编码列项。

钢支撑、钢拉条的“构件类型”可描述为单式、复式；钢檩条的“构件类型”可描述为型钢式、格构式。

（3）钢平台、钢走道，按设计图示尺寸以质量计算。不扣除孔眼的质量，焊条、铆钉、普通螺栓等不另增加质量，依附平台或走道的型钢并入其工程量内。

（4）钢漏斗、钢板天沟，按设计图示尺寸以质量计算。不扣除孔眼的质量，焊条、铆钉、普通螺栓等不另增加质量，依附漏斗或天沟的型钢并入其工程量内。

钢漏斗的“漏斗形式”可描述为方形、圆形。钢板天沟的“天沟形式”可描述为矩形沟、半圆形沟等。

8. 钢构件制作及其他（编码：010608）

清单项目设置包括钢构件制作、高强螺栓、支座、剪力栓钉等。

（1）钢构件制作，按设计图示尺寸以质量计算。不扣除孔眼的质量，焊条、铆钉、普通螺栓等不另增加质量。

（2）高强螺栓、支座、剪力栓钉，按设计图示数量计算（单位：套）。项目特征需要描述各自的种类及规格。

9. 金属制品（编码：010609）

清单项目设置包括金属百页护栏、金属栅栏、金属网栏、金属井（沟）盖及盖座等。

（1）金属百页护栏、金属栅栏、金属网栏，按设计图示尺寸以框外围展开面积计算。

（2）金属井（沟）盖及盖座，按设计图示数量计算（单位：套）。

（二）其他规定

（1）劲性钢筋混凝土柱梁中的劲性钢骨架、钢管混凝土柱中的钢管，按“金属结构工程”相关项目编码列项，其混凝土和钢筋按“混凝土及钢筋混凝土工程”中相关项目编码列项。

（2）压型钢板楼承板、钢筋桁架楼承板按“金属结构工程”中“钢板楼板”项目编码列项。钢板楼板上浇筑钢筋混凝土，其混凝土和钢筋按“混凝土及钢筋混凝土工程”中相关项目编码列项。

（3）各钢构件项目均按材料半成品编制，工作内容不包含构件制作，材料半成品加工过程中的刷漆要求应在项目特征“构件涂（镀）层要求”中进行描述。若构件为现场制作，另外按“钢构件制作”项目编码列项。

（4）高强螺栓、支座、剪力栓钉项目的质量不计入相应钢构件的工程量中，应区分不同种类单独编码列项。

（5）钢构件施工过程中刷油漆及防火涂料等，应按“油漆、涂料、裱糊工程”中相关项目编码列项。注意与清单项目工作内容中“补刷油漆”区别，“补刷油漆”应包含在清单项目综合单价中，不需要另外列项计算工程量。

（6）金属制品按材料成品现场安装编制，工作内容不包含金属制品的制作。

【例 5.3.9】 某工程空腹钢柱如图 5.3.27 所示，共 2 根，工厂制作，运输到现场拼装、安装、超声波探伤，耐火极限为二级。根据工程量计算标准计算该工程空腹钢柱的分部分项工程量（表 5.3.18 为钢材单位理论质量）。

解： 计算结果如表 5.3.19 所示。

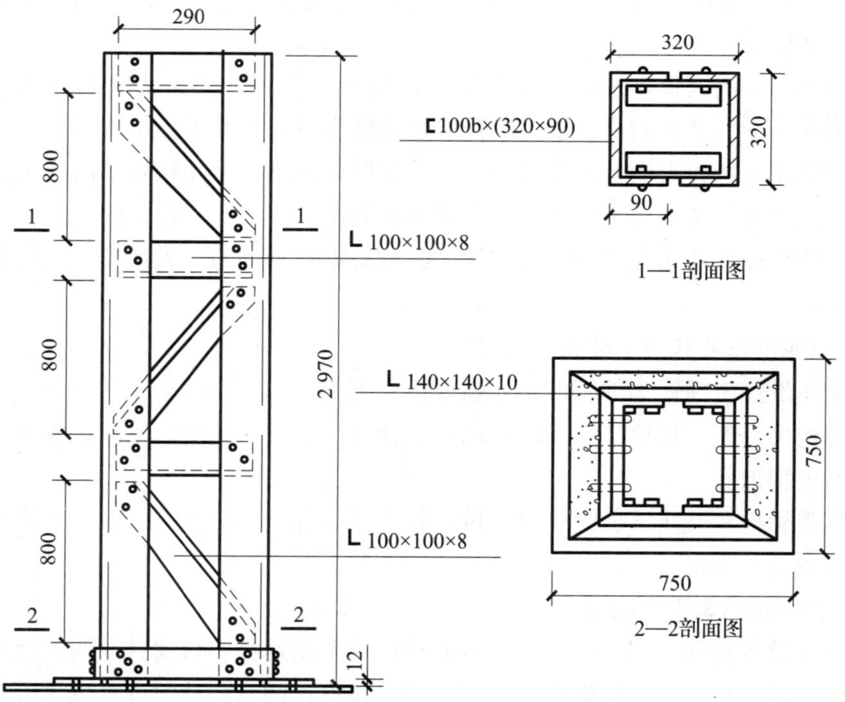

图 5.3.27　空腹钢柱示意图

表 5.3.18　钢材单位理论质量表

规格	单位质量	备　注
[100b×（320×90）	43.25kg/m	槽钢
L100×100×8	12.28kg/m	角钢
L140×140×10	21.49kg/m	角钢
-12	94.20kg/m^2	钢板

表 5.3.19　工程量计算表

序号	清单项目编码	清单项目名称	计算式	工程量合计	计量单位
1	010603002001	空腹钢柱	(1) [100b×（320×90）：$G_1=2.97\times2\times43.25\times2=513.81$（kg） (2) L100×100×8：$G_2=(0.29\times6+\sqrt{0.8^2+0.29^2}\times6)\times12.28\times2=168.13$（kg） (3) L140×140×10：$G_3=(0.32+0.14\times2)\times4\times21.49\times2=103.15$（kg） (4) -12：$G_4=0.75\times0.75\times94.20\times2=105.98$（kg） $G=G_1+G_2+G_3+G_4=513.81+168.13+103.15+105.98=891.07$（kg）	0.891	t

七、木结构工程

木结构工程包括木屋架、木构件、屋面木基层。

（一）项目设置及计算规则

1. 木屋架（编码：010701）

清单项目设置屋架一项。工程量按设计图示数量以榀计算。项目特征需描述：屋架种类；跨度；材料品种、规格；刨光要求；拉杆及夹板种类；防护材料种类。

2. 木构件（编码：010702）

清单项目设置包括木柱、木梁、木檩、木楼梯、装配式木楼梯、其他木构件等。

（1）木柱、木梁、木檩，按设计图示尺寸以体积计算。

（2）木楼梯，按设计图示尺寸以水平投影面积计算。不扣除宽度≤300mm 的楼梯井，伸入墙内部分不计算。

（3）装配式木楼梯，按设计图示尺寸以水平投影面积计算。不扣除套管、线盒及宽度≤300mm的楼梯井所占的面积，伸出梯板的连接件面积亦不增加。

3. 屋面木基层（编码：010703）

清单项目设置屋面木基层一项。工程量按设计图示尺寸以斜面积计算。不扣除房上烟囱、风帽底座、风道、小气窗、斜沟等所占面积。小气窗的出檐部分不增加面积。项目特征需描述：椽子断面尺寸及椽距；望板材料种类、厚度；防护材料种类。其工作内容中不包括顺水条和挂瓦条制作、安装。

（二）其他规定

（1）屋架的“屋架种类”可描述为木、钢木。按标准图集设计的，应注明标准图集的编号、节点大样编号及所在页号。

（2）屋架的跨度应以上、下弦中心线两交点之间的距离计算。

（3）带气楼的屋架和马尾、折角以及正交部分的半屋架，按“屋架”项目编码列项。

（4）木楼梯的栏杆（栏板）、扶手，应按“其他装饰工程”中的相关项目编码列项。

八、门窗工程

门窗工程包括木门，金属门，金属卷帘（闸）门，厂库房大门、特种门，其他门，木窗，金属窗，门窗套，窗台板，窗帘、窗帘盒、轨。

（一）项目设置及计算规则

1. 木门（编码：010801）

清单项目设置包括木质门、木质门带套、木质连窗门、木质防火门、木门框、门锁安装等。

（1）木质门、木质门带套、木质连窗门、木质防火门，按设计图示洞口尺寸以面积计算。木质门带套项目的工作内容中综合了门套安装，不另列项计算工程量。

木质门项目特征需描述：门洞口尺寸；门类型；开启方式；框、扇木材材质；玻璃品种、厚度；五金种类、规格；其他工艺要求。木质门带套项目特征需描述：门洞口尺寸；门类型；开启方式；门扇木材材质；门套材质、规格；玻璃品种、厚度；五金种类、规格；其他工艺要求。木质连窗门项目特征需描述：门连窗洞口尺寸；门类型及开启方式；窗类型及开启方式；框、扇木材材质；玻璃品种、厚度；五金种类、规格。木质防火门项目特征需描述：门洞口尺寸；防火等级；开启方式；玻璃品种、厚度；五金种类、规格；防护材料种类。

（2）木门框，按设计图示尺寸以框中心线长度计算。单独制作、安装木门框应按“木门框”项目编码列项。项目特征需描述：木材材质；框截面尺寸；防护材料种类。

（3）门锁安装，按设计图示数量计算（单位：套）。单独安装门锁按“门锁安装”项目编码列项。

2. 金属门（编码：010802）

清单项目设置包括金属（塑钢）门、彩板门、防盗门、钢质防火门等。

金属（塑钢）门、彩板门、防盗门、钢质防火门，按设计图示洞口尺寸以面积计算。钢质防火门项目特征需描述：门洞口尺寸；防火等级；开启方式；框、扇材质；玻璃品种、厚度；五金种类、规格；防护材料种类。

3. 金属卷帘（闸）门（编码：010803）

清单项目设置包括金属卷帘（闸）门、防火卷帘（闸）门等。

金属卷帘（闸）门、防火卷帘（闸）门，按设计图示洞口尺寸以面积计算。项目特征需描述：门洞口尺寸；门材质；五金种类、规格；驱动类型；其他工艺要求。

4. 厂库房大门、特种门（编码：010804）

清单项目设置包括木板大门、钢木大门、全钢板大门、防护铁丝门、金属格栅门、钢质花饰大门、特种门等。

（1）木板大门、钢木大门、全钢板大门，按设计图示洞口尺寸以面积计算。

（2）防护铁丝门、金属格栅门、钢质花饰大门，按设计图示门框尺寸以面积计算。无门框时以扇面积计算。

（3）特种门，按设计图示洞口尺寸以面积计算。

5. 其他门（编码：010805）

清单项目设置包括电子感应门、电动旋转门、电动伸缩门、全玻自由门、不锈钢饰面门、复合材料门等。

（1）电子感应门、电动旋转门、电动伸缩门，按设计图示数量计算（单位：套）。

（2）全玻自由门、不锈钢饰面门、复合材料门，按设计图示洞口尺寸以面积计算。

6. 木窗（编码：010806）

清单项目设置包括木质窗、木飘（凸）窗、木橱窗、木纱窗等。

（1）木质窗，按设计图示洞口尺寸以面积计算。

（2）木飘（凸）窗、木橱窗，按设计图示尺寸以框外围展开面积计算。

（3）木纱窗，按纱扇框的外围尺寸以面积计算。

7. 金属窗（编码：010807）

清单项目设置包括金属（塑钢）窗、金属防火窗、金属百叶窗、金属纱窗、金属格栅窗、金属（塑钢）橱窗、金属（塑钢）飘（凸）窗、彩板窗、复合材料窗等。

（1）金属（塑钢）窗、金属防火窗、金属百叶窗、金属格栅窗、彩板窗、复合材料窗，按设计图示洞口尺寸以面积计算。

（2）金属纱窗，按纱扇框的外围尺寸以面积计算。

（3）金属（塑钢）橱窗、金属（塑钢）飘（凸）窗，按设计图示尺寸以框外围展开面积计算。

8. 门窗套（编码：010808）

清单项目设置包括木门窗套、金属门窗套、石材门窗套、成品门窗套等。工程量按设计图示尺寸以展开面积计算。

9. 窗台板（编码：010809）

清单项目设置窗台板一项。按设计图示尺寸以展开面积计算。项目特征需描述：找平层材质；粘结层材质、厚度；窗台板材质、规格。

10. 窗帘、窗帘盒、轨（编码：010810）

清单项目设置包括窗帘、窗帘盒、窗帘轨等。

（1）窗帘，按设计窗帘覆盖面积计算。

（2）窗帘盒、窗帘轨，按设计图示尺寸以长度计算。

（二）其他规定

（1）木门的“门类型”可描述为镶板木门、企口木板门、实木装饰门、胶合板门、夹板装饰门、木纱门、全玻门（带木质扇框）、木质半玻门（带木质扇框）等。

（2）金属门的“门类型”可描述为金属平开门、金属推拉门、金属地弹门、全玻门

（带金属扇框）、金属半玻门（带扇框）等。

（3）特种门的“门类型”可描述为冷藏门、冷冻间门、保温门、变电室门、隔音门、防射线门、人防门、金库门等。

（4）金属卷帘（闸）门的“驱动类型”可描述为手动、电动等。

（5）木窗的“窗类型”可描述为木百叶窗、木组合窗、木天窗、木固定窗、木装饰空花窗等。

（6）金属窗的“窗类型”可描述为金属组合窗、防盗窗等。

（7）门五金包含合页、铰链、拉手、锁具、插销、门吸、闭门器、滑轮滑轨、地弹簧、角码、螺丝等完成门安装所需的各类配件。

（8）窗五金包含合页、铰链、拉手、锁具、插销、风钩、风撑、滑轮滑轨、角码、螺丝等完成窗安装所需的各类配件。

（9）对门窗的胶压、封边、雕刻、纹饰等工艺有特殊要求的，可在项目特征“其他工艺要求”中进行描述。

（10）窗帘打褶等工艺可在“其他工艺要求”中进行描述。

（11）窗帘轨的“轨的形式”可描述为单轨、双轨等。

（12）门窗清单项目中门（窗）框、五金件应包含在相应清单项目的综合单价内，不另列项计算工程量。

九、屋面及防水工程

屋面及防水工程包括屋面，屋面防水及其他，墙面防水、防潮，楼（地）面防水、防潮，基础防水及止水带。

（一）项目设置及计算规则

1. 屋面（编码：010901）

清单项目设置包括瓦屋面、阳光板屋面、玻璃钢屋面、玻璃采光顶、金属板幕墙顶、膜结构屋面、屋面成品天沟（檐沟）、屋面变形缝等。

（1）瓦屋面，按设计图示尺寸以斜面积计算。不扣除房上烟囱、风帽底座、风道、小气窗、斜沟等所占面积，小气窗的出檐部分、瓦搭接重叠部分不增加面积。

项目特征需描述：瓦品种、规格；铺设及搭接方式；卧瓦层砂浆种类及厚度；持钉层材料种类及厚度；顺水条、挂瓦条品种及规格。瓦屋面的“瓦品种”可描述为块瓦、沥青瓦、波形瓦等，如设计为卧瓦，应对卧瓦层进行描述；如设计为挂瓦，应对顺水条、挂瓦条及持钉层进行描述；如设计为直接钉瓦，应对持钉层进行描述，以屋面木基层或钢筋混凝土基层作为持钉层的，持钉层可不描述。

（2）阳光板屋面、玻璃钢屋面，按设计图示尺寸以斜面积计算。不扣除屋面面积≤$0.3m^2$的孔洞所占面积，搭接重叠部分不增加面积。

阳光板屋面、玻璃钢屋面的屋架、屋檩等支承结构按“金属结构工程”“木结构工程”中相关项目编码列项。

（3）玻璃采光顶、金属板幕墙顶，按设计图示外表面积计算。

随幕墙工程设计的“金属板幕墙顶”按本项目编码列项，其他形式的金属板屋面按“金属结构工程”中的“钢屋面板”项目编码列项。

(4) 膜结构屋面，按设计图示尺寸以需要覆盖的水平投影面积计算（见图 5.3.28）。

(5) 屋面成品天沟、檐沟，按设计图示尺寸以沟中心线长度计算。

(6) 屋面变形缝，按设计图示尺寸以长度计算。

2. 屋面防水及其他（编码：010902）

清单项目设置包括屋面卷材防水、屋面涂膜防水、屋面柔性隔离层、屋面刚性层、屋面排水管、屋面排（透）气管、屋面（廊、阳台）泄（吐）水管、屋面排水板、天沟（檐沟）防水等。

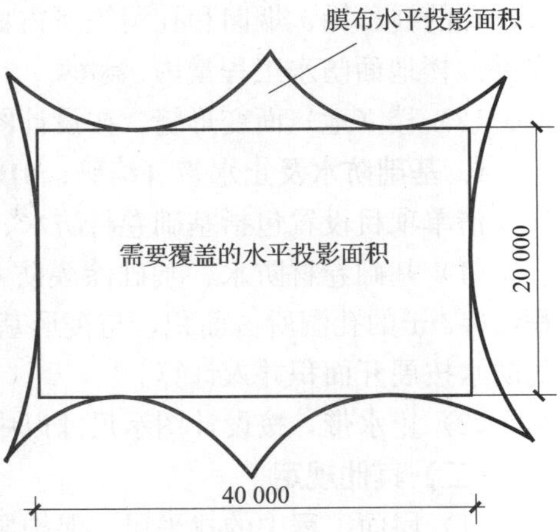

图 5.3.28　膜结构屋面工程量计算图

(1) 屋面卷材防水、屋面涂膜防水、屋面柔性隔离层，按设计图示尺寸以面积计算。斜屋顶（不包括平屋顶找坡）按斜面积计算，平屋顶按水平投影面积计算；不扣除房上烟囱、风帽底座、风道、屋面小气窗和斜沟所占面积，相应上述部位上翻不增加；屋面的女儿墙、伸缩缝、设备基础和天窗等处的上翻部分，并入屋面工程量内。屋面卷材防水项目特征需描述：卷材品种、规格、厚度；防水层数；防水层做法。种植屋面过滤层按“屋面柔性隔离层”项目编码列项。

(2) 屋面刚性层，按设计图示尺寸以面积计算。不扣除房上烟囱、风帽底座、风道等所占面积。项目特征需描述：刚性层材料种类及强度等级；刚性层厚度；刚性层作用；嵌缝材料种类。

(3) 屋面排水管，按设计图示尺寸以长度计算。如设计未标注尺寸，以檐口至设计室外散水上表面垂直距离计算。工作内容中综合了雨水斗、山墙出水口、雨水篦子的安装，即此部分包含在综合单价内，不需另列项计算工程量。

(4) 屋面排（透）气管，按设计图示尺寸以长度计算。

(5) 屋面（廊、阳台）泄（吐）水管，按设计图示数量计算（单位：个）。

(6) 屋面排水板，按设计图示尺寸以面积计算。斜屋顶按斜面积计算，平屋顶按水平投影面积计算。

(7) 天沟（檐沟）防水，按设计图示尺寸以展开面积计算。“天沟、檐沟防水”项目是指外挑天沟、檐沟部位的防水，与屋面相连的内天沟、檐沟的防水并入屋面防水计算。

3. 墙面防水、防潮（编码：010903）

清单项目设置包括墙面卷材防水、墙面涂膜防水、墙面砂浆防水、墙面变形缝等。

(1) 墙面卷材防水、墙面涂膜防水、墙面砂浆防水，按设计图示尺寸以面积计算。楼（地）面防水上翻高度>300mm 时，按墙面防水相应项目编码列项。

(2) 墙面变形缝，按设计图示尺寸以长度计算。

4. 楼（地）面防水、防潮（编码：010904）

清单项目设置包括楼（地）面卷材防水、楼（地）面涂膜防水、楼（地）面砂浆防水（防潮）、楼（地）面变形缝等。

(1) 楼（地）面卷材防水、楼（地）面涂膜防水、楼（地）面砂浆防水（防潮），按设计图示尺寸以主墙间净面积计算，扣除凸出地面的构筑物、设备基础及单个面积>

0.3m^2 的柱、垛、烟囱和孔洞等所占面积。楼（地）面防水上翻高度≤300mm 时，工程量并入楼地面防水工程量内。

（2）楼（地）面变形缝，按设计图示尺寸以长度计算。

5. 基础防水及止水带（编码：010905）

清单项目设置包括基础卷材防水、基础涂膜防水、止水带等。

（1）基础卷材防水、基础涂膜防水，按图示尺寸以面积计算。不扣除桩头及单个面积≤0.3m^{2}的孔洞所占面积，与筏形基础、防水底板相连的其他基础、电梯井坑、集水坑的防水按展开面积并入计算。

（2）止水带，按设计图示尺寸以中心线长度计算。

（二）其他规定

（1）屋面工程中的找平层、保护层及刚性隔离层按“屋面刚性层”项目编码列项，并在“刚性层作用”项目特征中进行描述；屋面保温材料形成的找坡层、屋面防水保温一体化工程按“保温、隔热、防腐工程”中的“保温隔热屋面”项目编码列项。

（2）防水底板等各类基础的侧面、上表面防水工程量并入基础防水工程量内，筏板以上的挡土墙防水按照墙面防水列项并计算工程量。

（3）防水层、隔离层的搭接、拼缝、压边、留槎用量及为满足施工规范所需的附加层用量均不另行计算。但设计文件中标注具体尺寸的附加层，应计算工程量，并按附加层材质、做法等项目特征单独编码列项。

（4）墙面防水找平层按“墙、柱面装饰与隔断、幕墙工程”中的“立面砂浆找平层”项目编码列项；楼（地）面及基础防水找平层按“楼地面装饰工程”中相关找平层项目编码列项；基础防水细石混凝土保护层按“楼地面装饰工程”中“细石混凝土楼地面”项目编码列项。

（5）屋面及防水工程中，设计采用成型钢筋网片、成品钢丝网，按“混凝土及钢筋混凝土工程”中的“钢筋网片”“钢丝网”项目编码列项；设计采用其他形式的钢筋，按“屋面刚性层内配钢筋”项目编码列项。

（6）各变形缝项目均按单侧做法的项目特征进行描述。若为双侧做法且做法一致时，工程量乘以系数 2；双侧做法不一致时，两侧需分别编码列项。

十、保温、隔热、防腐工程

保温、隔热、防腐工程包括保温、隔热，防腐面层，其他防腐。

（一）项目设置及计算规则

1. 保温、隔热（编码：011001）

清单项目设置包括保温隔热屋面、保温隔热天棚、保温隔热墙面、保温柱（梁）、保温隔热楼地面、其他保温隔热等。

（1）保温隔热屋面，按设计图示尺寸以面积计算。不扣除单个面积≤0.3m^2 的孔洞所占面积。项目特征需描述：保温隔热方式及材料名称；保温隔热材料规格、性能、厚度；隔汽层材料品种、厚度；防护材料种类。若铺设隔汽层，隔汽层应含在工作内容中，不另列项计算工程量。

（2）保温隔热天棚，按设计图示尺寸以面积计算。不扣除单个面积≤0.3m^2 的柱、垛、孔洞所占面积，与天棚相连的梁按展开面积并入天棚工程量内。柱帽保温隔热应并入天棚保温隔热工程量内。

（3）保温隔热墙面，按设计图示尺寸以面积计算。扣除门窗洞口所占面积，不扣除单个面积≤0.3m^2的梁、孔洞所占面积；门窗洞口侧壁以及与墙相连的柱，并入墙面工程量内。项目特征需描述：保温隔热部位；保温隔热方式及材料名称；保温隔热材料规格、性能、厚度；龙骨材料品种、规格；防护材料种类。设有龙骨的保温隔热墙面，龙骨含在工作内容中，不另列项计算工程量。

（4）保温柱、梁，按设计图示尺寸以面积计算：柱按设计图示柱断面保温层中心线展开长度乘保温层高度以面积计算，不扣除单个面积≤0.3m^2的梁所占面积；梁按设计图示梁断面保温层中心线展开长度乘保温层长度以面积计算。"保温柱、梁"项目适用于不与墙、天棚相连的独立柱、梁。

（5）保温隔热楼地面，按设计图示尺寸以面积计算。不扣除单个面积≤0.3m^2的柱、垛、孔洞所占面积。门洞、空圈、暖气包槽、壁龛的开口部分不增加面积。

（6）其他保温隔热，按设计图示尺寸以展开面积计算。不扣除单个面积≤0.3m^2的孔洞所占面积。池槽保温隔热应按"其他保温隔热"项目编码列项。

2. 防腐面层（编码：011002）

清单项目设置包括防腐混凝土面层、防腐砂浆面层、防腐胶泥面层、玻璃钢防腐面层、聚氯乙烯板面层、块料防腐面层、池（槽）块料防腐面层等。

（1）防腐混凝土面层、防腐砂浆面层、防腐胶泥面层、玻璃钢防腐面层、聚氯乙烯板面层、块料防腐面层，按设计图示尺寸以面积计算：平面防腐面层需扣除凸出地面的构筑物、设备基础所占面积，不扣除单个面积≤0.3m^2的柱、垛、孔洞所占面积，门洞、空圈、暖气包槽、壁龛的开口部分不增加面积；立面防腐面层需扣除门窗洞口所占面积，不扣除单个面积≤0.3m^2的梁、孔洞所占面积，门窗洞口侧壁、垛突出部分按展开面积并入墙面积内。

（2）池、槽块料防腐面层，按设计图示尺寸以展开面积计算。

3. 其他防腐（编码：011003）

清单项目设置包括隔离层防腐、砌筑沥青浸渍砖、防腐涂料等。

（1）隔离层防腐、防腐涂料，按设计图示尺寸以面积计算：平面的需扣除凸出地面的构筑物、设备基础所占面积，不扣除单个面积≤0.3m^2的柱、垛、孔洞等所占面积，门洞、空圈、暖气包槽、壁龛的开口部分不增加面积；立面的需扣除门窗洞口面积，不扣除单个面积≤0.3m^2的梁、孔洞所占面积，门窗洞口侧壁、垛突出部分按展开面积并入墙面积内。

防腐涂料项目特征需描述：涂刷部位；基层材料类型；刮腻子的种类、遍数；涂料品种、刷涂遍数。刮腻子包含在工作内容中，不另列项计算工程量。

（2）砌筑沥青浸渍砖，按设计图示尺寸以体积计算。

（二）其他规定

（1）保温隔热层兼具装饰作用时，按国家标准《房屋建筑与装饰工程工程量计算标准》GB/T 50854—2024相应装饰工程中的项目编码列项。

（2）保温、隔热项目特征中的"保温隔热方式"可描述为干铺、铺钉、填塞、点粘、满粘、干挂、挂钉、喷涂、抹压、浇筑等。

（3）设计对保温材料的导热、燃烧、吸湿、耐久等性能有明确等级要求的，应在各项目"保温隔热材料性能"中进行描述。

（4）防腐踢脚线应按“楼地面装饰工程”中的踢脚线相关项目编码列项。

（5）砌筑沥青浸渍砖项目特征中的“浸渍砖砌法”可描述为平砌、立砌。

【例 5.3.10】 某工程平屋顶平面及屋顶做法见图 5.3.29。屋面防水施工图设计做法在现浇混凝土楼板上采用 1：10 水泥珍珠岩找坡（最薄处 30mm 厚），20mm 厚 1：2.5 水泥砂浆找平，100mm 厚聚苯板保温，30mm 厚细石混凝土找平，SBS 卷材防水两层（女儿墙上翻 300mm，附加层水平及竖向均 250mm），防水层上做 20mm 厚 M15 水泥砂浆保护层（水泥砂浆抹平压光，设置 1m×1m 的分隔缝，密封胶嵌缝）。女儿墙厚 120mm，图中轴线尺寸与女儿墙内侧齐平。请根据工程量计算标准计算相关项目的工程量。

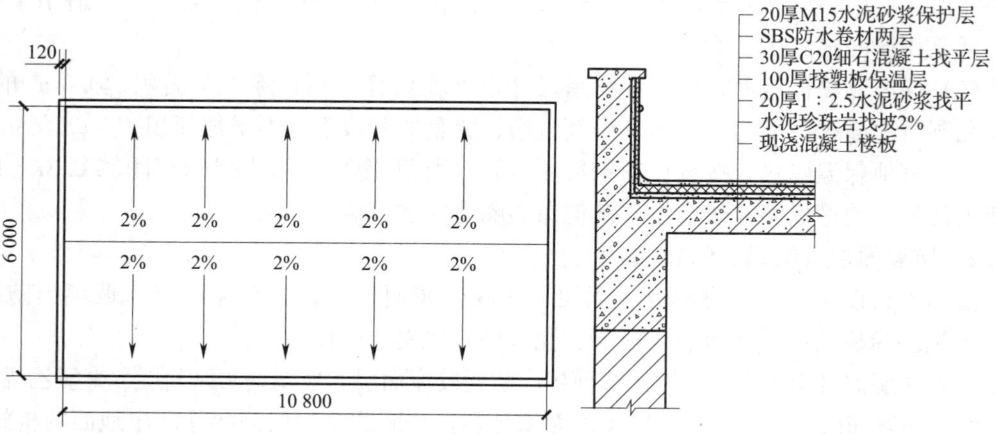

图 5.3.29 屋面平面图及屋面做法

解：计算结果如表 5.3.20 所示。

表 5.3.20 工程量计算表

序号	清单项目编码	清单项目名称	计算式	工程量合计	计量单位
1	010902001001	屋面卷材防水	6.0×10.8＋（6.0＋10.8）×2×0.3＝74.88（m^2）	74.88	m^2
2	010902001002	屋面卷材防水（附加层）	（6.0＋10.8）×2×0.25＋（6.0－0.25＋10.8－0.25）×2×0.25＝16.55（m^2）	16.55	m^2
3	010902004001	屋面刚性层（保护层）	6.0×10.8＋（6.0＋10.8）×2×0.3＝74.88（m^2）	74.88	m^2
4	010902004002	屋面刚性层（细石混凝土找平层）	6.0×10.8＝64.80（m^2）	64.80	m^2
5	010902004003	屋面刚性层（水泥砂浆找平层）	6.0×10.8＋（6.0＋10.8）×2×0.3＝74.88（m^2）	74.88	m^2
6	011001001001	保温隔热屋面（找坡层）	6.0×10.8＝64.80（m^2）	64.80	m^2

十一、楼地面装饰工程

楼地面装饰工程包括整体面层及找平层、石材及块料面层、橡塑面层、其他材料面层、踢脚线、楼梯面层、台阶装饰、零星装饰项目、装配式楼地面及其他。

（一）项目设置及计算规则

1. 整体面层及找平层（编码：011101）

清单项目设置包括水泥砂浆楼地面、细石混凝土楼地面、自流平楼地面、耐磨楼地面、塑胶地面、平面砂浆找平层、细石混凝土找平层、自流平找平层等。

（1）水泥砂浆楼地面、细石混凝土楼地面、自流平楼地面、耐磨楼地面、塑胶地面，按设计图示尺寸以面积计算。扣除凸出地面构筑物、设备基础、室内管道、地沟、柱、垛、附墙烟囱及孔洞所占面积。门洞、空圈、暖气包槽、壁龛的开口部分并入相应的工程量内。

水泥砂浆楼地面、细石混凝土楼地面、自流平楼地面、耐磨楼地面工作内容中均包括找平层铺设，找平层不单独列项计算工程量。

（2）平面砂浆找平层、细石混凝土找平层、自流平找平层，按设计图示尺寸以面积计算。扣除凸出地面构筑物、设备基础、室内管道、地沟等所占面积，不扣除≤$0.3m^2$柱、垛、附墙烟囱及孔洞所占面积。门洞、空圈、暖气包槽、壁龛的开口部分不增加面积。

2. 石材及块料面层（编码：011102）

清单项目设置包括石材楼地面、拼碎石材楼地面、块料楼地面等。

石材楼地面、拼碎石材楼地面、块料楼地面，按设计图示尺寸以面积计算。门洞、空圈、暖气包槽、壁龛的开口部分并入相应的工程量内。项目特征需描述：找平层厚度、材料种类及强度等级；结合层厚度、材料种类及强度等级；面层材料品种、规格；勾缝材料种类；防护层材料种类；面层处理方式。

3. 橡塑面层（编码：011103）

清单项目设置包括橡塑板楼地面、橡塑卷材楼地面、塑胶运动地板等。

橡塑板楼地面、橡塑卷材楼地面、塑胶运动地板，按设计图示尺寸以面积计算。门洞、空圈、暖气包槽、壁龛的开口部分并入相应的工程量内。

4. 其他材料面层（编码：011104）

清单项目设置包括地毯楼地面、竹/木（复合）地板、金属复合地板等。

地毯楼地面、竹/木（复合）地板、金属复合地板，按设计图示尺寸以面积计算。门洞、空圈、暖气包槽、壁龛的开口部分并入相应的工程量内。

竹/木（复合）地板、金属复合地板项目特征需描述：龙骨材料种类、规格、铺设间距；基层材料种类、规格；面层材料品种、规格；防护材料种类。工作内容包括基层清理、龙骨铺设、基层铺设、面层铺设、刷防护材料。

5. 踢脚线（编码：011105）

清单项目设置包括水泥砂浆踢脚线、石材踢脚线、块料踢脚线、塑料板踢脚线、木质踢脚线、金属踢脚线等。工程量按设计图示尺寸以长度计算。项目特征均需要描述踢脚线高度。

6. 楼梯面层（编码：011106）

清单项目设置包括水泥砂浆楼梯、石材楼梯、块料楼梯、地毯楼梯、木板（复合）楼梯、橡塑板楼梯、橡塑卷材楼梯等。工程量按设计图示尺寸以面层展开面积计算。楼梯与楼地面相连时，算至最上一级踏步踏面（该踏面无设计宽度时按 300mm 计算）。

7. 台阶装饰（编码：011107）

清单项目设置包括水泥砂浆台阶、石材台阶、拼碎块料台阶、块料台阶、剁假石台阶等。工程量按设计图示尺寸以面层展开面积计算。台阶与楼地面相连时，算至最上一级踏步踏面（该踏面无设计宽度时，按下一级踏面宽度计算）。

8. 零星装饰项目（编码：011108）

清单项目设置包括石材零星项目、拼碎石材零星项目、块料零星项目、水泥砂浆零星项目、车库标线（标识）、广角镜安装、标志牌、车挡、减速带、墙柱面防撞条等。面积≤$0.5m^2$的少量分散的楼地面装饰应按“零星装饰”项目编码列项。

（1）石材零星项目、拼碎石材零星项目、块料零星项目、水泥砂浆零星项目，按设计图示尺寸以面积计算。

（2）车库标线、标识、标志牌，标线按设计图示尺寸以面积计算，标识按设计图形以外接矩形面积计算，标志牌按设计图示尺寸以面积计算。

（3）广角镜安装、车挡，按设计图示数量计算（单位：个）。

（4）减速带、墙柱面防撞条，按设计图示尺寸以长度计算。

9. 装配式楼地面及其他（编码：011109）

清单项目设置包括架空地板、装配式踢脚线等。

（1）架空地板，按设计图示尺寸以面积计算。门洞、空圈、暖气包槽、壁龛的开口部分并入相应的工程量内。

（2）装配式踢脚线，按设计图示尺寸以长度计算。

（二）其他规定

（1）楼地面基层需做处理时，应在项目特征的找平层中进行描述。

（2）水泥砂浆、细石混凝土楼地面的“面层处理方式”可描述为拉毛、提浆压光等；耐磨楼地面中的“面层处理方式”可描述为磨光、打蜡等；块料、石材楼地面中的“面层处理方式”可描述为酸洗、打蜡、结晶等。

（3）楼地面垫层另按“混凝土及钢筋混凝土工程”中“楼地面垫层”项目编码列项。

（4）拼碎石材项目的面层材料在特征描述时，可不用描述规格。

（5）石材、块料与粘接材料的结合面刷防渗材料的种类在防护层材料种类中描述。

（6）橡塑面层、其他材料面层项目中如涉及找平层，另按“整体面层及找平层”中的找平层相关项目编码列项。

（7）楼梯面层的“楼梯部位”可描述为楼梯踏步、休息平台、楼梯侧面等。

十二、墙、柱面装饰与隔断、幕墙工程

墙、柱面装饰与隔断、幕墙工程包括墙、柱面抹灰，零星抹灰，墙、柱面块料面层，零星块料面层，墙、柱饰面，幕墙工程，隔墙、隔断。

（一）项目设置及计算规则

1. 墙、柱面抹灰（编码：011201）

清单项目设置包括墙（柱）面一般抹灰、墙（柱）面装饰抹灰、墙（柱）面勾缝、立面砂浆找平层等。工程量按设计图示尺寸以面积计算。扣除墙裙、门窗洞口面积；不扣除

单个面积≤0.3m^2 的孔洞面积，不扣除挂镜线、墙与构件交接处的面积；附墙柱、梁、垛、烟囱侧壁并入相应的墙面面积内；门窗洞口和孔洞的侧壁及顶面不增加面积。

2. 零星抹灰（编码：011202）

清单项目设置包括零星项目一般抹灰、零星项目装饰抹灰、零星项目砂浆找平等。工程量按设计图示尺寸以展开面积计算。

3. 墙、柱面块料面层（编码：011203）

清单项目设置包括石材墙（柱面）、拼碎石材墙（柱面）、块料墙（柱面），按设计图示镶贴后表面积计算。项目特征需描述：基层类型、部位；安装方式；骨架材料种类、规格；面层材料品种、规格；缝宽、勾缝材料种类；防护材料种类；面层处理方式。若有骨架安装，则包含在工作内容中，骨架不另列项计算工程量。

4. 零星块料面层（编码：011204）

清单项目设置包括石材零星项目、拼碎石材零星项目、块料零星项目等。工程量按设计图示镶贴后表面积计算。

5. 墙、柱饰面（编码：011205）

清单项目设置包括墙（柱）面装饰板、墙（柱）面装饰浮雕、墙（柱）面装配式装饰板、墙（柱）面软包、墙（柱）面保温装饰一体板等。

（1）墙、柱面装饰板，按设计图示饰面外围尺寸以面积计算。扣除门窗洞口面积，不扣除单个面积≤0.3m^2 的孔洞所占面积。工作内容中包括龙骨制作与安装，龙骨不另行列项计算工程量。

（2）墙、柱面装饰浮雕，按设计图示尺寸以面积计算。

（3）墙、柱面装配式装饰板，按设计图示饰面外围尺寸以面积计算。

（4）墙、柱面软包，按设计图示饰面外围尺寸以面积计算。

（5）墙、柱面保温装饰一体板，按设计图示饰面外围尺寸以面积计算。

6. 幕墙工程（编码：011206）

清单项目设置包括构件式玻璃幕墙、构件式石材幕墙、构件式金属板幕墙、构件式人造板幕墙、单元式幕墙、全玻（无框玻璃）幕墙、点支承玻璃幕墙、幕墙开启扇等。

（1）构件式玻璃幕墙，按设计图示框外围尺寸以面积计算，扣除开启扇面积。项目特征需描述：骨架材料种类及型号；框格形式；面层材料品种、规格、表面处理；隔离带、框边封闭材料品种。工作内容包括：骨架（含埋件）制作、安装；面层安装；防雷引下；隔离带、框边封闭；勾缝、塞口；清洗。

（2）构件式石材幕墙、构件式金属板幕墙、构件式人造板幕墙，按设计图示外表面积计算。

（3）单元式幕墙，按设计图示框外围尺寸以投影面积计算，扣除开启扇面积。项目特征需描述：结构形式；面层材料品种、规格、表面处理；隔离带、框边封闭材料品种。

（4）全玻（无框玻璃）幕墙、点支承玻璃幕墙，按设计图示尺寸以面积计算。扣除开启扇面积。

（5）幕墙开启扇，按设计图示扇外围尺寸以面积计算。包含五金配件安装。

7. 隔墙、隔断（编码：011207）

清单项目设置包括轻质隔墙、轻质隔断、成品隔断等。

（1）轻质隔墙、轻质隔断，按设计图示框外围尺寸以面积计算。不扣除单个≤$0.3m^2$的孔洞所占面积；同材质的浴厕门面积并入计算。骨架及边框制作、安装包含在工作内容中，不另列项计算工程量。

（2）成品隔断，按设计图示框外围尺寸以面积计算。

（二）其他规定

（1）如墙、柱面基层需做处理或抹灰时需贴压网格布，应在项目特征的各层做法中进行描述。

（2）“立面砂浆找平层”项目适用于仅做找平层的立面抹灰。

（3）墙、柱面抹石灰砂浆、水泥砂浆、混合砂浆、聚合物水泥砂浆、麻刀石灰浆、石膏灰浆等按“墙、柱面一般抹灰”列项，项目特征描述中的“面层处理方式”可描述为拉毛、提浆压光等；“装饰抹灰类型”可描述为水刷石、斩假石、干粘石、假面砖等。

（4）各种壁柜、碗柜、飘窗板、空调搁板、暖气罩、池槽、花台、凸出墙面的飘窗、挑板等抹灰以及面积≤$0.5m^2$的少量分散的墙、柱面抹灰按“零星抹灰”项目编码列项。

（5）零星项目抹石灰砂浆、水泥砂浆、混合砂浆、聚合物水泥砂浆、麻刀石灰浆、石膏灰浆等按“零星项目一般抹灰”项目编码列项，项目特征描述中的“面层处理方式”可描述为拉毛、提浆压光等；“装饰抹灰类型”可描述为水刷石、斩假石、干粘石、假面砖等。

（6）拼碎石材项目的面层材料在特征描述时，可不用描述规格。

（7）石材、块料与粘接材料的结合面刷防渗材料的种类在防护层材料种类中描述。

（8）块料面层项目的“安装方式”可描述为砂浆或粘结剂粘贴、挂贴、干挂等。

（9）挑檐、天沟、腰线、窗台线、门窗套、飘窗板、空调搁板、压顶、扶手、雨篷周边和壁柜、碗柜、池槽、花台，以及面积≤$0.5m^2$的少量分散的墙、柱面块料面层按“零星块料面层”项目编码列项。

（10）块料面层项目的“面层处理方式”可描述为磨光、酸洗、打蜡等。

（11）幕墙工程的“框格形式”可描述为明框、半隐框、全隐框等。

（12）单元式幕墙的“结构形式”可描述为全单元式幕墙和半单元式幕墙等。

（13）点支承玻璃幕墙的“支承结构形式”可描述为钢结构点支式、钢拉杆点支式和钢拉索点支式等。

（14）幕墙工程中的玻璃采光顶和金属板幕墙顶等按照“屋面及防水工程”中相关项目编码列项。

（15）幕墙开启扇的“驱动类型”可描述为手动、电动等。

（16）轻质隔墙、轻质隔断适用于现场下料、制作、安装隔墙、隔断的情况。采购成品、半成品现场拼装、安装时，应按成品隔断列项。

十三、天棚工程

天棚工程包括天棚抹灰、天棚吊顶、天棚其他装饰。

（一）项目设置及计算规则

1. 天棚抹灰（编码：011301）

清单项目设置天棚抹灰一项。天棚抹灰，按设计图示尺寸以水平投影面积计算。不扣除垛、柱、附墙烟囱、检查口和管道所占的面积；带梁天棚的梁两侧抹灰面积并入天棚面积内；板式楼梯底面抹灰按斜面积计算；锯齿形楼梯底板抹灰按展开面积计算。

2. 天棚吊顶（编码：011302）

清单项目设置包括平面吊顶天棚、跌级吊顶天棚、艺术造型吊顶天棚、格栅吊顶、吊筒吊顶、藤条造型悬挂吊顶、织物软雕吊顶、装饰网架吊顶等。

（1）平面吊顶天棚，按设计图示尺寸以水平投影面积计算。扣除与天棚相连的窗帘盒所占的面积；不扣除检查口、附墙烟囱、柱垛和管道以及单个面积≤$0.3m^2$ 的独立柱、孔洞所占面积。

（2）跌级吊顶天棚、艺术造型吊顶天棚，按设计图示尺寸以水平投影面积计算。天棚面中的灯槽及跌级天棚面积不展开计算。扣除与天棚相连的窗帘盒所占的面积；不扣除检查口、附墙烟囱、柱垛和管道以及单个面积≤$0.3m^2$ 的独立柱、孔洞所占面积。

（3）格栅吊顶、吊筒吊顶、藤条造型悬挂吊顶、织物软雕吊顶、装饰网架吊顶，按设计图示尺寸以水平投影面积计算。

3. 天棚其他装饰（编码：011303）

清单项目设置包括成品装饰带、成品装饰口、挡烟垂壁、块料梁面、装饰板梁面等。

（1）成品装饰带，按设计图示尺寸以中心线长度计算。

（2）成品装饰口，按设计图示数量计算（单位：个）。

（3）挡烟垂壁，按设计图示尺寸以面积计算。

（4）块料梁面，按设计图示镶贴后表面积计算。

（5）装饰板梁面，按设计图示饰面外围尺寸面积计算。

（二）其他规定

（1）平面吊顶天棚和跌级吊顶天棚指一般直线型吊顶天棚。天棚面层在同一标高者按“平面吊顶天棚”项目编码列项，天棚面层不在同一标高者按“跌级吊顶天棚”项目编码列项。

（2）天棚面层不在同一标高的一般直线型吊顶天棚，高差≤400mm 且跌级≤3 级时，按“跌级吊顶天棚”项目编码列项；高差＞400mm 或跌级＞3 级时，按“艺术造型吊顶天棚”项目编码列项。圆弧形、拱形等造型天棚按“艺术造型吊顶天棚”项目编码列项。

（3）跌级吊顶天棚的“吊顶形式”可描述跌级级别，艺术吊顶天棚的“吊顶形式”可描述为藻井天棚、吊挂式天棚、阶梯形天棚、锯齿形天棚等。

（4）为满足吊顶内照明、通风、音响等设备的安装要求，需对其进行的裁切、开孔、接口等工作，均包括在相应天棚项目的工作内容中。

（5）无天棚的独立梁抹灰按“天棚抹灰”项目编码列项。“块料梁面”“装饰板梁面”适用于无天棚的独立梁装饰以及梁面装饰与所在天棚吊顶装饰做法不同时的情况。

（6）平面吊顶天棚、跌级吊顶天棚、艺术造型吊顶天棚龙骨包含在工作内容中，天棚龙骨不需另外列项计算工程量。

十四、油漆、涂料、裱糊工程

油漆、涂料、裱糊工程包括木材面油漆、金属面油漆、抹灰面油漆、喷刷涂料、裱糊。

（一）项目设置及计算规则

1. 木材面油漆（编码：011401）

清单项目设置包括木门油漆、木窗油漆、木板条（线条）油漆、木材面油漆、木地板

油漆、木地板烫硬蜡面等。

（1）木门油漆、木窗油漆，按设计图示洞口尺寸以面积计算。

（2）木板条、线条油漆，按设计图示尺寸以中心线长度计算。

（3）木材面油漆，按设计图示尺寸以面积计算。

（4）木地板油漆、木地板烫硬蜡面，按设计图示尺寸以面积计算。空洞、空圈、暖气包槽、壁龛的开口部分并入相应的工程量内。

2. 金属面油漆（编码：011402）

清单项目设置包括金属门油漆、金属窗油漆、金属面油漆、金属构件油漆、金属构件除锈等。

（1）金属门油漆、金属窗油漆，按设计图示洞口尺寸以面积计算。

（2）金属面油漆，按设计图示尺寸以面积计算。

（3）金属构件油漆、金属构件除锈，按设计图示尺寸以构件质量计算。

3. 抹灰面油漆（编码：011403）

清单项目设置包括抹灰面油漆、抹灰线条油漆、刮腻子等。

（1）抹灰面油漆、刮腻子，按设计图示尺寸以面积计算。抹灰面油漆项目特征需描述：基层类型；腻子种类；刮腻子遍数；防护材料种类；油漆品种、刷漆遍数。

（2）抹灰线条油漆，按设计图示尺寸以中心线长度计算。

4. 喷刷涂料（编码：011404）

清单项目设置包括墙面喷刷涂料、天棚喷刷涂料、空花格（栏杆）刷涂料、线条刷涂料、金属面喷刷防火涂料、金属构件喷刷防火涂料、木材构件喷刷防火涂料等。

（1）墙面喷刷涂料、天棚喷刷涂料，按设计图示尺寸以展开面积计算。洞口侧壁面积并入相应喷刷部位中计算。

（2）空花格、栏杆刷涂料，按设计图示尺寸以单面外围面积计算。

（3）线条刷涂料，按设计图示尺寸以中心线长度计算。

（4）金属面喷刷防火涂料、木材构件喷刷防火涂料，按设计图示尺寸以面积计算。

（5）金属构件喷刷防火涂料，按设计图示尺寸以构件质量计算。项目特征需描述：构件名称；耐火等级要求；涂料品种、遍数或厚度。

5. 裱糊（编码：011405）

清单项目设置包括墙纸裱糊、织锦缎裱糊等。工程量按设计图示尺寸以面积计算。项目特征需描述：基层类型；腻子种类；刮腻子遍数；粘结材料种类；防护材料种类；面层材料品种、规格。

（二）其他规定

（1）木板条、线条油漆包括木扶手、窗帘盒、封檐板、顺水板、挂衣板、黑板框、挂镜线、窗帘棍、木线条油漆。

（2）木材面油漆包括木护墙、木墙裙、窗台板、筒子板、盖板、门窗套、踢脚线、清水板条天棚、檐口、木方格吊顶天棚、吸音板墙面、天棚面、暖气罩、其他木材面等。

（3）抹灰面油漆和刷涂料工作内容中包括刮腻子。“刮腻子”项目仅适用于单独进行满刮腻子的设计做法。油漆踢脚线按“抹灰线条油漆”项目编码列项。

（4）墙面喷刷涂料的“喷刷涂料部位”可描述为内墙、外墙。

（5）墙面油漆和喷刷涂料外墙时，应注明墙面分割界缝做法描述。

（6）油漆、涂料、裱糊工程，仅适用于发生于施工现场的油漆、涂料、裱糊工程。

【例 5.3.11】 某装饰工程，地面、墙面、天棚的装饰如图 5.3.30～图 5.3.33 所示，房间外墙厚度 240mm，800mm×800mm 独立柱 4 根，墙体抹灰厚度 20mm（门窗占位面积 $80m^2$，门窗洞口侧壁抹灰 $15m^2$、柱垛展开面积 $11m^2$），地砖地面施工完成后尺寸如图所示为（12－0.24－0.04）m×（18－0.24－0.04）m，吊顶高度 3 600 mm（内墙装饰做法均至吊顶底，窗帘盒占位面积 $7m^2$），做法：地面 20mm 厚 1∶3 水泥砂浆找平、20mm 厚 1∶2 干性水泥砂浆粘贴玻化砖，玻化砖踢脚线高度 150mm（门洞宽度合计 4m），乳胶漆一底两面，天棚轻钢龙骨石膏板面刮成品腻子面罩乳胶漆一底两面。柱面挂贴 30mm 厚花岗石板，花岗石板和柱结构面之间空隙填灌 50mm 厚的 1∶3 水泥砂浆。根据工程量计算标准计算该装饰工程地面、墙面、天棚等分部分项工程量。

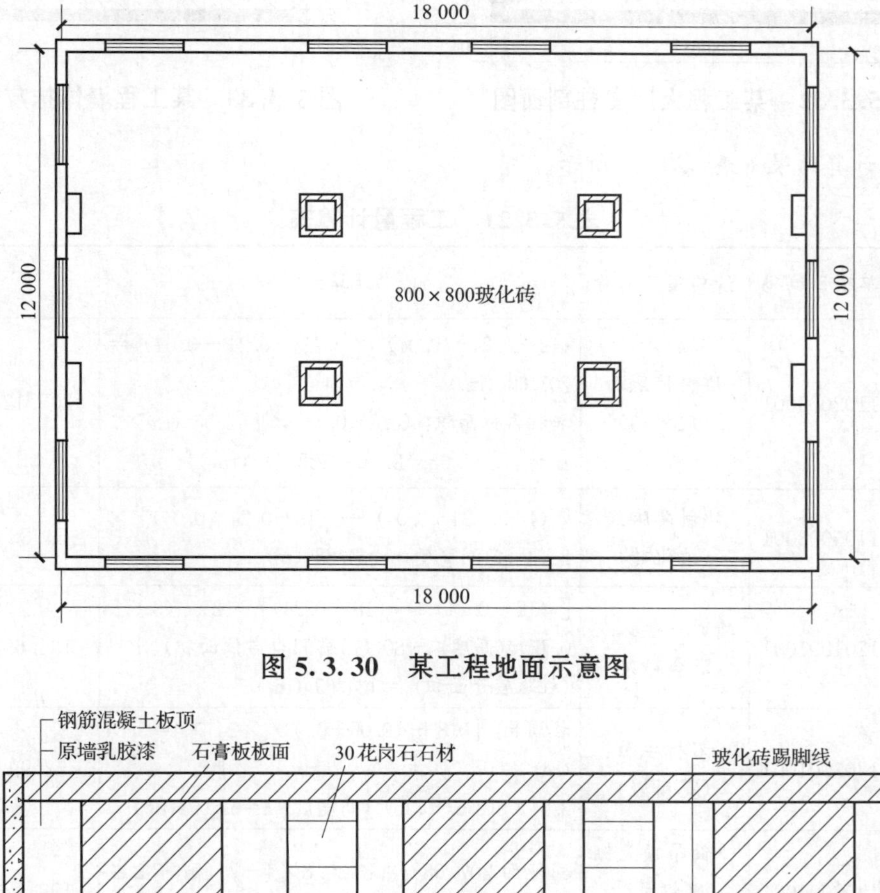

图 5.3.30　某工程地面示意图

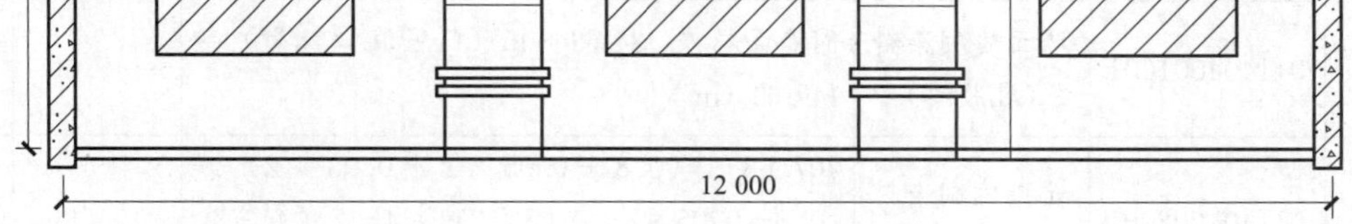

图 5.3.31　某工程大厅立面图

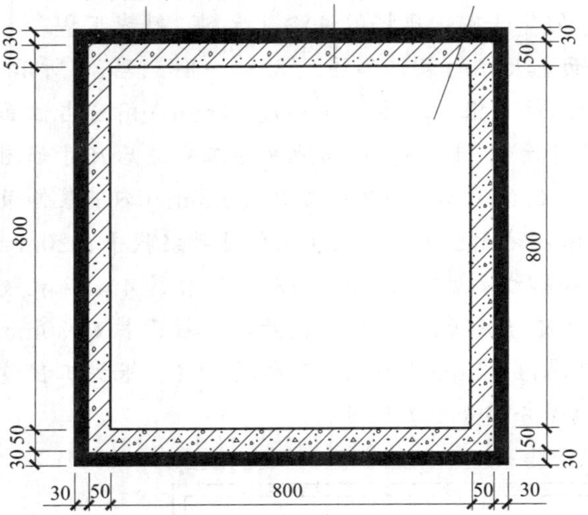

图 5.3.32　某工程大厅立柱剖面图

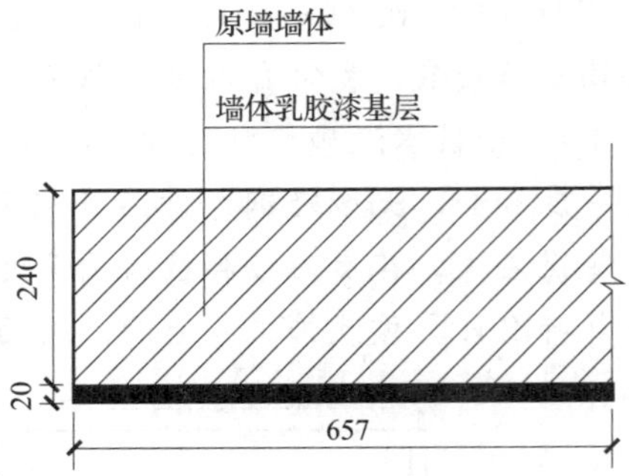

图 5.3.33　某工程墙体抹灰剖面图

解：计算结果如表 5.3.21 所示。

表 5.3.21　工程量计算表

序号	清单项目编码	清单项目名称	计算式	工程量合计	计量单位
1	011102003001	块料楼地面（玻化砖）	（12－0.24－0.04）×（18－0.24－0.04）＝207.68（m^2） 扣柱占位面积：（0.8×0.8）×4＝2.56（m^2） 小计：207.68－2.56＝205.12（m^2）	205.12	m^2
2	011105003001	块料踢脚线（玻化砖）	［（12－0.24－0.04）＋（18－0.24－0.04）］×2－4（门洞宽度）＝54.88（m）	54.88	m
3	011201001001	墙面一般抹灰（混合砂浆）	［（12－0.24）＋（18－0.24）］×2×（3.6－0.15）（高度）－80（门窗洞口占位面积）＋11（柱踩展开面积）＝134.69（m^2）	134.69	m^2
4	011203001001	石材柱面（花岗岩）	柱周长：［0.8＋（0.05＋0.03）×2］×4＝3.84（m） 3.84×（3.6－0.15）（高度）×4＝52.99（m^2）	52.99	m^2
5	011302001001	平面吊顶天棚（轻钢龙骨石膏板）	同地面 207.68－0.8×0.8×4－7（窗帘盒占位面积）＝198.12（m^2）	198.12	m^2
6	011404001001	墙面喷刷涂料（乳胶漆）	同墙面抹灰 134.69＋15（门窗洞口侧壁）＝149.69（m^2）	149.69	m^2
7	011404002001	天棚喷刷涂料（乳胶漆）	207.68－（0.8＋0.05×2＋0.03×2）×（0.8＋0.05×2＋0.03×2）×4－7（窗帘盒占位面积）＝196.99（m^2）	196.99	m^2

十五、其他装饰工程

其他装饰工程包括柜、架、台，装饰线条，扶手、栏杆、栏板装饰，暖气罩，浴厕配件，雨篷、旗杆、装饰柱，招牌、灯箱，美术字。

（一）项目设置及计算规则

1. 柜、架、台（编码：011501）

清单项目设置包括装饰柜、装饰架、装饰台、成品柜（架、台）等。工程量按设计图示尺寸以正投影面积计算。

2. 装饰线条（编码：011502）

清单项目设置成品装饰线条一项。工程量按设计图示尺寸以中心线长度计算。

3. 扶手、栏杆、栏板装饰（编码：011503）

清单项目设置包括带扶手的栏杆（栏板）、不带扶手的栏杆（栏板）、扶手、成品带扶手栏杆（栏板）等。

（1）带扶手的栏杆（栏板）、不带扶手的栏杆（栏板），按设计图示以栏杆、栏板中心线长度计算。

（2）扶手，按设计图示以扶手中心线长度计算。

（3）成品带扶手栏杆、栏板，按设计图示以栏杆、栏板中心线长度计算。

4. 暖气罩（编码：011504）

清单项目设置包括暖气罩、成品暖气罩等。工程量按设计图示尺寸以垂直投影面积（不展开）计算。

5. 浴厕配件（编码：011505）

清单项目设置包括洗漱台、洗厕配件、镜面玻璃、镜箱等。

（1）洗漱台，按设计图示尺寸以台面外接矩形面积计算。不扣除孔洞、挖弯、削角所占面积；挡板、吊沿板面积并入台面面积内。

（2）洗厕配件、镜箱，按设计图示数量计算（单位：个）。

（3）镜面玻璃，按设计图示尺寸以边框外围面积计算。

6. 雨篷、旗杆、装饰柱（编码：011506）

清单项目设置包括装饰板雨篷、金属旗杆、成品装饰柱等。

（1）装饰板雨篷，按设计图示尺寸以水平投影面积计算。其工作内容中已包括了骨架的制作与安装。

（2）金属旗杆、成品装饰柱，按设计图示数量计算（单位：根）。

7. 招牌、灯箱（编码：011507）

清单项目设置包括平面（箱式）招牌、竖式标箱、灯箱、信报箱等。

（1）平面、箱式招牌，按设计图示尺寸以正立面边框外围面积计算。复杂形状的凸凹造型部分不增加面积。

（2）竖式标箱、灯箱、信报箱，按设计图示数量计算（单位：个）。

8. 美术字（编码：011508）

清单项目设置美术字一项。工程量按设计图示数量计算（单位：个）。

（二）其他规定

（1）装饰柜的“名称”可描述为柜台、酒柜、衣柜、存包柜、鞋柜、书柜、厨房壁柜、木壁柜、厨房低柜、厨房吊柜、矮柜、吧台背柜、酒吧吊柜，装饰架的“名称”可描述为货架、书架等，装饰台的“名称”可描述为酒吧台、展台、收银台、服务台等。

（2）洗厕配件项目的“配件名称”可描述为晒衣架、帘子杆、浴缸拉手、卫生间扶手、毛巾杆（架）、毛巾环、卫生纸盒、肥皂盒等。

（3）装饰板雨篷的“装饰板材料品种”可描述为玻璃、阳光板、金属板等。

十六、措施项目

国家标准《房屋建筑与装饰工程工程量计算标准》GB/T 50854—2024 中规定了措施项目的项目编码、项目名称和工作内容，不再区分“能计量”和“不能计量”的项目，均按“项”计算。对于发包人提供设计图纸，并要求承包人按图施工的非实体项目，由于有图纸可以计算工程量，其计量原则同分部分项工程量清单。

（一）项目设置及计算规则

措施项目清单项目设置见表 5.3.22。

表 5.3.22　措施项目（编码：011601）

项目编码	项目名称	单位	工作内容
011601001	脚手架	项	搭设脚手架、斜道、上料平台，铺设安全网，铺（翻）脚手板，转运、改制、维修维护，拆除、堆放、整理，外运、归库等
011601002	垂直运输	项	垂直运输机械进出场及安拆，固定装置、基础制作、安装，行走式机械轨道的铺设、拆除，设备运转、使用等
011601003	其他大型机械进出场及安拆	项	除垂直运输机械以外的大型机械安装、检测、试运转和拆卸，运进、运出施工现场的装卸和运输，轨道、固定装置的安装和拆除等
011601004	施工排水	项	提供满足施工排水所需的排水系统，包括设备安拆、调试及配套设施的设置等；设备运转、使用等
011601005	施工降水	项	提供满足施工降水所需的降水系统，包括设备安拆、调试及配套设施的设置等；设备运转、使用等
011601006	临时设施	项	为进行建设工程施工所需的生活和生产用的临时建（构）筑物和其他临时设施。包括临时设施的搭设、移拆、维修、清理、拆除后恢复等，以及因修建临时设施应由承包人所负责的有关内容
011601007	文明施工	项	施工现场文明施工、绿色施工所需的各项措施
011601008	环境保护	项	施工现场为达到环保要求所需的各项措施
011601009	安全生产	项	施工现场安全施工所需的各项措施
011601010	冬雨季施工增加	项	在冬季或雨季施工，引起防寒、保温、防滑、防潮和排除雨雪等措施的增加，人工、施工机械效率的降低等内容

续表 5.3.22

项目编码	项目名称	单位	工作内容
011601011	夜间施工增加	项	因夜间或在地下室等特殊施工部位施工时，所采用照明设备的安拆、维护、照明用电及施工人员夜班补助、夜间施工劳动效率降低等内容
011601012	特殊地区施工增加	项	在特殊地区（高温、高寒、高原、沙漠、戈壁、沿海、海洋等）及特殊施工环境（邻公路、邻铁路等）下施工时，弥补施工降效所需增加的内容
011601013	二次搬运	项	因施工场地条件及施工程序限制而发生的材料、构配件、半成品等一次运输不能到达堆放地点，必须进行二次或多次搬运所发生的内容
011601014	已完工程及设备保护	项	建设项目施工过程中直至竣工验收前，对已完工程及设备采取的必要保护措施
011601015	既有建（构）筑物、设施保护	项	在工程施工过程中，对既有建（构）筑物及地上、地下设施进行的遮盖、封闭、隔离等必要临时保护措施

（二）其他规定

（1）发包人提供设计图纸并要求按其施工的措施项目，可参照分部分项工程补充编码列项。如“施工排水”和“施工降水”有专项设计方案，可根据专项设计按照分部分项工程的形式编码列项计算工程量。

（2）“脚手架”包括工程施工过程中，按照相关规范要求及满足施工作业的需求所搭设的全部脚手架。

（3）“垂直运输”仅包括工程施工过程中的大型垂直运输机械。使用其他吊装机械及人力辅助工器具进行的垂直运输，包含在相应分部分项工作内容中。

（4）“临时设施”“文明施工”“环境保护”“安全生产”工作内容的包含范围，应参考各省、自治区、直辖市或行业建设主管部门的相关规定进行补充。

参 考 文 献

[1] 全国造价工程师职业资格考试培训教材编审委员会. 建设工程技术与计量(土木建筑工程部分)[M]. 北京:中国计划出版社,2023.

[2] 建筑施工手册编委会. 建筑施工手册[M]. 5版. 北京:中国建筑工业出版社,2012.

[3] 中华人民共和国住房和城乡建设部. 房屋建筑与装饰工程工程量计算标准GB/T 50854—2024[S]. 北京:中国计划出版社,2024.

[4] 中华人民共和国住房和城乡建设部. 民用建筑通用规范GB 55031—2022[S]. 北京:中国建筑工业出版社,2022.

[5] 贾宏俊,吴新华,等. 建筑工程计量与计价[M]. 北京:化学工业出版社,2014.

[6] 王洪强. 可持续发展与节能建筑[M]. 北京:人民交通出版社,2015.

[7] 住房和城乡建设部标准定额研究所. 房屋建筑与装饰工程消耗量TY 01-31—2021[S]. 北京:中国计划出版社,2022.

[8] 规范编制组. 2013建设工程计价计量规范辅导[M]. 北京:中国计划出版社,2013.